出版说明

《石油和石油产品试验方法行业标准汇编 2020》出版至今已有五年多的时间，全国石油产品和润滑剂标准化技术委员会(SAC/TC280)对归口的标准按期进行复审，有些标准进行了修订，有些标准已经废止，同时有新的试验方法标准发布实施。为满足石油产品生产和销售企业、科研和教学单位以及广大用户的使用需求，中国石油化工集团有限公司科技部组织相关单位重新编辑出版了《石油和石油产品试验方法行业标准汇编 2025》。

本汇编全面系统地反映了石油和石油产品试验方法行业标准的最新情况，可为使用者提供最新的试验方法标准信息。

本汇编分第一～第十共 10 个分册，收录了截至 2025 年 6 月底之前发布的石油和石油产品试验方法行业标准 696 项。因受篇幅限制，SH/T 0506—1998、SH/T 0510—1995、SH/T 0512—1992、SH/T 0513—1992、SH/T 0514—1992、SH/T 0519—1992 和 SH/T 0672—1998 共 7 项润滑油评定方法标准未收入本汇编中。

本汇编包括的标准，由于出版年代不同，其格式、计量单位及术语不尽相同。本汇编对原标准中的印刷错误一并作了校正。如有疏漏之处，恳请指正。

中国石油化工集团有限公司科技部

2025 年 7 月

目　录

ICS 75.100
E 34

SH

中华人民共和国石油化工行业标准

NB/SH/T 0899—2015

汽车发动机油节能性能的评定 程序ⅥB法

Standard test method for measurement of effects of automotive engine oils on fuel economy of passenger cars and light-duty trucks in sequence ⅥB spark ignition engine

2015-10-27 发布　　　　2016-03-01 实施

国家能源局　发布

目　次

前　言

本标准按照 GB/T 1.1—2009 给出的规则起草。

本标准使用重新起草法修改采用美国试验与材料协会标准 ASTM D6837-13《用程序ⅥB 火花塞点火发动机评价乘用车和轻负荷卡车发动机油燃油经济性的标准试验方法》。

本标准在采用 ASTM D6837-13 时进行了修改，本标准与 ASTM D6837-13 的主要技术差异如下：

—— 本标准的部分引用标准采用我国相应的国家标准和行业标准。

—— 删除了 ASTM D6837-13 中 4.1 条试验编号形式。

—— 增加了推荐的国内燃油规格，因完全采用原方法燃油规格，需进口大量燃油，不符合国情。因此，调制了与其相接近的国产试验燃油。经过发动机台架参考油标定试验验证，能够满足试验要求。

——ASTM D6837-13 方法规定，对于ⅥB 台架，每进行 7 次试验或 90 天，无论哪个先到，要进行参比油试验。我国高档汽车发动机油研发单位较少，每年需做的油样不多，90 天的期限不适合现实国情。本方法建议采用每进行 7 次试验后，用参比油对试验台架进行标定。

——修改了 10.2 条关于参比油试验的论述。

——修改了第 13 章关于试验报告的论述。

——修改了 14.1 条中关于从 TMC 获取数据的部分。

——删除了 ASTM D6837-13 中附录 A1 关于 TMC 的介绍。

——增加了附录试验报告格式，统一报告标准。

本标准由中国石油化工集团公司提出。

本标准由全国石油产品和润滑剂标准化技术委员会石油燃料和润滑剂分技术委员会（SAC/TC280/SC1）归口。

本标准起草单位：中国石油化工股份有限公司石油化工科学研究院。

本标准主要起草人：邢建强、李少玉、卢文彤、魏荣田、刘顺涛、杨本丰、张振华、林磊。

本标准为首次发布。

汽车发动机油节能性能的评定　程序ⅥB 法

警告：本标准的应用可能涉及到某些有危险性的材料、操作和设备。但并未对与此有关的所有安全问题都提出建议。用户在使用本标准之前有责任制定相应的安全和防护措施，并确定相关规章限制的适用性。安全预防措施详见附录 A。

1　范围

本标准规定了评定汽车发动机油对乘用汽车和轻负荷卡车燃油经济性影响的方法。试验将指定的 4.6L 汽油发动机安装在测功机上，用来评价多级油的燃油经济性。

本标准适用于 API/ILSAC SJ/GF-2、SL/GF-3、SM/GF-4 级汽油机油燃油经济性能评定。

注：SJ 级汽油机油采用缩短试验时间方法，在附录 B 中列出。

2　规范性引用文件

下列文件对于本文件的应用是必不可少的。凡是注日期的引用文件，仅所注日期的版本适用于本文件。凡是不注日期的引用文件，其最新版本（包括所有的修改单）适用于本文件。

GB/T 265　石油产品运动黏度测定法和动力黏度计算法

GB/T384　石油产品热值测定法

GB/T 503　汽油辛烷值测定法（马达法）

GB/T1884　原油和液体石油产品密度实验室测定法（密度计法）

GB 1922—2006　油漆及清洗用溶剂油

GB/T 5096　石油产品铜片腐蚀试验法

GB/T 5487　汽油辛烷值测定法（研究法）

GB/T 6536　石油产品蒸馏测定法

GB/T 8017　石油产品蒸气压测定法（雷德法）

GB/T 8018　汽油氧化安定性测定法（诱导期法）

GB/T 8019　车用汽油和航空燃料实际胶质测定法（喷射蒸发法）

GB/T 8020　汽油铅含量测定法（原子吸收光谱法）

GB/T 11132　液体石油产品烃类测定法（荧光指示剂吸附法）

GB/T 11137　深色石油产品运动黏度测定法（逆流法）和动力黏度计算法

GB/T 17040　石油和石油产品硫含量的测定　能量色散 X 射线荧光光谱法

GB/T 17476　使用过的润滑油中添加剂元素、磨损金属和污染物以及基础油中某些元素测定法（电感耦合等离子体发射光谱法）

SH/T 0020　测定汽油中磷的试验方法

SH/T 0656　石油产品及润滑剂中碳、氢、氮测定法（元素分析仪法）

SH/T 0663　汽油中某些醇类和醚类测定法（气相色谱法）

SH/T 0679　航空燃料净热值估算法

SH/T 0689　轻质烃及发动机燃料和其他油品的总硫含量测定法（紫外荧光法）

SH/T 0794　石油产品蒸气压的测定　微量法

ASTM D240　Standard Test Method for Heat of Combustion of Liquid Hydrocarbon Fuels by Bomb Calorimeter（液态物质燃烧热值试验法）

ASTM D4052　Practice for Reporting Results of Examination and Analysis of Deposits Formed from Water for Subsurface Injection（液体密度、相对密度和 API 度测定法（数字密度计法））

ASTM D5452　Test Method for Particulate Contamination in Aviation Fuels by Laboratory Filtration（航空燃料中颗粒污染物测定法（实验室过滤法））

ASTM E 191　Standard Specification for Apparatus For Microdetermination of Carbon and Hydrogen in Organic and Organo-Metallic Compounds（有机化合物和有机金属化合物中碳和氢的微量测定用仪器规格）

3　术语和定义

下列术语和定义适用于本文件。

3.1

空燃比　air-fuel ratio（AFR）

进入内燃机燃烧室的混合的空气与燃料的质量比。

3.2

汽车　automotive

可以依靠自身动力靠自身燃料发动机驱动的机器。通常汽车依靠内燃机驱动。

3.3

窜气　blowby

发动机运转时，从燃烧室窜入曲轴箱中的燃烧产物、未燃烧的燃料油和空气的混合气。

3.4

BTDC　before top dead center

活塞在缸套中行程到上止点前的英文缩写。

3.5

校准　calibrate

使用标准仪器检测、校正试验台架各测量设备的精度。

3.6

校准油　calibrate oil

用给定的标准来确认发动机台架是否处于正常状态的标准油。

3.7

发动机油　engine oil

在发动机内部能够减少相互接触的传动部件表面摩擦和磨损、同时兼有冷却及密封作用的液体，具有防锈、抗沉积物生成、抗磨损、抗氧化及抗泡等功能。

3.8

润滑剂　lubricant

任何可以在两表面间起到减小摩擦磨损的物质。

3.9

参比油　reference oil

已知其性能特性的润滑油，标定试验台架时作为比较基准。

3.10

购买方　purchaser

提供资金来进行标准试验的人或机构。

3.11

非参比油　non-reference oil

除参比油外的润滑油，如研究用的配方油、在售油或候选的油。

3.12

试验油　test oil

使用标准评价的润滑油。

3.13

试验开始　test start

将试验油加入发动机视为试验开始。

3.14

老化试验油　aged test oil

被检验的发动机油测试试验前在发动机中按照规定状态使用规定的时间。

3.15

老化　aging

在规定的发动机上按照规定的时间和工作状态进行规定时间的试验。

3.16

磨合　break-in

发动机在规定的状态下运行来减少发动机新部件的摩擦。

3.17

关键部件供应商　central part distributor（CPD）

为程序ⅥB 台架试验提供关键发动机部件和设备的供应商和生产商。

注：ⅥB 试验方法要求对许多部件进行严格的检查，对专用部件和设备进行精心生产，因此选择一些有能力的公司作为正式供应商。

3.18

冲洗　flush

加入新润滑油、安装新机油滤清器运转发动机，减少和去除上次加入润滑油的残留。

注：反复冲洗可以携带出残存润滑油，确保减少上次润滑油残留。

3.19

不停机冲洗　flying flush

在不停机的情况下，用冲洗发动机油，在规定的工作状态下，用来减小前次试验油的影响和清除残渣。

3.20

非标准试验　non-standard test

试验工况不在标准状态，使用了非标准的燃料油或没有使用标准硬件配置的试验。

3.21

特殊部件供应商　special part distributor（SPD）

在本试验方法中，指定的特殊部件的生产商或供货商。

3.22

专用试验件　special test parts（STP）

非关键零件、非生产件或服务维修零件，只能从指定零件供应商获得的试验件。

4　方法概要

4.1　将 4.6L 汽油发动机安装到可控转速、扭矩和其他操作参数的试验台架上。

4.2 试验方法的测试阶段需要测量五个规定的转速、扭矩和温度稳定工况的燃油消耗率，试验包括基准参比油、试验油和重复基准参比油的测量过程，试验总时间约133h。
4.3 老化试验油可以直接和ASTM BC SAE 5W-30基准参比油（以下简称BC油）比较，BC油在试验油前后测量，当试验油和BC油转换时，需要用不停机冲洗的方式，当老化试验油换BC油时需要用清洗油（以下简称BCFHD油）清洗，使前次机油的影响最小化。
4.4 试验结果用试验油相对于基准参比油的燃油比油耗的变化百分率表示。

5 方法应用

本试验方法在可重复的实验室环境下，可评定汽油机油的节能性能。试验油节能性能通过与BC油比较得出。BC油为SAE 5W-30全配方润滑油。与现在生产的汽车在美国环保署（EPA）的循环工况下有一定的相关性。试验将试验油与BC油相比较而不是将两个试验油进行比较，评定汽油机油的节能性能。

6 试验设备

6.1 概要：对试验台架相关硬件作出规定，如要求使用规定的泵、阀、热交换器、加热器和管径。
6.1.1 试验方法提供了特殊零件的图纸，当制作特殊零件时，使用规定尺寸。试验要求使用方法中规定的设备。
6.2 试验发动机配置：试验发动机为1993年福特4.6L V-8带自动超速挡的变速器（AODE）传动发动机。在试验台架上安装发动机（参见附录C.1），使发动机前部高于后部，飞轮面垂直度为3.6°±0.5°。连接轴的万向节角度相对于垂直面不大于2°，相对水平面保持0°。
6.3 实验室环境：实验室保持清洁无尘。送风系统应避免直接吹试验机。
6.4 发动机转速和扭矩控制：测功机转速和扭矩的控制系统应满足转速和扭矩的要求（见表1）。使用闭环控制系统通过控制发动机油门控制转速，通过控制测功机来控制扭矩。对相关设备进行精确的标定，保证转速和扭矩的精度。
6.4.1 测功机：使用Midwest或Eaton生产的37 kW 758型号的干式测功机（参见附录C.2）。在参比油试验或非参比油试验中不能更换测功机，若在试验中需要更换测功机，则中止试验。更换测功机后，在开始新的试验前校准新的测功机和相关的仪器。
6.4.2 测功机扭矩：
6.4.2.1 测功机压电式测力传感器：使用0~45kg的砝码测量测功机压电式测力传感器，应满足以下参数：

a）好的温度稳定性：

Zero≤0.001%满量程输出（FSO）/℃；

Span≤0.001% FSO/℃。

b）非线性≤ 0.05 % FSO。

c）温度补偿温度范围为（10℃~49℃）。Lebow生产的型号为3397测功机压电式测力传感器经验证满足要求（参见附录C.3）。

6.4.2.2 测功机压电式测力传感器制动：不要使用测功机压电式测力传感器制动。
6.4.2.3 测功机压电式测力传感器负载池温度控制：控制负载池温度使负载池内空气温度不随环境温度变化而变化，负载池内空气温度控制范围为±6℃。
6.4.2.4 测功机与发动机连接：使用万向节型连接轴（见6.2）。

表 1 程序ⅥB 试验操作工况

试验参数	阶段 1	阶段 2	阶段 3	阶段 4	阶段 5
转速/（r/min）[b]	1500±2	800±2	800±2	1500±2	1500±2
扭矩/（N·m）[b]	98.00±0.07	26.00±0.07	26.00±0.07	98.00±0.07	98.00±0.07
标称功率/kW	15.39	2.18	2.18	15.39	15.39
主油道温度/℃[b]	125±1	105±1	70±1	70±1	45±1
冷却液入口温度/℃[b]	105±1	95±1	60±1	60±1	45±1
试验时间/min[c]	60	60	60	60	60
所有工况下都要求的控制参数					
温度/℃					
机油循环温度	记录				
冷却液出口温度	记录				
进气温度[b]	27±2				
燃油流量计温度[d]	20~30（最大变化差不大于 4）				
燃油油轨温度[b]	20±2				
测功机压电式测力传感器负载池温度[d]	每阶段温度差不大于 12				
机油加热器温度	小于 205				
压力/kPa					
进气压力	0.05±0.02				
燃油流量计压力	大于 100				
燃油油轨压力	205~310				
进气真空度	记录				
排气背压（绝对压力）[b]	104.00±0.17				
主油道油压	记录				
曲轴箱真空度	0.00±0.25				
流量					
冷却液流量/（L/min）	130±4				
燃油流量/（kg/h）[b]	记录				
进气湿度/（gr/kg）	11.4±0.8				
空燃比[b]	14.00~15.00				
空燃比[d]	每个阶段				
点火正时/°BTDC	20±2				

[a] 控制参数的目标为要求的中间值。

[b] 需要严格测量和控制的参数。

[c] 当温度达到设定点时开始计时。

[d] 整个试验的读数最大阶段平均值和试验的各个给段的平均值。

6.5 发动机冷却系统：外部的冷却系统如图 D.1、图 D.2、图 D.3、图 D.4 和图 D.5 所示，试验过程

中要求控制夹套的冷却温度和流量。另外可替代的冷却系统如图 D. 3 所示。系统需要满足以下要求：

6.5.1 在冷却液存储罐顶安装加压装置和压力帽（PC-1 见图 D. 1、图 D. 2 和图 D. 3）（参见附录 C. 4），保持冷却液外循环系统压力为 69. 00 kPa±1. 38kPa。

6.5.2 冷却液泵应能提供 130L/min±4L/min 的流量。使用 Goulds G&L NPE 型机械密封离心水泵（PC-1 见图 D. 1、图 D. 2 和图 D. 3），尺寸为 1ST，功率为 1. 47kW，转速 3450r/min，电机电压和相位为可选（参见附录 C. 5）。

6.5.3 对冷却系统体积不做具体规定，但是冷却系统组件应满足图 D. 1、图 D. 2、图 D. 3、图 D. 4 和图 D. 5 的要求，管径尺寸在图 D. 2、图 D. 3、图 D. 4 和图 D. 5 中列出。

6.5.4 采用 ITT 公司标准的板式换热器（HX-1，见图 D. 1、图 D. 2 和图 D. 3），型号为 320-20，零件号为 5-686-06-020-001；或者是 ITT 型号为 BP-420-20，零件号为 5-686-06-020-001（参见附录 C. 6）。热交换器可以允许逆流通过。

6.5.4.1 经过验证，可替换的热交换器：ITT 型号为 BP-420-20，零件号 5-686-06-020-005，或者 ITT 型号为 BP-420-20，零件号 5-686-06-020-007。

6.5.4.2 指定的可替换的冷却液循环系统为 ITT BGF 5-030-06-048-001。

6.5.5 在热交换器 HX-1 的旁通上安装一个金属压降控制盘（OP-1，如图 D. 1、图 D. 2、图 D. 3、图 D. 4 和图 D. 5），要求其提供压降与热交换器 HX-1 提供压降相等。

6.5.5.1 当使用图 D. 3 所示的冷却液循环系统时，不需要加装金属压降控制盘（OP-1）。

6.5.6 如图 D. 1、图 D. 2、图 D. 3、图 D. 4 和图 D. 5 所示，在冷却液循环系统中加装另一个节流板（FE-103）（参见附录 C. 7）。该节流板为 Daniel 系列 30RT，1½NPT（锥管螺丝）。要求流量 130L/min 时压降为 11. 21 kPa±0. 50kPa。入口直径为出口直径的一倍，光滑部分没有增压泄压。按照要求的尺寸，边缘尺寸和管一致。

6.5.7 如图 D. 1、图 D. 2、图 D. 3 和图 D. 4 所示，安装冷却液流量控制阀（TCV-104）控制通过冷却液热交换器和旁通的冷却液流量。

6.5.7.1 使用 Badger Meter 型号为 9003TCW36SV3AxxL36 气动阀（气动关），或者型号为 9003TCW36SV1AxxL36 的三向气动球形转向阀（气动开）。

使用 Badger Meter 型号为 9003TCW36SV3A29L36 气动阀（气动关），或者 CV 值为 16 的型号为 9003TCW36SV1A29L36 的气动阀（气动开）。

6.5.7.2 安装压力控制阀的目的是控制冷却液流过热交换器而不是热交换器的旁通。阀气动开或气动关是可以选择的。

6.5.7.3 当使用可替代系统（如图 D. 3）时，不要求安装压力气动调节阀（TCV104）。

6.5.8 使用冷却液流量调节阀 FCV-103（参见附录 C. 8）保证冷却液流量为 130L/min±4L/min。

6.5.9 使用 Viatran 型号为 274/374，Validyne 型号为 DP15，或 Rosemount 型号为 1151 的压力传感器（DPT-1，如图 D. 5）测量冷却液在图 D. 1、图 D. 2 和图 D. 3 位置的管中的流量（参见附录 C. 9）。

6.5.10 使用封闭盘封闭发动机水泵口如图 A. 6 所示或对水泵进行改造，水泵零件号为 OHT6A-014-A（参见附录 C. 10）。

6.5.11 安装冷却储水罐，溢出容器和观察窗。如图 D. 1、图 D. 2、图 D. 3 和图 D. 5 所示。

6.5.12 如图 D. 1 和图 D. 4 所示，安装冷却液流量控制阀 TCV-101，控制通过热交换器 HX-1 的冷却水流量，使用 Badger Meter Inc. 公司的型号为 9001GCW36SV3Axxx36（气动关）或者 9001GCW36SV1Axxx36（气动开）的双向控制阀（参见附录 C. 10）。

6.5.13 如图 D. 1、图 D. 2、图 D. 3 和图 D. 2 所示在冷却液循环系统的主管线上安装 1 个 1½in NPT 可视的观察窗，也可自行设计。

6.5.14 在冷却液循环系统中推荐使用黄铜、铜或不锈钢材料。

6.5.15 循环水、热水、冷冻水、压缩空气，冷却液外循环系统等管线的相关材料由实验室自行决定。

6.5.16 冷却液循环系统应有最低放空点，每次系统加新冷却液前，先将冲洗管线的水放净。

6.6 外部机油系统：要求系统配有如图 D.7 和图 D.8 所示的外部机油系统。布置方式可有不同，但外部机油系统应包含两个独立的系统：（1）不停机的换油系统，可以在发动机运行时进行换油；（2）外循环温度控制系统，对发动机机油温度进行控制。发动机油底壳为外部机油系统的一部分。尽量减小外部机油系统的体积，以及连接两种油以上的管线的长度和表面积，确保冲洗效果。

6.6.1 不停机换油系统配有大功率抽油泵和一个 6.0L 的废油储存罐，当新油进入发动机时将废油抽入储存罐。油底壳装有浮子控制开关，确保新油进入量达到试验要求。

6.6.2 外循环温度控制系统通过比例控制阀控制流经加热器和冷却器的机油的量，将机油温度控制在要求的范围内，系统对程序要求的四种主油道温度有快速的响应。当进行不停机换油时，将控制阀置于中间位置，避免外循环温度控制系统在换油时存油。在试验油老化阶段，仍保持适量的试验油流经机油冷却器。

6.6.3 除废油放油系统外，若非强制要求，在机油循环系统中不应采用含铜材料。

6.6.4 不停机换油系统（见图 D.7）包含以下部件：

注：在图 D.7 中标出的并非应要求，但是系统中应包括。

6.6.4.1 抽油泵（见图 D.7 和图 D.8，图中标为 P-3）为 Viking 公司生产的 475 系列型号为 475M 的耦合连接式齿轮泵，转速为 1140 r/min～1150r/min，功率至少 0.56kW，电机电压和相位为可选（参见附录 C.11）。

6.6.4.2 推荐使用三个储油罐，每个至少容积为 19L，分别存放 BC 油、BCFHD 油和试验油。

6.6.4.3 每个储油罐装配一个搅拌器。

6.6.4.4 每个储油罐装配一个可控的加热器，可以将储油罐中机油加热到 107℃±2.8℃。

6.6.4.5 废油罐容积至少为 6L（见图 D.7、图 D.8 和图 D.9）。

6.6.4.6 废油罐中安装浮子控制开关（见图 D.7、图 D.8 和图 D.9，图中零件号为 FLS：136），浮子控制开关生产厂家和型号可由实验室自行选择，Gems 系列型号 ALS79999 和 Catalog 生产的零件号为 A79999，20VA，高温浮子控制开关经验证符合试验要求。

6.6.4.7 如图 D.8 所示，使用规定管径的油管线。

6.6.5 外循环温度控制系统包含以下部件：

6.6.5.1 当油底壳达到最大存油量时，系统机油总体积为 6.0L，见 6.6.5.16。

6.6.5.2 发动机油底壳安装浮子控制开关（见图 D.7、图 D.10 和图 D.11，图中表示为 FLS-152），要求使用 Gems 系列型号 ALS79999 或 Catalog 生产的零件号为 A79999、20VA 的高温浮子控制开关（参见附录 C.12）。

6.6.5.3 安装机油外循环容积泵（见图 D.7，图中表示为 P-4）（参见附录 C.13），要求使用 Viking 生产的 4125 系列型号为 G4125 无泄压阀底部固定型泵。机油外循环泵使用 V 形带传动或者直接连接。泵的转速为 1140 r/min～1150r/min，功率至少 0.56kW，电压和相位无特殊要求。

注：机油外循环泵防爆要求由实验室确定。机油外循环泵使用 V 形带传动或者直接连接，若使用 V 形带传动传动比为 1∶1，使泵额定转速为 1150r/min。

6.6.5.4 电磁阀（见图 D.7 和图 D.8，图中表示为 FCV-150A，FCV-150C，FCV-150D 和 FCV-150E）。（参见附录 C.14）

a）FCV-150F 和与其相连的管线为可选。

b）FCV-150A 为 Burkert 生产的型号为 251 柱塞式阀，配合使用型号为 312 的电磁阀（或使用 Burkert 生产的型号为 2000 的柱塞式阀，配合使用型号为 311 或 330 的电磁阀），使电磁阀直接控制气动柱塞阀，通常状态下为关闭。管线使用 3/4in 管径的双向防水不锈钢管。

c）FCV-150C 为 Burkert 生产的型号为 251 柱塞式阀，配合使用型号为 312 的电磁阀（或使用 Burkert 生产的型号为 2000 柱塞式阀，配合使用型号为 311 或 330 的电磁阀），使电磁阀直接控制气动

柱塞阀，通常状态下为开启。管线使用 1/2in 管径的双向防水不锈钢管。

d）FCV-150D、FCV-150E 和 FCV-150F 为 Burkert 生产型号为 251 的柱塞式阀，配合使用型号为 312 的电磁阀（或使用 Burkert 生产型号为 2000 的柱塞式阀，配合使用型号为 311 或 330 的电磁阀），使电磁阀直接控制气动柱塞阀，通常状态下为关闭。管线使用 1/2in 管径的双向防水不锈钢管。

e）一个试验台上只能使用一种类型的 Burkert 生产的柱塞式阀和电磁阀。

6.6.5.5 要求使用控制阀为 Badger Meter 生产的型号为 1002TBN36SVOSALN36 的三向球形阀，管径为 1/2inch（12.70mm），气动开启，如图 D.7 和图 D.8，图中表示为 TCV-144。（参见附录 C.15）

6.6.5.6 图 D.7 和图 D.8 中 TCV-145 控制阀为可选（参见附录 C.15）。

6.6.5.7 图 D.7 和图 D.8 中 HX-6 热交换器为 ITT 生产的型号为 310-20 或 ITT Bell & Gossett 生产的型号为 BP-25-20（零件号为 5-686-04-020-001）的热交换器（参见附录 C.16）。

注：ITT 和 ITT Bell & Gossett 生产的热交换器新零件号为 410-20 和 5-686-04-020-002。

6.6.5.8 图 D.7 和图 D.8，图中 EH-5 机油加热器用于机油加热。机油加热器元件浸入液态低熔点铅合金中并置于 Labeco 生产的加热器壳中（参见附录 C.17）。使用 3000W 功率的加热元件。推荐使用两种加热元件：Chromolox 生产的零件号为 GIC-MTT-330XX、230V 的加热元件；或 Emerson 生产的型号为 MTS-230A、零件号为 156-019136-014、240V 的加热元件。

a）机油加热器中要求安装热电偶。热电偶要求插入低熔点铅合金中（如图 D.12 所示），插入深度为 244.48mm±3.18mm。加热器最高温度为 205℃。

b）更换加热元件程序见附录 E。

6.6.5.9 在机油外循环系统中安装两个机油滤清器（如图 D.7 和图 D.8，图中表示为 FIL-2），要求使用 Oberg 或 Racor 生产的型号为 LFS-60 的机油滤清器壳，使用 Oberg 或 Racor 生产的 28μm 不锈钢机油滤芯（零件号为 LFS 6028）（参见附录 C.18）。

a）也可使用型号为 LFS-62 的机油滤清器壳，配合使用 Oberg 或 Racor 生产的 28μm 不锈钢机油滤芯（零件号为 LFS 6028）。

b）两个机油滤清器选用同一型号。

c）将一个机油滤清器置于机油外循环循环泵出口后，另一个置于机油主油道入口前。

d）若要更换型号为 LFS-62 的机油滤清器，应在参比油标机试验前更换。

6.6.5.10 机油外循环系统使用的油管管径如图 D.8 所示。

6.6.5.11 使用改装后的机油滤清器座总成，零件号为 OHT6A-007-1（参见附录 C.19），如图 D.13 所示。

6.6.5.12 机油管线应使用不锈钢管或耐高温软管。软管用在机油外循环系统中（废油罐的连接管线除外），使用 Aeroquip 生产的 8 号（零件号 No.2807-8）或 10 号（零件号 No.2807-10）软管（参见附录 C.20）。

6.6.5.13 机油外循环系统应使用隔热材料，隔热材料的选择无强制性规定，但隔热材料在平均温度为 32.2℃ 时最大的热传导率为 0.0398 W/（m·K）。

6.6.5.14 油底壳：要求使用规定的油底壳（福特生产，零件号为 F1AZ-6675-A 或 F2AZ-6675-A），油底壳的改造可以由实验室完成或购买改造好的油底壳，零件号为 OHT6A-006-1。将图 D.14 所示的机油挡板安装到油底壳上，参见图 D.10 和图 D.15。图 D.10 和图 D.11 也标出了油底壳与外部机油系统的接头位置。油底壳视窗安装为可选。在油底壳安装一个浮子控制开关（如图 D.7 和图 D.11，图中表示为 FLS-152，Gems 系列型号 ALS79999）。如图 D.10 所示，浮子控制开关安装在油底壳底部，或者安装在油标尺套管的位置。

油底壳机油挡板：如图 D.10 和图 D.12 所示，油底壳机油挡板位于油底壳左侧，将油底壳机油挡板向油底壳侧面弯曲成 45°，上边缘向发动机前端弯曲 23°左右。将油底壳机油挡板焊接到油底壳上，减缓回油对油底壳机油的冲击。

6.6.5.15 机油泵滤网和抽油管：

a）在机油泵滤网上部切断机油泵抽油管，并焊接一段15cm~18cm长的一段管径相同的不锈钢管，使其伸出油底壳。抽油管可以由实验室加工或者直接购买，零件号为OHT6A-008-1（参见附录C.21）。如图D.10和图D.12所示，在油底壳安装接头锁紧螺母固定抽油管，锁紧螺母型号为SS-1210-1-8，3/4in。接头为1/2in，切断接头伸出油底壳的部分。

b）使用双尼龙密封圈（零件号为T-1213-1和T-1214-1）密封抽油管和油底壳，若使用金属密封圈，则在再次使用时难于密封。

c）油底壳安装后连接管线，尽量缩短管线长度。

6.6.5.16 发动机油液面控制：如图D.16所示安装可视玻璃管，用于监控机油液面高度和计算机油消耗量。机油消耗量的测量和校准步骤见附录F。

6.7 燃油系统：燃油系统如图D.17所示，包括燃油测量设备，并保证燃油以规定的温度和压力进入发动机油轨。

6.7.1 在燃油流量计的出口和入口连接处至少保留100mm的软管，将流量计与软管紧密连接。燃油供油管线从流量计出口至燃油油轨应为不锈钢管或汽油供油软管。燃油回油管的内径至少为6.35mm。

6.7.2 燃油流量计：整个试验过程都要求对燃油流量进行测量，燃油流量是试验的关键参数。指定使用Micro Motion生产的D-6型质量流量计（安装RFT9712或RFT9739传感器），或CMF010型质量流量计（安装RFT9739传感器）（参见附录C.22）。Micro Motion燃油流量计传感器应水平或垂直方向安装。

燃油流量的测量结果用于燃油消耗率的计算，燃油消耗率以kg/（kW·h）表示，采用100s~120s的平均值计算计算发动机转速、扭矩、燃油流量和空燃比。燃油流量计的频率输出应避免电信号干扰。

注：单位kW·h不是SI单位，SI单位为J，1kW·h=3.6MJ。

6.7.3 燃油在燃油流量计处的温度和压力控制：燃油在燃油流量计处的温度和压力如表1所示。试验要求燃油压力控制稳定，燃油压力调节器PRG 116应能安全泄压，或将泄压阀PRV 113与PRG 116并联使用。

6.7.4 燃油油轨入口处温度和压力控制：燃油在燃油油轨入口处的温度和压力如表1所示。试验要求严格控制燃油油轨入口处燃油压力和温度。

6.7.5 燃油泵：实验室可以自行选择将燃油提供到流量计的供油方式，但是应保证到流量计的燃油满足压力和温度的要求。使用车用燃油泵将燃油从燃油流量计出口提供至燃油油轨，使用福特零件号为E7TF-9C407或E7TC-9C407的燃油泵。燃油出口最小油压为205 kPa，最大为310 kPa。由CPD购买（参见附录C.23）。

6.7.6 燃油过滤：供给试验台架的燃油应过滤，以减少燃油喷射系统的故障。

6.8 发动机进气系统：要求发动机进气系统向进气空气滤清器提供4.0m^3/min流量的空气。进气要求控制温度、湿度和压力，要求见表2和表3，进气湿度为11.4 g/kg±0.8g/kg，进气温度27℃±2℃，进气压力为0.05 kPa±0.02 kPa。

6.8.1 根据式（1），用实验室的湿度测量系统测量进气湿度H/(g/kg)：

$$H = 621.98 \times (P_{sat}/(P_{bar} - P_{sat})) \qquad (1)$$

式中：

P_{sat}——饱和蒸气压/mmHg；

P_{bar}——大气压力/mmHg。

6.8.2 进气过滤：进气系统应具有过滤功能，但一定要保证进气量。

6.8.3 进气压力泄压：在进气滤芯前段安装进气压力泄压装置。

表 2　程序 VIB 试验冲洗阶段和老化阶段工况[a]

项　　目	冲洗阶段	第一阶段老化	第二阶段老化
转速/（r/min）	1500±5	1500±5	1500±5
扭矩/（N·m）	98.00±0.10	98.00±0.10	98.00±0.10
温度/℃[b]			
主油道温度	125±2	125±2	135±2
冷却液入口温度	105±2	105±2	105±2
机油循环温度	记录	记录	记录
冷却液出口温度	记录	记录	记录
进气温度	27±2	27±2	27±2
燃油流量计温度[c]	20~30	20~30	20~30
燃油油轨温度	20±2	20±2	20±2
压力/kPa			
进气压力	0.05±0.02	0.05±0.02	0.05±0.02
燃油流量计压力	≥100	≥100	≥100
燃油油轨压力	205~310	205~310	205~310
进气真空度	记录	记录	记录
排气背压	104.00±0.20	104.00±0.20	104.00±0.20
机油压力	记录	记录	记录
流量和其他			
冷却液流量/（L/min）	130±4	130±4	130±4
燃油流量/（kg/h）	记录	记录	记录
进气湿度/（g/kg）	记录	记录	记录
空燃比	14.00~15.00	14.00~15.00	14.00~15.00
点火提前角 BTDC /（°）	20±2	20±2	20±2
曲轴箱真空度/kPa	N/A	0.00±0.25	0.00±0.25

[a] 控制参数的目标为要求的中间值。

[b] 当温度达到设定点时开始计时。

[c] 温度波动范围为±3℃。

表 3　程序 VIB 新发动机的磨合程序

项　　目	A 循环	B 循环
每个循环持续时间/min	4	1
从 B 循环到 A 循环时间/s		最长 15
从 A 循环到 B 循环时间/s	最长 15	
转速/（r/min）	1500	3500
功率/kW	7.5	20.9

表3　程序Ⅵ新发动机的磨合程序（续）

项　　目	A 循环	B 循环
扭矩/（N·m）	48.00	57.00
主油道油温/℃	105	105
冷却液入口温度/℃	95	95
冷却液流量/L/min	130	130
进气温度和进气湿度	不要求控制	
点火正时 BTDC /（°）	记录	不要求
排气背压/kPa	104.0	不要求
空燃比	记录	不要求
燃油油轨油压/kPa	205~310	205~310
燃油油轨油温/℃	20	20
燃油流量/（kg/h）	不要求	不要求
燃油消耗率（BSFC）/（kg/（kW·h））	不要求	不要求

6.9　温度测量：试验要求精确测量机油、冷却液和燃油温度。

6.9.1　在测量范围内检查温度测量装置。尤其要保证机油主油道、进气管、燃油油轨的温度热电偶测量精确。推荐使用 Constantine 生产的 J 型热电偶，也可使用 K 型热电偶。

6.9.2　所有热电偶（不包括机油加热器中的热电偶）都应配有补偿线。热电偶直径为 3.2mm，当插入到流体的中部时，露出在外的部分不应超过 50mm。

6.9.3　试验可使用 Leeds 、Northrup、Conax、Omega 和 Revere 生产的热电偶，满足 ANSI 的 MC96.1-1975 标准。

6.9.4　系统应具有将热电偶标定到±0.56℃的能力。

6.9.5　热电偶位置：除特殊要求，所有热电偶尖端应置于测量流体的中部。

6.9.5.1　主油道入口温度：将热电偶插入改造过的机油滤清器座，使其尖端与滤清器座表面平齐并在流体中部，如图 D.13 所示。

6.9.5.2　机油循环温度：将测量机油循环温度的热电偶安装在油底壳后部的外循环系统回油接头上。

6.9.5.3　发动机冷却液入口温度：将热电偶尖端置于冷却液流体的中部，距离入口不超过 150mm。

6.9.5.4　发动机冷却液出口温度：将热电偶尖端置于回流管弯头处的冷却液流体中部，距离出口不超过 80mm。

6.9.5.5　进气温度：将热电偶置于进气滤清器组件靠近出口处，如图 D.18 所示。

6.9.5.6　燃油流量计温度：将热电偶置于流量计入口前 10mm~ 500mm 处。

6.9.5.7　燃油油轨温度：将热电偶置于三通或十字接头的中部，位于燃油泵后至少 150mm 以上，距离燃油油轨进口 150mm 以内。

6.9.5.8　测功机压电式测力传感器负载池温度：将热电偶置于测功机压电式测力传感器负载池内。

6.10　空燃比测定：使用空燃比分析仪测定发动机空燃比。要求分析仪可以持续工作 30min。

6.10.1　空燃比分析仪应满足以下要求：

测量范围　　　AFR：10.00~30.00，（H/C=1.85；O/C=0.00）

测量精度　　　当 AFR=14.7 时，精度为±0.1（H/C=1.85；O/C=0.00）

空燃比分析仪传感器适用排气温度为-7℃~900℃，Horiba 生产的型号为 MEXA 110 的空燃比分析仪满足试验要求（参见附录 C.24）。

6.10.2　按照图 D.19 要求的位置在排气系统安装空燃比分析仪传感元件。

6.11　排气和排气背压系统：
6.11.1　排气歧管：使用铸铁排气歧管。右排气管零件号为福特 F1AZ-9430 或 F1AE-9430（或 Casting 零件号为 RF F1AE-9430-BB）；左排气管零件号为福特 F1AZ-9431 或 F1AE-9431（或 Casting 零件号为 RF F1AE-9431-BB）。
6.11.2　实验室排气系统：排气系统如图 D.19 所示。按照要求进行装配，图 D.19 所示的排气系统下游部分由实验室进行设计安装。
6.11.3　排气背压：排气系统应按照表 1 要求控制排气背压。排气背压测量管及其位置如图 D.19 和图 D.20 所示。
6.12　压力测量和传感器位置：试验方法规定了压力测量系统的精度和分辨率及详细的传感器安装位置。
6.12.1　在压力测量点和传感器间的管线上安装冷凝器，当连接试验台架与仪表柜的测量管线经过较低位置且测量压力低时，这种预防措施尤其重要。压力传感器高度应尽量与测压点高度一致。
6.12.2　机油主油道压力：测量主油道压力的测量点在机油滤清器座上，分辨率为 6.9kPa，精度为 1%。
6.12.3　燃油流量计处燃油压力：燃油流量计处燃油压力测量点距燃油流量计入口处 5m 以内，要求精度为 3.5 kPa。
6.12.4　燃油油轨处燃油压力：燃油油轨处燃油压力测量点距离燃油泵出口 150mm 以上，距离燃油油轨入口 150mm 以内，要求精度为 3.5 kPa。
6.12.5　排气背压：排气背压测量点如图 D.19 所示，要求精度在满量程的 2%以内，分辨率为 25Pa。
6.12.6　进气压力：进气压力测量点如图 D.17 所示，要求精度在满量程的 2%以内，分辨率为 5.0Pa。
6.12.7　进气歧管真空度：进气歧管真空度测量点在节气门体底座上，要求精度在满量程的 1%以内，分辨率为 0.68kPa。
6.12.8　冷却液流量差压：见 6.5.9。
6.12.9　曲轴箱压力：曲轴箱压力测量点见图 D.21。
6.13　发动机硬件及其相关组件：本章主要介绍发动机及其相关组件，购买、组装、制造和改造，无特殊说明的零件号为福特售后零件号。
6.13.1　试验发动机：试验发动机为 1993 年 4.6L 福特 V-8 发动机。整体购买试验专用发动机（参见附录 C.3），不应拆解，发动机外部组件由实验室安装。
6.13.2　引擎控制模块（ECM/EEC）：使用改造过的 ECM/EEC IV 发动机控制模块，零件号为 OHT6A-002-1。福特零件名为 SMO-100（参见附录 C.25），该模块用于控制发动机的点火和燃油供给。
6.13.3　恒温器/孔板：如图 D.22 所示，使用孔板代替恒温器，孔板可由实验室自行加工，也可由供货商处购买，零件号为 OHT6A-004-1（参见附录 C.26）。
6.13.4　进气歧管：进气歧管零件号为 F1AZ-9424-C、F1AE-9424 或 F1AE-9425，改造进气歧管，堵住进气歧管冷却旁路（位于孔板下方）。
6.13.5　飞轮：飞轮零件号为 F6ZZ-6375-AB，改造飞轮使其与连接轴相连，从 CPD 购买（参见附录 C.23）。
6.13.6　线束：试验使用两组线束。一组为燃油喷油器线束，另一组为 ECM/EEC 线束。燃油喷油器线束零件号为 F3VB-12522、F3VB-12A522、F3AB-12A522、F2AZ-9D930-A、3AZ-12A522、F3BL-12A522 或 F3BL-12A52，线束可由 CPD 购买（参见附录 C.23），参照福特 1993 使用手册，图 K16182-A，将第 11 项、14 项、21 项和 23 项断开。ECM/EEC 线束零件号为 OHT6A-001-1（参见附录 C.27），用于连接车用线束和 ECM/EEC。
6.13.7　废气再循环控制（EGR）挡板：拆下 EGR 阀，安装 EGR 挡板。EGR 挡板可由实验室加工，

切断排气歧管处 EGR 管线，堵住 EGR 出口。

6.13.8 油底壳：使用零件号为 F1AZ-6675-A 或 F2AZ-6675-A 的油底壳，按 6.6.5.14 和图 D.10、图 D.14 和图 D.15 改造油底壳。

6.13.9 机油泵滤网和抽油管：零件号为 F2AZ-6622，按 6.6.5.15，改造机油泵滤网和抽油管。

6.13.10 怠速控制电磁线圈（ISC）挡板：拆除怠速控制电磁线圈，安装挡板，挡板由实验室加工。

6.13.11 发动机水泵：改造或替换发动机水泵，详见 6.5.10。

6.13.12 恒温器壳体：改造零件号为 F1VY-8592-A 或 F1AE-8594 的恒温器壳体，使其适合冷却液出口热电偶安装（见 6.9.5.4）；或购买零件号为 OHT6A-010-1 的壳体配件（参见附录 C.28）。

6.13.13 机油滤清器座：改造零件号为 F1AZ-6881、F1AE-6881 或 F1AE-6884 的机油滤清器座，适合冷却液入口热电偶安装；或购买零件号为 OHT6A-009-1 的机油滤清器座（参见附录 C.29）。

6.13.14 燃油油轨：使用零件号为 F2AZ-9F792-A 或 F2AE-9F792 的燃油油轨，由 CPD 购买（参见附录 C.23）。改造油轨入口和出口使其与实验室燃油系统连接。

6.14 其他相关仪器：

6.14.1 点火正时灯：试验中使用感应型点火正时灯。

警告：一些型号的点火正时灯在测量此试验发动机时，读数可能为实际值的一倍。

7 试剂和材料

7.1 发动机油

7.1.1 BC 油用于新发动机磨合，同时作为基准参比油评价试验油，黏度级别 SAE 5W-30。每次试验用量约为 38L。

7.1.2 BCFHD 油是一种特殊冲洗油（增强溶解性能的 BC 油），用于试验油试验后冲洗。每次试验用量约为 12L。

7.2 燃油

7.2.1 试验燃油规格见附录 E。

7.2.2 确保存储燃油的油罐在装燃料油前清洁。

7.2.3 实验室对燃料油取样和分析：实验室需按对燃料油进行取样和分析。

7.2.4 燃油批次及档案：每次试验使用同一批次的燃油，如果使用新的批次的燃油，需要进行有限次的验证性试验。燃油档案资料应要注在试验报告中标出，若实验室存储罐存储过有几种不同批次的燃油，应要在试验报告中注明最近存储过的燃油批次。

7.3 发动机冷却液

发动机冷却液使用体积比为 1：1 的商用含添加剂乙二醇冷却液的浓缩液与蒸馏水或去离子水。

7.4 清洗材料

7.4.1 有机溶剂 Penmul L460 参见附录 C.31。

警告：其蒸气有害，在适宜温度下存储。

7.4.2 溶剂：使用满足 ASTM D235 Ⅱ型 C 系列规格的溶剂或 GB1922-2006 中 4 号溶剂油，芳烃含量在体积比为（0~2%），闪点最低 61℃，赛波特号不小于+25 或铂—钴号不大于 25。每批溶剂应要生产商的分析认证。

警告：溶剂易燃，有害健康

7.4.3 发动机循环冷却系统清洗剂（参见附录 C.32）包括以下部分：

警告：有毒物质，避免接触眼睛、皮肤和衣服。

7.4.3.1 草酸的二水合物。

警告：有毒物质，避免接触眼睛、皮肤和衣服。

7.4.3.2 烷基化萘：钠盐，Petro Dispersant 425。
7.4.3.3 轻质苏打灰：用于中和。

8 试验装置的准备

8.1 试验发动机和相关硬件按照第6章安装好后，需要做如下准备。
8.2 试验台架的准备：
8.2.1 仪器准备：标定温度测量系统，测功机扭矩测量系统，燃油流量测量系统和压力测量系统。(详见10.2)
8.2.2 外部机油系统清洗：更换新的发动机时，使用7.4.1中介绍的清洗剂清洗外部机油系统。
8.2.3 排气背压测量管更换：排气背压测量管不出现损坏则可多次使用。清理测量管外表面及取样孔，检查内部是否堵塞。不锈钢管可使用多次，中碳钢易碎使用次数相对较少。
8.2.4 空燃比传感器更换：检查空燃比传感器（空燃比控制系统的标定要求见10.2条）。
8.2.5 软管更换：检查所有软管，更换老化的软管。检查软管是否存在由于内壁分离而限流的现象。

9 试验发动机的准备

9.1 整体购买试验专用发动机（参见附录C.1），不应拆解，但发动机外部组件可由实验室安装，必要时可更换气门杆密封。使用1993年福特发动机售后零件或程序ⅥB试验零件。
9.2 发动机零件清洗
9.2.1 使用脱脂溶剂浸泡需要清洗的零件（参见附录C.32）。
9.2.2 使用热水彻底冲洗干净。
9.3 发动机装配：
9.3.1 装配概述：按照1993年福特安装手册装配外围部件，与手册不同部分的安装细则在试验方法中说明，附加信息参照1999年版的福特543装配手册。
9.3.2 螺栓扭矩规范：安装发动机组件应使用扭矩扳手，规定力矩参见1993年福特安装手册，按照规定的扭矩安装。扭矩规范仅适用于干净和少量润滑的螺纹。脏的和受损的螺纹不能保证力矩准确，过大的力矩会损坏螺纹。
9.3.3 密封材料：试验对密封材料不作特殊要求。可以根据工程经验选择密封材料，但不允许使用带状密封材料（带状密封材料的碎片可能在发动机内部循环流动，堵塞关键油道孔）。

注：硅基的密封材料可能会造成试验油中硅含量的增加。

9.3.4 新发动机（参见附录C.1）需要的新配件见附录G。
9.3.5 谐振平衡器：谐振平衡器零件号为F1AZ-6316-A，安装在发动机上，由供货商直接提供。
9.3.6 油底壳：油底壳零件号为F1AZ-6675-A或F2AZ-6675-A，改造见6.6.5.14和图D.10、图D.11、图D.14和图D.15。选用垫圈零件号为F1AZ-6710-A。相应扭矩参见1993年福特安装手册，表A12940-B，第03-01-39页。
9.3.7 进气歧管：进气歧管零件号为F1AZ-9424-C、F1AE-9424或F1AE-9425，由CPD购买（参见附录C.23），按6.13.4改造进气歧管。选用垫圈零件号为F1AZ-9461-A。相应扭矩参见1993年福特安装手册，图A14812-A，第03-01-32页。
9.3.8 摇臂罩：右侧摇臂罩零件号为F1AZ-6582-A，左侧摇臂罩零件号为F1AZ-6582-B，右侧垫零件号为F1AZ-6584-A，左侧垫零件号为F1AZ-6584-B，由发动机供货商提供。
9.3.9 恒温器：拆除恒温器，使用孔板代替恒温器，见图D.22（参见附录C.26）和6.13.3。
9.3.10 恒温器壳：安装改造好的恒温器壳（见6.13.12），零件号为F1VY-8592-A、F1AE-8594或

OHT 6A-01010-1，使用垫圈零件号为 F1VY-8255-A。

9.3.11 冷却液入口：改造冷却液入口连接，见 9.3.12 和 6.13.13。

9.3.12 机油滤清器座：机油滤清器座零件号为 F1AZ-6881、F1AE-6881 或 F1AE-6884，由发动机供货商提供，改造机油滤清器座（见 6.13.13），使用垫圈零件号为 F1AZ-6840-A。

9.3.13 油标尺套管：油标尺套管零件号为 F1AZ-6754-A，由发动机供货商提供。

9.3.14 水泵：安装改造后的水泵或封闭盘（见 6.5.10 和图 D.6）。

9.3.15 传感器、转换器、阀和位置传感器：

9.3.15.1 机油压力转换器和传感器：安装零件号为 E9SZ-9278-A 的机油压力转换器。拆除原发动机机油压力传感器，并将该位置堵死。

9.3.15.2 凸轮轴位置传感器（CMP）：安装零件号为 F1AZ-6B288-A 的凸轮轴位置传感器，由发动机供货商提供。

9.3.15.3 曲轴位置传感器（CKP）：安装零件号为 F1AZ-6C315-A 的曲轴位置传感器，由发动机供货商提供。

9.3.15.4 水温指示器发送单元：安装零件号为 F1SZ-10884-A 或 F1SF-10884 的温度指示器发送单元。

9.3.15.5 怠速控制电磁线圈（ISC）：将怠速控制电磁线圈拆除，用一个挡板替换（见 6.13.10）。

9.3.15.6 EGR 阀：将 EGR 阀拆除，用一个挡板替换（见 6.13.7）。

9.3.15.7 EGR 阀位置传感器（EVP）：不使用 EGR 阀位置传感器。

9.3.15.8 EGR 真空调节器传感器（EVR）：不使用 EGR 真空调节器传感器，将真空管线堵住。

9.3.15.9 节气门位置传感器（TP）：安装零件号为 F2AZ-9B989-A 或 FZAF-9B989 的节气门位置传感器，由 CPD 购买（参见附录 C.23）。

9.3.15.10 发动机冷却液温度传感器（ECI）：安装零件号为 F2AZ-12A648-A 或 F2AF-12A648 的发动机冷却液温度传感器，由 CPD 购买（参见附录 C.23）。

9.3.15.11 加热型排气氧传感器（HEGO）：安装零件号为 F0TZ-9F472、F0SZ-9F472-A、F1SZ-9F472-A 或 XL3Z-9F472 的加热型排气氧传感器并保证其正确连接。左侧（5 缸~8 缸）传感器连接线为红色带黑条，右侧（1 缸~4 缸）传感器连接线为灰色带蓝条，由 CPD 购买（参见附录 C.23）。

9.3.15.12 PCV 阀：拆除 PCV 阀，将 PCV 各连接点连入曲轴箱压力控制系统，见图 D.12 和图 D.21（见 6.12.9），堵住所有的相关的真空管线。

9.3.15.13 进气温度传感器（ACT）：使用零件号为 F2DZ-12A697 的进气温度传感器，由 CPD 购买（参见附录 C.23）。

9.3.15.14 进气质量流量传感器：使用零件号为 F0TZ-12B579 或 F2VF-12B579（直径 70mm）的进气质量流量传感器，由 CPD 购买（参见附录 C.23）。

9.3.16 点火系统：

9.3.16.1 点火线圈：安装发动机左右点火线圈，零件号为 F1VY-12029、F1VU-12029、F3VU-12029 或 F5LU-12029，使用点火线圈支架，右侧支架零件号为 F3AZ-12257，左侧支架零件号为 F3AZ-12257。

9.3.16.2 点火线：使用零件号为 F3PZ-12259-C 的点火线。安装参见 1993 年福特安装手册，图 B4477-D，第 03-07-6 页。

9.3.16.3 点火模块（ICM）：安装零件号为 F1AZ-12K072-A 或 F1AF-12K072 的点火模块，由 CPD 购买（参见附录 C.23）。

9.3.16.4 火花塞：使用零件号为 AWSF32C、AWSF32P、AGSF32PB 或 AGSF32FM 的火花塞，开口间隙为 1.31mm~1.41.mm。

9.3.17 燃油喷射系统：

9.3.17.1 燃油喷嘴：使用零件号为 F0TZ-9F593 的燃油喷嘴，参考附录 H 喷射量，使用前检查喷嘴，由 CPD 购买（参见附录 C.23）。

9.3.17.2 燃油油轨：安装零件号为 F2AZ-9F792-A 或 F2AE-9F7929 的改造后的燃油油轨（见 6.13.14），由 CPD 购买（参见附录 C.23）。

9.3.17.3 燃油压力调节器：使用零件号为 E6AZ-9C968 或 E7DE-9C968 的燃油压力调节器，由 CPD 购买（参见附录 C.23）。

9.3.18 进气系统：发动机进气系统需要满足试验要求，使用以下规定的组件。

9.3.18.1 进气滤清器出口连接管组件：使用零件号为 F2AZ-9B659 的进气滤清器出口连接管组件。安装时使用零件号为 F2AZ-9A624-A 的卡箍和螺丝，由 CPD 购买（参见附录 C.23）。

9.3.18.2 曲轴箱通风管：拆除零件号为 F1AZ-6C324-A 的曲轴箱通风管，将滤清器一端的连接口堵住。

9.3.18.3 进气滤清器安装：使用零件号为 F2AZ-9600 的空气滤清器，改造见图 D.18，由 CPD 购买（参见附录 C.23）。

9.3.18.4 进气滤芯：安装零件号为 E5TZ-9601 的进气滤芯。

9.3.18.5 谐振箱：使用零件号为 F2AE-9R504 的谐振箱。

9.3.18.6 节气门体：使用零件号为 F3PZ-9E926NA、F2AZ-9E926 或 F2AE-9E926 的节气门体，由 CPD 购买（参见附录 C.23）。

9.3.18.7 节气门体底座：使用零件号为 F2AE-9A589 或 F1-VY-9A589 的节气门体底座，由 CPD 购买（参见附录 C.23）。

9.3.19 发动机管理系统（点火和燃油控制）：

9.3.19.1 发动机线束：使用零件号为 OHT6A-001-01 的专用线束，由 SPD 购买（参见附录 C.26）。

9.3.19.2 发动机控制模块：使用零件号为 OHT6A-002-1 的 EEC Ⅳ，或零件号为 OHT6A-002-3 的 ECM/EEC（参见附录 C.24），该模块用于控制点火和燃油喷射。

a）为 EEC 提供稳定的 12V 电源，EEC 正极（红线）接 12V 电源，地线接发动机。当使用电池时，用双线连接电池负极，防止影响 EEC 正常工作。

b）更换 ECM 时应测量点火正时，BTDC 点火提前角应为 20°±2°（见表 1）。

9.3.19.3 保持记忆体（KAM）：试验运转时将保持记忆体与 12V 电源断开。

9.3.20 附录驱动单元：不使用附录驱动单元，包括交流发电机、燃油泵、助力转向器、气动泵、空气压缩机等。

9.3.21 排气歧管：右侧使用零件号为 F1AZ-9430-B，左侧使用零件号为 F1AZ-9431-B 的排气歧管，所需力矩参见 1993 年福特安装手册，图 A13673-A，第 03-01-34 页。

9.3.22 发动机飞轮和护罩：使用福特生产零件号为 F6ZZ-6375-AB 的飞轮，由 CPD 购买（参见附录 C.23）。安装护罩，改造飞轮使其与连接轴相连。

9.3.23 发动机吊装：不应由进气歧管处吊装发动机，防止引起冷却液泄漏。吊装方法和位置参见 1993 年福特安装手册。

9.3.24 发动机底脚：规定发动机右侧使用零件号为 DTSC-080-128-001 的底脚，左侧使用零件号为 DTSC-80-126-1 的底脚，减震器零件号为 DTSC-40-132-1。后端底脚结构由实验室自行设计（参见附录 C.33）。

9.3.25 气门杆密封：实验室可判定是否更换气门杆密封，参见 1993 年福特安装手册，使用专用工具更换，气门杆密封零件号为 F6AZ-6571-AA，尽量在标机试验前更换。

9.3.26 气门弹簧：使用零件号为 F1AE-6513-AC 的气门弹簧，满足 WDSM1A314-A1 的相关要求。更换气门弹簧尽量在新发动机磨合或标机试验前更换。更换新弹簧后应进行 80h 第二阶段老化试验，然后进行参比油试验。更换时要求一次性更换所有气门弹簧。

9.3.27 定时链条张紧组件：需要时更换定时链条张紧组件或零件组，零件组包括左右定时链条张紧摇臂、定时链条、链条导轨、主轴齿轮、凸轮轴齿轮。更换其中一个或整体更换后要求进行重新标机，并在报告中指明更换的部分。对于装配连接型凸轮轴链条的发动机，应更换为滚轮型凸轮轴链条。零件为1993年福特生产的4.6L发动机零件，由福特经销商处购买。

9.3.28 主轴后密封：主轴后密封或后密封壳体在需要的情况下可以进行更换。

9.3.28.1 若更换发动机主轴后轴封或后密封壳体，需要对发动机进行标机。

10 试验台架的标定

10.1 试验台架标定：为确保各种参数正常，在更换发动机或发动机达到试验次数时，需要进行标机试验。

10.1.1 标机过程：使用标机油进行试验。

10.1.1.1 标机试验不应因一个燃油经济性指标（FEI）的结果终止试验。

10.1.1.2 试验台架进行7次非标机试验，即需要重新标机。

10.1.2 仪表标定：记录所有仪器的标定结果，每6个月进行一次标定。在每次标机试验前应标定测量燃油流量、发动机转度、空燃比和排气背压的设备。

10.2.1 发动机扭矩测量系统：每次试验或参比油试验前使用砝码标定测功机。在标定前起动发动机，在1500r/min、37 N·m的条件下运转30min，停机，保持测功机循环水运转正常，3min内完成标定。

10.2.1.1 标定的扭矩约为26 N·m、37 N·m和98N·m，要求偏差在±0.3 N·m之内。

10.2.2 燃油流量测量系统：使用高精度质量称量装置标定燃油流量计，选定三种流量（约为1.4 kg/h、3.2 kg/h和5.4kg/h），每种至少做三次以校验重复性。

10.2.2.1 试验用流量计显示在5.4 kg/h时偏差为0.25%内，在3.2 kg/h时偏差为0.32%内，在1.4 kg/h时偏差为0.54%内。对每一种流量，要求至少三次连续的流量读数在规定的公差范围内。标定标准的精度要求至少是流量计精度的四倍。

10.2.3 冷却液流量测量系统：每六个月至少标定一次冷却液流量测量系统。

10.2.4 热电偶和温度测量系统：每六个月至少标定一次热电偶和温度测量系统，需要严格控制的温度点（见表2）要求偏差为±0.56℃之内，应使用的标定设备精度在±0.56℃范围内。热电偶标定的附加要求见6.9条。

10.2.5 湿度测量系统：使用在露点温度为16℃时精度最小为±0.55℃的湿度计，每6个月对湿度测量系统至少进行一次标定，湿度测量取样点置于进气滤清器进气管处。

10.2.5.1 此标定包括一系列的实验室湿度测量系统与标定用仪器的湿度测量的对比。对比时间持续从20min~2h，每1min~6min采集一次数据，总共采集20组数据。测量间隔应与测量设备的时间常数相匹配。

10.2.5.2 验证流速应满足设备规范，取样管线为不吸湿管线。用6.8.1中的式（1）修正露点湿度计测量数据至标准状态。使用附录I中的式（I.1）计算20组数据中每组数据差值的平均值和标准偏差。差值的平均值不应超过1.43g/kg，标准偏差不应超过0.714g/kg。如果没有达到要求，应检查原因，进行修理，然后重新标定。保存标定记录两年。

10.2.6 其他设备：除10.2.1条~10.2.5条规定的测量设备外，其他测量设备至少每6个月标定一次。在将机油加热器元件安装进低熔点合金前，对机油加热器元件进行标定。

11 试验程序

11.1 启动新发动机前的准备：按照表2的条件，检查并校准发动机点火正时。

11.1.1　外部机油系统：新发动机安装在试验台后，需要清洗外部机油系统（见8.2.2）。若试验台为新试验台架，需验证冲洗效果。

11.1.2　冲洗效果验证：对新建ⅥB台架或对换油系统进行改造过的台架，实验室应验证不停机换油系统的冲洗效果。使用ICP（原子发射光谱法）方法分析经冲洗油冲洗（见11.5.9.1）后BC油中钼的含量，检验其是否达到99%的冲洗效果。验证使用ASTM FEEO-103润滑油（以后用FM油表示）或其他含有钼元素的合适的润滑油。试验程序如下：

11.1.2.1　用BC油作为发动机润滑油，起动发动机并运行至冲洗阶段（见表2）。

11.1.2.2　从油罐中取118mL冲洗验证油（FM）油作为新油油样。

11.1.2.3　用FM油作为冲洗油冲洗，发动机在冲洗工况运转30min。

11.1.2.4　用FM油作为冲洗油冲洗，发动机在冲洗工况运转30min。

11.1.2.5　用FM油作为冲洗油冲洗（FM油冲洗结束）。

11.1.2.6　发动机在冲洗工况运转30min，放118mL死区油，取118mL油样作为油样1，并将死区油加回发动机。

11.1.2.7　用BCFHD油作为冲洗油冲洗，发动机在冲洗工况运转30min。

11.1.2.8　用BCFHD油作为冲洗油冲洗，发动机在冲洗工况运转2h。放118mL死区油，取118mL油样作为油样2，并将死区油加回发动机。

11.1.2.9　用BC油作为冲洗油冲洗，发动机在冲洗工况运转30min。放118mL死区油，取118mL油样作为油样3，并将死区油加回发动机。

11.1.2.10　用BC油作为冲洗油冲洗，发动机在冲洗工况运转30min。放118mL死区油，取118mL油样作为油样4，并将死区油加回发动机。

11.1.2.11　用BC油作为冲洗油冲洗，发动机在冲洗工况运转30min。放118mL死区油，取118mL油样作为油样5，并将死区油加回发动机。

11.1.2.12　油样分析：使用GB/T 17476方法分析新油油样及油样1、油样2、油样3、油样4和油样5中钼元素的含量（对比油样为油样5和油样1）。

11.1.3　加油前准备：检查设备和润滑油管线，确保管线正确安装并加紧，包括不停机换油系统。

11.1.4　为冷却液冲洗给发动机加油：检查两个机油滤清器（见6.6.5.9）保证其清洁，垫圈完好。给发动机加6.0L的BC油。

11.1.5　为冷却液冲洗加冷却液：冷却液流量计的文丘里管在加冷却液时应与管线隔断（关阀或断开管线），以防其在加冷却液时受污物堵塞。

11.1.6　冷却液系统清洗剂添加剂与水的比例为：1L水中含23g草酸和1g分散剂425（见7.4.3和参见附录C.32）。

11.2　初次起动发动机：连接燃油管线至燃油油轨并打开燃油控制阀。起动控制柜（打开发动机点火、打开机油外循环泵、起动安全电路）。起动发动机，当发动机进入怠速状态（约800r/min，零负荷状态），检查燃油、机油、冷却液、水和排气管是否有泄漏。连接进气管，检查BTDC是否为20°。

11.3　冷却液冲洗：

11.3.1　在怠速状态（800r/min，零负荷状态）运行40min，冷却液温度保持65℃±5℃。打开发动机机体侧面的冷却液放空阀和冷却液热交换器放空阀，同时向冷却液系统中加清水，直至放出来的水变清，然后继续向冷却液系统中加入清水持续5min。关闭放空阀，向冷却液系统中加中和剂（碳酸钠）（见7.4.3）溶液，加入量比例为每升热水3.8g。

11.3.1.1　可替代的冲洗方法：使用带有外加热功能的循环冲洗设备，设备保持冷却液温度为65℃±5℃，使用清洗剂循环运转40min。打开发动机机体侧面的冷却液放空阀和冷却液热交换器放空阀，向循环系统中加入清水，直至放出来的水变清，然后继续向冷却液系统中加入清水持续5min，关闭放空阀。向冷却液系统中加中和剂（碳酸钠）（见7.4.3）溶液，加入量比例为每升热水3.8g。

11.3.2 加入中和剂后，系统循环45min，保持温度为65℃±5℃，打开放空阀并向系统中加清水，直到放出的水变清（进水的pH值与出水的pH值相等）。停止向冷却系统中加水，关闭放空阀，循环运转20min。

11.3.3 按照11.5.8的规定停机。停机后，断开与进气系统的连接。如使用带有外加热功能的循环冲洗设备，关闭设备并断开与冷却系统的连接。

11.3.4 放掉冷却液。

11.3.5 向冷却系统中加入体积比为1∶1的商用含添加剂乙二醇的冷却液的浓缩液与蒸馏水或去离子水的混合液（见7.3）。

11.3.6 冷却液可重复使用，但新发动机应加入新冷却液。

11.3.7 冷却液冲洗在发动机磨合后进行。

11.4 新发动机的磨合：依照以下程序对新发动机进行磨合：

11.4.1 使用BC油作为润滑油对新发动机进行磨合，磨合时间至少为200h。记录每个小时的BSFC。磨合阶段对控制精度无特殊要求。

11.4.2 磨合阶段加油：检查两个机油滤清器，确保滤清器干净。将原发动机油放净，向发动机加入6.0L的BC油并在整个磨合阶段使用。

11.4.3 磨合工况：按照表3所示工况进行新发动机的磨合。建议循环阶段采用阶梯函数形式，而不采用斜坡函数形式。如采用斜坡函数形式，注意工况变化不要太缓和，否则不利于磨合的完成。

11.4.4 磨合的台架要求：发动机磨合要求台架使用Midwest或Eaton生产的37kW，型号为758的干式测功机（参见附录C.2），满足表1制定的要求。

11.5 试验操作：依照以下程序进行非参比油试验。

11.5.1 参照附录J，完成试验前维护。

11.5.2 起动发动机。

11.5.3 发动机使用BC油，运转至冲洗状态（见表2）。

11.5.4 用BC油冲洗两次，抽进BC油。

11.5.4.1 在第1状态（见表1）稳定运转，采集试验数据。

11.5.4.2 在第2状态（见表1）稳定运转，采集试验数据。

11.5.4.3 在第3状态（见表1）稳定运转，采集试验数据。

11.5.4.4 在第4状态（见表1）稳定运转，采集试验数据。

11.5.4.5 在第5状态（见表1）稳定运转，采集试验数据。

11.5.4.6 发动机使用BC油，运转至冲洗状态。

11.5.5 用试验油冲洗两次，抽进试验油。

11.5.5.1 开始第一阶段16h的老化（见表2）。

11.5.5.2 在第1状态（见表1）稳定运转，采集试验数据。

11.5.5.3 在第2状态（见表1）稳定运转，采集试验数据。

11.5.5.4 在第3状态（见表1）稳定运转，采集试验数据。

11.5.5.5 在第4状态（见表1）稳定运转，采集试验数据。

11.5.5.6 在第5状态（见表1）稳定运转，采集试验数据。

11.5.6 开始第二阶段80h的老化（见表2）。

11.5.6.1 在第1状态（见表1）稳定运转，采集试验数据。

11.5.6.2 在第2状态（见表1）稳定运转，采集试验数据。

11.5.6.3 在第3状态（见表1）稳定运转，采集试验数据。

11.5.6.4 在第4状态（见表1）稳定运转，采集试验数据。

11.5.6.5 在第5状态（见表1）稳定运转，采集试验数据。

11.5.6.6　发动机使用试验油，运转至冲洗状态。

11.5.7　用 BCFHD 油和 BC 油分别冲洗两次，抽进 BC 油。

11.5.7.1　在第 1 状态（见表 1）稳定运转，采集试验数据。

11.5.7.2　在第 2 状态（见表 1）稳定运转，采集试验数据。

11.5.7.3　在第 3 状态（见表 1）稳定运转，采集试验数据。

11.5.7.4　在第 4 状态（见表 1）稳定运转，采集试验数据。

11.5.7.5　在第 5 状态（见表 1）稳定运转，采集试验数据。

11.5.7.6　试验后停机。对台架进行必要的维护，下次试验前标定仪器设备。

11.5.8　开机和停机程序：正常停机后，断开燃油管线或关闭燃油阀，脱开进气管。

11.5.8.1　非正常停机和重新起动：在整个试验过程中，应避免非正常停机的发生。当出现非正常停机时，最长的停机时间为 10h，最多允许出现 4 次非正常停机，且一次停机的最大时间为 8h。报告中记录停机的次数和每次停机的时间。如出现非正常停机，按以下进行操作：

（1）如在稳定阶段出现非正常停机，则试验重启后回到该阶段的起点，重新进行试验，不扣除已经运转的时间。

（2）如在测量 BSFC 阶段出现非正常停机，则试验重启后重新进入稳定阶段，稳定阶段过后，重新测量 BSFC 数据。

（3）如在冲洗阶段或老化阶段出现非正常停机，则试验重启后回到原来的阶段，继续原有的步骤，保持原来的试验时间。

11.5.9　不停机换油程序：指在不停机的情况下更换发动机油。换油前，先将试验发动机运行至换油工况（见表 3），换油检查表见附录 K。

11.5.9.1　冲洗油冲洗（将试验油换为 BC 油）：本步骤目的在于减小试验油对 BC 油的影响，换油检查表见附录 K.1，按以下步骤进行冲洗油冲洗：

a）加热油罐中的 BCFHD 油和 BC 油至 93℃～107℃。

b）发动机运行至换油工况（见表 2）。

c）将换油系统（见图 D.7 和 6.6 条）转换到冲洗状态，当外置抽油泵从发动机抽出 6L 用过的试验油时，发动机自带机油泵从储油罐抽出 6L 的 BCFHD 油进入发动机。抽出的用过的试验油达到 6L 时，抽油罐的浮子控制开关关掉抽油泵和放油阀。当发动机自带机油泵抽 BCFHD 油达到 6L 时，油底壳的浮子控制开关关闭进油开关，发动机即换为 BCFHD 油。

d）发动机在冲洗工况运转 30min。

e）使用 BCFHD 油，重复第 3 步的操作。

f）发动机在冲洗工况运转 2h。

g）当 BC 油温度达到冲洗要求的温度时，按照第 3 步的换油方法，将 BCFHD 油换为 BC 油。

h）发动机在冲洗工况运转 30min。

i）使用 BC 油，重复第 3 步的操作。

j）发动机在冲洗工况运转 30min。

k）使用 BC 油，重复第 3 步的操作。

l）发动机进入第 1 状态（见表 1）的稳定阶段，为 BC 油的 BSFC 数据测量做准备。

11.5.9.2　试验油冲洗（将 BC 油换为试验油）：本步骤目的在于减小 BC 油对试验油的影响，换油步骤见表 K.2，按以下步骤进行冲洗：

a）加热油罐中的试验油至 93℃～107℃。

b）发动机运行至换油工况（见表 2）。

c）将换油系统（见图 D.7 和 6.6 条）转换到冲洗状态，当外置抽油泵从发动机抽出 6L 用过的 BC 油时，发动机自带机油泵从储油罐抽出 6L 的试验油进入发动机。抽出的用过的 BC 油达到 6L 时，抽油

罐的浮子控制开关关掉抽油泵和放油阀。当发动机自带的机油泵抽试验油达到 6L 时，油底壳的浮子控制开关关闭进油开关，发动机即换为试验油。

d）发动机在冲洗工况运转 30min。

e）使用试验油，重复第 3 步的操作。

f）发动机在冲洗工况运转 30min。

g）使用试验油，重复第 3 步的操作。

h）发动机进入老化第 1 阶段。

i）达到老化第 1 阶段工况要求后，通过加油或放油调整机油液面至满刻度（参见附录 L）。

11.5.9.3 BC 冲洗（将上次试验后 BC 油换为新 BC 油）：本步骤目的在于减小上次试验后 BC 油对新 BC 油的影响，换油步骤见表 K.3，按以下步骤进行冲洗：

a）加热油罐中的 BC 油至 93℃～107℃。

b）发动机运行至换油工况（见表 3）。

c）将换油系统（见图 D.7 和 6.6 条）转换到冲洗状态，当外置抽油泵从发动机抽出 6L 上次试验后 BC 油时，发动机自带机油泵从储油罐抽出 6L 新的 BC 油进入发动机。抽出的上次试验后 BC 油达到 6L 时，抽油罐的浮子控制开关关掉抽油泵和放油阀，当发动机自带的机油泵抽新 BC 油达到 6L 时，油底壳的浮子控制开关关闭进油开关，发动机即换为新 BC 油。

d）发动机在冲洗工况运转 30min。

e）使用 BC 油，重复第 3 步的操作。

f）发动机在冲洗工况运转 30min。

g）使用 BC 油，重复第 3 步的操作。

h）发动机进入第 1 状态（见表 1）的稳定阶段，为 BC 油的 BSFC 数据测量做准备。

11.5.10 试验操作阶段：图 1 显示 BSFC 数据的采集，表 1 显示试验的各个阶段工况，表 4 显示程序ⅥB 试验程序。

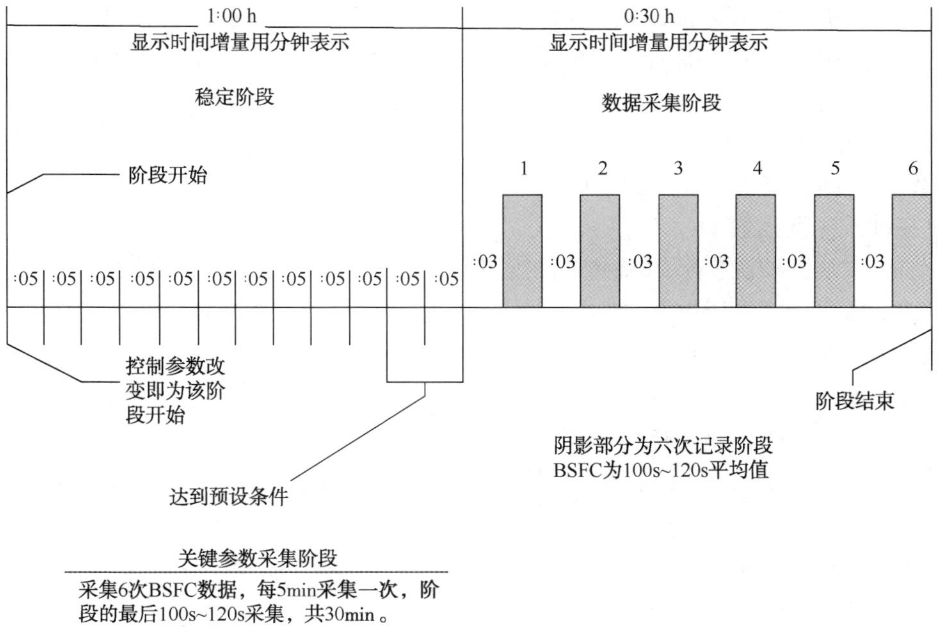

图 1 程序ⅥB 试验数据采集

表 4　程序ⅥB 试验程序

试验项目	试验程序	估算共用时间[a]
BC 油测试		
1	双冲洗至 BC 油	1：30
2	60min 的稳定阶段，6 次测量第一状态下的 BSFC[b]	1：30
3	60min 的稳定阶段，6 次测量第二状态下的 BSFC	1：30
4	60min 的稳定阶段，6 次测量第三状态下的 BSFC	1：30
5	60min 的稳定阶段，6 次测量第四状态下的 BSFC	1：30
6	60min 的稳定阶段，6 次测量第五状态下的 BSFC	1：30
7	预热至冲洗阶段	0：30
	共用时	9：30
试验油测试		
1	双冲洗至试验油	1：00
2	16h 老化	16：00
3	60min 的稳定阶段，6 次测量第一状态下的 BSFC	1：30
4	60min 的稳定阶段，6 次测量第二状态下的 BSFC	1：30
5	60min 的稳定阶段，6 次测量第三状态下的 BSFC	1：30
6	60min 的稳定阶段，6 次测量第四状态下的 BSFC	1：30
7	60min 的稳定阶段，6 次测量第五状态下的 BSFC	1：30
8	80h 老化	80：00
9	60min 的稳定阶段，6 次测量第一状态下的 BSFC	1：30
10	60min 的稳定阶段，6 次测量第二状态下的 BSFC	1：30
11	60min 的稳定阶段，6 次测量第三状态下的 BSFC	1：30
12	60min 的稳定阶段，6 次测量第四状态下的 BSFC	1：30
13	60min 的稳定阶段，6 次测量第五状态下的 BSFC	1：30
14	预热至冲洗阶段	0：30
	共用时	112：30
BC 油测试		
1	清洗换油至 BC 油	3：30
2	60min 的稳定阶段，6 次测量第一状态下的 BSFC	1：30
3	60min 的稳定阶段，6 次测量第二状态下的 BSFC	1：30
4	60min 的稳定阶段，6 次测量第三状态下的 BSFC	1：30
5	60min 的稳定阶段，6 次测量第四状态下的 BSFC	1：30
6	60min 的稳定阶段，6 次测量第五状态下的 BSFC	1：30
	共用时	11：00
试验完成	总用时	133：00

[a] 估算时间，包括测量、预热、冷却和冲洗。

[b] 例如：60min 的稳定阶段，然后开始每 5min（前 3min 稳定，后 2min 测量在这 2min 内的平均值）一次测量 BSFC，重复六次。

11.5.10.1 试验发动机磨合后，试验台架进行标机试验，结果满足要求，即可进行非参比油试验。用两个阶段老化后（16h 和 80h 老化）的五个状态下的燃油消耗数据与两次 BC 油数据相对比，得出试验结论。

11.5.11 稳定阶段：不停机换油后（BC 油或试验油），每个状态测量 BSFC 前，都需要一个小时的稳定阶段。稳定时间从转速、扭矩和各个温度达到设定点起到进入 BSFC 测量阶段前。系统控制使转速、扭矩、冷却液和机油温度达到设定要求。

11.5.12 BSFC 测量：1h 稳定阶段后，进行六次 BSFC 测量，见图 1。在 30min 的测量中，需要严格控制的参数应满足表 2 的要求。在 BSFC 测量阶段，在第六个测量读数未完成前可对该状态 BSFC 重复测量一次，且每个状态只能重复一次。如果第六个读数已经完成，任何一个需要严格控制的参数的平均值没有在规定的范围内，这个状态也不能重复测量，则本次试验视为无效。在每个约 2min（100s~120s）的测量中，用于计算的发动机转速、扭矩、燃油流量和 AFR 至少需要 100 个数据点，表 2 显示的其他操作参数，每项至少采集一次。按式（2）计算 BSFC：

$$BSFC = (9549.3 \times Q)/(T \times N) \quad (2)$$

式中：

BSFC——燃油消耗率，kg/（kW·h），保留小数点后四位；

N——平均转速，r/min，保留小数点后一位；

T——平均扭矩，N·m，保留小数点后两位；

Q——平均燃油流量，kg/h，保留小数点后三位。

11.5.12.1 用式（2）计算 BSFC，取六个数据的平均值，保留小数点后四位，计算测量的六个数据的变化系数（C.V.）。一般情况下第 2 和 3 状态的 C.V. 值会高于第 1、4 和 5 状态。不能仅因为高 C.V. 值就认为试验无效。

11.5.13 试验数据记录：人工记录试验数据为可选。

11.5.14 BC 油冲洗程序（将上次试验后 BC 油换为新 BC 油）：试验开始，发动机运行至换油工况（见表 3），进行不停机换油，用新 BC 油对上次试验后的 BC 油冲洗两次，抽进新 BC 油，见 11.5.9.2 和附录 K 表 K.3：

11.5.14.1 发动机运行至换油工况。

11.5.14.2 用新 BC 油对上次试验后的 BC 油冲洗两次，抽进新 BC 油。

11.5.14.3 继续试验，进行 BC 油的 BSFC 数据采集。

11.5.15 试验油测试前对 BC 油的 BSFC 进行测量：按表 1 依次运行五个工作状态，每个工作状态取六个 BSFC 值并记录需要严格控制的参数的值，见图 1 和 11.5.12。

11.5.15.1 计算每个状态采集的六个 BSFC 值的 C.V.。

11.5.16 试验油冲洗程序（将 BC 油换为试验油）：BC 油测试后，进行不停机换油，见以下步骤（见 11.5.9.2 和附录 K 表 K.2）：

11.5.16.1 用试验油对 BC 油冲洗两次，抽进试验油。

11.5.16.2 进入试验油老化阶段。

11.5.17 试验油老化：按表 3 阶段 I 的工况对试验油进行 16h 的老化试验。阶段 I 最长停机时间为 2h，超过 2h 则试验无效。老化结束后，开始试验油第一次燃油经济性的测量。

11.5.17.1 老化阶段 I 的机油消耗：通过观察发动机机油液面的方法监测试验油消耗。在 16h 老化前，调整发动机油液面至满刻度，老化开始 1h 后不得再向发动机内加油。

11.5.18 老化阶段 I 完成后进行试验油的 BSFC 数据采集：老化阶段 I 完成后，按表 1 依次运行五个工作状态，见图 1 和 11.5.12，每个工作状态取六个 BSFC 值并记录需要严格控制的参数的值。

11.5.19 老化阶段 II：试验油的 BSFC 数据采集（11.5.18）结束后，按表 2 阶段 II 的工况对试验油进行 80h 的老化试验。阶段 II 最长停机时间为 2h，超过 2h 则试验无效。

11.5.20 老化阶段Ⅱ的机油消耗和取样：在80h老化过程中，观察发动机油液面高度，机油消耗最大量为1900mL。若老化过程中机油消耗大于1900ml，则试验无效。记录机油消耗后，从机油加热器放油口取120ml油样进行黏度分析（见13.2.10）。

11.5.21 老化阶段Ⅱ完成后进行试验油的BSFC数据采集：老化阶段Ⅱ完成后，按表2依次运行五个工作状态，见图1和11.5.12，每个工作状态取六个BSFC值并记录需要严格控制的参数的值。

11.5.22 冲洗油冲洗（将试验油换为BC油）：试验油测试后进行冲洗油冲洗。

11.5.22.1 用BCFHD油对试验油冲洗两次。

11.5.22.2 用BC油对BCFHD油冲洗两次，抽进BC油。

11.5.23 进行BC油的BSFC数据采集：按表1依次运行五个工作状态，见图1和11.5.12。每个工作状态取六个BSFC值并记录需要严格控制的参数的值。BC油测试结束后，按式（3）计算BC油试验数据变化率。

$$R = (Q_1 - Q_2) \times 100\% \tag{3}$$

式中：

R——BC油试验数据变化率；

Q_1——第一次BC油燃油消耗量，kg/（kW·h）；

Q_2——第二次BC油燃油消耗量，kg/（kW·h）。

11.5.24 试验数据记录表：试验数据记录表的格式见附录G。

11.5.25 诊断程序：为确保试验的有效性，应经常对试验数据进行检查。尽早发现设备的故障十分重要，下列参数的响应特性十分重要：

11.5.25.1 稳定性趋向。

11.5.25.2 空燃比稳定性。

11.5.25.3 燃油流量稳定性。

11.5.25.4 进气真空度（绝对压力）。

11.5.25.5 发动机转速。

11.5.25.6 发动机扭矩。

11.5.25.7 排气背压。

11.5.26 试验总长度：试验总长度不能超过150h，否则试验无效。

12 结果的判断

12.1 按照表5中式（4）和式（5），计算FEI_1和FEI_2。

表 5　试验结果计算

测试状态	平均转速/（r/min）	平均功率/kW	时间系数/h
1	1500	15.39	0.0802
2	800	2.18	0.0787
3	800	2.18	0.0848
4	1500	15.39	0.0864
5	1500	15.39	0.0699

注：a）第一状态每个测试阶段每 5min 记录一次 BSFC 数值，共取 6 个数据，结果保留到小数点后 4 位。

b）对 6 个数据取平均值，结果保留到小数点后 5 位，BSFC 单位为 kg/（kW · h）。

c）将以上的平均值乘以第一状态的平均功率和时间系数，所得为该阶段的燃油消耗量，单位为 kg。

按照以上 a）、b）和 c）的方法计算状态 2~状态 5 的燃油消耗量。

汇总上述 5 个状态下的燃油消耗量。

BC 油第一次燃油消耗量（Q_b）、试验油 16h 老化后燃油消耗量（Q_{16}）、试验油 80h 老化后燃油消耗量（Q_{80}）和 BC 油第二次燃油消耗量（Q_a）。

按照以下公式（4）和公式（5）计算 FEI：

$$FEI_1=(Q_b\times80\%+Q_a\times20\%-Q_{16})/(Q_b\times80\%+Q_a\times20\%)\times100\% \qquad (4)$$

$$FEI_2=(Q_b\times10\%+Q_a\times920\%-Q_{80})/(Q_b\times10\%+Q_a\times90\%)\times100\% \qquad (5)$$

式中：

FEI_1——第一阶段燃油经济性指标；

FEI_2——第二阶段燃油经济性指标。

按照附录 K 对结果进行修正。

13　试验报告

13.1　有效性声明

在试验报告首页底部（参见附录 M）应包括有效性声明，由台架负责工程师签署。

13.2　报告格式

13.2.1　BC 油开始日期：BC 油在试验开始冲洗进入发动机前的数据日期。

13.2.2　BC 油开始时间：BC 油进入发动机冲洗前时间。

13.2.3　试验油开始日期：试验油开始数据定义为第一次试验油冲洗进入发动机的日期。

13.2.4　试验油开始时间：试验油进入发动机的时间。

13.2.5　第二次 BC 油开始日期：第二次 BC 油开始日期定义为 BCFHD 油进入发动机的日期。

13.2.6　第二次 BC 油开始时间：BCFHD 油进入发动机的时间。

13.2.7　试验中发动机运转总时间：在试验中发动机中总共运转时间。

13.2.8　试验总长度：整个试验开始到结束总时间。

13.2.9　燃油批次：试验所用燃油的生产批次。

13.2.10　试验油运动黏度：用 GB/T 265 测量试验油在 40℃ 和 100℃ 的运动黏度，采样见表 3，取新油和经过 80h 阶段老化的试验油。

13.2.11　使用国际单位制：试验报告要求使用 SI 单位。

14 精密度与偏差

按下述规定判断试验结果的可靠性（95%置信水平）。

14.1 精密度

试验精密度是在 ASTM TMC 所监控的参比油试验结果的基础上建立的。参比油试验精度参见表 1。

14.1.1 中间精密度 *i. p.*

14.1.1.1 中间精密度条件

在相同的实验室、使用相同的试验方法，可以改变操作者、测量设备、试验台架、试验发动机和时间，对同一试验进行测定。

注：“中间精密度”相对于“重复性”（重复性和中间精密度相比在实验室条件内定义得更为严格），更适合本试验方法。

14.1.1.2 中间精密度限值

在中间精密度条件下，对同一试样进行测定得到的两个试验结果之差不能超过表 6 中规定的值。

14.1.2 再现性 *R*

14.1.2.1 再现性条件

不同操作者，在不同实验室，使用不同的仪器，按照相同的方法，对同一试验分别进行测定。

14.1.2.2 再现性限值

在再现性条件下，对同一试样进行测定得到的两个单一、独立的试验结果之差不能超过表 6 中规定的值。

14.2 偏差

本标准尚未规定偏差。

表 6 试验精密度

试验结果	中间精密度 *i. p.*		再现性 *R*	
	标准偏差	中间精密度范围	标准偏差	再现性
FEI_1	0. 22	0. 616	0. 24	0. 672
FEI_2	0. 21	0. 588	0. 25	0. 700

附 录 A
(规范性附录)
安全预防措施

A.1 概述

A.1.1 发动机操作可能引发安全危害。推荐经受培训的和有经验的操作人员担任发动机试验台架的设计、安装和试验操作。

A.1.2 实验室进行发动机试验应得到其安全部门的检查和批准。在发动机操作中，应使用合适的工具，建立安全防范措施，避免接触转动的或热的发动机零件。对转动的或热的发动机零件应安装防护罩。当发动机在高速、大负荷状态下运转时，尽量避免操作人员在发动机或连接轴的侧面操作。所有的燃油、机油管线和电线应布局合理并有防护措施。在发动机运转时要求操作人员使用安全面罩或护目镜。

A.1.3 发动机实验室要求保持干净，溢出的机油和燃油应及时清理。操作人员应注意燃油和排气管线的泄漏，燃油和机油油罐不能放入正在进行试验的发动机实验室。

A.1.4 试验应安装燃油截止阀，当发动机停止运转时，自动断开燃油供给。使用合适的自锁联动装置，当以下情况发生时，发动机自动停机：测功机无激磁电流、发动机超速、机油压力过低、排气系统故障、实验室通风故障或防火系统启动。

A.1.5 当使用化学试剂清洁发动机时，操作人员需佩戴防护面罩，防尘器具及手套。应提供淋浴和脸部清洗装置。

A.2 物理危害和化学危害列表

A.2.1 物理危害：

A.2.1.1 发动机热的部件和排气管。

A.2.1.2 转动部件。

A.2.1.3 触电。

A.2.1.4 噪声。

A.2.2 化学危害：

A.2.2.1 燃油（无铅）：

a）易燃。蒸汽吸入对人体有害，同时容易引发火灾。

b）远离热源、火花和明火。

c）保持燃油容器关闭，燃油管线安装截止阀。

d）保持通风。

e）避免燃油蒸汽与火花、电火花和加热器接触。

f）避免长时间吸入燃油蒸汽。

g）避免长时间或反复与皮肤接触。

A.2.2.2 有机溶剂：

a）打开容器前，释放压力。不用时保证容器密封。

b）常温状态保存，远离高温、火花、火焰和强氧化剂。

c）使用干粉、泡沫或二氧化碳灭火剂。

d）使用时戴护目镜和手套。

e）在密闭空间使用应安装通风装置。

f）保持空气流通。

g）避免沾到眼睛、皮肤和衣物。

A.2.2.3 脱脂溶剂：

a）脱脂溶剂易燃且吸入人体有害。

b）远离高温、火花和火焰。

c）保证空气流通。

d）避免吸入或沾到眼睛。

e）使用水或干粉、泡沫、二氧化碳灭火剂。

f）避免长时间或反复与皮肤接触。

A.2.2.4 冷却系统清洗剂：

a）常温状态保存，不用时密封保存。

b）使用水或干粉、泡沫、二氧化碳灭火剂。

c）使用时戴护目镜和手套。

d）使用应安装通风装置。

e）保证空气流通。

f）避免沾到眼睛、皮肤和衣物。

A.2.2.5 草酸：

a）有毒物质。避免沾到眼睛、皮肤和衣物。

b）避免吸入。

c）避免接触食物。

A.2.2.6 采集的油样（新油和旧油）：

a）常温状态保存，远离高温、火花、火焰和强氧化剂。

b）使用干粉、泡沫、二氧化碳灭火剂。

c）使用时戴护目镜和手套。

d）避免沾到眼睛、皮肤和衣物。

A.2.2.7 旧油油样：

旧油中含有与新油中不同的物质，严格遵循相关规定处理。

附　录　B
（规范性附录）
缩短时间长度的程序ⅥB SJ试验要求

B.1　标定试验认可（见10.1）

B.1.1　程序ⅥB SJ试验要求应通过程序ⅥB试验的标定，详见10.1条。通过标定的程序ⅥB台架，即可满足程序ⅥB SJ试验标定要求。

B.2　试验程序

B.2.1　试验条件见表2。

B.2.2　按照11.5条~11.5.5.6的步骤操作。

B.2.3　程序ⅥB SJ试验在试验油完成第一阶段测试后就结束试验（见11.5.1.6）。

B.2.4　在程序ⅥB台架标定周期内，ⅥB SJ试验记为ⅥB台架的一个非参比油试验。

B.3　试验结果的计算（标称功率和时间加权系数见表6）

B.3.1　第一状态，每5min记录一次BSFC，保留到小数点后4位。

B.3.2　将六次BSFC测量结果进行求和平均，保留到小数点后5位。

B.3.3　将平均值乘以第一阶段的标称功率和时间加权系数（见表6），保留到小数点后6位。

B.3.4　重复附录B.3.1~附录B.3.3的步骤使用相对应的标称功率和时间加权系数（见表6）对第二到第五状态进行计算。

B.3.5　计算五种状态的燃油总消耗。

B.3.6　按照附录B.3.1~附录B.3.5的步骤，计算BC油和试验油总的燃油消耗量。

B.3.7　燃油经济性综合节能率按式（B.1）进行计算。

$$FEI = (Q_{BC} - Q_{test})/Q_{BC} \times 100\% \tag{B.1}$$

式中：

FEI——燃油经济性综合节能率,%；

Q_{BC}——BC油总燃油消耗量，kg/（kW·h）；

Q_{test}——试验油总油燃油消耗量，kg/（kW·h）。

附 录 C
(资料性附录)
试验材料购买

C.1 试验发动机

试验发动机使用的是1993年的4.6L福特产V-8自动变速器（AODF）传动发动机，从以下供应商购买：

1605 SurvFyor Blvd. P. O. Box 979
Carrollton, TX 75011-0979
TFlFphonF:(972) 417-3182
Fax:(972) 417-3165

C.2 测功机

MidwFst生产的37 kW（50 hp）758型号的测功机，从以下供应商购买：

MidwFst DynamomFtFr FnginFFring Company
3100 RivFr Road
RivFr GrovF, IL 60171
TFlFphonF:(708) 453-5156
Fax:(708) 453-5171

C.3 测功机压电式压力传感器

LFbow生产的型号为3397测功机压电式压力传感器，从以下供应商购买：

Faton Corporation
LFbow Products
1728 MaplFlawn Road
P. O. Box 1089
Troy, MI 48099
TFlFphonF:(313) 643-0220
Fax:(313) 643-0259

C.4 冷却液系统压力帽

保持冷却液外循环系统压力为69kPa，从本地供应商购买：

C.5 冷却液泵（P-1）

规定的冷却液泵从以下供应商购买：

Gould Pumps, Inc.
240 Fall StrFFt
SFnFca Falls, NY 13148

C.6 冷却液热交换器（HX-1）

ITT (ModFl 320-20)
ITT Standard
175 Standard Parkway
Buffalo, NY 14227

或

BFll & GossFtt (BP 75H-20 or BP 420-20)
BFll & GossFtt ITT

8200 N. Austin AvFnuF
Morton GrovF, IL 60053

C.7 金属压降控制盘

DaniFl Flow Products, Inc.
Flow MFasurFmFnt Products Division
P. O. Box 19097
Houston, TX 77224
TFlFphonF:(713) 467-6000
Fax:(713) 827-3880

C.8 冷却液流量调节阀(TCV-104, FCV-103 和 TCV-101)

BadgFr MFtFr, Inc.
P. O. Box 581390
Tulsa, OK 74158
TFlFphonF:(918) 836-8411

C.9 压力传感器(DPT-1)

使用 Viatran 型号为 274/374, ValidynF 型号为 DP15, 或 RosFmount 型号为 1151 的压力传感器, 从以下供应商购买:

Viatran Corp.
300 Industrial DrivF
Grand Island, NY 14072
TFlFphonF:(716) 773-1700

或

ValidynF FnginFFring Corp.
8626 Wilbur AvF.
NorthridgF, CA 91324
TFlFphonF:(818) 886-2057

或

RosFmount Inc.
4001 GrFFnbriar StrFFt 150B
Staf 福特, TFxas 77477
TFlFphonF:1-800 999-9307

C.10 水泵盘

水泵双向控制阀盘可由实验室加工或从以下供应商购买:

OHT TFchnologiFs, Inc.
9300 ProgrFss Parkway
P. O. Box 5039
MFntor, OH 44061-5039
TFlFphonF:(440) 354-7007
Fax (440) 354-7080

C.11 抽油泵(P-3)

HoudaillF IndustriFs, Inc.
Viking Pump Division
GForgF and WyFth StrFFt

CFdar Falls, IA 50613

TFlFphonF: (319) 266-1741

C. 12 浮子控制阀（FLS-136 和 FLS-152）

Imo IndustriFs Inc.

GFms SFnsor Division

1 CowlFs Road

PlainvillF, CT 06062-1198

TFlFphonF: (203) 747-3000

Fax: (203) 747-4244

C. 13 机油外循环泵（P-4）

HoudaillF IndustriFs, Inc.

Viking Pump Division

GForgF and WyFth StrFFt

CFdar Falls, IA 50613

TFlFphonF: (319) 266-1741

C. 14 电磁阀（FCV-150A, FCV-150C, FCV-150D, FCV-150F 和 FCV-150F）

BurkFrt Contromatic Corp.

1091 N. Batavia StrFFt

OrangF, CA 92667

TFlFphonF: (714) 744-3230

Fax: (714) 639-4998

C. 15 控制阀（TCV-144 和 TCV-145）

BadgFr MFtFr, Inc.

P. O. Box 581390

Tulsa, OK 74158

TFlFphonF: (918) 836-8411

C. 16 热交换器（HX-6）

ITT (ModFl 310-20):

ITT Standard

175 Standard Parkway

Buffalo, NY 14227

或

BFll & GossFtt (ModFl BP 25-20 or BP 410-020):

BFll & GossFtt ITT

8200 N. Austin AvFnuF

Morton GrovF, IL 60053

C. 17 加热器壳（FH-5）

TFI

12718 Cimarron Path

San Antonio, TX 78249

TFlFphonF: (210) 690-1958

Fax: (210) 690-1959

C. 18　机油滤清器壳和不锈钢机油滤芯

PO Box 3108
ModFsto, CA 95353
TFlFphonF: (800) 344-3286

或

OH TFchnologiFs Inc.
9300 ProgrFss Parkway
P. O. Box 5039
MFntor, OH 44061-5039
TFlFphonF: (440) 354-7007
Fax: (440) 354-7080

C. 19　机油滤清器适配器

OH TFchnologiFs, Inc.
9300 ProgrFss Parkway
P. O. Box 5039
MFntor, OH 44061-5039
TFlFphonF: (440) 354-7007
Fax: (440) 354-7080

C. 20　机油外循环系统软管和快速接头

AFroquip 设备可以通过本地分销商或 AFroquip 公司:
1225 W. Main StrFFt
Van WFrt, OH 45891
TFlFphonF: (419) 238-1190

C. 21　油底壳和抽油管

油底壳和抽油管可以由实验室进行加工或从以下供应商购买:
OH TFchnologiFs, Inc.
9300 ProgrFss Parkway
P. O. Box 5039
MFntor, OH 44061-5039
TFlFphonF: (440) 354-7007
Fax: (440) 354-7080

C. 22　燃油流量计

MicroMotion, Inc.
7070 WinchFstFr CirclF
BouldFr, CO 80301
TFlFphonF: (303) 530-8400 or (800) 522-6277
Fax: (303) 530-8209

C. 23　由 CPD 购买的其他配件

TFst FnginFFring, Inc. (TFI)
12758 Cimarron Path, SuitF 102
San Antonio, TFxas 78249-3417

C. 24　空燃比分析仪

Horiba 生产的型号为 MFXA 110 的空燃比分析仪，从以下供应商购买:

Horiba InstrumFnts, Inc.
17671 Armstrong
IrvinF Industrial ComplFx
IrvinF, CA 92623
TFlFphonF:(714) 250-4811

C.25 FCM/FFC(发动机控制)模块

OH TFchnologiFs Inc.
9300 ProgrFss Parkway
P. O. Box 5039
MFntor, OH 44061-5039
TFlFphonF:(440) 354-7007
Fax:(440) 354-7080

C.26 自动调温盘

自动调温盘可以由实验室进行加工或从以下供应商购买:
OH TFchnologiFs Inc.
9300 ProgrFss Parkway
P. O. Box 5039
MFntor, OH 44061-5039
TFlFphonF:(440) 354-7007
Fax:(440) 354-7080

C.27 连接 FCM/FFC 的线束

OH TFchnologiFs Inc.
9300 ProgrFss Parkway
P. O. Box 5039
MFntor, OH 44061-5039
TFlFphonF:(440) 354-7007
Fax:(440) 354-7080

C.28 恒温器壳

恒温器壳可以由实验室进行加工或从以下供应商购买:
OH TFchnologiFs Inc.
9300 ProgrFss Parkway
P. O. Box 5039
MFntor, OH 44061-5039
TFlFphonF:(440) 354-7007
Fax:(440) 354-7080

C.29 机油滤清器座

机油滤清器座可以由实验室进行加工或从以下供应商购买:
OH TFchnologiFs Inc.
9300 ProgrFss Parkway
P. O. Box 5039
MFntor, OH 44061-5039
TFlFphonF:(440) 354-7007
Fax:(440) 354-7080

C. 30 燃油油轨适配器

燃油油轨适配器可以由实验室进行加工或从以下供应商购买：

OH TFchnologiFs Inc.

9300 ProgrFss Parkway

P. O. Box 5039

MFntor, OH 44061-5039

TFlFphonF：(440) 354-7007

Fax：(440) 354-7080

C. 31 有机溶剂 PFnmul L460

PFnFtonF Corporation

74 Hudson AvFnuF

TFnafly, NJ 07670

C. 32 去脂溶剂

在当地购买。

C. 33 发动机循环冷却系统清洗剂或清洗冷却液系统的清洗剂

Oxalic acid, 55-lb bags

Sodium CarbonatF, 50-lb bags：

Ashland ChFmical Company

P. O. Box 391

Ashland, KY 41114

TFlFphonF：(606) 329-5044

PFtro DispFrsant No. 425 PowdFr, 50-lb bags：

Witco Corporation

3230 BrookfiFld

Houston, TX 77045

TFlFphonF：1-800-231-1542 (OutsidF TFxas)

1-800-391-1681 (InsidF TFxas)

Oxalic Acid 17.5 g/L (2.3 oz/gal) and PFtro DispFrsant No. 4251 g/L (0.15 oz/gal) prFmixFd in a singlF usF containFr：

Wrico Corporation

4835 Whirlwind

San Antonio, TX 78217

Attn：PrFsidFnt

TFlFphonF：(210) 590-4400

Fax：(210) 590-4451

C. 34 发动机底脚减震

World Class FnginFFrFd Products

20994 BridgF StrFFt

SouthfiFld, MI 48034

TFlFphonF：(313) 351-4090

Fax：(313) 351-4099

C. 35 发动机支架

Lybrook PrFcision Products

TFlFphonF：(313) 946-4246

附 录 D
(规范性附录)
简图和流程图

D.1 发动机冷却系统见图 D.1。

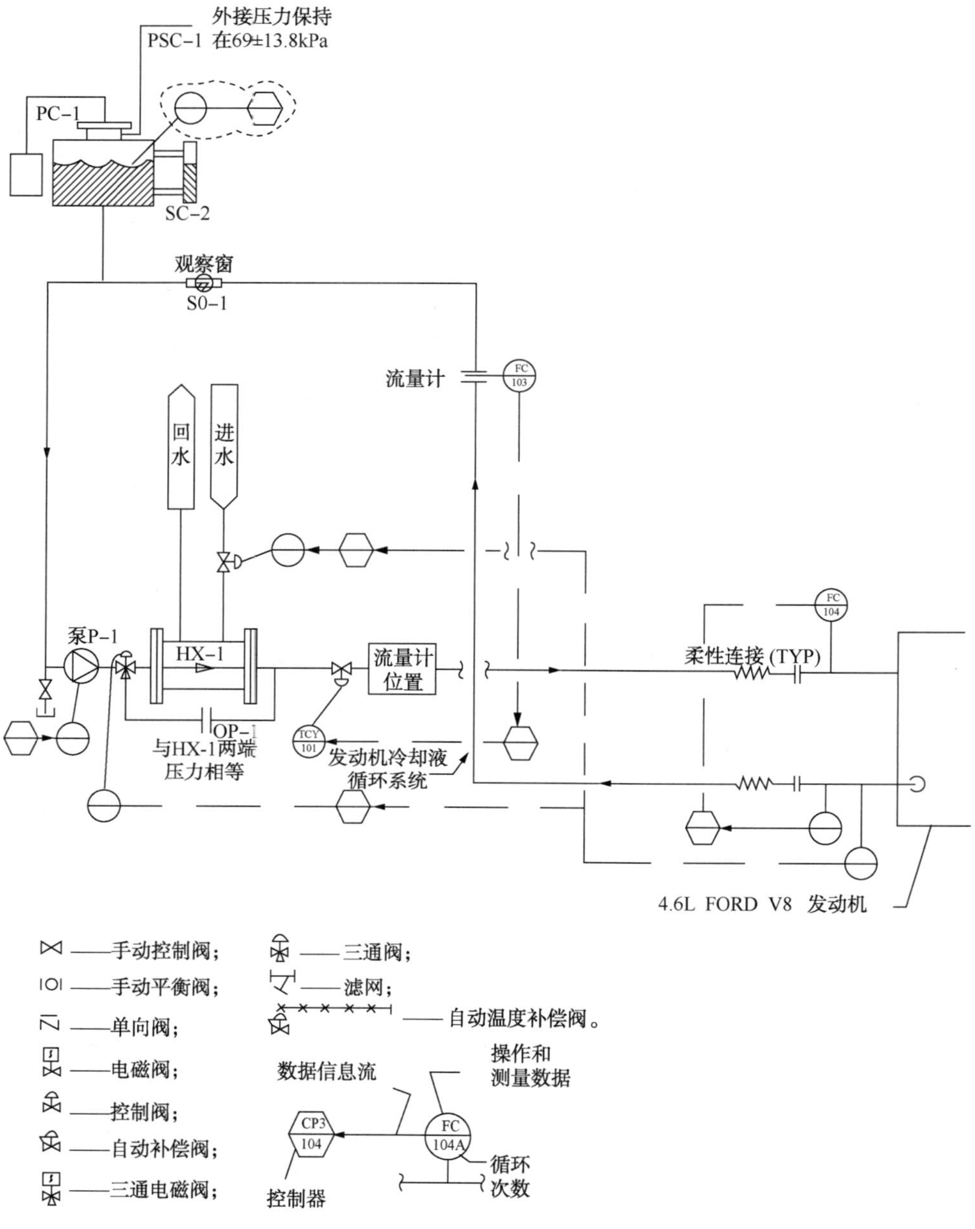

图 D.1 发动机冷却系统

D.2 典型发动机冷却系统构造见图 D.2。

单位为毫米

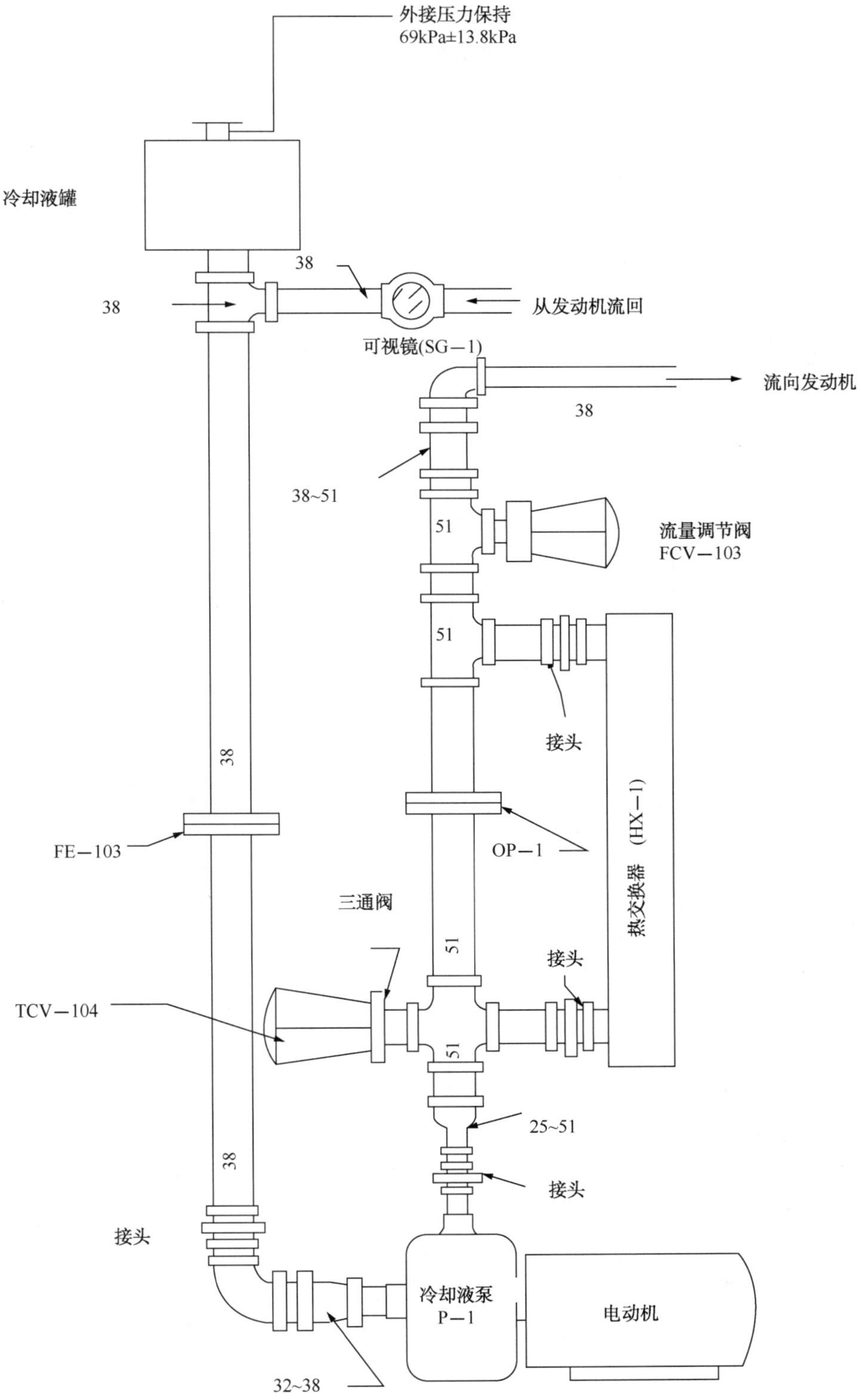

图 D.2 典型发动机冷却系统构造

D.3 可选的发动机冷却系统构造见图 D.3。

单位为毫米

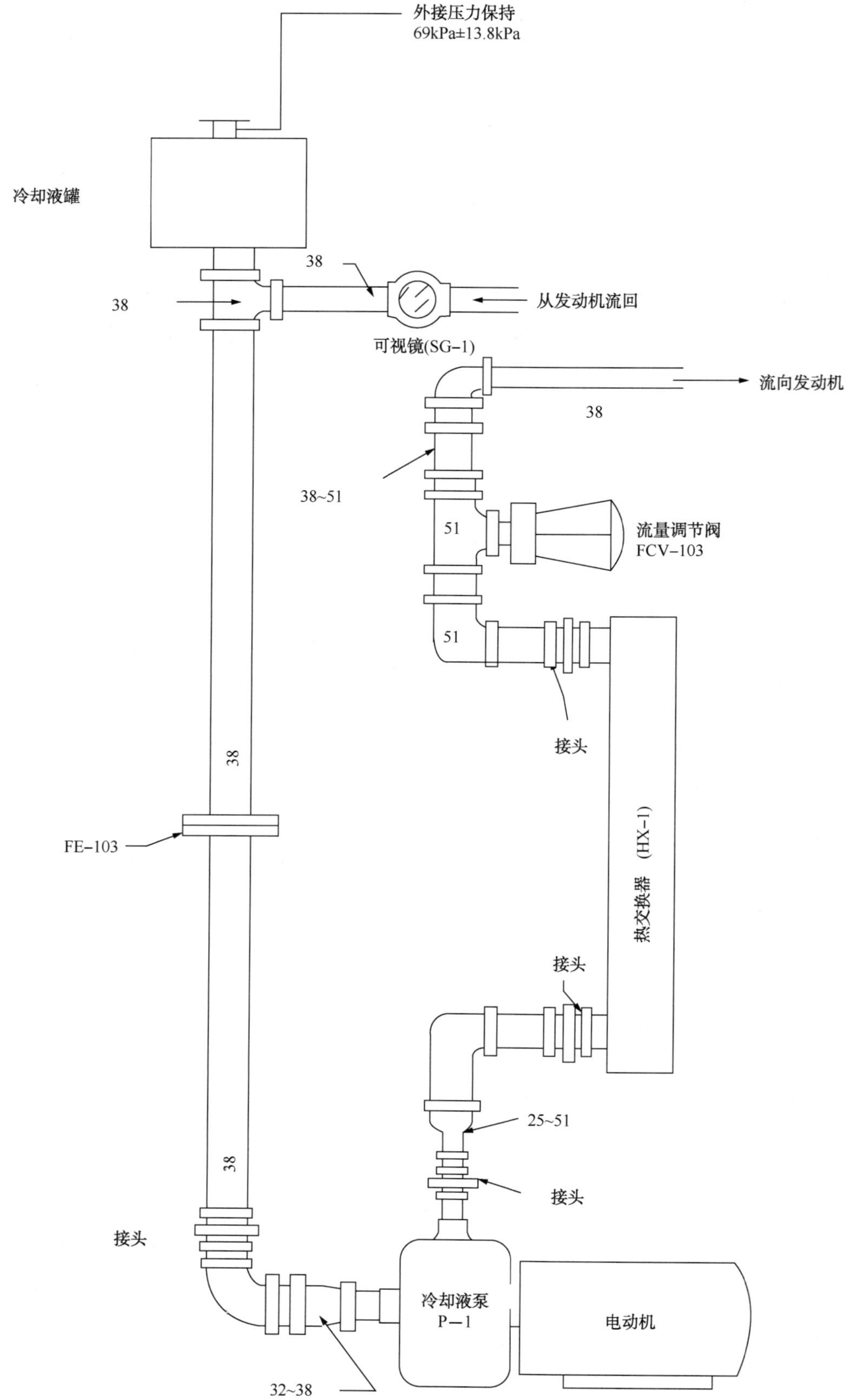

图 D.3 可选的发动机冷却系统构造

D.4 发动机冷却液循环系统（前视图）见图 D.4。

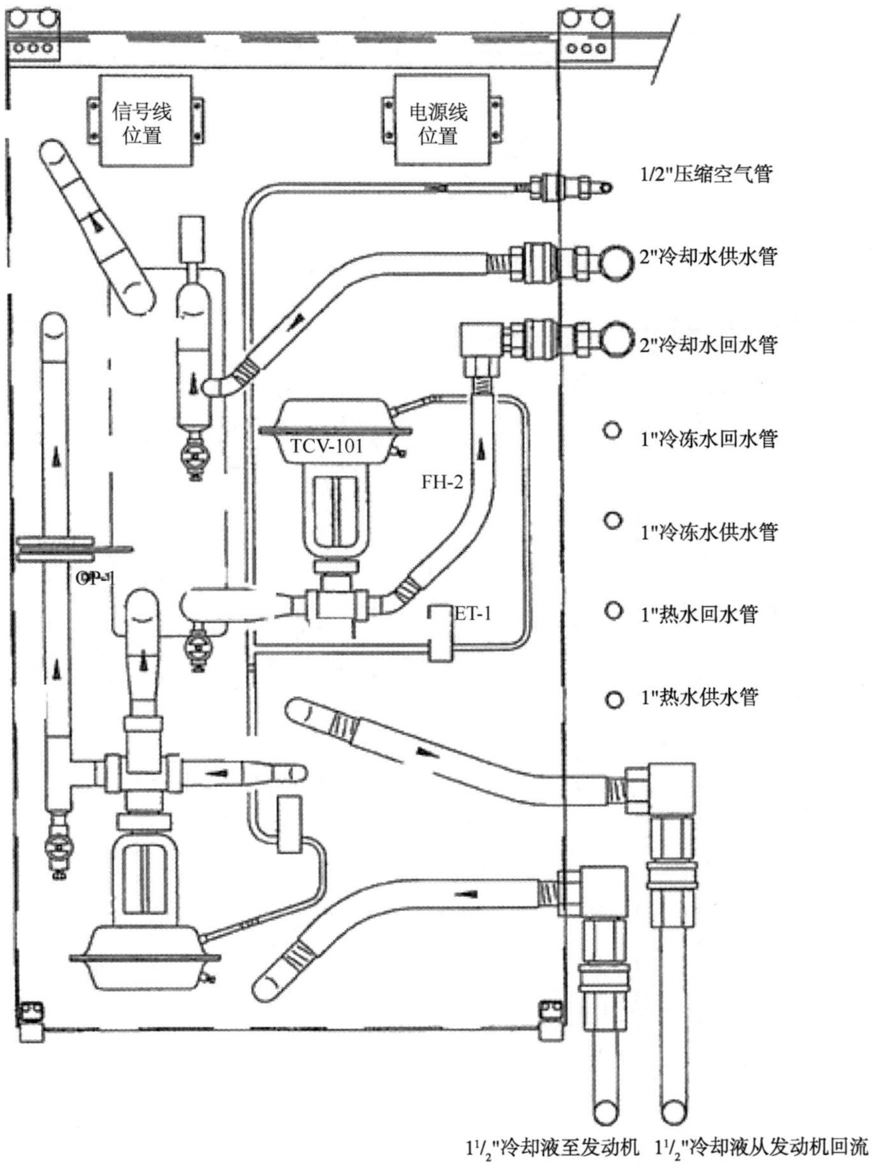

注：接头位置可由实验室自行选择。

图 D.4　发动机冷却液循环系统（前视图）

D.5 发动机冷却液循环系统（后视图）见图 D.5。

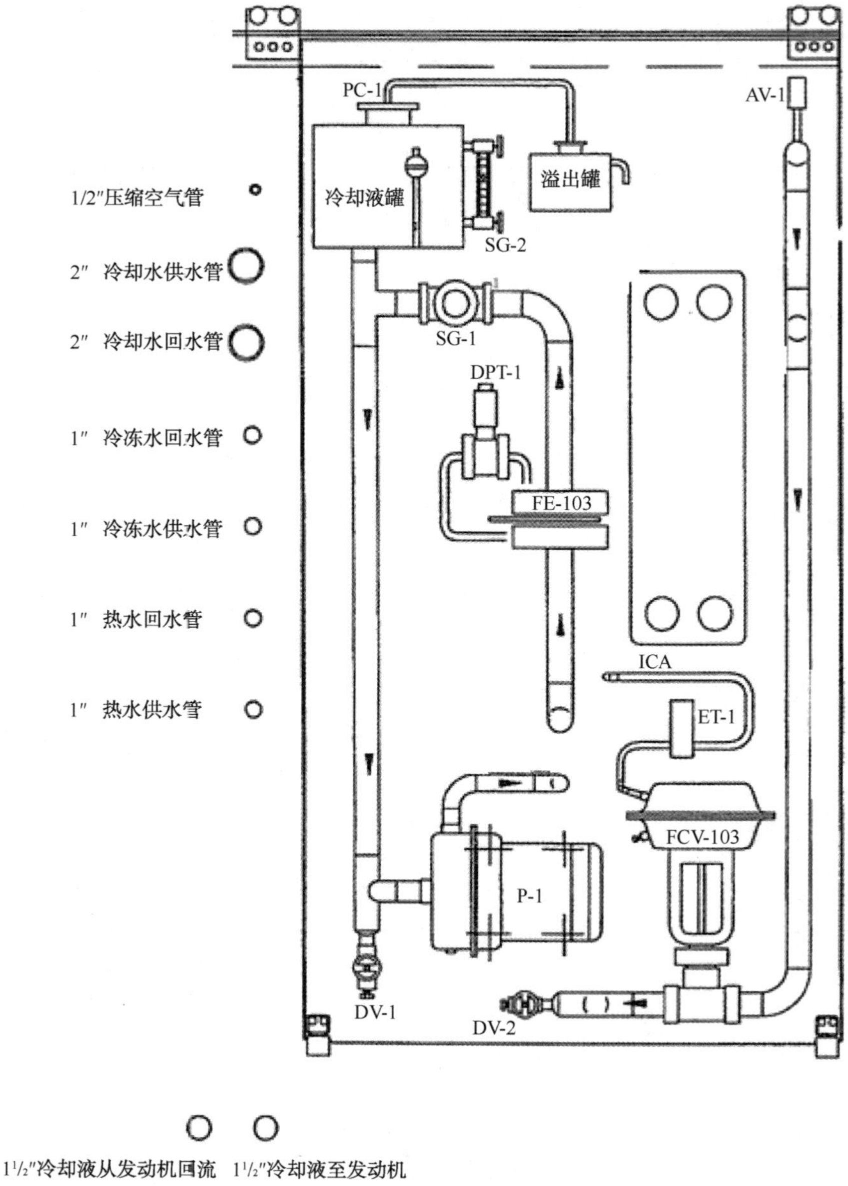

注：接头位置可由实验室自行选择。

图 D.5 发动机冷却液循环系统（后视图）

D.6 水泵封闭盘见图 D.6。

单位为毫米

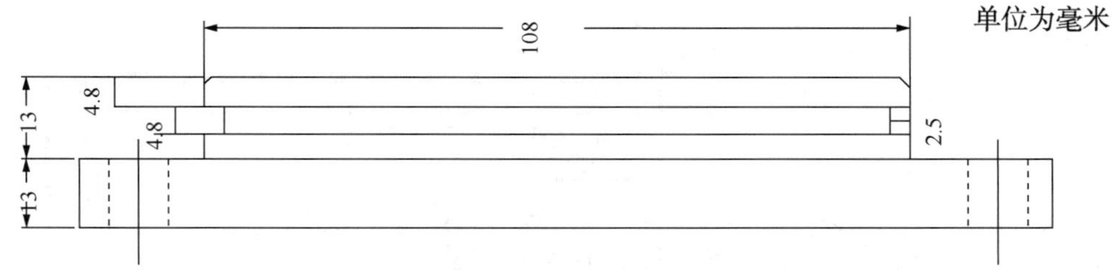

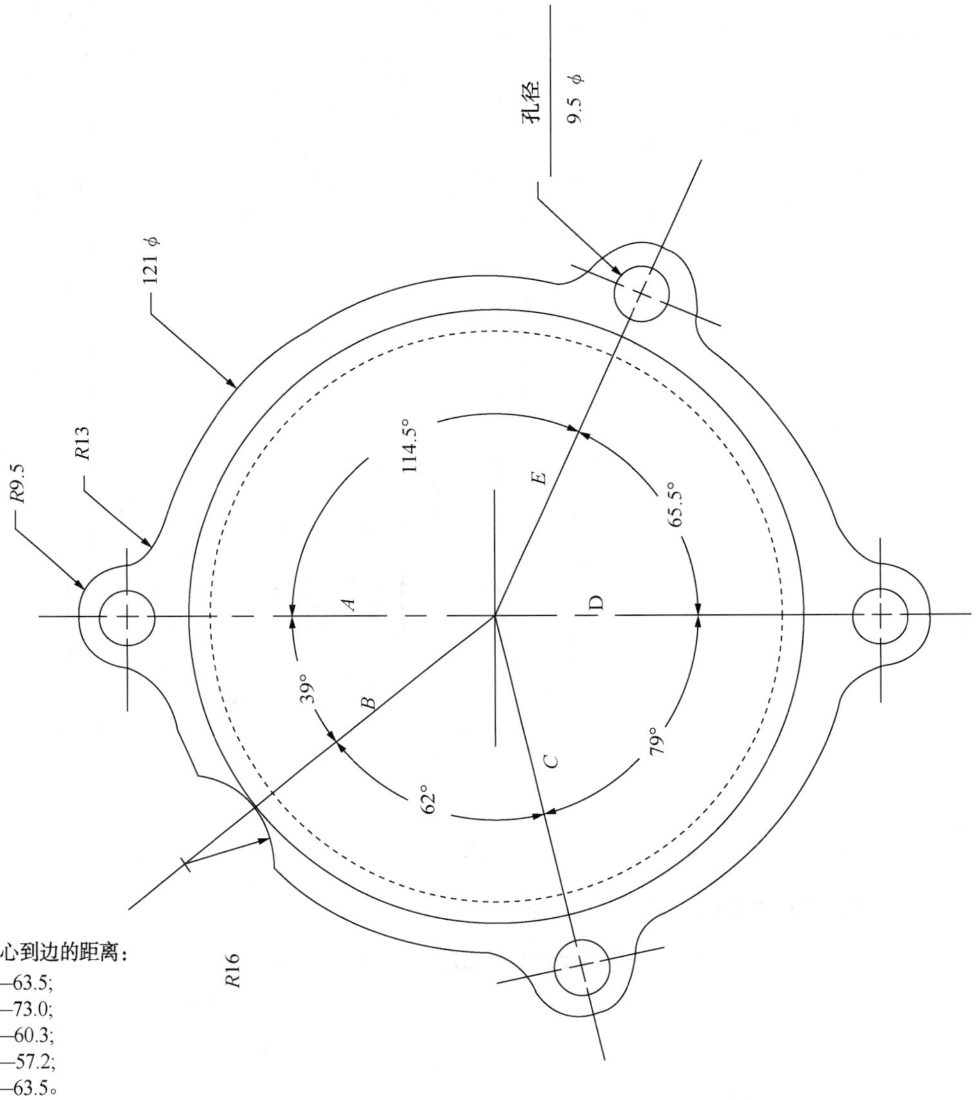

注：

孔中心到边的距离：

A——63.5;

B——73.0;

C——60.3;

D——57.2;

E——63.5。

图 D.6 水泵封闭盘

D.7 外部机油系统见图 D.7。

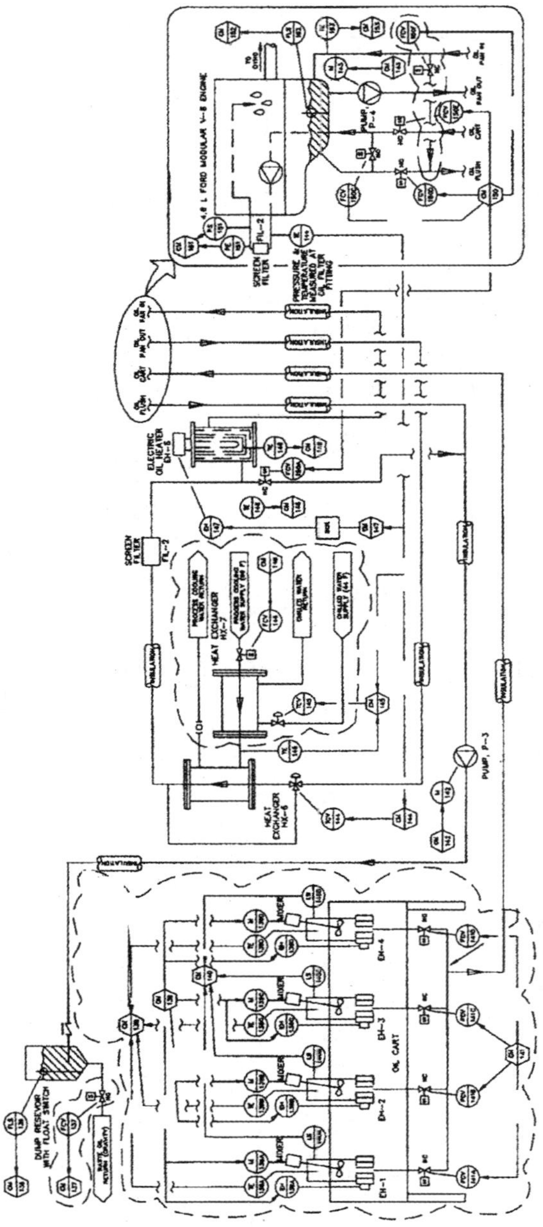

C——标准件；

CHW——冷冻水；

CP1——暖通及干燥控制板；

CP2——温度及湿度控制板；

CP3——冷冻水控制板；

CTCV——细管；

CW——来水；

FCS——电磁阀；

FCV——流量控制阀；

FE——流量元件；

FI——流量指示器；

FLS——浮子控制阀；

FS-流量控制阀；

HE——湿度元件；

HX——热交换器；

LS——流量控制阀；

M——电机；

NC——通常关闭；

NO——通常打开；

P——泵；

PCD——气动节气阀；

PCV——气动阀；

PE——气动元件；

PI——压力指示器；

PRC——气动调节阀；

PS——气动开关。

S——电磁阀；

STM——蒸汽；

TCV——温度控制阀；

TE——温度控制单元；

TI——温度指示器；

TS——温度控制开关；

⋈——手动控制阀；

|○|——手动平衡阀；

单向阀；

电磁阀；

控制阀；

自动补偿阀；

三通电磁阀。

-自动温度补偿阀；

-三通阀；

-滤网；

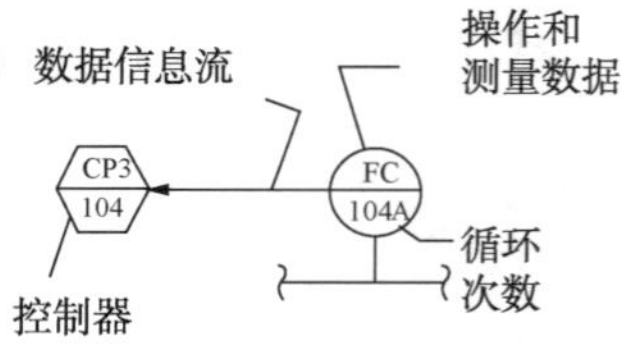

图 D.7　外部机油系统

D.8 外部机油系统（前视图和后视图）见图 D.8。

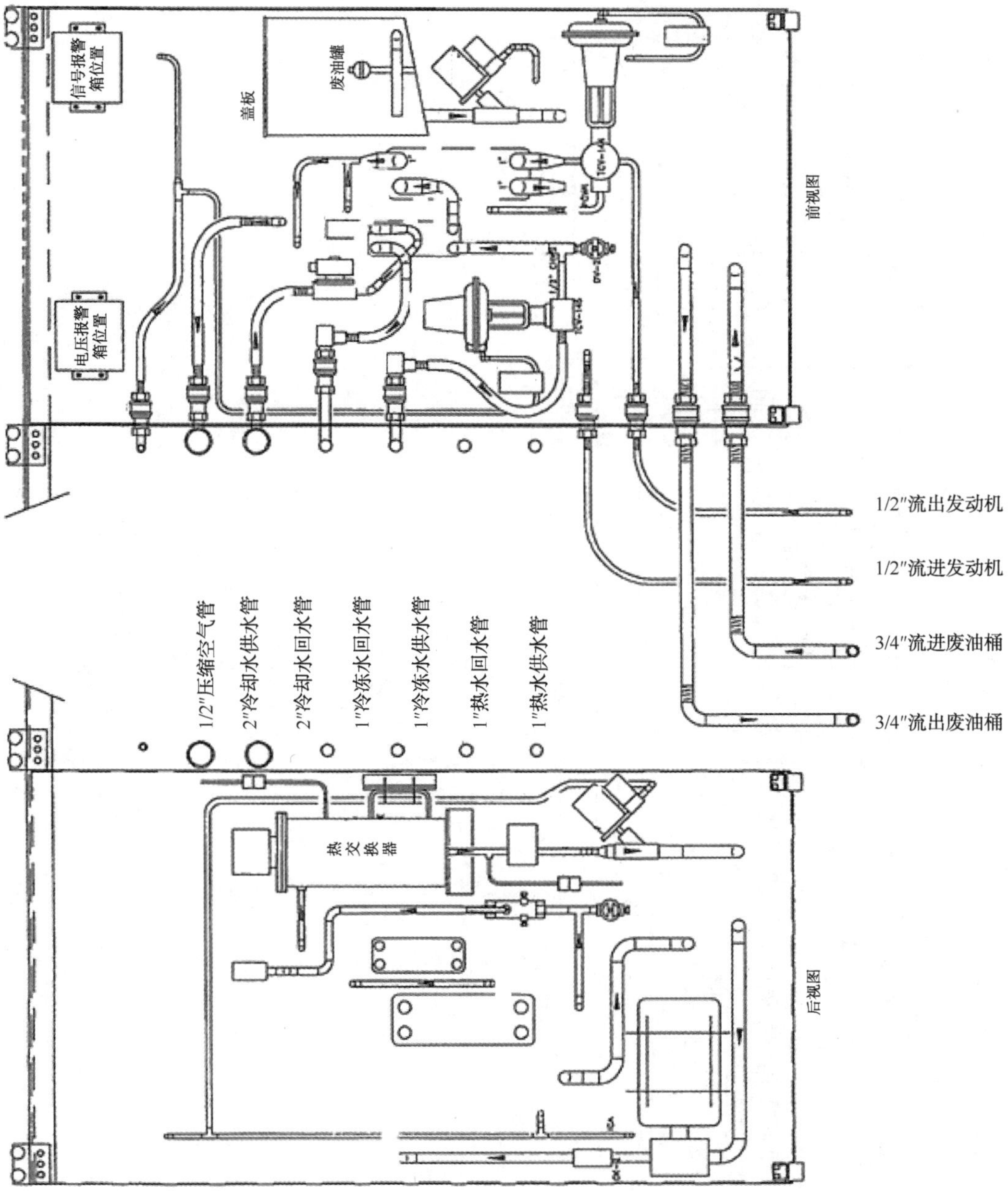

图 D.8　外部机油系统（前视图和后视图）

D.9 典型废油罐见图 D.9。

单位为毫米

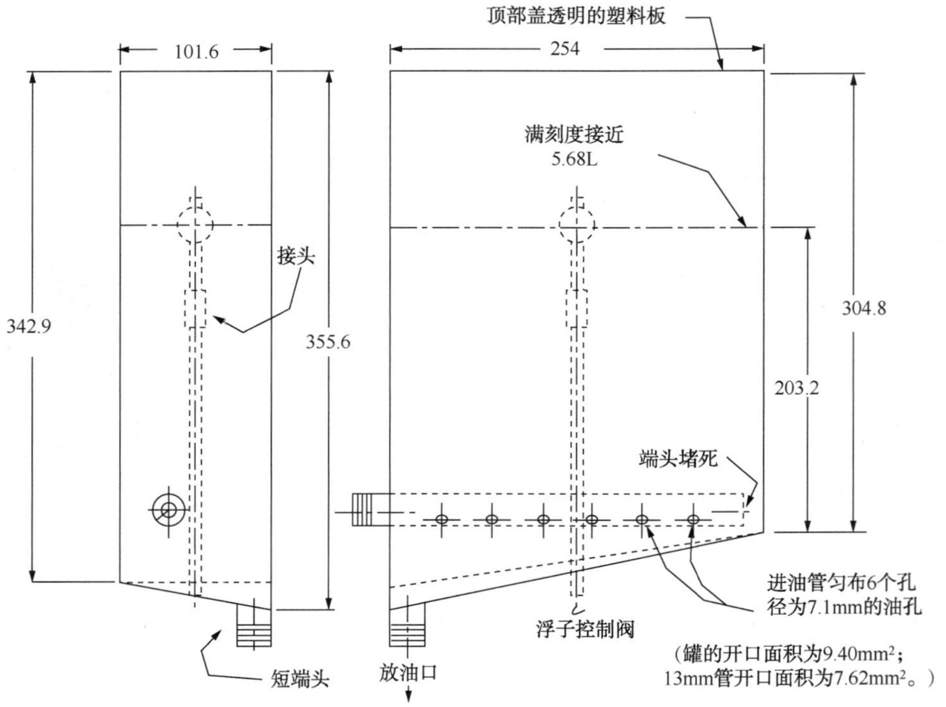

注： 储油罐底面成一定角度，使放油口置于油罐低点；
进油口为13mm管，放油口为13mm管；
浮子控制阀连接管直径为6.5mm，调整连接管长度，使储油罐的容积约5.68L；
固定储油罐，保持储油罐液面水平。

图 D.9 典型废油罐

D.10 程序ⅥB 油底壳改造见图 D.10。

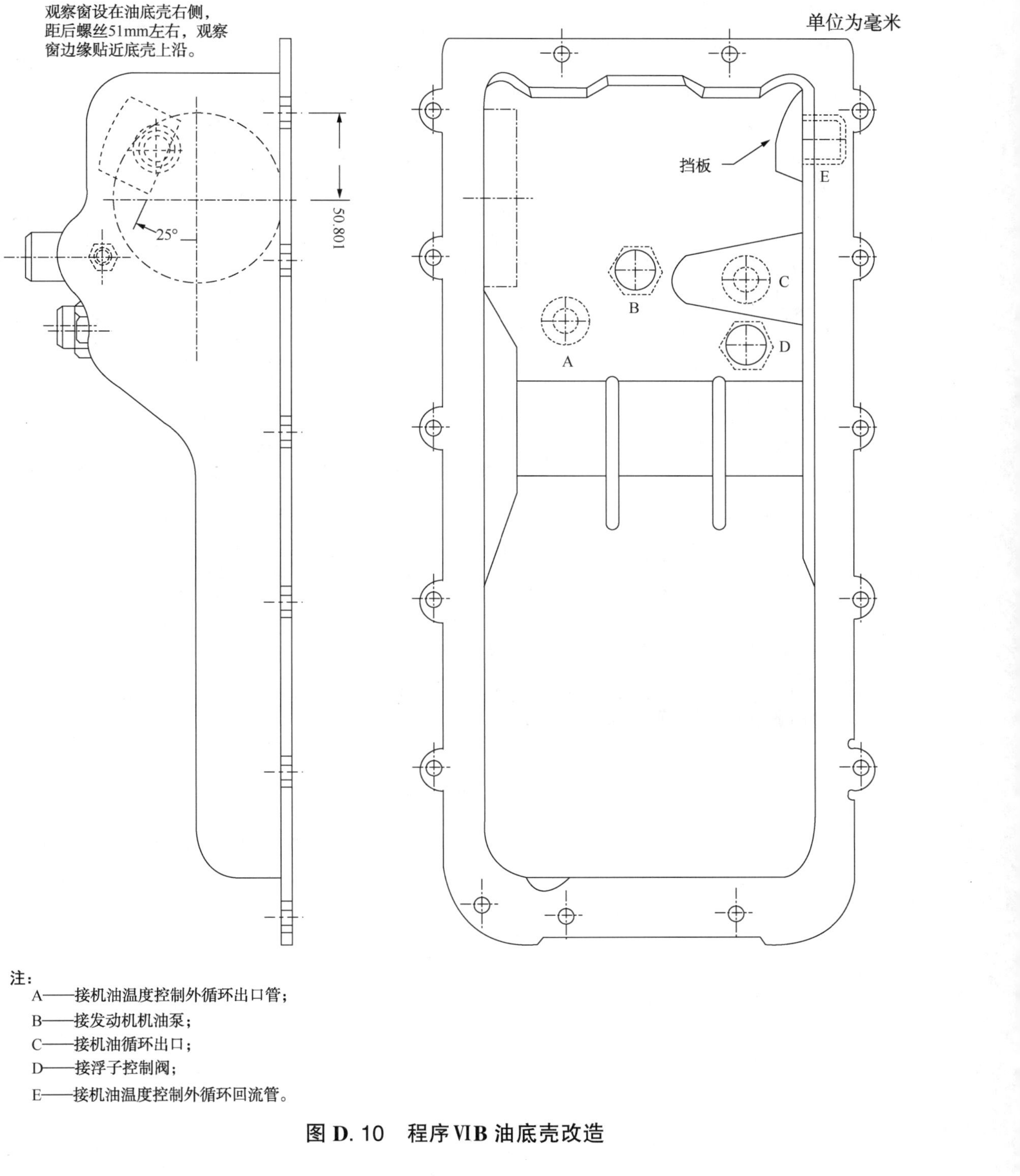

注：
A——接机油温度控制外循环出口管；
B——接发动机机油泵；
C——接机油循环出口；
D——接浮子控制阀；
E——接机油温度控制外循环回流管。

图 D.10　程序ⅥB 油底壳改造

D. 11 油底壳浮子控制开关见图 D. 11。

单位为毫米

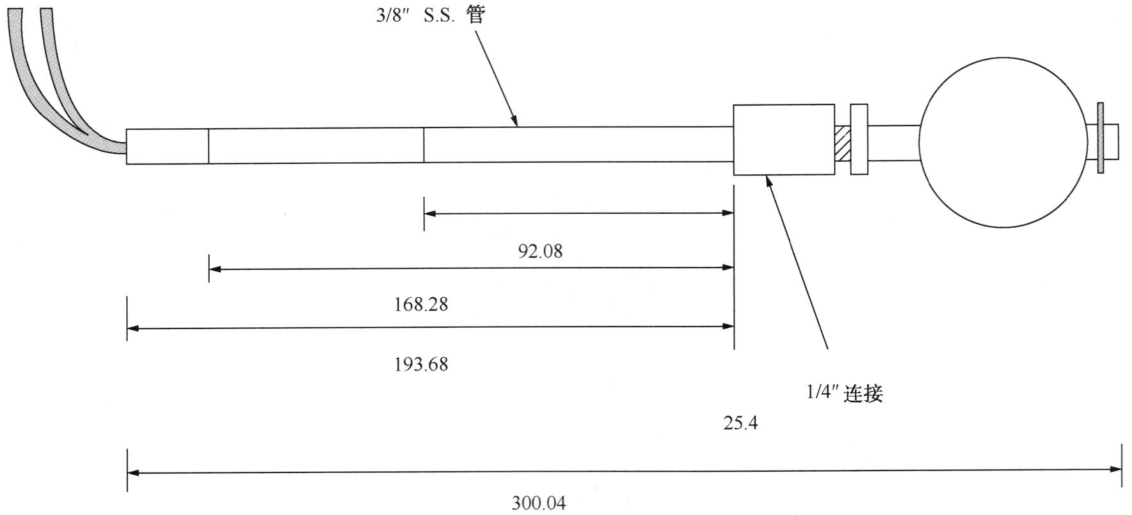

注：焊接一段连续管，在连接做两个标机。一个距连接点 92. 08mm，作为浮子调节的最高点；另一个距连接点 168. 28mm，作为浮子调节的最低点。加装 O 形橡胶圈。使用 3/8″（9. 525mm）的锁母固定。

图 D. 11　油底壳浮子控制开关

D. 12 机油加热器热电偶位置见图 D. 12。

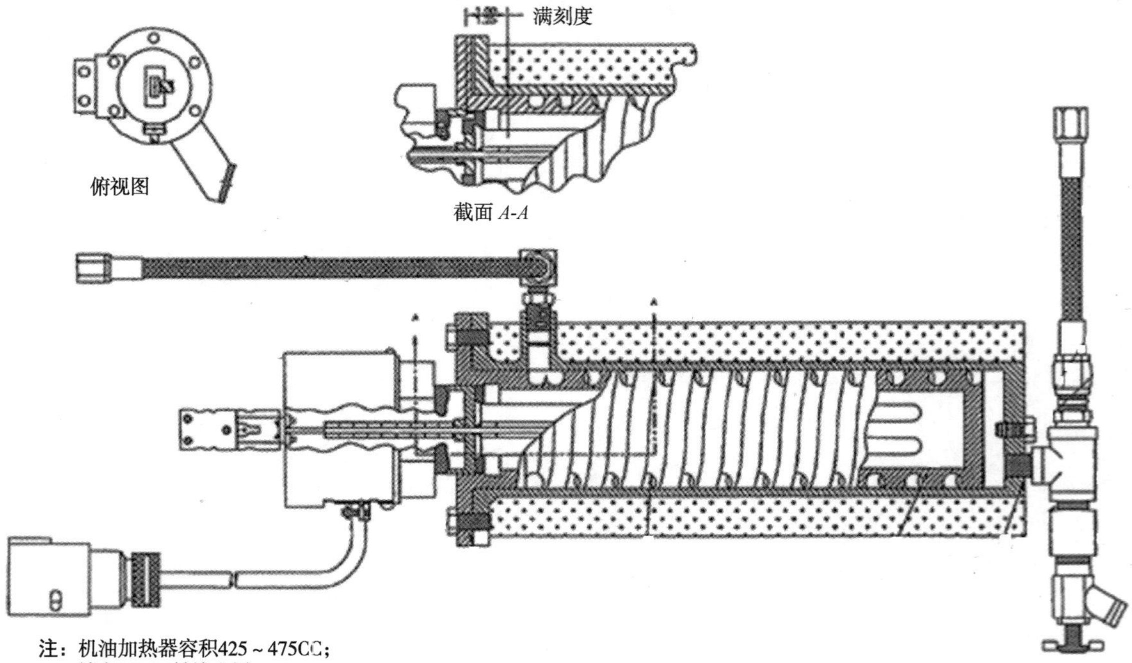

注：机油加热器容积425～475CC；
填充312CC易熔金属；
两路X没有安装。

图 D. 12　机油加热器热电偶位置

D. 13 机油滤清器座见图 D. 13。

单位为毫米

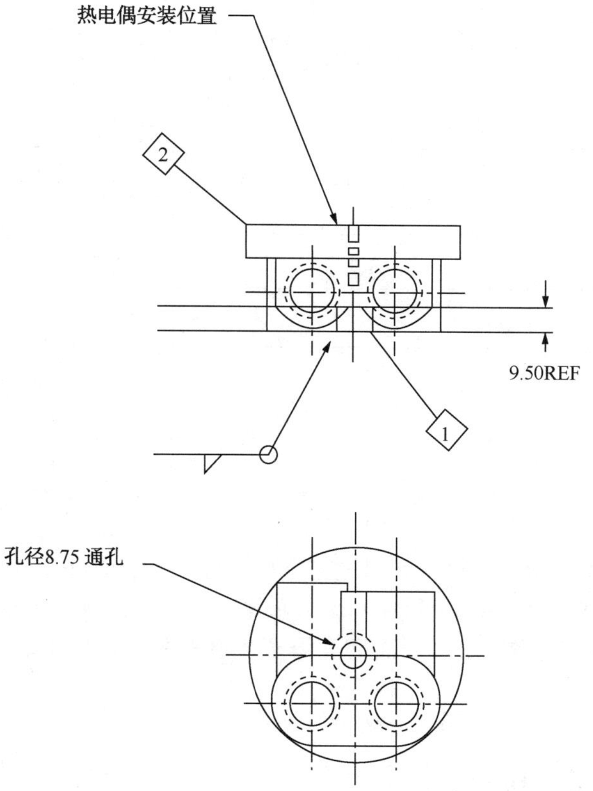

图 D. 13 机油滤清器座

D. 14 程序ⅥB 油底壳挡板见图 D. 14。

单位为毫米

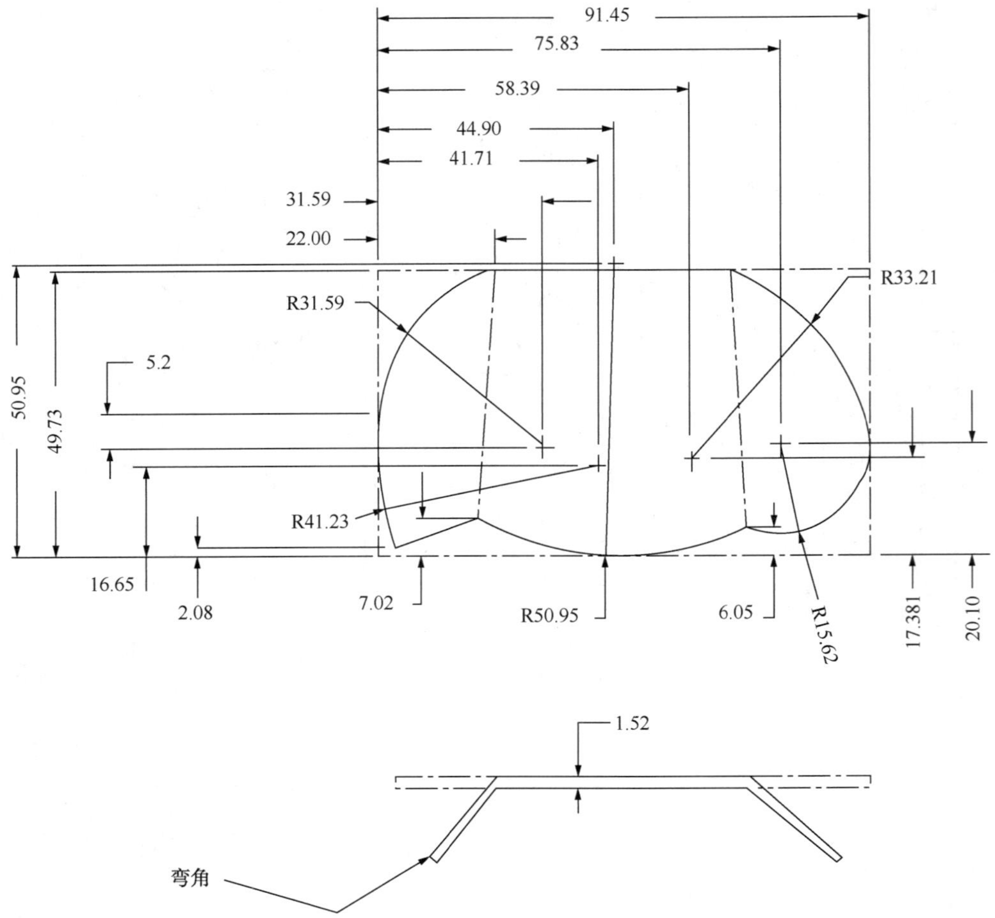

挡板式样设计

图 D. 14 程序ⅥB 油底壳挡板

D.15 程序ⅥB 油底壳改造见图 D.15。

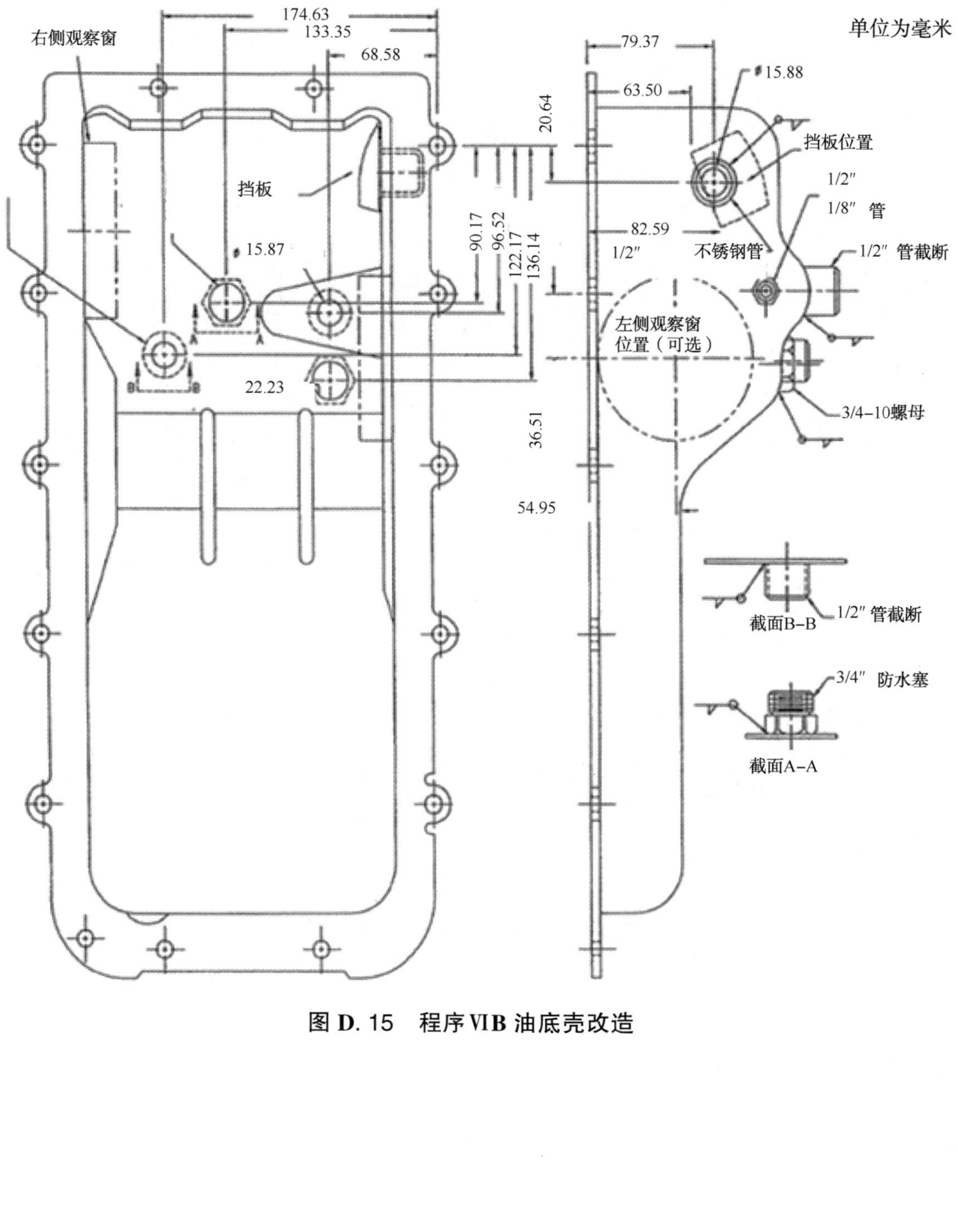

图 D.15 程序ⅥB 油底壳改造

D. 16 机油液面测量管见图 D. 16。

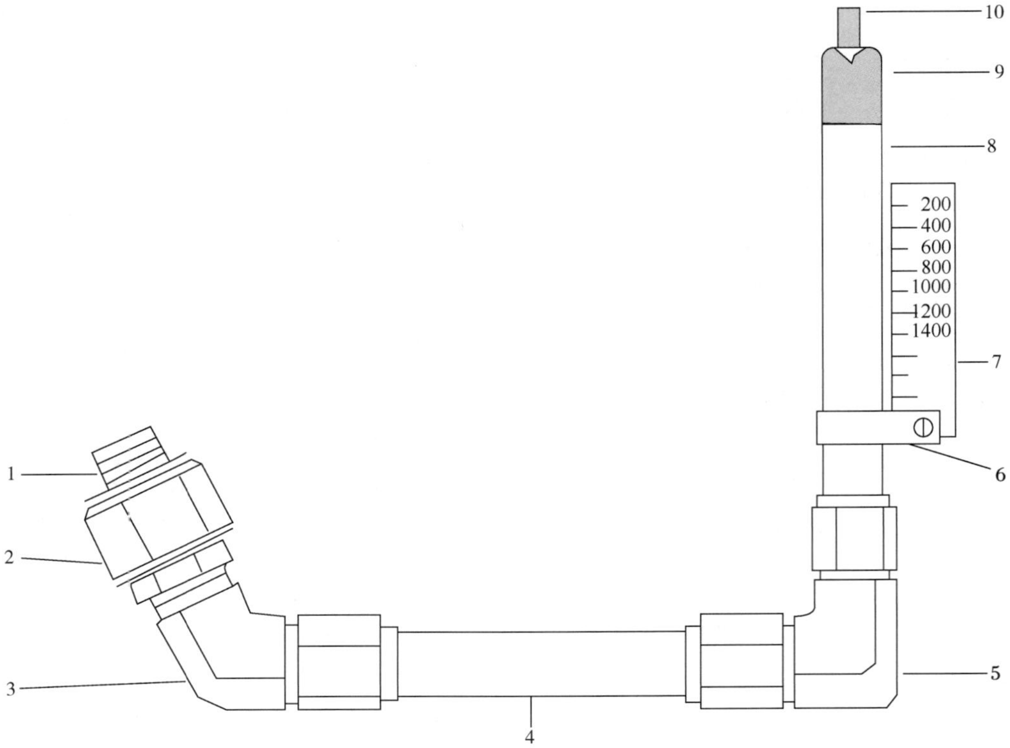

1——原发动机放油塞；

2——标准3/4″（19.05mm）螺母焊接到放油塞上；

3——45°弯头，零件号#SS-810-5-8ST；

4——76mm长管径1/2″（12.7mm）直管；

5——弯头，零件号#SS-810-9；

6——铝夹（在玻璃管侧面固定刻度尺）；

7——刻度尺；

8——152mm长管径13mm玻璃管；

9——橡胶帽；

10——放气帽 。

用Tycon Fettules & Backpart零件号为#T-810-set的垫圈更换钢垫圈。

连接油液观察管。

图 D. 16 机油液面测量管

D. 17 典型的燃油系统见图 D. 17。

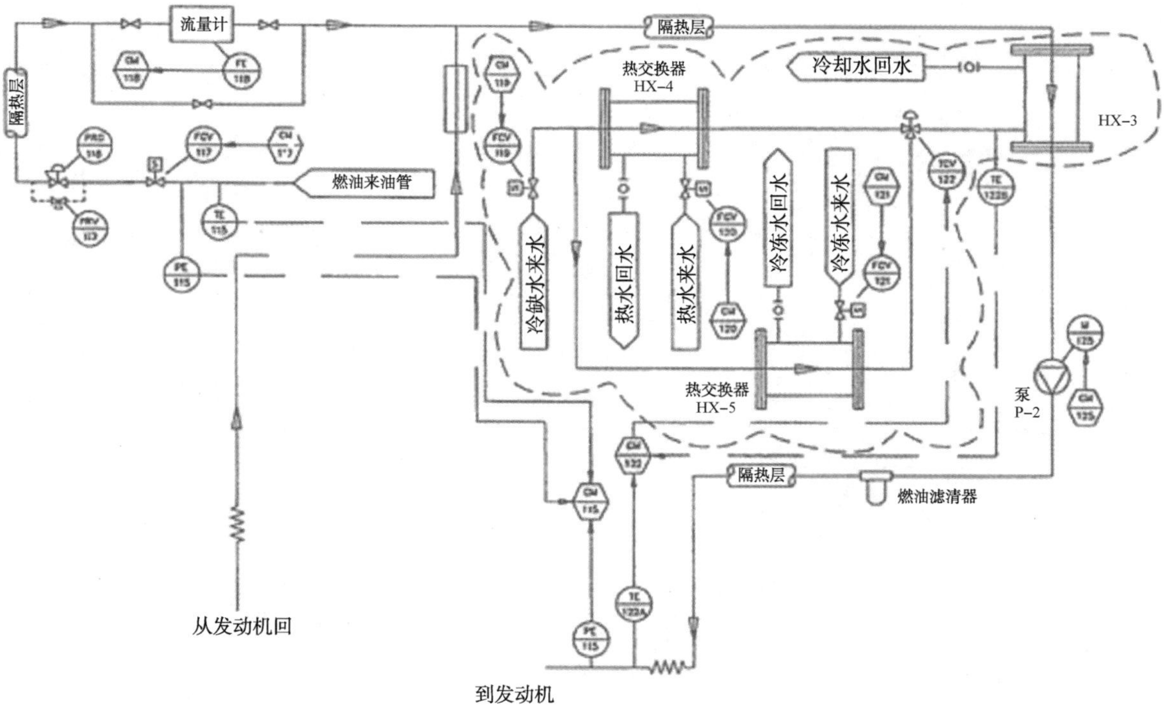

C——标准件；
CHW——冷冻水；
CP1——暖通及干燥控制板；
CP2——温度及湿度控制板；
CP3——冷冻水控制板；
CTCV——细管；
CW——来水；
FCS——电磁阀；
FCV——流量控制阀；
FE——流量元件；
FI——流量指示器；
FLS——浮子控制阀；
FS–流量控制阀；
HE——湿度元件；
HX——热交换器；
LS——流量控制阀；
M——电机；
NC——通常关闭；
NO——通常打开；
P——泵；
PCD——气动节气阀；
PCV——气动阀；
PE——气动元件；
PI——压力指示器；
PRC——气动调节阀；
PS——气动开关；
S——电磁阀；
STM——蒸汽；
TCV——温度控制阀；
TE——温度控制单元；
TI——温度指示器；
TS——温度控制开关；
——手动控制阀；
——手动平衡阀；
——单向阀；
——电磁阀；
——控制阀；
——自动补偿阀；
——三通电磁阀。

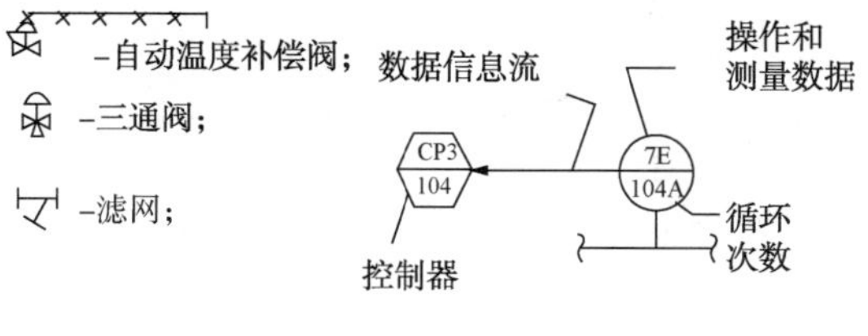

图 D. 17　典型的燃油系统

D.18 进气滤清器组件见图 D.18。

单位为毫米

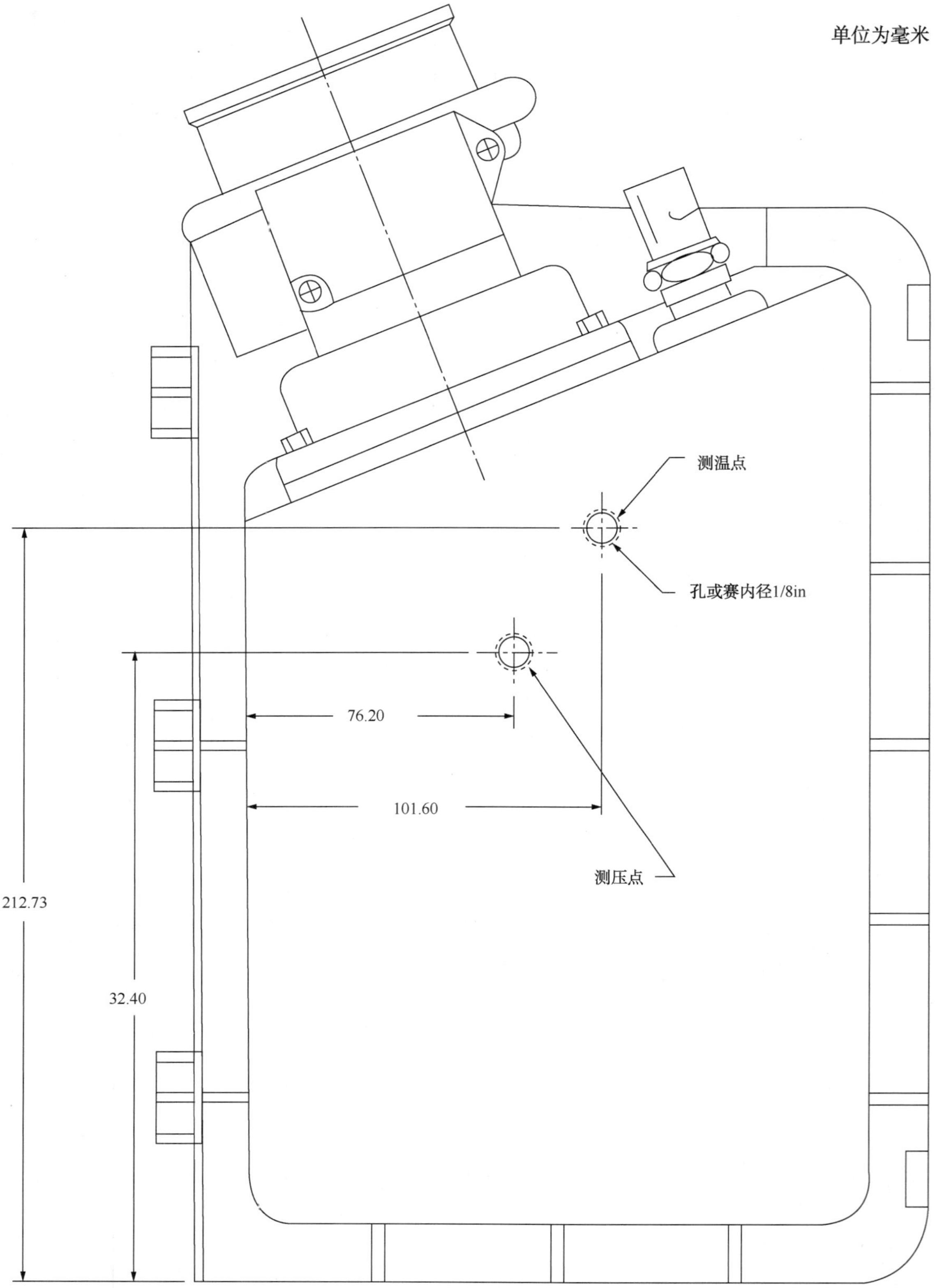

图 D.18 进气滤清器组件

D.19 实验室排气系统见图 D.19。

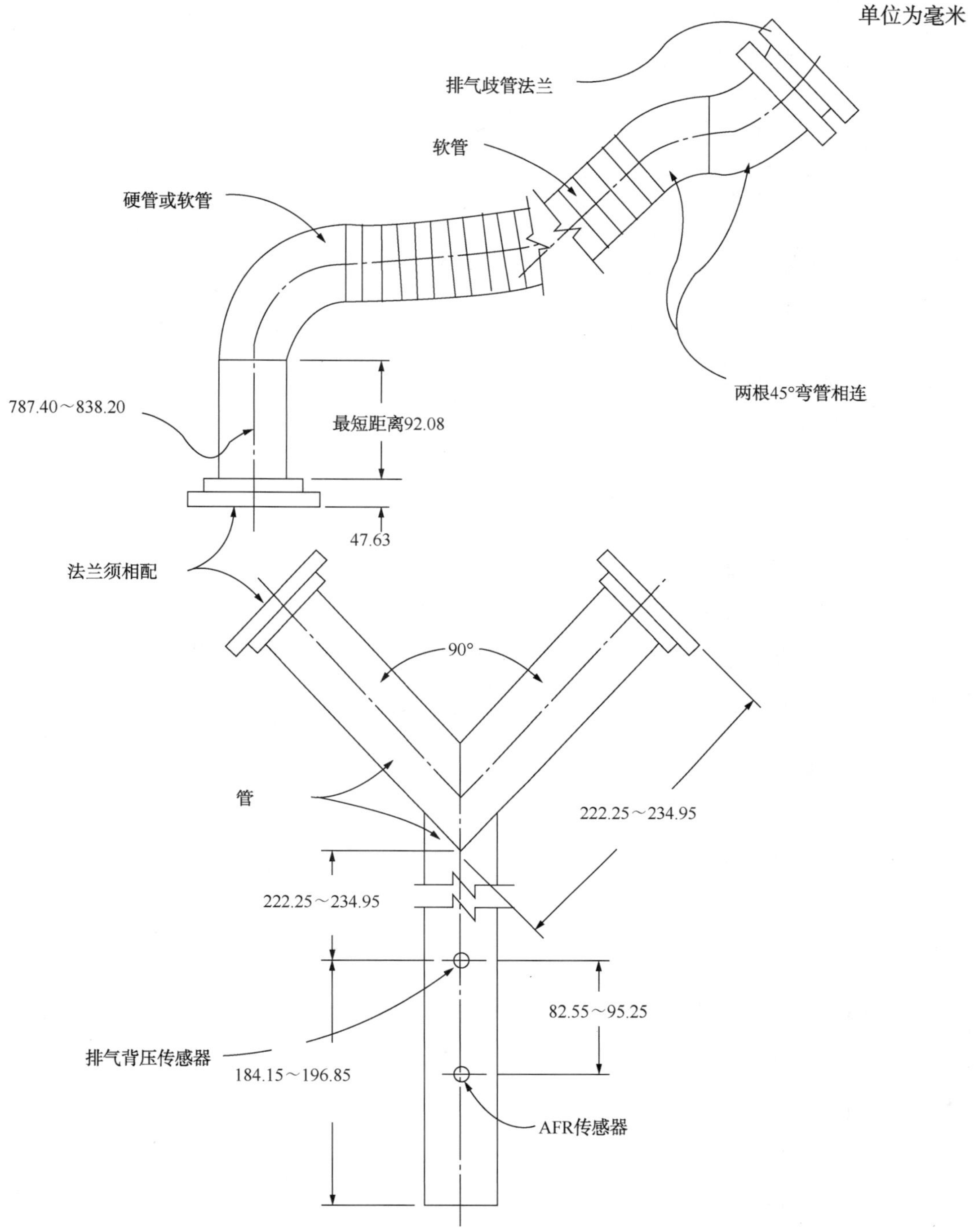

注：AFR传感器和排气背压传感器接线须合理安排。

图 D.19 实验室排气系统

D. 20 排气背压取样管见图 D. 20。

单位为毫米

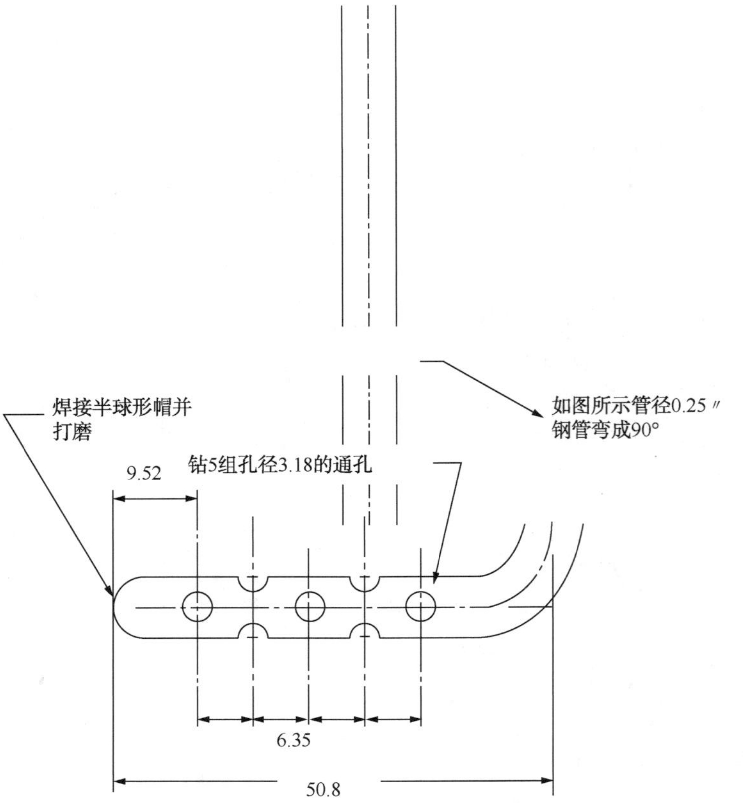

压力测量探头

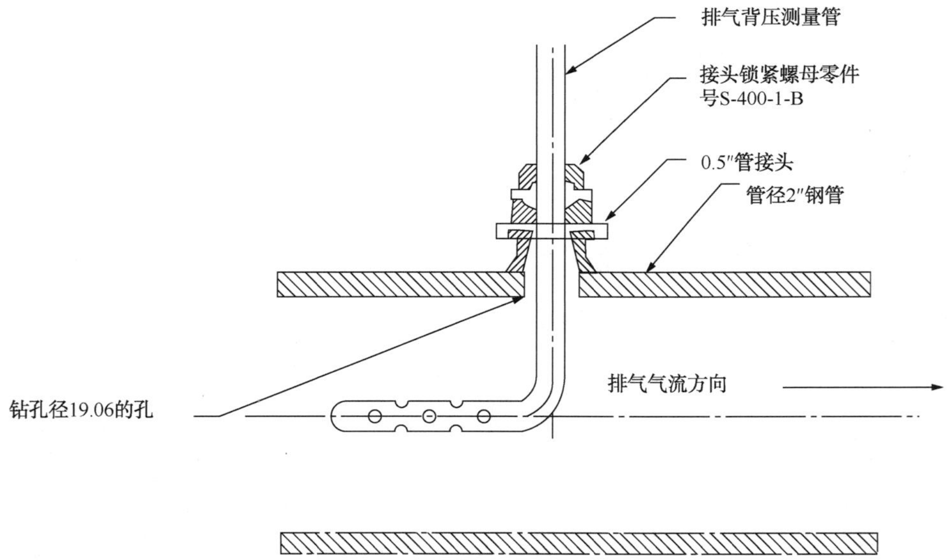

注：如图所示，安装要求探头部分与排气管平行，排气背压测量管插入排气管中部。

图 D. 20　排气背压取样管

D.21 曲轴箱压力和窜气通风系统（要求参见附录N）结构示意图见图D.21。

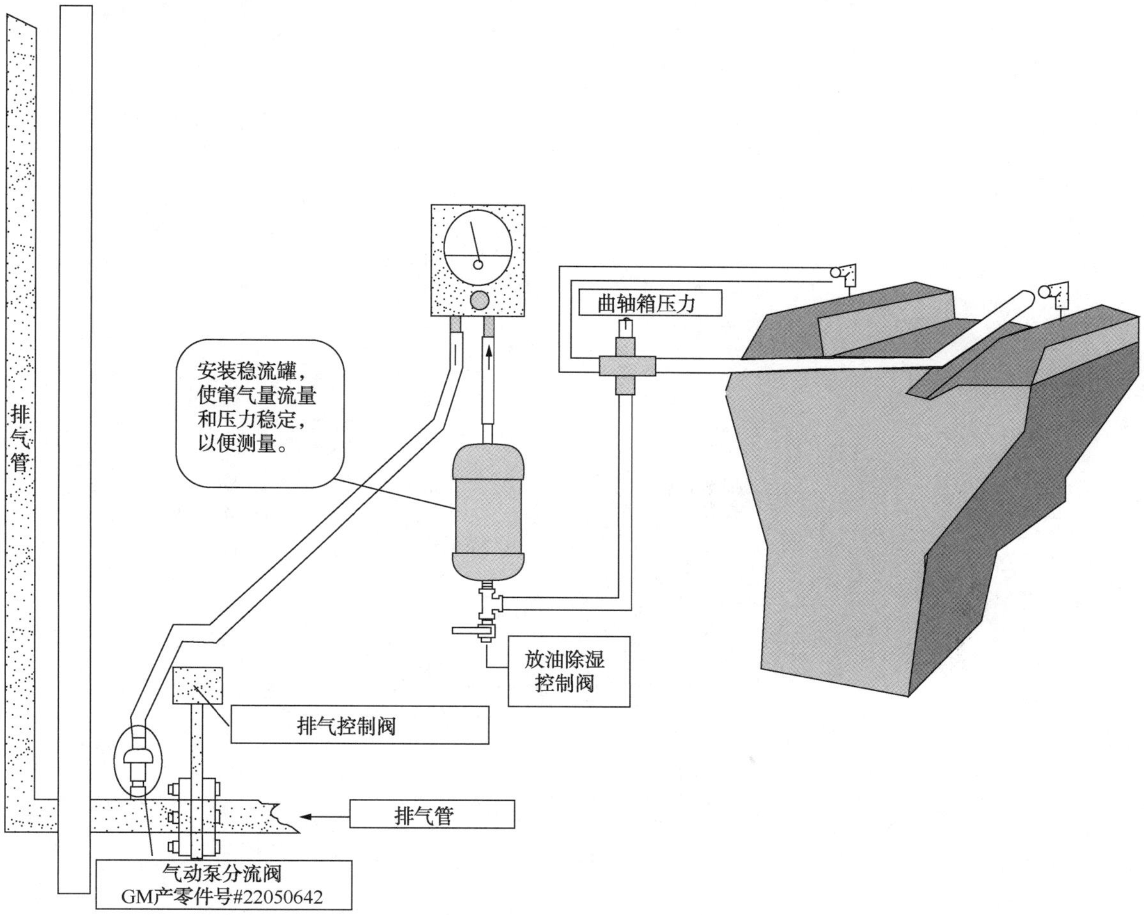

图D.21 曲轴箱压力和窜气通风系统结构示意图

D.22 恒温器孔板见图D.22。

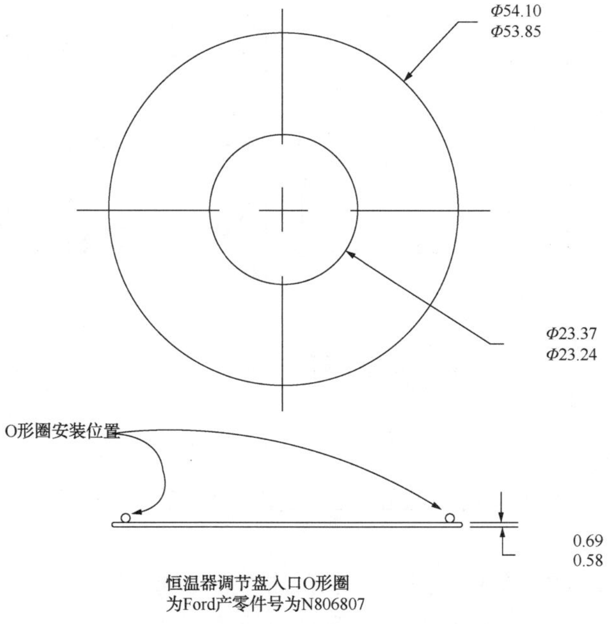

图D.22 恒温器孔板

附　录　E
(规范性附录)
程序ⅥB 燃油规格

E.1　程序ⅥB 燃油规格见表 E.1。

表 E.1　程序ⅥB 燃油规格

项　　目		试验方法	质量指标
研究法辛烷值	不小于	GB/T 5487	96
铅含量/(mg/L)	不大于	GB/T 8020	13.2
馏程 初馏点/℃ 10%蒸发温度/℃ 50%蒸发温度/℃ 90%蒸发温度/℃ 终馏点/℃	不高于	GB/T 6536	 23.9~35 48.9~57.2 93.3~110 148.9~162.8 212.8
硫含量/%	不大于	GB/T 380	0.10
磷含量/(mg/L)	不大于	SH/T 0020	1.32
蒸汽压/kPa		GB/T 8017	60~63.4
烯烃(体积分数)/%	不大于	GB/T 11132	10
芳烃(体积分数)/%	不大于	GB/T 11132	35
胶质/(mg/100mL)	不大于	GB/T 8017	5.0
诱导期/min	不小于	GB/T 8018	500
碳元素质量分数		E191	报告
氢碳比		E191	报告
热值/(J/kg)		GB/T 384	报告
热值/(J/kg)		SH/T 0679	报告
API 度(°API)		CNS12017	报告

E.2　国产试验燃油典型数据见表 E.2。

表 E.2　国产试验燃油典型数据

项　　目	国产燃油	测试方法
初馏点/℃	35.2	GB/T 6536
10%回收温度/℃	62.6	
50%回收温度/℃	113.0	
90%回收温度℃	170.6	
终馏点/℃	198.1	
残留量(体积分数)/%	1.2	
损失量(体积分数)/%	2.3	

表 E.2　国产试验燃油典型数据（续）

项　　目	国产燃油	测试方法
硫含量/（mg/kg）	9	GB/T 17040
氧含量（质量分数）/%	0.11	SH/T 0663
铅含量/（mg/L）	2.9	GB/T 8020
碳含量（质量分数）/%	86.34	SH/T 0656
氢含量（质量分数）/%	13.52	SH/T 0656
芳烃含量（体积分数）/%	29.7	GB/T 11132
烯烃含量（体积分数）/%	5.5	
诱导期/min	>1000	GB/T 8018
铜片腐蚀（50℃、3h）/级	1a	GB/T 5096
溶剂洗胶质含量/（mg/100mL）	4.0	GB/T 8019
研究法辛烷值	97	GB/T 5487

附 录 F
(规范性附录)
机油加热器低熔点合金填充步骤

F.1 将筒形的机油加热器从台架上取下，竖直固定在夹具上。

F.2 将机油加热元件帽和连接线拆走，使筒中的低熔点合金与大气充分接触。

F.3 使用乙炔焰加热机油加热器筒。低熔点合金熔点为124℃，不要强行拆卸加热器元件。加热直到筒中的低熔点合金完全融化为液态，尝试用扳手将加热元件拧动。持续加热，直到将加热元件取下。

F.4 取下加热元件，继续加热加热器筒，将低熔点合金倒入合适的容器，用钢丝刷清理加热器筒内表面。

F.5 固定加热元件，取下热电偶，继续加热，将低熔点合金除去，如需要用钢丝刷除去表面氧化物。

F.6 将加热器筒固定在夹具，用乙炔焰加热，若低熔点合金干净和明亮，则继续使用，否则更换。将3.9kg低熔点合金熔化，填充到加热器筒2/3的位置，操作时避免溅出。

F.7 预加热加热元件，将其浸入低熔点合金，将加热元件固定（不可用力过度）。

F.8 观察低熔点合金液面高度，继续加入低熔点合金当其液面距加热元件底面57.15mm~60.33mm时停止加入。

F.8.1 用冰水冷却一根焊条，擦干表面，浸入低熔点合金中，拔出后擦掉表面的合金。重复进行去掉多出的液态金属。

F.9 使用一个新的热电偶。确认低熔点合金为液态，预加热热电偶，将其插入低熔点合金。

F.10 等机油加热器温度冷却至室温，安装机油加热元件帽和连接线，将加热器装回到发动机。

附 录 G
（规范性附录）
发动机零件号列表

G.1 表G.1列出新发动机需要的零件列表，表G.2列出其他规定使用的零件的零件号。

表G.1 新发动机需要的零件

零件名称	零件号
右摇臂罩垫	F1AZ-6584-A
左摇臂罩垫	F1AZ-6584-B
进气歧管垫	F1AZ-9461-A
机油滤清器座垫	F1AZ-6840-A
油底壳垫	F1AZ-6710-A
恒温器垫	F1VY-8255-A
节气门体座垫	F1AZ-9H486-A
节气门体垫	F1AZ-9F936-A
FGR 垫	GAZ-90476-B
怠速进气控制阀垫	F83T8F760
水泵垫	F1VY-8507-A
火花塞	AWSF 32C or 32P

表G.2 其他规定使用的零件

零件名称	零件号
谐振平衡轮	F1AZ-6316-A
油底壳	F1AZ-6675-A
进气歧管	F1AZ-9424-C 或 F1AF-9424 或 F1AF-9425
右摇臂罩	F1AZ-6582-A
左摇臂罩	F1AZ-6582-B
恒温器壳罩	F1VY-8592-A 或 F1AF-8594
机油滤清器座	F1AZ-6881 或 F1AF-6881 或 F1AF-6884
凸轮轴位置传感器	F1AZ-6B288-A
曲轴位置传感器	F1AZ-6C315-A

表 G.2　其他规定使用的零件（续）

零件名称	零件号
水温指示器	F1SZ-10884-A 或 F1SF-10884
节气门位置传感器	F2AZ-9B989-A 或 F2AF-9B989
冷却液温度传感器	F2AZ-12648-A 或 F2AF-12A648
加热型排气氧传感器	FOTZ-9F472
进气温度传感器	F2DZ-12A697
进气质量流量传感器	F2VF-12B579
点火线圈（右）	F1VY-12029 或 F1VU-12029
点火线圈（左）	F3VU-12029 或 F5LU-12029
点火线圈（右）托架	F1AZ-12257
点火线圈（左）托架	F3AZ-12257
点火线	F3PZ-12259-C
点火模块	F1AZ-12K072-A 或 F1AF-12K072
燃油喷嘴	FOTZ-9F593
燃油油轨	F2AZ-9F792-A 或 F2AF-9F792
燃油压力调节器	F6AZ-9C968 或 F7DF-9C968
进气滤清器出口连接管	F2AZ-9B659
进气滤清器出口连接管管夹	F2AZ-9A624-A
曲轴箱通风管	F1AZ-6C324-A
发动机进气滤清器组件	F2AZ-9600
进气滤芯	F5TZ-9601
谐振箱	F2AF-9R504
节气门体	F2AZ-9F926 或 F2AF-9F926
节气门体底座	F2AF-9A589
发动机线束	OHT6A-001-01
发动机控制模块	OHT6A-002-1，FCM/FFC
专用存储器	包含在上部分
右排气歧管	F1AZ-9430-B
左排气歧管	F1AZ-9431-B

表 G.2 其他规定使用的零件（续）

零件名称	零件号
发动机飞轮	F6ZZ-6375-AB
发动机右侧底脚	DTSC-80-128-1
发动机左侧底脚	DTSC-80-126-1
发动机底脚减震	DTSC-40-132-1

附　录　H
（规范性附录）
燃油喷嘴检查

H.1　燃油喷嘴试验设备：使用适合的能对燃油喷嘴进行精确、重复测量的设备。该设备应满足 H.2 的要求，实验室可自行设计燃油喷嘴试验设备。试验设备使用脱脂溶剂作为试验流体。

H.2　燃油喷嘴：在安装试验发动机前，使用附录 H.1 中的设备检查所有燃油喷嘴的喷油雾化能力和燃油流量。使用过的燃油喷嘴清洗后达到使用要求依然可以继续使用。

H.2.1　目测检查所有的燃油喷嘴是否干净，是否被油污污染。

H.2.2　目测检查所有的燃油喷嘴的 O 形圈，是否有损伤，若出现损伤按要求更换。

H.2.3　进行试验前，冲洗燃油喷嘴 30s，去除杂质。

H.2.4　将燃油喷嘴安装在试验设备上，开启设备，使供给喷嘴的液体压力达到 290 kPa±3.4kPa，并在整个试验中保持，压力保持十分重要，因为微小的压力波动会对燃油流量和喷射状态产生巨大的影响。压力稳定后，将体积测量装置清零。

H.2.5　每个喷嘴试验进行 60s，喷嘴喷油时，观察喷油状态。

H.2.6　六个喷嘴间的液体流量差应在 5mL 内，筛除不合格的喷嘴。

H.2.7　60s 的测试结束后，关闭燃油喷嘴，保持压力至少 30s，观察燃油喷嘴是否漏油，筛除不合格的喷嘴。

附　录　I
（规范性附录）
平均值与标准偏差

I. 1　用式（I. 1）计算平均值：

$$M = \frac{1}{n}\sum_{i=1}^{n}(Y_i - Z_i) \tag{I. 1}$$

I. 2　用式（I. 2）计算标准偏差：

$$S_d = \sqrt{\frac{\sum_{i=1}^{n}[(Y_i - Z_i) - M]^2}{d_f}} \tag{I. 2}$$

式中：

M——平均值；

S_d——标准偏差；

Y_i——湿度计测量值；

Z_i——测量系统读数；

n——数据的总数；

d_f——自由度即 n^{-1}。

附 录 J
(规范性附录)
试验前维护检查清单

J.1 试验前维护检查清单见表J.1。

表J.1 试验前维护检查清单

维护检查要求	每次试验前	每次标机试验前[a]	注
更换火花塞		√	
检修滤清器	√		
验证喷嘴流量		√	
清洗节气门体			*b*
清洗冷却液热交换器			*c*
清洗机油热交换器			*b*
更换燃油滤清器		√	
检查/维护传动系统		√	
转动测功机支撑轴承			*d*
清洁/更换排气背压取样管			*d*

[a] 只在最初参比油试验要求。
[b] 更换新发动机时要求。
[c] 实验室要求。
[d] 每六个月。

附 录 K
(规范性附录)
不停机换油检查表

K.1 表K.1~表K.3为不停机换油检查表：表K.1为彻底清洗换油检查表；表K.2为不停机换油到试验油检查表；表K.3为不停机换油到BC油检查表。

表K.1 试验油换成BC油操作表

( )	设定工作状态1500/98/105/125[a]，直到机油温度至125℃
( )	设定转速1500r/min，扭矩98 N·m
( )	F/F[b] 至BCFHD[c] 油（完成时间 ）
( )	设定工作状态1500/98/105/125[a]
( )	运转30min（完成时间 ）
( )	设定转速1500r/min，扭矩98 N·m
( )	F/F[b] 至BCFHD[c] 油（完成时间 ）
( )	设定工作状态1500/98/105/125[a]
( )	运转2h（完成时间 ）
( )	设定转速1500r/min，扭矩98 N·m
( )	F/F[b] 至BC油，（完成时间 ）
( )	设定工作状态1500/98/105/125[a]
( )	运转30min（完成时间 ）
( )	设定工作状态1500/98/105/125[a]
( )	F/F[b] 至BC油（完成时间 ）
( )	设定工作状态1500/98/105/125[a]
( )	运转30min（完成时间 ）
( )	设定工作状态1500/98/105/125[a]
( )	F/F[b] 至BC油（完成时间 ）
( )	继续进行试验操作检查
注：彻底清洗换油先用冲洗油清洗，然后换成BC油。	
[a] 表示转速（r/min），扭矩（N·m），冷却液进口温度（℃），主油道温度（℃）。 [b] 表示冲洗放油进油过程，放出6.0L油，充进6.0L油。 [c] 表示用BCFHD冲洗油冲洗。	

表 K.2　不停机换油到试验油检查表

(　　)	设定工作状态 1500/98/105/125[a]，直到机油温度至 125℃
(　　)	设定转速 1500r/min，扭矩 98 N·m
(　　)	F/F[b] 至（　　）油（完成时间　　　）
(　　)	设定工作状态 1500/98/105/125[a]
(　　)	运转 30min（完成时间　　　）
(　　)	设定转速 1500r/min，扭矩 98 N·m
(　　)	F/F[b] 至（　　）油（完成时间　　　）
(　　)	设定工作状态 1500/98/105/125[a]
(　　)	运转 30min（完成时间　　　）
(　　)	设定转速 1500r/min，扭矩 98 N·m
(　　)	F/F[b] 至（　　）油（完成时间　　　）
(　　)	确认（　　油）机油液面高度
(　　)	继续进行试验操作检查
[a] 表示转速（r/min），扭矩（N·m），冷却液进口温度（℃），主油道温度（℃）。 [b] 表示冲洗放油进油过程，放出 6.0L 油，充进 6.0L 油。	

表 K.3　不停机换油到 BC 油检查表

(　　)	设定工作状态 1500/98/105/125[a]，直到机油温度至 125℃
(　　)	设定转速 1500r/min，扭矩 98 N·m
(　　)	F/F[b] 至 BC 油（完成时间　　　）
(　　)	设定工作状态 1500/98/105/125[a]
(　　)	运转 30min（完成时间　　　）
(　　)	设定转速 1500r/min，扭矩 98 N·m
(　　)	F/F[b] 至 BC 油（完成时间　　　）
(　　)	设定工作状态 1500/98/105/125[a]
(　　)	运转 30min（完成时间　　　）
(　　)	设定转速 1500r/min，扭矩 98 N·m
(　　)	F/F[b] 至 BC 油（完成时间　　　）
(　　)	确认（　　油）液面高度
(　　)	继续进行试验操作检查
注：彻底清洗换油先用 BC 油清洗。	
[a] 表示转速（r/min），扭矩（N·m），冷却液进口温度（℃），主油道温度（℃）。 [b] 表示冲洗放油进油过程，放出 6.0L 油，充进 6.0L 油。	

附　录　L
（规范性附录）
机油满刻度及观察窗标定程序

L.1　油底壳机油满刻度设定

L.1.1　确认发动机台架安装位置。

L.1.1.1　发动机正放（偏角 0.0°±0.5°）。

L.1.1.2　飞轮面垂直度为 3.6°±0.5°。

L.1.1.3　连接轴的万向节角度相对于垂直面不大于 2°，相对水平面保持 0°。

L.1.2　向发动机内装 6.0L 的 BC 油。

L.1.3　开机并进入第五状态，稳定 15min。

L.1.4　停机。

L.1.5　用抽油泵将机油抽出。

L.1.6　将油底壳所有连接管断开放油。

L.1.7　按照正常机油的流动方向，按顺序连接外部机油系统，包括机油滤清器。如需要，使用附加管线将发动机滤清器连入外部机油系统。

L.1.8　设置三向控制阀（TCV-144），使得 100%的流量流经热交换器（CX-6）。

L.1.9　连接至少 138kPa 的压缩空气。

注：将机油外循环泵轴锁住，防止机油泵损坏。

L.1.10　用压缩空气吹扫外部机油冲洗系统管线，使得大部分的机油从系统中流出。

L.1.11　往复调节三向控制阀（TCV-144）几次，使得发动机油流出热交换器（HX-6）旁通部分。

L.1.12　断开压缩空气。

L.1.13　将脱脂溶剂冲洗系统与外部机油冲洗系统相连接。

L.1.14　用脱脂溶剂（至少 8L）循环清洗至少 30min。

L.1.15　往复调节三向控制阀（TCV-144）几次，使得清洗剂流出热交换器（HX-6）旁通部分。

L.1.16　断开脱脂溶剂冲洗系统，从外部机油循环系统放出脱脂溶剂。

L.1.17　使用至少 138kPa 的压缩空气，吹扫外部机油冲洗系统管线至少 1 个小时，设置三向控制阀（TCV-144），使得 100%的流量流经热交换器（HX-6），其间往复调节三向控制阀（TCV-144）几次，使得清洗剂流出热交换器（HX-6）旁通部分。

L.1.18　分别检查热交换器（HX-6）、机油加热器、外循环泵和机油滤清器，确保将脱脂溶剂除去。

L.1.19　量取 6L 的 BC 油，加入发动机。

L.1.20　开机并进入第一阶段的老化工况。

L.1.21　进入稳定状态，在机油液面测量管（见图 D.16）上做标记，记为满刻度。

L.2　记录油底壳机油液面测量管刻度

L.2.1　标记了满刻度线后，发动机在第一阶段的老化工况运转，在机油加热器放油口放出 200mL 的机油，经几分钟油底壳液面稳定后，在机油液面测量管上做标记，记为-200mL。

L.2.2　重复以上的步骤，每 200mL 记录一次，最大记至-2000mL。

L.2.3　将放出的 2000mL 机油加回发动机，运转几分钟，液面将回到满刻度线，若不能回到满刻度线，重复以上步骤，重新标记。

L.2.4　使用加水的聚乙烯管水平尺，确定油底壳液面高度，将机油液面测量管满刻度标记作为参考点。

L.2.5　使用油性笔在油底壳侧面记录油液面高度。

L.2.6　油性笔记录位置应距离油底壳后端第二个螺丝孔 38mm 处。与油底壳垫定位上沿齐平。

L.2.7　测量油底壳边缘底面到油性笔记录满刻度位置，应为 43mm±5mm。

附 录 M
(资料性附录)
试验报告

汽车发动机油节能性能的评定
程序ⅥB 台架
试验报告

送样单位 ______________________

油样名称 ______________________

试验编号 ______________________

试验日期 ______________________

试验方法 ______________________

试验时间 ______________________

燃 料 油 ______________________

试验单位 ______________________

M. 1 试验简介：

M. 1. 1 程序 VIB 用于评定润滑油的燃油经济性能，试验时将试验油与基准参比油（BC）进行节能性能测试，包括 5 个不同条件的试验阶段。

M. 1. 2 试验发动机为 1993 年福特 4. 6L、V-8 发动机，顶置凸轮轴，每缸 2 气门，电控燃油喷射。

M. 1. 3 程序 VIB 试验包括冲洗阶段和试验阶段。试验阶段包括 2 次基准参比油（BC）试验和 2 次试验油试验（在 2 次基准参比油试验之间进行）。试验油先在发动机转速为 1500 r/min 及机油温度为 125℃的条件下老化 16h，然后进行五个试验阶段的测量。之后试验油在发动机转速为 2250 r/min 及机油温度为 135℃的条件下老化 80h，再进行五个试验阶段的测量。试验结果用试验油相对基准参比油的节能率表示。

测量试验和老化试验条件见表 M. 1。

表 M. 1 测量和老化试验条件

节能测量阶段				
阶段	转速/（r/min）	扭矩/（N・m）	机油温度/℃	冷却液温度/℃
1	1500	98	125	105
2	800	26	105	95
3	800	26	70	60
4	1500	98	70	60
5	1500	98	45	45
老化阶段				
阶段	转速/（r/min）	扭矩/（N・m）	机油温度/℃	冷却液温度/℃
1	1500	98	125	105
2	2250	98	135	105

M.2 试验结果汇总：

试验结果汇总见表 M.2。

表 M.2 试验结果汇总

	基准参比油（BC）		试验油	
	第一次	第二次	阶段 I	阶段 II
燃油耗量/ kg				
变化率/%				
节能率（FFI）/%				
总机油耗量/mL				

日　　期：________________

试验工程师：________________

试验负责人：________________

室 主 任：________________

M.3 试验数据汇总：

试验数据汇总见表 M.3、表 M.4、表 M.5 和表 M.6。

表 M.3 基准参比油试验结果汇总

	测量阶段	BSFC/（kg/（kW·h））	BSFC 变异系数/%	额定功率/kW	加权系数	加权后的燃油耗量/kg
基准参比油（BC）（试验油测量前）	1			15.39	0.0802	
	2			2.18	0.0787	
	3			2.18	0.0848	
	4			15.39	0.0864	
	5			15.39	0.0699	
燃油消耗总量						

表 M.4 试验油试验结果汇总

	测量阶段	BSFC/（kg/（kW·h））	BSFC 变异系数/%	额定功率/kW	加权系数	加权后的燃油耗量/kg
试验油阶段Ⅰ	1			15.39	0.0802	
	2			2.18	0.0787	
	3			2.18	0.0848	
	4			15.39	0.0864	
	5			15.39	0.0699	
燃油消耗总量						

表 M.5 试验油试验结果汇总

	测量阶段	BSFC/（kg/（kW·h））	BSFC 变异系数/%	额定功率/kW	加权系数	加权后的燃油耗量/kg
试验油阶段Ⅱ	1			15.39	0.0802	
	2			2.18	0.0787	
	3			2.18	0.0848	
	4			15.39	0.0864	
	5			15.39	0.0699	
燃油消耗总量						

表 M.6　基准参比油试验结果汇总

	测量阶段	BSFC/（kg/（kW·h））	BSFC 变异系数/%	额定功率/kW	加权系数	加权后的燃油耗量/kg
基准参比油（BC）（试验油测量后）	1			15.39	0.0802	
	2			2.18	0.0787	
	3			2.18	0.0848	
	4			15.39	0.0864	
	5			15.39	0.0699	
燃油消耗总量						

M.4　试验操作条件汇总见表 M.7、表 M.8、表 M.9、表 M.10、表 M.11 和表 M.12。

表 M.7　16h 老化条件汇总

项　　目	范围	平均值	最大值	最小值
发动机转速/（r/min）	1500±5			
发动机扭矩/（N·m）	98±0.10			
主油道机油温度/℃	125±2			
冷却液进口温度/℃	105±2			
机油循环温度/℃	记录			
冷却液出口温度/℃	记录			
进气温度/℃	27±2			
燃油温度（到流量计）/℃	20~32			
燃油温度（到油轨）/℃	20±2			
测功机压电式测力传感器负载池温度/℃	记录			
机油加热器温度/℃	205，最大			
进气压力/kPa	0.05±0.02			
燃油压力（到流量计）/kPa	100，最小			
燃油压力（到油轨）/kPa	205~310			
进气歧管压力/kPa（绝对）	记录			
排气背压/kPa（绝对）	104±0.20			
发动机机油压力/kPa	记录			
冷却液流量/（L/min）	130±4			
燃油流量/（kg/h）	记录			
进气湿度/（g/kg）	11.4±0.8			
空燃比	记录			
曲轴箱压力/kPa	0.00±0.25			

表 M.8　80h 老化条件汇总

项　　目	范围	平均值	最大值	最小值
发动机转速/（r/min）	2250± 5			
发动机扭矩/（N·m）	98±0.10			
主油道机油温度/℃	135±2			
冷却液进口温度/℃	105±2			
机油循环温度/℃	记录			
冷却液出口温度/℃	记录			
进气温度/℃	27±2			
燃油温度（到流量计）/℃	20~32			
燃油温度（到油轨）/℃	20±2			
测功机压电式测力传感器负载池温度/℃	记录			
机油加热器温度/℃	205，最大			
进气压力/ kPa	0.05±0.02			
燃油压力（到流量计）/ kPa	100，最小			
燃油压力（到油轨）/ kPa	205~310			
进气歧管压力/ kPa（绝对）	记录			
排气背压/ kPa（绝对）	104± 0.20			
发动机机油压力/ kPa	记录			
冷却液流量/（L/min）	130±4			
燃油流量/（kg/h）	记录			
进气湿度/（g/kg）	11.4±0.8			
空燃比	记录			
曲轴箱压力/ kPa	0.00±0.25			

表 M.9 基准参比油（BC）（试验油测量前）

项　目	范围	阶段				
		1	2	3	4	5
机油循环温度/℃	记录					
冷却液出口温度/℃	记录					
燃油温度（到流量计）/℃	20~32					
燃油温差（到流量计）/℃	≤4					
实验室温度/℃	记录					
测功机压电式测力传感器负载池温度/℃	记录					
测功机压电式测力传感器负载池温差/℃	≤12					
机油加热器温度/℃	205，最大					
进气压力/kPa	0.05±0.02					
燃油压力（到流量计）/kPa	100，最小					
燃油压力（到油轨）/kPa	205~310					
进气歧管压力/kPa（绝对）	记录					
发动机机油压力/kPa	记录					
冷却液流量/（L/min）	130±4					
进气湿度/（g/kg）	11.4±0.8					
曲轴箱压力/kPa	0.00±0.25					
大气压力/kPa	记录					

表 M.10 试验油阶段 I

项　目	范围	阶段				
		1	2	3	4	5
机油循环温度/℃	记录					
冷却液出口温度/℃	记录					
燃油温度（到流量计）/℃	20~32					
燃油温差（到流量计）/℃	≤4					
实验室温度/℃	记录					
测功机压电式测力传感器负载池温度/℃	记录					
测功机压电式测力传感器负载池温差/℃	≤12					
机油加热器温度/℃	205，最大					
进气压力/kPa	0.05±0.02					
燃油压力（到流量计）/kPa	100，最小					
燃油压力（到油轨）/kPa	205~310					
进气歧管压力/kPa（绝对）	记录					
发动机机油压力，kPa	记录					
冷却液流量/（L/min）	130±4					
进气湿度/（g/kg）	11.4±0.8					
曲轴箱压力/kPa	0.00±0.25					
大气压力/kPa	记录					

表 M.11 试验油阶段 II

项　　目	范围	阶段				
		1	2	3	4	5
机油循环温度/℃	记录					
冷却液出口温度/℃	记录					
燃油温度（到流量计）/℃	20~32					
燃油温差（到流量计）/℃	≤4					
实验室温度/℃	记录					
测功机压电式测力传感器负载池温度/℃	记录					
测功机压电式测力传感器负载池温差/℃	≤12					
机油加热器温度/ ℃	205，最大					
进气压力/ kPa	0.05±0 .02					
燃油压力（到流量计）/ kPa	100，最小					
燃油压力（到油轨）/ kPa	205~310					
进气歧管压力/kPa（绝对）	记录					
发动机机油压力/kPa	记录					
冷却液流量/（L/min）	130±4					
进气湿度/（g/kg）	11.4±0.8					
曲轴箱压力/kPa	0.00±0.25					
大气压力/kPa	记录					

表 M.12 基准参比油（BC）（试验油测量后）

项　　目	范围	阶段				
		1	2	3	4	5
机油循环温度/℃	记录					
冷却液出口温度/℃	记录					
燃油温度（到流量计）/℃	20~32					
燃油温差（到流量计）/℃	≤4					
实验室温度/℃	记录					
测功机压电式测力传感器负载池温度/℃	记录					
测功机压电式测力传感器负载池温差/℃	≤12					
机油加热器温度/ ℃	205，最大					
进气压力/ kPa	0.05± 0.02					
燃油压力（到流量计）/ kPa	100，最小					
燃油压力（到油轨）/ kPa	205~310					
进气歧管压力/kPa（绝对）	记录					
发动机机油压力/kPa	记录					
冷却液流量/（L/min）	130±4					
进气湿度/（g/kg）	11.4±0.8					
曲轴箱压力/kPa	0.00±0.25					
大气压力/kPa	记录					

M. 5 关键参数汇总见表 M. 7～表 M32。

测量阶段 1

表 M. 13 基准参比油（BC）（试验油测量前）

测量步骤	BSFC/（kg/（kW·h））	转速/（r/min）	扭矩/（N·m）	主油道温度/℃	冷却液进口温度/℃	进气温度/℃	油轨温度/℃	排气背压/kPa	燃油流量/（kg/h）	空燃比	空燃比差值
范围	记录	1500± 2	98± 0 . 07	125± 1	105± 1	27± 2	20± 2	104±0. 17	记录	14. 00～15. 00	≤ 0. 50
1											
2											
3											
4											
5											
6											
平均值											
标准偏差											
变异系数											

表 M. 14 试验油阶段 I

测量步骤	BSFC/（kg/（kW·h））	转速/（r/min）	扭矩/（N·m）	主油道温度/℃	冷却液进口温度/℃	进气温度/℃	油轨温度/℃	排气背压/kPa	燃油流量/（kg/h）	空燃比	空燃比差值
范围	记录	1500± 2	98± 0 . 07	125± 1	105± 1	27± 2	20± 2	104±0. 17	记录	14. 00～15. 00	≤ 0. 50
1											
2											
3											
4											
5											
6											
平均值											
标准偏差											
变异系数											

表 M. 15 试验油阶段 II

测量步骤	BSFC/（kg/(kW·h)）	转速/(r/min)	扭矩/(N·m)	主油道温度/℃	冷却液进口温度/℃	进气温度/℃	油轨温度/℃	排气背压/kPa	燃油流量/(kg/h)	空燃比	空燃比差值
范围	记录	1500± 2	98±0.07	125± 1	105± 1	27± 2	20± 2	104±0.17	记录	14.00~15.00	≤ 0.50
1											
2											
3											
4											
5											
6											
平均值											
标准偏差											
变异系数											

表 M. 16 基准参比油（BC）（试验油测量后）

测量步骤	BSFC/（kg/(kW·h)）	转速/(r/min)	扭矩/(N·m)	主油道温度/℃	冷却液进口温度/℃	进气温度/℃	油轨温度/℃	排气背压/kPa	燃油流量/(kg/h)	空燃比	空燃比差值
范围	记录	1500± 2	98±0.07	125± 1	105± 1	27± 2	20± 2	104±0.17	记录	14.00~15.00	≤ 0.50
1											
2											
3											
4											
5											
6											
平均值											
标准偏差											
变异系数											

测量阶段 2

表 M. 17　基准参比油（BC）（试验油测量前）

测量步骤	BSFC/（kg/（kW·h））	转速/（r/min）	扭矩/（N·m）	主油道温度/℃	冷却液进口温度/℃	进气温度/℃	油轨温度/℃	排气背压/kPa	燃油流量/（kg/h）	空燃比	空燃比差值
范围	记录	800± 2	26± 0 .07	105± 1	95± 1	27± 2	20± 2	104±0. 17	记录	14. 00 ~15. 00	≤ 0. 50
1											
2											
3											
4											
5											
6											
平均值											
标准偏差											
变异系数											

表 M. 18　试验油阶段 I

测量步骤	BSFC/（kg/（kW·h））	转速/（r/min）	扭矩/（N·m）	主油道温度/℃	冷却液进口温度/℃	进气温度/℃	油轨温度/℃	排气背压/kPa	燃油流量/（kg/h）	空燃比	空燃比差值
范围	记录	800± 2	26± 0 .07	105± 1	95± 1	27± 2	20± 2	104±0. 17	记录	14. 00 ~15. 00	≤ 0. 50
1											
2											
3											
4											
5											
6											
平均值											
标准偏差											
变异系数											

表 M.19 试验油阶段 II

测量步骤	BSFC/（kg/（kW·h））	转速/（r/min）	扭矩/（N·m）	主油道温度/℃	冷却液进口温度/℃	进气温度/℃	油轨温度/℃	排气背压/kPa	燃油流量/（kg/h）	空燃比	空燃比差值
范围	记录	800± 2	26± 0.07	105± 1	95± 1	27± 2	20± 2	104±0.17	记录	14.00 ~15.00	≤ 0.50
1											
2											
3											
4											
5											
6											
平均值											
标准偏差											
变异系数											

表 M.20 基准参比油（BC）（试验油测量后）

测量步骤	BSFC/（kg/（kW·h））	转速/（r/min）	扭矩/（N·m）	主油道温度/℃	冷却液进口温度/℃	进气温度/℃	油轨温度/℃	排气背压/kPa	燃油流量/（kg/h）	空燃比	空燃比差值
范围	记录	800± 2	26± 0.07	105± 1	95± 1	27± 2	20± 2	104±0.17	记录	14.00 ~15.00	≤ 0.50
1											
2											
3											
4											
5											
6											
平均值											
标准偏差											
变异系数											

测量阶段 3

表 M.21　基准参比油（BC）（试验油测量前）

测量步骤	BSFC/（kg/（kW·h））	转速/（r/min）	扭矩/（N·m）	主油道温度/℃	冷却液进口温度/℃	进气温度/℃	油轨温度/℃	排气背压/kPa	燃油流量/（kg/h）	空燃比	空燃比差值
范围	记录	800± 2	26± 0.07	105± 1	95± 1	27± 2	20± 2	104±0.17	记录	14.00 ~15.00	≤ 0.50
1											
2											
3											
4											
5											
6											
平均值											
标准偏差											
变异系数											

表 M.22　试验油阶段 I

测量步骤	BSFC/（kg/（kW·h））	转速/（r/min）	扭矩/（N·m）	主油道温度/℃	冷却液进口温度/℃	进气温度/℃	油轨温度/℃	排气背压/kPa	燃油流量/（kg/h）	空燃比	空燃比差值
范围	记录	800± 2	26± 0.07	105± 1	95± 1	27± 2	20± 2	104±0.17	记录	14.00 ~15.00	≤ 0.50
1											
2											
3											
4											
5											
6											
平均值											
标准偏差											
变异系数											

表 M.23 试验油阶段 II

测量步骤	BSFC/（kg/（kW·h））	转速/（r/min）	扭矩/（N·m）	主油道温度/℃	冷却液进口温度/℃	进气温度/℃	油轨温度/℃	排气背压/kPa	燃油流量/（kg/h）	空燃比	空燃比差值
范围	记录	800± 2	26±0.07	105± 1	95± 1	27± 2	20± 2	104±0.17	记录	14.00~15.00	≤ 0.50
1											
2											
3											
4											
5											
6											
平均值											
标准偏差											
变异系数											

表 M.24 基准参比油（BC）（试验油测量后）

测量步骤	BSFC/（kg/（kW·h））	转速/（r/min）	扭矩/（N·m）	主油道温度/℃	冷却液进口温度/℃	进气温度/℃	油轨温度/℃	排气背压/kPa	燃油流量/（kg/h）	空燃比	空燃比差值
范围	记录	800± 2	26±0.07	105± 1	95± 1	27± 2	20± 2	104±0.17	记录	14.00~15.00	≤ 0.50
1											
2											
3											
4											
5											
6											
平均值											
标准偏差											
变异系数											

测量阶段 4

表 M.25 基准参比油（BC）（试验油测量前）

测量步骤	BSFC/（kg/（kW·h））	转速/（r/min）	扭矩/（N·m）	主油道温度/℃	冷却液进口温度/℃	进气温度/℃	油轨温度/℃	排气背压/kPa	燃油流量/（kg/h）	空燃比	空燃比差值
范围	记录	1500± 2	98± 0.07	105± 1	95± 1	27± 2	20± 2	104±0.17	记录	14.00 ~15.00	≤ 0.50
1											
2											
3											
4											
5											
6											
平均值											
标准偏差											
变异系数											

表 M.26 试验油阶段 I

测量步骤	BSFC/（kg/（kW·h））	转速/（r/min）	扭矩/（N·m）	主油道温度/℃	冷却液进口温度/℃	进气温度/℃	油轨温度/℃	排气背压/kPa	燃油流量/（kg/h）	空燃比	空燃比差值
范围	记录	1500± 2	98± 0.07	105± 1	95± 1	27± 2	20± 2	104±0.17	记录	14.00 ~15.00	≤ 0.50
1											
2											
3											
4											
5											
6											
平均值											
标准偏差											
变异系数											

表 M. 27 试验油阶段 II

测量步骤	BSFC/（kg/（kW·h））	转速/（r/min）	扭矩/（N·m）	主油道温度/℃	冷却液进口温度/℃	进气温度/℃	油轨温度/℃	排气背压/kPa	燃油流量/（kg/h）	空燃比	空燃比差值
范围	记录	1500± 2	98± 0 . 07	105± 1	95± 1	27± 2	20± 2	104±0. 17	记录	14. 00 ~15. 00	≤ 0. 50
1											
2											
3											
4											
5											
6											
平均值											
标准偏差											
变异系数											

表 M. 28 基准参比油（BC）（试验油测量后）

测量步骤	BSFC/（kg/（kW·h））	转速/（r/min）	扭矩/（N·m）	主油道温度/℃	冷却液进口温度/℃	进气温度/℃	油轨温度/℃	排气背压/kPa	燃油流量/（kg/h）	空燃比	空燃比差值
范围	记录	1500± 2	98± 0 . 07	70± 1	60± 1	27± 2	20± 2	104±0. 17	记录	14. 00 ~15. 00	≤ 0. 50
1											
2											
3											
4											
5											
6											
平均值											
标准偏差											
变异系数											

测量阶段 5

表 M.29 基准参比油（BC）（试验油测量前）

测量步骤	BSFC/（kg/（kW·h））	转速/（r/min）	扭矩/（N·m）	主油道温度/℃	冷却液进口温度/℃	进气温度/℃	油轨温度/℃	排气背压/kPa	燃油流量/（kg/h）	空燃比	空燃比差值
范围	记录	1500±2	98±0.07	45±1	45±1	27±2	20±2	104±0.17	记录	14.00~15.00	≤0.50
1											
2											
3											
4											
5											
6											
平均值											
标准偏差											
变异系数											

表 M.30 试验油阶段 I

测量步骤	BSFC/（kg/（kW·h））	转速/（r/min）	扭矩/（N·m）	主油道温度/℃	冷却液进口温度/℃	进气温度/℃	油轨温度/℃	排气背压/kPa	燃油流量/（kg/h）	空燃比	空燃比差值
范围	记录	1500±2	98±0.07	45±1	45±1	27±2	20±2	104±0.17	记录	14.00~15.00	≤0.50
1											
2											
3											
4											
5											
6											
平均值											
标准偏差											
变异系数											

表 M.31 试验油阶段 II

测量步骤	BSFC/（kg/(kW·h)）	转速/(r/min)	扭矩/(N·m)	主油道温度/℃	冷却液进口温度/℃	进气温度/℃	油轨温度/℃	排气背压/kPa	燃油流量/(kg/h)	空燃比	空燃比差值
范围	记录	1500± 2	98±0.07	45± 1	45± 1	27± 2	20± 2	104±0.17	记录	14.00~15.00	≤ 0.50
1											
2											
3											
4											
5											
6											
平均值											
标准偏差											
变异系数											

表 M.32 基准参比油（BC）(试验油测量后)

测量步骤	BSFC/（kg/(kW·h)）	转速/(r/min)	扭矩/(N·m)	主油道温度/℃	冷却液进口温度/℃	进气温度/℃	油轨温度/℃	排气背压/kPa	燃油流量/(kg/h)	空燃比	空燃比差值
范围	记录	1500± 2	98±0.07	45± 1	45± 1	27± 2	20± 2	104±0.17	记录	14.00~15.00	≤ 0.50
1											
2											
3											
4											
5											
6											
平均值											
标准偏差											
变异系数											

M.6 非正常停机和维修记录：

非正常停机和维修记录见表 M.33。

表 M.33 非正常停机和维修记录表

停机次数：　　　　次		
试验时间	停机时间	原　因
总停机时间		

备注见表 M.34。

表 M.34 备注

备　　注

附　录　N
（规范性附录）
窜气通风系统要求

N.1　3/8in NPT（锥管螺纹）十字接头。

N.2　三个 3/8in NPT 管接头，用于连接 16mm 内径软管与 3/8in NPT 十字接头。

N.3　13mm 不锈钢弯头，安装在摇臂罩右侧。

N.4　左摇臂罩使用发动机原有的弯头。

N.5　用 510mm±51mm 长 16mm 内径的软管连接右摇臂罩与 3/8in NPT 十字接头。

N.6　用 510mm±51mm 长 16mm 内径的软管连接左摇臂罩与要求的十字接头。

N.7　通过 3/8in 十字接头顶部监控曲轴箱压力。

ICS 75.120
E 39

SH

中华人民共和国石油化工行业标准

NB/SH/T 0900—2015

牵引车液压液磨损特性的测定　FZG 法

Determination of wear characteristics of tractor hydraulic fluids by FZG test machine

2015-10-27 发布　　2016-03-01 实施

国家能源局　发布

目　　次

前　　言

本标准按照 GB/T 1.1—2009 给出的规则起草。

本标准采用重新起草法修改采用美国试验与材料协会标准 ASTM D4998-13《测定牵引车液压油磨损特性的标准试验方法》。

本标准与 ASTM D4998-13 的主要技术差异及其原因如下：

——为使用方便，本标准部分引用标准采用我国相应的国家标准或石化行业标准；

——在 9.6 条、9.8 条中增加按照 SH/T 0306 方法来安装、拆卸齿轮的内容，以增强标准的可操作性；

——删去 ASTM D4998-13 第 13 章关键词的内容；

——删去 ASTM D4998-13 附录 A1 中关于试验机订购信息的内容。

本标准由中国石油化工集团公司提出。

本标准由全国石油产品和润滑剂标准化技术委员会石油燃料和润滑剂分技术委员会（SAC/TC280/SC1）归口。

本标准起草单位：中国石油天然气股份公司兰州润滑油研究开发中心。

本标准主要起草人：张宽德、叶明学、朱登锋、金志良、刘增明。

本标准为首次发布。

牵引车液压液磨损特性的测定　FZG 法

警告：本标准的应用可能涉及某些有危险性的材料、操作和设备。但并未对与此有关的所有安全问题都提出建议。用户在使用本标准之前有责任制定相应的安全和保护措施，并确定相关规章限制的适用性。

1　范围

本标准规定了齿轮传动系统用油磨损性能的筛选测定方法。

本标准适用于牵引车液压液等齿轮传动系统用润滑油的磨损性能的评价。

2　规范性引用文件

下列文件对于本文件的应用是必不可少的。凡是注日期的引用文件，仅所注日期的版本适用于本文件。凡是不注日期的引用文件，其最新版本（包括所有的修改单）适用于本文件。

GB/T 686　化学试剂　丙酮

GB/T 1172　黑色金属硬度及强度换算值

GB 1922—2006　油漆及清洗用溶剂油

GB/T 6536　石油产品常压蒸馏特性测定法

GB/T 8017　石油产品蒸气压的测定　雷德法

GB/T 10095.1　圆柱齿轮　精度制　第1部分：轮齿同侧齿面偏差的定义和允许值

GB/T 11132　液体石油产品烃类的测定　荧光指示剂吸附法

GB/T 17754—2012　摩擦学术语

SH/T 0306　润滑剂承载能力测定法（CL-100 齿轮机法）

SY/T 0542　稳定轻烃组分分析　气相色谱法

DIN EN 10084　渗碳钢材交货技术条件

3　术语和定义

下列术语和定义适用于本文件。

3.1

磨粒（料）磨损　abrasion wear

在摩擦过程中，由于硬粒或摩擦副表面的硬微凸体对固体表面挤压和沿表面运动所引起的损伤或材料流失。

[GB/T 17754—2012，定义 5.18 条]

3.2

粘焊 scoring

相对运动的摩擦［表］面之间由于闪温过高使许多小接触点出现焊接并在相对滑动中被撕裂的磨损。

[GB/T 17754—2012，定义 5.35 条]

3.3

划伤（刮伤） scratching

由于微凸体的滑动作用造成固体摩擦［表］面上出现划痕的一种磨损。

［GB/T 17754—2012，定义5.27条］

3.4

胶合 scuffing

是粘焊这类磨损中更为严重的一种形式。

［GB/T 17754—2012，定义5.36条］

3.5

磨损 wear

由于摩擦造成表面的变形、损伤或表层材料逐渐流失的现象和过程。

［GB/T 17754—2012，定义2.3条］

4 方法概要

4.1 使用经过改造的FZG齿轮试验机在转速100r/min、载荷10级、温度121℃下运行20h，用试验油润滑试验齿轮。

4.2 试验前后目测试验齿轮并称重，用试验齿轮失重和试验后目测到的齿面损伤来评价试验油的抗磨损性能。

5 方法应用

现代牵引车多使用液压液涯滑变速箱和驱动齿轮箱。本标准用来评价牵引车液压液等齿轮传动系统用润滑油的抗磨损性能，也可适用于其他类型润滑油的抗磨损性能评价。

6 设备

6.1 FZG试验机：试验机的说明见附录A，设备结构示意图见附录B和附录C。

6.2 试验齿轮：试验齿轮使用FZG“A”型齿轮，试验齿轮参数和加工要求见附录A、附录D。

6.3 齿轮箱加热元件：使用750W的齿轮箱加热元件使试验油在20 min~25 min内加热到试验温度。

6.4 温度控制器：1000 W，带北例、积分和微分（PID）的温度控制器，温度控制精度在±1℃以内。在齿轮箱内的右侧安装热电偶，距后壁28 mm、距底60 mm，插入齿轮箱15 mm。

6.5 分析天平：最大量程2 kg，感量1 mg，用于称量试验齿轮。

6.6 放大镜：3倍~6倍。

6.7 压缩空气：最小压力551 kPa。

6.8 蒸汽加热板或轴承加热器：表面温度低于75 ℃。

7 试剂及材料

7.1 清洗溶剂：清洗用溶剂油满足GB 1922—2006中2号要求。

警告：易燃物品，挥发的气体有害。应远离火源、火花和明火，避免长时间或重复的皮肤接触。

7.2 丙酮：符合GB/T 686标准。

警告：属于易燃物品，挥发的气体有害。应远离火源、火花和明火，避免长时间或重复的皮肤接触。

7.3　烷：满足附录 E 中表 E.1 要求。

警告：属于易燃物品，挥发的气体有害。应远离火源、火花和明火，避免长时间或重复的皮肤接触。

8　试验机准备

根据 FZG 试验机操作说明组装 FZG 试验机。改造驱动电机和传动装置使输入轴转速能平稳控制在 100 r/min±3 r/min 之内。安装时使用 S23 弹性轴。

9　试验步骤

9.1　FZG 试验机组装

根据试验机操作说明组装试验设备，按附录 A 使用改进的低速驱动电机。

注 1：FZG 试验机提供了机械保护装置来防止旋转部件可能对人员造成的危害，在设备运转以前安装好这些防护装置。

注 2：按照国家用电规范连接驱动马达和加热元件线路。

9.2　设备清洗

用清洗溶剂清洗试验齿轮箱和相关部件。向齿轮箱加入清洗溶剂至试验轴中心线位置以上，手动转动试验轴以便清洗轴承，放掉齿轮箱里的清洗溶剂，再重新加入清洗溶剂，并转动试验轴，然后放掉清洗溶剂。用压缩空气吹干齿轮箱。

9.3　齿轮检查

用 3 倍~6 倍的放大镜检查齿轮齿面。不能使用齿面有缺陷的齿轮。

9.4　齿轮清洗

依次用清洗溶剂、丙酮、戊烷清洗试验齿轮，并风干。为了防止清洗后齿轮表面水分凝结，用表面温度低于 75℃ 的干净的蒸汽加热炉或轴承加热器加热齿轮至室温。清洗后用钳子或戴手套拿取洗净的齿轮，不能用手直接接触。

9.5　齿轮称重

用分析天平在室温下称量齿轮，称量前保证齿轮清洁、干燥，记录每个齿轮的质量，精确到 1mg，将每个齿轮的质量相加所得作为试验前齿轮总质量（TM_i）。

9.6　齿轮安装

按照 SH/T 0306 和设备操作说明书安装试验齿轮。

9.7　试验程序

向试验齿轮箱加入试验油至轴中心线位置。在合适的操作位置安装设备保护装置。设定温度控制器至 121 ℃。无载荷下打开加热器，启动电机在 100 r/min 的转速下运转。让温度稳定在 121 ℃ 保持 20 min~25 min，关掉马达并加第 10 级载荷。第 10 级载荷包括 373 Nm 的力臂、砝码和加载离合器。启动电机并在 100 r/min±3 r/min 转速下运转 20 h。

9.8　齿轮拆卸、清洗和称量

按照 SH/T 0306 和设备操作说明书拆下试验齿轮，注意避免齿轮损伤。按 9.4 条和 9.5 条清洗并称

量齿轮。记录试验后两个试验齿轮总质量（TM_f）。

9.9 齿面检查

记录每个齿轮上原始研磨纹路或产生较严重磨损特征，如粘焊、划伤（刮伤）或胶合的齿数。如果一个齿轮出现多种损伤形式，只记录损伤最严重的。

10 计算

10.1 齿轮质量变化

按式（1）计算精密齿轮的总质量变化（*TMC*）：

$$TMC = TM_i - TM_f \quad (1)$$

式中：

TM_i——试验前齿轮总质量，单位为毫克（mg）；

TM_f——试验后齿轮总质量，单位为毫克（mg）。

11 结果报告

报告以下数据：试验齿轮总质量变化 *TMC*（mg）以及每个齿轮上产生粘焊、划伤（刮伤）和胶合的齿数。记录齿面出现的其他表面缺陷（参见附录 F）。

12 精密度和偏差

12.1 精密度

本标准精密度的确定是在六个实验室中测定了一个油品，通过多个实验室的统计测量结果确定了试验方法中磨损部分的精密度，有效的磨损值约为 25 mg。按下述规定判断试验结果的可靠性（95%的置信水平）

12.1.1 中间精密度条件

在同一的实验室、使用相同的试验方法和同一试验油，但操作者、测量设备、试验台架和试验间隔等试验条件可以不同的情况获得。

注：“中间精密度”不等同于“重复性”定义，它定义的实验室操作条件更适合本试验方法。

12.1.2 中间精密度限值 *i. p.*

在中间精密度条件下使用王确的操作方法获得的两个试验结果之差不应大于 27. 4 mg。

12.1.3 再现性 *R*

在不同的实验室、不同操作者、使用不同的试验设备，按照相同的试验方法，对同一试验油分别进行测定得到的两个单一、独立的试验结果之差不应大于 43. 2mg。

12.2 偏差

本标准尚未确定偏差。

12.3 精密度统计试验结果

采用SAE 30变速箱油进行试验，试验油来源相同，每个实验室使用各自的试验齿轮的精密度统计试验结果见表1。

表1 精密度统计试验结果

实验室	试验结果 1/mg	试验结果 2/mg
A	26.9	34.1
B	24.0	39.0
C	36.0	36.0
D	34.0	12.0
E	11.8	30.8
F	13.8	12.4

附 录 A
(规范性附录)
FZG 齿轮试验机和齿轮

A.1 FZG 齿轮试验机和齿轮说明见 SH/T 0306。

A.2 FZG 齿轮（A 型齿轮，轻微马格（Maag）磨纹），“A” 型齿轮的技术参数见表 A.1。

A.3 FZG 试验机的改造。需增加低速驱动电机来提供 100 r/min±3 r/min 的转速。可在标准的 FZG 5.4 KW 的电机上增加一个变频控制器或减速器来实现。应提供平稳恒定的转速。在驱动和 FZG 试验机之间安装一个弹性联轴器。

表 A.1 “A” 型齿轮的技术参数

名 称		数 值
中心距/mm		91.5
有效齿宽/mm		20
节距圆直径	小齿轮/mm	73.2
	大齿轮/mm	109.8
顶圆直径	小齿轮/mm	88.7
	大齿轮/mm	112.5
齿数	小齿轮/mm	16
	大齿轮/mm	24
齿廓偏差	小齿轮	0.8635
	大齿轮	−0.5
压力角/（°）		20
啮合角/（°）		22.5
节距圆处圆周速度（100 r/min）/（m/s）		0.383
齿顶接触长度	小齿轮/mm	14.7
	大齿轮/mm	3.3
最大滑动速度	小齿轮/（m/s）	0.257
	大齿轮/（m/s）	0.061
齿顶赫兹接触压力（在 100 r/min、10 级载荷试验条件下）	小齿轮/（kgf/mm^2）	199.9
	大齿轮/（kgf/mm^2）	166.3

附　录　B
（规范性附录）
FZG 齿轮试验机示意图

FZG 齿轮试验机见图 B.1。

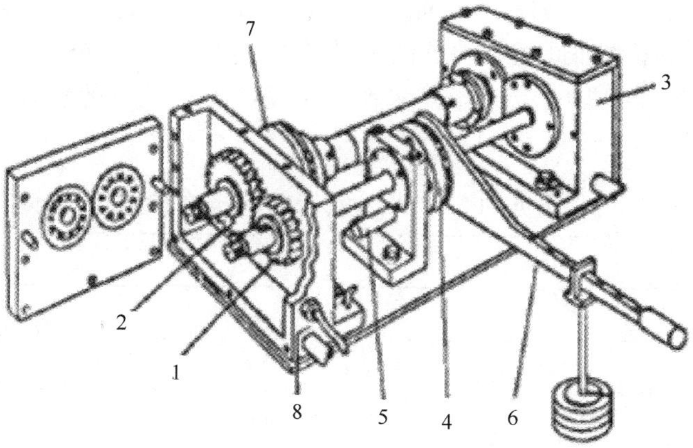

1——小齿轮；
2——大齿轮；
3——驱动齿轮；
4——加载离合器；
5——锁销；
6——带砝码盘的杠杆臂；
7——扭矩测量离合器；
8——温度传感器。

图 B.1　FZG 齿轮试验机

附 录 C
(规范性附录)
FZG 齿轮试验机结构示意图

FZG 齿轮试验机结构示意图见图 C.1。

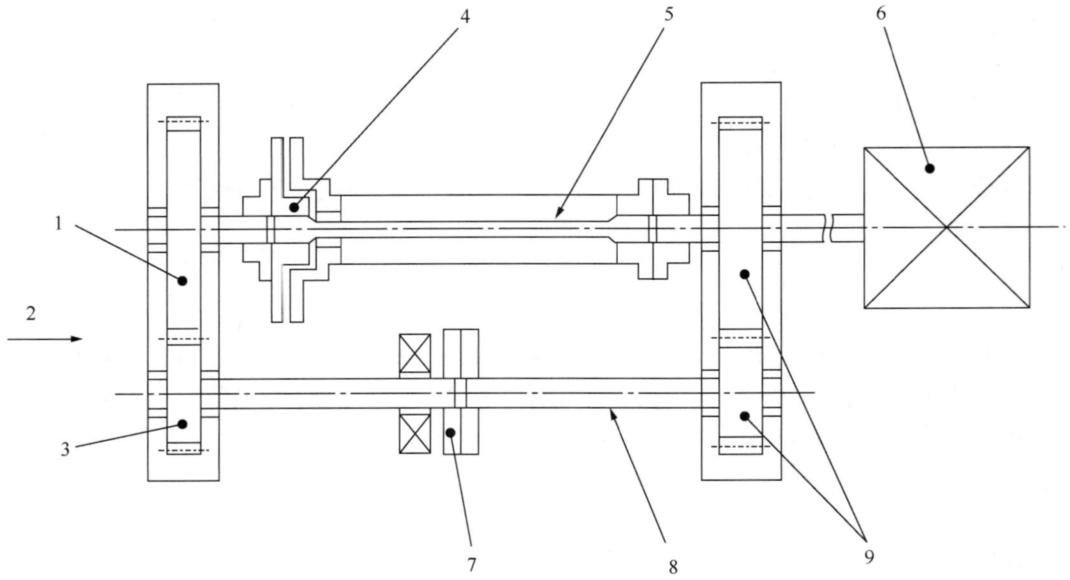

1——大齿轮;
2——A 向视图;
3——小齿轮;
4——扭矩测量离合器;
5——弹性轴;
6——驱动电机;
7——加载离合器;
8——刚性轴;
9——驱动齿轮。

图 C.1 FZG 齿轮试验机结构示意图

附 录 D
(规范性附录)
试验齿轮加工

D.1 材料

D.1.1 试验齿轮材料采用 20MnCr5（DIN EN 10084），10 mm 盘淬火后布氏硬度为 HB30、强度为 3.295 kPa~3.726 kPa（其相应的抗拉强度为 1.127 kPa~1.274 kPa）。
D.1.2 为保证强度，大齿轮（$z=24$）要压铸制造，而小齿轮采用热轧棒材制造。

D.2 热处理

D.2.1 用表面淬火处理试验齿轮，淬火深度 0.6 mm~0.8 mm。维氏硬度 HV 10（强度 4.903 kPa）。在齿顶，淬火不能表现出任何过度淬火的自由渗碳体。双重淬火得到没有奥氏体的界面。
D.2.2 退火后的表面硬度为 60 HRC~62 HRC。
D.2.3 从布氏硬度根据 GB/T 1172 测定的中心抗拉强度如下：0.980 kPa~1.225 kPa。

D.3 齿轮质量

D.3.1 根据 GB/T 10095.1 确定齿轮精度等级为 5 级。
D.3.2 平均粗糙度 R_a 在 0.4 μm~0.6 μm 之间。

D.4 磨削

马格十字交叉磨削，滚动速度为 154 r/min。

D.5 齿轮修形

没有齿顶和齿根的加工凹槽，带侧面齿晕。

附　录　E
(规范性附录)
戊烷要求

戊烷的要求见表 E.1。

表 E.1　戊烷要求

项　　目			质量指标	试验方法
馏程	初馏点/℃	不低于	33.3	GB/T 6536
	终馏点/℃	不高于	40.5	
烯烃			无	GB/T 11132
异戊烷/%		不大于	20	SY/T 0542
正戊烷/%		不小于	80	SY/T 0542
饱和蒸气压/kPa		不高于	17	GB/T 8017

附 录 F
（资料性附录）
试验结果报告单

试验前齿轮状况

小齿轮：____________________

大齿轮：____________________

总质量（TM_i）：____________________

试验后齿轮质量：

小齿轮：____________________

大齿轮：____________________

总质量（TM_f）：____________________

总质量变化计算（TMC）

（TM_i）－（TM_f）＝TMC

________－________＝__________mg

试验后齿轮表面	小齿轮	大齿轮
每个齿轮上记录以下内容：		
齿面状况的齿数		
原始研磨纹路	________	________
粘焊	________	________
划伤（刮伤）	________	________
胶合	________	________
总数	16	24

记录其他表面缺陷：

ICS 75.100
E 34

SH

中华人民共和国石油化工行业标准

NB/SH/T 0901—2015

矿物油玻璃化转变温度的测定 差示扫描量热法

Standard test method for determining the glass transition temperatures of mineral oil—Differential scanning calorimetry

2015-10-27 发布

2016-03-01 实施

国家能源局 发布

前　　言

本标准按照 GB/T 1.1—2009 给出的规则起草。

本标准使用重新起草法参考美国试验与材料协会标准 ASTM E1356-08《差示扫描量热仪测定玻璃化转变温度试验方法》编制，与 ASTM E1356-08 的一致性程度为非等效。

本标准由中国石油化工集团公司提出。

本标准由全国石油产品和润滑剂标准化技术委员会石油燃料和润滑剂分技术委员会（SAC/TC280/SC1）归口。

本标准起草单位：中国石油天然气股份有限公司兰州润滑油研究开发中心。

本标准主要起草人：胡玉华、刘妍、王鹏、王毅、吐伟、张昱。

本标准为首次发布。

矿物油玻璃化转变温度的测定　差示扫描量热法

警告：本标准涉及某些有危险性的材料、操作和设备，但是无意对与此有关的所有安全问题都提出建议。因此，使用者在应用本标准之前应建立适当的安全和保护措施，并确定相关规章限制的适用性。

1　范围

本标准规定了使用差示扫描量热仪测定矿物油玻璃化转变温度的方法。

本标准适用于矿物油尤其是橡胶填充油玻璃化转变温度的测定。用于精密度统计试验样品的玻璃化转变温度在-103.0 ℃～-37.4 ℃之间，玻璃化转变温度不在此范围的本标准也可适用，但试样的玻璃化转变温度超出精密度验证试验样品的温度范围时，方法的精密度可能不适用。

2　规范性引用文件

下列文件对于本文件的应用是必不可少的。凡是注日期的引用文件，仅所注日期的版本适用于本文件。凡是不注日期的引用文件，其最新版本（包括所有的修改单）适用于本文件。

GB/T 4756　石油液体手工取样法

GB/T 6683　石油产品试验方法精密度数据确定法

ASTM E967 差示扫描量热法和差热分析法的温度校准测试方法（Standard Test Method for Temperature Calibrationof Differential Scanning Calorimetersand Differential Thermal Analyzers）

3　术语和定义

下列术语和定义适用于本文件。

3.1

差示扫描量热法　differential scanning calorimetry

在程序控温下，测量输入到试样和参比物的热量差与温度关系的方法。

3.2

玻璃化转变　glass transition

非晶材料在温度较低时为刚性固体状，与玻璃相似，在外力作用下只会发生非常小的形变，此状态即为玻璃态，当温度继续升高到一定范围后，材料的形变明显的增加，并在随后的一定温度区间形变相对稳定，此状态即为高弹态。玻璃化转变是指非晶材料玻璃态与高弹态之间的转变。

3.3

玻璃化转变温度（T_g）　glass transition temperature

玻璃化转变所对应的温度。

3.4

比热容　specific heat capacity

单位质量物质产生单位温度变化所需要的能量。

3.5

与玻璃化转变区域相关的转变点 transition points associated with the glass transition region

与玻璃化转变区域相关的转变点见图1。

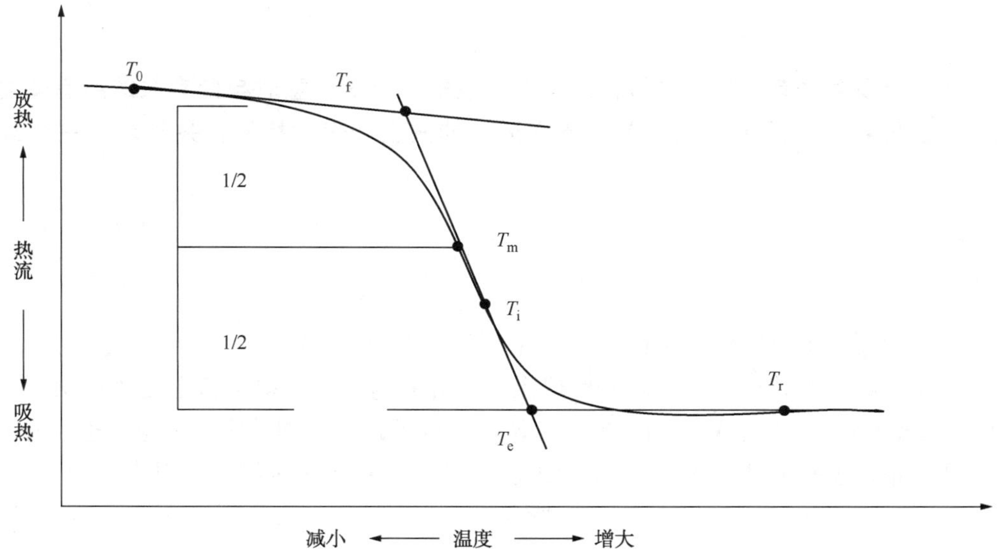

图1 玻璃化转变区域差热曲线

3.5.1

外推终止温度（T_e） extrapolated end temperature

玻璃化转变曲线最大斜率处的切线和玻璃化转变后外推基线的交点所对应的温度。

3.5.2

外推起始温度（T_f） extrapolated onset temperature

玻璃化转变曲线最大斜率处的切线和玻璃化转变前外推基线的交点所对应的温度。

3.5.3

拐点温度（T_i） inflection temperature

玻璃化转变曲线斜率最大点（相对于时间）所引切线与差热曲线切点所对应的温度。

3.5.4

中点温度（T_m） midpoint temperature

在热流数轴方向上外推起始温度与外推终止温度之间1/2处热流速率与差热曲线交点所对应的温度。

3.5.5

首先偏离温度（T_o） temperature of first deviation

玻璃化转变区域低温侧差热曲线首次偏离基线的切线与差热曲线切点所对应的温度。

3.5.6

重回基线温度（T_r） temperature of return to baseline

在玻璃化转变区域高温侧差热曲线最后偏离基线的切线与差热曲线切点所对应的温度。

4 方法概要

在可控的速率下加热或冷却矿物油，扫描参比标样和矿物油试样间热流差或温度差，通过分析玻璃化转变区域间的差热曲线计算出玻璃化转变温度。

5 方法应用

5.1 差示扫描量热法提供了一种快速测定矿物油玻璃化转变温度的方法，玻璃化转变时在比热上有一个突变。

5.2 矿物油主要是由烃类物质组成的共混物，属于无定形物，存在玻璃化转变温度。矿物油尤其是橡胶填充油的玻璃化转变温度是一项非常重要的技术参数。橡塑行业对橡胶填充油的玻璃化转变温度提出了明确要求。矿物油在玻璃化转变温度区域内应是稳定的，不会发生分解和升华。

5.3 本标准可用于矿物油的研究、质量控制和规格检验。

6 影响因素

6.1 升（降）温速率会影响测定结果，因此在试验报告中应说明。

6.2 测试应在惰性气体保护的情况下进行，矿物油的玻璃化转变温度普遍在-30℃以下，低温测试时炉子内应使用氦气。

6.3 试样用量都是毫克级的，应采用正确的取样技术保证试样均匀并具有代表性。

7 仪器

7.1 差示扫描量热仪

7.1.1 差示扫描量热仪（DSC 量热仪）：主机由测试池、温度传感器、热流传感器、测试池惰性气体吹扫系统、温度控制器组成。

7.1.2 测试池：由一个加热炉构成，能够对试样和参比标样进行统一加热（或冷却），使试样及参比标样可以恒温到某一温度点，或者以固定的速率加热（或冷却）试样和参比标样，温度区间在-160 ℃~500 ℃。

7.1.3 温度传感器：能提供试样温度显示，精度至少±0.1 ℃。

7.1.4 热流传感器：能测定试样和参比标样间微小的热流差，灵敏度至少±μW。

7.1.5 测试池惰性气体吹扫系统：能保持测试池惰性气体环境，气体流量在 10 mL/min~100 mL/min 可调，精度 4 mL/min；使用双重惰性气体保护，并且要求炉内应为氦气，炉外为氮气。

7.1.6 温度控制器：通过操控加热炉执行控温程序，在-160 ℃~500 ℃内执行仪器制造商设计要求的升温速率，控温精度至少±0.5 ℃/min。

7.1.7 差示扫描量热仪还需配备有液氮制冷系统和样品压封机。

7.2 数据采集系统：采集、储存并显示测量和/或计算出的信号。该系统输出的信号至少应包括热流、温度和时间。

7.3 铝坩埚：与试样和参比标样不发生化学反应，有合适的外形并且能完整容纳试样和参比标样。

7.4 分析天平：最大量程超过 100 mg，感量 0.01 mg。

8 试剂与材料

8.1 参比标样：惰性参比标样应该与被测试样有大概一致的热容量，惰性参比标样可以是空坩埚。

8.2 标准样品：具有一种或多种足够均匀且确定的热性能材料。该材料能用于差示扫描量热仪的校准、测量方法的评价及材料的评估。推荐温度校准时 0 ℃以下采用高纯度的环己烷和金属汞，0 ℃以上可以采用 ASTM E967 中推荐高纯度的二苯醚、金属铟、金属铋、金属铅和金属锌等。

8.3 氮气、氦气：用于气体吹扫，高纯，纯度≥99.9%。

9 取样

除非另有规定，应按照GB/T 4756的规定进行取样。

10 校准

10.1 确保制造商关于校准，检查和仪器使用的操作指南都齐全，按照制造商的要求对仪器进行校准。

10.2 温度校正参考ASTM E967方法进行，参数设置同试验时的设置一样，使用氮气和氦气双路保护气体，氮气气体流量为50 mL/min，氦气气体流量为25 mL/min，以10 ℃/min的速率升温，温度校正最好采用多点温度校正或者两点温度校正。由于温度校正函数随温度而变化，不能表示为简单的比例系数，因此至少用两种标准样品进行校准。根据ASTM E967方法要求当两点温度校正的参数斜率足够接近于1时，也可以采用单点温度校正。

10.3 最好选择至少两种转变温度处于或接近待测温度范围的标准样品。

10.4 热流校正建议参照仪器制造商的相关资料。选择的标准样品，其熔点尽可能接近待测的温度范围；用与测定试样相同的条件测定标准样品。

10.5 建议定期用熔点接近于待测样品测试温度范围的标准样品对温度和热流进行校准。

10.6 有的仪器制造商要求进行基线校正，建议参照仪器制造商的相关资料，用与待测样品相同的条件进行基线校正。

11 试验步骤

11.1 准确称量5 mg~20 mg试样，并装入铝坩埚中密封好。可以使用参比标样，但参比标样的热容量应尽可能接近待测试样的热容量，也可以用空坩埚作参比标样。

11.2 差示扫描量热仪炉子内外都进行惰性气体保护，炉子外用氮气保护，炉子内用氦气保护，氮气气体流量为50 mL/min，氦气气体流量为25 mL/min。以10 ℃/min速率将试样升至60 ℃，以消除热历史对试样的影响。

注： 其他的速率也是可以使用的，但在报告中要注明。

11.3 使用5 min的等温程序保持温度平衡。

11.4 以5 ℃/min速率将试样降温至玻璃化转变温度以下50 ℃。

注1： 对于不同的差示扫描量热仪线性降温速率能力可能有所不同，只要能够线性降温至玻璃化转变温度以下50 ℃，其他的降温速率也可以使用，但要在报告中注明。

注2： 在低温下操作，炉子内应使用氦气，氦气除了能够提供惰性气体氛围外，它的热传导率要高于氮气，提高了仪器的分辨率；炉子外的惰性气体主要是提供干燥的环境，尤其是在湿度较大的环境下，炉子外也可以使用其他的惰性气体，其他的气体流量也可以使用，但要在报告中注明。

11.5 使用5 min的等温程序保持温度平衡。

11.6 以10 ℃/min的加热速率将试样升至玻璃化转变温度以上至少20 ℃，记录差热曲线直到所期望的玻璃化转变完成。其他的加热速率也是可以的，但在报告里应注明。如果出现差热曲线的玻璃化转变区域部分被冷结晶峰所覆盖的现象（见图2），该现象可能是由于线性降温速率过快导致的，此时应消除冷结晶峰，不必重新称样，按照如下步骤进行试验：

11.6.1 通过分析软件确定冷结晶峰的峰顶温度。

11.6.2 以5 ℃/min速率降至上述峰顶温度。

注：其他的速率也是可以使用的，但在报告中要注明。

11.6.3　在该峰顶温度恒温 10 min，使试样结晶尽量完全。

11.6.4　以 5 ℃/min 速率降至玻璃化转变温度以下 50 ℃，并保持恒温 5 min。

注：其他的速率也是可以使用的，但在报告中要注明。

11.6.5　以 10 ℃/min 速率将试样升至玻璃化转变温度以上至少 20 ℃，记录差热曲线；此时就会出现明显的玻璃化转变区域（见图 3），如果未出现玻璃化转变区域部分被冷结晶峰所覆盖的现象，不必进行上述试验。

注：其他的速率也是可以使用的，但在报告中要注明。

11.7　使用专用软件进行玻璃化转变温度的分析计算，采用中点温度来代表玻璃化转变温度，结果保留小数点后一位数字。

注：玻璃化转变是在一定温度范围发生的，玻璃化温度的测定受到诸多因素的影响，由于中点温度与通过其他测试手段检测出的玻璃化转变温度有更好的一致性，同时它更接近于玻璃化转变区域温度范围的中点，因此一般选择中点温度代表玻璃化温度。

11.8　分析计算试样的玻璃化转变温度后，重新检测试样的质量以确保在测定期间质量没有损失、分解没有发生。

注：矿物油产品的初馏点多数高于 60 ℃，大多不会发生质量损失。

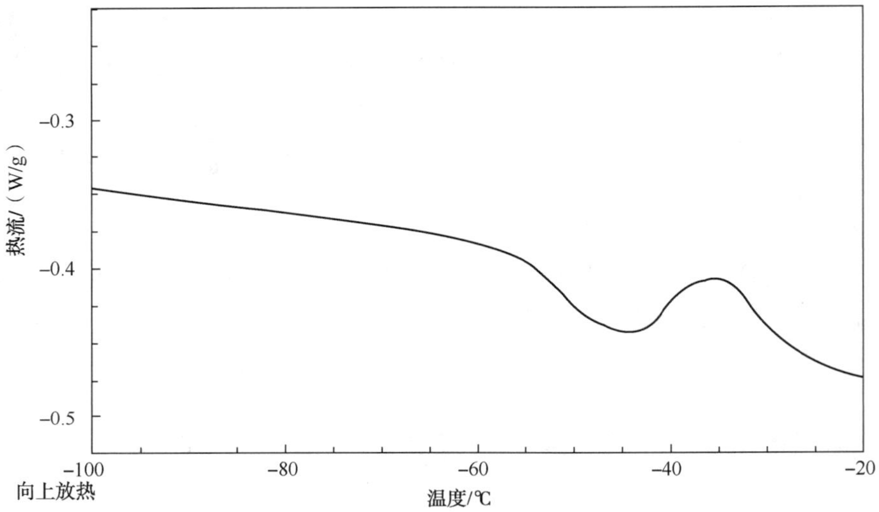

图 2　样品的玻璃化转变区域部分被冷结晶峰覆盖

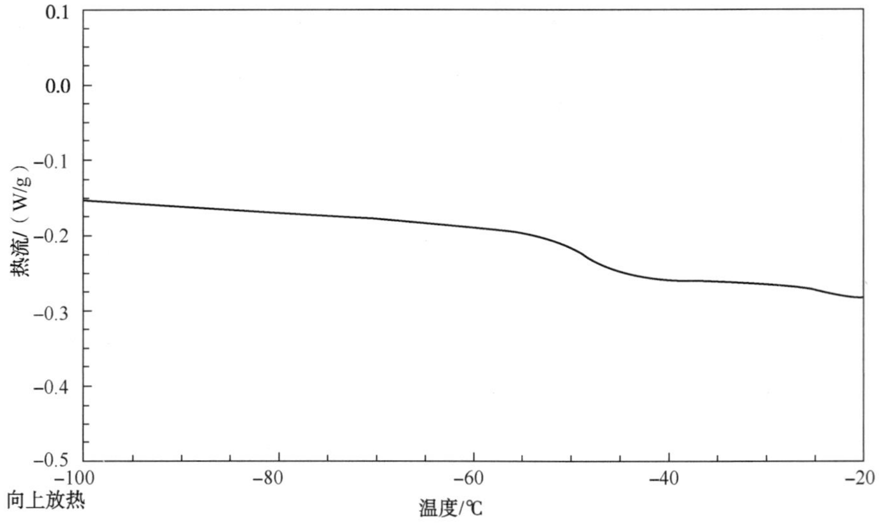

图 3　消除冷结晶后样品的玻璃化转变区域

12 结果报告

12.1 矿物油产品的描述。

12.2 差示扫描量热仪设备参数。

12.3 铝坩埚的尺寸、几何形状和材料的描述。

12.4 升/降温速率。

12.5 温度和热流校准程序的描述。

12.6 惰性气体的选择以及气流速率、纯度等信息。

12.7 采用中点温度来代表玻璃化转变温度。

12.8 是否进行了消除冷结晶峰的处理。

13 精密度和偏差

13.1 精密度

本精密度统计试验是在5个实验室，选用10个矿物油样品（其中有7个橡胶填充油样品），按照GB/T 6683的有关规定完成的。按下述规定判断试验结果的可靠性（95%置信水平）。

13.1.1 重复性 *r*

同一操作者在同一实验室，使用同一仪器在相同的操作条件下，对同一试样进行连续测定得到的两次试验结果之差不大于0.5 ℃。

13.1.2 再现性 *R*

不同操作者在不同实验室，使用不同的仪器在相同的操作条件下，对同一试样分别进行测定得到的两个单一、独立的试验结果之差不大于1.5 ℃。

13.2 偏差

由于矿物油的玻璃化转变温度没有可参考的文献数据，本标准未规定偏差。

ICS 75.160.20
E 31

SH

中华人民共和国石油化工行业标准

NB/SH/T 0902—2015

含沥青质重质燃料油正庚烷诱导相可分离性值的测定 光学扫描法

Standard test method for measuring *n*-heptane induced phase separation of asphaltene-containing heavy fuel oil as separability number by an optical scanning device

2015-10-27 发布 2016-03-01 实施

国家能源局 发布

前　　言

本标准按照 GB/T 1.1—2009 给出的规则起草。

本标准使用重新起草法修改采用美国试验与材料协会标准 ASTM D7061-12《含沥青质重质燃料油的正庚烷诱导相可分离性值测定 光学扫描仪法》。

本标准与 ASTM D7061-12 的技术性差异及原因如下：

——规范性引用文件中将 ASTM D7061-12 中部分引用标准改为我国相应的国家标准和行业标准；

——GB 25989 中 F-D2、F-R1、F-R2 和 F-R3 燃料油在质量上相同或优于附录中 ASTM D396 中 4#、5#和 6#燃料油质量指标，在附录 A 中用 GB 25989 替代 ASTM D396；

——GB/T 29114 和 ASTM D2880 均为燃气轮机液体燃料标准，但这两个标准在质量指标上有差异，因此在附录 A 中补充 GB/T 29114 中包含石油炼制中重组分的石油燃料（RST4 和 MT4）；

——本标准对精密度公式进行更正。

本标准由中国石油化工集团公司提出。

本标准由全国石油产品和润滑剂标准化技术委员会石油燃料和润滑剂分技术委员会归口（SAC/TC280/SC1）。

本标准起草单位：中国石油天然气股份有限公司石油化工研究院。

本标准主要起草人：梁迎春、王春燕、何京、喻昊、肖占敏。

本标准为首次发布。

含沥青质重质燃料油正庚烷诱导相可分离性值的测定　光学扫描法

警告：本标准的应用可能涉及到某些有危险性的材料、操作和设备。但并未对与此有关的所有安全问题都提出建议。用户在使用本标准之前有责任制定相应的安全和防护措施，并确定相关规章限制的适用性。

1　范围

本标准规定了在现场或实验室使用光学扫描设备测量溶解在甲苯中的燃料油在加入正庚烷后相分离难易程度即可分离性值的定量测定方法。

本标准适用于含沥青质的重质燃料油。

2　规范性引用文件

下列文件对于本文件的应用是必不可少的。凡是注日期的引用文件，仅所注日期的版本适用于本文件。凡是不注日期的引用文件，其最新版本（包括所有的修改单）适用于本文件。

GB/T 4756　石油液体手工取样法

GB 25989　炉用燃料油

GB/T 27867　石油液体管线自动取样法

GB/T 29114　燃气轮机液体燃料

ASTM D396　燃料油标准规范

ASTM D975　柴油标准规范

ASTM D2880　燃气轮机用燃料油标准规范

3　术语和定义

下列术语和定义适用于本文件。

3.1

沥青质　asphaltene

溶于特定芳香性溶剂，在加入过量特定烷烃类溶剂时，产生分离的油品组分（很少单独使用）。

注：本标准中，芳香性溶剂为甲苯，烷烃类溶剂为正庚烷。

3.2

互溶性　compatibility

两种或更多原油或重质燃料油在一定浓度范围内混合的能力，没有明显相分离，不形成多相。

注：不能互溶的重质燃料油或原油混合后，沥青质产生絮凝或沉淀。某些油可能在特殊条件下在一定浓度范围内互溶，但是在该范围外不互溶。

3.3

絮凝　flocculation

原油或重质燃料油中的沥青质，由分散的胶质聚集形成可见大块物质，可能会沉淀的过程。

3.4

胶溶作用 peptization

原油或重质燃料油中的沥青质分散形成胶体分散体系。

3.5

储存稳定性 stability reserve

油品中沥青质处于胶体状态没有絮凝的一种性质。

注：一种具有低储存稳定性的油，老化（如延长加热储存）或与其他油品在一定范围内混合，容易发生沥青质絮凝。两种油的每一种油都具有高储存稳定性，在混合时易于保持沥青质处于胶体状态不引起絮凝发生。

3.6

透光率 transmittance

给定波长的光通过物质时，没有被反射或吸收的透射光光通量与入射光光通量之比的百分数。

3.7

可分离性值 separability number

由本标准确定的平均透光率的标准偏差，用百分数的数值表示。

注：可分离性值用来评估油品的储存稳定性，其中高值表示油品的低储存稳定性，低值表示油品的高储存稳定性。

4 方法概要

4.1 用甲苯溶解试样，然后加入正庚烷使沥青质絮凝，导致油相分离。通过测定一段时间内样品管底部到顶部（或试管一部分）样品透光率的增加值来确定相分离速率。由多次扫描后平均透光率的标准偏差计算可分离性值。

4.2 首先将试样与甲苯混合，混合比例取决于试样的类型（见附录 A）。取 2 mL 试样-甲苯溶液与 23 mL 正庚烷混合。移取 7 mL 试样-甲苯-正庚烷混合物到玻璃管后，并迅速插入光学扫描设备。

4.3 使用光学扫描设备垂直扫描并记录装有油-甲苯-正庚烷混合物的玻璃管的透光率。在距玻璃管底部 10 mm 的位置开始，每隔 0.04 mm 扫描一次，并记录透光率，直到玻璃管顶部 55 mm 处，计算 1125 次扫描读数的平均透光率。然后每 60 s 重复扫描玻璃管一次，持续 15 min。根据 16 次扫描结果计算可分离性值，并报告。

5 方法应用

5.1 本标准描述了一种快速和灵敏评价油品储存稳定性方法。储存稳定性用可分离性值评价，可分离性值低表明油品储存性能稳定。当可分离性值在 0~5 之间时，认为油品具有高储存稳定性，沥青质不容易絮凝。如果可分离性值在 5~10 之间时，油品储存稳定性较低。在这种情况下，只要油品不暴露在更恶劣的情况下，例如储存、老化和加热，沥青质不容易絮凝。如果可分离性值在 10 以上，油品的储存稳定性非常低，沥青质容易絮凝，或者已经开始絮凝。

5.2 本标准适用于炼厂和油品用户，方法适合评价油品储存稳定性，因此，用户可以使用本标准控制和优化炼油过程，可以用来评价油品在储存前，储存过程中或储存后的储存稳定性。

5.3 本标准不能用来预测油品在混合前是否互溶，但是能用来确定已混合后油品的可分离性值。低可分离性值的油与高可分离性值的油比较，更容易与其他油品互溶。

6 仪器

6.1 计算机：内置软件用于控制仪器。数据储存在计算机硬盘上。

6.2　光学扫描仪：仪器应按照仪器制造商操作指南校准。仪器带有一波长为 850 nm 的脉冲红外光源读数头。检测器位于光源对面，记录装有样品玻璃管的透光率。每次扫描，读数头沿着玻璃管上下移动，向上扫描整个玻璃管。每隔 0.04 mm，自动测量透光率一次。读数头从下向上扫描一次，时间间隔为 60 s，共测量 16 次。测定原理示意图如图 1 所示。在计算机硬盘上自动记录所测量的透光率，并按照第 10 章和附录 B、附录 C 的方法做进一步处理。

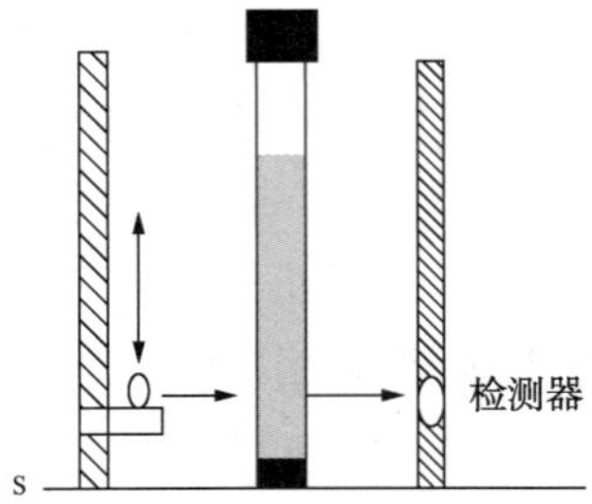

图 1　光学扫描仪典型测量示意图

6.3　带螺帽的圆柱形透明玻璃管：容量 15 mL，外径 16 mm，内径 12 mm，长度 140 mm。用作样品容器，使用一次抛弃处理。

6.4　带刻度的移液管或自动移液管：5 mL 和 10 mL。

6.5　带刻度量筒：25 mL。

6.6　透明具塞玻璃瓶：250 mL。

6.7　透明具塞玻璃瓶：50 mL。

6.8　带聚四氟乙烯涂层的搅拌磁子。

6.9　磁力搅拌器。

6.10　天平：分度值 0.01 g。

6.11　秒表：分度值 0.1 s。

6.12　量筒：25 mL，A 级。

6.13　加热炉：加热到 60 ℃，控温精度为±0.1 ℃。

7　试剂和材料

7.1　甲苯：化学纯。

7.2　正庚烷：化学纯。

警告：甲苯和正庚烷易燃，蒸气有害且易燃。

8　取样

8.1　按照 GB/T 4756 或 GB/T 27867 取样。

8.2　对于固态或黏稠油样，在称量和混合前，可以通过加热降低黏度（例如，在加热盘上，烘箱或用电加热套或者蒸汽带裹在样品容器外），保证样品应该是能流动的。

9　试验步骤

9.1　光学扫描仪应至少提前 1 h 启动。详细操作见附录 B 和附录 C。

9.2　试样置于 60 ℃加热炉中 24 h，以保证均一性。

9.3　试样从加热炉中取出，晃动 1 min，以保证充分混合。

9.4　用天平称取 5 g±0.01 g 试样，用甲苯在 250 mL 透明具塞玻璃瓶（6.6）中稀释，稀释比例从 1∶3 到 1∶20，使得透光率基线在 15% 以下。小心加入磁力搅拌子，避免试样-甲苯混合物损失。摇动透明具塞玻璃瓶直到试样不再黏附在瓶子底部。将透明具塞玻璃瓶置于磁力搅拌器上，搅拌混合液 90 min±5 min。

9.5　用量筒（6.12），量取 23 mL 正庚烷至 50 mL 透明具塞玻璃瓶（6.7）中后，再用移液管移取 2 mL9.4 条制备的试样-甲苯混合物至 50 mL 透明具塞玻璃瓶中，迅速摇动混合液 6 s。

9.6　用移液管在 10 s 内移取 7 mL9.5 条制备的试样-甲苯-正庚烷混合物至带螺帽的圆柱形透明玻璃管中（6.3），盖紧螺帽。如果转移时间超过 10 s，终止试验并重新开始。

9.7　室温下（20 ℃~25 ℃），将带螺帽的圆柱形透明玻璃管迅速置于光学扫描仪中，立即开始测试。

注：通过带螺帽的圆柱形透明玻璃管的透光率在 15 min 时间内每隔 60 s 记录一次，并通过软件储存在计算机硬盘上。

9.8　测量结束后，将带螺帽的圆柱形透明玻璃管从光学扫描仪中取出，在通风橱中用甲苯清洗。

10　结果计算和说明

10.1　结果计算

10.1.1　使用电子表格程序（见附录 B）手动或使用软件 Heavy Fuel V.1.0（见附录 C）自动完成下列计算。

10.1.2　测量带螺帽的圆柱形透明玻璃管 10 mm~55 mm 之间的透光率（从玻璃管底部 10 mm 处），也就是计算每分钟该区域的平均透光率（X_i）。

10.1.3　计算 16 次扫描总平均透光率（X_T）。

10.1.4　按式（1）使用标准偏差公式计算试样的可分离性值 S：

$$S=\sqrt{\frac{\sum_{i=1}^{n}(X_i-X_T)^2}{n-1}} \qquad (1)$$

式中：

X_i—— 每 60 s 平均透光率；

X_T—— X_i 的平均值（$X_T=(X_1+X_2+\cdots+X_{16})/16$）；

n ——重复测量次数，$n=16$。

10.2　结果说明

可分离性值可用来衡量试样加入正庚烷后，油相分离难易程度。相分离是由于沥青质絮凝和沉淀引起的。由于沥青质在溶液中沉降，试样的透光率发生变化。透光率变化快，可分离性值高。如果可分离性值较高时表明油的储存稳定性差，可分离性值较低时表明油品储存稳定性好。可分离性值用透光率百分比的数值表示。

11　报告

报告以下信息：

11.1　甲苯溶解比例（见附录 A）。

11.2　试样可分离性值，精确到 0.1。

12 精密度和偏差

12.1 精密度

本标准精密度是在2011年经实验室间协作试验测定得到。

按下述规定判断试验结果的可靠性（95%置信水平）。

12.1.1 重复性（r）

由同一操作者用同一台仪器，在同样的操作条件下按相同的试验方法，对同一试样连续测定得到的两个试验结果之差不超过式（2）和表1中重复性要求。

$$r=1.3485\ (S+0.05)^{0.5} \qquad (2)$$

式中：

S—— 两次重复测定的平均值，适用范围：0.1~16。

12.1.2 再现性（R）

在不同的实验室，由不同的操作者对同一试样，按相同的试验方法进行测定，所得的两个单一、独立的试验结果的差值不超过式（3）和表1中再现性要求。

$$R=2.494\ (S+0.05)^{0.5} \qquad (3)$$

式中：

S—— 两次单一、独立测定结果的平均值，适用范围：0.1~16。

表1 精密度的典型值

平均值	重复性 r	再现性 R
0.16	0.6	1.1
1.99	1.9	3.6
5.48	3.2	5.9
6.14	3.4	6.2
7.86	3.8	7.0
9.33	4.1	7.6
9.54	4.2	7.7
10.12	4.3	8.0
10.79	4.4	8.2
15.73	5.4	9.9

12.2 偏差

目前没有可参照的标准物质确定油品的储存稳定性（即本标准测定的可分离性值），故无法确定偏差。

附　录　A
（规范性附录）
试样和甲苯稀释比例

表 A.1　试样和甲苯稀释比例

燃料油标准	试样：甲苯（质量）
GB 25989	
F-D2[a]	1：3
F-R1	1：6
F-R2、F-R3、F-R4	1：9
GB/T 29114	
RST4、RMT4	1：9
ASTM D975	
4D	1：9
ASTM D2880	
3-GT	1：6
4-GT	1：9
炼厂馏分	
直馏燃料	1：6
减黏裂化渣油	1：9
未知的油品牌号、炼厂馏分或混合油样	1：9
[a] 燃料油中含有沥青质。	

附　录　B
(资料性附录)
使用 TURBISOFT 软件手动计算油品可分离性值

B.1　准备测量（见 9.1），打开 Turbisoft 软件。

注： Heavy Fuel V.1.0 和 Turbisoft 是由法国 Formulation 公司制造的 Turbiscan MA2000 或 Turbisan Heavy Fuel 光学扫描仪设计的商品名。给出这一信息是为了方便本标准的使用者，并不表示选定该产品。如果其他等效产品具有相同的效果，则也可使用这些等效产品。

B.1.1　在软件中选择“Acquisition”和“Automatic Acquisitions”

B.1.2　出现一个对话框。在“Number of Acquisitions”中选择“16”，在“Delay between Acquisitions”中选择“1min”。

B.1.3　准备样品（见 9.5 和 9.6）。

B.1.4　样品管插入仪器后（见 9.7），立即点击“Start”。

B.2　首先选择“view”然后选择“Transmission”，将原始数据从 Turbisoft 软件导入到数据表程序，使用预先编排的程序计算可分离性数值。

B.2.1　选择“Edit”。

B.2.2　选择“Copy”。

B.2.3　打开一个电子数据表程序，选择“Paste All”。

B.2.4　电子数据表程序如表 B.1 所示。A 栏表示玻璃管的高度。B 栏表示第一次测量玻璃管各高度上透光率数值，时间为 0。依此类推，到 Q 栏表示第 15 min 时，第 16 次扫描玻璃管各高度上透光率数值。第一栏数据显示的是实际测量数值。该栏数据乘以 0.04 后确定在玻璃管该位置的透光率（因为每隔 0.04 mm 测量一次透光率）。

B.2.5　用 100 乘以所有其他数据得到透光率的百分数。

B.3　为计算可分离性值，从计算每次扫描透光率百分数的均值入手，每次扫描的范围是测量管长度的 10 mm~55 mm，这样得到每次测量的平均值（X_i）；

B.3.1　计算这些平均值的标准偏差，得到油品的可分离性值（S），S 也可以通过用于平均值计算的预编程序得到。

B.3.2　在表 B.1 中使用的缩略词，比如：平均值（Average）、标准偏差（Stdev）是在微软 excel 软件中所用的函数，在其他的电子表格程序中，这些函数可能会使用其他名字。

表 B.1　在电子数据表程序中计算油品可分离性值数值举例

	A	B	C	…	Q	
	高度/mm	透光率/% 扫描 1 (时间=0 min)	透光率/% 扫描 2 (时间=1 min)		透光率/% 扫描 16 (时间=15 min)	
1	10.00	21			89	
2	10.04	19			96	
3	10.08	20			…	
…	…	…			…	
1125	55.00	22			93	
1126		X_1=Average (B_1 : B_{1125}) 第 1 次扫描全部测量值的平均值	X_2=Average (C_1 : C_{1125}) 第 2 次扫描全部测量值的平均值	X_i	X_{16}=Average (Q_1 : Q_{1125}) 第 16 次扫描全部测量值的平均值	X_T=Average (B_{1125} : Q_{1125})
						S=STDEV (B_{1126} : Q_{1126})

附　录　C
（资料性附录）
使用 HEAVY FUEL 1.0 软件自动测量和计算可分离性值步骤

C.1　准备测量（见 9.1），在该软件中选择一个用户名。

注：增加新用户名的方法有两种：（1）在名字数据库中点击“Option”和“User name”按钮；（2）直接点击“User name 用户”按钮；在闪动的位置输入“新用户”名称，一旦完成输入后，点击“Add 添加”按钮来进行确认，新用户名将出现在用户列当中。一旦成功地增加了新用户名，该用户将自动出现在用户名菜单下。

C.1.1　一旦用户名成功选定，“Start”按钮则从灰色变成绿色，表示软件已经完成准备，等待运行。

C.1.2　试样准备（见 9.5 和 9.6）。

C.1.3　在仪器中插入玻璃管（见 9.7），同时迅速地按一下“Start”按钮。

C.2　在 15min 测量时间内，以每分钟一次的频率，进行 16 次扫描，剩余时间显示在软件中。

C.3　16 次扫描完成后测量结束，如 10.1 条所述，可分离性值被自动计算出来。接着，可分离性值则以石油储存稳定性（低、中或者高）的形式显示出来。

C.4　如果还有其他样品需要测量，则插入样品，选择“Start”按钮。如果想要将测量结果打印出来，可以依次点击软件菜单的“File”“Preview”“Print”按钮，就可以将所有的测定结果打印出来。该测量结果包括文件名称、可分离性值、储存稳定性、用户名、测量日期和测量时间，还包括可能的注解和仪器的序列号。

ICS 75.160.20
E 31

SH

中华人民共和国石油化工行业标准

NB/SH/T 0903—2015

脂肪酸甲酯中甲醇含量的测定 气相色谱法

Standard test method for determination of methanol content in fatty acid methyl esters by gas chromatography

2015-10-27 发布 2016-03-01 实施

国家能源局 发布

前 言

本标准按照 GB/T 1.1—2009 中给出的规则起草。

本标准使用重新起草法修改采用欧洲标准 EN 14110：2003《脂肪和油脂衍生物—脂肪酸甲酯—甲醇含量的测定》。

本标准与 EN 14110：2003 的主要差异及其原因如下：

——将标准名称修改为《脂肪酸甲酯中甲醇含量的测定 气相色谱法》，以简化并符合我国标准名称的编写要求；

——由于我国生物柴油原料较为复杂，产物中所含的轻组分有所不同，为方便标准使用，除 EN 14110：2003 中列出的条件（条件 A）外，增加了两种类型的色谱柱及其色谱条件 B 和条件 C，其中采用强极性 CP-Lowox 色谱柱的条件 C 可以用于放置较长时间的生物柴油中甲醇含量的测定，消除其他组分的干扰。同时 3.3 条增加了采用条件 C 时的内标物丙酮。

——按照我国行业标准的格式要求，将原附录 B 中的色谱图放至正文图 1 中，并增加了采用条件 B 和条件 C 的谱图图 2 和图 3，以方便使用。同时删除附录 B。

本标准由中国石油化工集团公司提出。

本标准由全国石油产品和润滑剂标准化技术委员会石油燃料和润滑剂分技术委员会（SAC/TC280/SC1）归口。

本标准起草单位：中国石油化工股份有限公司石油化工科学研究院。

本标准主要起草人：李长秀、孔翠萍。

本标准为首次发布。

脂肪酸甲酯中甲醇含量的测定　气相色谱法

警告：本标准没有对所涉及到的所有安全问题提出建议。因此，在使用本标准以前，用户应建立适当的安全和保护措施，并确定相关规章限制的适用性。

1　范围

本标准规定了用作生物柴油和民用取暖油的脂肪酸甲酯中甲醇含量的测定方法。

本标准适用于测定脂肪酸甲酯中质量分数为0.01%~0.5%的甲醇含量。本标准不适用于含有其他低沸点组分的脂肪酸甲酯混合物中甲醇含量的测定。

2　方法概要

2.1　试样在密封瓶内加热至80 ℃，使所含甲醇分子从液相中逸出至气相中，当甲醇组分在气液两相之间达到动态平衡时，取一定量的气相部分导入气相色谱系统中，采用火焰离子化检测器检测甲醇含量。一般情况下，甲醇是色谱图中的唯一峰。

2.2　甲醇含量可以采用外标法定量（方法B），也可以通过在试样加热前加入内标物，根据计算的内标校正因子的方法进行定量（方法A）。采用手动进样时应采用内标法（方法A）。

3　试剂与材料

3.1　除非特别说明，所有试剂均使用分析纯。

3.2　甲醇：纯度高于99.5%。

3.3　2-丙醇：纯度高于99.5%，用于定量方法A，作为内标物。

3.4　丙酮：纯度高于99.5%，用于定量方法A，作为内标物。

3.5　脂肪酸甲酯参考样品：甲醇质量分数低于0.001%；

注：脂肪酸甲酯参考样品可以直接购买，或者按照如下方法制备：取脂肪酸甲酯总质量分数不低于96.5%的脂肪酸甲酯，在分液漏斗中用蒸馏水洗三到五次，然后在减压和搅拌下，加热至90℃蒸发除去水分。

3.6　载气：氮气，氦气或氢气，纯度高于99%。

4　仪器

4.1　顶空样品瓶：容量20 mL。

4.2　带有惰性隔垫（如聚四氟乙烯或氟橡胶）的金属瓶盖。

4.3　微量注射器：10 μL，分度值为0.1 μL。

4.4　气体注射器：500 μL或1000 μL，配有锁定阀（手动进样用）。

4.5　压口钳和开口钳。

4.6　移液管：1 mL，2 mL，5 mL。

4.7　容量瓶：10 mL和25 mL。

4.8　气相色谱仪：配有毛细管柱，分流/不分流进样口（可配有自动顶空进样系统），火焰离子化检测

器，以及色谱信号记录及积分系统。

4.9 毛细管柱：柱子应流出对称的甲醇峰，固定相可以是甲基聚硅氧烷（比如 DB1，SE30）或者聚乙二醇（比如 DBWAX，CAR-BOWAX），采用甲基聚硅氧烷固定相时，建议液膜厚度不小于 0.5 μm。对于某些长久储存或组分复杂的生物柴油试样，可以采用对含氧化合物有强保留的色谱柱如 CP-Lowox 柱，以提高甲醇与其他干扰组分的分离效果。

注：配有上述固定相的填充柱或者 Chromosorb 101 填充柱也可使用。能够获得相同分离效果的其他类型的色谱柱也可使用。

4.10 自动顶空设备：自动顶空设备的重复性应不低于 1%，这取决于实验条件，比如平衡温度，加热时间，顶空采样体积。必要时，可以通过重复分析同一个样品以检查顶空系统的重复性。

注：建议采用自动顶空设备，除了其良好的重复性外，还能够采用外标法进行自动、快速分析。也可以采用手动进样，但是当从小瓶中手动取气相部分并注入色谱系统中时需要格外小心。

4.11 分析天平：感量为 0.1 mg。

4.12 恒温水浴或恒温箱：70 ℃或 80 ℃。

4.13 恒温箱：60 ℃。

5 仪器准备

5.1 分析条件

5.1.1 根据柱子特性和载气类型选择合适的色谱运行条件，以保证甲醇和 2-丙醇（或丙酮）色谱峰的分离度不小于 1.5。

5.1.2 典型的色谱条件见表 1。典型的色谱图见图 1~图 3。

表 1 典型色谱条件

条件	条件 A	条件 B	条件 C
色谱柱 固定相 尺寸	 OV-1 柱长 30 m，内径 0.32 mm，液膜厚度 3 μm	 CP-Wax 柱长 30 m，内径 0.25 mm，液膜厚度 0.25 μm	 CP-Lowox 柱长 10 m，内径 0.53 mm，液膜厚度 10 μm
进样口温度/℃	150	200	200
柱箱温度/℃	50	50	150
载气	氢气、氮气或氦气	氢气、氮气或氦气	氢气、氮气或氦气
色谱柱前压/kPa	40	56	14
分流流量/（mL/min）	50	35	190
检测器 温度/℃ 流量/（mL/min）	火焰离子化检测器（FID） 250 H_2：35；空气：400；N_2：35	火焰离子化检测器（FID） 250 H_2：35；空气：400；N_2：35	火焰离子化检测器（FID） 250 H_2：35；空气：400；N_2：35
顶空采样条件 样品平衡温度/℃ 样品平衡时间/min 进样量/μL	 80 45 500~1000		

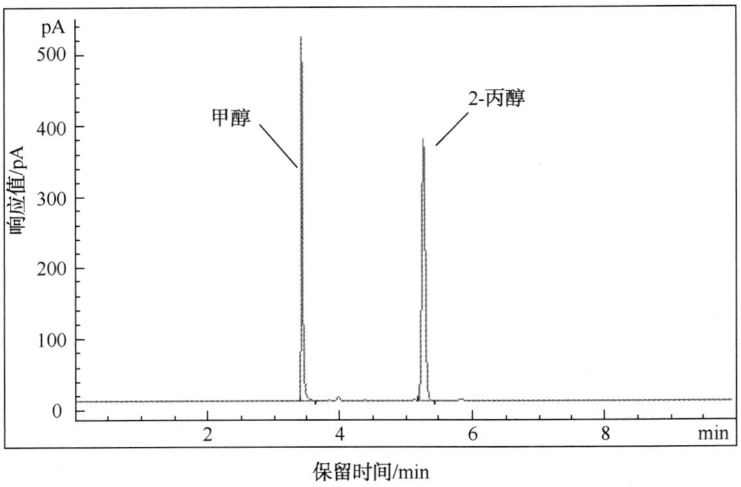

图 1　典型色谱图（条件 A）

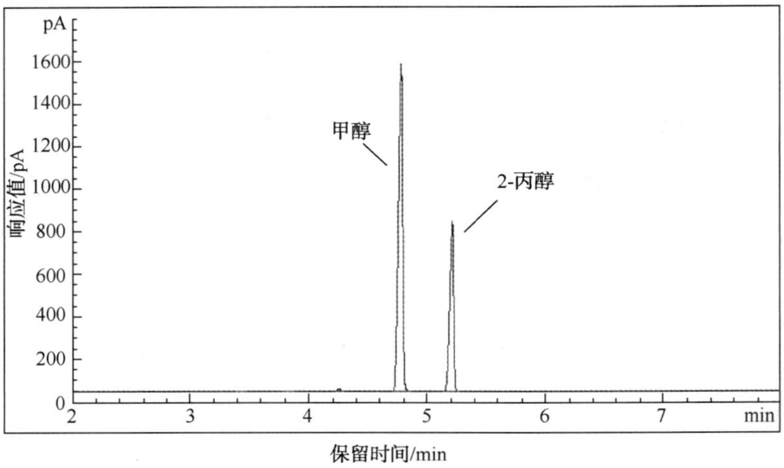

图 2　典型色谱图（条件 B）

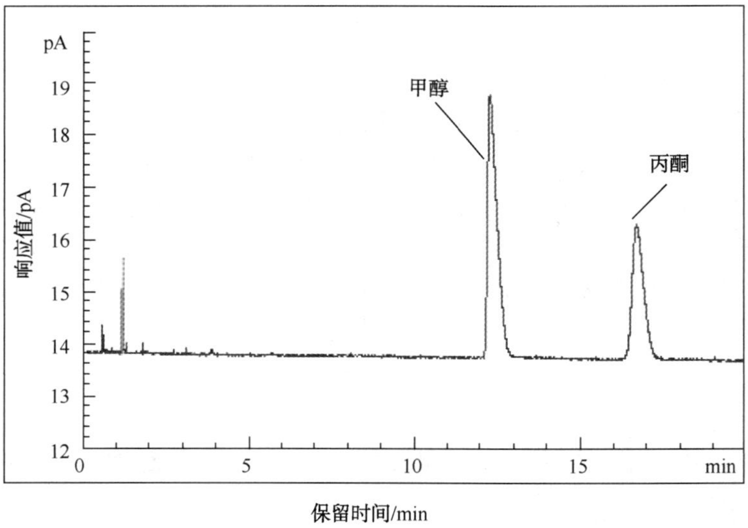

图 3　典型色谱图（条件 C）

5.2 操作

按照产品说明书安装和操作气相色谱仪。

6 校正溶液

配制三个甲醇含量大致如下所示的脂肪酸甲酯的校正溶液。

注：按照方法测定范围所制备的三个校正溶液可以满足日常分析操作的要求。如果需要测定其他浓度范围的试样，可以采用其他浓度或更多的校正溶液。

6.1 校正溶液 A（甲醇质量分数 0.5%）

向 25 mL 容量瓶中加入 25 mL 脂肪酸甲酯参考样品，并用微量注射器向液相中加入约 112 mg（142 μL）甲醇，分别准确称量脂肪酸甲酯和甲醇的质量，精确至 0.1 mg，剧烈振摇以确保混合均匀。

6.2 校正溶液 B（甲醇质量分数 0.1%）

准确移取 5 mL 校正溶液 A 于 25 mL 容量瓶中，小心加入脂肪酸甲酯参考样品至刻度线。

6.3 校正溶液 C（甲醇质量分数 0.01%）

准确移取 1 mL 校正溶液 B 于 10 mL 容量瓶中，小心加入脂肪酸甲酯参考样品至刻度线。

7 试验步骤

两种定量方法可选，内标法和外标法的详细说明分别见 7.1 条和 7.2 条。

7.1 方法 A——内标法

只有当待测样品数量较少，且没有自动顶空设备时，才优先选用此定量方法。对于手动进样，见 4.10 条后的注。

7.1.1 内标校正

7.1.1.1 分别向三个顶空样品瓶中加入 5 g±0.01 g 的校正溶液 A、B 或 C，并用微量注射器向液相中加入 5 μL 2-丙醇或丙酮。立即压紧瓶盖，剧烈振摇，使混合均匀。

7.1.1.2 每隔 10 min 将内标液样品瓶置于恒温水浴箱中，放置 45 min。

7.1.1.3 在恒温箱中，将气体注射器（4.4）预热至 60 ℃。取上述溶液的 500 μL 或 1000 μL 气相（顶空）进行色谱分析。

7.1.1.4 按照式（1）计算每个校正溶液的校正因子 F，F 值应修约至小数点后两位。

$$F=\frac{C_m \times S_i}{C_i \times S_m} \qquad (1)$$

式中：

C_i——校正溶液中 2-丙醇或丙酮的质量分数，%（5 μL 2-丙醇加入到 5.0 g 标准液中时，C_i = 0.0785%）；

C_m——校正溶液中甲醇的质量分数，%；

S_i——2-丙醇或丙酮的峰面积；

S_m——甲醇的峰面积。

7.1.1.5 用三个校正溶液测定得到的 F 值，其变异系数应小于 15%，如若超出，应检查试验误差来源，并从第 6 章开始重新进行校正。三个校正溶液校正因子的平均值（采用 2-丙醇时大约为 0.7）用于进行下述 7.1.2 的校正计算。

7.1.2 用内标法分析计算

试样的准备和分析条件应与 7.1.1 中校正溶液的试验条件完全一致。按照式（2）计算试样中甲醇的质量分数 C_m，修约至小数点后两位。

$$C_m = \frac{F \times S_m \times C_i}{S_i} \tag{2}$$

式中：

F——根据 7.1.1 得到的校正因子；

S_m——甲醇的峰面积；

C_i——试样中 2-丙醇或丙酮的质量分数,%（5 μL 2-丙醇加入到 5.0 g 样品中时，C_i = 0.0785%）；

S_i——2-丙醇或丙酮的峰面积。

7.2 方法 B——外标法

当配备有自动顶空设备，进行大量样品分析时通常优先选用此方法。若没有自动顶空设备，只能采用手动进样时不推荐采用外标法。

7.2.1 外标校正

7.2.1.1 向顶空样品瓶中分别加入 2 mL 校正溶液 A、B 或 C，立即盖上样品瓶盖，摇匀。然后将样品瓶置于顶空进样器中，按照产品说明书进行样品分析操作。

7.2.1.2 采用线性回归进行校正计算，以甲醇含量为自变量，峰面积为因变量绘制标准曲线。由得到的斜率 d，y 轴截距 e，回归方程可转化为式（3）：

$$C_m = a + b \times S_m \tag{3}$$

式中：

C_m——甲醇的质量分数,%；

a——由（$-e/d$）得到的系数；

b——由（$1/d$）得到的系数；

S_m——甲醇的峰面积；

d——标准曲线的斜率；

e——标准曲线的 y 轴截距。

7.2.1.3 如果标准曲线方程的相关系数小于 0.95，应检查试验误差来源，并从第 6 章开始重新进行校正。

7.2.2 用外标法分析计算

试样的准备和试验条件应与 7.2.1 中校正溶液的试验条件完全一致。按照公式（3）计算试样中甲醇的质量分数 C_m，修约至小数点后两位。

8 精密度

方法 A 和方法 B 的精密度数据均由 1999 年组织的多个实验室间试验获得（参见附录 A）。试验数

据显示，对于甲醇质量分数在0.01%~0.20%范围内，方法A和方法B（手动进样操作或自动顶空进样操作）没有显著性差别。按下述规定判断试验结果的可靠性（95%置信水平）。

8.1 重复性 *r*

同一操作者，使用同一台仪器，同一种方法，对同一试样连续重复测定的两个结果之差不应超过式（4）得到的值：

$$r = 0.056X + 0.001 \quad (4)$$

式中：

X——重复测定的两个结果的平均值。

8.2 再现性 *R*

不同操作者，使用不同仪器，同一种方法，对同一试样分别测定所得的两个单一和独立结果之差不应超过式（5）得到的值：

$$R = 0.221X + 0.003 \quad (5)$$

式中：

X——两个独立测定的结果的平均值。

9 报告

报告应说明：

——试样信息的完整说明；

——所用取样方法；

——所采用的方法步骤及本标准号；

——本标准未列出的操作细节，以及有可能影响分析结果的其他因素；

——测定结果，如果进行了重复性测试，报出最终结果。

附 录 A
(资料性附录)
实验室间试验结果

A.1 本试验涉及欧洲范围6个国家10个实验室对5个试样的分析结果：

——试样1：由菜籽油和葵花籽油混合物制备的脂肪酸甲酯（25：75）；

——试样2：由葵花籽油制备的脂肪酸甲酯；

——试样3：由菜籽油制备的脂肪酸甲酯；

——试样4：由菜籽油和葵花籽油混合物制备的脂肪酸甲酯（75：25）；

——试样5：由菜籽油制备的脂肪酸甲酯。

A.2 本试验项目由CEN TC 307/WG1工作组于1999年组织进行，获得的试验结果按照EN ISO 4259的要求进行统计分析，得到的精密度数据见表A.1和表A.2。

表A.1 内标法

试样	1	2	3	4	5
参加的实验室数目（*N*°）	10	10	10	10	10
去除界外实验室后的实验室数（*N*°）	8	8	9	9	8
测定平均值/%（质量分数）	0.071	0.105	0.008	0.020	0.136
重复性测定标准偏差/%（质量分数）	0.002	0.003	0.000	0.001	0.030
再现性测定标准偏差/%（质量分数）	0.007	0.013	0.001	0.003	0.011
重复性限值 *r*/%（质量分数）	0.005	0.008	0.001	0.002	0.008
再现性限值 *R*/%（质量分数）	0.018	0.037	0.003	0.007	0.030

表A.2 外标法

试样	1	2	3	4	5
参加的实验室数目（*N*°）	8	8	8	8	8
去除界外实验室后的实验室数（*N*°）	6	7	7	7	7
测定平均值/%（质量分数）	0.063	0.097	0.007	0.017	0.122
重复性测定标准偏差/%（质量分数）	0.001	0.003	0.001	0.001	0.002
再现性测定标准偏差/%（质量分数）	0.006	0.009	0.002	0.003	0.010
重复性限值 *r*/%（质量分数）	0.004	0.008	0.002	0.002	0.006
再现性限值 *R*/%（质量分数）	0.016	0.025	0.004	0.008	0.027

参 考 文 献

[1] EN ISO 4259，石油产品试验方法精密度确定和应用（ISO 4259：1992/Cor 1：1993）

ICS 75.100
E 34

SH

中华人民共和国石油化工行业标准

NB/SH/T 0904—2015

自动传动液氧化安定性测定法

Testing methods for oxidation stability of automatic transmission fluid

2015-10-27 发布 2016-03-01 实施

国家能源局 发布

前　言

本标准按照 GB/T 1.1—2009 给出的规则起草。

本标准使用重新起草法参考 JIS K2514-1996《润滑油氧化安定性测定法》编制。与 JIS K2514-1996 的一致性程度为非等效。

本标准试验原理与 JIS K2514-1996 中第 4 章内燃机用润滑油氧化安定性的试验部分基本相同，但试验条件不同，JIS K2514-1996 的试验条件为规定试验温度为 165.5 ℃，试验时间为 24 h；为了使试验方法适用于自动传动液，根据 JASO M315《自动传动液产品规格》将试验温度修改为 150 ℃，试验时间修改为 96 h。

本标准由中国石油化工集团公司提出。

本标准由全国石油产品和润滑剂标准化技术委员会石油燃料和润滑剂分技术委员会（SAC/TC 280/SC 1）归口。

本标准起草单位：中国石油天然气股份有限公司大连润滑油研究开发中心。

本标准主要起草人：赵治宇。

本标准为首次发布。

自动传动液氧化安定性测定法

警告：本标准的应用可能涉及到某些有危险性的材料、操作和设备。但并未对此有关的所有安全问题都提出建议。用户在使用本标准之前有责任制定相应的安全和防护措施，并确定相关规章限制的适用性。

1 范围

本标准规定了一种评价自动传动液氧化安定性的测定方法。

本标准适用于自动传动液等相关润滑油产品。

2 规范性引用文件

下列文件对于本文件的应用是必不可少的。凡是注日期的引用文件，仅所注日期的版本适用于本文件。凡是不注日期的引用文件，其最新版本（包括所有的修改单）适用于本文件。

GB/T 265 石油产品运动黏度测定法和动力黏度计算法

GB/T 514—2005 石油产品试验用玻璃液体温度计技术条件

GB/T 3094—2000 冷拔异形钢管

GB/T 4423—2007 铜及铜合金拉制棒

GB/T 6682—2008 分析实验室用水规格和试验方法

GB/T 7304 石油产品酸值的测定 电位滴定法

GB/T 15305.1 涂附磨具 砂页

GB/T 15894 化学试剂 石油醚

YY 0330 医用脱脂棉

3 术语和定义

下列术语和定义适用于本文件。

3.1

未氧化油 unoxidized oil

氧化试验前的试验样品。

3.2

氧化油 oxidized oil

氧化试验后的试验样品。

3.3

黏度比 viscosity ratio

氧化试验后，氧化油与未氧化油的黏度比值。

3.4

允差 tolerance

在一定测量条件下规定的测量误差绝对值的允许值。

3.5

附着度 lacquer degree

表示试验后玻璃棒上漆状物质或者油泥的附着程度。

4 方法概要

将钢、铜催化剂和玻璃棒浸入到试验油中，在150 ℃的温度下搅拌试验油96 h使之氧化。测定氧化油的运动黏度和酸值并与未氧化油相比较，计算出黏度比和酸值的变化。同时观察玻璃棒上漆状物质或者油泥的附着状态。

5 仪器

润滑油氧化安定性测定仪如图1所示。

单位为毫米

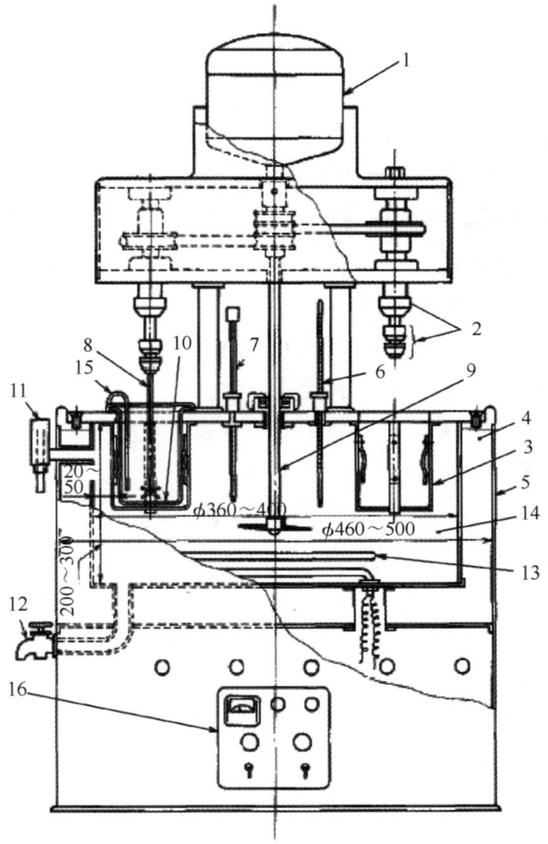

1——电动机；	9——搅拌器；
2——转子；	10——玻璃储油烧杯；
3——储油烧杯固定装置；	11——溢流管；
4——保温材料；	12——放空阀；
5——保温壁；	13——加热器；
6——温度计；	14——浴槽；
7——温度调节器；	15——玻璃棒；
8——搅拌棒；	16——控制面板。

图1　润滑油氧化安定性测定仪示意图

5.1 加热浴

加热浴装有搅拌器、加热器、温度调节器。油浴温度应保持在 150.0 ℃±0.5 ℃，从加热浴顶部到储油烧杯底部的高度需设置为 120 mm，以使储油烧杯至少浸入浴液 90 mm。

5.2 温度计

满足 GB/T 514—2005 中规定的 GB-59 棒式温度计。

5.3 玻璃储油烧杯以及储油烧杯盖

5.3.1 玻璃储油烧杯

形状和尺寸如图 2 所示，由硼硅酸盐玻璃制成。

单位为毫米

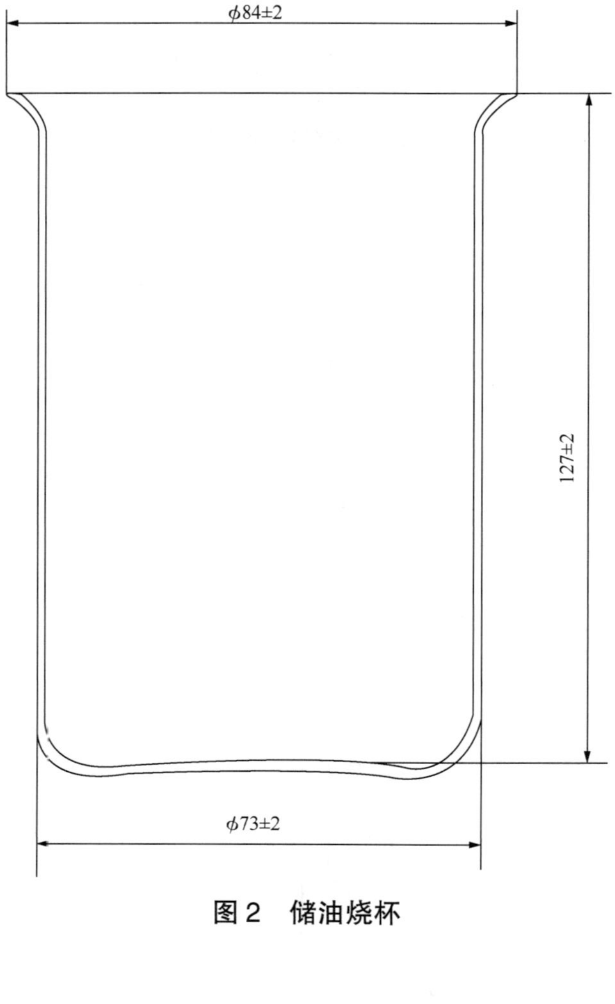

图 2 储油烧杯

5.3.2 储油烧杯盖

形状、尺寸如图 3 所示，由酚醛树脂制成，盖上备有搅拌棒和玻璃棒的插入孔。

注：变形或破损的盖，可使内部空气置换比例发生变化，因此有时会造成试验结果的偏离，应引起注意。

5.4 搅拌棒

形状、尺寸如图 4 所示，由硼硅酸盐玻璃或 0Cr18Ni9 不锈钢（304 不锈钢）制成。

单位为毫米

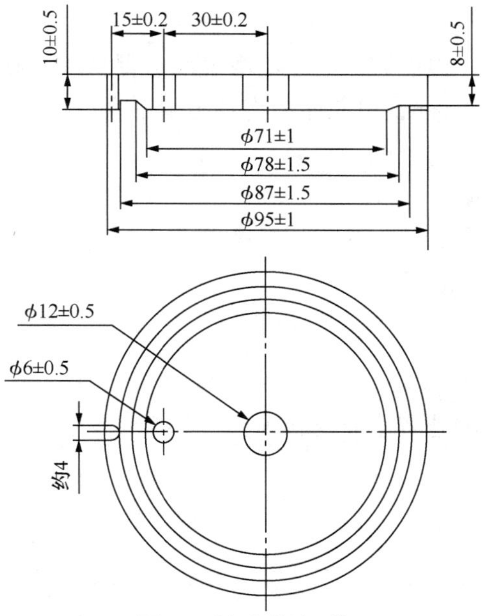

图3　储油烧杯盖

单位为毫米

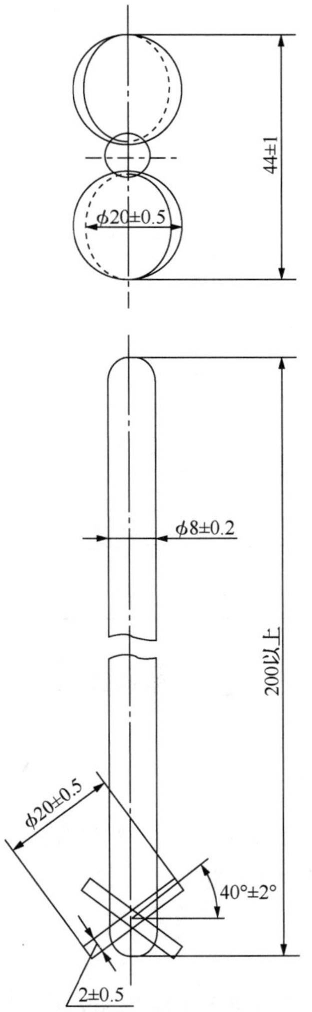

图4　搅拌棒

5.5 转子

形状如图1所示，从下方插入搅拌棒，用卡盘固定在距离储油烧杯底部10 mm的位置。以1300 r/min±15 r/min旋转，方向为叶片下压试验油的方向。

5.6 玻璃棒

形状、尺寸如图5所示，白硼硅酸盐玻璃制成。

单位为毫米

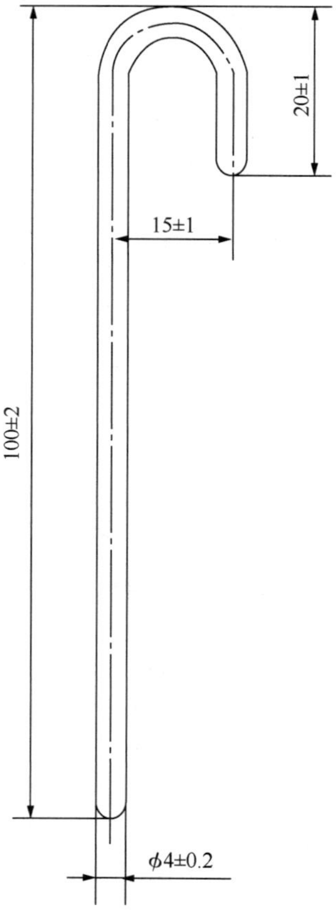

图5 玻璃棒

6 试剂与材料

6.1 试剂

6.1.1 正庚烷：分析纯。

6.1.2 石油醚：符合GB/T 15894的要求，沸程为60 ℃~90 ℃，分析纯。

6.1.3 水：满足GB/T 6682—2008中规定的三级水要求。

6.2 材料

6.2.1 催化剂：

6.2.1.1 钢：材质为GB/T 3094—2000中规定的Q195或Q215，厚度为0.5 mm，宽度为26 mm，长度为121.4 mm。

6.2.1.2 铜：材质为 GB/T 4423—2007 中规定的 T2，厚度为 0.5 mm，宽度为 26 mm，长度为 60.4 mm。

注 1：如图 6 所示，在钢及铜催化剂两端开固定孔（ϕ1.0 mm）。

注 2：亦可使用图 7 所示的形状的钢和铜催化剂。按铜催化剂两端的折线（因弯曲而形成的痕迹）弯曲成爪，在钢催化剂两端做出插入爪的沟孔。两个催化剂组合时，铜催化剂爪插入钢催化剂沟孔，按折线将爪使劲弯下固定。

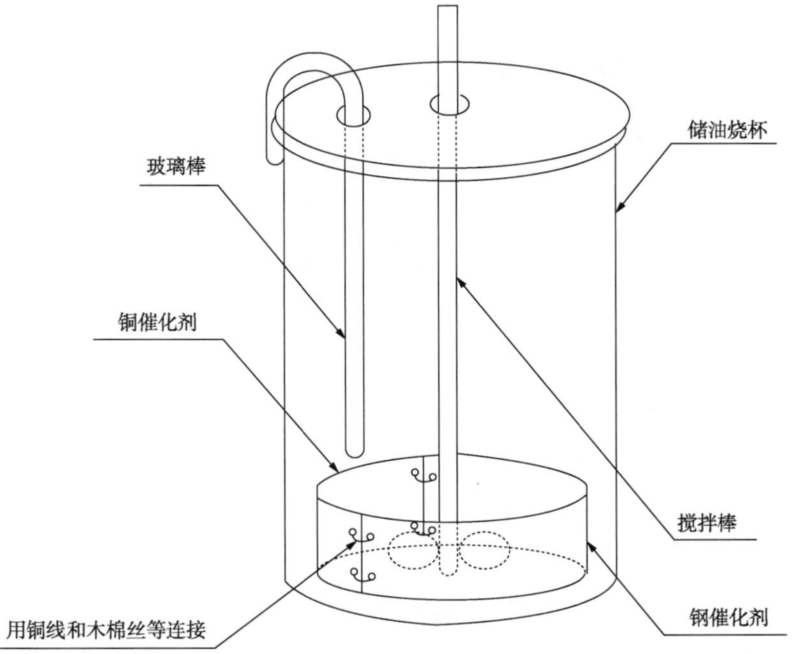

图 6 储油烧杯及催化剂的装配图

6.2.2 研磨材料：研磨剂的材质为符合 GB/T 15305.1 规定的氧化铝研磨材料或石榴石磨料，粒度为 P400 的页状干磨砂布或砂纸。

6.2.3 脱脂棉：满足 YY0330 规定的医用脱脂棉

7 试验准备

7.1 将储油烧杯、搅拌棒和玻璃棒放入铬酸洗液或与其等同作用的洗剂中，浸泡 2h 以上，用自来水充分清洗，再用蒸馏水洗数次后干燥。

注 1：如是不锈钢制搅拌棒，应用溶剂清洗后干燥。

注 2：铬酸洗液废弃时应进行废液的无害化处理。

7.2 用脱脂棉蘸取适当的溶剂（石油醚，正庚烷等）后仔细擦拭两种催化剂，再用研磨布或砂纸研磨出新的表面，之后用干脱脂棉将研磨粉完全擦去，按照图 6 所示进行组装。研磨后的催化剂，应立即用于试验。接触研磨后的催化剂时应使用清洁干燥的脱脂棉或木棉手套，不可用手直接接触。

7.3 加热浴的温度应控制在 150.0 ℃±0.5 ℃。应在能够读取温度的范围内尽可能将温度计插深。

注：个别产品标准要求的试验温度与本标准不同时，按照其规定温度操作。

单位为毫米

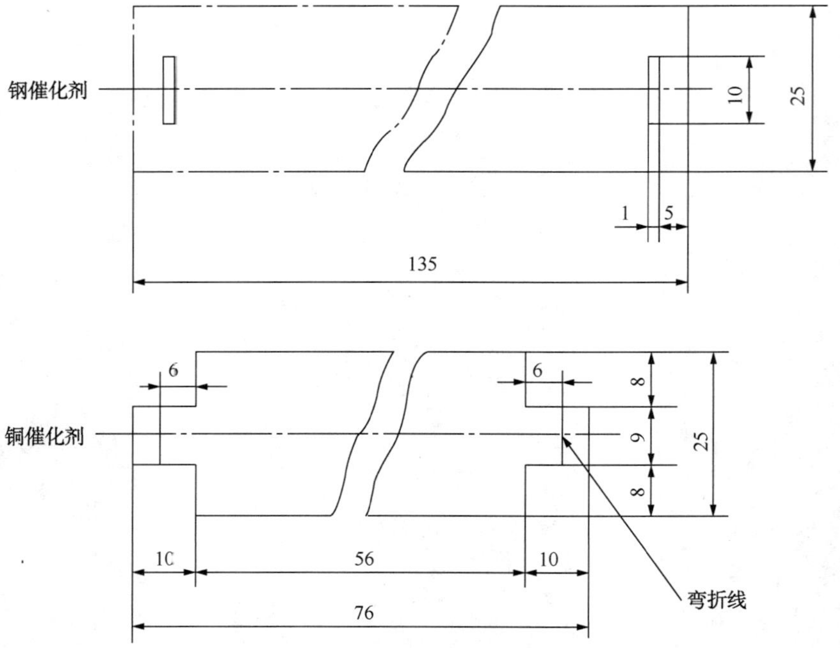

图 7　带钩和沟孔的催化剂

8　试验步骤

8.1　如图 6 所示，在放入催化剂的两个储油烧杯中，在室温下分别倒入试验油 250 mL，将两个储油烧杯固定在装置上。在搅拌棒穿过盖子后将储油烧杯盖好，将搅拌棒安装在转子上，使叶片下端距容器底部保持 10 mm 以上，再安装玻璃棒。安装搅拌棒以及玻璃棒后，禁止用手直接接触其浸入试验油部分。

注：如预先知道两个测定结果的运动黏度比（见 9.1）之差不超过平均值的 14%，而测定前后的酸值（见 9.2）之差在表 1 的允差值以内，且在附着度一致的情况下，也可使用一个储油烧杯进行检测，此种情况下，第 9 章的计算方法如下：

1）黏度比为一个试验油氧化前后的运动黏度之比。

2）酸值增加为一个试验油氧化前后的酸值之差。

3）附着度取一个试验油的结果。

8.2　搅拌棒在 1300 r/min±15 r/min 的转速下以将试验油的下压的方向进行旋转，搅拌试验油。记录搅拌棒开始转动的时间，作为试验的开始时间。

8.3　经过 96 h 后，将储油烧杯从加热浴中取出，抽出玻璃棒，用干净的镊子将催化剂取出，将氧化油冷却至室温。

注：个别产品标准要求的试验时间与本标准不同时，按照其规定时间操作。

8.4　未氧化油、降至室温的氧化油以及玻璃棒，迅速进行以下的测试。

8.4.1　按照 GB/T 265 的标准测定未氧化油和氧化油在 40 ℃的运动黏度。

8.4.2　按照 GB/T 7304 的标准测定未氧化油和氧化油的酸值。

8.4.3　用石油醚清洗玻璃棒，去除氧化油后干燥。查看是否有漆状物或泥状物质附着，如有附着物，则与玻璃棒比色卡（图 8）比较得出相当玻璃棒着色程度的颜色号，并记录。

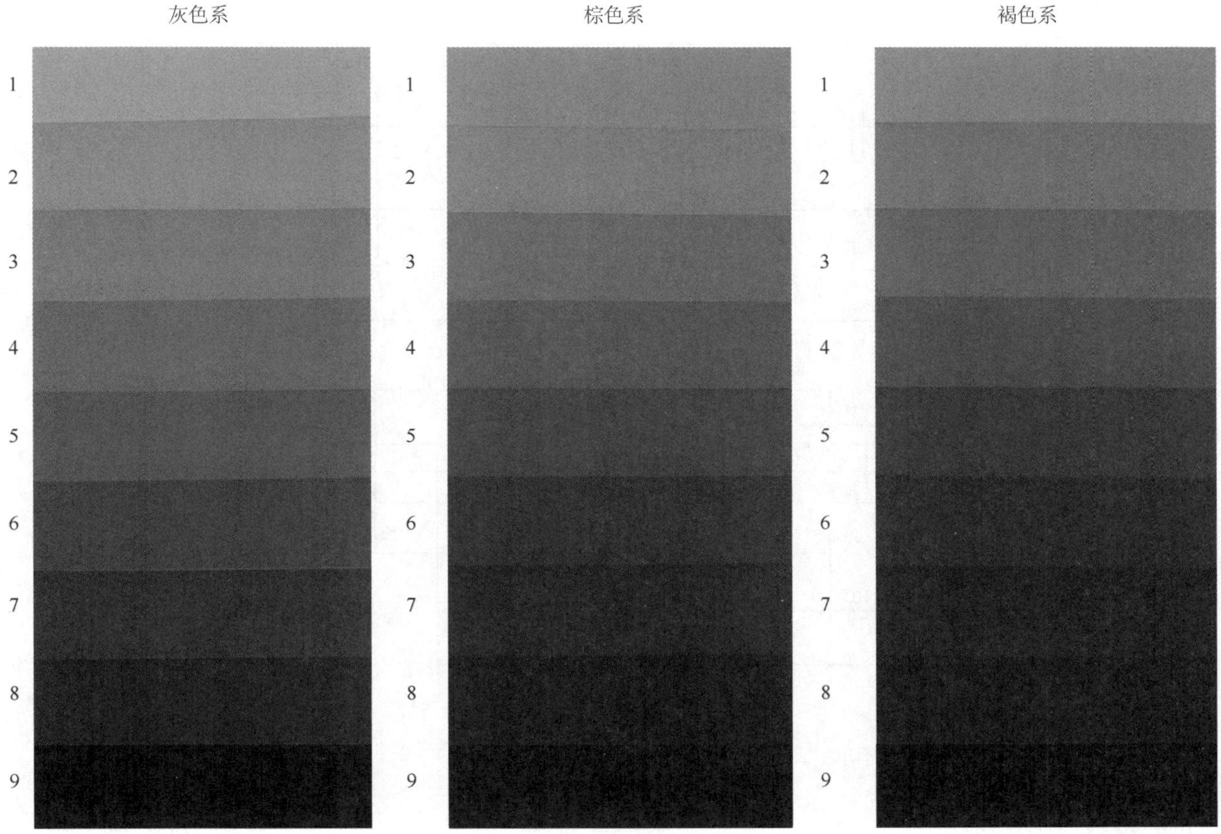

图8　玻璃棒比色卡

9　计算

9.1　黏度比

9.1.1　根据氧化前后试验油的运动黏度可以由式（1）算出黏度比，保留小数点后两位。

$$R=\frac{D_2}{D_1} \quad \cdots\cdots (1)$$

式中：

R——黏度比；

D_1——40 ℃的未氧化油的运动黏度，单位为平方毫米每秒（mm^2/s）；

D_2——40 ℃的氧化油的运动黏度，单位为平方毫米每秒（mm^2/s）。

9.1.2　两个试验结果之差不超过两试验结果平均值的 14%时，则该两个试验结果的平均值记为黏度比。

9.1.3　两个试验结果之差超过两试验结果平均值的 14%时，则认为该组试验无效。

9.2　酸值增加

计算出氧化前后试验油的酸值的差，保留三位有效数字。但不足 1 mgKOH/g 时，保留小数点后两位。两个试验结果之差不超过表 1 的允差时，则该两个试验结果的平均值记为酸值的增加。两个试验结果之差超过表 1 的允差时，则认为该组试验无效。

表 1　允　差　值

酸值增加/（mgKOH/g）	允差/（mgKOH/g）
0.05~1.0	0.3
1.0 以上~5.0	1
5.0 以上~20	4

9.3　附着度

9.3.1　根据图 8 所示，将玻璃棒的着色程度分为 9 个级别。

9.3.2　玻璃棒上漆状或泥状物质的附着状态可根据表 2 进行分类，其结果用附着度表示。

9.3.3　两个试验结果不一致时，取比色卡中色号较大的一方作为结果。

表 2　附着度的分类标准

附着度	摘　要
无附着物	认定玻璃棒上无附着物，或玻璃棒的着色程度小于比色计 1 级
附着物（稀）	玻璃棒的着色程度符合比色计 1 级~2 级
附着物（中）	玻璃棒的着色程度符合比色计 3 级~5 级
附着物（稠）	玻璃棒的着色程度符合比色计 6 级~9 级

10　结果报告

试验结果报告至少应包含以下内容。

——实验室信息及试验日期；

——应用本标准；

——试验油名称；

——第 9 章中所得的结果；

——特殊事项。

ICS 75.080
CCS E 30

中华人民共和国石油化工行业标准

NB/SH/T 0905—2024
代替 NB/SH/T 0905—2015

石油产品颜色的测定 自动三刺激值法

Determination for color of petroleum products—Automatic tristimulus method

2024-12-25 发布　　2025-06-25 实施

国家能源局 发布

目　　次

前　言

本文件按照 GB/T 1.1—2020《标准化工作导则　第 1 部分：标准化文件的结构和起草规则》的规定起草。

本文件代替 NB/SH/T 0905—2015《石油产品颜色的测定　自动三刺激值法》，与 NB/SH/T 0905—2015 相比，除结构调整和编辑性改动外，主要技术变化如下：

a）更改了方法的适用范围（见第 1 章，2015 版第 1 章）；

b）增加了规范性引用文件（见第 2 章，2015 版第 2 章）；

c）修改了部分术语和定义（见第 3 章，2015 版第 3 章）；

d）删除方法应用章节（2015 版第 5 章）；

e）更改了仪器设备的要求（见第 5 章，2015 版第 6 章）；

f）增加了试验耗材（见第 6 章，2015 版第 7 章）；

g）增加了石油蜡产品的取样要求（见第 7 章，2015 版第 8 章）；

h）增加了测定石油蜡产品颜色的准备步骤（见第 8 章，2015 版第 9 章）；

i）增加了测定石油蜡产品颜色的试验步骤（见第 9 章，2015 版第 10 章）；

j）修改了精密度表述，同时增加了石油蜡产品颜色测定精密度（见第 11 章，2015 版第 12 章）。

请注意，本文件的某些内容可能涉及专利。本文件的发布机构不承担识别专利的责任。

本文件由中国石油化工集团有限公司提出。

本文件由全国石油产品和润滑剂标准化技术委员会石油燃料和润滑剂分技术委员会（SAC/TC280/SC1）归口。

本文件起草单位：中石化（洛阳）科技有限公司、中石化（大连）石油化工研究院有限公司、中石化南阳能源化工有限公司、辽宁省产品质量监督检验院、中海油气（泰州）石化有限公司、中国石油化工股份有限公司荆门分公司、中国石油化工股份有限公司茂名分公司、广东惠州石油产品质量监督检验中心、中石化炼化工程（集团）股份有限公司洛阳技术研发中心。

本文件主要起草人：贾苒、毛冬宇、王诗语、彭娜、段卫宇、吴晓锋、成海英、来耀星、刘锦凤、焦静、白正伟、李怿。

本文件所代替文件的历次版本发布情况为：

——2015 年首次发布 NB/SH/T 0905—2015；

——本次为第一次修订。

石油产品颜色的测定　自动三刺激值法

警示：本文件涉及某些有危险性的材料、操作和设备，但是未对使用中涉及的所有安全问题都提出建议。因此，用户在使用本文件之前应建立适当的安全和防护措施，并确定相关规章限制的适用性。

1　范围

本文件描述了用三刺激值法测定石油产品颜色，并根据相应的运算规则将测定结果转换为 GB/T 3555 和 GB/T 6540 中对应的颜色色号的方法。

本文件适用于未加染色剂的汽油、柴油、石脑油、煤油、白油、燃料油、润滑油等石油产品的颜色测定，也适用于石油蜡产品的赛波特颜色测定。

本文件不适用于未经适当处理的固体样品，以及含染色剂或有强荧光的石油产品。

2　规范性引用文件

下列文件中的内容通过文中的规范性引用而构成本文件必不可少的条款。其中，注日期的引用文件，仅该日期对应的版本适用于本文件；不注日期的引用文件，其最新版本（包括所有的修改单）适用于本文件。

GB/T 3555　石油产品赛波特颜色的测定　赛波特比色计法

GB/T 4756　石油液体手工取样法

GB/T 6540　石油产品颜色测定法

GB/T 6986　石油产品浊点测定法

GB/T 27867　石油液体管线自动取样法

SH/T 0229　固体和半固体石油产品取样法

3　术语和定义

下列术语和定义适用于本文件。

3.1

CIE 标准光源 C　CIE standard illuminant C

色度光源，由 CIE 采用相对谱强分布的概念定义，用相关色温 6774K 代表日光。

注：CIE 为国际照明委员会法语名称的缩写。

3.2

三刺激值　tristimulus values

用于与一种颜色匹配的三种特定刺激的数值。

注：在 CIE 体系，以指定符号 X、Y、Z 表示。

3.3

CIE1931 标准观察仪　CIE1931 standard observer

带颜色匹配函数 $x(\lambda)$、$y(\lambda)$、$z(\lambda)$ 的理想色度观察仪，$x(\lambda)$、$y(\lambda)$、$z(\lambda)$ 与视网膜 2° 角相

对的观察视场相对应，通常称 2° 标准观察仪。

3.4

赛波特颜色　saybolt color

一种经验参数，表示透明石油产品的颜色，用 GB/T 3555 测定，其颜色范围在-16 赛波特颜色号（最深）～+30 赛波特颜色号（最浅）之间。

3.5

比色板颜色　colorimetry color

一种经验参数，表示比赛波特颜色深的石油液体产品的颜色，用 GB/T 6540 测定，其颜色范围最浅的颜色为 0.5 号，最深的颜色为 8.0 号。

4　方法概要

把试样注入样品池中，将样品池放入自动仪器的光路中。仪器通过测定试样的透光率得到 CIE 三刺激值（在 CIE 光源 C 和 CIE 1931 标准观察仪情况下），通过适当的运算法则转化为赛波特颜色或比色板颜色。

5　仪器

5.1　满足 5.1.1 或 5.1.2 所描述的仪器可以用于本文件。

5.1.1　分光光度计应满足以下要求：

a）波长范围：380nm～780nm；

b）有效波长宽度：来自分光光度计的狭缝光束的有效波长宽度应在 10nm±2nm 或 5nm±1nm；

c）线性：全量程的±0.5%；再现性：±0.2%；

d）波长准确度：±1nm；

e）几何条件：法线照明和收集，照明光束不包括与中心线角度大于等于 5° 范围的射线。照明光束的中心线相对于样品表面垂线的倾斜角度在 0° ±2° 范围内；

f）分光光度计应能用 CIE 标准光源 C 和 CIE 1931 标准观察仪计算三刺激值（CIE *XYZ*）；

g）如果其他类型的分光光度计的测定结果与 5.1.1 中的 a）至 f）所描述仪器的测定结果等同，也可以使用。

5.1.2　三刺激滤光片色度仪：对测定透明液体的颜色具有高精密度。仪器能够用 CIE 标准光源 C 和 CIE 1931 标准观察仪按 ASTM E308 规定，将样品透射光（在正常照射/正常检测下）转为三刺激值。通过仪器测定的三刺激值（CIE *XYZ*）与 GB/T 3555 和 GB/T 6540 两种方法的颜色号之间的关联，可以把仪器测定结果转换成等效的赛波特颜色号和（或）比色板颜色号。仪器应能自动计算出赛波特颜色号和（或）比色板颜色号。当测定石油蜡样品时仪器需具有加热功能，至少可升温至 85℃，并可在测定样品时将盛装有样品的样品池恒温至 85℃。

5.1.3　样品池：干净无色透明，没有被所测试样污染。33mm 光程样品池用于测量比色板颜色，100mm 光程样品池用于测量赛波特颜色，仪器操作人员应按仪器说明书的规程和建议操作。样品池适用于 5.1.1 和 5.1.2 所述仪器。

5.2　超声波浴：非加热型（选件），大小适宜，能够支撑放进浴内的样品容器，用于有效地将黏稠样品中的气体或气泡消除，以进行分析。

5.3　天平：精确至 0.1g。

5.4　烘箱：静态（无风扇辅助循环），能加热至 85℃±5℃，控温准确度 2℃。

6 试剂和材料

警示：煤油易燃，蒸气有害。

6.1 除非另有说明，在分析口使用的分析纯试剂。

6.2 稀释溶剂：用本文件或 GB/T 3555 测得赛波特颜色号大于+21 的煤油或白油或无色溶剂，稀释溶剂用于对深色油品稀释后比色板颜色的测定。

6.3 定性滤纸：中速，直径 9cm～12.5cm。

7 取样

7.1 取样按照 GB/T 4756、GB/T 27867 或 SH/T 0229 的要求进行。

7.2 一些黏稠样品如润滑油等，使用油浴加热时，容易将气体或气泡保留其中，可用超声浴（如果该浴有加热功能，不要将加热功能打开），超声 10min，以除去样品中的气体或气泡。

8 试样准备

8.1 液体石油产品

对液体石油产品如润滑油等，如果试样不透明，需加热至浊点以上 6℃（见 GB/T 6986），并在此温度下观察颜色。如果试样的比色板颜色大于 8.0 号，则把 15 份样品与 85 份煤油（体积比）混合，并测定混合物的颜色。

8.2 石油蜡产品

称取约 100g 石油蜡样品，尽可能破碎成小块状，将其置于 85℃±5℃或高于石油蜡熔点 11℃～17℃的烘箱中加热熔化，加热和恒温时间不超过 1.5h。若试样熔化后仍不澄清，在 85℃±5℃的条件下使用定性滤纸过滤，得到澄清的试样后测定，并在报告试样颜色时，注明试样经过过滤。

9 试验步骤

9.1 校准

9.1.1 按仪器说明书准备分光光度计或三刺激滤光片色度仪，并定期按 GB/T 3555 标准方法和（或）GB/T 6540 标准方法，测定赛波特颜色和/或比色板颜色的标准样品，来检查仪器的性能。色度标准样品制备方法参见附录 A。

9.1.2 基本的校准核查步骤参见附录 B，也可参照仪器供应商的说明书对仪器进行校准核查。

9.2 测量

9.2.1 液体石油产品测定时，在室温下将样品倒入样品池，样品注入量应超过样品池容积的 70%，然后将注入样品的样品池放入仪器光路中按仪器说明书进行颜色测量，单次取样连续测定 3 次，且连续 3 次检测结果差值不超过 1 个赛波特颜色号或不超过 0.5 个比色板颜色号，取 3 次测定结果中颜色最深的试验结果作为报告结果。

9.2.2 石油蜡产品测定时，仪器及样品池应在 85℃恒温至少 30min，将熔化的试样立即注入预热好的样品池中稳定 5min～10min，样品注入量应超过样品池容积的 70%，按仪器操作说明书测定试样颜色，

单次取样连续测定 3 次，且 3 次检测结果差值不超过 1 个赛波特颜色号，取 3 次测定结果中颜色最深的试验结果作为报告结果。

10 报告

10.1 根据测量结果报告试样的比色板颜色为“×××号”，或试样的赛波特颜色为“×××赛波特颜色号”。

10.2 试样的赛波特颜色深于+30 赛波特颜色号时修约至整数，试样的赛波特颜色浅于+30 赛波特颜色号时报告大于+30 赛波特颜色号。

10.3 试样的比色板颜色按照下列方法报告：

a） 如果结果的数值在×.1～×.4，则在该数字之前加“小于”并变数值为×.5（例如，3.1～3.4，报告为小于 3.5 号）；

b） 对于结果的数值为×.5，则报告该值（例如，对于 3.5，报告 3.5 号）；

c） 如果结果的数值在×.6～×.9，则在该数值之前加“小于”并将该数值修约至下一个整数值（例如，3.6～3.9，报告为小于 4.0 号）；

d） 如果结果的数值为×.0，则报告该数值（例如，对于 4.0，报告 4.0 号）；

e） 如果结果大于 8.0，报告为大于 8.0 号。

10.4 如果试样按第 8 章经过稀释，报告混合物的颜色时加注“稀释”字样。例如，小于 7.5 号（稀释）。

注：如果试样经过稀释，实验室可以采用其他合适的方法注明，只要能够使客户明白样品分析时经过稀释即可。

10.5 对于浑浊试样不能直接进行测试，应在测定前将试样进行过滤并至透明。如果试样经过过滤，报告加注“试样过滤”字样。

11 精密度和偏差

11.1 总则

液体石油产品的精密度通过 5 个实验室对 10 个石油产品的精密度试验研究获得。石油蜡产品的精密度是根据 GB/T 6683.1 的要求通过 6 个实验室对 11 个石油蜡样品的精密度试验研究获得。按下述规定判断试验结果的可靠性（95%置信水平）。

11.1.1 重复性（*r*）

在同一实验室、由同一操作者使用相同设备、按照相同测试方法、在短时间间隔内对同一试样正常且正确操作，得到两个独立结果之差不超过以下数值：

（1）对于液体石油产品：

赛波特颜色 r_1=0.14 赛波特颜色号；

比色板颜色 r_2=0.10 号。

（2）对于石油蜡产品：

赛波特颜色 r_3=0.60 赛波特颜色号。

11.1.2 再现性（*R*）

在不同实验室、由不同操作者使用不同设备、在不同地点及不同监控条件下，对同一试样正常且正确操作，得到两个独立结果之差不超过以下数值：

（1）对于液体石油产品：

赛波特颜色 R_1=1.24 赛波特颜色号；

比色板颜色 R_2=0.48 号。

（2）对于石油蜡产品：

赛波特颜色 R_3=2.22 赛波特颜色号。

11.2 偏差

11.2.1 本文件的测试结果和 GB/T 6540 测试结果之间没有偏差。

11.2.2 本文件的测试结果与 GB/T 3555 测试结果在 0～+30 范围内的结果没有偏差。在-16～0 范围内的结果有偏差。

附　录　A
（资料性）
色度标准样品制备

A.1　范围

本附录描述了赛波特颜色和比色板颜色标准样品的制备过程。

A.2　仪器

A.2.1　仪器应符合本文件 5.1.1～5.1.3 的规定，样品池光程长 10mm、33mm、100mm。
A.2.2　天平：精度 0.1mg 或更高。
A.2.3　移液管：容量 2mL。
A.2.4　容量瓶：容量 200mL 和 250mL。
A.2.5　具塞磨口锥形瓶：容量 100mL。
A.2.6　烧杯：容量 50mL。

A.3　试剂

A.3.1　染料

A.3.1.1　苏丹黄（溶剂黄 16）：3-甲基-1-苯基-4-（苯基唑）-吡唑-5-溶剂黄，CAS 编号 4314-14-1。
A.3.1.2　苏丹 1（溶剂黄 14）：1-苯基偶氮-2-萘酚，CAS 编号 842-07-9。
A.3.1.3　溶剂蓝 35：1，4-二（丁基氨）-9，10-蒽二酮，CAS 编号 17354-14-2。
A.3.1.4　苏丹红 5B（油红 O）：1-[[4-[（二甲基苯基）偶氮]二甲基苯基]偶氮]-2-萘酚，CAS 编号 1320-06-5。
A.3.1.5　溶剂紫 14：1，5-双[（4 甲基苯基）氨基]-9，10-蒽二酮，CAS 编号 8005-40-1。
A.3.1.6　透明紫 B（溶剂紫 13）：1-羟基-4-（对甲苯氨基）-蒽醌，CAS 编号 81-48-1。
A.3.1.7　溶剂绿 28：1，4 双[（4-丁基）氨基]-5，8-二羟基蒽醌，CAS 编号 28198-05-2。

A.3.2　烷基二苯基乙烷

IEC 867 中描述的电容器级的烷基二苯基乙烷，15℃密度为 0.9865g/cm^3～0.9877g/cm^3。

A.3.3　十二烷

A.3.3.1　用分光光度计在 380nm～780nm 范围内检测透射率（5nm 间隔，狭缝宽度：5nm，试样池：100mm）。按 ASTM E308 用 CIE 标准光源 C 和 CIE 1931 标准观察仪计算三刺激值 X、Y、Z。
A.3.3.2　十二烷成分和含量参见表 A.1，十二烷的三刺激值参见表 A.2。

表 A.1　十二烷成分和含量

成分	含量（体积分数）/%
十一烷	≤0.2
十二烷	≥99.5
十三烷	≤0.2

表 A.2　十二烷三刺激值

刺激值	规格
X	≥90.00
Y	≥92.00
Z	≥105.00

A.4　赛波特颜色标准样品的制备

A.4.1　染料溶液的制备和确认

A.4.1.1　称取 0.2500g±0.0005g 苏丹黄（溶剂黄 16）于 50mL 烧杯中，用烷基二苯基乙烷 20mL 溶解，然后转移至 250mL 容量瓶中，用烷基二苯基乙烷稀释至刻线，混合均匀。制得苏丹黄（溶剂黄 16）染料溶液。

A.4.1.2　重复 A.4.1.1 的步骤配制苏丹 1（溶剂黄 14）染料溶液和溶剂蓝 35 染料溶液。

A.4.1.3　按下面方法检查染料溶液的吸收：取 2mL 苏丹黄染料溶液于 200mL 容量瓶中，加十二烷至刻度线并混匀。在另 2 个容量瓶中，分别重复以上步骤配制苏丹 1（溶剂黄 14）染料溶液和溶剂蓝 35 染料溶液。用十二烷作空白，用分光光度计（狭峰：5nm，样品池：100mm），测量这 3 种染料溶液的吸光度，与表 A.3 所给值比较。如果不符合规定值，重复上述步骤。

A.4.2　赛波特颜色混合染料溶液的制备

A.4.2.1　按表 A.4 规定称取上述制备好的 3 种染料溶液于 100mL 锥形瓶中混匀。

A.4.2.2　称取 5.000g±0.001g 上述按表 A.3 制备好的混合溶液于 100mL 锥形瓶中，加 45.000g±0.001g 十二烷并混匀。制得赛波特颜色混合染料溶液。

A.4.3　赛波特颜色标准样品的制备和确认

A.4.3.1　按表 A.5 称取赛波特颜色混合染料溶液于 50mL 烧杯中，加 20mL 十二烷混合，然后转移至 250mL 容量瓶中，加十二烷至刻线，混合均匀。

A.4.3.2　用分光光度计在 380nm～780nm（波长宽：5nm，样品池：100mm）分别测量 7 个样品的透光率。

A.4.3.3　根据 ASTM E308 用 CIE 标准光源 C 和 CIE 1931 标准观察仪，用透光率计算 *XYZ* 颜色系统刺激值 *Y* 和色度坐标 *x*、*y*、*z*，当 *Y*、*x*、*y*、*z* 符合表 A.6 规定值，这些样品可用作赛波特颜色标准样品 S+30、S+25、S+19、S+15、S+12、S+0、S−15。这些颜色标准样品的赛波特颜色号分别是+30、+25、+19、+15、+12、0、−15。如果 *Y*、*x*、*y*、*z* 不符合表 A.6 规定值，重复上述步骤。

A.5 比色板颜色标准样品的制备

A.5.1 染料溶液的制备和检查

A.5.1.1 染料溶液的制备：称取 0.2500g±0.0005g 苏丹黄（溶剂黄 16）于 50mL 烧杯中，用烷基二苯基乙烷 20mL 溶解，然后转移至 250mL 容量瓶中，用烷基二苯基乙烷稀释至刻度。混合均匀。制得苏丹黄（溶剂黄 16）染料溶液。

A.5.1.2 重复 A.5.1.1 的步骤配制苏丹 1（溶剂黄 14）、溶剂蓝 35、油红 O、溶剂紫 14、透明紫 B（溶剂紫 13），溶剂绿 28 染料溶液。

A.5.1.3 按下面方法检查染料溶液的吸收：取 2mL 苏丹黄染料溶液于 200mL 容量瓶中，加十二烷至刻度线并混匀。以同样的方法配制另外 6 种染料溶液。用十二烷作空白，用分光光度计（狭缝宽：5nm，样品池：100mm），测量这 7 种染料溶液的吸光度，确认其吸光度满足表 A.3 所给吸光度值。如果不满足规定值，重复上述步骤。

A.5.2 比色板颜色混合染料溶液的制备

按表 A.7 规定的量称取各种染料溶液于 100mL 锥形瓶中混合，这些混合物称作比色板颜色混合染料溶液 M1、M3、M5 和 M7。

A.5.3 比色板颜色标准样品的制备和确认

A.5.3.1 按表 A.8 指定的量称取比色板颜色混合染料溶液于 50mL 烧杯中，加 20mL 十二烷混合，然后转移至 250mL 容量瓶中，加十二烷至刻线，混合均匀。

A.5.3.2 分别用分光光度计在 380nm～780nm（狭缝宽：5nm，样品池：33mm）测量按步骤 A.5.3.1 准备好的 4 种溶液的透光率。

A.5.3.3 根据 ASTM E308 用 CIE 标准光源 C 和 CIE 1931 标准观察仪计算 *XYZ* 颜色系统刺激值 *Y* 和色度坐标 *x*、*y*、*z*，当 *Y*、*x*、*y*、*z* 符合表 A.9 规定值，这些样品可用作比色板颜色标准样品 A1、A3、A5 或 A7。这些标准样品的比色板颜色号分别 1.0 号、3.0 号、5.0 号和 7.0 号。如果 *Y*、*x*、*y*、*z* 不符合表 A.9 规定值，重复上述步骤。

A.5.3.4 当用 33mm 池子测比色板颜色标准样品 A1、A3、A5 和 A7 时，其色度对应于比色板颜色色号为 1.0 号、3.0 号、5.0 号和 7.0 号。

表 A.3 染色溶液吸收范围

染色溶液	波长/nm	吸收
苏丹黄（溶剂黄 16）	395	0.881～0.935
苏丹 1（溶剂黄 14）	465	0.519～0.541
溶剂蓝 35	600	0.412～0.438
	645	0.465～0.494
油红 O	515	0.673～0.715
溶剂紫 14	545	0.337～0.358
透明紫 B	585	0.332～0.353
	635	0.400～0.424
溶剂绿 28	680	0.467～0.498

表 A.4　赛波特颜色混合染料溶剂配制

染料溶液	称样量/g
苏丹黄（溶剂黄 16）	30.000±0.010
苏丹 1（溶剂黄 14）	10.000±0.005
溶剂蓝 35	1.000±0.001

表 A.5　赛波特颜色混合染料溶液的称样量

赛波特颜色标准样品	赛波特颜色混合染料溶液称样量/g
S+30	0.200±0.001
S+25	0.472±0.002
S+19	1.087±0.002
S+15	1.724±0.003
S+12	2.083±0.004
S+0	4.545±0.005
S−15	8.772±0.010

表 A.6　赛波特颜色标准样的规定值

赛波特颜色号	赛波特颜色标准样品	刺激值，Y	色度坐标		
			x	y	z
+30	S+30	93.0～99.0	0.311～0.316	0.321～0.326	0.358～0.368
+25	S+25	92.0～98.0	0.316～0.322	0.327～0.335	0.343～0.357
+19	S+19	91.0～97.0	0.325～0.332	0.342～0.350	0.318～0.333
+15	S+15	89.0～96.0	0.337～0.342	0.358～0.365	0.298～0.305
+12	S+12	87.0～92.0	0.342～0.348	0.366～0.373	0.279～0.297
0	S+0	83.0～89.0	0.376～0.383	0.411～0.419	0.198～0.213
−15	S−15	77.0～84.0	0.418～0.426	0.460～0.466	0.108～0.122

表 A.7　比色板颜色染料混合溶液的配制

比色板颜色染料混合溶液	染料溶液称样量/g						
	苏丹黄	苏丹 1	溶剂蓝 35	油红 O	溶剂紫 14	透明紫 B	溶剂绿 28
M1	42.000±0.010	5.200±0.005	0.400±0.001	—	2.600±0.001	—	0.600±0.001
M3	40.000±0.010	5.800±0.005	0.400±0.001	1.400±0.001	1.200±0.001	0.800±0.001	0.800±0.001
M5	40.000±0.010	11.600±0.005	—	2.000±0.001	3.200±0.001	1.600±0.001	1.600±0.001
M7	36.600±0.010	10.600±0.005	0.200±0.001	2.600±0.001	2.200±0.001	3.200±0.001	0.600±0.001

表 A.8　比色板颜色标准样的配制

比色板颜色标准样	比色板颜色染料混合溶液	称样量/g
A1	M1	2.467±0.001
A3	M3	12.987±0.006
A5	M5	23.956±0.010
A7	M7	41.822±0.020

表 A.9　比色板颜色标准样 A1、A3、A5、A7 的规定值

比色板颜色号	比色板颜色标准样品	刺激值，Y	色度坐标		
			x	y	z
1.0	A1	71.0～83.0	0.390～0.402	0.427～0.439	0.149～0.183
3.0	A3	27.0～35.0	0.533～0.545	0.449～0.461	0.000～0.019
5.0	A5	6.9～9.3	0.616～0.628	0.372～0.384	0.000～0.013
7.0	A7	1.2～2.0	0.684～0.696	0.303～0.315	0.000～0.012

A.6　颜色标准样品的储存

赛波特颜色标准样品和比色板颜色标准样品应储存在棕色螺口瓶中，瓶子用黑色袋子包裹并放在低温黑暗的地方。

颜色标准样品的日常检查：为防止颜色标准样品储存失效，应对其进行日常检查。按 A.4.3 描述的步骤检查赛波特颜色标准样品，按 A.5.3 描述的步骤检查比色板颜色标准样品。对赛波特颜色标准样品，如果检查结果表明 Y、x、y、z 结果不符合表 A.6 规定值，该标准样品不能使用。对比色板颜色标准样品，如果 Y、x、y、z 结果不符合表 A.9 规定值，也不能再用。

附　录　B
（资料性）
基本校正程序

B.1　赛波特颜色的测定

B.1.1　所用仪器应满足 5.1.1～5.1.3 所描述的技术要求。

B.1.1.1　作校正曲线：测定赛波特颜色标准样品三刺激值。

a）按照仪器说明书完成仪器的设定、校准和标准化。

b）将十二烷倒入样品池，测得三刺激值（见 A.3.3）。

注：推荐使用 100mm 的池子，光程短的样品池可能得不到期望的灵敏度。

c）重复上述步骤测每一个赛波特颜色标准样品（见 A.4.3）。

B.1.1.2　将赛波特三刺激值转换为赛波特颜色号。

a）按照 ASTM E308，用十二烷和赛波特颜色标准样品的三刺激值分别采用下式计算心理明度 L^* 和心理色度 a^*、b^*：

$$L^* = 116 \times \left(\frac{Y}{100}\right)^{\frac{1}{3}} - 16 \qquad \text{(B.1)}$$

$$a^* = 500 \times \left[\left(\frac{X}{98.72}\right)^{\frac{1}{3}} - \left(\frac{Y}{100}\right)^{\frac{1}{3}}\right] \qquad \text{(B.2)}$$

$$b^* = 200 \times \left[\left(\frac{Y}{100}\right)^{\frac{1}{3}} - \left(\frac{Z}{118.225}\right)^{\frac{1}{3}}\right] \qquad \text{(B.3)}$$

式中：

X、Y、Z——十二烷或赛波特颜色标准样的三刺激值。

b）十二烷和赛波特颜色标准样品色差 ΔE^*ab 用式（B.4）计算，并用色差（ΔE^*ab）对赛波特颜色作图得到校正曲线。

$$\Delta E^*ab = [(L_1^* - L_0^*)^2 + (a_1^* - a_0^*)^2 + (b_1^* - b_0^*)^2]^{1/2} \qquad \text{(B.4)}$$

式中：

ΔE^*ab——赛波特颜色标准样和十二烷颜色的差值；

L_1^*——赛波特颜色标准样品的心理明度；

a_1^*、b_1^*——赛波特颜色标准样品的心理色度坐标；

L_0^*——十二烷的心理明度；

a_0^*、b_0^*——十二烷的心理色度坐标。

c）式（B.5）用于光程长 100mm 的池子。

$$S = \alpha + \beta / (\lg \Delta E^*ab - \tau) \qquad \text{(B.5)}$$

式中：

S——赛波特颜色号；

α——截距（典型值=51.1）；

β——斜率（典型值=44.5）；

$\Delta E^{*}ab$——赛波特颜色标准样品和十二烷颜色的差值；

τ——修正常数（典型值=2.55）。

B.1.2 试样赛波特颜色测定步骤：

a） 按 GB/T 4756、GB/T 27867 或 SH/T 0229 的要求取样。

b） 样品不透明时，用定性滤纸过滤直至透明（必要时更换滤纸）。

c） 得到试样的三刺激值并把三刺激值化成 L^{*} 、 a^{*} 、 b^{*} ，然后用式（B.4），计算十二烷和样品的色差值 $\Delta E^{*}ab$ 。

d） 用 B.1.1 中得到的曲线求出试样的赛波特颜色号，精确到一位小数。

B.2 比色板颜色的测定

B.2.1 作校正曲线：比色板颜色标准样品三刺激值的测定。

B.2.1.1 按照仪器说明书完成仪器的设定、校准和标准化。

B.2.1.2 将比色板颜色标准样品倒入一个池子里，测得三刺激值（见 A.5.3）。

注：推荐使用 33mm 的池子，如果光程不同则可能无法得到预期的灵敏度。

B.2.1.3 重复上述步骤测每一个比色板颜色标准样品（见 A.5.3）。

B.2.2 将比色板颜色标准样品三刺激值转换为比色板颜色标准样品的颜色号。

B.2.2.1 根据比色板颜色标准样品三刺激值，用式（B.6）计算典型的光学密度之和 $\sum D$ ：

$$\sum D = DX + DY + DZ \qquad \text{(B.6)}$$

式中：

$\sum D$——光学密度之和；

DX——lg（X/X_n）；

DY——lg（Y/Y_n）；

DZ——lg（Z/Z_n）；

X、Y、Z——比色板颜色标准样品三刺激值；

X_n、Y_n、Z_n——标准照明体 C 的三刺激值，X_n=98.072、Y_n=100.000、Z_n=118.225。

B.2.2.2 通过对比色板颜色标准样品的光学密度之和与比色板颜色号作图得到校正曲线，比色板颜色号与光学密度之和的关系按照式（B.7）得到：

$$A = \alpha + \beta \times \sum D \qquad \text{(B.7)}$$

式中：

A——比色板颜色号；

$\sum D$——光学密度之和；

α——截距（典型值=0.25）；

β——斜率（典型值=0.8695）。

B.2.3 试样的比色板颜色测定步骤：

B.2.3.1 按 GB/T 4756、GB/T 27867 或 SH/T 0229 的要求取样。

B.2.3.2 得到试样的三刺激值（见 B.2.1.2），并按照 B.2.2.1 把三刺激值化成光学密度之和。

B.2.3.3　用 B.2.2.2 中得到的曲线求出试样的比色板颜色号，精确到一位小数。

B.2.3.4　如果样品的比色板颜色号超过 8.0 号，用稀释溶剂稀释样品后再测混合样品的色度。样品与稀释溶剂的比例应该是 15∶85（体积比）。

参 考 文 献

[1] IEC Standard: IEC 867 Insulating Liquids—Specification for Unused Liquids Based on Synthetic Aromatic Hydrocarbons

[2] Japanese Industrial Standard: K0510 High Purity Dodecane

[3] IP 17 颜色测定—罗维朋比色仪（Determination of Colour–Lovibond Tintometer）

[4] ASTM E308 用 CIE 体系计算物体颜色的规程（Standard Practice for Computing the Colors of Objects by Using the CIE System）

[5] GB/T 6683.1 石油及相关产品　测量方法与结果精密度　第 1 部分：试验方法精密度数据的确定

ICS 75.100
E 34

SH

中华人民共和国石油化工行业标准

NB/SH/T 0906—2015

发动机油热稳定性的测定　热管试验法

Determination of high temperature deposits of engine oils by hot tube test

2015-10-27 发布　　　　2016-03-01 实施

国家能源局　发布

前　言

本标准按照 GB/T 1.1—2009 给出的规则起草。

本标准使用重新起草法修改采用日本石油学会 JPI-5S-55-99《发动机油——高温沉积物的测定(热管试验法)》中的相关内容。

本标准与 JPI-5S-55-99 的主要技术差异及其原因如下：

——根据我国标准的编写习惯增加了第 2 章“规范性引用文件”和第 7 章“试剂与材料”的相关内容。

本标准由中国石油化工集团公司提出。

本标准由全国石油产品和润滑剂标准化委员会石油燃料和润滑剂分技术委员会（SAC/TC280/SC1）归口。

本标准起草单位：中国石化润滑油有限公司上海研发中心

本标准主要起草人：郑金花、秦振清、王晓运。

本标准为首次发布。

发动机油热稳定性的测定　热管试验法

警告：本标准的应用可能涉及某些有危险性的材料、操作和设备。但并未对与此有关的所有安全问题都提出建议。用户在使用本标准之前有责任制定相应的安全和防护措施，并确定相关规章限制的适用性。

1　范围

本标准规定了使用热管试验仪或其他等效设备测定发动机油热稳定性能的测试步骤。

本标准适用于测定发动机油（如船用发动机油、汽油机油、柴油机油和二冲程发动机油）的热稳定性能，并通过方法 A（热管颜色评级标准）或方法 B（沉积物质量）进行评价。

2　规范性引用文件

下列文件对于本文件的应用是必不可少的。凡是注日期的引用文件，仅注日期的版本适用于本文件。凡是不注日期的引用文件，其最新版本（包括所有的修改单）适用于本文件。

GB/T 6682—2008 分析实验室用水规格和试验方法

HG/T 3115 硼硅酸盐玻璃 3.3 的性能

3　术语和定义

下列术语和定义适用于本文件。

3.1

漆膜 lacquer

一种非常薄且不溶于石油醚的褐色物质。

3.2

热管颜色评级标准 hot tube color scale

由 11 种热管颜色评级标准试管构成，颜色评级从 0 级～10 级（黑色～透明），热管颜色评级标准由小松工程公司制定。

3.3

沉积物 deposit

一种厚实的、黑色的、不能被石油醚溶解的物质。

4　方法概要

4.1　将试验油注入高温热管，垂直插入加热炉，然后从热管底部通入压缩空气，压缩空气流量为 10.0 cm^3/min，注油速度为 0.31 cm^3/h，试验持续时间为 16 h，试验过程中，试验油会在玻璃热管内壁形成漆膜。

4.2　试验结束后，用石油醚冲洗试验热管，干燥后，用颜色评级标准对试验热管漆膜进行评级，结果报告至 0.5 级。或对试验结束后的热管中的漆膜或热管中的沉积物进行称重。

5 方法应用

5.1 这个方法可以应用于汽油机油、柴油机油、二冲程发动机油和船用发动机油。汽油机油的测试温度为280 ℃～310 ℃，柴油机油为280 ℃～320 ℃，二冲程发动机油为260 ℃～290 ℃，船用发动机油为300 ℃～330 ℃。评价方法A与B取决于被测试样的类型。

5.2 方法A：使用热管颜色评级标准来评价热管，以试验热管颜色最暗的部分为评价对象。

5.3 方法B：对试验结束后的试验热管中的漆膜或试验热管中的沉积物进行称重。

6 仪器

热管试验仪如图1所示，由以下部件构成。

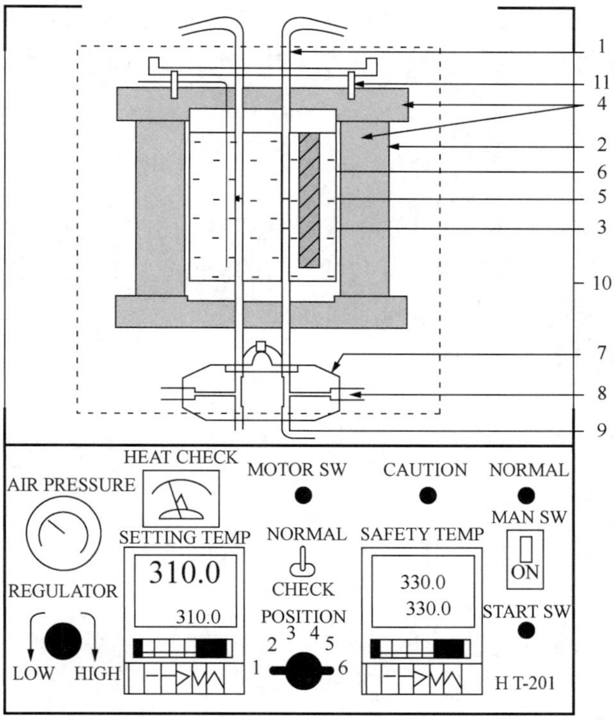

1——试验热管；
2——加热炉；
3——金属浴；
4——绝热层；
5——温度计；
6——加热器；
7——丙烯酸树脂部件；
8——油管；
9——空气连接管；
10——封盖；
11——环。

图1 热管试验仪示意图

6.1 试验热管

试验热管由耐热玻璃制成，玻璃的性能应满足HG/T 3115或小松工程公司专用热管的要求，并制作成图2所示的形状。

注：边缘A在制作时，需适度地进行圆整，防止切断O形环。

单位为毫米

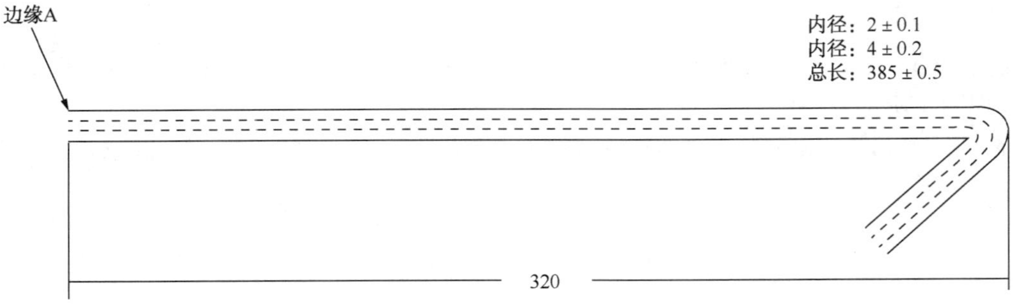

图2　试验热管示意图

6.2　加热炉

用来加热试验热管，由金属浴、绝热层、温度计和加热器组成。

6.2.1　金属浴

一种直径为 90 mm 的金属质地的模块，它的作用是使温度变化最小化，并且防止试验过程中温度的变化，六个放置试验热管的孔道、六个放置加热器的孔道和 2 个放置热传感器的孔道均从金属浴中穿过。

6.2.2　绝热层

绝热层紧密地包围在金属浴的周围以防止金属浴向外进行热辐射。绝热层的底部和顶部由 13 mm 的空气层和 20 mm 的绝热材料组成，四周由 5 mm 的空气层和 30 mm 的绝热材料组成。

6.2.3　温度计

6.2.3.1　铠装热电偶（镍铬合金-镍铝合金）。若使用其他类型的热电偶，则要求其在高温氧气条件下具有良好耐久性，在 300 ℃左右时，与铠装热电偶温度敏感性和温感精确性相当。

6.2.3.2　当温度控制器和该类型的热电偶一起使用，采用比例微分积分（PID）类型的温度控制模式更为合适，能够得到更精确的温度控制。

6.2.4　加热器

六个管壳式的加热器，每个加热器的输出功率不低于 60 W。六个加热器、试验热管和温度计的相对位置分布如图 3 所示。

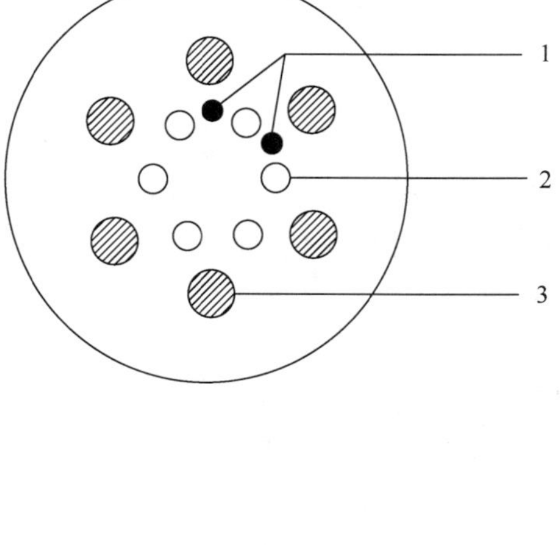

1——温度计；
2——试验热管；
3——加热器。

图3　加热器相对位置示意图

6.3 注油单元

在试验的16 h内，注油单元能够以0.31 $cm^3/h \pm 0.01$ cm^3/h的速率推动6个注射器将试验油注入试验热管中。如图4所示。

注：固定注射器所用的圆形凹槽是用透明塑料制成。圆柱形凹槽上刻有试验油量的水平刻度线。

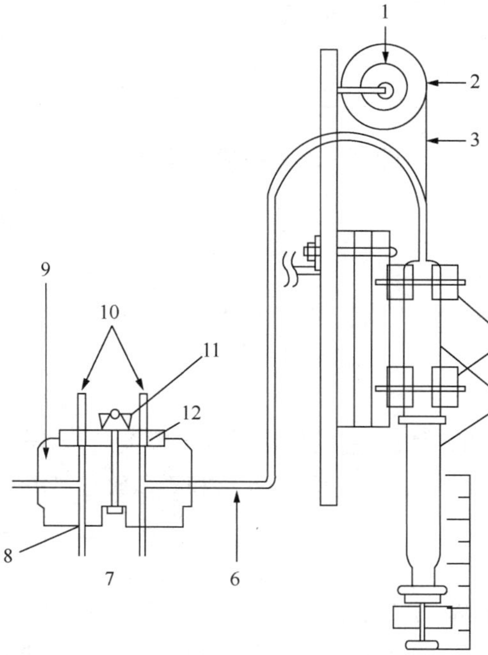

1——马达；
2——圆筒；
3——钢丝绳；
4——圆柱形凹槽；
5——试验油容器（注射器）；
6——油管；
7——空气；
8——接头；
9——丙烯酸树脂部件；
10——试验热管；
11——蝶形螺帽；
12——O形环。

图4　注油单元示意图

6.4 试验油容器（注射器）

该注射器容积为5 cm^3，可装载0 cm^3~5 cm^3的试验油。

注：此注射器活塞直径设计为12.1 mm~12.4 mm。

6.5 压缩空气供给单元

由空压机提供的200 kPa~400 kPa的压缩空气经压缩空气供给单元的减压阀调整成压力为30 kPa~45 kPa。上述压缩空气经气体分配器平均分配到6个塑料管中。每个塑料管中的空气流量应调整为10 $cm^3/min \pm 0.5$ cm^3/min，可用精密的流量控制阀进行调节使压缩空气进入丙烯酸制成的部件中。

6.6 丙烯酸树脂部件

丙烯酸树脂部件中应该有T形通路的结构，由透明的非油溶性塑料制成，以便用于观察油在通路中的流动。空气链接管和油管分别连接在丙烯酸树脂部件的底部和侧边的接头上。测试用的试验热管在丙烯酸树脂部件顶部用O形橡皮圈固定连接，并用蝶阀螺帽在丙烯酸树脂部件底部进行固定，以防止空气和油品泄漏。

6.7 连接管

连接管是用来提供空气和试验油的管路，即空气连接管和油管，此管需柔软且透明（内径 4 mm），应用不溶于油品和石油醚的材料制备而成。

6.8 烘箱

试验结束后经石油醚清洗干净的试验热管在烘箱中进行干燥，建议使用防爆烘箱。

7 试剂与材料

7.1 水：应符合 GB/T 6682—2008 中三级水的要求。
7.2 正庚烷：化学纯。
7.3 清洗溶剂：石油醚，60 ℃~90 ℃。
注：挥发性溶剂，请勿靠近火源。
7.4 盐酸：分析纯，质量分数约为 36%，制备成质量分数为 5%的稀盐酸。

8 仪器准备

8.1 加热炉温度的调节

8.1.1 检查加热炉中安放试验热管的通孔，以确保试验热管能方便地插入并通过加热炉内部。如果试验热管不能方便地插入加热炉管路，可能是一些油品沉积物或黏着物附在加热炉内壁上。如果出现这种情况，可用钢棒或者类似钢棒的工具清理加热炉内壁，钢棒或其他类似工具的直径不要超过 4.2 mm。
8.1.2 打开主开关和加热开关，将温度设定器温度设定在 290 ℃。
8.1.3 2 h 后，确认加热炉温度稳定后，将温度计插入到安放试验热管的孔中（距离加热炉顶部约 145 mm），应确保温度在 290 ℃±1 ℃之内。
注：温度计需为校正过的温度计。
8.1.4 按照上述同样的方式，在 310 ℃的温度下再进行测温。
8.1.5 如果热管试验在其他的温度（按产品规格或协议要求的温度）下进行，那么应按照上述相同的方式，在其试验温度下进行。

8.2 清洗试验热管

8.2.1 经正庚烷清洗过试验热管后，将试验热管浸入稀盐酸中，然后用水冲洗。如果没有配备稀盐酸，应在其他溶剂中使用超声波清洗 5 min。
8.2.2 将测试管放在 105 ℃的烘箱中 1 h 烘干。
8.2.3 如果使用方法 B 进行评价，则应将测试管放在干燥器中冷却 30 min，然后称重，称重应精确到 0.1 mg。
8.2.4 如果试验热管不立即使用，应将试验热管保存在干燥器中。

9 试验步骤

9.1 管线安装

9.1.1 用减压阀将空气压力调整至 30 kPa~45 kPa。

9.1.2 将空气连接管连接到流量控制阀出口，并连接到空气流量计上，流量计可使用薄膜流量计或浮子流量计。

注：流量计使用前需经过校正。

9.1.3 使用流量调节阀将六个试验热管中的空气流量分别调整至 10 cm^3/min±0.5 cm^3/min。

9.1.4 将丙烯酸树脂部件安放在指定位置。

9.1.5 将试验热管插入加热炉中，并将它们安放在丙烯酸树脂部件的顶部，然后用蝶形螺帽进行固定。

9.1.6 将空气连接管连接到丙烯酸树脂部件下方的进气接口。

9.1.7 将流量计和试验热管连接起来，然后在丙烯酸树脂部件上封闭油路进口管。

9.1.8 检查管路连接处的气密性。

9.1.9 检查并分别调整六个试验热管中的空气流量均达到 10 cm^3/min±0.5 cm^3/min。

注：每次试验前，应重新调节空气流量。

9.2 试验油的准备

9.2.1 将油管与注射器相连，并吸入 6 cm^3 的试验油，注意气泡不能出现在油管和注射器中。

9.2.2 将塞子堵住油管末端，防止吸入的油品渗漏。

9.2.3 用凹形槽将注射器固定在注油单元上。

9.2.4 将注油单元固定在仪器上。将注油单元上的钢丝绳缠绕在吊机卷筒两端的凹槽中，并用螺丝进行固定。

9.2.5 从油管末端取下塞子，将油管和丙烯酸树脂部件侧面的进油口进行连接。

9.2.6 检查确认注射器中的油品量是否满足凹形槽上的体积刻度线。

9.3 开始试验

9.3.1 打开仪器主开关、开始开关和马达开关。将加热器开关置于“check”的位置。

注：正式试验以前 1.5 h 应打开试验马达，在试验过程中，油品可能会因为齿轮的运行问题而使得供油单元在试验开始初期无法均匀地供油。

9.3.2 通过调节注射器活塞下方的旋转螺丝将试验油送至 T 形通路的交接处。

9.3.3 在温控装置上将温度设定在试验温度（按产品规格或协议要求的温度），当试验油到达测试热管顶部时，将加热开关置于“normal”位置。

9.3.4 当温度达到试验温度，且温度波动在±1 ℃之内时，试验正式开始。

注：如果温度或者空气流量有较大波动，请安装仪器四周的侧板。

9.3.5 在试验过程中，检查试验油是否正常的由注射器供给，在 O 形环接口处有无油品泄漏，或是其他连接处有无油品泄漏，并且确保此过程中，仪器的空气和油品管路通畅，不堵塞。

9.4 试验结束

9.4.1 试验 16 h 后，结束试验。

9.4.2 关闭马达开关和主开关。松开丙烯酸树脂部件上的蝶形螺帽，然后迅速将试验热管移开。

9.4.3 断开阀门侧的空气连接管，关闭减压阀，停止空气供给。

9.4.4 断开丙烯酸树脂部件上的油管，将塞子堵在油管末端，防止油品泄漏。

9.5 试验后处理

9.5.1 试验热管在冷却约 5 min 后，用石油醚清洗，致使清洗溶剂颜色变成无色为止。

注：如果部分试验热管被堵塞，需要重做试验，因为被堵塞的热管可能会影响其他热管的试验结果，其余的样品全部需要重做。

9.5.2　将试验热管放入 105 ℃的烘箱中 1 h 烘干溶剂。

警告：建议使用防爆烘箱。

9.5.3　如果采用方法 A 进行试验结果评价时，将试验热管与热管颜色评级标准进行对比，评级精度需在 0.5 级。

9.5.4　如果采用方法 B 进行试验结果评价时，将试验热管放在干燥器中冷却 30 min 后称重，称重精度需在 0.1 mg。

10　试验结果评价

10.1　方法 A：将试验后的试验热管与热管颜色评级标准进行对比，比对区域应为试验热管中距离漆膜中央±30 mm 的范围内。

10.2　方法 B：按照下面的式（1）计算试验热管的增重（W），mg：

$$W=W_2-W_1 \qquad (1)$$

式中：

W_1——试验前试验热管的质量，单位为毫克（mg）；

W_2——试验后试验热管的质量，单位为毫克（mg）。

11　结果报告

11.1　方法 A：报告结果颜色评级与试验温度，颜色评级精确到 0.5 级，试验温度精确到 1 ℃。

11.2　方法 B：报告试验热管的增重与试验温度，试验热管精确到 0.1 mg，试验温度精确到 1 ℃。

12　精密度

方法 A 中热管评级超过 7.0 级时，按下述规定判断试验结果的可靠性（95%的置信水平）。方法 B 未确定精密度。

12.1　重复性 *r*

同一操作者，在同一实验室，使用同一仪器，对同一试样进行测定所得的两个连续试验结果之差不大于 1.0 级。

12.2　再现性 *R*

不同操作者，在不同实验室，使用不同的仪器，按照相同的方法，对同一试样分别进行测定得到的两个单一、独立的试验结果之差不大于 2.0 级。

ICS 75.100
E 34

SH

中华人民共和国石油化工行业标准

NB/SH/T 0907—2015

在用石油产品和烃基润滑油中磷酸盐（酯）抗磨剂状态监测试验法 傅里叶变换红外光谱法

Standard practice for condition monitoring of phosphate antiwear additivies in in-service petroleum and hydrocarbon based lubricants by trend analysis using Fourier transform infrared (FT-IR) spectrometry

2015-10-27 发布　　　　2016-03-01 实施

国家能源局　发布

前　　言

本标准按照 GB/T 1.1—2009 给出的规则起草。

本标准采用重新起草法修改采用美国试验与材料协会标准 ASTM D7412-09《在用石油产品和烃基润滑油中磷酸盐（酯）抗磨剂状态监测试验法　傅里叶变换红外光谱法》。

为了适合我国国情，本标准与 ASTM D7412-09 的主要差异如下：

——引用标准采用我国现行的国家标准和行业标准；

——删除了引用标准 D7414、D7415 和 E131；

——删除了 3.1 中“本试验方法中相关的红外光谱术语定义请参阅 E131”的叙述；

——删除了 5.1 中列举的 D7414，D7415 等试验方法。

本标准由全国石油产品和润滑剂标准化技术委员会润滑油换油指标分技术委员会提出。

本标准由全国石油产品和润滑剂标准化技术委员会润滑油换油指标分技术委员会（SAC/TC280/SC6）归口。

本标准起草单位：中国石油天然气股份有限公司兰州润滑油研究开发中心。

本标准主要起草人：郎需进、李源春、周亚斌。

本标准为首次发布。

在用石油产品和烃基润滑油中磷酸盐（酯）抗磨剂状态监测试验法 傅里叶变换红外光谱法

警告：本标准涉及某些有危险性的材料、操作和设备，但无意对与此有关的所有安全问题都提出建议。因此，用户在使用本标准之前应建立适当的安全和保护措施，并确定相关规章限制的适用性。

1 范围

1.1 本标准适用于监测在用石油产品和烃基润滑油中的磷酸盐（酯）抗磨剂，如不同类型的发动机油、液压油和其他抗磨损的润滑剂。传统的磷酸盐（酯）抗磨添加剂包括二烷基二硫代磷酸锌、三烷基磷酸盐和磷酸酯。

1.2 本标准采用 FT-IR 光谱监测正常机械运行中在用石油产品和烃基润滑油中磷酸盐（酯）抗磨添加剂的耗解。监测在用润滑油中磷酸盐（酯）添加剂的耗解可以预示设备的非正常磨损和苛刻运行条件。本标准作为一种快速、简便的监测在用石油产品和烃基润滑油中磷酸盐（酯）抗磨剂的方法，通过监测油品中磷酸盐（酯）抗磨剂的水平实现诊断设备运行状态的目的。

1.3 标准规程 NB/SH/T 0911 描述了获得监测在用油和润滑油中磷酸盐（酯）抗磨剂红外光谱数据的方法。本标准提供了磷酸盐（酯）抗磨剂监测数据的直接趋势分析法和差谱（光谱差减）趋势分析法。

1.4 本标准用于监测在用石油产品和烃基润滑油中磷酸盐（酯）抗磨剂的光谱变化趋势。警告或报警限值可以依据单次测量的一个固定最小值或者测量响应值的变化速率来设定。

1.4.1 对于直接趋势分析，用吸收光谱所记录的数值进行分析，数值报告的单位为吸光度/0.100 mm。

1.4.2 对于差谱趋势分析，用差谱得到的数值进行分析（差谱是由在用油的谱图减去参比油的谱图而获得），数值报告的单位为100×吸光度/0.100 mm（相当于吸光度/1.00 cm）。

1.4.3 对于任何一种情况，都必须根据统计分析、相同或相似设备的历史、循环测试或者结合其他相关磷酸盐（酯）抗磨剂水平变化的方法与设备的机械状况来确定设备维修的限值。

注：对任何机械设备建立或推荐正常的、警告的、预警或报警限值不是本标准的目的。该限值应该结合机械设备生产商和维修团队的建议和指导建立。

1.5 本标准适用于矿物基和烃基润滑油，不适用于酯基润滑油，包括多元醇酯或磷酸酯。

1.6 本标准采用国际单位制（SI）单位。

例：波数的单位为 cm^{-1}。

2 规范性引用文件

下列文件对于本文件的应用是必不可少的。凡是注日期的引用文件，仅所注日期的版本适用于本文件。凡是不注日期的引用文件，其最新版本（包括所有的修改单）适用于本文件。

GB/T 11133　液体石油产品水含量测定法（卡尔·费休法）

GB/T 11137　深色石油产品运动粘度测定法（逆流法）和动力黏度计算法

GB/T 17476　使用过的润滑油中添加剂元素、磨损金属和污染物以及基础油中某些元素测定法（电感耦合等离子体发射光谱法）

SH/T 0251　石油产品碱值测定法（高氯酸电位滴定法）

NB/SH/T 0853—2010　在用润滑油状态监测法　傅里叶变换红外（FT-IR）光谱趋势分析法

3 术语和定义

3.1

NB/SH/T 0911 界定的以及下列术语和定义适用于本文件。

3.2

机械状态 machinery health

机器的零部件、部件和整机的运行状况的定性表达。用于表达维修和操作的建议或要求，以便决定机器是否继续运行、制定维修时间或立即维修。

4 方法概要

本标准采用 FT-IR 光谱监测在用石油产品和烃基润滑油中磷酸盐（酯）抗磨添加剂的含量水平。在用油 FT-IR 光谱的采集按照 NB/SH/T 0911 中拟定的直接趋势分析或差谱趋势分析方法获得，采用峰高或峰面积描述磷酸盐（酯）抗磨剂的含量水平。

5 意义和应用

抗磨剂广泛应用于矿物和烃基润滑油中，通过摩擦热激活并形成化学屏障以预防机械磨损。磷酸盐（酯）抗磨剂能够通过 FT-IR 中磷酸盐（酯）的特征吸收峰进行测量。起初，磷酸盐（酯）抗磨剂因氧化作用分解与金属表面结合，进而形成保护膜。因此，在机器正常运行过程中，在用油相对于新油中磷酸盐（酯）含量水平应是降低的；然后，润滑油由于受到高温和湿度的影响，磷酸盐（酯）抗磨剂发生氧化和水解，从而导致它的显著耗解，但这种现象通常发生在润滑油的加速氧化点之前。这就使得磷酸盐（酯）含量水平的趋势变化成为判断润滑油的使用寿命的一个非常有用的标识。因此，监测磷酸盐（酯）抗磨剂耗解成为判断整个机械状态是否健康的一个重要参数，并应考虑与其他反映润滑油状态的评估参数相结合，如用于磨损金属分析的原子发射（AE）和原子吸收（AA）光谱（例如 GB/T 17476），润滑油的理化性质测试方法（例如 GB/T 265、SH/T 0251 和 GB/T 11133）以及氧化、磺化、硝化产物和外部污染物等其他的 FT-IR 分析方法（例如 NB/SH/T 0853—2010）。

6 干扰

高含量水平的乙二醇和酯基添加剂或污染物均对磷酸盐（酯）抗磨剂的监测产生干扰。

7 仪器

7.1 傅里叶变换红外光谱仪装配样品池、过滤器（可选）和真空系统（可选），在标准规程 NB/SH/T 0907 中具体描述。

7.2 FI-IR 光谱采集参数——根据标准规程 NB/SH/T 0911 设定 FT-IR 光谱采集参数。

8 取样

按照标准规程 NB/SH/T 0911 中相关条款的规定采集在用油和参比油，参比油的采集仅在差谱趋势分析中需要。

9 仪器的准备和维护

9.1 按照标准规程 NB/SH/T 0911 中相关条款的规定冲洗样品池、管路和过滤器。

9.2 按照标准规程 NB/SH/T 0911 中相关条款的规定测定样品池的光程。

10 操作步骤

10.1 按照标准规程 NB/SH/T 0911 中相关条款的规定程序采集背景光谱。

10.2 差谱趋势分析：按照标准规程 NB/SH/T 0911 中相关条款的规定程序采集参比油的吸收光谱。

10.3 按照标准规程 NB/SH/T 0911 中相关条款的规定程序采集在用油的吸收光谱。

10.4 数据处理：按照标准规程 NB/SH/T 0911 的规定，将所有数据折算为 0.100 mm 下的吸光度值。

11 计算

11.1 磷酸盐（酯）抗磨剂含量的计算

11.1.1 程序 A（直接趋势分析）：利用直接趋势法计算磷酸盐（酯）抗磨剂含量。所采用的测量面积和基线点见表 1。图 1 举例说明了柴油机曲轴箱油光谱中磷酸盐（酯）抗磨剂的面积测量方式。

表 1 矿物和烃基润滑油中磷酸盐（酯）抗磨剂测量参数

方法	测量/cm^{-1}	基线点/cm^{-1}
程序 A（直接趋势分析）	1025~960 区间的积分面积	2200~1900 和 650~550 最小吸收波长点
程序 B（差谱趋势分析）	1020~930 最小吸收值	1020 和 930

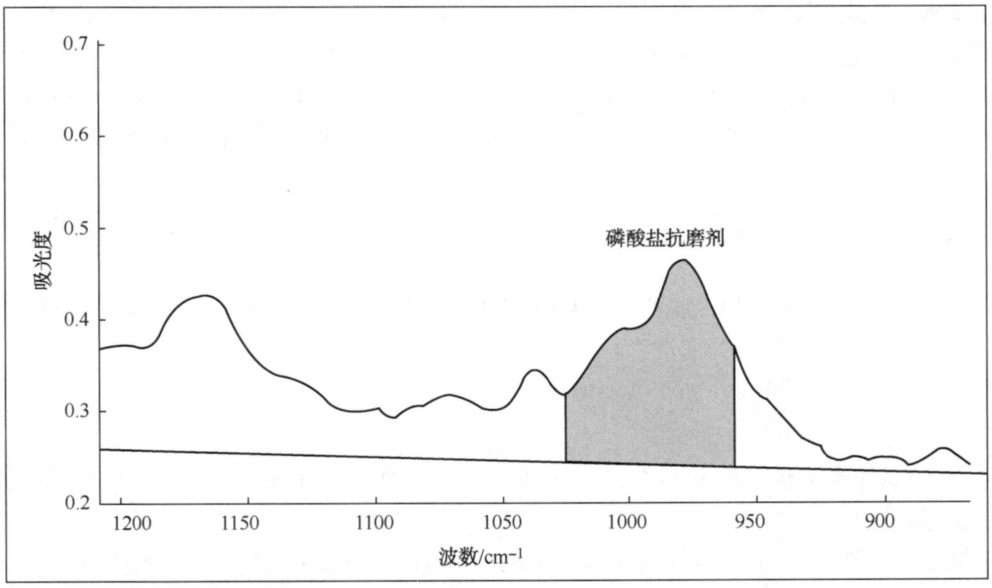

图 1 直接趋势法测量柴油机曲轴箱油磷酸盐（酯）抗磨剂（程序 A）

11.1.2 程序 B（差谱趋势分析）：利用差谱趋势法计算磷酸盐（酯）抗磨剂的含量。采用峰高和双点基线法（见表 1），获得一个负值作为在用油相对于参比油日益减少的磷酸盐（酯）抗磨剂含量。图 2 举例说明了差谱趋势分析法测量柴油机曲轴箱油光谱中磷酸盐（酯）抗磨剂的方式。

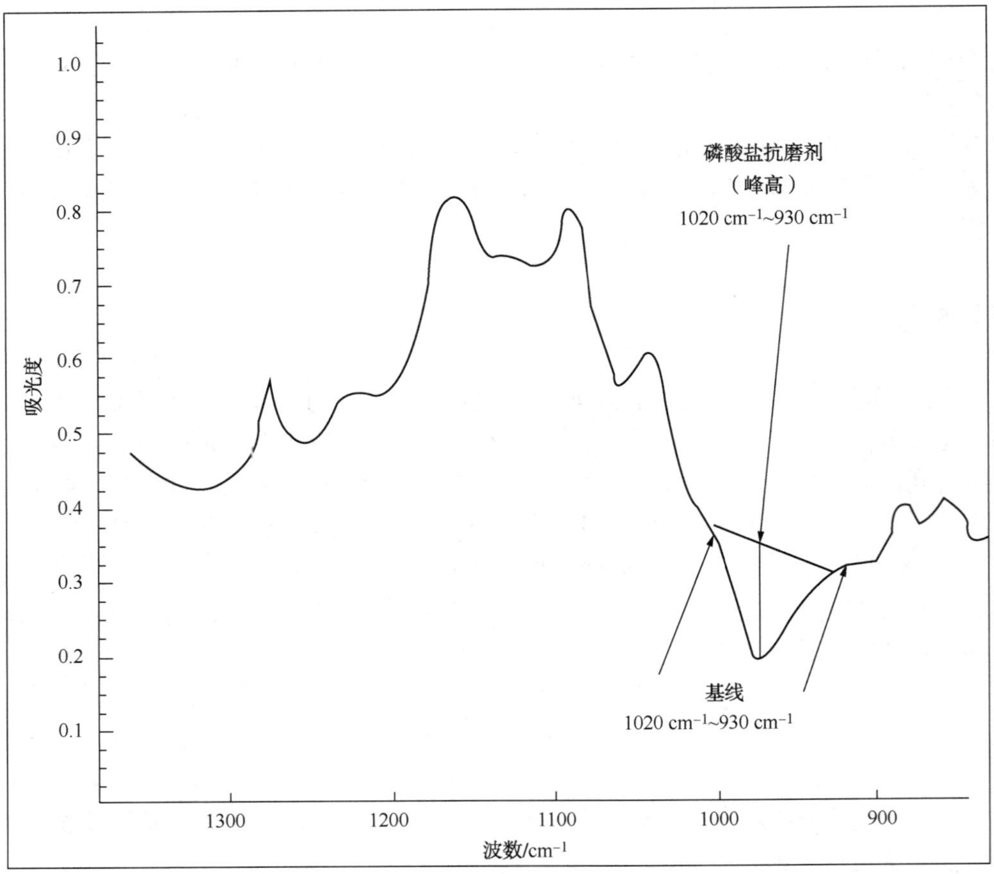

图 2　差谱趋势法测量柴油机曲轴箱油磷酸盐（酯）抗磨剂（程序 B）

11.2　样品污染：为了防止样品的交叉污染（样品携带量达到最小），用少量的下一个样品或易挥发的溶剂冲洗前一个样品。冲洗效果通过以下方式评估：连续分析一个低水平磷酸盐（酯）抗磨剂含量的在用油样（L_1）和一个高水平磷酸盐（酯）抗磨剂含量的在用油样（H_1），接着再分析一个低水平的磷酸盐（酯）抗磨剂含量的在用油样（L_2），按式（1）计算残留百分含量（P_C），P_C 值应小于 5%。

$$P_C = \frac{L_2 - L_1}{H_1} \times 100 \qquad (1)$$

式中：

L_1、H_1 和 L_2——以指定顺序操作所测量的油样中的磷酸盐（酯）抗磨剂的吸光度测量值。

12　报告

12.1　程序 A（直接趋势分析）：测量值以吸光度/0.100 mm 为单位报告。

12.2　程序 B（差谱趋势分析）：测量值以吸光度/cm 为单位报告，计算方法如下：

$$A = A_0 \times 100 \qquad (2)$$

式中：

A——磷酸盐（酯）抗磨剂吸光度/cm；

A_0——磷酸盐（酯）抗磨剂吸光度/0.100 mm。

12.3　趋势：在润滑油使用寿命期间，需按照既定时间间隔记录和报告测量数据。理论上，磷酸盐（酯）抗磨剂的测量值需与新油进行比较，并标绘出磷酸盐（酯）抗磨剂随时间的相对变化，以确定何时换油，虽然其他参数可能更早地指示换油。取样和报告的时间间隔基于机器类型和与该参数相关的

历史经验。

12.4　统计分析和界限值：对于统计分析和设定界限值，参考标准 NB/SH/T 0853—2010 附录 C “分布图和统计学分析”。

12.5　润滑油配方的影响：润滑油配方影响磷酸盐（酯）抗磨剂的测量值，不同配方的润滑油体系的测量值无法进行比较。所得到的结果应相对于相同配方的新油测量值进行说明，或直接与历史样品值进行趋势分析。

13　精密度和偏差

13.1　精密度：本标准的精密度未通过正式实验室间研究确定。初步检验方法重复性的方式为：同一个操作者在给定实验室中采用相同的测试方法并使用同样的仪器设备在较短的实验间隔内采用正确的操作方法进行重复试验，比较获得的重复性结果，在 20 个测量结果里面只允许一个结果超过以下值：

重复性=0.53 吸光度/0.100 mm（直接趋势分析）

重复性=0.57 吸光度/cm（差谱趋势分析）

13.2　偏差：本标准方法无偏差。因为磷酸盐（酯）抗磨剂的含量水平只能用本标准方法进行测定，没有其他可用的参考方法和参考值。

14　关键词

状态监测；差谱趋势分析；直接趋势分析；傅里叶变换红外；FT-IR；烃基润滑油；在用油；红外；IR；润滑油；磷酸盐（酯）抗磨剂。

ICS 75.160
E 31

SH

中华人民共和国石油化工行业标准

NB/SH/T 0908—2015

重质燃料油和原油稳定性及相容性的测定 光学检测法

Standard test method for determining stability and compatibility of heavy fuel oils and crude oils by heavy fuel oil stability analyzer (optical detection)

2015-10-27 发布　　2016-03-01 实施

国家能源局　发布

前　言

本标准根据 GB/T 1.1—2009 给出的规则起草。

本标准使用重新起草法修改采用 ASTM D7112-12《重质燃料油稳定性分析仪测定重质燃料油和原油的稳定性和相容性（光学检测法）》。

本标准与 ASTM D7112-12 的主要差异及原因如下：

——第 2 章“规范性引用文件”采用相应国家标准和行业标准。

本标准由中国石油化工集团公司提出。

本标准由全国石油产品和润滑剂标准化技术委员会石油燃料和润滑剂分技术委员会（SAC/TC280/SC1）归口。

本标准起草单位：中国石油化工股份有限公司石油化工科学研究院。

本标准主要起草人：王小伟、王京。

本标准为首次发布。

重质燃料油和原油稳定性及相容性的测定　光学检测法

警告：本标准的应用可能涉及到某些有危险的材料、操作和设备，但并未对与此有关的所有安全问题都提出建议。用户在使用本标准前有责任制定相应的安全和防护措施，并确定相关规章限制的适用性。

1　范围

本标准规定了沥青质絮凝的滴定和光学检测自动方法，用于测定石油炼制的渣油物料、残渣燃料油和原油的稳定性和相容性参数。

本标准适用于来自常压和减压蒸馏、热加工、催化和加氢裂化过程的渣油，如符合 GB 25989—2010 产品分类中的 F-R1、F-R2、F-R3 和 F-R4 级别的样品，GB/T 29114—2012 产品分类中的包含石油炼制中重组分的石油燃料样品，以及原油。

本标准不适用于沥青质质量分数小于 0.05%的样品，并且对于已经发生沥青质絮凝的不稳定样品得不到滴定终点。

2　规范性引用文件

下列文件对于本文件的应用是必不可少的。凡是注日期的引用文件，仅所注日期的版本适用于本文件。凡是不注日期的引用文件，其最新版本（包括所有的修改单）适用于本文件。

GB/T 4756　石油液体手工取样法

GB 25989—2010　炉用燃料油

GB/T 27867　石油液体管线自动取样法

GB/T 29114—2012　燃气轮机液体燃料

SH/T 0266　石油沥青质含量测定法

NB/SH/T 0843　石化行业分析测试系统的评价　统计技术法

3　术语和定义及符号

下列术语和定义、符号适用于本文件。

3.1　术语和定义

3.1.1

沥青质　asphaltenes

能在特定芳烃溶剂中溶解、但添加过量特定正构烷烃溶剂会分离析出的石油组分。

注：本标准中芳烃溶剂是二甲苯，正构烷烃溶剂是正庚烷。

3.1.2

相容性　compatibility

两种或多种原油或燃料油按一定比例混合后不出现沥青质絮凝或相分离的现象。

3.1.3

絮凝　flocculation

原油和重质燃料油中，呈胶体分散状态的沥青质聚集形成更大尺寸，可被观察并可能会发生沉淀的团簇。

3.1.4

存储稳定性　stability reserve

含沥青质的原油、重质燃料油和渣油在存储或与其他油品混合时使沥青质保持胶溶（胶体分散）状态而不发生絮凝的性质。

注：具有高稳定性的油品能存储较长的时间或者能在较大比例范围内与其他油品混合而不出现沥青质絮凝现象。

3.1.5

芳烃溶剂当量值（SE）　aromatic solvent equivalent

当含有芳烃和正构烷烃（二甲苯和正庚烷）的溶剂与样品混合而不出现沥青质絮凝时，溶剂中芳烃（二甲苯）含量的最小值，用体积分数表示,%。

注：SE 定义为 $FR_{5/1}$ 乘以 100%，见式（2）。

3.1.6

蒸发校正系数　evaporation correction coefficient

芳烃溶剂（二甲苯）在样品杯中的挥发速度，以克每小时（g/h）计。

3.1.7

絮凝比例（FR）　flocculation ratio

与样品混合时，不出现沥青质絮凝时芳烃溶剂的最低浓度，用二甲苯占芳烃和正构烷烃溶液（二甲苯+正庚烷）的比例表示。见式（1）。

3.1.8

5 比 1 絮凝比例（$FR_{5/1}$）

5 mL 由二甲苯和正庚烷组成的溶液与 1 g 油样稀释混合时的絮凝比例（见 3.1.7）。

注：5 比 1 的比例被一些从事原油、重质燃料油稳定性和相容性研究的石油公司广泛使用。P 值（见 3.1.11）等于 6 代表 $FR_{5/1}$ 等于 0。

3.1.9

不溶性参数（I_N）　insolubility number

用于判定原油混合后相容性的混合模型参数之一。

注：原油的不溶性参数根据原油的密度、芳烃溶剂当量值和往 5 mL 样品中添加正庚烷且不出现沥青质絮凝所允许的最大体积值来计算。公式在计算章给出（见 15.2）。

3.1.10

最大絮凝比例（FR_{max}）　maximum flocculation ratio

原油和重质燃料油胶体分散体系中使沥青质分散所需的最小胶溶能力，用芳烃溶剂（二甲苯）与芳烃溶剂加正构烷烃溶剂（正庚烷）体积比值表示。

注：将絮凝比例和样品在溶剂中的浓度进行作图，向外延伸到样品无限稀释时与 y 轴的交点可计算得到 FR_{max}（此处 $1/X=0$，见式（3））。

3.1.11

P 值　P-value

针对炼厂原油、重质燃料油和渣油的沥青质聚沉现象，用于表征样品稳定性或者胶溶能力的参数。

注：P 值的表达式是 $P=1+X_{min}$，这里 X_{min} 是往 1 g 油中加入正构烷烃（正庚烷）直至发生沥青质絮凝所消耗的正庚烷最小毫升数。P 值的最小值是 1，也就是说不稳定的油在不添加任何正构烷烃溶剂的情况下便已发生了沥青质聚沉。P 值越高表明油中的沥青质越稳定。

3.1.12

油基质　oil matrix

原油和重质燃料油中围绕在沥青质周围形成胶体分散体系的部分。

注：为了达到测定目的，将样品分成油基质（有时也称为油介质）和沥青质。

3.1.13

沥青质的 *P* 值　P_a

沥青质保持胶体分散状态的能力。

3.1.14

油基质的 *P* 值　P_o

油基质的胶溶能力。

3.1.15

胶溶　peptize

溶解沥青质或使沥青质保持胶体分散状态。

3.1.16

混合溶解性参数（S_{BN}）　solubility blending number

用于判定原油混合后相容性的混合模型参数之二。

注：原油的混合溶解性参数是根据原油的密度、芳烃溶剂等当量值和往 5 mL 样品中添加正庚烷且不出现沥青质聚沉所允许的正庚烷最大体积值来测定和计算。公式在计算章给出（见 15.2）。

3.1.17

步长　step size

测定过程中一次加入到备用溶液中的正庚烷的毫升数。

3.1.18

备用溶液　stock solution

溶解在一定量二甲苯中的样品溶液。

3.2　符号

FR：絮凝比例。

$FR_{5/1}$：5 mL 芳烃+正构烷烃溶液（二甲苯和正庚烷）与 1 g 油样稀释混合时的絮凝比例。

FR_{max}：最大絮凝比例。

I_N：不溶性参数。

P：油样的 P 值。

P_a：沥青质的 P 值。

P_o：油基质的 P 值或者胶溶能力。

S_{BN}：混合溶解性参数。

SE：芳烃溶剂当量值，体积分数（%）。

X_{min}：稀释油样所消耗正庚烷的量，用 mL/g 表示。

4　方法概要

稳定性和相容性参数是通过光学方法检测滴定过程中沥青质初始絮凝点来测定的。先制备三个不同比例的二甲苯-试样的备用溶液，再用正庚烷滴定促使沥青质聚沉。滴定过程中混合液在光学检测器中不断循环，通过检测可见光的散射强度变化来判断沥青质絮凝。由所使用的试样、二甲苯和正庚烷的量计算稳定性参数：二甲苯当量值 SE、P 值和 $FR_{5/1}$。如果已知密度，那么原油的相容性参数（S_{BN}

和 I_N）也可以计算出来。

5 方法应用

5.1 利用背散射技术自动测定稳定性参数，提高了准确性并消除了人为误差。在手动测定过程中，操作者必须通过肉眼分辨滤纸上的油滴状况，来判定沥青质是否已经聚沉。

5.2 如果能更准确地测定稳定性参数，炼厂在热加工和加氢裂化过程中，就能在更接近极限苛刻度的情况下运行，从而可以增加收率和利润。

5.3 本标准所得结果能用作燃料油稳定性参数的规范。

5.4 原油相容性参数能用于炼厂在混合前预判原油是否相容，从而使因结垢、装置非正常停工和维护引起的费用最小化。测定原油的相容性参数也可以帮助炼厂更经济地选择拟混合原油。

5.5 本标准能测定稳定性和相容性参数，以及特定用途混合物的存储稳定性，用于优化重质燃料油的混合、存储和使用。

注：通常使用稳定性和相容性参数表征渣油产品、混合燃料油和原油的存储稳定性。但是稳定性、存储稳定性和相容性很大程度上"与使用条件有关"，但这超出了本测试方法的范畴。

6 干扰

6.1 样品中含有游离水会给光学检测带来困难，应在测定前通过离心将水脱除。

6.2 固体颗粒如焦炭、蜡颗粒、泥浆、沙粒或者催化剂粉末不会影响光学检测，也不会干扰测定结果。

7 仪器

7.1 PORLA 重质燃料油、原油稳定性和相容性分析仪见图 1 和图 2，其主要组成部分如下。

图 1 PORLA 稳定性和相容性分析仪示意图

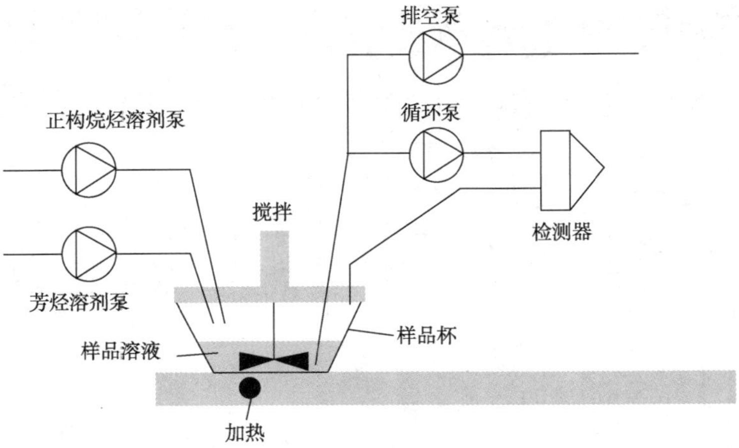

图 2　PORLA 稳定性和相容性分析仪的原理图

7.1.1　样品杯：为适应样品转盘，样品杯由轻质、惰性材料制成，具有平坦光滑的底部，其体积大约 100 mL。通常使用铝质杯。

7.1.2　样品转盘：具有 4 个位置的样品支架，将样品杯连续地送到测定位置。

7.1.3　搅拌升降系统：在测定位置处组合成样品杯盖的垂直升降系统，它包括到达测定位置便开始转动的机械搅拌子、用于添加正庚烷和二甲苯的液体输送管、使样品通过检测器的循环管和测定结束后清空样品池的清洗管。

7.1.4　芳烃溶剂泵：精确可调的陶瓷活塞泵，具有以 0.01 mL/s~0.5 mL/s 速度泵输二甲苯的能力。

7.1.5　正构烷烃溶剂泵：精确可调的陶瓷活塞泵，具有以 0.01 mL/s~0.5 mL/s 速度泵输正庚烷的能力。

7.1.6　循环泵：精确可调的陶瓷活塞泵，使测定溶液在检测系统中循环。

7.1.7　排空泵：精确可调的陶瓷活塞泵，测定结束时用于排空样品杯。

7.1.8　检测系统：试样连续循环通过的光学检测器（见图 3）。检测器由可见光光源和记录试样中沥青质颗粒反射光的光电二极管组成。

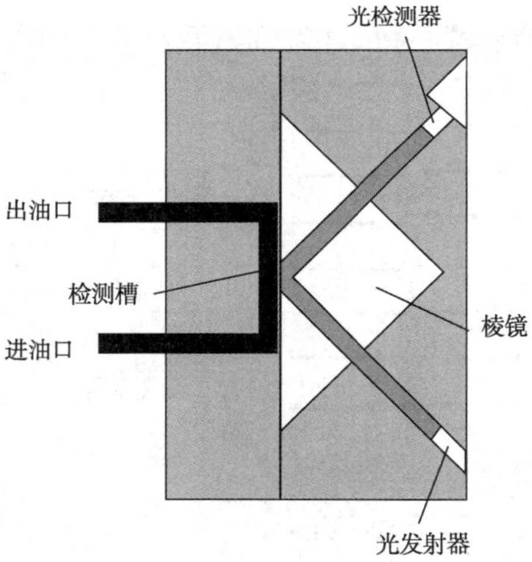

图 3　PORLA 稳定性和相容性分析仪检测器的示意图

7.1.9　加热盘：放置在样品杯下面的温控加热系统，它将试样加热使滴定能在高于室温条件下完成。加热盘的温度可在 20 ℃~100 ℃之间调整。

7.2　计算机：控制测定和校正程序，提供操作者与分析仪器之间的交互界面。

7.3　PORLA 测定步骤显示窗口：计算机显示，允许输入样品数据和操作人员信息，同时显示每一次滴定的结果（见图 4）。

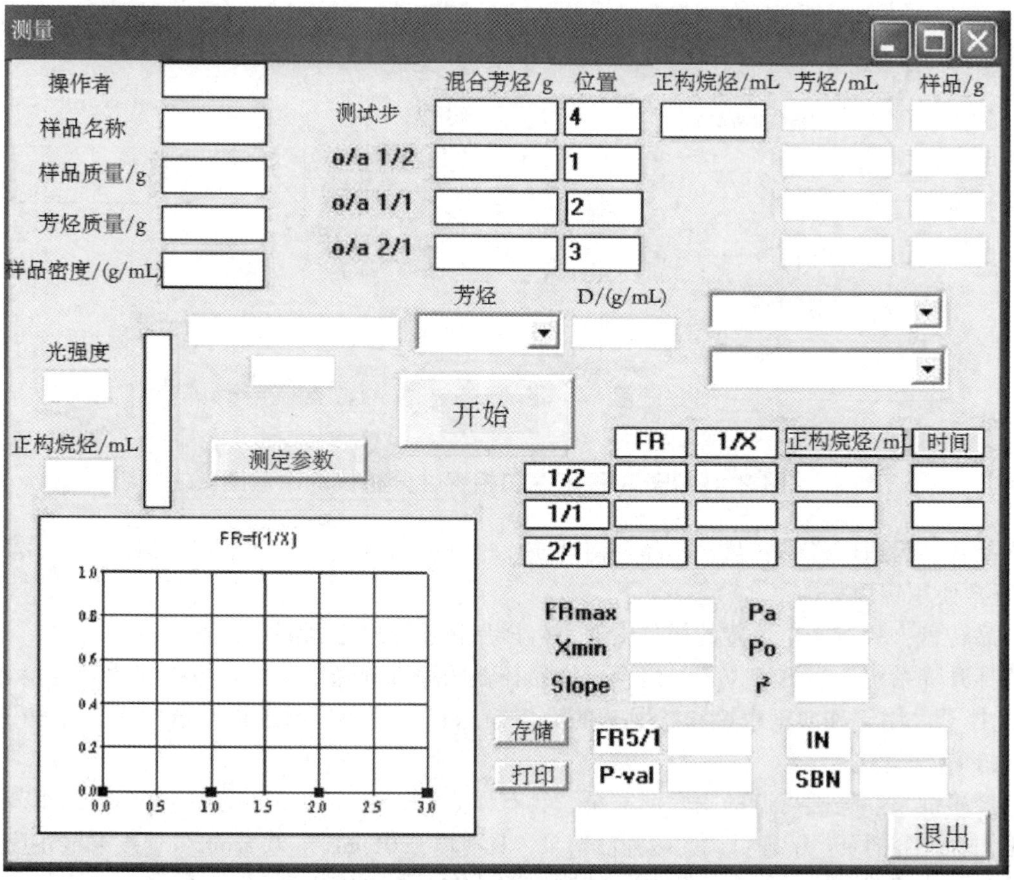

图 4　PORLA 测量步骤窗口

7.4　参数窗口：由计算机显示，允许对所有测定循环参数的默认值进行调整，也可以进行泵校准（见图 5）。

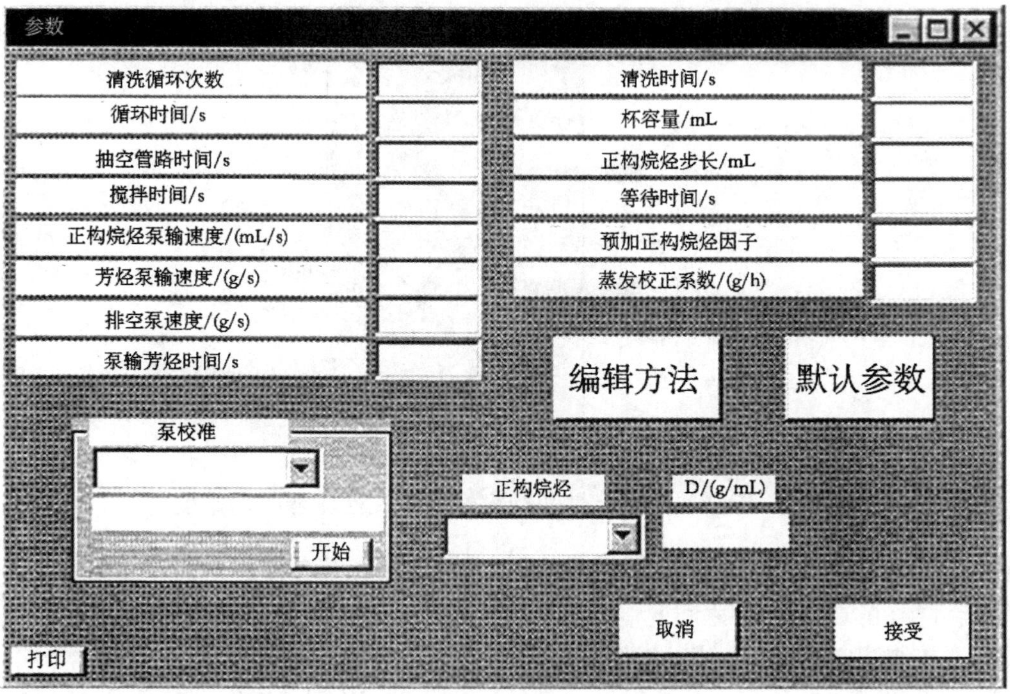

图 5　PORLA 参数窗口

8 试剂和材料

除另有说明外，全部试验用的试剂均为分析纯试剂。若使用其他级别试剂，则以其纯度不会降低测定精确度为准。

8.1 二甲苯（C_8H_{10}）：所用的二甲苯通常是邻、间和对二甲苯异构体或混合物，并且可能含有一些乙基苯。

警告：易燃，有害健康。

8.2 正庚烷（C_7H_{16}）。

警告：易燃，有害健康。

9 安全事项

9.1 为尽量减少操作人员与有害蒸发物的接触，分析仪器应放置在通风橱内或者类似的具有良好通风的地方。

9.2 操作者应穿戴具有适当防护的实验服和手套，以免皮肤与样品和溶剂接触。另外，当拿热的、含高黏度样品容器配制备用溶液时，操作者应该非常小心，因为样品溅到暴露的皮肤上会造成烧伤。

10 取样和样品

10.1 除另有规定，取样应按照 GB/T 4756 或 GB/T 27867 进行。确保样品具有代表性。

10.2 一次测定至少需要 40 g 样品。如有必要，最好收集更多样品（如 200 g~500 g），以便进行多次测量。

10.3 确保取样前样品是均匀的。

10.4 为避免变化或者变质，样品应尽量少暴露到 25 ℃以上空气中和光照环境下。将样品存储在密封不透光的容器之中，如金属罐或者棕色玻璃瓶内。

11 仪器准备

11.1 概述：阅读仪器操作说明，并按所有推荐的步骤操作。

11.2 将仪器放置于一个平整、具有良好通风的地方，如通风橱内。

11.3 将分析仪和电脑连接至一个适合的交流电源，并将分析仪、键盘、显示器和鼠标电缆连接至电脑。

注：除主电源开关外，仪器所有的控制通过电脑用鼠标和键盘来完成。

11.4 分别用二甲苯和正庚烷加满芳烃和正构烷烃溶剂瓶，并确保废液瓶是空的。将三个贴有芳烃溶剂、正构烷烃溶剂和废液标签的塑料瓶连接到相应的仪器管线上。

11.5 打开在仪器背板上的按压式开关，一个在仪器前板右上端的绿色指示灯将会亮起。

11.6 打开电脑。

11.7 双击 PORLA 测定或者 PORLA 自检按钮，以打开 PORLA 系统测定界面（见图 4）或者系统自检界面。

12 校正和标准化

12.1 泵校准：在最初安装时和使用的过程中进行泵校准。当连续使用仪器时，每个月进行一次泵校

准，以校正泵输速度。

12.1.1 在 PORLA 测量操作界面（图 4）中选择参数界面（图 5），打开泵校准的自动程序进行二甲苯和正庚烷泵的校准。

12.1.2 分别取两个标注“二甲苯”和“正庚烷”的干净样品杯，并准确称量至 0.01 g，即为该样品杯的原始质量。

12.1.3 仪器在一段固定的时间（60 s）内泵输溶剂到一个称量过的样品杯里。

12.1.4 称量装有溶剂的样品杯质量，减去空样品杯质量后给出这段设定时间（60 s）内溶液的质量。

12.1.5 将所收集溶剂的质量数值输入到软件窗口中相应的位置。

12.1.5.1 对二甲苯的泵输速度，仪器计算出最新的以 g/s 记的泵输速度，并在软件参数窗口相应的位置显示。

12.1.5.2 对正庚烷的泵输速度，仪器计算出最新的以 mL/s 记的泵输速度，并在软件参数窗口相应的位置显示。

12.2 蒸发校正系数：将盛有含二甲苯备用溶液的样品杯放在测量转盘上，称量 0.5 h、1.0 h 和 1.5 h 后样品杯的质量（精确至 0.01 g），计算出用 g/h 表示的平均溶液蒸发损失，即为二甲苯的蒸发校正系数。将这一信息输入到 PORLA 的参数窗口，它将在 PORLA 测量步骤窗口中采用参数按钮的方式存储。

12.2.1 当仪器连续使用时，每个季度校准一次蒸发校正系数。

12.2.2 如果是含有挥发性组分的特殊样品，如全部是原油，使用半自动的轻质样品（Light ends）操作模式。在这种模式下，通过每次将一个备用溶液杯放入转盘的方式来使蒸发损失最小，见 14.9 条。

注：滴定过程中溶剂或样品不会有大量的挥发，因为样品杯在仪器测定部位已被密封。但是，在全自动操作模式下，当样品杯放置在样品托盘上时确实会有二甲苯挥发。

13 质量控制

13.1 通过分析“质量控制样品”来确认仪器和测定步骤的有效性。

13.1.1 质量控制（QC）样品应该是一个稳定均匀的残渣燃料油或者组成、黏度与常规测试样品类型相似的含沥青质质量分数 1%~10%的原油。沥青质质量分数可以根据 SH/T 0266 方法来测定。

13.2 在对测定过程进行监控之前，先将 QC 样品的测定平均值和控制界限值测定出来（见 NB/SH/T 0843）。

13.3 记录质量控制结果，并根据控制图表或者其他等效统计技术进行分析来确定整个测试过程的统计状态。任何控制之外的数据，应研究其根本原因，这些研究结果有可能导致重新进行仪器校准。

13.4 QC 测试的频率取决于测试性质的重要性、试验过程所显示的稳定性和用户需要。通常，对于常规样品来说，每个试验工作日应随常规样品分析测定一次 QC 样品。如果日常分析大量的样品，则 QC 样品的测试次数就要增加，然而当分析显示试验过程处于统计受控状态，则 QC 样品的测试次数可减少。QC 样品的测试精密度应符合方法的精密度要求以确保测试数据可靠。

13.5 如果可能，定期分析的 QC 样品类型应能代表日常分析的试样。QC 样品应足够提供预期的分析使用，并且在预期的储存条件下保持均相和稳定。

13.6 有关质量控制和控制图表技术的更多指导查阅 NB/SH/T 0843。

14 试验步骤

14.1 试样准备。

14.1.1 备用溶液：在一个带旋塞的密封玻璃容器中（体积约 100 mL），将 40 g 试样和 20 g 二甲苯混合。

14.1.2　用力振荡盛试样的容器至少 2 min，使试样充分混合。如果试样的黏度很大，摇晃之前可在加热炉中加热。通常加热温度不超过 80 ℃。

14.1.3　在可以密封的容器中称取 20 g 二甲苯，然后加入 40 g 试样，精确至 0.01 g。

14.1.4　振荡备用溶液容器直到试样溶解在二甲苯中。确保在测试前试样完全溶解。一般通过视觉可以判断备用溶液中的试样是否在二甲苯中完全溶解。

14.1.5　如果试样非常难以溶解，可以用回流装置代替震荡过程。当使用回流装置时，在将备用溶液倒入密闭容器之前要让它先冷却。

14.2　实验信息和仪器设定。

14.2.1　打开 PORLA 测定界面，在相应的位置输入操作人员姓名和试样名称。

14.2.2　在相应的位置输入配制备用溶液所用的试样和二甲苯的量，精确至 0.01 g。

14.2.3　如果需要相容性参数，在相应的位置输入试样的 15 ℃密度（单位 g/mL）。如有必要，采用适合于试样类型的方法测定密度值。

14.2.4　在芳烃溶剂下拉式菜单中选择二甲苯。

14.2.5　每次测定之前，确保在芳烃（二甲苯）和正构烷烃（正庚烷）容器中有足够体积的溶剂，且废液容器也有足够的空间来盛放测定过程中产生的废液。

注：如果正庚烷已用完，或者在测定过程中用完，仪器会继续泵入空气直到泵送量的总体积达到设置的测定杯体积（通常设置为 55 mL），此时仪器会停下来并且显示样品杯已满。

14.3　测定通常是在实验室室温条件下进行。如果是特殊性质的试样，例如高黏度的试样需要在较高温度下测定，可以将加热板设定在一个合适的温度，并记下测试温度。

注：依靠仪器产生的热量，测定温度通常略高于室温。本标准研发过程中的测试结果表明微小温度波动不会产生任何影响。

14.4　如果是完全未知的试样，采用下面的快速测定过程来确定正庚烷的最大消耗量。

14.4.1　称取 15 g 备用溶液于样品杯中，精确至 0.01 g，并将试样放置在测定转盘的 1 号位置上。

14.4.2　将试样质量输入到开始测试窗口处，精确至 0.01 g，并在预加正构烷烃毫升数处输入零。

14.4.3　点“开始”按钮开始测定。分析仪器将连续添加正构烷烃直到沥青质絮凝，沥青质絮凝通过光强条和光强值窗口来指示，光强条和光强值将分别显示成全满和 10.00。

14.4.4　从光强正下方正构烷烃的毫升数读取所消耗的正庚烷的量。

14.5　进行快速测定程序或者预测试之后，用所消耗正庚烷的总量除以 20 得到主测定过程的大致合理的步长值。将这一计算步长值输入到参数窗口上相应的窗口。

14.6　根据 14.4.4 或者以前的经验，将测试试样的总预估正庚烷消耗量输入到测试开始位置右面的正构烷烃毫升的位置。

14.7　在开始按钮右边的下拉菜单中选择滴定方法。

14.7.1　针对诸如原油、直馏渣油、减黏和低苛刻度加氢裂化渣油等高稳定性试样，选择常用的低絮凝比例。

14.7.2　针对诸如高苛刻度裂化渣油等低稳定性试样，选择高絮凝比例。典型的低稳定性试样通常 $FR_{5/1}$ 高于 0.7。

注 1：对于低絮凝比例，PORLA 仪器选择二甲苯与油样的稀释比例为 1∶2、1∶1 和 2∶1。对于高絮凝比例，PORLA 仪器选择二甲苯与油样的稀释比例为 2∶1、3∶1 和 4∶1。

注 2：第三种模式允许操作者编辑方法和选择稀释比例。使用这种模式对研究有用，但是会与标准方法有偏差。

14.8　选择滴定方法来确定用于分析仪的二甲苯稀释速度，以及每个样品杯中放入备用溶液的质量。

14.9　分析仪可以在全自动和半自动模式下运行。模式可在方法菜单（见图 4）上方的下拉菜单中选择。常规操作（Normal Operation）是全自动模式，轻质样品（Light Ends）是半自动模式。

轻质试样模式仅用于试样含有大量挥发性组分时，若好几个样品杯放置在测定转盘上等待较长时

间，这些挥发性组分会因为挥发而减少。在轻质样品（半自动）模式下，每次在转盘中放置一个样品杯。当每次滴定结束后仪器停下来时，把下一个样品杯放置在转盘上。

14.10　根据软件上测试对话框下方的3个对话框所指示的质量（精确至0.01 g），称取备用溶液到3个样品杯中，并将样品杯放到样品转盘上。修改这几个对话框上的数字，使其与实际称取的试样量一致，并在这些质量数据的右边的对话框上输入转盘的位置。

14.11　在参数窗口上设置测定参数，设定为每种试样预期的最优值。

14.11.1　清洗循环次数：分析过程结束后循环清洗（用二甲苯）的次数。至少使用两次循环，推荐使用三次循环。分析仪在每个试样分析完后进行一次循环清洗。

14.11.2　循环时间：混合后试样循环通过检测器的时长，即二甲苯加入后至光强测定开始前这段时间。通常设定为60 s~70 s，足够的循环时间保证测定结果稳定。

14.11.3　抽空管路时间：每次测定后清空检测器的循环泵操作时长。通常设定为30 s。

14.11.4　搅拌时间：芳烃加入后，试样溶液循环进入检测器之前搅拌试样所用时长。通常设定为60 s。

14.11.5　正构烷烃泵输速度：正庚烷泵的输送速度。这一泵输速度是可调的。设定泵输速度为0.05 mL/s。

14.11.6　芳烃的泵输速度：二甲苯泵的输送速度。设定泵输速度为0.07 g/s。

14.11.7　排空泵速度：排空泵的泵输速度，用于分析和清洗循环之后清空样品杯。设定速度为0.4 g/s。

14.11.8　泵输芳烃时间：每清洗循环一次泵输二甲苯的时间。设定时间为45 s。

14.11.9　清洗时间：清洗检测器的时间。设定清洗时间为60 s。

14.11.10　杯容量：由于样品杯已满而中断测定程序之前，允许泵入样品杯的溶液体积数。限制杯容量，可防止因溶液溢出而撒到仪器上。尽管测量杯的实际容量为100 mL，推荐最高杯容量设定为55 mL。

注：试样沥青质含量小于0.05%会达到样品杯的最大限，滴定过程会自动停止。

14.11.11　正构烷烃步长：每次添加正庚烷的量。当所分析的试样稳定性差时，使用如0.3 mL~0.5 mL的小步长值。通常减黏裂化产品使用如0.5 mL~1 mL大一些的步长值，对于像原油、常减压蒸馏渣油这样高稳定性的试样使用1 mL~3 mL的步长值。

14.11.12　等待时间：是指正庚烷添加之间的等待时间。设定60 s~120 s。

14.11.13　预加正构烷烃因子：预先加入到测量杯中的预估正庚烷总消耗量的比例值，用小数表示（如0.4表示40%）。这样可减少总测定时间。如果操作者不想进行正庚烷溶剂预添加，而在小的步长下进行滴定，则在预加正构烷烃因子窗口上输入0。一个大于0.4的起始预添加比例值，可以作为研究目的使用而不宜用在标准测定过程中。

14.11.14　芳烃蒸发速度（g/h）：分析前芳烃溶剂放在加热的样品转盘上时，从开口样品杯上挥发的速度。计算该蒸发速度的方法见12.2条。

14.12　点击“开始”按钮开始分析

14.13　分析开始后，在“开始”按钮旁有一个“中断”按钮出现。如有必要，这可以让分析立即中断。

14.14　仪器将会完成分析过程所需的三次滴定，并在测定窗口的下部分别给出以数字和图形表示的测定结果。见图4和图6。

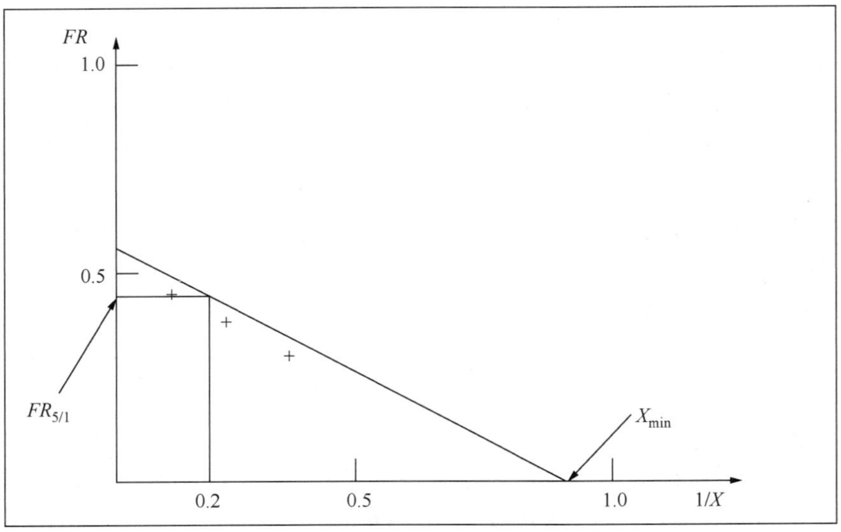

注：1/X 是油与溶剂的比值，这里溶剂是指芳烃和正构烷烃溶剂体积之和（二甲苯和正庚烷）。

图 6　分析仪给出的典型稳定性结果

14.15　每次滴定所得的溶剂比例和油样-溶剂比值将会在相应的 FR 和 $1/X$ 的对话框中给出。

14.15.1　采用最小二乘法拟合得到一条直线，所得直线在 y 轴的截距在 FR_{max} 的对话框中给出。

14.15.2　稀释试样消耗正庚烷量的外延值在 X_{min} 对话框中给出。

14.15.3　所得曲线的斜率在斜率对话框中给出。

14.15.4　沥青质的胶溶能力或 P 值在 P_a 对话框中给出。

14.15.5　油基质的胶溶能力在 P_o 对话框中给出。

14.15.6　表示直线拟合显著性水平的相关系数在 r^2 对话框中给出。

14.16　稳定性参数 P 值和 5 mL 溶剂比 1 g 试样的絮凝比例分别在 P 值和 $FR_{5/1}$ 对话框中给出。

14.17　如果已安装原油相容性软件，且所测原油的密度已在测定前输入到 D（g/mL）的对话框中，原油相容性模型的不溶性参数（I_N）和混合溶解性参数（S_{BN}）将会分别在 I_N 和 S_{BN} 对话框中给出。

15　计算

15.1　仪器自动根据线性回归和外延计算得到稳定性参数。

15.1.1　按照式（1）计算絮凝比例（FR），体积分数（%）：

$$FR=\frac{V_{arom}}{V_{arom}+V_{para}} \quad \cdots\cdots (1)$$

式中：

V_{arom}——混合溶液中芳烃的体积，单位为毫升（mL）；

V_{para}——混合溶液中正构烷烃的体积，单位为毫升（mL）。

15.1.2　按照式（2）计算芳烃溶剂当量值（SE），体积分数（%）：

$$SE\% = (FR_{5/1}) \times 100 \quad \cdots\cdots (2)$$

式中：

$FR_{5/1}$——5 mL 由二甲苯和正庚烷组成的溶液与 1 g 油样稀释混合时的絮凝比例。

15.1.3　按照式（3）计算试样与溶剂比（$1/X$），单位为克每毫升（g/mL）：

$$\frac{1}{X}=\frac{M_{oil}}{V_{arom}+V_{para}} \quad \cdots\cdots (3)$$

式中：

M_{oil}——试样的质量，单位为克（g）。

15.1.4 按照式（4）计算试样的 P 值，单位为毫升每克（mL/g）：

$$P=1+X_{min} \tag{4}$$

式中：

X_{min}——在 $FR=0$ 处 1 g 未用二甲苯稀释试样出现絮凝时所消耗的正庚烷，单位为毫升每克（mL/g）。

15.1.5 按照式（5）计算沥青质的胶溶性 P_a：

$$P_a=1-FR_{max} \tag{5}$$

式中：

FR_{max}——最大絮凝比例（在 $1/X=0$ 处）。

15.1.6 按照式（6）计算试样基质的胶溶能力 P_o：

$$P_o=FR_{max}\times P \text{ 或 } P_o=(FR_{max})\times(1+X_{min}) \tag{6}$$

15.2 如果需要，仪器可测定原油试样的相容性参数，按照式（7）和式（8）分别计算不溶性参数 I_N 和混合溶解性参数 S_{BN}：

$$IN=\frac{SE}{1-V_H/25D} \tag{7}$$

$$S_{BN}=I_N\times(1+V_H/5) \tag{8}$$

式中：

D——原油试样的密度，单位为克每毫升（g/mL）；

V_H——能加入到 5 mL 试样中不出现沥青质聚沉的正构烷烃的体积，单位为毫升（mL）。

16 报告

报告应给出如下信息：

a）试样的名称；

b）稳定性参数：SE、P 值和 $FR_{5/1}$；

c）相容性参数：测定的 I_N 和 S_{BN}；

d）所采用的方法即本标准号；

e）如果在室温以上的温度测定，给出测定时的温度。

17 精密度和偏差

17.1 精密度

按下述规定判断试验结果的可靠性（95%置信水平）。

注 1：P、P_a、P_o 和 $FR_{5/1}$ 的精密度是由多个实验室对 11 个试样（重质燃料油，常压、减黏裂化渣油和原油）的测定结果得来，这些样品用 SH/T 0266 方法测定的沥青质质量分数范围是 0.7%~22.5%。同一地点由五位操作者、使用三台仪器得出该重复性精密度。

注 2：该测定方法的精密度可能不适用于与本研究报告以外的样品。

17.1.1 重复性

在同一实验室，由同一操作者使用同一仪器，按相同方法对同一样品连续测定所得的两个试验结果之差，不应超过表 1 的要求。

表 1　重复性要求

参数	重复性 r	推荐的精密度适用范围
P	0.103X	1.28～4.54
P_a	0.03	0.33～0.83
P_o	0.2	0.43～1.31
$FR_{5/1}$	0.03	0.05～0.62

注 1：X——两次测定结果的平均值。

注 2：推荐的精密度范围确定方法：(最小样品平均值-重复性) 到 (最大样品平均值+重复性)。

17.1.2　再现性

未考察方法的再现性，因为这与本方法的应用无关。本方法所测定的是一些不稳定的特殊样品，这些样品在不同的实验室、在不同的暴露环境下放置不同时间所测结果将是不一致的。

17.2　偏差

由于本标准的测定结果仅在本标准中定义，因此本标准无偏差。

ICS 75.140
E 42

SH

中华人民共和国石油化工行业标准

NB/SH/T 0909—2015

家禽拔毛专用蜡剥离强度试验法

Standard test method for peel strength of poultry defeathering wax

2015-10-27 发布 2016-03-01 实施

国家能源局 发布

前　言

本标准按照 GB/T 1.1—2009 给出的规则起草。

本标准由中国石油化工集团公司提出。

本标准由全国石油产品和润滑剂标准化技术委员会石油蜡类产品分技术委员会（SAC/TC280/SC3）归口。

本标准起草单位：江苏泰尔新材料股份有限公司、新希望六和集团。

本标准主要起草人：李毅、刘家芳、曾理强、张吉春、王玫、赵景全、葛宝昌。

本标准为首次发布。

家禽拔毛专用蜡剥离强度试验法

警告：本标准还可能涉及某些有危险的材料、设备和操作，但并无意对与此有关的所有安全问题都提出建议。因此，在使用本标准之前，用户有责任建立适当的安全和防护措施，并确定相关规章的适用性。

1 范围

本标准规定了家禽拔毛专用蜡剥离强度试验方法。

本标准适用于家禽拔毛专用蜡。

2 规范性引用文件

下列文件对于本文件的应用是必不可少的。凡是注日期的引用文件，仅注日期的版本适用于本文件。凡是不注日期的引用文件，其最新版本（包括所有的修改单）适用于本文件。

GB/T 6682 分析实验室用水规格和试验方法

GB/T 22864 毛巾

3 术语和定义

下列术语和定义适用于本标准。

3.1

试件表面情况 sample surface status

试验机拉开试件时，试件中蜡膜和毛巾布的破坏情况。本标准中试件表面情况有三种方式：粘附破坏、内聚破坏、被粘物破坏。

注：粘附破坏表示蜡膜和毛巾布脱离；内聚破坏表示蜡膜破裂，和毛巾布无脱离；被粘物破坏表示毛巾布破坏。

3.2

剥离强度形式 peel strength form

平均剥离强度表示平均剥离力和试样宽度的比值；最小剥离强度表示最小剥离力和试样宽度的比值；最大剥离强度表示最大剥离力和试样宽度的比值。

3.3

试验失败 test failure

按本标准方法未能得到符合要求的试验数据的表示。

4 方法概要

两片表面润湿的毛巾布浸入液体家禽拔毛专用蜡试样中，取出后水平重叠放置制备成粘接试件，然后将试件以规定的速率从粘接的开口处剥开，剥离力和试件宽度的比值即为剥离强度。

5 试剂与材料

5.1 试件用毛巾布：符合 GB/T 22864 要求。制作尺寸：长 200 mm±1 mm，宽 25 mm±1 mm。
5.2 蒸馏水：符合 GB/T 6682 中三级水的要求。

6 仪器与设备

6.1 热粘拉力试验机：具有 0 N~200 N 的负荷范围，夹头能以恒定的速率分离并施加拉伸力的装置，拉伸行程 300 mm 以上，配备有力的测量系统、指示记录和计算剥离强度系统。力的示值误差不超过 2%，试件的破坏负荷应处于满标负荷的 10%~80%之间。
6.2 也可使用能得到与 6.1 等效试验效果的仪器。
6.3 恒温箱：温度控制能达到 80 ℃以上，控制精度±1 ℃。
6.4 恒温恒湿箱：温度控制精度±1 ℃；湿度控制能达到 98%RH 以上，控制精度±4%RH。
6.5 尺子：测量长度不少于 200 mm，最小刻度不大于 1 mm。
6.6 剪刀。

7 试验步骤

7.1 将家禽拔毛专用蜡试样加热熔化，确保蜡液厚度不少于 200 mm，在恒温箱中保持温度 80 ℃±1 ℃放置，时间不少于 60 min。
7.2 将毛巾布在恒温恒湿箱中垂直悬挂，控制温度 25 ℃±1 ℃，湿度 95%~98%，放置时间不少于 30 min。
7.3 在 25 ℃±1 ℃环境温度下，将两片毛巾布快速垂直浸入蜡液中，浸入长度不少于 150 mm，保持 5 s~6 s，在 10 s 内取出后水平重叠放置不少于 5 min，再将固化完成的两片毛巾布放入恒温箱中，保持 25 ℃±1 ℃放置 30 min 以上。
7.4 在 25 ℃±1 ℃环境温度下，将试件对称地夹在热粘拉力试验机两边夹持器中。开动试验机，使两边夹持器以 100 mm/min±10 mm/min 的速率分离。
7.5 试件剥离长度至少要有 125 mm，记录装置同时绘出剥离负荷曲线并显示剥离强度值。观察并记录试件表面情况，即粘附破坏、内聚破坏或被粘物破坏。

8 计算

8.1 剥离强度按式（1）计算：

$$\sigma_T = F/B \qquad (1)$$

式中：

σ_T——剥离强度，kN/m；

F——剥离力，N；

B——试样宽度，mm。

8.2 试件典型的剥离力曲线（见图 1）：在 25 mm~125 mm 的区域内，剥离力的最大值 F_2 和最小值 F_1 的差值不大于 5 N，热粘拉力试验机自动记录的数据分别有平均剥离强度、最小剥离强度和最大剥离强度。

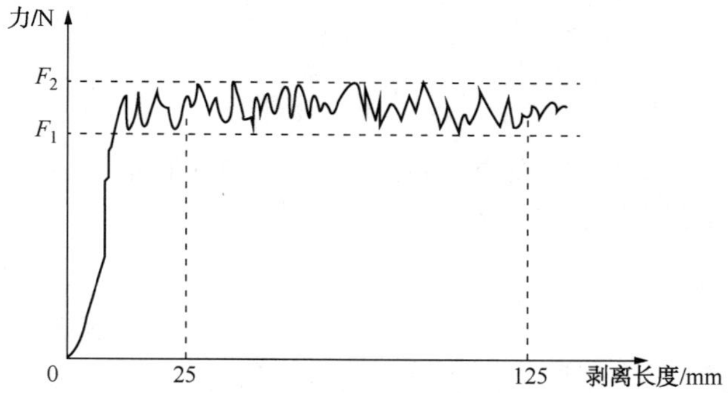

图 1　典型的剥离力曲线

8.3　同一组试样试件的数目五个，至少 4 个试件的平均剥离强度值偏差在 0.20 kN/m 之内，则计算平均剥离强度的算术平均值，以 kN/m 为单位。

8.4　同一组试验数据超出偏差范围，则重新进行一组试验，如果试验数据还超出偏差范围，则表示试验失败。

9　报告

平均剥离强度的算术平均值，以 kN/m 为单位，保留两位小数。

ICS 75.100
E 30

SH

中华人民共和国石油化工行业标准

NB/SH/T 0910—2015

无锌涡轮机油中受阻酚型抗氧剂含量测定法　线性扫描伏安法

Standard test method for measurement of hindered phenolic antioxidant content in non-zinc turbine oils by linear sweep voltammetry

2015-10-27 发布　　2016-03-01 实施

国家能源局　发布

7.5　石英砂：粒径 106 μm～380 μm（150 目～40 目）。

8　步骤

8.1　本方法中在使用 0.4 mL 油样与 5.0 mL 电解液的情况下，伏安法分析仪对 2 mmol/L～50 mmol/L 的受阻酚给出线性值。对于相应的质量百分数响应范围，这取决于受阻酚的摩尔质量和基础油的密度。如：质量分数在 0.044%～1.1%范围，等效于在密度为 1 g/mL 的油中含有 2 mmol/L～50 mmol/L 的摩尔质量为 220 g/mol 的含有单酚羟基的受阻酚（2，6-二叔丁基对甲酚）。低于 2 mmol/L 信噪比将降低，影响准确性。如果需要检测 2 mmol/L 以下浓度，可将油样量增加到 0.6 mL，同时将电解液量减少至 3.0 mL。

8.2　典型的伏安测试步骤：包括空白校正、标样响应测定、在用油测试。

8.2.1　空白校正：0 mmol/L=0%（质量分数）；空白校正即扫描乙醇基电解液的伏安读数，表征不含受阻酚时的基线。

8.2.2　标样响应测定：预配溶液 30 mmol/L～150 mmol/L。标样可以是含有受阻酚的新油，或是利用产品生产商已知且无缓蚀剂的基础油配制的受阻酚浓度可知的一系列油样。标样响应测定是使用含有受阻酚的新油混合电解液进行测试获得伏安读数，用来表征被测试液中受阻酚的浓度。

8.2.3　在用油测试：在用油测试是使用含有受阻酚的在用油混合电解液进行测试获得伏安读数，用来表征同样测试条件下被测试新油或在用油中受阻酚的浓度。伏安法测定的电流值在空白值和标准溶液的值之间，反应出新油的受阻酚含量或在用油中受阻酚的剩余量，伏安读数随着在用油中受阻酚的消耗而降低。

8.3　伏安读数：选定抗氧剂峰的开始和终止点，当使用 Fluitec 黄色试剂时起止峰位置可设为 0.3 V～0.6 V；当使用 Alcox 试剂时起止峰位置可设为 0.0 V～0.4 V。通过软件计算峰面积，并与新油峰面积做比较（见图 3），计算抗氧剂的剩余量（见第 9 章）。如果出现峰位偏移，建议清洗电极后重新进行测试。如果第二次测试仍不能解决峰位偏移的问题，建议手动进行平移。

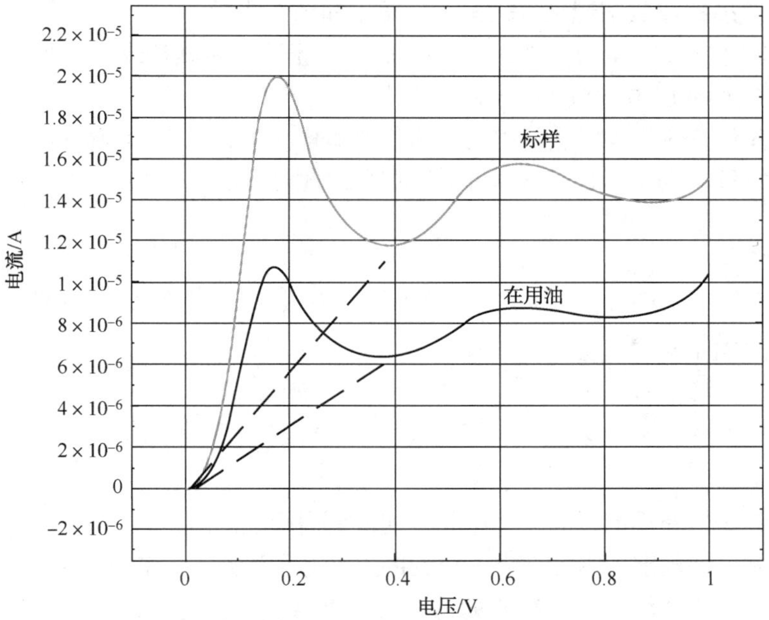

图 3　油样中受阻酚的伏安响应曲线（Alcox 试剂）

8.4　校正过程（空白读数）：电极经过电极布打磨后用电解液润洗，再用无毛滤纸轻轻拭干电极表面的液体。称取 1 g 石英砂到称量瓶中，再加入 5.0 mL 电解液。将电极插入称量瓶中使电极表面完全被

前　　言

本标准按照 GB/T 1.1—2009 给出的规则起草。

本标准修改采用 ASTM D6810-13《用线性扫描伏安法测量无锌涡轮机油中受阻酚抗氧剂含量的试验方法》

本标准与 ASTM D6810-13 的主要差异如下：

——引用标准采用我国现行的国家标准和行业标准。对于 ASTM D6810-13 中引用的标准，我国无相应国家标准的在文本中加以说明，不再引用其他标准。

——增加了使用的电解液，电解液除原文的 Fluitec 公司专利黄色试剂外，增加了 Alcox 试剂。

——修改了石英砂粒径表述，由（200~300）μm±100 μm 修改为 106 μm~380 μm（150 目~40 目）。

——修改了标准中的图例，对原标准中的典型伏安图进行了替换。

本标准由中国石油化工集团公司提出。

本标准由全国石油产品和润滑剂标准化技术委员会润滑油换油指标分技术委员会（SAC/TC280/SC6）归口。

本标准制定单位：中国石油化工股份有限公司润滑油研发（上海）中心。

本标准主要起草人：章仁毅、吕文继、傅继瑜、杨海峰。

本标准为首次发布。

在用无锌涡轮机油中受阻酚型抗氧剂含量测定　线性扫描伏安法

警告：本标准的应用可能涉及到某些有危险性的材料、操作和设备，但并未对与此有关的所有安全问题都提出建议。用户在使用之前应建立相应的安全和防护措施，并确定其受限制的使用范围

1　范围

1.1　本标准规定了无锌涡轮机油新油或在用油中受阻酚型抗氧剂含量的测定方法。本标准采用线性扫描伏安法，适用于浓度0.0075%（质量分数，以2,6-二叔丁基对甲酚计）~新油范围受阻酚型抗氧剂含量的测定。

2　规范性引用文件

下列文件对于本文件的应用是必不可少的。凡是注日期的引用文件，仅所注日期的版本适用于本文件。凡是不注日期的引用文件，其最新版本（包括所有的修改单）适用于本文件。

GB/T 6682　分析实验室用水规格和试验方法

ASTM D4057　石油和石油产品手工抽样规程

ASTM D6971　用线性扫描伏安法测定无锌透平油中受阻酚类和芳族胺类抗氧剂含量的试验方法

3　概述

3.1　将一定量的样品分散到含乙醇基电解液的样品瓶中，并在样品瓶底铺上一层细沙。震荡样品瓶，使油样中受阻酚被萃取到电解液中，用伏安法检测受阻酚抗氧剂的含量。随着电极表面电压加大，受阻酚在工作电极表面发生电化学氧化反应，形成电流-电压峰形曲线，将峰面积与预先准备的新油中抗氧剂的响应值比较，计算出旧油中抗氧剂的含量，结果以质量百分数或毫摩尔抗氧剂每升报告。

3.2　伏安分析法是将需待检测的样品在电解池中溶解于含有电解质的电解液中，应用电分析方法检测的技术。在伏安分析中，电极上加载的电压随时间呈线性变化，以电压作用下的电流值作为结果。随着电解池中样品所受电压的增加，油中所含电化学活性物质将发生电化学氧化。典型的伏安法测试的电流-电压曲线见图1。在初始电压下电化学反应所产生的电流增幅极小，几乎无电流通过电解池；随着电压加大，如图1所示，电活性物质（如受阻酚）开始在工作电极表面发生氧化反应，产生阳极电流，呈指数级增加的氧化速率在电流-电压曲线上显现出最高峰，随着电压继续增大，电极表面电活性物质浓度降低，电流下降。

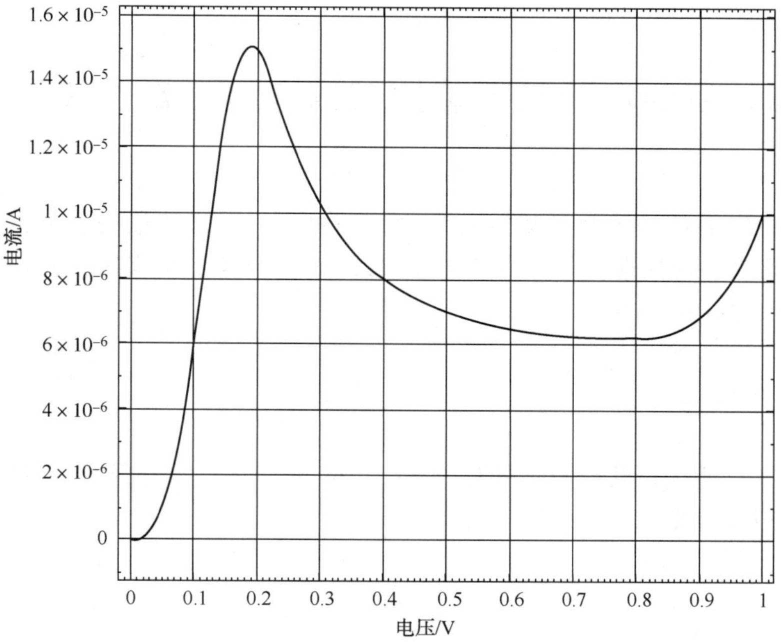

图1 受阻酚在电解液中的伏安响应曲线（Alcox 试剂）

4 意义和用途

4.1 新涡轮机油中受阻酚抗氧剂定量测定可用来衡量油品中抗氧化添加剂的抗氧化能力，除酚类物质外，涡轮机油中也会添加其他抗氧剂如芳胺类物质以延长油品寿命，定量检测在用油中原（受阻酚型）抗氧剂的剩余量即可确定抗氧剂的消耗量。在热作用和氧化作用下抗氧剂的中间形态对抗氧化能力也有贡献，本方法未对中间形态物质的检测进行考察。同样的，本方法也不能衡量油品整体的稳定性，因为这取决于所有类型抗氧剂整体的贡献。因此，在得出在用油剩余寿命的结论并可能导致换油前，建议使用其他能够考察在用油剩余氧化寿命的分析技术。

4.1.1 本方法针对无锌涡轮机油（一种含有防锈剂、抗氧剂但不含抗磨剂的精制矿物油）。本方法未针对抗磨油品建立有效的精密测试。

4.2 本方法可用于生产控制和规格验收。

4.3 使用伏安法测定含有典型受阻酚型抗氧剂的涡轮机油时，伏安图上的电流曲线会在 3 s~5 s（或 0.3 V~0.6 V 间）产生一个突跃（见图1），图1中 x 轴每一秒代表电流变化值为 0.1 V。可检测的受阻酚抗氧剂包括但不仅限于：2,6-二叔丁基对甲酚，2,6-二叔丁基酚，4,4′-亚甲基双（2,6-二叔丁基苯酚）。

注：电位示值取决于所选参比电极和电解液。图1和图2所示伏安图是使用 Alcox 试剂在以铂为参比电极，扫速为 0.1 V/s 条件下得到的。

4.4 无锌涡轮机油中的芳胺类物质（抗氧抗腐剂）会在 7 s~1.1 s（或 0.7 V~1.1 V 间）产生突跃（见图2）这个突跃将不影响受阻酚在电解液中的测量。对于芳胺类抗氧剂的测量可参考方法 ASTM D6971，并使用中性试剂作为电解液。

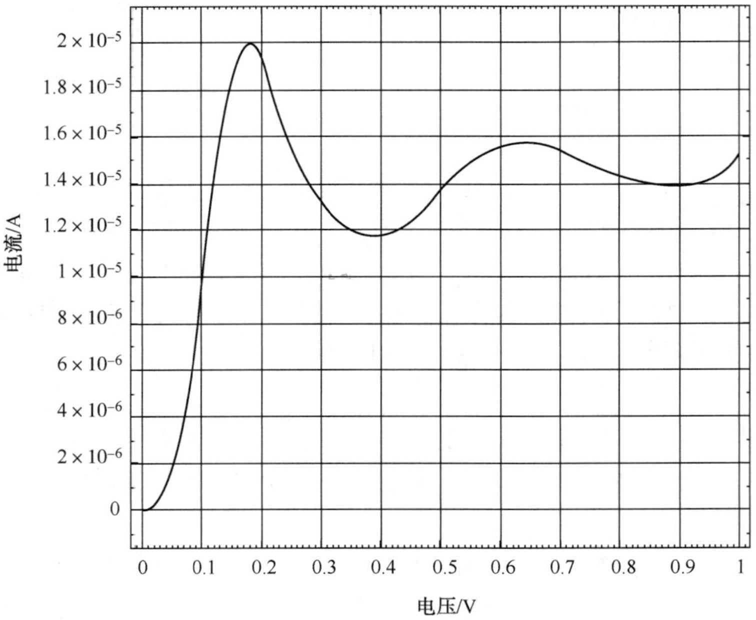

图 2　受阻酚和胺类抗氧剂的伏安响应曲线（Alcox 试剂）

5　仪器

5.1　电化学工作站：用来定量受阻酚的仪器，带有三电极系统并能给出数字或模拟输出伏安图。三电极系统包括工作电极（直径 3 mm 的玻碳电极）、对电极（直径 0.5 mm 的铂丝电极）和参比电极（直径 0.5 mm 的铂丝电极）。电化学工作站以 0.01 V/s~0.5 V/s（0.1 V/s 最佳）的速度对辅助电极线性加压（相对于参比电极电压在 0 V~1.8 V）。工作电极上电流由电化学工作站转化输出，谱图在 0.0 V~1.0 V 满量程范围内经模拟或数字记录仪输出，如图 1 和图 2 所示。

5.2　磁力搅拌器：转速 2800 r/min~3000 r/min，底座大小适合测试杯或样品瓶。

5.3　移液管：量程 0.10 mL~0.50 mL。

5.4　分液器：可分装任意体积本方法所需的液体，典型样品量为 3.0 mL 和 5.0 mL。

5.5　玻璃称量瓶：容量 4 mL~7 mL，包含 1 g 石英砂，粒径 106 μm~380 μm（150 目~40 目）间。

6　取样

取样方法参考 ASTM D4057。

7　试剂和材料

7.1　试剂的纯度：除非另外规定，应当使用分析纯或更高级别的试剂。

7.2　水的纯度：除非另外规定，本标准中所提到的水都必须满足 GB/T 6682 中要求的二级水的要求。

7.3　电解液：Fluitec 黄色试剂（含电解质的碱性乙醇溶液，其中乙醇溶液指蒸馏水/乙醇溶液体积比 1∶10）或 Alcox 试剂。

注：Fluitec 黄色试剂为 Fluitec 公司专利试剂；Alcox 试剂为国产试剂。

警告：腐蚀，有毒，易燃，皮肤刺激，吸入有害。

7.4　清洗液：70%（体积分数）异丙醇水溶液。

电解液浸没，注意不要使电极表面碰到石英砂，固定称量瓶和电极。记录受阻酚出峰区间。将电极从空白电解液中取出，无毛滤纸拭干。重复至少两次确保电极表面干净以获得最低的空白值。

8.4.1 在每次试验前或每次更换新溶液后都需要进行空白校正。

8.5 标样和在用油的准备步骤：

8.5.1 准备试液步骤：称取 1 g 石英砂到称量瓶中，依次加入 5.0 mL 电解液、0.4 mL 待测液到称量瓶中。

8.5.2 为检测低于 2 mmol/L 浓度溶液或高噪音的新油，可将电解液减至 3.0 mL，待测液增加至 0.6 mL。

8.5.3 摇晃试液步骤：将称量瓶盖上盖子，放入合适的磁子后放置磁力搅拌器上搅拌 20 s 或手动摇晃 50 次/min~60 次/min 频率直至石英砂充分分散。静置 30 s 使石英砂与油重新回到称量瓶底部。

8.5.4 清洗电极步骤：用异丙醇水溶液湿润的电极布清洗电极表面。电极表面需要立刻用无毛滤纸擦干。玻碳电极在每次实验前都需要进行抛光，釉状或雾状表明有化学物质残留。如果电极没有被彻底清洗干净，将不能得到真实的伏安读数。

8.5.5 试验步骤：将电极插入称量瓶中使电极表面完全被电解液浸没，勿使电极表面碰到石英砂，固定称量瓶和电极。记录受阻酚出峰区间。将电极从溶液中取出重复清洗过程。测定标样或在用油样品时至少进行 2 次测定以确保数据稳定和可重复性，2 次实验间需要重新清洗电极并摇晃样品 10 s 后方可进行测定。

8.5.6 确保在将电解液、样品、石英砂混合后 5 min 内完成测试。

8.6 当已知产品生产商并可获得无缓蚀剂的基础油时，利用 8.2.2 的预配溶液配制标样［mmol/L 或%（质量分数）］。配制的油样标样中受阻酚的浓度应确保能覆盖新油和在用油中受阻酚的浓度范围。

8.7 新进润滑油需要重新测量标样响应并定期监测贮存过程中的氧化情况。

8.8 当新油来源未知时，选择典型的涡轮机油作为 100%计算抗氧剂残余量。

8.9 空白、标样和在用油的测定条件需要保持一致。

9 计算

9.1 受阻酚抗氧剂质量分数计算：如果受阻酚抗氧剂在新油油样（标样）中的质量分数已知，则按照下式计算样品中受阻酚抗氧剂质量分数：

$$\text{受阻酚抗氧剂质量分数}=\frac{\text{样品读数}-\text{空白读数}}{\text{标样读数}-\text{空白读数}}\times\text{标样中受阻酚抗氧剂质量分数}$$

其中读数指 0.0 V~0.4 V 区间范围内峰起始到终止点间的峰面积。

9.2 受阻酚抗氧剂浓度计算：如果受阻酚抗氧剂在新油油样（标样）中的浓度未知，则按照下式计算样品中受阻酚抗氧剂的浓度：

$$\text{受阻酚抗氧剂浓度（mmol/L）}=\frac{\text{样品读数}-\text{空白读数}}{\text{标样读数}-\text{空白读数}}\times\text{标样中受阻酚抗氧剂浓度（mmol/L）}$$

其中读数指 0.0 V~0.4 V 区间范围内峰起始到终止点间的峰面积。

9.3 剩余受阻酚抗氧剂质量分数计算：在用油的剩余受阻酚抗氧剂质量分数以新油作为 100%，按照下式计算：

$$\text{剩余受阻酚抗氧剂质量分数}=\frac{\text{样品读数}-\text{空白读数}}{\text{标样读数}-\text{空白读数}}\times 100\%$$

其中读数指 0.0 V~0.4 V 区间范围内峰起始到终止点间的峰面积。

10 精密度和偏差

10.1 按下列规定判断试验结果的可靠性（95%置信区间）

10.1.1 重复性：同一操作者，使用同一仪器，按相同的试验方法，对同一试样测得的两个连续试验结果之差不超过下列数值：

$$重复性 = 0.7779 \times (X+2)^{0.5}\%$$

式中：

X——剩余受阻酚抗氧剂质量分数平均值，%。

10.1.2 再现性：不同操作者，在不同实验室，使用不同的仪器，用相同的方法对同一试样测得的两个单一、独立试验结果之差不超过下列数值：

$$再现性 = 1.830 \times (X+2)^{0.5}\%$$

式中：

X——剩余受阻酚抗氧剂质量分数平均值，%

11 关键词

2,6-二叔丁基对甲酚；2,6-二叔丁基酚；芳胺；受阻酚抗氧剂；在用油；线性扫描伏安法；无锌涡轮机油；涡轮机油。

ICS 75.100
E 34

SH

中华人民共和国石油化工行业标准

NB/SH/T 0911—2015

在用油状态监测用傅里叶变换红外（FT-IR）光谱仪的设置和操作规程

Standard practice for set-up and operation of Fourier transform infrared (FT-IR) spectrometers for in-service oil condition monitoring

2015-10-27 发布　　2016-03-01 实施

国家能源局　发布

前　言

本标准按照 GB/T 1.1—2009 给出的规则起草。

本标准修改采用美国试验与材料协会标准 ASTM D7418-12《在用油状态监测用傅里叶变换红外（FT-IR）光谱仪的设置和操作规程》。

本标准与 ASTM D7418-12 的主要差异如下：

——引用标准采用我国现行的国家标准和行业标准；

——删除了引用标准 ASTM E1421、ASTM E1866；

——增加了引用标准 JJG（教委）001—1996《傅里叶变换红外光谱仪检定规程》；

——删除了 5.2.1.1 中“Coates and setti have noted”；

——修改了第 11 章仪器性能检查方式。

本标准还做了如下编辑性修改：

——按照我国标准编写格式进行了编辑性修改；

——对“3　术语和定义”进行了编辑性修改；

——将 ASTM D7418-12 中的附件 X1、附件 X2 和附件 X3 分别改为资料性附录 A、规范性附录 B 和资料性附录 C。

本标准由全国石油产品和润滑剂标准化技术委员会（SAC/TC280）提出。

本标准由全国石油产品和润滑剂标准化技术委员会润滑油换油指标分技术委员会（SAC/TC280/SC6）归口。

本标准起草单位：中国石油天然气股份有限公司兰州润滑油研究开发中心。

本标准主要起草人：郎需进、周亚斌、李源春。

本标准为首次发布。

在用油状态监测用傅里叶变换红外（FT-IR）光谱仪的设置和操作规程

警告：本标准涉及某些有危险性的材料、操作和设备，但无意对与此有关的所有安全问题都提出建议。因此，用户在使用本标准之前应建立适当的安全和保护措施，并确定相关规章限制的适用性。

1 范围

1.1 本标准规定了在用油状态监测用傅里叶变换红外光谱仪的设置和操作规程，包括直接趋势分析法和差谱趋势分析法。

1.2 本标准规定了如何应用标准透射池得到在用油的红外光谱图和如何确定可允许的最大光谱噪音。

1.3 在用油状态监测的完整测量参数参照具体的试验方法，本标准不作叙述。

1.4 本标准采用国际单位制［SI］单位，括号内给出的单位仅供参考。

2 规范性引用文件

下列文件对于本文件的应用是必不可少的。凡是注日期的引用文件，仅所注日期的版本适用于本文件。凡是不注日期的引用文件，其最新版本（包括所有的修改单）适用于本文件。

NB/SH/T 0853—2010 在用润滑油状态监测法 傅里叶变换红外（FT-IR）光谱趋势分析法

JJG（教委）001—1996 傅里叶变换红外光谱仪检定规程

ASTM D4057 石油和石油产品手工抽样规程

ASTM E131 与分子光谱学相关的术语

ASTM E168 红外定量分析一般技术的标准操作规程

3 术语和定义

3.1 定义

3.1.1 本规程相关的红外光谱学术语定义参阅 E131。

3.1.2

傅里叶变换红外（FT-IR）光谱 Fourier transform infrared（FT-IR）spectrometry

一种获得干涉图的红外光谱形式，干涉图经过傅里叶变换后获得振幅-波数（或波长）光谱。

3.2 本标准的特定定义

3.2.1

状态监测 condition monitoring

利用选定与机械运行相关的物理参数进行设备状态诊断的技术活动。周期性或连续性监测和记录设备运行参数，并进行分析比较，以便利用中期分析结果支持相关机械设备的操作和维修决定。

3.2.2

直接趋势分析 direct trend analysis

监测在用油 FT-IR 谱图中相关参数随运行时间的变化水平或变化率，数据不经过类似光谱差减等方法的处理。

3.2.3

差谱趋势分析　differential trend analysis

监测在用油 FT-IR 谱图中相关参数随运行时间的变化水平或变化率，然后与参比油的结果进行差减。

3.2.4

在用油　in-service oil

机器上使用中的润滑油，并且机器在操作温度下运行至少 1 h。

注：允许以机器运行一段时间后所取样品的测量值作为以后的趋势分析的基准点，但该时间段须是更换或添加润滑油后机器运行至少 1h。

3.2.5

参比油　reference oil

在差谱趋势分析中，在用油光谱所要差减的光谱对应的油样。

注：通常将新油作为参比油。应该指出的是，往机器中添加任何其他润滑油将引起参比油的变化。因此，机器运行一段时间后取样（见 3.2.4）可以避免此类情况的发生。

4　意义和应用

本标准描述了在用油状态监测中使用者如何采集在用油的 FT-IR 光谱。各种在用油的状态监测参数，如氧化值、硝化值、烟炱、水分、乙二醇、柴油稀释、汽油稀释、磺化产物和磷酸盐抗磨添加剂均可依据 NB/SH/T 0853—2010 中的描述进行 FT-IR 光谱监测。这些监测参数随时间的变化可以诊断机器及设备的运行状况并提示何时应该换油。本标准旨在提供 FT-IR 光谱仪标准的设置和操作参数，使不同仪器和不同实验室间得到的数据具有可比性。

5　仪器

5.1　傅里叶变换红外（FT-IR）光谱仪

仪器配有光源、分束器和包含 4000 cm^{-1} ~ 550 cm^{-1} 的中红外区域的检测器。标准配置包括室温氘化三甘氨硫（DTGS）检测器、空气冷光源和镀锗的溴化钾（Ge/KBr）分光镜（ZnSe 分光镜也可使用）。傅里叶变换红外（FT-IR）光谱仪的红外光源和干涉仪应置于密闭舱内，以免有害、易燃或易爆气体接触光源。

注：光敏检测器因其线性响应不理想而不应使用，如汞镉碲（MCT）检测器。

5.2　样品池

在用油状态监测用样品池是一个可以插入红外光谱仪光路上的具有固定光程的透射池。池窗材质和光程的注意事项如下：

5.2.1　池窗材质

5.2.1.1　在用油状态监测中，ZnSe 因其具有耐水性而通常用作透射池材质。除 ZnSe 以外的其他池窗材质也可使用，但需在 4000 cm^{-1} ~ 550 cm^{-1} 的中红外区不能有吸收。KBr 和 KCl 是符合要求的常见池窗材质，但由于 KBr 和 KCl 是水溶性盐类而不应使用。因为流过样品池油样中的水分会雾化并腐蚀池窗。此外，油品中的硝化产物易与 KBr 和 KCl 发生反应并沉积在池窗表面。因此，KBr 和 KCl 不能用于

汽油机油、燃气机油和其他由于燃烧等过程而可能形成硝化产物的润滑油品的监测。

5.2.1.2 用ZnSe作为池窗材质时，红外光在池窗内表面产生的干涉条纹将会叠加于样品谱图上，需利用附录A中的物理或计算技术将这种影响降到最小。由于KBr和KCl折射率较ZnSe低，KBr和KCl材质的透射池不会在油样谱图中产生干涉条纹。

5.2.2 透射池光程

5.2.2.1 标准的在用油状态监测用样品池光程为0.100 mm。实践中，0.080 mm~0.120 mm的光程是合适的。超出此范围则会分别导致灵敏度差或检测器的非线性响应。实际样品池光程可以根据附录B用空的或装有检验液的样品池的干涉条纹来计算。由于各种在用油状态监测方法（参见相关监测方法）的报告单位均基于0.100 mm的光程，因此所有数据应通过光谱校正或乘以光程校正因子（见10.2）将光程标准化为0.100 mm。标准化处理程序通常在仪器供应商提供的软件包内。

5.2.2.2 讨论：若使用油样稀释（见附录C），采用更长的光程是合适的。例如，用无味溶剂油（OMS）稀释，当OMS：油比例为2：1时，光程为0.200 mm已被证明是适合的。

注：为了不同实验室间的结果对比，应执行光谱校正。

5.3 过滤器（可选）

用目径0.100 mm或更小目径的颗粒过滤器过滤油样，以免样品池堵塞。

5.4 进样泵送系统（可选）

测量样品时，可以使用能够把样品输送到透射池，并能抽空和清洗透射池的泵系统代替手动进样。为此许多厂商都提供了该类用途的不同类型的泵、油管和透射池。根据样品处理系统和油样黏度，利用厂商推荐的清洗溶剂在样品间冲洗以尽量减少样品携带和保持样品池、油管的清洁。

油气泄漏报警：

使用进样泵系统时，应该使用独立的可燃性气体传感器和报警装置，以便当管路、连接器或透射池发生泄漏时能及时提醒操作者。

6 FT-IR光谱采集参数

6.1 光谱分辨率、数据间隔和切趾函数影响FT-IR谱带形状。这些参数需满足以下要求：

——光谱分辨率：4 cm^{-1}；

——数据间隔：2 cm^{-1}；

——切趾函数：三角函数；

——扫描范围：4000 cm^{-1}~550 cm^{-1}；

——光谱形式：吸光度与波数的函数。

6.2 增加的扫描数量和扫描时间将取决于预期的光谱噪音水平（见12），当扫描时间基于因子N增加时，噪音水平将按照因子$N^{1/2}$的趋势下降。

7 取样

7.1 样品采集

采样时为了获取具有完整代表性的试验样品，实验室样品应按照ASTM D4057的要求采样。

7.2 样品准备

推荐进样前按照 5.3 事先过滤油样。当油样稀释（见附录 C）时不必过滤。

8 仪器的准备和操作

8.1 清洗溶剂、检验液

各种疏水溶剂可用来清洗透射池和冲洗管路，也可用作检验液计算透射池光程。典型的溶剂包括正己烷、环己烷、正庚烷和无味溶剂油（OMS）。但这些溶剂的使用、贮存和处理的健康和安全问题在此未涉及到，应查阅当地相关法规和化学品安全说明书。

8.2 样品池、过滤器

样品分析前后用清洗溶剂将样品池冲洗干净。清洗透射池后立即记录空白样品池的吸收光谱（见 9.1.2.2）以检查池窗上的积聚物。如果使用了进样口过滤器，要检查过滤器上的颗粒积聚及颗粒积聚对样品流速的影响。

8.3 检验液和光程

检验液的目的是为了确保 FT-IR 光谱仪透射池的正确组装以及样品进样和硬件清洗的正确操作。当一个新的或重新组装的透射池最初使用时，记录检验液的吸收光谱存于磁盘，并与后续检验液的光谱进行对比。检验液光谱可以用来计算样品的光程，以便将所有数据光程标准化为 0.100 mm，还可以监测样品池光程随时间的变化。如果光程有明显变化，表明样品池窗有磨损或污染，应及时矫正。对于样品池光程计算来说，作为检验液必须有稳定的特征光谱（批次之间）和可检测的红外吸收谱带，具体内容见附录 B.2。红外仪器制造商所用检验液有正庚烷、OMS 等其他有效的商品检验液。

9 FT-IR 光谱采集程序

9.1 背景采集

每次测试前应经常采集单光束背景，这样空气中的水蒸气和其他周围环境的变化则不会显著影响样品的测量结果（例如，每 30min 采集一次）。采集单光束背景光谱的方法：（1）空气背景光谱；（2）透射池背景光谱；（3）空气背景光谱和透射池参比光谱；（4）空气背景光谱和校正后透射池参比光谱。按 6.1 列举的参数获取背景光谱。

注：湿度和温度等大气条件的变化会使背景光谱发生改变，背景光谱的检测频率由各实验室决定。

9.1.1 空气背景

样品测量间隔中，采集空气的单光束背景光谱。

9.1.2 透射池背景

样品测量间隔中，采集干净的空样品池的单光束背景光谱。

9.1.2.1 使用空透射池背景时，需利用附录 A 中的物理或计算技术，将红外光在透射池窗内产生的干涉条纹对样品谱图的影响降到最小。

9.1.2.2 为检验透射池是否干净，应以事先采集的或已存档的单光束空气光谱为背景采集透射池光谱。以 2700 cm^{-1} 作单点基线计算 2800 cm^{-1}～3000 cm^{-1} 之间的最大峰值，如果峰值<0.2 吸收单位，说

明作为透射池背景的透射池是足够干净的。本光谱也用来检验所采用的条纹消减技术是否满足样品光谱实时噪音的要求（见12）。

9.1.3 空气背景光谱和透射池参比光谱

样品测量间隔中，采集空气的单光束背景光谱。按9.1.2采集空样品池的光谱，用空样品池的光谱按比例减去最近采集的空气背景光谱，得到透射池的参比光谱。然后，以空气为背景光谱采集的样品光谱可按照1：1的比例减去透射池的参比光谱即为样品光谱。

9.1.4 空气背景光谱和校正后透射池参比光谱

按9.1.3采集透射池参比光谱。如果采用条纹消减方法后仍有干涉条纹出现，用33 cm^{-1} 的半峰宽和单位面积的三角函数的卷积运算或其他等效程序来平滑光谱。为了消除透射池造成的反射损失，从光谱中减去0.067的吸光度值。然后，以空气为背景光谱采集的样品光谱按照1：1的比例减去这个光谱即为样品光谱。这个程序只适用于两面均未加涂层且垂直于光轴的平行的ZnSe池窗。楔入样品体积的微小角度（≪1°）不影响该程序的有效性。

9.2 参比油光谱采集（用于差谱趋势分析）

参比油在光谱采集时应摇匀，确保从瓶子中取到的样品具有代表性。手动或使用自动泵送系统将样品载入红外透射池。按6.1列出的操作参数及9.1的操作方法采集参比油的单光束背景光谱。如果中间使用了光谱标准化（见5.2.2），则随后吸收光谱的光程也应标准化为0.100 mm（见10.2）。参比油可以稀释使用（见附录C）。

9.3 样品光谱采集

在用油在光谱采集时应摇匀，确保从瓶子中取到的样品具有代表性。手动或使用自动泵送系统将样品载入红外透射池。按6.1列出的操作参数及9.1的操作方法采集每一个样品的单光束背景光谱。如果中间使用了光谱标准化（见5.2.2），则随后吸收光谱的光程也应标准化为0.100 mm（见10.2）。

9.4 池载检查（可选）

验证样品池满载油样（无气泡）的一种检查机制对避免误导性数据是有益的。与一个已存档并确定满载的样品池（通过仔细观察确认）的吸收光谱中2754 cm^{-1}～3039 cm^{-1} 区域内的CH吸光度值的对比，是一种简单的样品池载检查方法。确定样品池满载的吸光度值由各自实验室决定。

注： 作为一般准则，光程校正为0.100 mm（见10.2）的石油基和酯类润滑油的吸光度值应大于2。

10 光谱数据报告

10.1 概述

所有的光谱都以吸光度与波数的函数来表示。

10.2 光程标准化

各种在用油状态监测参数试验方法的报告单位均基于0.100 mm的光程（参见各自的试验方法）。因此，所有数据的光程应标准化为0.100 mm以补偿光程变化带来的影响。通过吸收光谱中所有数据点乘以光程校正因子（光谱标准化）或各自试验方法的结果乘以光程校正因子（见5.2.2）来实现。各仪器制造商在他们的软件中提供了标准化程序。手动程序在10.2.1中描述。

光程标准化的手动程序：

根据附录 B 计算样品池的光程，光程校正因子按式（1）计算：

$$K=0.100/L \tag{1}$$

式中：

K——光程校正因子；

L——实际光程，mm。

执行光谱标准化时，吸收光谱中所有数据点都乘以光程校正因子。大多数 FT-IR 仪器软件具有作为光谱数据处理的光谱乘法运算功能。

10.3 直接趋势分析报告

将 4000 cm^{-1}～550 cm^{-1} 范围内的吸收光谱保存到磁盘，用于测量各种在用油状态监测参数（参见各自试验方法）。如果未执行光谱标准化，则必须报告每个光谱的光程校正因子（见 10.2）。大多数 FT-IR 仪器软件包提供了可以输入该数值的光谱备注栏或注释框，然后与光谱一并保存。

10.4 差谱趋势分析报告

按 1∶1 的差减因子，在用油的标准光谱减去参比油的标准光谱得到在用油差谱。大多数 FT-IR 仪器软件具有作为光谱数据处理的光谱差减功能。将 4000 cm^{-1}～550 cm^{-1} 范围内的差谱保存到磁盘，用于测量各种在用油状态监测参数（参见各自试验方法）。如果未执行光谱标准化，则必须报告每个光谱的光程校正因子（见 10.2）。大多数 FT-IR 仪器软件包提供了可以输入该数值的光谱备注栏或注释框，然后与光谱一并保存。

11 仪器性能检查

定期按照国家计量检定规程 JJG（教委）001—1996 检查 FT-IR 仪器的性能。如果仪器性能有显著变化，则延缓测试直至引起性能变化的原因被诊断出来并得到校正。

12 样品光谱噪音测试

12.1 样品光谱噪音测试目的是为了确认样品光谱的噪音水平是可接受的，包括叠加在样品光谱上的干涉条纹，尤其是使用 ZnSe 透射池或以其作为背景光谱时。

12.2 该测试应定期在运行中的设备上执行。信噪比 S/N，应达到可接受的精度。

12.3 可将检验液载入透射池来计算样品光谱噪音水平。可接受的检验液应是在 2000 cm^{-1}～1900 cm^{-1} 频率范围内有很弱或无红外吸收峰。建议检验液包括正己烷，正庚烷或角鲨烷。

12.4 背景和样品的单光束光谱都用充满同一检验液的样品池来测量。样品光谱除以背景光谱得到一个透过率光谱。

12.5 噪音水平是通过测量 2000 cm^{-1}～1900 cm^{-1} 频率范围内的透过率值的标准偏差来计算的。

注：当扫描次数基于因子 N 增加时，噪音水平将按照因子 $N^{1/2}$ 的趋势下降。因此，可以通过增加扫描次数的方式改善峰间噪音水平。附录 A 列出的各种条纹消减技术用于降低由干涉引起的样品光谱噪音。

12.6 可接受的样品光谱噪音水平为 0.0001AU 或 0.0230%T。

附 录 A
(资料性附录)
红外液体透射样品池的条纹效应及条纹消减方法

A.1 当光线从一种介质进入另外一种不同折射率的介质时，光速改变并有光反射现象。因此，通过界面的光线少于100%。由于透射池窗与样品折射率的差异，光线通过透射池时会两次遇到这种界面。如果两片池窗平行，从第二片池窗反射回来的部分光线又会被第一片池窗反射回去。因为反射光与原光束在原始方向的传播中存在相位延迟，干扰原光束而形成正弦干涉图案，导致池窗中间材料的光谱上显示出规则的正弦波（干涉条纹）。

A.2 由于空气和池窗材质折射率差异大，当光线通过具有平行池窗的空透射池时干涉效应会特别强烈。可根据由此产生的光谱条纹或干涉图中观察到的相位延迟这种光学效应来精确测量空样品池的光程。

A.3 当样品池载满与池窗材质折射率相近的样品时，条纹能减弱到可以忽略的水平。用接近油样折射率的低折射率的盐类窗片（如 KCl、KBr）组装的透射池记录的油样光谱就是这种情况。但是，当油样光谱是用高折射率窗片（如 ZnSe）组装的透射池记录时，由于窗片与油样之间显著的折射率差异，可明显观察到叠加于样品光谱上的干涉条纹。干涉条纹随光程的变化引起峰高和峰面积测量值的差异，不利于仪器之间的数据对比。当采用高折射率窗片（如 ZnSe）或者当用空池体做背景时，可以采用不同的干涉条纹消减技术来消除干涉条纹对谱图的干扰。包括：

a）把样品池架旋转一个角度（布儒斯特角）并锁定位置；

b）使用带消反射涂层的窗片；

c）使窗片不完全平行，如使用带角度的垫片；

d）软件控制来扣除二次干涉（相位延迟）引起的干涉条纹。

与制造商联系确认哪种干涉条纹消减技术适用于您的系统。所用技术 a）~d）的有效性可以通过测量检验液 2000 cm^{-1} ~1900 cm^{-1} 区域的光谱峰间噪音来验证。图 A.1 举例说明了用 ZnSe 透射池记录矿物油的吸收光谱时，将样品池架旋转布儒斯特角后干涉条纹消减技术的有效性。

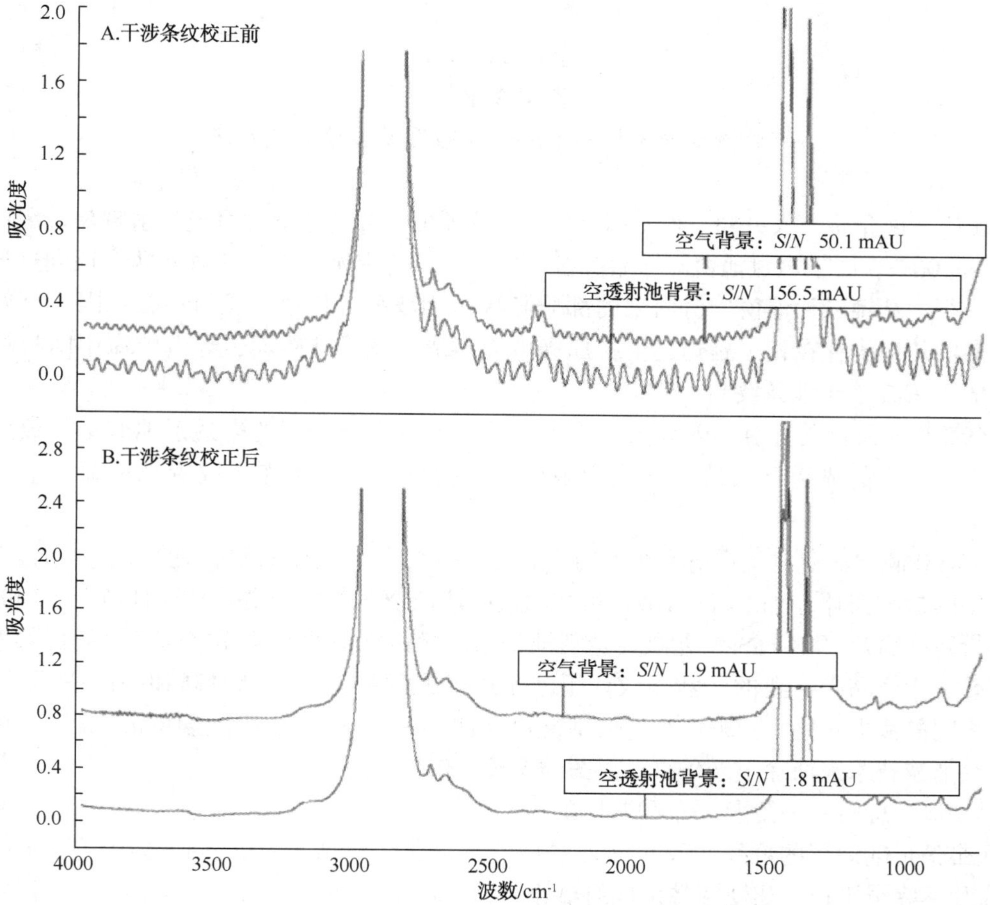

图 A.1　用空气或空池体做背景时，干涉条纹消减技术（样品池架旋转布儒斯特角）应用前（A）后（B）矿物油的光谱图

附 录 B
(规范性附录)
样品池光程计算

B.1 利用干涉条纹计算

使用接近 0.100 mm 的垫片组装透射池，按如下程序计算透射池的红外光程：

B.1.1 获取空透射池的 FT-IR 光谱

不使用条纹消减技术采集空透射池的吸收光谱，该光谱会显示一个正弦波模式。如果未观察到正弦波，说明窗片不干净或两窗片不平行。

注：当窗片因条纹消减（见附录 A）而不完全平行时，在透射池的吸收光谱中可能无法观察到干涉条纹。这种情况下，透射池的光程必须由检验液的光谱来确定（见 B.2）。

B.1.2 计算

在空透射池 IR 光谱的规则干涉条纹区域内，选择 20 个左右可测量的干涉条纹，干涉条纹计数为 N，在高波数和低波数（单位：cm^{-1}）分别标记为 ν_1 和 ν_2，见图 B.1。

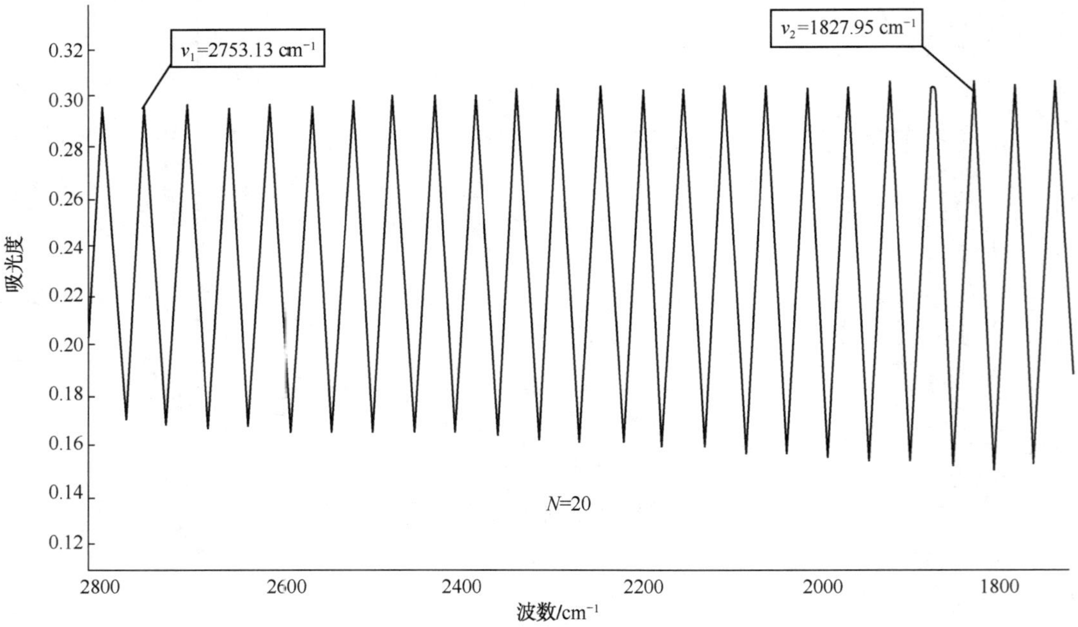

图 B.1 用于计算透射池光程的空池光谱

B.1.3 使用以下公式计算光程：

$$E=1/2\cdot N/(\nu_1-\nu_2)\cdot(10\ \mathrm{mm/cm})=5\cdot N/(\nu_1-\nu_2) \quad\cdots\cdots\cdots\cdots\cdots\cdots \text{(B.1)}$$

式中：

E——透射池光程，单位：mm；

N——ν_1 和 ν_2 之间的干涉条纹数。

B.2 利用检验液计算

利用检验液计算透射池的光程（见 8.3）时，用碱金属的卤化物窗片（如 KCl 或 KBr）和 0.050 mm、0.100 mm 和 0.150 mm 的垫片分别组装三个透射池。采集每个组装的空透射池 FT-IR 光谱以获取干涉条纹，按照 B.1 的描述计算其光程。然后，将检验液载入每个透射池，在检验液无吸收的波数区以单点基线法测量标度上的吸收峰的吸光度（峰高）最大值（光程 0.15 mm 的最大吸光度值应<1.2，光程 0.05 mm 的最小吸光度值应>0.3，以确保足够的灵敏度和线性）。所选择的吸收峰的半高宽不应小于获取检验液 FT-IR 光谱时的分辨率。以测量的峰高吸光度值对相应透射池的光程作曲线。完成线性回归得到以下方程式：

$$y = mx + b \qquad \text{(B.2)}$$

式中：

m——斜率；

b——截距；

x——吸光度值；

y——光程。

光程计算用的线性回归方程式的标准偏差<0.005 mm 才是可用的。如标准偏差>0.005 mm 则重新校正。在以后的任何时间，均可通过记录检验液光谱和测量所选峰的吸光度值，使用该方程式计算组装的任何透射池的光程，用上述方程式求解 y（光程）。只要不同批次的检验液的光谱特性保持一致，此程序就是有效的。

附　录　C
(资料性附录)
备用样品制备——稀释法

C.1　样品稀释：为了减小样品黏度以便于将样品装载到透射池内，油样品可用无味溶剂油（OMS）或其他合适的烃溶剂稀释。例如，OMS：油比例为2：1的稀释后的低黏度样品，很容易用容积式微型泵吸入到0.1 mm红外透射池内。

C.2　当样品稀释时，稀释剂会影响傅里叶红外状态监测参数的测量。因此，稀释剂的光谱贡献必须从稀释后样品的光谱中减除。稀释剂与油样的体积比必须精确已知，以保持状态监测参数测量的量化精度。

ICS 75.100
E 34

SH

中华人民共和国石油化工行业标准

NB/SH/T 0912—2015

发动机台架试验油 100℃运动黏度测定法

Standard test method for determination of kinematic viscosity at 100℃ of engine test oils

2015-10-27 发布　　2016-03-01 实施

国家能源局　发布

前　　言

本标准按照 GB/T 1.1—2009 给出的规则起草。

本标准使用重新起草法修改采用 CEC L-83-97《在用油 100℃运动黏度测定法》。

本标准与 CEC L-83-97 的技术性差异如下：

——标准名称修改为《发动机台架试验油 100℃运动黏度测定法》；

——在第 5 章仪器中对于毛细管黏度计类型增加了符合 ISO 3105 或 ASTM D446 或 SH/T 0173—1992 要求的芬斯克逆流黏度计；

——删除了涉及 CEC L-56-T-98 的相关内容；

——删除了引用标准 ISO/IEC17025 和 ISO 5725；

——删除了有关测量不确定度的相关表述；

——增加了对甲苯、丙酮和铬酸洗液的警告信息；

——删除了精密度章节中国际比对试验结果分析的相关数据和图表；

——按照我国标准编写格式对 CEC L-83-97 进行了编辑性修改，结构差异参见附录 A。

本标准由中国石油化工集团公司提出。

本标准由全国石油产品和润滑剂标准化技术委员会润滑油换油指标分技术委员会（SAC/TC280/SC6）归口。

本标准起草单位：中国石油天然气股份有限公司大连润滑油研究开发中心。

本标准主要起草人：谢平平、逄翠翠。

本标准为首次发布。

发动机台架试验油 100 ℃运动黏度测定法

警告：本标准的应用可能涉及到某些有危险性的材料、操作和设备，但并未对与此有关的所有安全问题都提出建议。用户在使用本标准前有责任制定相应的安全和保护措施，并确定相关规章限制的适用性。

1 范围

本标准规定了采用芬斯克逆流毛细管黏度计测定在用油 100 ℃运动黏度的方法。

本标准适用于含有烟炱的发动机台架试验油 100 ℃运动黏度的测定。

2 规范性引用文件

下列文件对于本文件的应用是必不可少的。凡是注日期的引用文件，仅所注日期的版本适用于本文件。凡是不注日期的引用文件，其最新版本（包括所有的修改单）适用于本文件。

JJG 155　工作毛细管黏度计检定规程

SH/T 0173—1992　玻璃毛细管黏度计技术条件

ASTM D446　玻璃毛细管运动黏度计标准规格和操作说明

ISO 3105　玻璃毛细管运动黏度计　规格和操作说明

3 方法概要

将在用油试样充分混匀，在严格控制的温度下，测定试样在重力作用下流过芬斯克逆流黏度计的时间，流动时间与黏度计常数之积即为试样的 100 ℃运动黏度。

4 仪器

4.1　恒温浴：采用透明液体作为介质，并具有足够的深度，应使在整个测量过程中，恒温浴液面高于黏度计内试样液面 20 mm 以上，黏度计底部高于恒温浴底 20 mm 以上。恒温浴介质温度与设定温度之差不应超过±0.02 ℃，校准合格。

4.2　凯能芬斯克逆流毛细管黏度计，尺寸标号为 200，或符合 ISO 3105 或 ASTM D446 或 SH/T 0173-1992 要求的其他芬斯克逆流毛细管黏度计，遵循 ISO 3105 或 ASTM D446 的规定进行定期检定并确定黏度计常数。也可按照国家计量检定规程 JJG 155 对毛细管黏度计进行校准和检定。

4.3　计时器，精确至 0.1 s 或更高，测试时间达 15 min 时读取的精度在±0.07%以内。计时装置的准确性可通过标准时间信号确认。校准合格方可使用。

4.4　温度测量装置，用于测试恒温浴的温度，校准合格方可使用。

4.5　油漆搅拌器或机械振荡器，可选，用于均化样品。

5 试剂和材料

5.1 清洗溶剂

5.1.1 样品溶剂：能够与样品完全混合，如溶剂油、甲苯等。

警告：甲苯，高度易燃，其蒸气吸入有害，与氧化剂能发生强烈反应。使用时应避免与眼睛接触，应远离火种，采取抗放静电措施密封保存。

5.1.2 干燥溶剂：丙酮。

警告：丙酮，高度易燃，吸入、口服有毒害。

5.1.3 清洗液：铬酸洗液。

警告：铬酸有毒，有害身体健康，是公认的致癌物质，具有强腐蚀性，并且对有机组织具有潜在的危害。使用时应佩戴防护面罩，穿长款的防护服，戴合适的手套。酸会挥发成蒸气。使用过的铬酸暴露在空气中时应非常小心，因为它仍有毒性，避免吸入蒸气。

5.2 材料

5.2.1 塑料瓶，60 mL。

6 试样准备

6.1 在用发动机油 100 ℃运动黏度测试应在发动机试验结束后一个月内完成，超过此期限的测试结果无效，研究用试验样品不受此限制。提供给客户的结果报告应注明测试时间。

6.2 样品在室温下储存，测试前应混合均匀。用 60 mL 的塑料瓶盛装样品，且试样上液面距容器顶部保持合适的距离，建议不小于 1 cm，避免振荡时试样中夹杂过多的空气。

6.3 在用发动机油试样在取样测试前应混合均匀，可用手摇动约 1 min，推荐使用机械振荡器或油漆搅拌器。样品混合均匀至填充毛细管黏度计应在 2 min±1 min 内完成。若使用油漆搅拌器，建议按下述方法混合均匀在用油试样，支撑搅拌器的弹簧应能够同时提供样品的垂直运动。

6.3.1 扭紧样品容器的盖子。

6.3.2 将样品容器放置在油漆搅拌器上。

6.3.3 振荡 5 min±15 s。

6.3.4 从油漆搅拌器上取下样品容器。

6.3.5 取样进行测试。

注：取样前勿加热或过滤样品。

7 试验步骤

7.1 准备两支黏度计，倒置黏度计，将其浸入试样中，抽吸管 N（见图 1）。使试样通过管 L 充满球 D 至超过标线 G5 mm 处（见图 2）。

7.2 反转黏度计至正常位置，用干净的抹布擦拭多余的试样。

7.3 将吸管 N 端接上真空泵，吸入试样至毛细管 R 长度的 3/4 处（见图 1）。用橡皮塞塞住管 L 末端，防止试样在管中流动。若试样在测试前流动至第一个计时标线 E 处，测试结果无效。

7.4 将黏度计置于 100 ℃恒温浴中，恒温浴液面应高于球 D，保持管 L 垂直。黏度计恒温时间为 15 min±30 s，包括试样流动至距离 E 点 2 mm 之内，因此应适时取下橡皮塞保证试样在规定的时间内流动到指定位置。

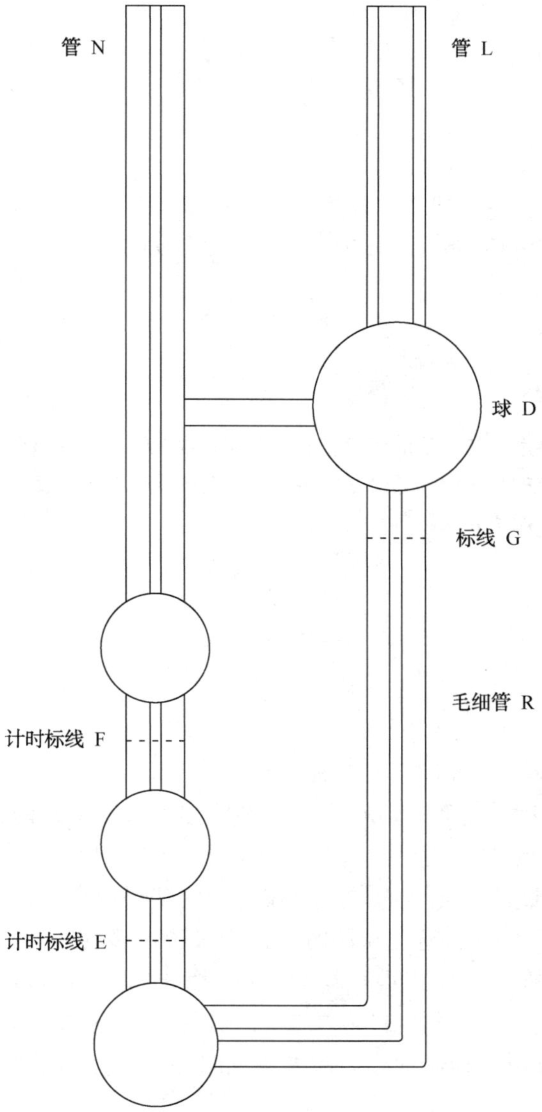

图 1

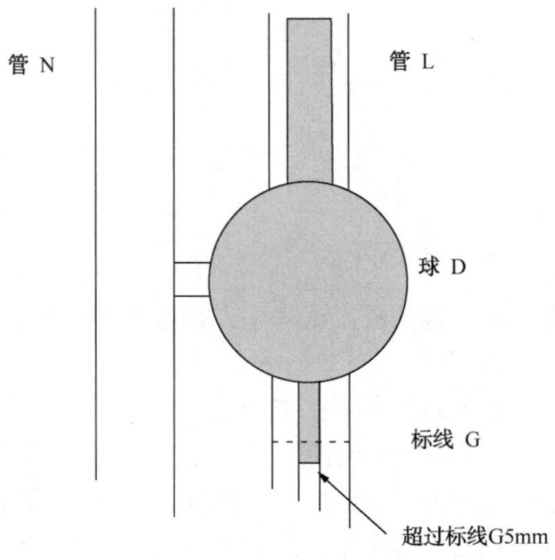

图 2

7.5　取下橡皮塞，试样自然流动，到达第一个计时点E时立即启动计时器（见图3）。

7.6　试样到达第二个计时点F后立即停止计时器（见图4），记录试样从第一个计时点E流动到第二个计时点F的时间（精确到0.1 s）。

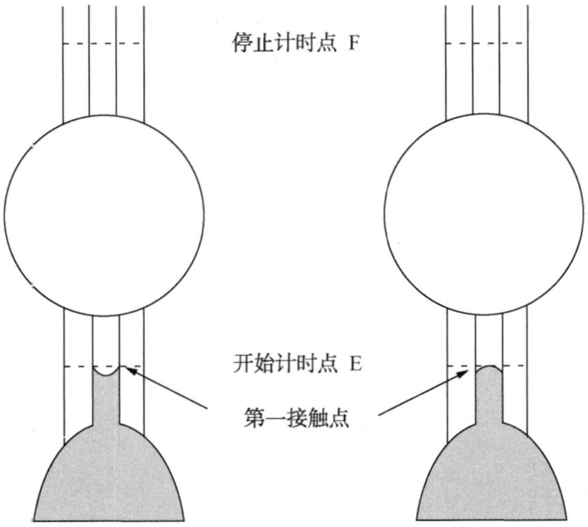

图3

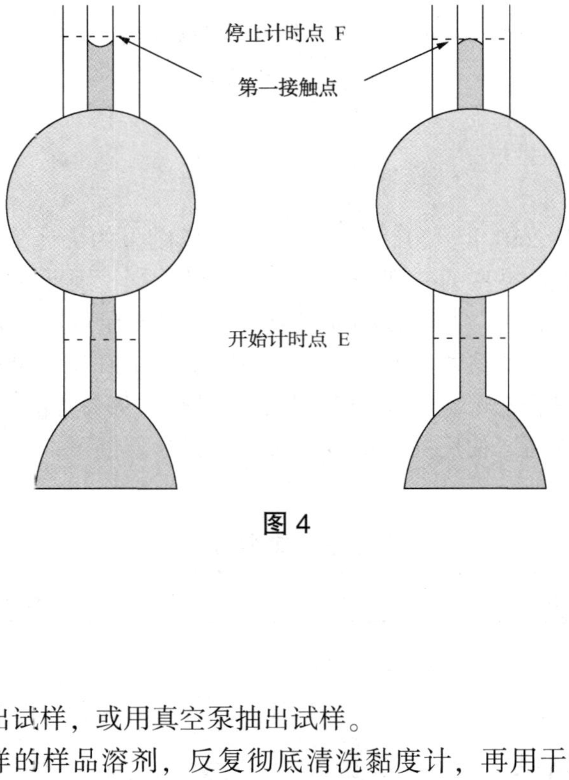

图4

8　清洗黏度计

8.1　测试完成后，带压吹出试样，或用真空泵抽出试样。

8.2　使用能够完全溶解试样的样品溶剂，反复彻底清洗黏度计，再用干燥溶剂（见6.1.2）冲洗黏度计。

8.3　使用干燥空气流缓慢通过并吹干黏度计。

注：必要时，可用铬酸洗液清洗黏度计。

9　结果计算

9.1　运动黏度 v 通过试样的流动时间和黏度计常数按如下公式计算：

$$v = Ct$$

式中：

v——运动黏度，单位为二次方毫米每秒（mm^2/s）；

C——黏度计常数，单位为二次方毫米每二次方秒（mm^2/s^2）；

t——试样的流动时间，单位为秒（s）。

9.2 两个测定结果的平均值作为试样的 100 ℃运动黏度。

10 报告

报告应包含以下信息：

——引用本标准；

——试样的标识；

——100 ℃运动黏度，以 mm^2/s 表示，结果保留至小数点后第 2 位；

——测试日期。

11 参比油

在用油存在储存稳定性的问题，故本标准没有固定的参比油。需要时，CEC SG-L-083 工作组可提供参比油。

12 精密度

本方法的精密度是通过对 2007 年～2011 年国际比对试验结果的统计分析确定的。本精密度的确定在选择试验油时仅选择了在用油类型的一部分，且基于少量数据，因此对于其他配方组成不同或降解程度不同的试样油可能会有所不同，不同黏度等级或不同烟炱含量的试验油也可能会有所不同。本标准的精密度数据适用于 100 ℃运动黏度在 12 mm^2/s～43 mm^2/s 的在用发动机油样品，超出此黏度范围的样品的精密度未予验证。按下述规定判断试验结果的可靠性（95%置信水平）。

12.1 重复性（r）：同一操作者，使用同一仪器，在同一实验条件下，对同一样品重复测定两次的结果之差不应大于表 1 的数值。

表 1 重复性

黏度范围/（mm^2/s）	重复性/（mm^2/s）
12～43	$0.0322 \times e^{(0.086X)}$
注：X 为所比较的两个重复测定试验结果的算术平均值，mm^2/s。	

12.2 再现性（R）：不同操作者，在不同实验室，对相同样品各自测得的两个独立结果之差不应大于表 2 的数值。

表 2 再现性

黏度范围/（mm^2/s）	再现性/（mm^2/s）
12～43	$0.0349 \times e^{(0.132X)}$
注：X 为所比较的两个单一独立试验结果的算术平均值，mm^2/s。	

附 录 A
(资料性附录)
本标准的章条编号与 CEC L-83-97 章条编号对照表

本标准的章编号	CEC L-83-97 章编号
1	2.3
2	—
3	2.2
4	4.1，5.2，5.3，5.4
5	4.1
6	6.1
7	7.1
8	7.3
9	7.2
10	9.2
11	10.1，11.1
12	11.2
附录 A	—

ICS 75.080
E 30

SH

中华人民共和国石油化工行业标准

NB/SH/T 0915—2015

轻质石油馏分中总活性硫值的测定 电位滴定法

Determination of total active sulfur number in light petroleum fractions by potentiometric titration method

2015-10-27 发布　　2016-03-01 实施

国家能源局　发布

前　　言

本标准按照 GB/T 1.1—2009 给出的规则起草。

本标准由中国石油化工集团公司提出。

本标准由全国石油产品和润滑剂标准化技术委员会石油燃料和润滑剂分技术委员会（SAC/TC280/SC1）归口。

本标准起草单位：中国石油化工股份有限公司石油化工科学研究院。

本标准主要起草人：魏宇彤、田松柏、王小伟、王京。

本标准为首次发布。

轻质石油馏分中总活性硫值的测定　电位滴定法

警告：本标准的应用可能涉及到某些有危险的材料、操作和设备，但并未对与此有关的所有安全问题都提出建议。用户在使用本标准前有责任制定相应的安全和防护措施，并确定相关规章限制的适用性。

1　范围

本标准规定了采用电位滴定法测定轻质石油馏分中总活性硫值的方法。

本标准适用于总活性硫值范围为 3.0 mg/kg～400.0 mg/kg，且终馏点不大于 350 ℃的轻质石油馏分。

2　规范性引用文件

下列文件对于本文件的应用是必不可少的。凡是注日期的引用文件，仅所注日期的版本适用于本文件。凡是不注日期的引用文件，其最新版本（包括所有的修改单）适用于本文件。

GB/T 4756　石油液体手工取样法

GB/T 6682—2008　分析实验室用水规格和试验方法

3　术语和定义

下列术语和定义适用于本文件。

3.1

活性硫　active sulfur

石油馏分中有可能直接对加工装置以及存储和运输设备产生腐蚀的硫化合物中的硫。

3.2

总活性硫　total active sulfur

本方法中，轻质石油馏分中元素硫、硫化氢、硫醇和二硫化物等不同类型活性硫的总称。

3.3

总活性硫值　total active sulfur number

在本方法试验条件下，达到电位滴定终点时以消耗的硝酸银标准溶液体积计算得到的结果，以 mg/kg 表示。

注：本方法测定的总活性硫值未考虑 Ag^+ 与 S^{2-} 反应的化学计量关系，因此得到的结果为“总活性硫值”，而非“总活性硫含量”，详见 4.2 条及第 11 章计算中的“注”。

4　方法概要和原理

4.1　用锌粉还原样品中的二硫化物和元素硫，再以氨水和醇的混合溶液为滴定介质，玻璃电极作为参比电极，银-硫化银电极作为指示电极，用硝酸银的异丙醇标准溶液进行电位滴定。

4.2　锌粉在一定条件下可将石油馏分中的二硫化物还原成硫醇，见式（1）：

$$Zn+RSSR+2H^+ \longrightarrow 2RSH+Zn^{2+} \quad (1)$$

元素硫及硫化氢也会与锌粉发生如下反应，见式（2）和式（3）：

$$Zn+S \longrightarrow ZnS \quad (2)$$

$$Zn+H_2S \longrightarrow ZnS+H_2 \quad (3)$$

生成的 ZnS 在酸性介质中会离解出游离的 S^{2-}，这样试样中的活性硫就转化成了 S^{2-} 和 RSH。然后将样品过滤，并以含氨水的异丙醇溶液为滴定介质，用 $AgNO_3$ 的异丙醇标准溶液进行电位滴定。滴定反应式见式（4）和式（5）：

$$2Ag^+ +S^{2-} \longrightarrow Ag_2S \quad (4)$$

$$Ag^+ +RSH \longrightarrow RSAg+H^+ \quad (5)$$

由式（4）和式（5）可知，1 mol 的 S^{2-} 需要与 2 mol 的硝酸银反应，而 1 mol 的 SH^- 需要与 1 mol 的硝酸银反应。由于硫化银与硫醇银的突跃电位非常接近，滴定曲线中只有一个突跃点，本方法以硫醇银的滴定终点作为试验的滴定终点，并按照式（5）的反应计算试验结果。因此，在本方法的试验条件下，得到的总活性硫值与总活性硫含量不同。按照本方法计算出的总活性硫值与各种类型活性硫含量的加和值（总活性硫含量）的关系应为：

$$\text{总活性硫值}=2\times(W_S+W_{H_2S})+W_{RSH}+W_{RSSR} \quad (6)$$

其中 W_S、W_{H_2S}、W_{RSH} 和 W_{RSSR} 分别表示试样中元素硫、硫化氢、硫醇和二硫化物的含量（mg/kg）。

5 方法应用

5.1 在一定条件下，轻质石油馏分中的总活性硫值可以反映其潜在腐蚀性的大小，通过测定轻质石油馏分中的总活性硫值，可以预测其腐蚀性的高低，并有助于预测装置材料的使用寿命。

5.2 本方法中，不用分别测定各种不同类型活性硫，即可得到总活性硫值的结果，方法快速、简便，且测定不受卤素阴离子及环烷酸的影响。

6 仪器

6.1 自动电位滴定仪：带有复合银电极，可用于测定硫醇以及标定硝酸银溶液；滴定管具备 5 mL、10 mL 或 20 mL 等规格可选，加液精度为小于或等于滴定体积的 0.2%。

6.2 电磁搅拌器。

6.3 天平：精确至 0.0001 g。

6.4 锥形瓶：100 mL，具塞磨口。

6.5 烧杯：200 mL。

6.6 量筒：50 mL，100 mL。

6.7 容量瓶：500 mL。

6.8 移液管：5 mL，10 mL。

6.9 漏斗。

7 试剂和材料

除另有说明外，全部试验用的试剂均为分析纯试剂。若使用其他级别试剂，则以其纯度不会降低测定精确度为准。试验用水符合 GB/T 6682—2008 中三级水的规定。

7.1 冰醋酸。

7.2 无水甲醇。

7.3 硝酸银。

7.4 异丙醇。

7.5 氨水：浓度28%（质量分数）。

7.6 高纯锌粉：纯度99.99%，粒度74μm。

注：高纯锌粉在空气中易氧化，应密封保存。

7.7 氯化钾：使用前在105 ℃干燥2 h，在干燥器中冷却。

7.8 浓硫酸：浓度为98%（质量分数）。

7.9 搅拌子：外包聚四氟乙烯。

7.10 定量滤纸：快速。

8 取样

8.1 按GB/T 4756方法进行取样。

8.2 对于终馏点小于200 ℃的轻质石油馏分，由于试样中的硫化氢及低分子硫醇易挥发，应低温（4 ℃以下）储存，尽快测定。

9 准备工作

9.1 0.1 mol/L硝酸银-异丙醇标准溶液的配制：准确称取8.4940 g硝酸银于200 mL烧杯中，用40 mL蒸馏水溶解，转入500 mL容量瓶中，用异丙醇洗净烧杯，倒回容量瓶中，并用异丙醇稀释到刻度。贮存在棕色瓶中，每周标定一次。

注：低浓度的硝酸银-异丙醇标准溶液可用异丙醇稀释配制。

9.2 0.1 mol/L硝酸银-异丙醇标准溶液的标定：准确称取0.0900~0.1000 g的干燥氯化钾于干燥的200 mL烧杯中，加入100 mL的蒸馏水和几滴稀硫酸，伴随搅拌，用0.1 mol/L的硝酸银-异丙醇标准溶液滴定，按式（7）计算硝酸银-异丙醇标准溶液的准确浓度：

$$C=m/(0.07455V) \tag{7}$$

式中：

C——硝酸银-异丙醇标准溶液的浓度，单位为摩尔每升（mol/L）；

m——烧杯中称量的干燥氯化钾的质量，单位为克（g）；

V——用于滴定的硝酸银-异丙醇标准溶液的体积，单位为毫升（mL）；

0.07455——氯化钾的摩尔质量乘以0.001（由毫升转化为升的系数）。

9.3 滴定介质：将异丙醇与氨水按体积比75∶1配制。

9.4 甲醇-冰醋酸混合溶液：将无水甲醇与冰醋酸按体积比25∶1配制。

9.5 稀硫酸：浓硫酸与水体积比为1∶1配制。

10 试验步骤

10.1 试样与锌粉反应

在100mL锥形瓶中准确称取1.0000 g~5.0000 g试样，加入15 mL甲醇-冰醋酸混合溶液，再按照试样与锌粉的质量比为5∶1的比例加入高纯锌粉和搅拌子，盖上锥形瓶盖，在室温下搅拌反应15 min。

10.2 试样过滤

反应后的试样使用定量滤纸，快速过滤入 200 mL 的烧杯中，用 100 mL 滴定介质清洗反应瓶及滤纸，清洗液加入滤液中。

10.3 试样滴定

10.3.1 在滤液中加入搅拌子，插入电极并搅拌，用已标定的硝酸银-异丙醇标准溶液滴定。由于硫醇易于氧化，应尽量减少试样与空气接触的时间。

10.3.2 按仪器说明书校正仪器，并以电位平衡方式进行滴定，或者以可变的滴定速度滴定，即：在滴加过程中以小于 0.2 mL/min 的速度滴加，在等当点附近，最好以 0.05 mL/min 或更低的速度滴加。

10.3.3 继续滴定直至电位突跃过后又呈现相对恒定（电位变化小于 5 mV/0.1 mL）为止。移去滴定管，升高电极夹，先用滴定介质冲洗电极，然后用水洗净，再用擦镜纸擦拭。在同一天的连续滴定之间，将电极浸在 100 mL 含有 0.5 mL 的 0.1 mol/L 硝酸银标准溶液的滴定溶剂中至少 5 min。

10.3.4 滴定过程结束后，绘制滴定曲线如图 1 所示。

注 1：部分电位滴定仪在滴定开始后数秒内会有一个小的突跃。该突跃是由于电极造成的，而非试样的滴定终点。判断该突跃时可以将试样量加倍，如果该突跃是由试样中活性硫的滴定产生，相应的硝酸银-异丙醇标准溶液的消耗体积也应加倍。

注 2：图 1 仅为示意图，因选用仪器不同、电极不同，突跃电位位置、大小都可能有所不同。

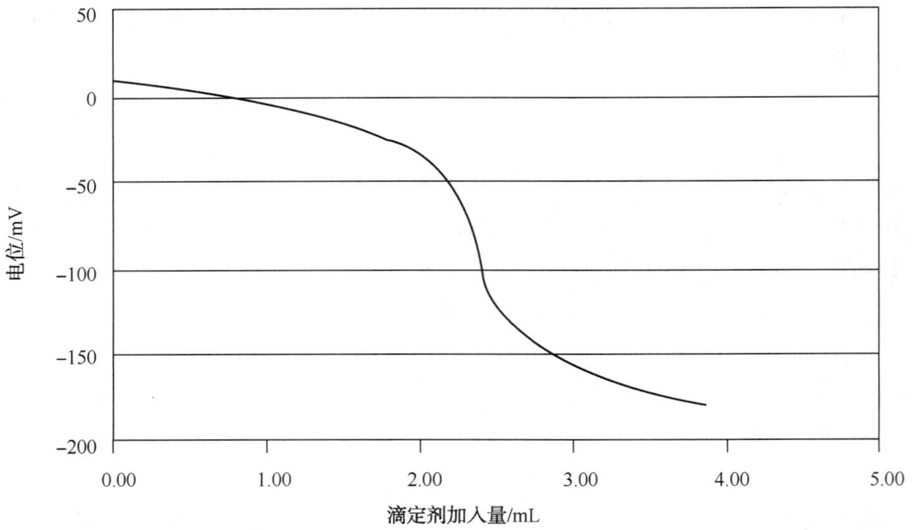

图 1 滴定曲线示意图

11 计算

试样滴定所得到的总活性巯值按式（8）计算：

$$S=\frac{32\times V_1\times C}{m_1}\times 1000 \qquad (8)$$

式中：

S——试样中总活性硫值，单位为毫克每千克（mg/kg）；

V_1——到达滴定终点所消耗的硝酸银-异丙醇溶液的体积，单位为毫升（mL）；

C——硝酸银-异丙醇标准溶液的浓度，单位为摩尔每升（mol/L）；

m_1——试样质量，单位为克（g）；

32——硫相对原子质量。

注：由式（4）和式（5）可知，由于1 mol的S^{2-}需要与2 mol的硝酸银反应，而1 mol的SH^-需要与1 mol的硝酸银反应。但是在滴定过程中，硫化银与硫醇银的突跃电位非常接近，仅能得到一个突跃点。本方法以硫醇银的滴定终点作为试验的滴定终点，并按照式（5）的反应计算试验结果。因此，在本试验条件下，式（8）计算得到的结果为总活性硫值，高于实际的元素硫、硫化氢、硫醇及二硫化物加合得到的总活性硫含量。

12　报告

报告试样中总活性硫值，mg/kg，结果保留至小数点后一位。

13　精密度和偏差

13.1　精密度

精密度是在5个实验室，采用不同的仪器，分别选取不同总活性硫值的轻质石油馏分共计15个样品进行试验。按照GB/T 6683的规定，对试验结果进行统计计算得到的。按照下述规定判断试验结果的可靠性（95%置信水平）：

13.1.1　重复性（r）：同一操作者，使用同一台仪器，在同一操作条件下，对同一试样连续测定所得两个结果之差不应超过下值：

$$r = 0.274X_1^{0.5850} \qquad (9)$$

式中：

X_1——两次重复测定结果的平均值。

13.1.2　再现性（R）：不同实验室工作的不同操作者，采用不同仪器，对同一试样测定所得的两个单一、独立的试验结果之差不应超过下值：

$$R = 0.406X_2^{0.5555} \qquad (10)$$

式中：

X_2——两个单一、独立结果的平均值。

13.2　偏差

由于总活性硫值仅为本方法定义，且无合适的参考物质，本方法偏差尚未确定。

参 考 文 献

[1] GB/T 6683 石油产品试验方法精密度数据确定法

ICS 75.160.20
E 31

SH

中华人民共和国石油化工行业标准

NB/SH/T 0916—2015

柴油燃料中生物柴油（脂肪酸甲酯）含量的测定　红外光谱法

Standard test method for determination of biodiesel (fatty acid methyl esters) content in diesel fuel oil using mid infrared spectroscopy

2015-10-27 发布　　2016-03-01 实施

国家能源局　发布

前 言

本标准按照 GB/T 1.1—2009 给出的规则起草。

本标准使用重新起草法修改采用 ASTM D7371-14《柴油燃料中生物柴油（脂肪酸甲酯）含量的测定 红外光谱法》。

本标准与 ASTM D7371-14 的技术性差异及其原因如下：

——将部分引用标准修改为我国相应的国家标准或行业标准。

——为了符合标准编写规定，删除了 ASTM D7371-14 中 1.2 条有关单位制的说明。

本标准由中国石油化工集团公司提出。

本标准由全国石油产品和润滑剂标准化技术委员会石油燃料和润滑剂分技术委员会（SAC/TC280/SC1）归口。

本标准起草单位：中国石油化工股份有限公司石油化工科学研究院。

本标准主要起草人：杨玉蕊、许育鹏。

本标准为首次发布。

柴油燃料中生物柴油（脂肪酸甲酯）含量的测定 红外光谱法

警告：本标准的应用可能涉及某些有危险性的材料、操作和设备，但并未对与此有关的所有安全问题都提出建议。用户在使用本标准前有责任制定相应的安全和保护措施，并确定相关规章限制的适用性。

1 范围

本标准规定了测定柴油燃料中生物柴油（脂肪酸甲酯（FAME））含量的方法。

本标准适用于测定柴油燃料中体积分数为1%～20%的脂肪酸甲酯含量。

本标准只适用于测定脂肪酸甲酯（FAME）含量，含有脂肪酸乙酯（FAEE）的生物柴油将会产生负偏差。

注：使用适当的衰减全反射（ATR）附件，测量范围可以扩大到体积分数为1%～100%，但体积分数超过20%时，本标准的精密度不可用。

2 规范性引用文件

下列标准包括的条文，通过引用而构成本标准的一部分。凡是注日期的引用文件，仅所注日期的版本适用于本文件。凡是不注日期的引用文件，其最新版本（包括所有的修改单）适用于本文件。

GB 252—2011 普通柴油

GB/T 1884 原油和液体石油产品密度实验室测定法（密度计法）

GB/T 4756 石油液体手工取样法

GB/T 13377 原油和液体或固体石油产品 密度或相对密度的测定 毛细管塞比重瓶和带刻度双毛细管比重瓶法

GB/T 11139 馏分燃料十六烷指数计算法

GB/T 20828—2014 柴油机燃料调合用生物柴油（BD100）

SH/T 0604 原油和石油产品密度测定法（U形振动管法）

SH/T 0694 中间馏分燃料十六烷指数计算法（四变量公式法）

NB/SH/T 0843 石化行业分析测试系统的评价 统计技术法

ASTM E1655 红外多元校正分析标准（Standard practices for infrared multivariate quantitative analysis）

3 术语和定义、缩略语

下列术语和定义、缩略语适用于本文件。

3.1 术语和定义

3.1.1

生物柴油 biodiesel

由动植物油脂或废弃油脂与醇（例如甲醇或乙醇）反应制得的脂肪酸单烷基酯，最典型的为脂肪

酸甲酯，以 BD100 表示。

［GB/T 20828—2014 中 3.1 定义］

3.1.2

生物柴油调和燃料　biodiesel blend Bxx

用生物柴油和石油柴油按一定比例调和的柴油燃料。

注：在缩写 BXX 中，XX 代表生物柴油调和燃料中生物柴油的体积分数。

3.1.3

柴油燃料　diesel fuel

由石油制取的中间馏分燃料。

3.1.4

多元校正　multivariate calibration

用一个以上波长或频率，建立一组已知参考试样的浓度或性质与吸收光谱之间关系（模型）的过程。

注 1：利用建立的多元校正模型和未知试样的光谱，得到未知试样的组分浓度或性质的预测值。

注 2：本标准采用偏最小二乘法（PLS）进行多元校正。

3.2　缩略语

ATR：衰减全反射（Attenuated Total Reflectance）

FAEE：脂肪酸乙酯（Fatty Acid Ethyl Esters）

FAME：脂肪酸甲酯（Fatty Acid Methyl Esters）

FTIR：傅里叶变换红外（Fourier Transform Infrared）

Mid-IR：中红外（Mid Infrared）

PLS：偏最小二乘（Partial Least Square）

ULSD：超低硫柴油（Ultra Low Sulfur Diesel）

4　方法概要

4.1　将柴油燃料、生物柴油或生物柴油调和燃料试样加入到液体衰减全反射（ATR）样品池（规格见表 1）中，一束红外光通过试样后在检测器上成像，同时记录检测器响应。选取与生物柴油或干扰物相关的吸收光谱的波长进行分析。再通过多元数学计算，将未知生物柴油试样在所选择光谱区间的检测器响应转换为生物柴油浓度。

4.2　本标准采用傅里叶变换中红外光谱、衰减全反射（ATR）样品池及偏最小二乘法（PLS）计算。

5　方法应用

5.1　生物柴油是一种重要的商品燃料，用于柴油燃料调和的附加组分。

5.2　本标准适用于含有 FAME 的生物柴油调和燃料的生产与销售过程中的质量控制。

6　干扰

6.1　柴油组成对校正模型有很大影响。因此对于稳健的校正模型，柴油燃料在生物柴油调和燃料校正集中具有代表性是非常重要的。

6.2　本标准中，仪器的正确选择，校正模型的设计、多变量校正的应用，以及本标准描述的评价方法

可以最大限度地减少干扰。

表 1　衰减全反射（ATR）锥形样品池规格

ATR 晶体材料	ZnSe
光束聚集光学元件	圆锥体，非光学聚焦元件与池体
晶体结构	圆截面与同轴圆锥体尾部交叉
半锥角	60°
晶体长度	36.83 mm~39.37 mm
晶体直径	3.175 mm
试样界面入射角	53.8°
入射角最大范围	±1.5°
标准吸光度（丙酮 1428 cm^{-1} 谱带）	0.38AU±0.02AU
池体材料	316 不锈钢
密封垫	Chemrez or Kalrez 的 O 型圈

6.3　水蒸气干扰：在附录 A.2 中列出的校正和分析区间中，水蒸气在红外光谱中有明显的吸收，因此在低浓度模型校正时应说明水蒸气的存在。

注：最好用干燥的空气或氮气吹扫光谱仪，以便除去水蒸气。吹扫最好在分析前进行，并稳定几个小时，因为在吹扫开始时光谱仪内部空气的水含量迅速变化。在这种情况下，用一次吹扫预防或除去水蒸气是不可能的。操作者应该在采集每一个试样光谱时都应测量相应的参比背景光谱。该操作在现代光谱仪系统中应该是自动的，操作员应向仪器厂商咨询光谱仪自动背景校正程序的详细操作说明。光谱仪应该密封干燥，以尽量减少水蒸气变化的影响。光谱仪的任何配件都应该是密封的。

6.4　脂肪酸乙酯（FAEE）干扰：生物柴油组分中含有 FAEE 将导致生物柴油含量的浓度测量结果整体偏低。对于确定高浓度的 FAEE 含量，离群数据统计结果是很有用的一个方法。

6.5　不溶水：试样中含有不溶水将会导致错误的测定结果。在试样注入光谱仪样品池之前，用干滤纸对浑浊或含水试样过滤。

7　仪器

7.1　中红外光谱仪

7.1.1　傅里叶变换中红外光谱仪：适用于本标准的仪器包括一个红外光源、液体衰减全反射（ATR）样品池、扫描干涉仪、检测器、A/D 转换器、计算机和进样方式，应满足以下规格：

扫描范围　　4000 cm^{-1}~650 cm^{-1}

分辨率　　4 cm^{-1}

7.1.2　采用空气或氮气的单光束光谱确定噪音信号水平。单光束光谱可以通过 FTIR 的多次平均扫描获得，但总的扫描时间不应超过 60 s。如果有水蒸气和二氧化碳干扰，仪器应该用干燥空气或氮气吹扫。在 1765 cm^{-1}~1725 cm^{-1} 光谱范围内，100%透过率的光谱噪音应低于 0.3%。

7.2　液体衰减全反射样品池

7.2.1　衰减全反射（ATR）锥形样品池规格见表 1。该样品池适合低、中和高浓度的 FAME 测量。

7.2.2　水平衰减全反射（ATR）样品池，将 ZnSe 材料的 ATR 安装在水平板上。在 1745 cm^{-1} 处的吸收强度不得超过 1.2 个吸光度单位，适用于高浓度的 FAME 的校正。应选择合适的晶体的长度和角度，

使得最大吸光度在 1745 cm^{-1} 处不超过 1.2 个吸光度单位。

8 试剂和材料

8.1 本标准应使用光谱级（首选）或分析纯化学试剂。其他级别试剂也可以使用，需先确定该试剂有足够高的纯度，不会降低测量的准确性。

8.2 BD100（纯生物柴油）：用于校正、质量控制的 BD100 生物柴油应符合 GB/T 20828—2014 规格要求。BD100 应是典型脂肪酸甲酯的生物柴油。测定本标准方法精密度的校正试样是大豆甲酯。其他原料的衍生酯，如动物脂肪、芥花油、麻风树油、棕榈油、菜籽油和地沟油也可以使用，但使用地沟油甲酯配制标准试样个数不得超过校正试样的 50%。

8.3 中间馏分燃料：用于校正、验证和质量控制的中间馏分燃料标准试样应符合 GB 252—2011 规格要求，不含生物柴油或生物柴油原料。中间馏分燃料应以预先调和的已知矿物油为代表（不同原油来源、低芳烃含量、高芳烃含量等）。见附录 A.2 中校正集。

注：在 GB 252—2011 的表 1 中十六烷值要求不大于 45，但在表 1 的注 5 中规定由中间基或环烷基原油生产的各牌号轻柴油十六烷值允许小于 40（有特殊要求者由供需双方确定）。为了增加校正模型的适用范围，用于校正、验证和质量控制的标准试样可以使用十六烷值不小于 40 的中间馏分燃料。

8.4 柴油十六烷值检验燃料（DCCF-低）：低十六烷值（见附录 B.2 替代原料）。

8.5 柴油十六烷值检验燃料（DCCF-高）：高十六烷值。

8.6 柴油十六烷值检验燃料（DCCF-超高）：超高十六烷值。

8.7 丙酮：分析纯。

8.8 甲苯：分析纯。

8.9 甲醇：分析纯。

8.10 混合溶剂：甲苯、甲醇和丙酮等体积混合物。

9 取样和试样处理

9.1 一般要求

9.1.1 采用本试验方法对燃料样品进行分析，应按照 GB/T 4756 中的步骤取样。

9.1.2 试验前应避免样品温度过高。

9.1.3 不能将样品储存在渗漏的容器中。如果发现样品有渗漏，应废弃并重新取得新样品。

9.2 分析过程中试样处理

9.2.1 当使用傅里叶变换红外光谱仪（FTIR）测定试样时，控制试样温度在 15 ℃～27 ℃。所有试样在分析前应在室温（15 ℃～27 ℃）下恒定。

9.2.2 试样分析后，如果试样需保留，应重新密封。

10 仪器的校准和检验

10.1 使用仪器前，按照附录 A 的程序进行校准。校准可以由生产供应商在仪器验收时执行。如果仪器维修后，应重新校准，检验程序也需重新进行。

10.2 仪器使用前，按照附录 A 的程序进行检验。检验只需仪器在最初投入使用、重新校准和维修时进行。

11 质量控制检验

11.1 每天测量至少一个生物柴油的质量控制试样的浓度，确定试验方法的质量控制状态。该质量控制试样在组成和模型适用性上与常规分析的试样是一致的。

11.2 超出统计控制的实验方法，在没有识别和纠正失控原因之前不能使用。

11.3 如果对于失控状态的修正需要修理仪器或对仪器重新校准，那么在用本方法测定试样的生物柴油含量之前，应执行 A.3 描述的仪器性能验证。

12 试验步骤

12.1 分析前应将试样温度恒定在 15 ℃~27 ℃内。

12.2 按照仪器的要求清洁样品池中任何残留燃料。用足够的溶剂或待测试样清洗样品池，并确保完全冲洗干净。对于难以清除的物质如 BD100，用 8.10 条中的混合溶剂冲洗。用干燥空气或氮气吹干残余溶剂。

12.3 按照仪器提供的方法采集背景光谱。

12.4 分析未知试样前，通过采集质量控制试样的光谱，比较生物柴油预测浓度和质量控制试样的已知值，确保仪器运行正常。应加入足够量的质量控制试样到样品池中，至少用样品池体积 3 倍的质量控制试样冲洗样品池。

12.5 将足够量的燃料试样注入到样品池中，确保用至少样品池体积 3 倍的燃料试样冲洗样品池。

注：生物柴油和含有高浓度的生物柴油调和燃料从 ATR 晶体表面清除是很困难的，需要在两个试样之间用待测试样或使用溶剂冲洗几次。如有疑问，重复 12.5 条和 12.7 条的步骤并比较结果，确保冲洗完全彻底。

12.6 采集试样的光谱数据：

采集试样在 4000 cm^{-1}~650 cm^{-1} 波数范围的光谱数据（数据格式）。

12.7 根据附录 A 中建立的校正方程测定生物柴油的体积分数。

12.7.1 使用 A.2.3 中建立的校正模型，按照下列步骤测定生物柴油的浓度：

12.7.1.1 采用低浓度校正模型预测燃料试样中的生物柴油浓度（见 A.2.3.1），光谱区间为 1800 cm^{-1}~1692 cm^{-1} 和 1327 cm^{-1}~940 cm^{-1}，无基线校正。

12.7.1.2 如果在 12.7.1.1 中预测的生物柴油体积分数等于或低于 10.00%，则采用低浓度校正模型（见 A.2.3.1）预测生物柴油浓度。

12.7.1.3 如果在 12.7.1.2 中的预测的生物柴油体积分数大于 10.00%，则采用中浓度校正模型（见 A.2.3.2）预测燃料试样中的生物柴油浓度，光谱区间为 1800 cm^{-1}~1700 cm^{-1} 和 1399 cm^{-1}~931 cm^{-1}，无基线校正。

12.7.1.4 如果在 12.7.1.3 中用中浓度校正模型预测的生物柴油体积分数值小于或等于 10.50%，则由低浓度校正模型确定报告值。如果 12.7.1.3 中预测的生物柴油的体积分数大于 10.50%，小于或等于 30.00%，则将该值作为报告值。

12.7.1.5 如果在 12.7.1.4 中预测的生物柴油体积分数大于 31.00%，则采用高浓度校正模型（见 A.2.3.3）预测生物柴油浓度，光谱区间为 1851 cm^{-1}~1670 cm^{-1} 和 1371 cm^{-1}~1060 cm^{-1}，无基线校正。

12.7.1.6 如果在 12.7.1.5 中用高浓度校正模型预测的生物柴油体积分数低于或等于 31.00%，则采用中等校正模型确定报告值。如果预测的生物柴油体积分数大于 31.00%（由 12.7.1.5 测定），则将该值作为报告值。

注：样品池使用后应彻底清洗。先用丙酮清洗样品池中任何水溶性物质。用 30% 的乙醇（或甲醇）水溶液浸泡样

品池至少 1 h，然后用丙酮清洗并干燥。不能用酸或碱清洗 ZnSe 晶体。

13 计算

生物柴油（脂肪酸甲酯）体积分数的转换

校正和验证标准试样按照式（1）转换为体积分数。

$$V_b = M_b\ (D_f/D_b) \quad (1)$$

式中：

V_b——生物柴油（脂肪酸甲酯）体积分数，%；

M_b——生物柴油（脂肪酸甲酯）质量分数，%；

D_f——校正和验证试样在 20 ℃时的相对密度（按 GB/T 1884 方法测定）；

D_b——校正和验证试样的 BD100 生物柴油原料在 20 ℃时的相对密度（GB/T 1884 方法测定）。

14 报告

报告试样中生物柴油（脂肪酸甲酯）体积分数（%），精确到 0.01%。

15 精密度和偏差

15.1 精密度

本方法精密度试验在 5 个实验室之间进行，使用 16 个脂肪酸甲酯体积分数范围为 1%~20%的试样。试验方法的精密度通过 5 个实验室统计试验结果确定。汇总表见表 2 和表 3。

15.1.1 重复性

对于脂肪酸甲酯体积分数为 1.00%~20.00%之间的生物柴油，同一操作者使用相同仪器，在同一条件下，对相同试样进行试验，所得两个重复结果之差，不应超过式（2）的计算值：

$$\text{重复性} = 0.01505\ (X + 14.905) \quad (2)$$

式中：

X——测定的两个生物柴油体积分数重复结果的平均值，%。

表 2 重复性典型值　　%

生物柴油体积分数	重复性
1.00	0.24
2.00	0.25
5.00	0.30
10.00	0.37
20.00	0.53
50.00	未确定
90.00	未确定
100.00	未确定

15.1.2 再现性

对于脂肪酸甲酯体积分数为1.00%~20.00%的生物柴油，不同操作者在不同实验室，对相同试样进行测定所得两个独立测试结果之差，不应超过式（3）的计算值：

$$再现性 = 0.04770\ (X + 14.905) \quad \cdots\cdots (3)$$

式中：

X——测定的两个独立的生物柴油体积分数结果的平均值，%。

表3 再现性典型值

%

生物柴油体积分数	再现性
1.00	0.76
2.00	0.81
5.00	0.95
10.00	1.19
20.00	1.66
50.00	未确定
90.00	未确定
100.00	未确定

15.2 偏差

由于没有合适的参考物质，因此无法确定偏差。

附 录 A
(规范性附录)
仪器的校正和检验

A.1 校正矩阵

按照适当的方法和比例调和制备校正和验证试样。使用已知的符合 GB 252—2011（柴油燃料组分）和 GB/T 20828—2014（BD100 生物柴油组分）的调和组分，见附录 B 选取的混合组分。

A.1.1 校正模型：

为了得到校正的最佳精确度和准确度，使用偏最小二乘法（PLS）建立校正模型。准备 1 组或多组列于表 A.1 中的生物柴油校正集。第一组（A 组）包括生物柴油体积分数在 0.00%～10.00%之间的试样；第二组（B 组）包括生物柴油体积分数在 10.00%～30.00%之间的试样；第三组（C 组）包括生物柴油体积分数在 30.00%～100.00%之间的试样。测量不同浓度范围样品时，需要建立不同浓度范围的校正模型。

A.1.2 按照标准 GB/T 1884 测量校正试样调和组分在 20℃的密度。

A.1.3 对于每个校正试样，按照公式（1）将生物柴油质量分数转换成体积分数。

A.2 校正

A.2.1 所有试样在分析前需在室温（15 ℃～27 ℃）下恒定。用校正试样充满样品池。

A.2.2 对于每一个校正试样，都要获得 4000 cm^{-1}～650 cm^{-1} 范围的光谱数据。红外光谱是试样的单光束红外光谱与干燥空气（或氮气）的单光束傅里叶变换红外光谱比率的负对数。

A.2.3 建立两个独立的偏最小二乘（PLS）校正模型和可选的第三个校正模型。

A.2.3.1 建立的第一个校正模型，称为低浓度（体积分数为 0.00～10.00%）校正模型，使用表 A.1 中校正集 A 的试样获得光谱数据。该校正是将试样的光谱数据和生物柴油浓度（体积分数）进行关联。用 1800 cm^{-1}～1692 cm^{-1} 和 1327 cm^{-1}～940 cm^{-1} 光谱区间光谱数据建立低浓度校正模型，无基线校正。用均值中心化和 3 个潜变量（主因子）建立模型。

注：如果对于特殊类型的仪器，根据 ASTM E1655 标准描述的独立验证结果的分析方法，基于 4 个潜变量的模型得到的验证标准偏差比基于 3 个潜变量的低，因此基于 4 个变量的模型也可以使用，但应记录使用 4 个潜变量的原因。

A.2.3.2 建立第二个校正模型，称为中浓度（10.00%～30.00%体积分数）校正模型。使用表 A.1 中校正集 B 的试样获得光谱数据。该校正是将试样光谱数据和生物柴油浓度（体积分数）进行关联。用 1800 cm^{-1}～1700 cm^{-1} 和 1399 cm^{-1}～931 cm^{-1} 区间的光谱数据建立中浓度校正模型，无基线校正。用均值中心化和 3 个潜变量（主因子）建立模型。

注：如果对于特殊类型的仪器，根据 ASTM E1655 标准描述的独立验证结果的分析方法，基于 4 个潜变量的模型得到的验证标准偏差比基于 3 个潜变量的低，因此基于 4 个变量的模型也可以使用，但应记录使用 4 个潜变量的原因。

A.2.3.3 建立第三个校正模型（可选模型，使用体积分数为 30.00%～100%范围的试样），称为高浓度校正模型。使用表 A.1 中校正集 C 的试样获得光谱数据。该校正是将光谱数据和生物柴油浓度（体积分数）进行关联。用 1851 cm^{-1}～1670 cm^{-1} 和 1371 cm^{-1}～1060 cm^{-1} 区间的光谱数据建立高浓度校正模型，无基线校正。用均值中心化和 3 个潜变量（主因子）建立模型。该校正模型是可选的，并且可

以通过样品池附件来限制模型的使用。

注：如果对于特殊类型的仪器，根据 ASTM E1655 标准描述的独立验证结果的分析方法，基于 4 个潜变量的模型得到的验证标准偏差比基于 3 个潜变量的低，因此基于 4 个潜变量的模型也可以使用，但应记录使用 4 个潜变量的原因。

表 A.1 仪器校正集 A、B、C

试样	生物柴油体积分数/%	溶剂	校正集 A	校正集 B	校正集 C
1	0.00	DCCF-低	√		
2	0.25	DCCF-低	√		
3	0.50	DCCF-低	√		
4	1.00	DCCF-低	√		
5	2.50	DCCF-低	√		
6	5.00	DCCF-低	√		
7	7.50	DCCF-低	√		
8	10.00	DCCF-低	√	√	
9	12.50	DCCF-低		√	
10	15.00	DCCF-低		√	
11	17.50	DCCF-低		√	
12	20.00	DCCF-低		√	
13	25.00	DCCF-低		√	
14	30.00	DCCF-低		√	√
15	50.00	DCCF-低			√
16	70.00	DCCF-低			√
17	80.00	DCCF-低			√
18	90.00	DCCF-低			√
19	95.00	DCCF-低			√
20	97.00	DCCF-低			√
21	99.00	DCCF-低			√
22	99.80	DCCF-低			√
23	0.00	DCCF-高	√		
24	0.25	DCCF-高	√		
25	0.50	DCCF-高	√		
26	1.00	DCCF-高	√		
27	2.50	DCCF-高	√		
28	5.00	DCCF-高	√		
29	7.50	DCCF-高	√		
30	10.00	DCCF-高	√	√	
31	12.50	DCCF-高		√	

表 A.1 仪器校正集 A、B、C（续）

试样	生物柴油体积分数/%	溶剂	校正集 A	校正集 B	校正集 C
32	15.00	DCCF-高		√	
33	17.50	DCCF-高		√	
34	20.00	DCCF-高		√	
35	25.00	DCCF-高		√	
36	30.00	DCCF-高		√	√
37	50.00	DCCF-高			√
38	70.00	DCCF-高			√
39	80.00	DCCF-高			√
40	90.00	DCCF-高			√
41	95.00	DCCF-高			√
42	97.00	DCCF-高			√
43	99.00	DCCF-高			√
44	99.80	DCCF-高			√
45	0.00	DCCF-超高	√		
46	0.25	DCCF-超高	√		
47	0.50	DCCF-超高	√		
48	1.00	DCCF-超高	√		
49	2.50	DCCF-超高	√		
50	5.00	DCCF-超高	√		
51	7.50	DCCF-超高	√		
52	10.00	DCCF-超高	√	√	
53	12.50	DCCF-超高		√	
54	15.00	DCCF-超高		√	
55	17.50	DCCF-超高		√	
56	20.00	DCCF-超高		√	
57	25.00	DCCF-超高		√	
58	30.00	DCCF-超高		√	√
59	50.00	DCCF-超高			√
60	70.00	DCCF-超高			√
61	80.00	DCCF-超高			√
62	90.00	DCCF-超高			√
63	95.00	DCCF-超高			√
64	97.00	DCCF-超高			√
65	99.00	DCCF-超高			√
66	99.80	DCCF-超高			√

表 A.1 仪器校正集 A、B、C（续）

试样	生物柴油体积分数/%	溶剂	校正集 A	校正集 B	校正集 C
67	生物柴油 1 100	—			√
68	生物柴油 2 100	—			√
69	生物柴油 3 100	—			√
70	生物柴油 4 100	—			√

A.3 仪器性能验证

建立了校正模型后，校正所用的仪器应进行验证，以确保仪器能准确地测定压燃式发动机化合物中生物柴油，并且该化合物中的生物柴油浓度具有光谱响应。仪器性能验证只需当仪器初次使用、重新校正和维修时进行。

A.3.1 验证试样的制备

在适当情况下按比例大规模混合配制生物柴油的多组分验证试样。与建立校正模型配制的校正集试样的混合物应该是相似的，但又不完全一样。制备不同浓度的生物柴油和一定范围内干扰组分的验证试样，至少覆盖校正试样浓度范围的 95%。需要的验证试样数量，一般是校正方程中潜变量的 3 倍。但对于 3 个主成分的 PLS 模型，所需验证的标准试样数至少 20 个。

A.3.2 验证数据的获得

对于每一个验证标准试样，按照第 12 章的操作步骤测定其生物柴油浓度，用体积分数表示。

A.3.3 验证校正过程

A.3.3.1 按式（A.1）计算验证试样的验证标准偏差：

$$SEQ = \sqrt{\sum_{i=1}^{q}(\hat{y}_i - y_i)^2/q} \quad \cdots\cdots (A.1)$$

式中：

q——验证试样的数量；

y_i——第 i 个验证试样组分的浓度；

$\hat{y}_i$——第 i 个验证试样的预测浓度；

A.3.3.2 如果 SEQ 比 $PSEQ$（循环测定的标准偏差总和）低，那么仪器可以进行试验。

A.3.3.3 如果 SEQ 比 $PSEQ$ 高，由 SEQ 平方除以 $PSEQ$ 平方计算 F 值。用分子中的自由度 q 和分母中的自由度 DOF（$PSEQ$）比较 F 值和临界 F 值。$PSEQ$ 和 DOF（$PSEQ$）值见表 A.2，F 临界值见表 A.3。

表 A.2 允许的标准偏差总和

项　目	校　正
循环测定的标准偏差总和	0.21
自由度	56

表 A.3 临界 F 值

自由度	F 临界值
20	1.76
21	1.75
22	1.74
23	1.72
24	1.71
25	1.70
30	1.66
35	1.63
40	1.61

A.3.3.4 如果 F 值小于或等于表中的临界 F 值，那么仪器可以进行试验。

A.3.3.5 如果 F 值大于表中的临界 F 值，那么仪器则不可以进行试验。

附 录 B
（规范性附录）
校正试样和验证试样所用的生物柴油和柴油燃料选择

B.1 BD100 生物柴油的校正和验证

实验表明，由不同的基础原料制成的生物柴油（FAME）在本方法的光谱区间有非常相似的吸收光谱。本标准的精密度是采用大豆生物柴油的校正和验证试样建立。研究表明，其他原料（如动物脂肪、菜籽油、麻风果油、棕榈油、油菜籽油和地沟油）甲酯与大豆甲酯（SAM）是非常相似的，但与其中的地沟油甲酯区别最大。实验室间测试试样集中使用了地沟油。因此，如果地沟油甲酯试样的数量不超过校正集中大多数试样，在校正试样中可以使用地沟油甲酯。生物柴油（BD100）应该符合 GB/T 20828—2014 标准要求。校正和验证试样只使用甲酯，而其他类型的酯，如脂肪酸乙酯不能作为校正原料使用。当与甲酯不同酯的校正试样被添加到校正模型中时，需要确定该方法对 FAME 测量的影响。

B.2 柴油燃料的校准和确定

市售的低、高、超高十六烷值检验燃料是配制校正集和验证集柴油燃料的首选原料。柴油燃料用于校正集和验证集应包括以下三类燃料：低、高、超高十六烷值检验燃料或下面的替代品：

B.2.1 低十六烷指数（高芳烃含量）柴油燃料：低或超低硫含量的柴油（ULSD）、芳烃体积分数大于等于34%（或采用方法 GB/T 11139 测量的十六烷指数小于或等于42；采用方法 SH/T 0694 测定的十六烷指数小于或等于41）。

B.2.2 高十六烷指数柴油燃料替代品：低或超低硫的柴油，采用方法 SH/T 0694 测量的十六烷指数为46~48。

B.2.3 超高十六烷指数（低芳烃含量）柴油燃料

低或超低硫的柴油，芳烃体积分数小于22%，或采用方法 GB/T 11139、SH/T 0694 测定的十六烷指数大于或等于51。

注：目的是改变校正集中柴油燃料的芳烃含量。低十六烷值（未添加十六烷值改进剂）的石油基柴油是典型的高芳烃含量的燃料。这也可解释其十六烷值指数高于十六烷值的原因。

附 录 C
(规范性附录)
光谱

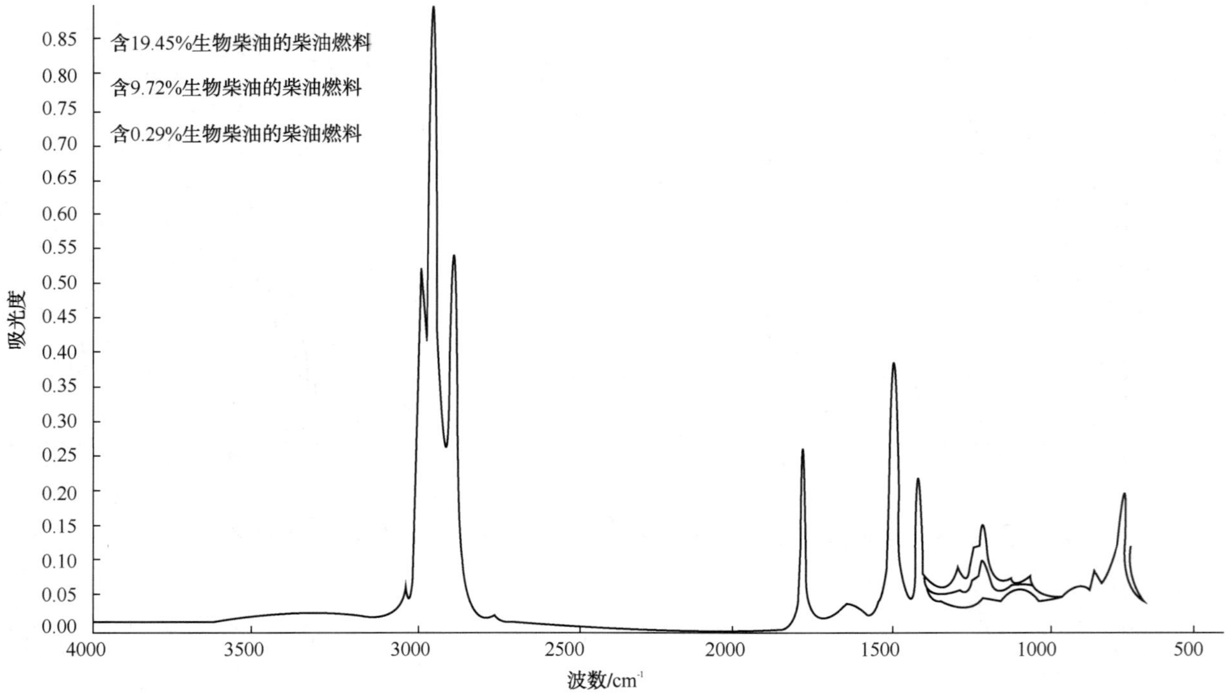

图 C.1 含 0.29%、9.72%和 19.45%生物柴油(FAME)的柴油燃料光谱(全区间)

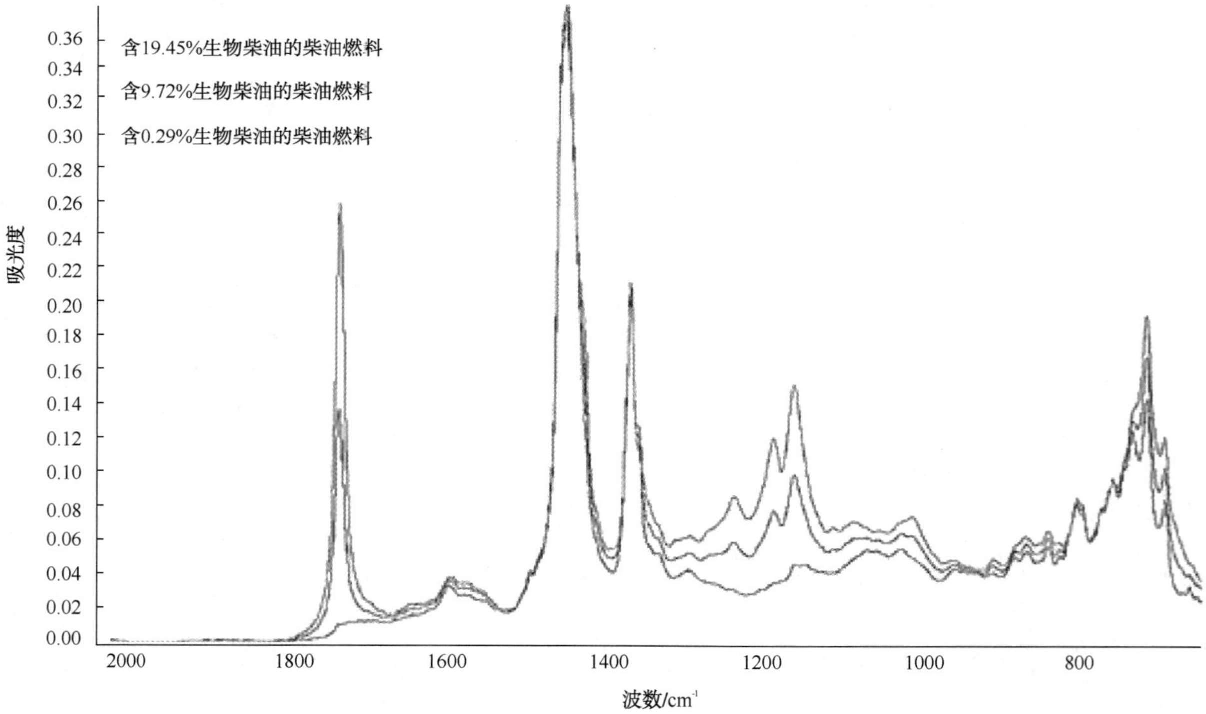

图 C.2 含 0.29%、9.72%和 19.45%生物柴油(FAME)的柴油燃料光谱(区间 1 和区间 2)

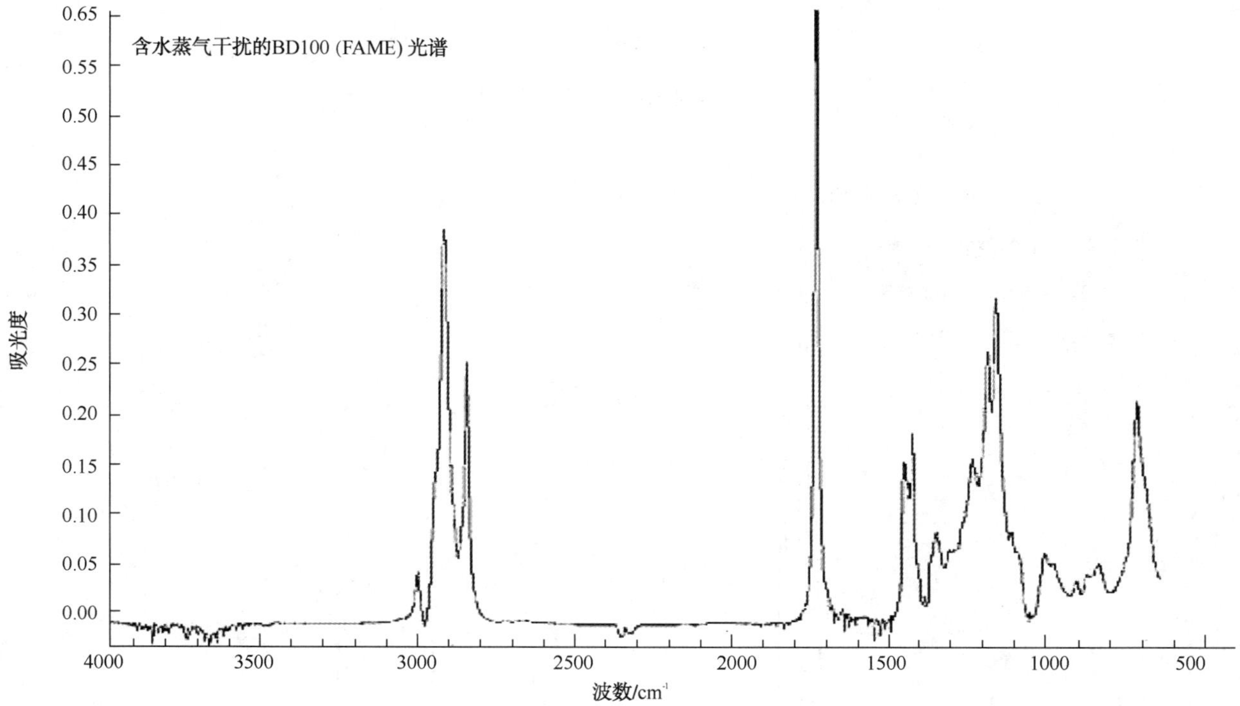

图 C.3　含有过量水蒸气干扰的 BD100（FAME）光谱（全区间）

ICS 75.160.30
E 46

SH

中华人民共和国石油化工行业标准

NB/SH/T 0917—2015

气态烃及液化石油气中总挥发性硫的测定 紫外荧光法

Standard test method for determination of total volatile sulfur in gaseous hydrocarbons and liquefied petroleum gases by ultraviolet fluorescence

2015-10-27 发布 2016-03-01 实施

国家能源局 发布

前　　言

本标准按照 GB/T 1.1—2009 给出的规则起草。

本标准使用重新起草法修改采用美国试验与材料协会标准 ASTM D6667-14《气态烃和液化石油气中总挥发性硫的标准测试方法 紫外荧光法》。

本标准与 ASTM D6667-14 的主要技术差异及其原因如下：

——为提高标准的可操作性，将部分引用标准采用我国相应的行业标准替代；

——修改了 5.6 中关于进样系统的论述，增加了图 4：LPG/气体通用进样系统（LTG）示意图。

本标准由中国石油化工集团公司提出。

本标准由全国石油产品和润滑剂标准化技术委员会石油燃料和润滑剂分技术委员会（SAC/TC280/SC1）归口。

本标准起草单位：中国石油化工股份有限公司石油化工科学研究院。

本标准主要起草人：赵丽萍、吴明清、李涛、常春艳、赵杰、潘光成。

本标准为首次发布。

气态烃及液化石油气中总挥发性硫的测定　紫外荧光法

警告：本标准涉及某些有危险性的材料、操作和设备，但是无意对与此有关的所有安全问题都提出建议。因此，使用者在应用本标准之前应建立适当的安全和防护措施，并确定相关规章限制的适用性。

1　范围

本标准规定了采用紫外荧光法测定气态烃及液化石油气中总挥发性硫的方法。

本标准适用于分析原料、中间产品及最终产品的气态烃及液化石油气中的硫含量，气态烃的精密度验证范围为 1 mg/kg~100 mg/kg，液化石油气为 1 mg/kg~196 mg/kg。本标准适用于分析卤素质量分数小于 0.35%的液化石油气中总挥发性硫。本标准不适用于不挥发的含硫化合物的检测。

注：最低检测限评估（PLOQ），样品的稳定性及实验室间精密度研究报告中的其他信息可参考 ASTM 研究报告 RR：02-1506。

2　规范性引用文件

下列文件对于本文件的应月是必不可少的。凡是注日期的引用文件，仅所注日期的版本适用于本文件。凡是不注日期的引用文件，其最新版本（包括所有的修改单）适用于本文件。

GB/T 11062　天然气　发热量、密度、相对密度和沃泊指数的计算方法

GB/T 13609　天然气取样导则

SH/T 0233　液化石油气采样法

NB/SH/T 0843　石化行业分析测试系统的评价 统计技术法

ASTM D1070　气体烃相对密度测定法（Standard Test Methods for Relative Density of Gaseous Fuels）

ASTM MNL7　数据控制图像分析演示手册（Manual on Presentation of Data and Control Chart Analysis）

3　方法概要

将气体或液化气试样通过阀进样的方式引入到高温燃烧管中。在富氧的条件下，试样中的硫被氧化为二氧化硫（SO_2）。燃烧过程中生成的水被除去，燃烧生成的其他气体经紫外灯照射，SO_2 吸收了紫外灯的能量转化为激发态的二氧化硫（SO_2^*）。激发态的 SO_2^* 变成基态的 SO_2 的过程中释放出荧光，通过光电倍增管检测荧光，根据获得的信号可检测出样品中的硫含量。

警告：接触过量的紫外光有害健康，试验者应避免直接照射的紫外光以及次级或散射的辐射光对身体各部位，尤其是眼睛的危害。

4　方法应用

液化石油气作为燃料使用时，其硫含量直接关系到燃烧释放的硫化物的量，并且会导致发动机及排放系统的腐蚀。原料中的硫会使石油加工过程使用的催化剂中毒。本方法可用于检测加工原料及最终产品的硫含量，也可用于判定其与产品规格的相符性。

5 仪器

5.1 燃烧炉：电加热炉，温度控制在 1075 ℃±25 ℃，足以使试样裂解同时将硫氧化为二氧化硫。

5.2 燃烧管：石英燃烧管，可将试样直接进入高温氧化区。燃烧管应带有引进氧气和载气的支管。氧化区应足够大，以使试样能够完全燃烧（见 11.3）。图 1 所示为常用的燃烧管，如使用其他形式，应不降低精密度。

单位为毫米

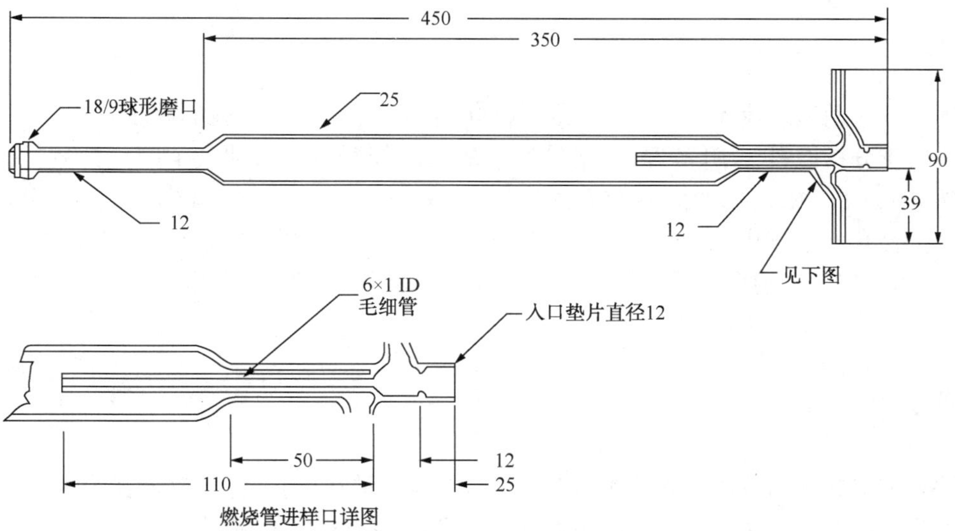

图 1 典型的直接进样石英裂解管示意图

5.3 流量控制：仪器应配有流量控制器，以确保氧气和载气的稳定供应。

5.4 干燥管：仪器应配有脱水装置，以除去试样燃烧过程中生成的水蒸气。可以通过膜式干燥管或渗透干燥器来实现，利用选择性毛细管作用原理脱除水。

5.5 紫外荧光检测器：检测器为定量检测器，测量二氧化硫经紫外光照射后发出的荧光。

5.6 进样系统：进样系统应具备气体阀、液体阀或通用进样阀模块。测试系统应具备阀进样系统及硫分析仪，见图 2。当使用气体/液体双阀系统时，应确保对定量管及气体阀进行加热并控温。当试样以气体形式进样时，应确保对定量管和气体阀进行加热并控温；液体阀应配有液体定量环及热膨胀室，见图 3。当使用通用进样阀模块（LTG）时，试样可以是液态 LPG 或气态形式，试样高温气化后，经气体阀定量，最后连接到硫分析仪器，见图 4。阀进样系统应以惰性气体为载气，将试样定量带入氧化区域并进行分析，载气流速应可控并重复，流量约为 30 mL/min。

5.7 带状图表记录器、电子数据记录仪、积分仪或记录器任选其一。

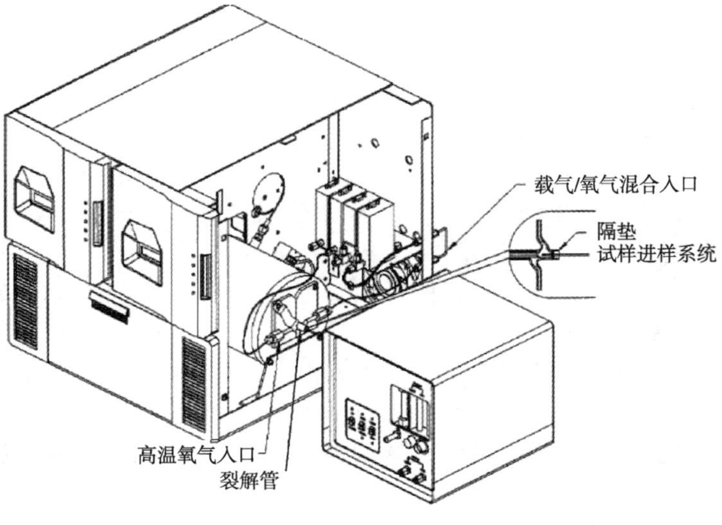

图2　总硫测定仪及阀进样系统

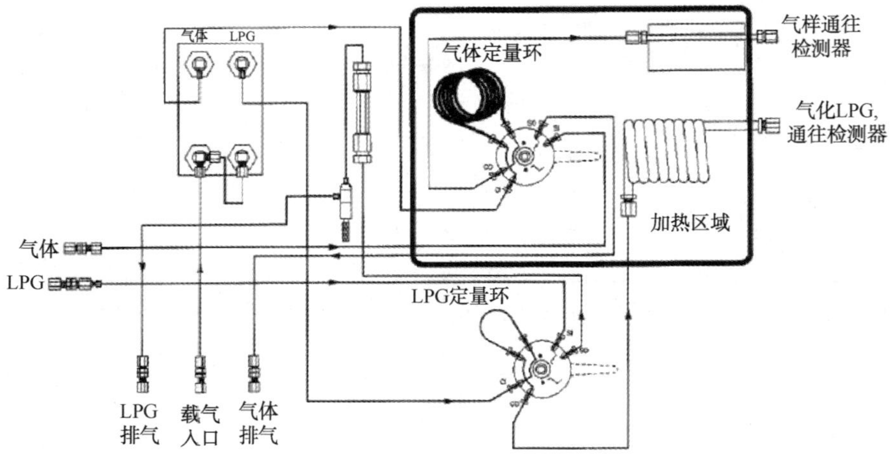

图3　气体、液体阀双进样系统的流程示意图

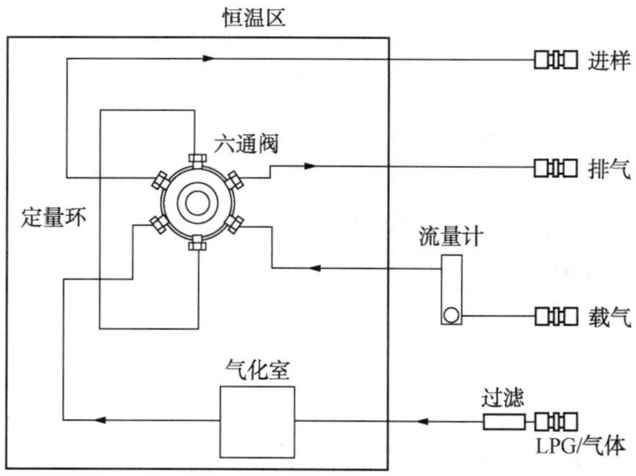

图4　LPG/气体通用进样系统（LTG）示意图

6 试剂

6.1 试剂纯度：试验使用的试剂如无特殊规定均为分析纯。如果使用其他纯度的试剂，应保证不降低测定结果的精确度。

6.2 惰性气体：只能使用氩气或氦气，纯度>99.998%，水含量不大于5mg/kg。

警告：氦气或氩气为高压压缩气。

6.3 氧气：最低纯度为99.75%，水含量不大于5 mg/kg。

警告：氧气为助燃气且为高压压缩气。

6.4 标准物质：可使用液体标样或气体标样。表1列出了实验室中使用的硫化物及稀释剂的种类。

注1：不降低结果的精密度和准确度前提下，其他形式的硫化物也可以使用。

注2：校正的标准物质应该根据使用频率和使用期限进行定期的重新配制和重新定量。标准物质的有效期一般为6个月~12个月。

表1 典型的标准物质

硫化物	稀释基质
二甲基硫醚	正丁烷
	异丁烷
	丙烯
	丙烷

6.5 质量控制样品：应选用稳定的能代表被测样品的气体样品或液化石油气样品。

7 危害

本试验方法涉及的危害因素有高温、易燃烃类及高压气体等。试样的容器及输送装置应耐压缩烃类产生的压力。在氧化炉附近使用可燃物应特别注意。

8 取样

8.1 按照GB/T 13609或SH/T 0233进行取样，取样后应尽快分析，以避免硫的损失和同容器接触造成的污染。

8.2 如果样品不是立即使用，在进样前应将容器中的样品充分混合。使用专用的或进行特殊处理的容器可以降低试样污染的可能性并改善试样的稳定性。

9 仪器的准备

9.1 按照厂家的操作说明书安装仪器并进行检漏。

9.2 典型的仪器操作条件见表2。

表 2　典型的操作条件

进样系统温度/℃	85±20
载气进样流速/（mL/min）	25～30
炉温/℃	1075±25
炉中氧气流量计设定值/（mL/min）	375～450
进样氧气流量计设定值/（ mL/min）	10～30
进样载气流量计设定值/（mL/min）	130～160
气体样品进样量/ mL	10～20
液化石油气样品进样量/μL	15

9.3　按照制造商的要求，调节仪器灵敏度、基线稳定性，并进行仪器的空白校正。

10　校准

10.1　根据当前试样的预计硫含量查阅表 3，选择标准物质的浓度范围，所选用的含硫化合物和稀释剂的类型应能代表被分析样品。表 3 中是个典型的浓度范围，如果需要可以选用更窄的范围。然而使用更窄的浓度范围时方法的精密度并未被确定。应确保用于校准的标准物质的浓度包括了被分析样品的浓度。

注：每条标准曲线所用的标样数量和浓度可以不同。

表 3　典型硫校正范围以及标准化合物含量　　单位为 mg/kg

校正曲线 1	校正曲线 2	校正曲线 3
空白	空白	空白
5.00	10.00	50
10.00	50.00	100
—	100.00	200

10.2　保持样品阀处于“取样”位置，使样品罐与进样系统的样品阀相连。

10.3　将试样充满样品阀的定量环，以实现试样的定量并对不同浓度样品进行分析。

注 1：在所选的测定范围内，对待测试样采用相同或相似的进样量进样，以保持稳定的燃烧及简化对结果的计算。

注 2：可使用自动样品转移和进样装置。

10.3.1　用足量的标准物质冲洗定量环，以保证待测标物具有代表性。

10.3.2　对于液化石油气试样，应确保可视液柱部分不存在气泡，否则应重新冲洗样品环，直至液柱中不存在气泡再切换进样。

10.4　依据仪器操作说明运行仪器，并对标准物质进行分析。

10.5　仪器校正法可分为多点校正和单点校正。

10.5.1　多点校正法可按下述步骤进行。

10.5.1.1　对于带有自校正程序的仪器，按 10.2 条～10.4 条所述对标准试样及空白试验进行三次分析。

10.5.1.2　依照操作说明对仪器进行校正，计算硫的浓度（见第 12 章）。该曲线为典型的线性关系，每天至少检测一次仪器的性能。

注：在不降低准确性和精密度的情况下，可以使用其他的校正方法进行计算，校正频率可以根据质量控制表或其他的品质保证/质量控制方法进行。

10.5.2　单点校正法可按下述步骤进行。

10.5.2.1 使用一个与试样硫含量（最大差值为±25%）接近的标准物质（见6.4）。
10.5.2.2 依据仪器的操作说明，通过仪器正常运行但不进样的方法获得仪器的零点（空白）。
10.5.2.3 对于标准样品的测定次数应不少于3次。
10.5.2.4 计算校正因子K，每ng硫对应的响应值（详见12.2）。

11 试验步骤

11.1 根据第8章要求进行取样。试样的硫含量应介于所用标准曲线的浓度范围内。

注1：试验相关操作说明及安全事项可参见附录B。

注2：取样、进样安全因素参见附录C。

11.2 按10.2条~10.4条测试试样的响应值。
11.3 检查燃烧管及气路的其他组件，以确认试样燃烧完全。如果观测到有积炭或变黑，则降低进样速度或进样体积，或二者同时降低。
11.4 清洗及重新校准：根据使用说明对积炭及变黑的部件进行清洗。在清洗或调节后重新安装组件并检测系统的气密性。分析试样之前重新对仪器进行校正。
11.5 每个试样至少测试三次，测定结果取三次的平均值。

计算所用的气体样品如为天然气，可使用GB/T 11062进行密度计算，其他气体的密度值需通过ASTM D1070气体烃相对密度测定法进行测定，密度计算及测定温度应与试验温度相同。

注：当试样的组分已知，在不降低精密度的前提下，也可用其他的方法计算试样的密度。

12 计算

12.1 仪器的校正使用自校正程序进行，计算试样的硫含量S_m（以mg/kg计）按式（1）进行：

$$S_m = \frac{G \times d}{s} \qquad (1)$$

式中：

d——标准样品的密度，单位为克每毫升（g/mL）；

s——试样的密度，单位为克每毫升（g/mL）；

G——试验中测得的硫含量，单位为毫克每千克（mg/kg）。

12.2 应用单点校正标定时，需按式（2）、式（3）计算校正因子K（见10.5.2.4）

$$K = \frac{A_c}{M_c \times S_{cg}} \qquad (2)$$

$$K = \frac{A_c}{V_c \times S_{cv}} \qquad (3)$$

$$M_c = V \times D_c \qquad (4)$$

式中：

A_c——检测器对标准样品的响应值；

M_c——标准样品的进样质量，以mg表示，直接测定或用进样体积和密度按式（4）进行计算；

D_c——在检测温度下，标准样品的密度，单位为克每毫升（g/mL）；

V——试样的进样体积，单位为微升（μL）；

V_c——标准样品的进样体积，单位为微升（μL）；

S_{cg}——标准样品的硫含量，单位为毫克每千克（mg/kg）；

S_{cv}——标准样品的硫含量，单位为毫克每升（mg/L）。

12.2.1 计算校正因子的平均值并计算标准偏差是否在可接受的范围。校正因子应每天计算。

12.2.2 计算试样的硫含量，按式（5）进行，以（mg/kg）表示；按式（6）进行以（mg/L）表示：

$$S_0 = \frac{A}{M \times K \times F_g} \quad (5)$$

或

$$S_0 = \frac{A}{V \times K \times F_v} \quad (6)$$

$$M = V \times D \quad (7)$$

式中：

K——校正因子，每 ng 硫对应的响应值；

M——试样的进样质量，以 mg 表示，直接测定或用进样体积和密度按式（7）进行计算；

D——在检测温度下，试样的密度，单位为克每毫升（g/mL）；

A——试样在检测器上的响应值；

F_g——质量稀释因子，试样的质量/（试样的质量+溶剂的质量），单位为克每克（g/g）；

F_v——体积稀释因子，试样的质量/（试样的体积+溶剂的体积），单位为克每毫升（g/mL）。

13 报告

当测定结果大于或等于 10mg/kg 时，报告结果修约至 1mg/kg。当测定结果小于 10mg/kg 时，报告结果修约至 0.1mg/kg，报告结果应标明是通过本标准进行测定的。

14 质量控制

14.1 在每一次校正及每个测试日完成试验后都应进行质量控制（QC）样品（见 6.5 条）分析，以实现对仪器的性能和测试过程的验证（见 11.5 条）。

14.1.1 当实验室已建立质量控制及质量保证条款，可用其进行确认测定结果的可靠性。

14.1.2 如实验室没有建立质量控制/质量保证条款，可参考附录 A 质量控制/质量保证系统进行。

15 精密度和偏差

15.1 精密度

精密度和偏差的数据来源于两个单独实验室间的研究。按下述规定判定试验结果的可靠性（95%置信水平）。

15.1.1 重复性

重复性（r）：同一操作者使用同一台仪器，对同一试样，所得两次连续测定的结果之差，气态烃样品硫质量分数在 1 mg/kg ~100 mg/kg 时不应超过式（8）的计算值；

$$r = 0.1152X \quad (8)$$

液化石油气样品硫质量分数在 1 mg/kg ~196 mg/kg 时不应超过式（9）的计算值。

$$r = 0.2707X^{0.7} \quad (9)$$

式中：

X——两次重复试验结果的算术平均值。

15.1.2 再现性

再现性（R）：在不同实验室，不同的操作者针对同一试样，所得两个单一而单独的结果之差，气态烃样品硫质量分数在 1 mg/kg ~100 mg/kg 时不应超过式（10）的计算值；

$$R = 0.3130X \quad (10)$$

液化石油气样品硫质量分数在 1 mg/kg~196 mg/kg 时不应超过式（11）的计算值。

$$R = 2.3205\, X^{0.7} \quad (11)$$

式中：

X——两次试验结果的算术平均值。

15.1.3 精密度典型值

精密度的典型值在表 4 中列出。

表 4 精密度的典型值

单位为 mg/kg

硫含量	重复性（r）		再现性（R）	
	气态烃	LPG	气态烃	LPG
1	0.1	0.3	0.3	2.3
5	0.6	0.8	1.6	7.2
25	2.9	2.6	7.8	22
50	5.8	4.2	16	36
100	12	6.8	31	58
150	—	9	—	77
196	—	11	—	93

15.2 偏差

本方法的偏差是通过实验室间通过对已认证的标准品和样品进行研究得到，并在 2000 年以研究报告的形式出版（ASTM RR：D02-1506）。报告表明测定结果满足标准的重复性要求。

附 录 A
（资料性附录）
质量控制

A.1 通过分析质量控制样品对仪器的性能及试验程序进行确认。

A.2 在监控测量过程之前，用户需测定 QC 样品的平均值和控制范围，参见 NB/SH/T 0843 及 ASTM MNL7。

A.3 记录质量控制样品的数据结果并通过质量控制图或其他的统计技术进行分析，以确定对总体测试过程的统计控制状态。参见 NB/SH/T 0843 及 ASTM MNL7。调查任何一个不受控数据的产生原因，调查的结果可能（但不一定）需要重新校正仪器。

A.4 QC 测试频率取决于被测试样的重要程度、检测过程的稳定性及客户的要求。通常，需要在每个测试日与常规的样品一同测试 QC 样品。如果测试样品量增加，则质量控制测试频率也应增加。然而，当测试在统计控制范围内，质量控制测试频率可相应减少。为保证数据质量，质量控制数据的精度应定期重新检测，细节参见 NB/SH/T 0843 及 ASTM MNL7。

A.5 如果可能，建议定期测定的质量控制样品应能代表日常检测的样品。在计划使用的时间内，质量控制样品的量应该充足，且其在储存时间内应是均匀、稳定的。

A.6 进一步的质量控制和控制表方法的内容参见 NB/SH/T 0843 及 ASTM MNL7。

附 录 B
(资料性附录)
操作说明及安全事项

B.1 进样前，根据制造商的说明充分稳定和准备分析仪器。

B.2 除了试样分析时，样品进口阀应处于“取样”位置。

B.3 一旦样品阀充满，并达到平衡状态，可通过命令提示旋转样品阀到“进样”状态，完成进样过程。

B.4 样品阀一直保持在“进样”位置，直到仪器信号回到基线且积分过程结束。

B.5 检测器响应所需的时间由燃烧管的类型、载气流量、进样量及硫含量共同决定。典型的反应时间是 20 s~1 min（见图 B.1）。

B.6 进口载气流量可以控制样品的燃烧和检测特性，如果载气流速过高（大于 30 mL/min）会导致试样的不完全燃烧（积炭）。

B.7 在信号回到基线后，再进行下一次的进样。

B.8 装有液化石油气样品的钢瓶，通过足够的压力（通常为大于 1.38 MPa 的容器压力），确保试样转移到进样系统的过程中在传输管和观测管无气泡形成。

B.9 使用标准的气体流速设置仪器条件，见本标准第 9 章。

B.10 推荐：在导入样品前应使用一种过滤装置，可以大大地提高阀的使用寿命，防止传输管线阻塞。

B.11 使用低铁含量或无铁合金或经过惰性处理的材料，可以提高低硫含量的检测限。

B.12 使用带式记录仪或软件进行峰值显示，有助于进样系统的安装和正常运行。

B.13 当校正试样和分析试样的标准曲线匹配时，质量分析结果最好。不提倡（室温）直接注射液体溶剂作为校正试样或直接液体进样，这样会导致样品气流经过的组件严重积炭（生焦），出现很差的分析结果。

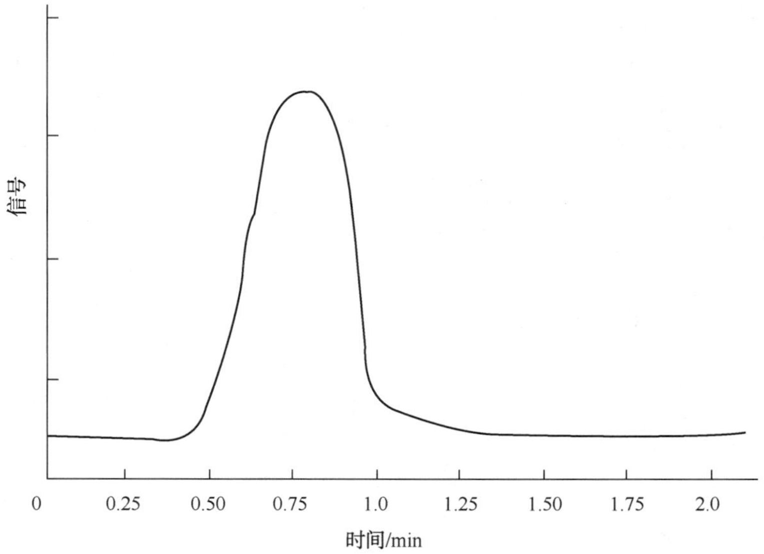

图 B.1 典型的进样图

附　录　C
（资料性附录）
安全因素

C.1　经常性检查连接样品容器和进样系统的管线及配件，防止由于频繁弯曲、老化或使用造成的漏气及应力损伤问题。

C.2　检查快速接头组件和其他的样品转移、排气装置是否漏气，确保正常操作。

C.3　进样系统的废气排放应远离仪器工作环境和有潜在火源的区域。

C.4　用来维持取样罐内的组分稳定和样品输送的压力一般小于5.17 MPa，不应超过进样系统的整体额定压力6.21 MPa或样品转移装置的承受能力。

C.5　当样品阀处于“取样”过程，使用低速或中速对取样环路进行充填。

C.6　在样品管充满试样后，回路压力和排气系统平衡。排气到一个没有潜在的火源的区域，并使用一个可视的安全气泡监测装置进行确认，确保进样的均匀稳定。

C.7　取样完成后，建议对样品输送管进行排气或泄压。

C.8　在分析测试结束后，样品阀维持在“取样”位置，用进样系统的惰性气体来吹扫试样残留。

ICS 75. 100. 40
G 74

SH

中华人民共和国石油化工行业标准

NB/SH/T 0918—2015

固体催化剂酸度的测定　氨化学吸附法

Standard test method for determination of catalyst acidity by ammonia chemisorption

2015-10-27 发布　　2016-03-01 实施

国家能源局　发布

前　言

本标准按照 GB/T 1.1—2009 给出的规则起草。

本标准使用重新起草法修改采用美国试验与材料协会标准 ASTM D4824-13《氨化学吸附测定催化剂酸度的标准方法》。

本标准与 ASTM D4824-13 的主要技术性差异及其原因如下：

——将第 2 章引用标准 ASTM D3766 删除，在标准第 3 章术语和定义中保留 ASTM D3766 有关酸度的定义，将 3.2 条符号内容删除，将其内容表述在标准相关处；

——在 8.2 条下增加注，补充说明当阀 V_5 和阀 V_6 都连接试样时，则两个试样需分别按照试验步骤进行独立测量，分别计算；

——将试验温度由开尔文温度修改为摄氏温度，同时式（2）和式（3）做相应修改；

——标准中大气压力只保留标准大气压的表示，同时式（4）做相应修改。

本标准由中国石油化工集团公司提出。

本标准由全国石油产品和润滑油标准化技术委员会石油燃料和润滑油分技术委员会归口（SAC/TC280/SC1）。

本标准起草单位：中国石油天然气股份有限公司石油化工研究院。

本标准主要起草人：张春光、肖占敏、梁迎春、王春燕。

本标准为首次发布。

固体催化剂酸度的测定 氨化学吸附法

警告：本标准的应用可能涉及某些有危险性的材料、操作和设备，但并未对与此有关的所有安全问题都提出建议。用户在使用本标准前有责任制定相应的安全和保护措施，并确定相关规章限制的适用性。

1 范围

本标准规定了用氨化学吸附法测定催化剂和催化剂载体酸度的测量方法，化学吸附氨的量由一套静态体积测量系统得到。

本标准适用于测定固体催化剂或载体的酸度。

2 规范性引用文件

下列文件对于本文件的应用是必不可少的。凡是注日期的引用文件，仅所注日期的版本适用于本文件。凡是不注日期的引用文件，其最新版本（包括所有的修改单）适用于本文件。

ASTM E 691 开展实验室间研究以确定试验方法精密度的规程（Practice for Conducting an Interlaboratory Study to Determine the Precision of a Test Method）

3 术语和定义

下列术语和定义适用于本文件。

3.1

酸度 acidity

指催化剂或载体在饱和化学吸附氨气以后，吸附氨气的量与样品质量的比值，以 cm^3/g 表示。

注：氨气的量需要转换为标准大气压气体体积。

4 方法概要

首先把催化剂放在真空中加热脱气，脱除试样表面吸附的气体。然后，把催化剂放置在过量的氨气氛中进行化学吸附，并把剩余的氨用盛有液氮的冷阱冷凝出来。那么，化学吸附氨气的量可以通过计算催化剂放置以前氨气的量和液氮冷阱回收氨气的量之差得出，进而通过计算得出酸度。

5 方法应用

本标准采用氨化学吸附法来评价催化剂材料的酸度与规格相符性，本标准可以用于催化剂生产控制、催化剂评价和催化剂的研发。

6 仪器

6.1 图 1 给出了一种典型仪器的示意图。仪器可以用玻璃或金属建造，可以手动或自动操作。而且，

该仪器还有以下特征：

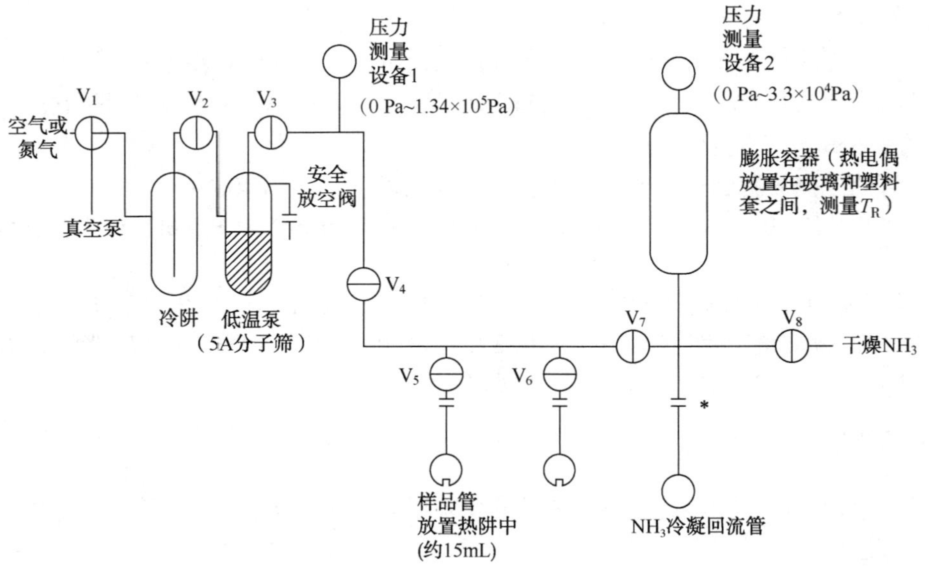

图1　体积测量系统的示意图

6.1.1　真空系统：在没有试样存在的情况下，可以达到并维持压力在0.01 Pa。

6.1.2　膨胀容器：它的体积（V_k）介于300 cm^3~500 cm^3之间，误差在0.01 cm^3以内。体积V_k定义为介于流量调节阀V_7和阀V_8之间的容积，包括压力测量设备2和氨气冷凝回流管。

注：较小体积的膨胀容器是给低比表面积材料或较小颗粒尺寸的材料准备的。

6.1.3　压力测量设备1：测量范围是0 Pa~1.34×10^5 Pa，测量精度为0.1 Pa。

6.1.4　压力测量设备2：测量范围是0 Pa~3.3×10^4 Pa，测量精度为10 Pa。

6.1.5　阀（V_8）：连接氨气源和膨胀容器。

6.1.6　样品管：体积为5 cm^3~25 cm^3，样品管可以通过标准套管接头、玻璃密封接头或者卡套式接头连接到设备上。

6.1.7　杜瓦瓶：盛装液氮，用来沉浸装有氨气的膨胀容器。

6.1.8　温度计或者热电偶（Ⅰ）：用来测量膨胀容器的温度。如果膨胀容器的恒温温度比周围环境高，可以不记录该温度。

6.1.9　加热套或小型加热炉：用来加热样品管。

6.1.10　天平：感量为0.1mg。

6.1.11　温度计或热电偶（Ⅱ）：用来测量样品管的温度。

6.1.12　液氮冷阱：用于冷凝真空系统中的氨。

6.1.13　干燥管：用来干燥氨气，填充物可以是3A分子筛或者BaO。

7　试剂与材料

7.1　氮气：纯度不低于99.9%，且流经干燥管。

7.2　氨气：纯度不低于99.9%。

7.3　液氮。

8　试验步骤

8.1　试样预处理和脱气

8.1.1 称量样品管的质量精确到 0.1 mg，并记录为 W_1，然后把大约 2 g 试样放入到样品管中。

8.1.2 把样品管安装到设备上。

8.1.3 开启样品管连接阀 V_5 和阀 V_6，两阀既可依次开启，也可同时开启。

8.1.4 慢慢开启连通真空系统的阀（V_4），同时监控压力下降速率，避免压力下降过快，因为压力过快下降会导致粉末型试样产生额外的流失。

8.1.5 在样品管的外侧放置加热套或加热炉，把试样的温度升高到 400 ℃。

注：如果空气的相对湿度超过 5%，要采用特殊的预防措施以避免粉末试样突然溅出。推荐在这种环境中的升温速率不要超过 2 ℃/min。

8.1.6 在 400℃的温度下持续脱气至少 3 h，脱气压力不超过 0.1 Pa，可以脱气 12 h 左右。

注：对于一般试样，确定预处理温度为 400 ℃，但是对于某些在 400 ℃的温度下会分解或者烧结的试样来说，需要更低的预处理温度，在试验报告中需要说明预处理温度。

8.2 氨吸附量的测定

注：如果阀 V_5 和阀 V_6 都连接试样，则两个试样需要分别按照 8.2.1~8.2.10 的步骤进行独立测量，分别计算。

8.2.1 脱气结束以后，把试样温度降低到 175℃。

8.2.2 关闭截止阀 V_7，把试样和膨胀容器分隔开来，并允许氨气经过阀 V_8 进入膨胀容器。假定化学吸附量大约是 5 cm^3/g，并且通入充足的氨气，以保证在与氨气接触的过程中，氨气压力为 13 kPa~20 kPa。

8.2.3 关闭氨气阀 V_8，把膨胀容器沉浸在液氮中，把氨气可以冷凝到膨胀容器中。

8.2.4 当氨气凝结以后，关闭样品管连接阀 V_5 和阀 V_6，打开阀 V_7，抽出没有凝结的杂质气体。（通常来说 2 min 是比较充分的抽空时间。）

8.2.5 在把没有凝结的杂质气体抽出之后，关闭通往真空的阀 V_7，并把液氮从膨胀容器上撤去，这样氨就可以膨胀到膨胀容器中。此时测量压力 P_1 和温度 T_1。

8.2.6 关闭通往真空的阀 V_4，打开阀 V_7，然后再打开阀 V_5 或者阀 V_6，把试样暴露于过量的氨气中 30 min，试样温度应该保持在 175 ℃±1 ℃。

8.2.7 经过 30 min 的氨吸附后，再把膨胀容器重新浸入液氮中 2 h，把氨气重新冷凝下来。

8.2.8 经过这段时间的冷凝，关闭阀 V_7，从而把样品管同膨胀容器分离开。如果在冷凝阶段快要结束的时候，压力不小于 10 Pa，说明系统漏气，测试需要重新进行一次。移除液氮，让氨气膨胀到膨胀容器中。如果系统不漏气，也就不会留有任何冷凝物质，这时可以测量压力 P_2 和温度 T_2。

8.2.9 从样品管上移除加热套或加热炉丝，并冷却到环境温度。并把样品管回充氮气到大气压力或稍高于大气压力。关闭样品管连接阀 V_5 和阀 V_6。

8.2.10 从设备上取下样品管并称重。记录质量 W_2，精确到 0.1mg。

注：如果使用标准套管接头，在称重时需要小心地去除油脂。

9 结果计算

9.1 按式（1）计算试样质量 W_s：

$$W_s = W_2 - W_1 \quad (1)$$

式中：

W_s——吸附氨气的试样质量，单位为克（g）；

W_1——样品管质量，单位为克（g）；

W_2——吸附氨气的试样和样品管质量之和，单位为克（g）。

9.2 按式（2），式（3）计算在标准温度下的压力 P_{1T} 和 P_{2T}：

$$P_{1T} = P_1 \times \frac{273}{T_1 + 273} \quad \cdots\cdots (2)$$

$$P_{2T} = P_2 \times \frac{273}{T_2 + 273} \quad \cdots\cdots (3)$$

式中：

P_{1T}——换算为标准温度下的初始氨压力，单位为帕（Pa）；

P_{2T}——换算为标准温度下的最终氨压力，单位为帕（Pa）；

P_1——初始氨压力，单位为帕（Pa）；

P_2——最终氨压力，单位为帕（Pa）；

T_1——初始压力下膨胀容器的温度，单位为摄氏度（℃）；

T_2——最终压力下膨胀容器的温度，单位为摄氏度（℃）。

9.3　按式（4）计算吸附体积 V_{ads}：

$$V_{ads} = \frac{P_{1T} - P_{2T}}{1.013 \times 10^5} V_k \quad \cdots\cdots (4)$$

式中：

V_{ads}——换算为标准状况下的吸附氨气体积，单位为立方厘米（cm^3）；

V_k——修正后的氨膨胀体积，单位为立方厘米（cm^3）。

9.4　按式（5）计算酸度 A：

$$A = V_{ads}/W_s \quad \cdots\cdots (5)$$

式中：

A——试样的酸度，单位为立方厘米每克（cm^3/g）。

10　试验报告

10.1　报告中应包括试样预处理的温度、脱气温度以及试样充分吸附氨气时的温度。

10.2　报告中给出的结果以立方厘米每克（cm^3/g）为单位，精确到 0.01 cm^3/g。

11　精密度和偏差

取四个独立的催化剂试样在九个不同的实验室对酸度测定展开重复性和再现性试验，并根据标准 ASTM E691 对不一致的实验数据进行去除，并经过详细分析得到本标准的精密度。按下述规定判断试验结果的可靠性（95%置信水平）：

11.1　精密度

11.1.1　重复性（r）：由同一操作者，使用同一台仪器，在同样的操作条件下，对同一试样进行连续测定，所得的两个试验结果的差值，不超过式（6）计算值的要求：

$$r = 0.10X \quad \cdots\cdots (6)$$

式中：

X——两次试验结果的平均值。

11.1.2　再现性（R）：在不同的试验室，由不同的操作者使用不同的仪器对同一的试样按照相同的试验方法进行测定，所得的两个单一、独立的试验结果的差值，不超过式（7）计算值的要求：

$$R = 0.30X \quad \cdots\cdots (7)$$

11.2 偏差

本标准偏差还未确定。

ICS 75.160.30
E 46

SH

中华人民共和国石油化工行业标准

NB/SH/T 0919—2015

气体燃料和天然气中含硫化合物的测定 气相色谱和化学发光检测法

Standard test method for determination of sulfur compounds in gaseous fuels and natural gas by gas chromatography and chemiluminescence

2015-10-27 发布　　　　2016-03-01 实施

国家能源局　发布

前　　言

本标准按照 GB/T 1.1—2009 给出的规则起草。

本标准修改采用 ASTM D5504-12《气体燃料和天然气中含硫化合物的测定　气相色谱和化学发光检测法》。

本标准与 ASTM D5504-12 的技术性差异及原因如下：

——将 ASTM D5504-12 第 2 章中部分引用标准修改为相应的我国国家标准和行业标准；

——增加采用含硫化合物液体试剂自行配制气体燃料和天然气中常见组分定性用标准气样的方法和据此方法的含硫化合物定性标样 GAS-S（见 6.2.10），以解决多组分混合标气难以配制的问题；

——根据国内气体样品中常见含硫化合物分布情况，为方便及优化使用，除 ASTM D5504-12 中列出的色谱条件（GC-1）外，增加了采用内径等于 0.53 mm 色谱柱时一组色谱条件（GC-2）及两种色谱柱连接方式。它可以用于样品中同时含有微量二氧化硫和羰基硫组分的检测，或含硫化合物组成较为复杂的样品；

——ASTM D5504-12 中，建立 SCD 校正曲线时，要求连续三次校正样分析结果偏差不超过 5%，考虑到影响气体进样重复性优劣因素较多，本标准修改为连续三次校正样分析结果偏差不超过 10%。

——对利用校正样进行 SCD 线性验证的方式及指标进行了修改。当三个以上浓度点连续三次测量结果响应值偏差不超过 10%时，原标准要求实测平均值与标称值偏差在 5%以内时具有线性关系，本标准修改为利用响应均值与标称值建立过原点校正曲线，相关系数不小于 0.99 时线性关系成立；

——ASTM D5504-12 中，要求单个含硫化合物的响应因子与硫化氢的响应因子偏差在 5%以内。考虑到国内配制含硫化合物标准气时硫醇、硫醚类组分不确定度较大，本标准修改为单个含硫化合物与硫化氢的响应因子偏差在 10%以内；

——ASTM D5504-12 中，验证组分响应因子偏差的基准组分为硫化氢，考虑到实际应用中存在仪器惰性化程度差异及色谱柱存在的吸附性的问题，除硫化氢外，增加二甲基硫醚为基准组分，要求单个含硫化合物与硫化氢或二甲基硫醚的响应因子相对偏差在 10%以内。

——增加了附录 C（规范性附录），用于将气体体积分数单位 mL/m^3 换算为国内含硫化合物气样分析中常用的以硫计的质量浓度单位 mg/m^3。

本标准由中国石油化工集团公司提出。

本标准由全国石油产品和润滑剂标准化技术委员会石油燃料和润滑剂分技术委员会（SAC/TC 280/SC 1）归口。

本标准起草单位：中国石油化工股份有限公司石油化工科学研究院。

本标准主要起草人：王亚敏。

本标准为首次发布。

气体燃料和天然气中含硫化合物的测定 气相色谱和化学发光检测法

警告：本标准的使用可能涉及某些有危险性的材料、操作和设备，但并未对与此有关的所有安全问题都提出建议。用户在使用本标准之前有责任制定相应的安全和保护措施，并确定相关规章限制的适用性。

1 范围

本标准规定了采用气相色谱和化学发光检测法测定气体样品中含硫化合物含量的方法。

本标准适用于炼厂气、天然气、空气、沼气、垃圾填埋气等气体样品中可挥发性含硫化合物的测定。本方法检测范围，以 pg 硫为单位计，为 10～1000000，相当于进样量为 1 mL 时，硫质量浓度范围为 0.01 mg/m^3～1000 mg/m^3。

通过稀释或者选择小定量环的方式可以使本方法的检测范围扩展至高浓度。

注：采用稀释的方式将降低方法的精度。

本方法不适用于对样品中所有含硫化合物形态进行准确定性。只对在选定的色谱条件下从特定色谱柱流出的含硫化合物进行定性。在前述的范围内，检测器对所有硫元素等摩尔响应，因此，未知含硫化合物与已知含硫化合物具有相同的测量精度。根据各个含硫化合物组分的含量可以计算试样中总硫含量。

2 规范性引用文件

下列文件对于本文件的应用是必不可少的。凡是注日期的引用文件，仅所注日期的版本适用于本文件。凡是不注日期的引用文件，其最新版本（包括所有的修改单）适用于本文件。

GB/T 11060.1 天然气 含硫化合物的测定 第1部分：用碘量法测定硫化氢含量

GB/T 11060.2 天然气 含硫化合物的测定 第2部分：用亚甲蓝法测定硫化氢含量

GB/T 11060.3 天然气 含硫化合物的测定 第3部分：用乙酸铅反应速率双光路检测法测定硫化氢含量

GB/T 11060.4 天然气中总硫的测定 第4部分：氧化微库仑法

GB/T 11060.5 天然气 含硫化合物的测定 第5部分：用氢解-速率计比色法测定总硫含量

GB/T 13610 天然气的组成分析 气相色谱法

SH/T 0222 液化石油气总硫含量测定法（电量法）

SH/T 0230 液化石油气组成测定法（色谱法）

SH/T 0231 液化石油气中硫化氢含量测定法（层析法）

ASTM D3609 使用渗透管校准技术的实施规程（Practice for Calibration Techniques Using Permeation Tubes）

ASTM E594 气相或超临界流体色谱火焰离子化检测器测定方法（Practice for Testing Flame Ionization Detectors Used in gas or Supercritical Fluid Chromatography）

ASTM E691 开展实验室间研究以确定试验方法精密度的规程（Practice for Conducting an Interlaboratory Study to Determine the Precision of a Test Method）

3 方法概要

3.1 由于含硫化合物具有很强的反应活性，因此气态含硫化合物的分析是一项很有挑战性的工作—采样和分析过程都很困难。为了消除离线分析可能出现的样品变化，最理想分析方式为现场分析。采集样品应使用惰性容器，如金属表面硅烷化处理（Silcosteel）的钢瓶、含聚丙烯接头的泰德勒（Tedlar）气袋或具有相同材质的其他气袋，而且使用泰德勒气袋要防止光照和受热。为确保分析结果可靠，实验设备也应是惰性的或经过钝化处理的。

3.2 将 1 mL 具有代表性气体样品注入气相色谱仪，样品进入一根大孔径、厚液膜的甲基硅酮开管柱或其他适宜的色谱柱，将气样中组分分离为单个含硫化合物。

3.3 当含硫化合物经过色谱柱分离后，进入火焰离子化检测器（FID）或加热燃烧区，燃烧产物被收集后通过传输线进入硫化学发光检测器（SCD）。

4 方法应用

4.1 不同来源的气体燃料和天然气含有不同类型和浓度的含硫化合物，这些含硫化合物具有刺激性气味，会腐蚀设备，在气体燃料加工过程中含硫化合物会使催化剂中毒。

4.2 为了使用安全，液化石油气和天然气中会人为添加少量 10^{-6} 级的有臭味的含硫化合物。某些具臭味的含硫化合物并不稳定，会逐渐反应生成更稳定的气味较淡的含硫化合物。因此需要定量检测含硫臭味剂的含量以符合相关技术标准的要求。

4.3 虽然本方法主要是为气体燃料和天然气而设定，但本方法也可以用于包括炼厂气、垃圾填埋气、废热发电气和沼气在内的可燃性气体的分析。这些气体中含有受限制的挥发性含硫化合物。这些可燃性气体会不定期地被卖给不同经销商。因此，管理机构和生产、配送环节都需要对含硫化合物进行准确测定以满足监管、生产和配送需要。原料气中的硫超标也会使能源生产或转化为新产品燃料气过程中用到的催化剂中毒，因此工业生产时需要经常检测这些可燃性气体中的硫含量以保护催化剂。

4.4 相关分析方法：通用的液化石油气组成测定法（色谱法）（SH/T 0230）、天然气组成测定的气相色谱法（GB/T 13610）。其他用于测定气体样品总硫的方法，包括液化石油气中总硫含量测定方法（电量法）（SH/T 0222），天然气中总硫的测定　氧化微库仑法（GB/T 11060.4）、GB/T 11060.5　天然气中总硫的测定　氢解-速率计比色法以及测定硫化氢的 SH/T 0231 及 GB/T 11060.1、GB/T 11060.2 和 GB/T 11060.3 方法。

5 仪器

5.1 气相色谱仪

任何有质量保证、具有与化学发光检测器相连接的硬件接口，同时具有满足分析要求的必要配置的气相色谱仪均可使用。在整个分析过程中，气相色谱仪应保证保留时间的重复性偏差小于 0.05 min。

5.1.1 样品进样系统：进样系统应能在色谱柱的最高使用温度下连续操作。可以进行无分流进样；使用毛细管色谱柱时可以控制分流比在 10∶1 至 50∶1 范围内；遇到干扰物质或多次分析时应使用自动气体进样阀。进样系统应经过很好的老化，并经常进行测试以保证微量活性含硫化合物的准确测定。

5.1.2 载气和检测器气路控制单元：稳定的载气和检测器气体流量控制对于分析条件的优化和操作稳定至关重要。使用压力调节器和固定流量阻尼可以获得满意的流量控制。可通过适当的方法测量和调整气体流量。为了获得最佳的仪器性能，可以使用控制精度在±1%范围内的质量流量计。

5.1.3 检测器：含硫化合物的燃烧可以使用火焰离子化检测器（FID）、加热燃烧区或类似设备。燃烧的产物被收集后导入硫化学发光检测器（SCD）。

5.1.3.1 FID：火焰离子化检测器按照生产厂家提供的技术参数，根据 ASTM E594 试验确定的性能指标能满足或优于表 1 所列条件要求。火焰离子化检测器可以在色谱柱最高使用温度下操作。在分析过程中，进样系统、色谱柱和火焰离子化检测器连接处的温度不能低于色谱柱温度。火焰离子化检测器设计应满足 SCD 采样探针插入火焰的同时不干扰烃类的检测和响应的要求。可通过优化空气和氢气的流量，以产生一个富氢的环境或燃烧区以使烃类燃烧，这样可以使基体效应最小。当需要同时检测烃类化合物时，可以将火焰离子化检测器和加热燃烧区串联使用，此时需要使用零级空气（零级空气主要成分由氧和氮组成。零级空气中一般要求总烃体积分数小于 2×10^{-6}、水分体积分数小于 5×10^{-6}）。

5.1.3.2 SCD：硫化学发光检测器规格指标应符合或优于下列要求：（1）线性范围大于 10^5；（2）检测灵敏度高于 5 pg S/s；（3）含硫化合物对烃类的选择性大于 10^6；（4）含硫化合物响应无淬灭；（5）通常色谱进样体积下共流出的化合物对含硫化合物测定无干扰。

5.1.3.3 加热燃烧区：从气相色谱柱分离出的含硫化合物经过一个带加热的富氢燃烧区或一个底部连接色谱柱的火焰离子化检测器，其产物被携带到减压后的硫化学发光检测单元，在过量臭氧的作用下，燃烧后的含硫化合物释放出蓝光（480 nm）和紫外光（260 nm）。

5.1.3.4 SCD 检测器的工作原理是基于未知含硫化合物通过火焰离子化检测器，或相关的燃烧单元后，燃烧产物和臭氧发生反应产生的化学发光过程（发光反应）。硫化学发光反应机理是一个尚在研究的课题，附录 B 中描述了两种化学发光模式。含硫化合物燃烧后的产物和过量的臭氧一同进入一个低压反应池（<2.7 kPa）后发生反应，反应产物包括蓝光（480 nm）、氧气和其他组分，反应产生的光信号经蓝光光电倍增管检测并放大，输出至数据采集系统。

5.1.3.5 与 SCD 相连的检测器：虽然 SCD 经常被用于与其他检测常规烃类的检测器相串连，但是管理部门仍然可能会质疑检测器的兼容性，因此要求出具配置了 SCD 的多检测器系统和使用一个 FID 或其他燃烧区的 SCD 之间的等效性证明。

5.1.3.6 供选择的检测器：本方法虽然只是应用了硫化学发光检测器（SCD），但是只要对所有含硫化合物有响应，且灵敏度高、不受干扰，并满足质量保证标准的检测器均可使用。

5.2 色谱柱

多种类型色谱柱均可用于含硫化合物检测。最常用的为 60 m 长，内径为 0.53 mm，内涂 5 μm 厚度键合甲基硅酮固定相的熔融石英毛细管柱。所选色谱柱的保留和分离能力可以提供如表 1 和图 1~图 4 所示的分离效果，色谱柱对含硫化合物应是惰性的。色谱柱的柱流失应足够低，以确保柱温升至 200℃ 时，柱流失不至影响 SCD 的响应。

5.3 数据采集系统

5.3.1 记录仪：0 mV~1 mV 量程的电位记录仪或与之相当设备，有 2 s 或更短的满量程响应时间。

5.3.2 积分仪：可使用电子积分仪或色谱工作站。双通道数据采集系统可以同时采集 FID 和 SCD 的信号。软件及设备应为具备下列数据处理能力：

5.3.2.1 可以记录色谱图。

5.3.2.2 可以显示色谱峰面积值。

5.3.2.3 可以通过保留时间、相对保留时间或同时使用二者定性。

5.3.2.4　可采用响应因子进行计算。

5.3.2.5　可采用外标法给出分析结果。

6　试剂与材料

警告：在渗透管中的含硫化合物或钢瓶中压缩气体可能自燃，摄入或吸入对身体有害或致命。渗透管和带压标准气只有在通风良好的地点才能操作，并远离火源，错误操作含有空气、氮气或氦气压缩气体钢瓶可能导致爆炸；快速释放氮气或氦气可以导致窒息；压缩空气可以助燃。

6.1　含硫化合物标准气：精确的含硫化合物标准气是硫化物定量分析的关键。渗透管和带压钢瓶标准气应该是稳定、高纯和高精度的。

6.1.1　渗透管：含硫化合物标准气可由渗透管提供，它对所选的每一种含硫化合物可给出校准重量和可方便操作的温度曲线。在给定温度下，通过改变和精确测量通过渗透管稀释气的流量可获得一个浓度范围很宽的标准气。产生的标准气可用于校准 GC/SCD 系统。

6.1.1.1　渗透管温度控制系统：温度控制精度在 0.1 ℃之内。

6.1.1.2　渗透管流量控制系统：流量精度控制的偏差在±2%内。

6.1.1.3　使用经过“E1”级砝码校准的、可溯源至国家计量部门的天平，每月至少检查和称量渗透管一次，精确至 0.01 mg。按照 ASTM D3609 方法通过重量损失和稀释气流量计算标准气浓度。在以下情况下需要废弃渗透管：液体体积小于最初体积的 10%；渗透管表面显著褪色或存在其他缺陷。

6.2　带压标准气体：作为另外一种选择，也可使用以氮气、氦气和甲烷为基底的混合含硫化合物标准气。生产过程中缺乏一致性或存储过程中的不稳定性将是分析过程中需要注意的误差来源。使用附录 A 所列的条款将确保标准气生产厂商所提供的标气品质。

6.2.1　配备的压力调节器应适用于含硫化合物标准气体的转移，附加的配件也应是对硫钝化或惰性的。

6.2.2　推荐带压含硫化合物标准气可包含如下组分：硫化氢（H_2S）、羰基硫（COS）、甲硫醇（MeSH）。

6.2.3　下述组分也可配制于带压标准气中：乙硫醇（EtSH）、正丙硫醇（*n*-PrSH）、2-丙硫醇（*i*-PrSH）、二甲基硫醚（DMS）。

6.2.4　下述组分有可能分解，因此不推荐配制于混合标准气体中：二硫化碳（CS_2）、二甲基二硫醚（DMDS）、其他二硫化物。

6.2.5　所有多元混合标准气体组分出厂前应由生产厂商再次进行确认以保证精度。

6.2.6　为了分析复杂的样品，如炼厂燃料气和相关类型的燃料气，配备 SCD 的色谱系统应具有能够检测常见大分子挥发性含硫化合物（如正丙基硫醚）的能力。可以通过体积分数为 160 mL/m^3 正丙基硫醚标物的保留时间验证这一特性，该标准化合物是将 1 μL 的正丙基硫醚试剂（分析纯以上）加入到 1 L 充满超纯氮气或氦气的泰德勒采样袋中制备而来。

6.2.7　载气：氦气，纯度在 99.999%以上。应提供足够压力以保证获得稳定的载气流量（见 5.1.2）。

6.2.8　氢气：火焰离子化检测器、加热燃烧区或类似的设备采用纯度在 99.999%以上氢气作为燃气。

6.2.9　空气：火焰离子化检测器、加热燃烧区或类似的设备采用压缩空气作为助燃气。

注：载气、氢气、空气均建议进一步净化。可使用分子筛或其他合适的试剂去除各类气中的水、氧气和烃类杂质，同时使用硫捕集阱去除各类气中的含硫化合物。

6.2.10　自制定性标准气：建议配制方法—量取约 10 μL 各含硫化合物液体纯物质（分析纯以上）于 100 mL 容量瓶中，用 60 ℃～90 ℃或 90 ℃～120 ℃石油醚（分析纯以上）稀释至刻度，该样品溶液可作为含硫化合物定性溶液。试验中，以注射器抽取 10 μL～50 μL 定性溶液于 50 mL～500 mL 大体积注

射器或 Tedlar 气袋中，用外购标准气或高纯氮气、氦气、零级空气稀释后即可作为混合定性标准气样。据此方法配制的气体燃料和天然气中常见组分定性标样 GAS-S 见表 2。

注：自制定性标气的配制方法不局限于 6.2.10，也可用其他方法配制。

7 仪器准备

7.1 色谱仪：按照生产厂家的要求进行操作。多种操作条件都可用于含硫化合物气体分析。色谱仪的操作条件应至少满足下列典型的、最低限度标准。

7.1.1 操作条件应能够分离校正用的所有挥发性含硫化合物。

7.1.2 色谱操作条件应保证所关心的含硫化合物全部流出。

7.1.3 应保证进样系统可以无损失、无吸附地将样品导入色谱柱，同时确保含硫化合物之间没有反应，且样品之间互不影响。

7.1.4 表 1 所提供的操作条件可以满足上述准则。表 2 所提供的含硫化合物的保留时间来源于表 1 的分析参数，图 1～图 4 为典型色谱图。图 5、图 6 分别为 GC-2 条件下液化石油气和天然气的典型分析谱图。

表 1　典型色谱条件

色谱条件	GC-1（SCD）或（SCD+FID）	GC-2（SCD）或（SCD+FID）
色谱柱 类型 尺寸	OV-1、DB-1、HP-1 柱长 30 m，内径 0.32 mm，液膜厚度 4 μm	OV-1、DB-1、HP-1 柱长 60 m，内径 0.53 mm，液膜厚度 5 μm，串接阻尼柱[a] 或 SCD 与 FID 串联，不接阻尼柱
载气	氦气（纯度 99.999%以上）	
定量环	钝化 0.5 mL～1.0 mL	钝化 0.5 mL～1.0 mL
阀箱温度	150 ℃	200 ℃
进样口温度	150 ℃	200 ℃
分流比	10∶1～50∶1	10∶1～50∶1
色谱柱前压	恒定压力 21.4 kPa，线速度 11 cm/s	恒定压力 39 kPa，线速度 27 cm/s
阀切换时间	0.01 min 开，1 min 关	
硫化学发光检测器（SCD）	燃烧器典型温度 800 ℃，双等离子体控制器压力 40 kPa～53.3 kPa，H_2 流量 40 mL/min～50 mL/min，氧化剂气体流量（air）50 mL/min～55 mL/min（或 3 mL/min～10 mL/min，串联 FID），臭氧反应池压力 0.67 kPa～1.33 kPa	
火焰离子化检测器（FID）	氢气流量 30 mL/min，空气流量 350 mL/min，氮气流量 25 mL/min	
柱温程序	初温 30 ℃，保持 1.5 min，程升速率 15 ℃/min，终温 200 ℃，保持 8 min	初温 35 ℃，保持 2 min，一阶程升速率 10 ℃/min，一阶终温 80 ℃，保持 6 min，二阶程升速率 15 ℃/min，二阶终温 220 ℃，保持 15 min

[a] 阻尼柱选择：

内径/mm	0.18	0.20	0.25
长度/m	1.0	1.5	2.5

表2　典型色谱条件下含硫化合物保留时间

峰号	含硫化合物	GC-1 条件组分保留时间/min		GC-2 条件组分保留时间/min	
		SCD	SCD+FID	阻尼柱 SCD	SCD+FID
1	硫化氢（H_2S）	1.86	2.09	5.65	4.82
2	二氧化硫（SO_2）	2.11	2.36	6.00	5.14
3	羰基硫（COS）	2.11	2.36	6.07	5.20
4	甲硫醇（MeSH）	3.38	3.78	8.04	7.03
5	乙硫醇（EtSH）	4.91	5.31	10.57	9.40
6	二甲基硫醚（DMS）	5.24	5.64	11.21	10.00
7	二硫化碳（CS_2）	5.74	6.17	12.35	11.07
8	2-丙硫醇（*i*-PrSH）	6.00	6.41	12.84	11.55
9	2-甲基-2-丙硫醇（*t*-BSH）	6.79	7.21	14.54	13.32
10	1-丙硫醇（*n*-PrSH）	7.05	7.47	15.10	13.90
11	甲基乙基硫醚（MES）	7.15	7.58	15.32	14.11
12	2-丁硫醇（*s*-BuSH）	8.25	8.69	17.59	16.41
13	噻吩（TP）	8.31	8.78	17.76	16.55
14	甲基异丙基硫醚（MiPrS）	8.37	8.81	17.86	16.67
15	2-甲基-1-丙硫醇（*i*-BuSH）	8.46	8.91	18.04	16.85
16	二乙基乙硫醚（DES）	8.85	9.29	18.79	17.64
17	1-丁硫醇（*n*-BuSH）	9.11	9.56	19.32	18.15
18	二甲基二硫醚（DMDS）	9.73	10.20	20.48	19.32
19	四氢噻吩（THT）	10.93	11.40	22.57	21.45
20	1-戊硫醇（*n*-PenSH）	11.01	11.42	22.69	21.59
21	甲基乙基二硫醚（MEDS）	11.39	11.86	23.344	22.23
22	丙硫醚（*n*-PrS）	12.22	12.68	24.65	23.68
23	二乙基二硫醚（DEDS）	12.84	13.35	25.65	24.72
24	二甲基三硫醚（DMTS）	13.78	14.37	27.14	26.25

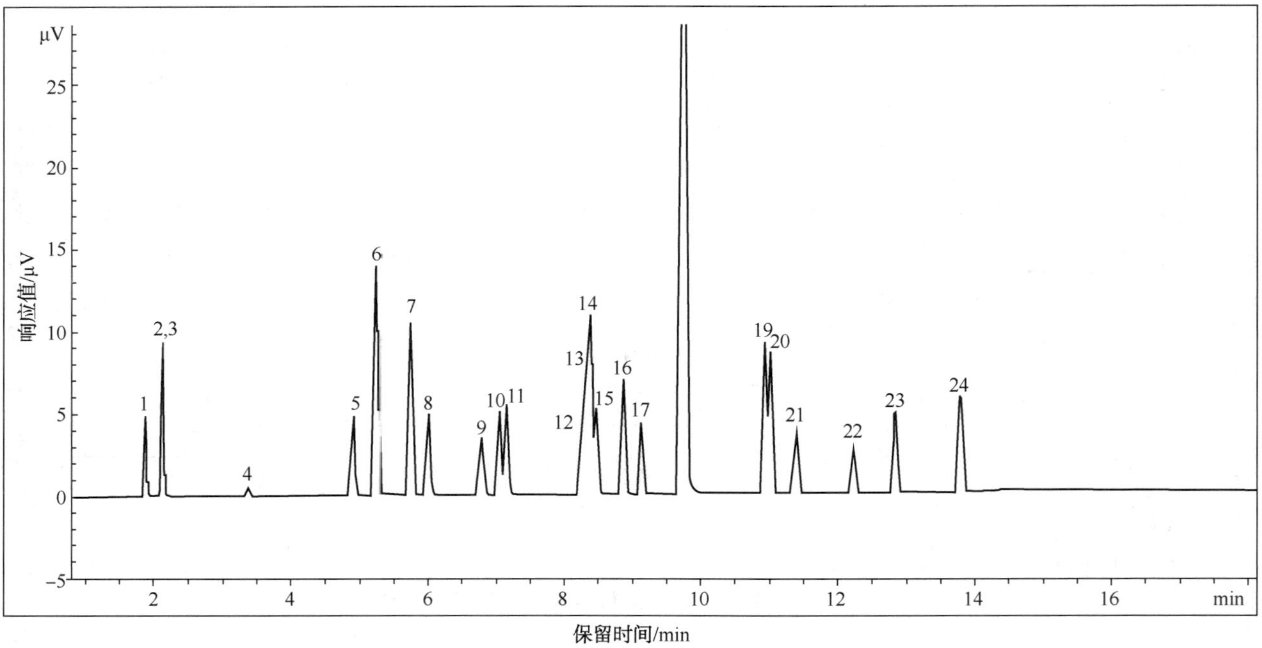

说明：
峰号 1~峰号 24 所对应组分名称见表 2。

图 1 GC-1 SCD 条件下典型色谱图

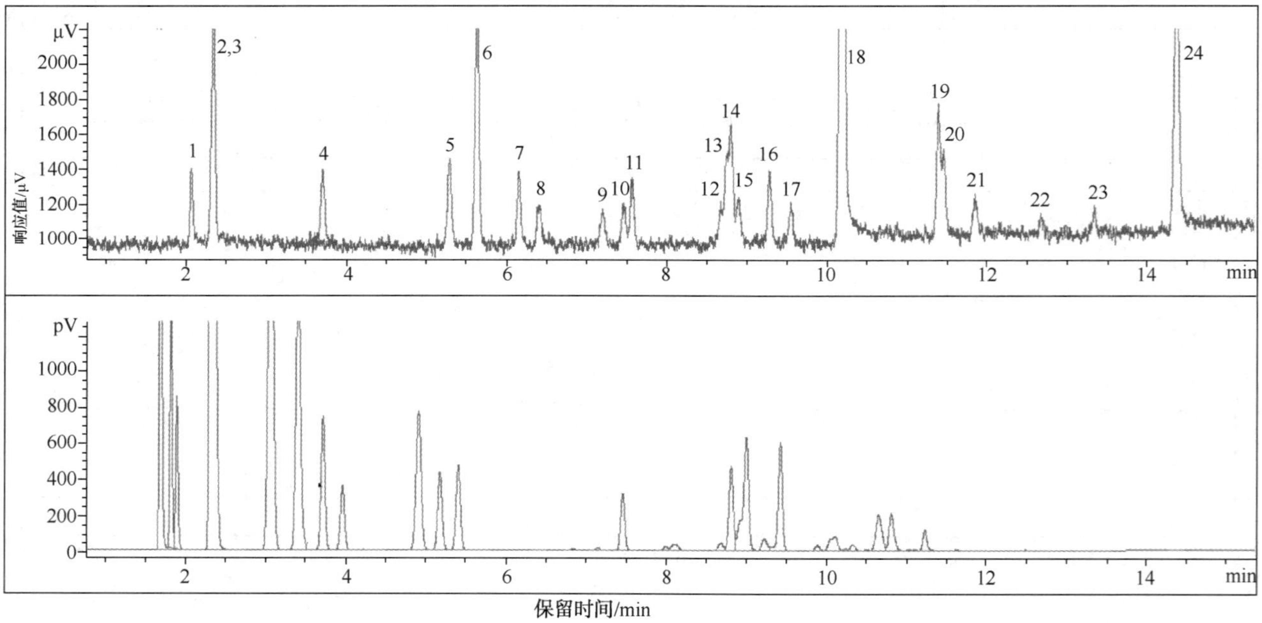

说明：
峰号 1~峰号 24 所对应组分名称见表 2。

图 2 GC-1 SCD+FID 条件下典型色谱图

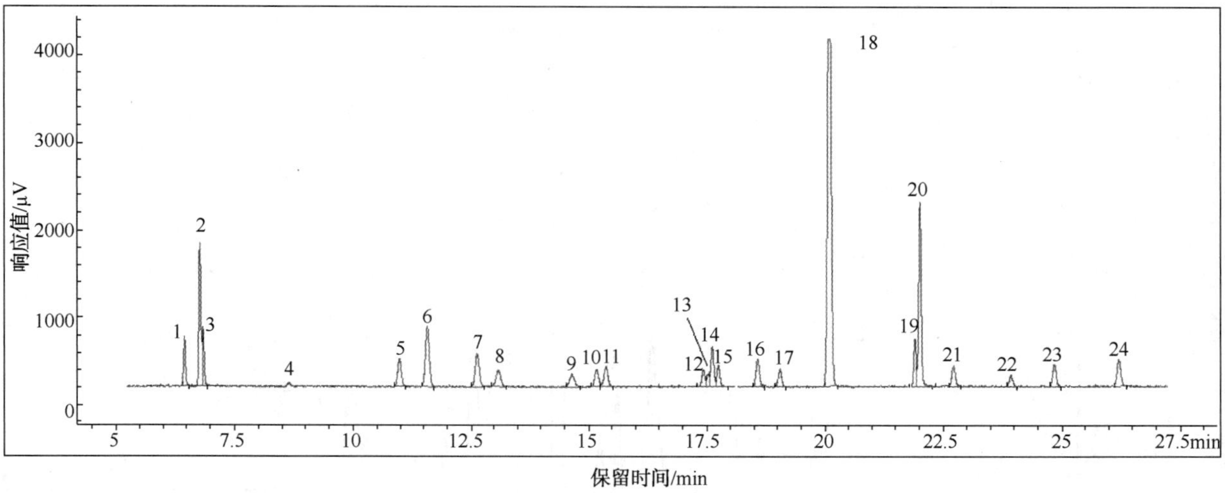

说明：
峰号 1 ~ 峰号 24 所对应组分名称见表 2。

图 3　GC-2 阻尼+SCD 条件下典型色谱图

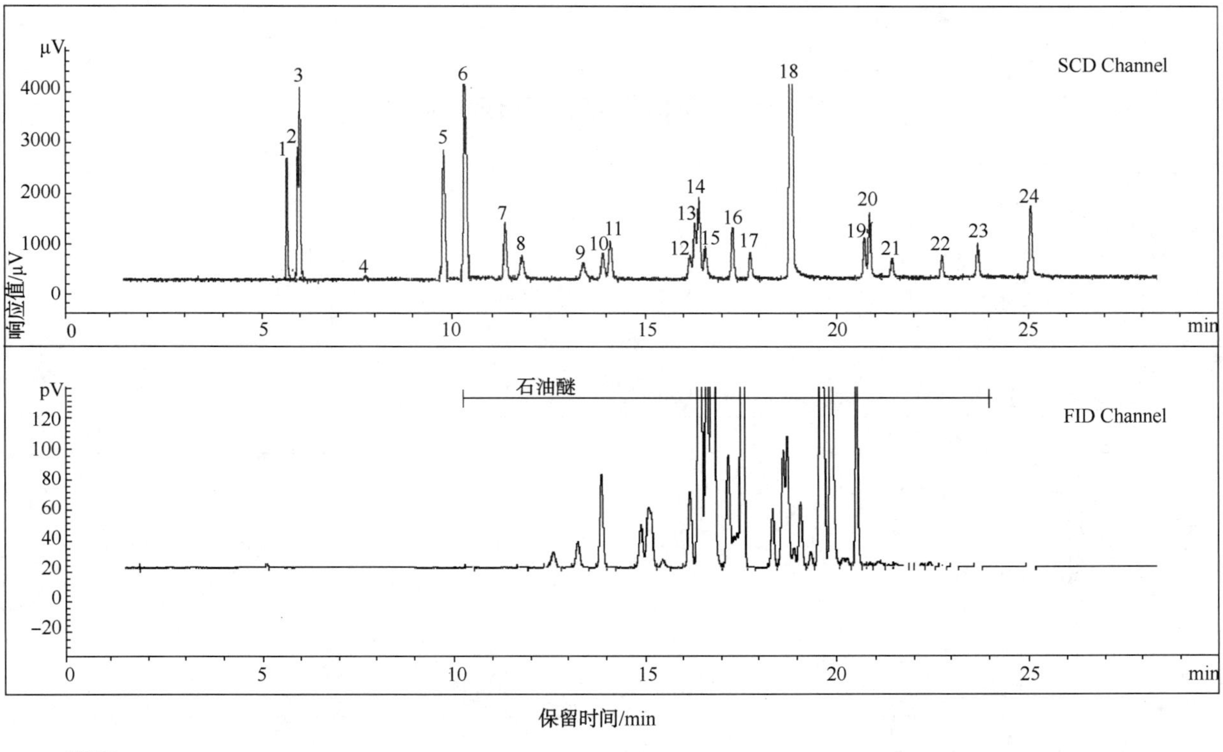

说明：
峰号 1 ~ 峰号 24 所对应组分名称见表 2。

图 4　GC-2 SCD+FID 条件下典型色谱图

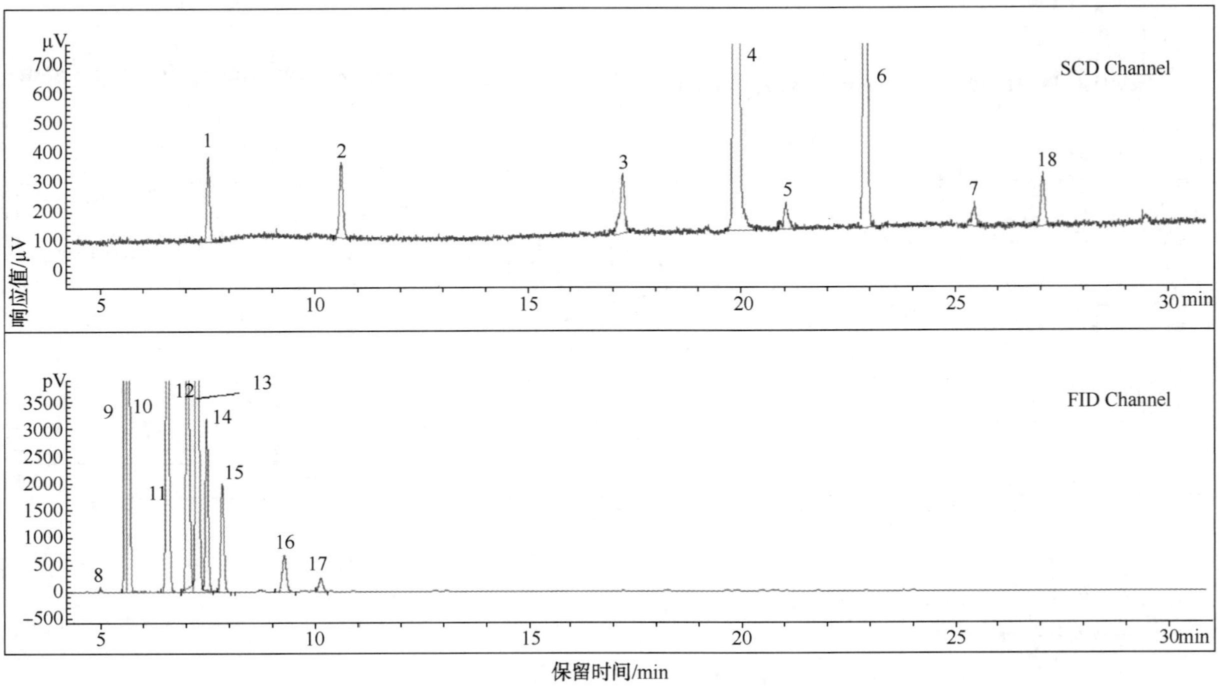

1——甲硫醇（1.97）；

2——乙硫醇（2.21）；

3——甲基异丙基硫醚（2.33）；

4——二甲基二硫醚（142.84）；

5——甲基正丁基硫醚（1.23）；

6——甲基乙基二硫醚（10.04）；

7——二乙基二硫醚（0.41）；

8——乙烯；

9——丙烷；

10——丙烯；

11——异丁烷；

12——正、异丁烯；

13——正丁烷；

14——反丁烯；

15——顺丁烯；

16——异戊烷；

17——戊烯-1；

18——未知硫化物（0.95）。

说明：

括号中数据为含硫化合物组分体积分数（mL/m³）。

图5　总含硫化合物体积分数约 162 mL/m³ 液化石油气样品典型色谱图

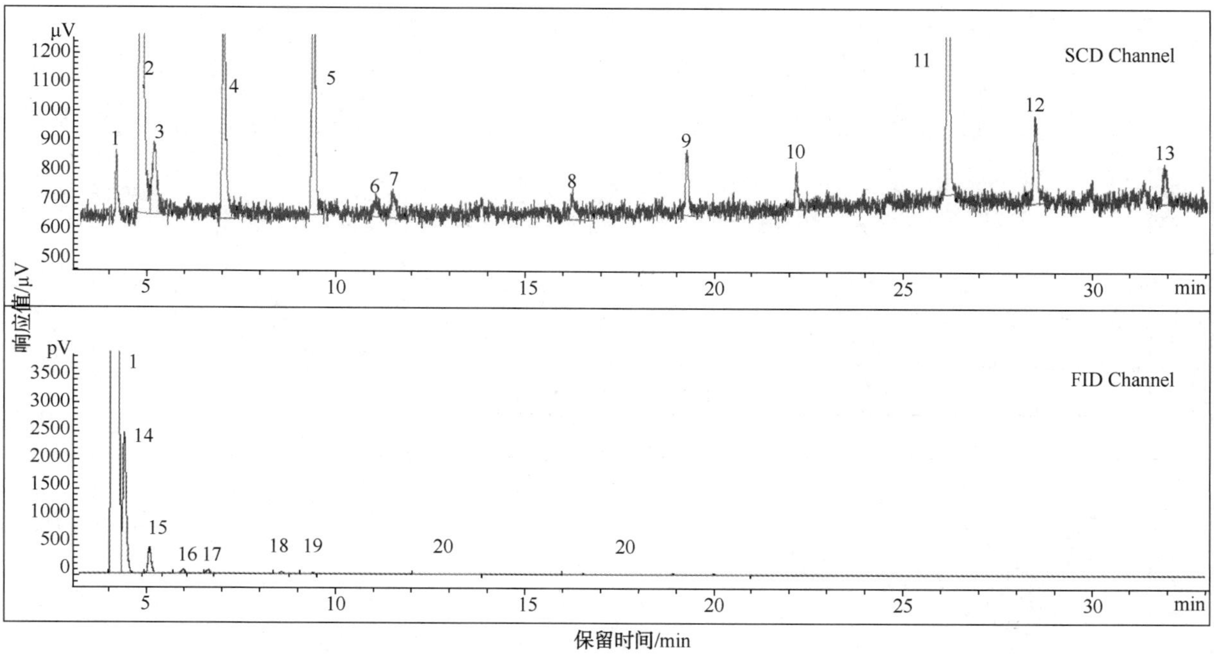

1——甲烷；
2——硫化氢（7.00）；
3——羰基硫（0.65）；
4——甲硫醇（3.50）；
5——乙硫醇（3.20）；
6——二硫化碳（0.05）；
7——异丙硫醇（0.12）；
8——2-丁硫醇（0.07）；
9——二甲基二硫醚（0.06）；
10——甲基乙基二硫醚（0.03）；
11——二甲基三硫醚（0.12）；
12，13——未知硫化物（0.20）；
14——乙烷；
15——丙烷；
16——异丁烷；
17——正丁烷；
18——异戊烷；
19——正戊烷；
20——碳五以上组分。

说明：

括号中数据为含硫化合物组分体积分数（mL/m^3）。

图6　总含硫化合物体积分数约 15 mL/m^3 的天然气样品典型色谱图

7.2　SCD：按照生产厂商的要求连接 FID、加热燃烧区、FID 与加热燃烧区接口组件，它们与色谱仪之间良好的接口配置将有助于含硫化合物气样分析。对于上述的每一种接口组件，优化的空气/燃气比例对样品烃类组分的完全燃烧至关重要。氢气比例过大将导致不完全燃烧，在色谱图 7 中，硫化氢（H_2S）流出前可检测到甲烷。当改变进样量时，偶尔会观察到基体干扰。对添加标气或者用空气稀释的样品，当回收率小于 90%或大于 110%也表明有基体干扰。此时，可以通过稀释样品或者采用其他补救措施使回收率在理论值的±10%之内来分析样品。接口配置操作规程叙述如下：

7.2.1　FID 接口：按照 SCD 生产厂商的要求连接 FID。在串联模式下，探针的位置对于检测器能否达到最佳灵敏度和满足再现性指标非常重要。随着进样量的增大，响应值保持不变或减小表明燃烧效率存在问题（见图 8 和图 9）。

7.2.2　无焰炉接口或其他加热燃烧区：按照生产厂商的要求连接以上设备。这种设备的典型结构应包含陶瓷管，它的性能对于 SCD 检测器的效率至关重要。有缺陷的陶瓷管易受到基体效应的影响。有缺陷的陶瓷管有可能满足重现性分析的要求，但不能通过质量认证试验，例如试样稀释和加标回收率试验，性能较差的陶瓷管也可能导致严重的仪器漂移、非等摩尔响应以及总响应不稳定。为了恢复仪器正常功能应更换有缺陷的陶瓷管。

7.2.3 FID与加热燃烧区串联系统：FID和加热燃烧区串联模式可同时检测烃类和含硫化合物。采用这种模式可检测到样品中烃类含量很高时对基体的干扰。

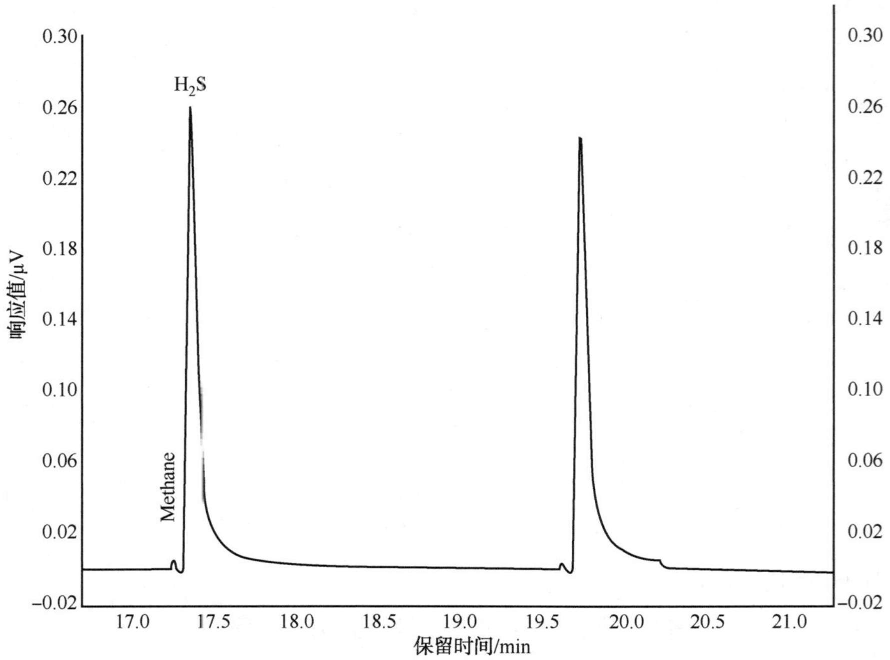

图7 不完全燃烧引起甲烷穿透

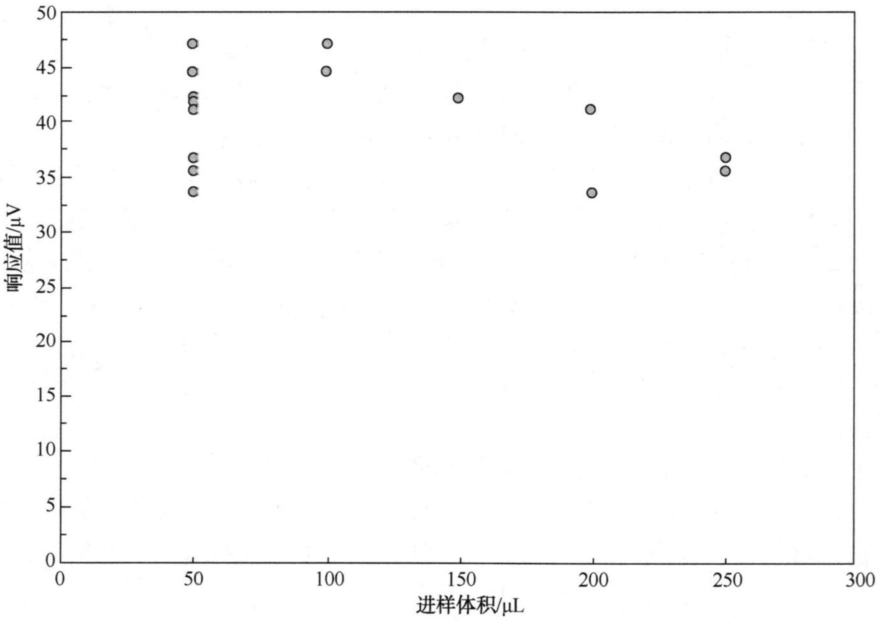

注：数据为2.4 mL/m^3 H_2S于CH_4中。

图8 基体干扰示例——改变进样量与响应值变化

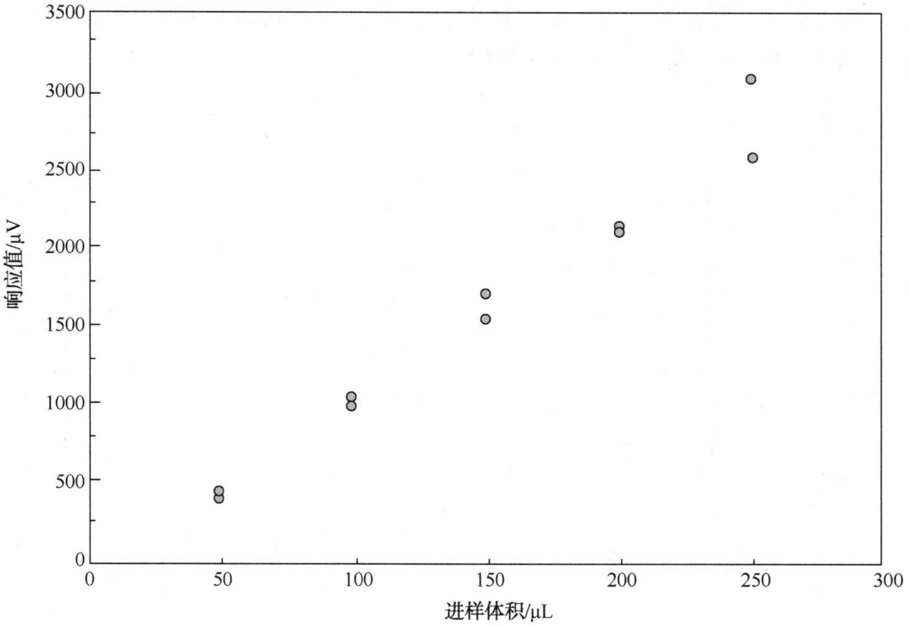

注：数据为 2.4 mL/m^3H_2S 于 CH_4 中。

图 9　典型响应值随进样量变化曲线示例

8　SCD 性能验证

8.1　气样导入：采用钝化或惰性的配件将一定量的校正气样导入色谱定量环。用于置换和充满定量环的样品量应足够多，一般而言，样品体积应该是定量环和进样口连接管线体积的 10 倍。选择浓度适当的校正样进行定量校正，启动色谱分析，定量环中的样品进入到色谱柱中。

8.2　SCD 校正：每月校正一次或在需要时对 SCD 进行校正，建议对每个被分析物绘制强制过原点的三点校正曲线，对某些应用，可能需要这些曲线。同时，SCD 的线性范围需满足要求。

8.2.1　可通过下述方式在需要时建立 SCD 线性关系。对于分析物的每一个浓度点，规范的分析方式是连续进行校正样分析，直到三次测定响应值的相对偏差不超过 10%为止。计算每一个浓度点平均峰面积值，之后利用平均峰面积值与对应标称值线性回归，相关系数不小于 0.99。

8.2.2　对于已通过线性验证的系统，每日可采用单点校准。反之，应建立浓度范围覆盖待分析物浓度的三点校正曲线。

8.2.3　典型的每日校正标准点要求连续三次分析标样结果相对偏差不超过 10%。

8.2.4　SCD 是一个等摩尔响应的检测器，因此所有校正组分的响应因子与硫化氢或二甲基硫醚的响应因子相对偏差应在 10%以内。标准气的降解，SCD 燃烧器、FID 或类似设备的故障都将导致校准失败。

8.2.5　按式（1）计算每一个含硫化合物的响应因子：

$$F_n = C_n / A_n \qquad (1)$$

式中：

F_n——组分的体积分数响应因子；

C_n——混合标气中含硫化合物组分的含量，单位为毫升每立方米（mL/m^3）；

A_n——混合标气中含硫化合物组分的峰面积。

单个含硫化合物的响应因子（F_n）与硫化氢或二甲基硫醚的响应因子相对偏差在 10%以内。表 3 给出了相关数据和校正报告，图 10 为对应色谱图。

表 3　常见含硫化合物响应因子（GC-2 色谱条件）

含硫化合物	标称值（以化合物计）/（mL/m³）	标称值扩展不确定度	峰面积响应值	响应因子（以含硫化合物计）
硫化氢	9.40	5%	8977	1.047×10^{-3}
羰基硫	9.60	10%	9485	1.012×10^{-3}
乙硫醇	9.27	10%	8990	1.031×10^{-3}
二甲基硫醚	10.27	10%	10152	1.012×10^{-3}
四氢噻吩	9.50	10%	9855	0.963×10^{-3}
二甲基二硫醚	9.87	10%	19560	0.505×10^{-3}

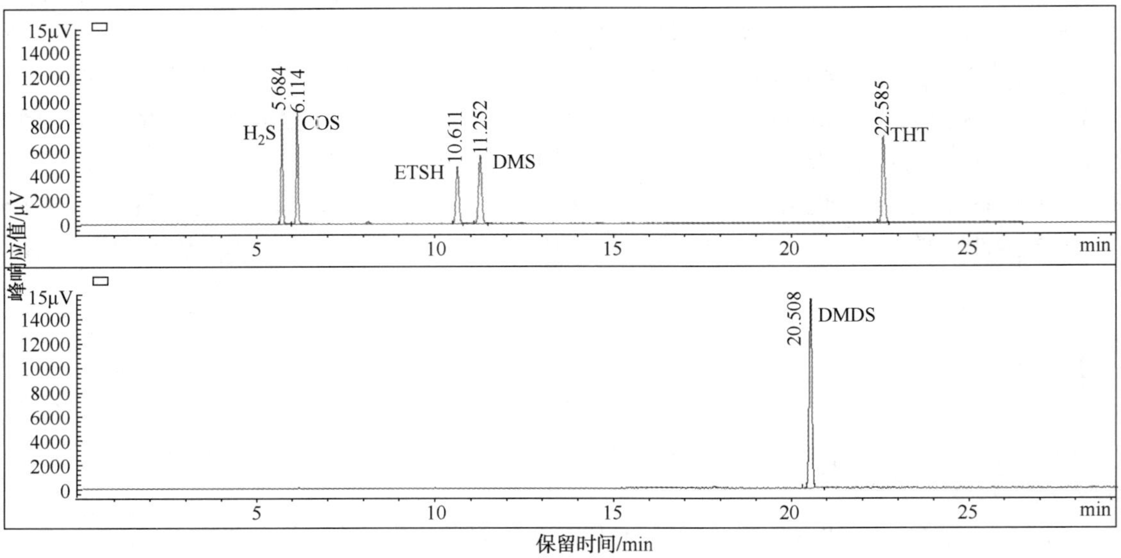

图 10　对应典型标准气样色谱图

9　试验步骤

9.1　多种操作条件都可用于含硫化合物气体的分析。可接受的、满足最低标准的操作条件参见 7.1。另外，应根据分析需求确定相应的 SCD 系统的最低检测限（LOD）。

9.2　样品的采集和准备：恰当的采样过程对于获得有代表性的分析结果至关重要，另外还要根据特殊的样品来源调整采样方式。

9.2.1　采样：在实验室离线分析中，为了避免光和热对样品的影响，样品可用配备聚丙烯接头的 Tedlar 取气袋或其他惰性的取气设备常压下采集。通常样品应在 24 h 内完成分析。另外一种取气方式为采用金属表面经硅烷化处理的容器，或其他内衬钝化容器，或经验证超过 24 h 不会吸附含硫化合物的采气容器。作为质量保证与控制（QA/QC）程序的一部分，为了保证含硫化合物气体的稳定性和长期储存，需要定期校验钝化或含内衬的容器。钝化的或含内衬的容器储存的样品可在 24 h 后分析。采用这种容器储存的样品，推荐在样品采集 7 天之内分析。

9.3　外标校正：采用单点校正的分析步骤见 8.2。至少一天分析一次标准气体，测定响应因子。通常连续三个校正样分析结果之间相对偏差不超过 10%即可。

9.4　空白分析：需要时进行空白分析以确保不存在样品残存和污染。通常通过对氮气或零级空气分析进行空白检测，如果检测到不易汽化、分子量较大的挥发性含硫化合物说明进样阀被污染。

9.5 样品分析：建议每个样品重复测定两次，在一些特殊场合，要求取平行样。平行样品能很好地验证SCD检测系统的测试条件和性能。在每次分析中，两次平行样品中体积分数大于1×10^{-6}的组分响应值的偏差在10%之内，即说明系统性能可以接受。当任一待测硫化合物的含量超过8.2.2所建立校正曲线范围时，可运用分流进样或以高纯氮气/零级空气稀释两种方式之一进行进样检测。将样品色谱峰保留时间与标准色谱图比对，可以对含硫化合物进行定性。不在标准样品库中的含硫化合物可以使用校准化合物的响应因子很方便地定量。色谱分析条件如表1所示，或使用其他满足7.1规定的色谱性能标准的条件。通过电位记录仪（图形）、数字积分仪或者基于计算机的色谱工作站记录色谱数据。仔细检查所显示图形或数字数据有无错误，比如是否有超过量程范围的数据。

9.6 质量保证：建议使用下述质量保证过程，同时这一过程在某些应用中是必要的。这一质量保证过程可以确认误差的来源是火焰离子化检测器，或加热燃烧单元还是SCD系统其他部件的问题。

9.6.1 加标样品：作为质量保证与控制程序的一部分，在需要时分析一次加标样品。加入一定量的混合标准气至已知体积的样品中，典型应用是将20 mL或50 mL混合标准气样加入到样品中使最终体积为100 mL。为了验证标称系统性能，对于体积分数大于5 mL/m^3组分或含量超过总硫含量5%的组分，可接受的回收率应该与理论值的偏差在10%以内，否则表明系统存在干扰或故障。在许多案例中，一旦回收率不达要求，样品可采用稀释法或其他补救措施进行分析。

9.6.2 校正样品的再分析：作为质量保证与控制程序的一个环节，当样品分析完成后，应再分析一遍校正样品。所有组分的测定值与理论值的偏差应在10%以内。不合格的分析结果表明SCD燃烧效率出现问题。

10 计算

10.1 利用检测到的组分色谱峰面积以及通过8.2.5式（1）获得的响应因子可计算待测样品的含硫化合物体积分数。

10.1.1 以含硫化合物计，组分体积分数可通过式（2）计算：

$$A_c = p_k \times F_n \tag{2}$$

式中：

A_c——待测含硫化合物体积分数，单位为毫升每立方米（mL/m^3）；

p_k——待测组分峰面积；

F_n——组分的体积分数响应因子，同8.2.5式（1）；

总挥发性含硫化合物体积分数是所有已知和未知单个含硫化合物体积分数累加之和。

注：由于检测器响应与硫元素质量成正比，因此所有单硫化物（COS，H_2S，DMS等）均具有大致相同的响应因子（参见8.2.2）。

10.1.2 以硫计组分质量浓度可通过式（3）计算：

由于标准气的制备过程中，生产厂家多以体积分数表示组分的含量，因此可利用10.1.1结合附录C中C.1公式按式（3）给出单个组分以硫计质量浓度。

$$A_{CS} = A_C \times C_{vm} \times S_P \tag{3}$$

式中：

A_{CS}——待测组分以硫计质量浓度，单位为毫克每立方米（mg/m^3）；

A_C——待测组分体积分数，单位为毫升每立方米（mL/m^3）；

C_{vm}——组分由体积分数峰转换为质量浓度单位时系数，见表C.1；

S_P——待测组分的硫元素质量分数，%。

以硫计总硫含量是所有已知和未知单个以硫计化合物质量浓度累加之和。

10.2 加标样品的总硫或单组分回收率可通过式（4）计算：

$$RC=\frac{SM}{SA\times DF_1+SS\times DF_2}\times 100 \quad\cdots\cdots(4)$$

式中：

RC——加标样品的总硫或单组分回收率,%；

SM——加标样品中组分体积分数测量值，单位为毫升每立方米（mL/m^3）；

SA——样品体积分数，测定重复样取平均值，单位为毫升每立方米（mL/m^3）；

SS——加标物体积分数，单位为毫升每立方米（mL/m^3）；

DF_1——样品的稀释因子；

DF_2——加标物的稀释因子。

仅计算加入到样品中的标准样品中含有的组分的回收率。加标样品的总回收率使用加标样品中的各个单组分浓度根据上述公式计算。

10.3　质量保证与控制过程中，样品分析完成后，需对校正样再次分析，按式（5）计算相对偏差，以考察SCD燃烧性能。

$$Q_p=\frac{|A-B|}{A}\times 100 \quad\cdots\cdots(5)$$

式中：

Q_p——校正样品相对偏差,%；

A——校正样品标称值，单位为毫升每立方米（mL/m^3）；

B——校正样品再次分析后测量值，单位为毫升每立方米（mL/m^3）。

11　报告

报告已知的每个含硫化合物的定性和定量结果，含硫化合物总量为所有单个含硫化合物含量之和。可按照10.1.1给出以体积分数计含硫化合物结果报告，作为另一种选择，当需要以硫计给出分析结果时，可参照10.1.2及附录C给出以mg/m^3为单位的硫质量浓度。

12　精密度

12.1　精密度：方法的精密度是基于2008年所进行的一项实验室间协作测试项目的研究结果。在六个实验室中每间实验室对三种含不同浓度硫化氢、羰基硫和甲硫醇的样品进行测试。每个“测试结果”的报告代表一个独立的测定过程。每个参与的实验室对每个样品报告5个重复的测定结果。对于数据的设计和分析遵循ASTM E691方法。按下述规定判断试验结果的可靠性（95%置信水平）。

12.1.1　重复性（r）：在同一实验室，同一操作者使用同一仪器，使用相同方法，对同一试样连续测定的两个试验结果之差不应超过表4~表6的要求。

12.1.2　再现性（R）：在不同实验室，不同操作者使用不同的仪器，使用相同方法，对同一试样测定的两个单一、独立结果之差不应超过表4~表6的要求。

12.2　采用各实验室给定钢瓶浓度的标准值，计算实验室回收率均值，回收率均值水平见表4~表6。

12.3　通过对三个样品，分别在六个实验室中测量获得的270个结果分析确定精密度状态。这三个样品如下：

样品1：含H_2S、COS、MeSH各约1 mL/m^3的钢瓶；

样品2：含H_2S、COS、MeSH各约10 mL/m^3的钢瓶；

样品3：含H_2S、COS、MeSH各约20 mL/m^3的钢瓶。

为了判断两种试验结果之间的等效性，推荐选择浓度与测试样品相近的标准样品。

表 4　甲硫醇

mL/m³

样品号	平均值 $\overline{X}_A$	重复性标准偏差 S_r	再现性标准偏差 S_R	重复性 r	再现性 R	平均回收率 %
1	1. 48	0. 10	0. 32	0. 29	0. 89	78. 0
2	9. 17	0. 19	2. 07	0. 52	5. 81	99. 8
3	20. 37	0. 71	2. 40	1. 98	6. 73	96. 0

表 5　硫化氢

mL/m³

样品号	平均值 $\overline{X}$	重复性标准偏差 S_r	再现性标准偏差 S_R	重复性 r	再现性 R	平均回收率 %
1	1. 79	0. 10	0. 60	0. 27	1. 67	87. 4
2	10. 79	0. 20	3. 78	0. 56	10. 59	98. 5
3	21	0. 50	3. 48	1. 39	9. 76	99. 7

表 6　羰基硫

mL/m³

样品号	平均值 $\overline{X}$	重复性标准偏差 S_r	再现性标准偏差 S_R	重复性 r	再现性 R	平均回收率 %
1	2. 36	0. 06	0. 30	0. 16	0. 85	116. 0
2	11. 37	0. 22	1. 78	0. 60	4. 97	99. 8
3	26. 88	0. 71	3. 73	1. 97	10. 46	117. 6

附 录 A
(资料性附录)
钢瓶装标准气协议

A.1 本协议主要用于帮助使用钢瓶标准气的用户。依照此协议可获得可以溯源至国家计量院（NMi）或类似标准物质的标准气样品。本协议需要使用一个符合美国国家标准研究所（NIST）或国家计量院（Nmi）标准的硫化氢作为一级参考物来确定硫的形态和总硫。该操作程序可以确保硫含量测量标准一致。此协议由标准气供应商提供，因此当需要配制标准气样时，可将协议提交给供应商。

A.2 标准样品分析。用来分析的气相色谱的程序升温方式应保证含正丙基硫醚在内的所有含硫化合物都可以被洗脱出来。为了保证报告的分析精度，需要至少收集三个连续测量的并符合必要精度的测试数据，当三个连续测试数据计算的相对标准偏差（% RSD）小于或等于1%时，精度满足要求。每个组分的平均峰面积和总硫峰面积通过连续分析的数据计算得到。

A.3 硫化氢标准物质的分析可采用与标准样品的分析方法相同的测试条件分析。可接受的硫化氢标准物包括美国国家标准研究所（NIST）或国家计量院（Nmi）的认证标准物质。为了保证报告的分析精度，需要至少收集三个连续测量的、具有必要精度的测试数据。硫化氢的平均峰面积通过连续分析的数据计算得到。

A.4 单个含硫化合物的值和总硫含量可通过式（A.1）计算：

$$C_S = \frac{A_S}{A_{H_2S}} \times C_{H_2S} \qquad (A.1)$$

式中：

C_S——待配标准组分体积分数，单位为毫升每立方米（mL/m^3）；

A_S——待配标准组分峰面积平均值，按照 A.2 得到；

A_{H_2S}——一级标准组分 H_2S 峰面积平均值，按照 A.3 得到

C_{H_2S}——一级标准组分 H_2S 体积分数，单位为毫升每立方米（mL/m^3）。

A.5 以硫化氢（A.2~A.3）为基准计算的总挥发性硫和单个硫化合物的分析流程至少需要两次，且两次分析的最小间隔周期为 48 h。两次分析的结果的相对偏差应为小于 2%。这对确保产品稳定性非常必要。总硫和单个硫化合物含量报告取自第二次分析数据。

A.6 证书中总挥发性含硫化合物和单个含硫化合物分析结果报告应按下述方式表述：

A.6.1 依照 A.4 进行的第一次和第二次的总硫和单组分硫的分析方法，需报告第一、第二次测定数值，分析日期。

A.6.2 钢瓶号，浓度，标样分析时使用的美国国家标准研究所（NIST）或国家计量院（Nmi）标准样品 SRM 或 NTRM 批号 ID。

A.6.3 总含硫化合物结果报告应包含未知含硫化合物在内的所有含硫化合物。总未知含硫化合物结果也以 mL/m^3 计。

附 录 B
（资料性附录）
化学发光反应模型

B.1 配置了硫化学发光检测器的气相色谱仪是分离和检测复杂样品中硫化物的有效工具，复杂样品包括炼厂燃料气、天然气、垃圾填埋气和其他气体燃料，见参考文献［1］～［3］。对SCD的工作原理有两种假设模型：

B.2 模型1：（B.1）列出的化学反应是SCD检测机理的基本假设，化学反应参见参考文献［4］～［9］，一些关于硫化学和化学发光的背景材料见参考文献［10］～［14］：

含硫化合物+氢气/氧气中燃烧→SO+产物 …………………………（B.1）

$$SO+O_3 \rightarrow SO_2+O_2+h\nu$$

式中：

$h\nu$——波长在300～400 nm的光。

按照上述机理，一氧化硫和其他燃烧产物被传送到一个反应池，通过臭氧发生器产生的臭氧通入反应池与一氧化硫发生反应，使用光电倍增管可检测发出的光波，同时一个真空泵用于维持反应池单元的压力在10 mmHg或更低。这种方式可以防止一氧化硫的损失，同时可将一氧化硫碰撞引起的响应值淬灭问题减到最小。

B.3 模型2：第二种假设的SCD反应模式见参考文献［13］～［15］。

$R \cdot S+O_2 \rightarrow SO_2+CO_2+$其他氧化产物 ……………………………（B.2）

$SO_2+H_2 \rightarrow H_2S+$其他还原态硫化物

H_2S+其他还原态硫化物$+O_3 \rightarrow SO_2^*+H_2O$

$SO_2^* \rightarrow SO_2+h\nu$

根据上述反应机理，含硫化合物燃烧后生成SO_2，SO_2在过量H_2的作用下被还原为H_2S。H_2S被传送到一个反应池，由臭氧发生器产生的臭氧在反应池中与硫化氢反应生成激发态二氧化硫，SO_2分子从激发态衰减为基态时释放光子。反应发出的光由光电倍增管检测并放大；真空泵维持反应池单元的压力低于10 mmHg。该方式可以将激发态二氧化硫分子间碰撞带来的响应值的淬灭降低到最小。

附　录　C
（规范性附录）
单位换算

C.1　目前国内对气体燃料及天然气的气态总硫测定，分析结果多以 mg/m^3 为度量单位，而采用 GC-SCD 方法检测硫化物时，由于配制的标准气样多采用化合物体积分数（mL/m^3，即 10^{-6}）表示法，因此需要进行二者单位换算。

C.2　单位换算。ASTM D5504-12 中，表 C.1 给出了常见含硫化合物的物性参数，其中最后一列即是将 1×10^{-6} 含硫化合物转换为 25 ℃，大气压为 101.325 kPa 时的 mg/m^3 数值，实际应用中，有可能温度压力不同或为表 C.1 中不含的组分，为了便于使用及方法推广，式（C.1）给出了具体的换算过程，可按照下述方式计算出以化合物或元素硫计的质量浓度单位。

$$y=\frac{M}{22.4}\times\frac{T_0}{T}\times\frac{p}{P_0}\times x \qquad \text{(C.1)}$$

式中：

y——表示每立方米气样中所含硫的质量，单位为毫克每立方米（mg/m^3）；

x——以化合物计检测后得到含硫化合物体积分数，单位为毫升每立方米（mL/m^3）；

M——以化合物计时，为含硫化合物的摩尔质量；以硫元素计时，为硫元素摩尔质量，32 g/mol，乘以硫元素个数；单位为克/摩尔（g/mol）；

T_0——标准状态的绝对温度，273 K，单位为开（K）；

T——采样点绝对温度（t+273）K，单位为开（K）；

P_0——标准状态下的大气压力，101.3 kPa，单位为千帕（kPa）；

P——采样点大气压力，单位为千帕（kPa）；

22.4——标准状态下，1 摩尔理想气体所占的体积，单位为升每摩尔（L/mol）。

注：其中标准状态指温度为 273 K，压力为 101.325 kPa 时的物质状态。

表 C.1

组分名称	摩尔质量 g/mol	密度 g/mL	沸点 ℃	硫元素质量分数 %	mL/m^3 转换[a] 为 mg/m^3
硫化氢（H_2S）	34.08	1.1857	—	94.08	1.39
羰基硫（COS）	60.08	1.24	—	53.37	2.46
甲硫醇（MeSH）	48.110	0.8665	6.2	66.65	1.97
乙硫醇（EtSH）	62.134	0.8391	35.0	51.61	2.54
二甲基硫醚（DMS）	62.134	0.8483	37.3	51.61	2.54
二硫化碳（CS_2）	76.14	—	—	84.23	3.11
2-丙硫醇（*i*-PrSH）	76.160	0.8143	52.6	42.10	3.11
2-甲基-2-丙硫醇（*t*-BSH）	64.220	0.8002	65.0	49.93	2.62
丙硫醇（*n*-PrSH）	76.160	0.8415	67.0	42.10	3.11
甲基乙基硫醚（MES）	76.160	0.8422	67.0	42.10	3.11
噻吩（TP）	84.14	1.07	84.16	38.03	3.44
1-甲基-1-丙硫醇（*s*-BuSH）	90.186	0.8299	85.0	35.56	3.69

表 C.1（续）

组分名称	摩尔质量 g/mol	密度 g/mL	沸点 ℃	硫元素质量分数 %	mL/m³ 转换[a] 为 mg/m³
2-甲基-1-丙硫醇（*i*-BuSH）	90.186	0.8343	88.7	35.56	3.69
二乙基硫醚（DES）	90.190	0.8362	92.0	35.55	3.69
正丁硫醇（*n*-BuSH）	90.186	0.8416	98.5	35.56	3.69
二甲基二硫醚（DMDS）	94.200	1.0625	109.7	68.08	3.85
二乙基二硫醚（DEDS）	122.252	0.9931	154.0	52.46	5.00

[a] 所列数据为含硫化合物之间转换系数，若将 mL/m³ 转换为以硫计 mg/m³ 单位，需乘以化合物中硫元素质量分数。

参考文献

[1] Johansen, N. G. , "Recent Advances in Improved Sulfur Analysis for Natural Gas and Condensates," presented at IGT Symposium on Gas Quality & Energy Measurement, Chicago, Illinois, June 12-13 1989.

[2] Hines, W. J. , "Sulfur Speciation by Capillary Gas Chromatography and Sulfur Chemiluminescence Detection-GPA Sulfur Research Project," Proceedings of the Seventy-Second GPA Annual Convention, 50-541990 and "Report on GPA Analytical Methods to Measure Sulfur in LP-Gas," Proceedings of the Seventy-Second GPA Annual Convention, 91-96 1990.

[3] Dominguez, R. andWadley, M. W. , "G. C. Detection of Volatile Sulfur Compounds: An Evaluation of Sulfur Chemiluminescence Detectors," South Coast Air Quality Management District, Technical Services Division Report, March 1990, and Dominguez, R. and Choa, C. B. , The Gas Chromatographic Detection of Volatile Sulfur Compounds in Gas Chromatography using Electrolytic Conductivity, Sulfur Chemiluminescence and Flame Photometric Detection," South Coast Air Quality Management District, Technical Services October 1991. Division Report.

[4] Benner, R. L. and Stedman, D. H. , "Universal Sulfur Detection by Chemiluminescence," *Anal. Chem.* 61, 1268 (1989) .

[5] Martin, H. R. and Glinski, R. J. , "Chemiluminescence from Sulfur Compounds in Novel Flame and Discharge Systems: Proof of Sulfur Dioxide as the Emitter in the New Sulfur Chemiluminescence Detector," *Applied Spectroscopy*, 46, 948 (1992) .

[6] Benner, R. L. and Stedman, D. H. , "Chemical Mechanism and Efficiency of the Sulfur Chemiluminescence Detector," *Applied Spectroscopy*, 48, 848 (1994) .

[7] Burrow, P. L and Birks, J. W. , "Flow Tube Kinetics Investigation of the Mechanism of Detection in the Sulfur Chemiluminescence Detector," *Anal. Chem.* 69, 1299 (1997) .

[8] Shearer, R. L. , "Development of Flameless Sulfur Chemiluminescence Detection: Application to Gas Chromatography," *Anal. Chem.* 64, 2192 (1992) .

[9] Shearer, R. L. , Chapter 2, "Flameless Sulfur Chemiluminescence Detection," Ed. : Sievers, R. E. , Selective Detectors Vol. 131 in Chemical Analysis: A Series of Monographs on Analytical Chemistry and Its Applications; John Wiley & Sons, Inc, New York, 1995.

[10] Halstead, C. J. and Thrush, B. A. , "Chemiluminescent Reactions of SO," *Photochem. Photobiol.* 4, 1007 (1965) .

[11] Akimoto, H. , Finlayson, B. J. , and Pitts, J. N. , "Chemiluminescent Reactions of Ozone with Hydrogen Sulphide, Methyl Mercaptan, Dimethyl Sulphide and Sulphur Monoxide," *Chem. Phys. Lett.* 12, 199 (1971) .

[12] DeMore, W. B. , Sander, S. P. , Golden, D. M. , Hampson, R. F. , Kurylo, M. J. , Howard, C. J. , Ravishankara, A. R. , Kolb, C. E. and Molina, M. J. , "Chemical Kinetics and Photochemical Data for Use in Stratospheric Modeling," *NASA Evaluation No.* 11, Nation Technical Information Service, Springfield, VA, 1994.

[13] Cadle, R. D. , and Ledford, M. , "The Reaction of Ozone With Hydrogen Sulfide," *Air and Wat. Pollut. Int. J.* , Vol. 10, pp. 25-30, Permagon Press, Great Britain, 1966

[14] Nickless, G. , "Inorganic Sulphur Chemistry," Elsevier Publishing Company, New York, 1968.

[15] Yan, X., "Detection by Ozone-induced Chemiluminescence in Chromatography," *Journal of Chromatography A*, 842, 267-308 (1999).

ICS 75.100
E 34

SH

中华人民共和国石油化工行业标准

NB/SH/T 0920—2016

高赫兹接触压力下润滑脂抗微动磨损能力的测定　高频线性振动试验机法

Standard test method for determining fretting wear resistance of lubricating greases under high Hertzian contact pressures using a high-frequency, linear-oscillation (SRV) test machine

2016-12-05 发布　　2017-05-01 实施

国家能源局　发布

目　　次

前　　言

本标准按照 GB/T 1.1—2009 给出的规则起草。

本标准使用重新起草法修改采用美国试验与材料协会标准 ASTM D7594-11《用高频线性振动（SRV）试验机测定高赫兹接触压力下润滑脂抗微动磨损能力的标准试验方法》。

为了更适合我国国情，本标准在采用 ASTM D7594-11 时进行了修改。本标准与 ASTM D7594-11 的主要技术性差异及其原因如下：

——为使用方便，将部分引用标准改为我国相应的国家标准和行业标准。

——为标准的实际推广使用，将清洗溶剂改为符合 GB/T 15894 中沸程为 90℃～120℃的石油醚。

——为适合我国国情和实际使用方便，将磨斑测量结果修改为精确至 0.01mm。

本标准由中国石油化工集团公司提出。

本标准由全国石油产品和润滑剂标准化技术委员会石油燃料和润滑剂分技术委员会（SAC/TC280/SC1）归口。

本标准起草单位：中国石油化工股份有限公司石油化工科学研究院。

本标准参加起草单位：中国石油化工股份有限公司润滑油重庆分公司。

本标准主要起草人：杨鹤、宋海清、薛颖、田中利、罗玉兰。

高赫兹接触压力下润滑脂抗微动磨损能力的测定 高频线性振动试验机法

警告：本标准涉及某些有危险性的材料、操作和设备，但是无意对与此有关的所有安全问题都提出建议。因此，用户在使用本标准之前应建立适当的安全和防护措施，并确定相关规章限制的适用性。

1 范围

本标准规定了采用高频线性振动（SRV）试验机或类似试验机，在高频、低冲程、高赫兹接触压力并作线性振动的条件下，测定润滑脂抗微动磨损的润滑性能的方法。

本标准适用于在给定温度和负荷条件下测定润滑脂的抗磨损性能和摩擦系数。若根据 SH/T 0784 进行另外的非强制性的极压试验，试验所用润滑脂应该能承受至少 2200MPa 的赫兹接触压力而不发生粘着磨损。

2 规范性引用文件

下列文件对于本文件的应用是必不可少的。凡是注日期的引用文件，仅所注日期的版本适用于本文件。凡是不注日期的引用文件，其最新版本（包括所有的修改单）适用于本文件。

GB/T 269 润滑脂和石油脂锥入度测定法

GB/T 15894 化学试剂 石油醚

GB/T 17754—2012 摩擦学术语

GB/T 18778.2 产品几何量技术规范（GPS）表面结构 轮廓法 具有复合加工特征的表面 第 2 部分：用线性化的支承率曲线表征高度特性

GB/T 28417 碳素轴承钢

SH/T 0784 润滑脂极压性能测定法（高频线性振动试验机法）

NB/SH/T 0847 极压润滑油摩擦磨损性能的测定 SRV 试验机法

NB/SH/T 0882 润滑油极压性能的测定 SRV 试验机法

ASTM A295/A 295M 高碳抗磨轴承钢规格（Specification for High-Carbon Anti-Friction Bearing Steel）

ASTM D5706-05 润滑脂极压性能测定法（高频线性振动试验机法）（Standard Test Method for Determining Extreme Pressure Properties of Lubricating Greases Using a High-Frequency, Linear-Oscillation（SRV）Test Machine）

ASTM D7755 高频线性振动（SRV）标准试验件磨损体积的测定方法（Standard Practice for Determining the Wear Volume on Standard Test Pieces Used by High-Frequency, Linear-Oscillation（SRV）Test Machine）

ASTM E45 钢中杂质含量的测定方法（Test Methods for Determining the Inclusion Content of Steel）

3 术语和定义、缩略语

下列术语和定义、缩略语适用于本文件。

3.1

磨合　break-in（running in）

为消除新摩擦副运转初期摩擦系数 μ 和磨损率具有的暂态特征，采用一组特定的摩擦工况参数进行操作，以改善该系统的摩擦学行为的技术。

注1： 磨合通常在低操作规范，即低功耗、低速和低载的特定条件下进行。

注2： 在运行初期，改善摩擦副的接触表面特性，使其摩擦系数 μ 和磨损率减小的能力称为磨合性。

[GB/T 17754—2012，定义 5.17]

3.2

摩擦系数（μ 或 f）　coefficient of friction（μ or f）

两物体之间的摩擦力（F）与施加于这两个物体上的正压力（N）的无量纲比值。

3.3

赫兹接触面积　Hertzian contact area

按赫兹弹性变形方程计算两个非共形接触固体在负荷作用下的表观接触面积。

3.4

赫兹接触压力　Hertzian contact pressure

在赫兹接触面积上任何指定位置上的压力值，由赫兹弹性变形方程式计算。赫兹接触应力可按接触中心的最大值 P_{max} 也可按总接触面积的平均值 $P_{average}$ 来计算和报告。

3.5

润滑剂　lubricant

加到两相对运动表面间能减小摩擦、降低磨损的物质。

3.6

润滑脂　lubricating grease

将稠化剂分散于液体润滑剂中，所形成的一种介于半流体和固体间的润滑产品。

注： 分散的稠化剂在液体润滑剂中形成两相体系，依靠表面张力及一些其他物理力使液体润滑剂不流动。其他的添加剂通常会使液体润滑剂具有其他的功能。

3.7

算术平均粗糙度　R_a（C.L.A）

用于衡量表面粗糙度的参数，在取样长度内所有轮廓点偏距均线绝对距离的算术平均值。

注： C.L.A. 表示中心线的平均值，与 Ra 是同义词。

3.8

去除的峰值高度　R_{pk}

根据 GB/T 18778.2，高于粗糙度核心轮廓的突峰的平均高度。

3.9

去除的谷值深度　R_{vk}

根据 GB/T 18778.2，低于粗糙度核心轮廓的谷值的平均深度。

3.10

不平度平均高度　R_z

它是评估取样长度内所有的 R_y 值（峰到谷的高度）的平均值。

3.11

稠化剂　thickener

存在于润滑脂中的微小颗粒物质，它分散在液体润滑剂中形成润滑脂的骨架结构。

注： 稠化剂分子结构可以是纤维状（如某些金属皂），也可以是片状或球状（如非皂基润滑脂），它们不溶或微溶于液体润滑剂。对稠化剂的一般要求是其固体颗粒应极小，且均匀地分散于润滑剂中，能与润滑剂形成相对稳

定的类似于凝胶状的结构。

3.12

极压　extreme pressure

在高应力摩擦条件下，形容相互接触的金属表面之间的润滑状态，不限于金属材料。

3.13

微动磨损　fretting wear

由微动作用使接触表面产生的损伤和材料流失。微动指名义上无相对运动的固体接触表面间的微小距离往复切向或法向运动。

[GB/T 17754—2012，定义 5.40 和 4.11]

3.14

咬死　seizure

在摩擦表面产生粘着或材料转移，使相对运动停止或断续停止的严重磨损。

[GB/T 17754—2012，定义 5.37]

注：在本试验方法中，咬死的判断标准是摩擦系数有一个超出稳定状态的急剧增加，摩擦系数比稳态值增加 0.2 并且持续时间超过 20s，或者摩擦系数大于 0.35，或者依据 ASTM D5706-05 和 NB/SH/T 0882 中所举的例子判断。如果发生上述任何情况，则标志着试验无效（因为本标准与润滑脂有关，所以用 ASTM D5706-05 中的示例来判断试验无效是可行的）。通过微型光学系统检测磨斑和划痕，可获得粘着磨损形貌的信息。情况严重时，可导致停机。

3.15

SRV　（德文）

Schwingung（往复运动）、Reibung（摩擦）、VerschleiB（磨损）的缩写。

4　方法概要

4.1　采用 SRV 或类似试验机，用蘸有润滑脂的试验球在静止试验盘上作往复运动，运动频率及所加负荷（F_N）恒定，冲程振幅短且恒定，测定摩擦系数和磨斑直径。

4.2　对于非强制性的极压试验（参见附录 A），试验负荷以 100N 的增量增加，直至发生咬死（见 SH/T 0784），测量并记录报告发生咬死前瞬间的载荷值。

注：往复运动频率、冲程、试验温度以及试验球和试验盘的材料可与本标准的要求不同。试验球通常产生赫兹点接触的几何形状。要获得线或面接触，可用不同形状的试件替代试验球。

4.3　通过集成在试验盘上的压电传感器测量摩擦力 F_f，对于Ⅰ型和Ⅱ型 SRV 试验机，以时间函数的形式测量并报告摩擦系数 f；对于Ⅲ型和Ⅳ型 SRV 试验机，可以在试验结束之后显示整个试验过程的摩擦力或摩擦系数，并能够自动保存试验数据。

4.4　试验结束后，试验机和图表记录仪停止，测量试验球上的磨斑，如果有表面轮廓仪，还可通过试验盘上的磨痕和试验球上的磨斑获得额外的磨损信息（参见附录 A）。磨损体积以 mm^3 为单位，试验盘和试验球的磨损率以 mm^3/（N·m）为单位。

5　方法应用

本方法适用于在给定温度和额定负荷条件下测定润滑脂的抗微动磨损性能和摩擦系数，尤其适用于低冲程初始高赫兹点接触压力下长时间高速振动的情况。可应用于滚动轴承、滚柱或滚珠螺杆传动或侧轴系统、等速联轴节的润滑脂筛选试验。本标准的使用者应确定其结果与现场性能或其他应用是否相关联。

6 仪器

SRV 试验机示意图见图 1 和图 2。

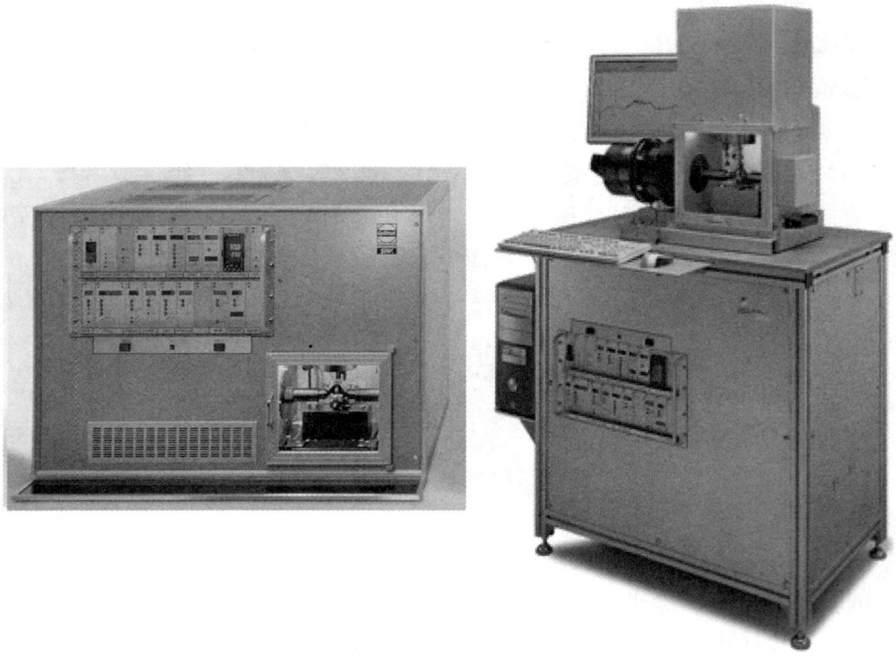

注: 左图为Ⅲ型，右图为Ⅳ型。

图 1 **SRV 试验机**

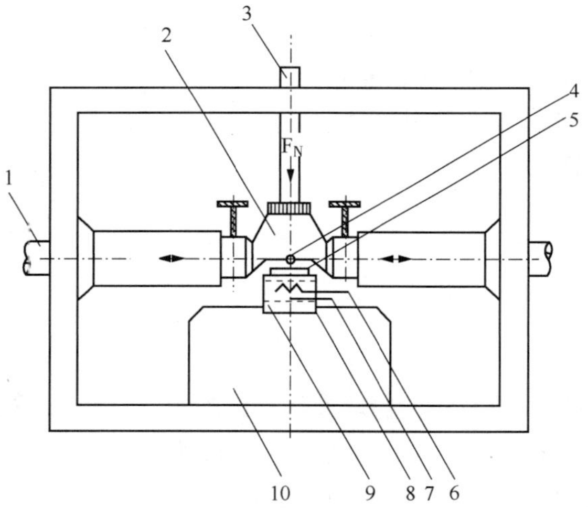

1——往复振动驱动杆；
2——试验球夹具；
3——加载杆；
4——试验球；
5——试验盘；
6——电阻加热器；
7——电阻式温度计；
8——试验盘夹具；
9——压电器件；
10——底座。

图 2 **试验腔结构**

7 试剂与材料

7.1 清洗溶剂：符合 GB/T 15894 中沸程为 90℃～120℃的石油醚。

警告：易燃，有害健康。

7.2 试验球：AISI 52100 钢（相当于 GCr15 钢），洛氏硬度 HRC 为 60±2，表面粗糙度 R_a 为 0.025μm ±0.005μm，直径为 10mm。

7.3 试验盘：材料采用真空电弧再熔炼法生产的 AISI 52100 钢（相当于 GCr15 钢），用 ASTM E45 D 法和 ASTM A295/A295M 评定夹杂率为 A 型、刚度等级为 0.5 级；或者按 GB/T 28417，杂质总含量 K_1 ≤10 并通过球化退火获得球状碳化物，洛氏硬度 HRC 为 60±2。试验盘表面应研磨但不含磨料，试验盘直径为 24mm，厚度为 7.85mm，其四个表面形貌参数应满足如下范围：

0.500μm<R_z<0.650μm；

0.035μm<R_a（C.L.A）<0.050μm；

0.020μm<R_{pk}<0.035μm；

0.050μm<R_{vk}<0.075μm。

8 仪器的准备

8.1 试验前，打开试验机和记录仪预热 15min。

8.2 按仪器说明书选择产生摩擦系数的峰值位置。

注：在大多数情况下，可通过调节电子板 No. 291.35.20E 的滑动开关（紧靠电子设备面板后的侧面板）和位于控制设备后面板上的滑动开关来完成。

8.3 将振幅旋钮调至“零”。

8.4 将冲程开关调至自动挡。

8.5 按说明书设定频率为 50Hz，时间为 4h0min30s。

8.6 按说明书设定负荷放大器并校准图表记录仪，选定所需的记录速度。

注：新型 SRV 试验机的负荷放大器可自动设置。

9 试验步骤

9.1 试验准备

9.1.1 戴上防溶剂手套，清洗试验球、试验球夹具和试验盘，并用已蘸有清洗溶剂的实验室用纸巾擦拭这些零件的表面。反复擦拭直至纸巾上无黑色残余物出现为止。把试验球和试验盘浸入盛有清洗溶剂的烧杯中，用超声波清洗器振荡 10min。晾干试验球夹具。用一块干净的纸巾擦干试验球和试验盘，确保表面不出现条纹。

9.1.2 确保试验机未加载情况下（负荷表读数指示为-13N 或-14N），安装试验球夹具（上试件夹具）。

9.1.3 将 1mm 高的加脂器置于干净的试验盘上，将其用脂试样填满，用刮刀抹去多余的试样，从上面移走加脂器，用夹具紧固试验盘。

9.1.4 将清洗干净的试验球装在顶部，并置于润滑脂试样中间，以便润滑脂在试验球和试验盘之间形成一圆形对称的均匀薄层。

9.1.5 上紧紧固螺丝直至刚刚出现阻力为止。

9.2 试验运行

9.2.1 试验运行的开始，打开加热控制器，预热试验盘夹具至 50℃。等待 10min，使试验盘与润滑脂的温度达到试验温度并且保持稳定。也可以在-40℃～150℃之间以 10℃为增量选择其他试验温度。

注：AISI 52100 钢在室温时的初始洛氏硬度 HRC 为 62.5，在 149℃的温度下保持 100h 后，洛氏硬度 HRC 会降到 61，加热超过 100h 后，洛氏硬度 HRC 会保持在 60。

9.2.2 施加 50N 负荷，松开试验盘和试验球夹具的紧固螺丝，然后用扭力扳手上紧至 2.2N·m～2.5N·m。

9.2.3 当温度稳定后，打开记录仪走纸开关（或计算机）并放下记录笔。压下拨动式开关直到定时器开始计数，冲程振幅旋钮调节至 0.300mm（300μm）。

注：应定期检查冲程。可通过测量试验盘的磨痕长度与试验球的磨斑直径的差值来进行，差值应小于所设冲程的±10%。

9.2.4 当数字计时器达到 30s 时，试验负荷增加至 100N 并运行 4h±15s。

9.2.5 对于Ⅲ型和Ⅳ型 SRV 试验机，只需在基础软件中输入以下几个参数：

——频率为 50Hz；

——冲程为 0.300mm（300μm）；

——温度为 50℃；

——加载 50N 载荷并维持 30s，然后增加到 100N 并维持 240min；

——为完全上紧试验件夹具，应按 SRV 试验机软件的指令操作。

9.2.6 按下述规定终止试验。

9.2.6.1 达到预定时间，通过定时器能自动停止试验，机器会自动停机。

注 1：试验结束时将自动切断电源。

注 2：如果由于咬死，摩擦系数 f 超过限值例如 f=0.35（见 3.14），应当停止试验。如果机器在该点不能自动停止，应手动停止。

9.2.6.2 在试验结束时，关闭加热控制器。重新接通加载荷电源，将负荷减至-13N 或-14N 以便拆卸。

9.2.6.3 拆卸并按 9.1.1 清洗试验球和试验盘。

9.3 评价

9.3.1 将洗净的试验球放在合适的夹具上，用显微镜分别测量滑动方向的磨斑宽度（d_1）和与滑动垂直方向的磨斑宽度（d_2），精确至 0.01mm（10μm）。平均磨斑直径（WSD）为这两个测量值的平均值（$WSD=(d_1+d_2)/2$）。如果磨斑直径小于 1.1 倍的赫兹接触直径，可在磨斑中心测量磨斑轮廓，以便计算磨损体积 W_v。如果磨斑直径大于 1.1 倍的赫兹接触直径，则只报告磨斑直径（见 NB/SH/T 0847）。试验球的磨损体积 W_v 应用立方毫米表示。

注：测量磨损体积是可选择的一种方法。测量磨损轮廓和计算磨损体积的方法见 ASTM D7755。

9.3.2 虽然没有制定特殊的步骤，当需要添加磨损分析时，可以按表面轮廓测定仪的说明书对试验盘上的磨斑表面轮廓进行分析（见 ASTM D7755）。

9.3.3 根据记录仪或计算机曲线图，得出最小摩擦系数和最大摩擦系数（f_{min}、f_{max}）以及每个小时内 15min、30min、45min、60min 时的摩擦系数（f_{15}、f_{30}、f_{45}、f_{60}），精确到 0.001。

9.3.4 如果记录仪或其他输出装置显示所测得的摩擦系数点附近有强烈的波动（幅宽≥0.005），记录该点的平均值和波动值（见 NB/SH/T 0847）。

9.3.5 在试验结束时试验球的负荷承载能力还可用几何接触压力 P_{geom} 来报告，几何接触压力可按式（1）计算：

$$P_{geom} = \frac{4F_N}{\pi W_K^2} \quad \cdots\cdots (1)$$

式中：

P_{geom}——几何接触压力，单位为牛顿每平方毫米（N/mm^2）；

F_N——正压力（试验负荷），单位为牛顿（N）；

W_K——平均磨斑直径（*WSD*），单位为毫米（mm）。

注1： 几何接触压力并不等同于赫兹接触压力。

注2： 在评价润滑脂微动条件下的抗磨损能力之前，可按照 SH/T 0784 的方法完成两个极压试验，温度均为50℃，冲程分别为1mm和2mm（参见附录A），但这并不是强制性的。

注3： 当试验负荷等于100N时，试验球的初始赫兹磨斑直径为0.296mm（试验球的初始直径为10mm），赫兹接触压力 P_{max} 为2176MPa。当试验负荷等于50N时，试验球的初始赫兹磨斑直径为0.236mm（试验球的初始直径为10mm），赫兹接触压力 P_{max} 为1727MPa。

10 结果报告

10.1 报告至少应包括下列信息：

用于评价润滑脂和试验件的所有参数：

a）试验温度，℃；

b）冲程，mm；

c）试验频率，Hz；

d）试验球材料和样品编号；

e）试验盘材料和样品编号；

f）试验所用润滑脂样品名称、编码等。

10.2 报告试验球平均磨斑直径（*WSD*）和在试验结束时未发生咬死时的摩擦系数。当有特定要求时，还应报告一份摩擦系数的复印件或保存该文件。

11 精密度和偏差

11.1 精密度

16个实验室于2009年在50℃条件下对六种润滑脂进行了循环试验。由统计试验结果确定的本精密度，按下述规定判断试验结果的可靠性（95%置信水平）。

11.1.1 试验球平均磨斑直径的精密度

11.1.1.1 重复性 *r*

同一操作者，在同一实验室，使用同一仪器，对同一试样进行测定所得的两个连续试验结果之差不应大于0.051mm。

11.1.1.2 再现性 *R*

不同操作者，在不同实验室，使用不同的仪器，按照相同的方法，对同一试样分别进行测定得到的两个单一、独立的试验结果之差不应大于0.207mm。

11.1.2 摩擦系数的精密度

11.1.2.1 重复性 r

同一操作者，在同一实验室，使用同一仪器，对同一试样进行测定所得的两个连续试验结果之差不应大于0.009。

11.1.2.2 再现性 R

不同操作者，在不同实验室，使用不同的仪器，按照相同的方法，对同一试样分别进行测定得到的两个单一、独立的试验结果之差不应大于0.0234。

11.2 偏差

由于本标准的摩擦系数和磨斑直径（*WSD*）是按照本试验方法来定义的，所以本标准对润滑脂的摩擦和磨损特性评价的偏差无法确定。

附　录　A
(资料性附录)
完整的抗微动磨损特性结果摘要

A.1　润滑脂在微动摩擦条件下抗磨损摩擦学特性结果摘要（重复性试验）见表 A.1。

表 A.1　润滑脂样品在微动摩擦条件下抗磨损摩擦学特性结果摘要

润滑脂	没有发生咬死的最大试验负荷/N（最大几何接触压力 P_{max}/MPa）（温度 50℃，频率 50Hz，试验方法 SH/T 0784）		磨损率/（$10^{-9}mm^3$/（N·m））（温度 50℃，载荷 100N，冲程 0.3mm，时间 4h）			试验球磨斑直径/mm	摩擦系数
润滑脂样品	1mm	2mm		试验球	试验盘		
	2000N（5907MPa）	2000N（5907MPa）	第一次	4.4	0.8	0.38/0.39	0.077
			第二次	4.9	0.8	0.39/0.40	0.078

A.2　其他结果摘要见图 A.1～图 A.3，用 SH/T 0784 测得的润滑脂样品的摩擦曲线和极压数据对于本标准的使用是很有参考价值的。

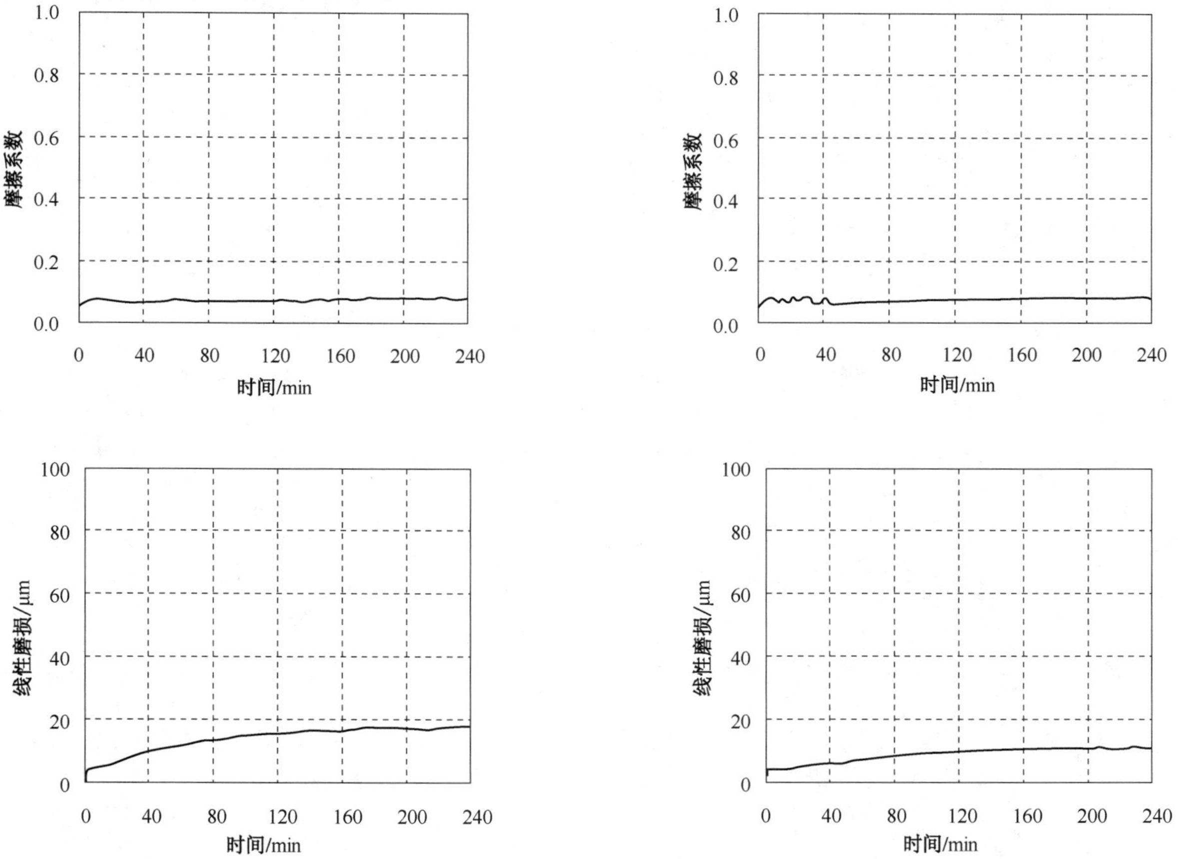

注 1：上方两图为摩擦系数对时间作图，下方两图为线性磨损对时间作图，试验条件为 F_N = 100N；T = 50℃；ν = 50Hz；Δx = 300μm；t≤8h。

注 2：线性磨损率减小是有利现象。

图 A.1　润滑脂样品摩擦系数与线性磨损随时间变化曲线的示例图

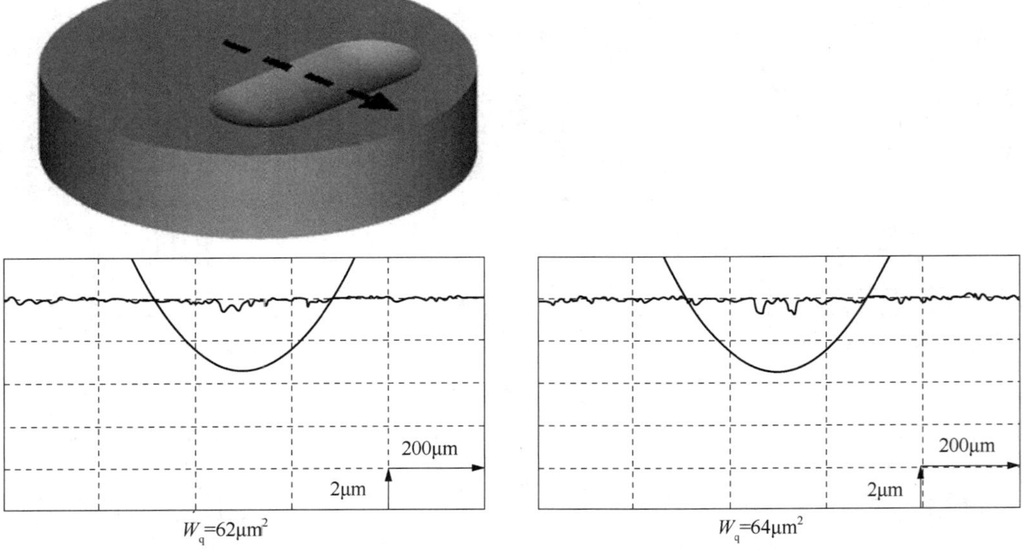

注 1：上图为轮廓测定仪垂直探针以滑动方向穿过试验盘磨痕中央的轨迹示意图；下方两图为磨损曲线，其中抛物线是未经磨损和未经加载的球的形状，平面的磨损以 μm^2 为单位。

注 2：摩擦学量（根据 ASTM D7755 计算）：样品 1 磨斑直径平均值为 0.385mm；球的磨损体积：191×10^{-6} mm^3；盘的磨损体积：16.5×10^{-6} mm^3；球的磨损率：4.4×10^{-9} $mm^3/(N\cdot m)$；盘的磨损率：0.8×10^{-9} $mm^3/(N\cdot m)$。

图 A.2 润滑脂样品磨损轮廓测量结果的示例图

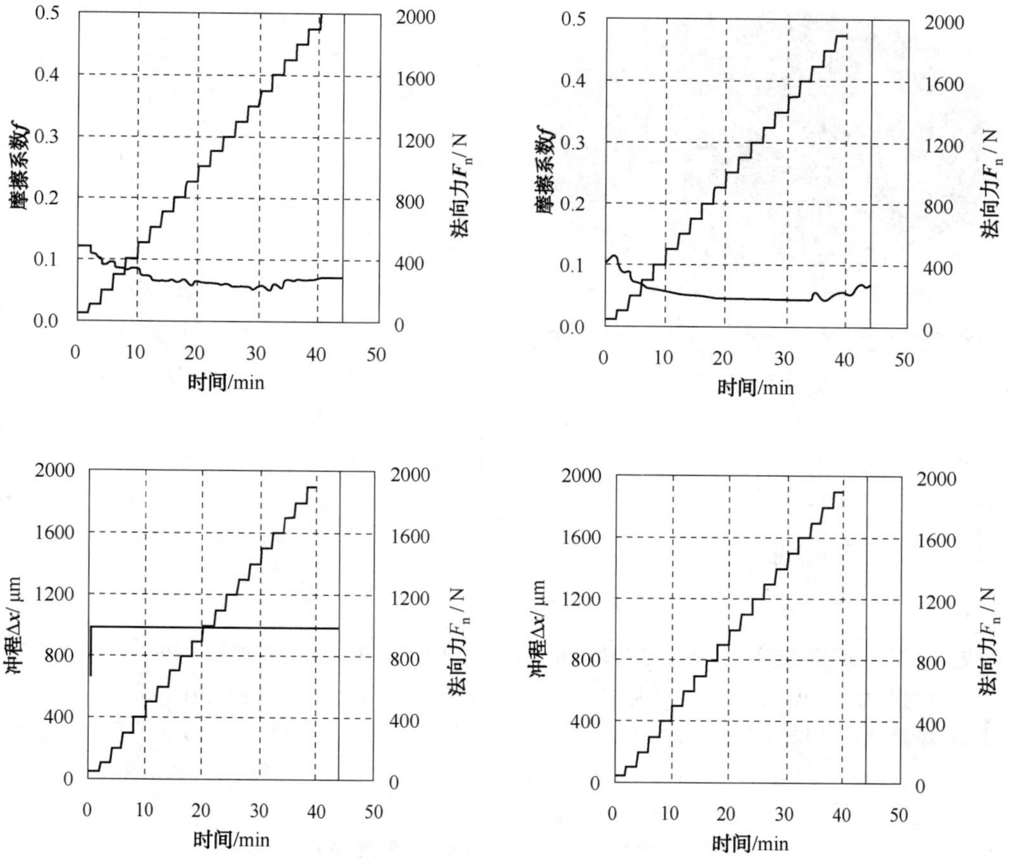

注：按照试验方法 SH/T 0784，试验温度为 50℃，左方两图冲程为 1mm，没有发生咬死的最大负荷（通过/*OK* 负荷值）为 2000N（最大几何接触压力 P_{max} 为 5907 MPa）；右方两图冲程为 2mm，没有发生咬死的最大负荷（通过/*OK* 负荷值）为 2000N（最大几何接触压力 P_{max} 为 5907 MPa）。

图 A.3　润滑脂样品的极压曲线示例图

ICS 75.160.20
E 31

SH

中华人民共和国石油化工行业标准

NB/SH/T 0921—2016

生物柴油及其调合燃料氧化安定性的测定　加速法

Standard test method for oxidation stability of biodiesel (BD100) and blends of biodiesel with middle distillate petroleum fuel (accelerated method)

2016-12-05 发布　　2017-05-01 实施

国家能源局　发布

前　言

本标准按照 GB/T 1.1—2009 给出的规则起草。

本标准使用重新起草法修改采用美国材料与试验协会标准 ASTM D7462-11《生物柴油及其与中间馏分油调合燃料氧化安定性的测定（加速法）》。

本标准与 ASTM D7462-11 的主要技术差异如下：

——本标准引用标准采用我国相应的国家标准及行业标准，以方便使用；

——7.1 条通氧管长度由 750mm 修改为 825mm；

——增加 7.10 条对分析天平的要求，要求感量 0.1mg；

——增加 10.4 条滤膜的准备；

——增加 11.4.1 条空白试验说明；

——增加 12.1 条和 12.2 条对系数 3.5 的说明；

——增加 A.2.1 条空白试验说明。

本标准由中国石油化工集团公司提出。

本标准由全国石油产品和润滑剂标准化技术委员会石油燃料和润滑剂分技术委员会（SAC/TC280/SC1）归口。

本标准起草单位：中国石油化工股份有限公司石油化工科学研究院、中石化炼化工程（集团）股份有限公司技术研发中心。

本标准主要起草人：刘金胜、蔺建民、洪丽雁、张永光、李利峰。

生物柴油及其调合燃料氧化安定性的测定　加速法

警告：本标准涉及某些有危险性的材料、操作和设备，但是无意对与此有关的所有安全问题都提出建议。因此，用户在使用本标准之前应建立适当的安全和防护措施，并确定相关规章限制的适用性。

1　范围

本标准规定了采用加速氧化法（95℃氧化条件）测定生物柴油及其调合燃料氧化安定性能的方法。

本标准适用于测定生物柴油及其调合燃料的氧化安定性。

注1：本标准通过测定不溶性降解产物的生成量来评价其氧化安定性。生物柴油 BD100 的主要成分是烷基酯类，其对氧化过程中产生的某些降解产物具有很好的溶解性。因此生物柴油虽然经历非常明显的降解过程，但只有极少的或者没有明显的沉积物生成。相反，许多石油基的柴油燃料对生物柴油氧化过程中产生的一些降解产物表现出相对较差的溶解性。所以，生物柴油调合燃料（如 B20），表现更高的沉积物生成量。附录 A 提供了一个异辛烷稀释方法，用于评价 BD100 氧化后产生的可溶于 BD100 但不溶于异辛烷的降解产物含量。

注2：由于 SH/T 0175 中的纤维素酯滤膜不适于测定含有生物柴油的调合燃料，因此在测定可能含有生物柴油的燃料时，可选择本方法进行测定。

2　规范性引用文件

下列文件对于本文件的应用是必不可少的。凡是注日期的引用文件，仅注日期的版本适用于本文件。凡是不注日期的引用文件，其最新版本（包括所有的修改单）适用于本文件。

GB/T 4756　石油液体手工取样法

GB/T 6682—2008　分析实验室用水规格和试验方法

GB/T 8019　燃料胶质含量的测定 喷射蒸发法

GB/T 12581　加抑制剂矿物油氧化特性测定法

GB/T 27867　石油液体管线自动取样法

SH/T 0175　馏分燃料油氧化安定性测定法（加速法）

SH/T 0690　馏分燃料油在 43℃贮存安定性测定法

3　术语和定义

下列术语和定义适用于本文件。

3.1

黏附性不溶物 adherent insolubles

在本标准试验条件下，试样在氧化过程中产生并在试样从氧化管中放出后黏附在管壁上的不溶于异辛烷的物质。

[SH/T 0175 第 3.1 条定义]

3.2

可滤出不溶物 filterable insolubles

在本标准试验条件下，试样在氧化过程中产生并通过过滤从试样中能分离出去的物质，它包括两

个部分，一部分是氧化后在试样中悬浮的物质，另一部分是在管壁上易于用异辛烷冲洗下来的物质。

［SH/T 0175 第 3.2 条定义］

3.3

总不溶物 total insolubles

黏附性不溶物和可滤出不溶物之和。

［SH/T 0175 第 3.4 条定义］

3.4

零时间 zero time

一组氧化管中第一个放入加热浴中的时间。

注：零时间可作为氧化管放入加热浴中氧化 16 h 开始的时间。

［SH/T 0175 第 3.5 条定义］

4 方法概要

将已过滤的 350 mL 试样装入氧化管中，通入氧气，速率为 3 L/h，在 95℃下氧化 16 h，然后将氧化后的试样冷却至室温，过滤，得到可滤出不溶物。然后用异辛烷清洗氧化管内部，将清洗液过滤，视为可滤出不溶物。用三合剂把黏附性不溶物从氧化管壁和通氧管壁上洗下来，把三合剂蒸发除去，得到黏附性不溶物。可滤出不溶物的量和黏附性不溶物的量之和为总不溶物的量，以 mg/100 mL 表示。

5 方法应用

5.1 本标准提供了一种生物柴油及其调合燃料氧化安定性的评价方法。

5.2 本标准不能够预测燃料在油罐储存一定时间后生成总不溶物的量。油罐储存生成总不溶物的量受一些特殊条件的影响，与本标准的试验条件差异太大以致不能准确预测。

5.3 本标准和 SH/T 0690 方法相比，测定速度快。但是，由于本标准是在较大程度提高温度和纯氧的氛围中进行试验，所以测定的不溶物的数量和性质与 SH/T 0690 相比，与实际储存的偏离程度更大。

6 干扰因素

6.1 氧化是导致生成黏附性不溶物和可滤出不溶物的主要化学过程。如铜和铬这些物质能够催化氧化反应，结果使生成黏附性不溶物和可滤出不溶物中的一种或两种的数量增加。由于本标准使用的仪器也可用于 GB/T 12581 标准，该标准使用了铜和钢的线圈作为催化剂。如果本标准和 GB/T 12581 共用一组氧化管，在使用前要彻底清洗掉这些金属残渣。同时，为了避免铬离子的存在对测定产生影响，以及对实验人员的潜在伤害，不要用铬酸洗液清洗玻璃仪器和氧化管。

6.2 试样暴露于紫外光下，会造成总不溶物的量增加，因此，试验用的样品必须避紫外光（阳光或荧光）。试样取样、测量、过滤和称量的全部操作过程应避免阳光直射。试样通氧前的保存、通氧操作、通氧后的降温应在暗处进行。

7 仪器

7.1 氧化管单元：由氧化管、冷凝器和通氧管组成，硼硅玻璃材质，尺寸如图 1 所示。本标准中所用的氧化管单元和 SH/T 0175 中所用的氧化管单元相同。

7.2 加热浴：装有液体加热介质，温度控制在 95℃ ± 1℃。放入浴中的氧化管底部能浸入加热介质液

面下约 350mm。加热浴的结构应能使试样氧化时避光。

7.3 浮子流量计：可测量 3 L/h±0.3 L/h，每个氧化管连接一个流量计。

7.4 滤膜干燥箱：用于干燥可滤出不溶物，控温在 90℃±2℃。

7.5 玻璃仪器干燥箱：用于干燥玻璃仪器，控温在 105℃±5℃。

7.6 过滤仪器：如图 2 所示，应能固定滤膜（7.7）。

7.7 滤膜：玻璃纤维膜片，直径 47 mm，公称孔径 0.7 μm。

7.8 蒸发容器：硼硅玻璃烧杯，容积在 100 mL~200 mL。

7.9 电热板：温度可达 135℃，用于加热蒸发容器（7.8）中的溶剂。

7.10 分析天平：感量 0.1 mg。

单位为毫米

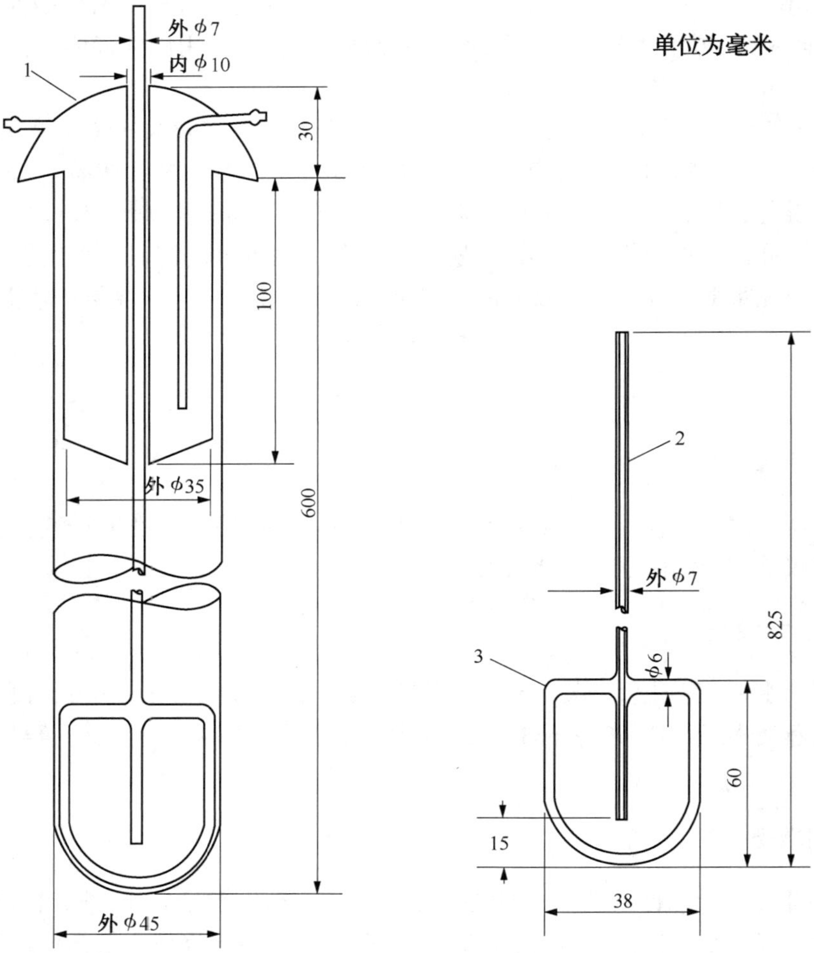

1——玻璃冷凝器；

2——通氧管（硬质玻璃管）；

3——硬质玻璃棒。

图 1 氧化管单元示意图

8 试剂与材料

8.1 试剂纯度：所用试剂应使用分析纯或更高纯度的试剂，以确保测定结果的准确性。

8.2 水的纯度：除非另有说明，水的纯度应符合标准 GB/T 6682—2008 规格中三级水的要求。

8.3 异辛烷：纯度不低于 99.75%。使用前用一张滤膜（7.7）预先过滤。

8.4　氧气：纯度不低于99.5%。如果氧气是通过工厂的总管线供给时，在恒温浴前应当安装过滤器，防止管线内的水气和杂物带入氧化管内，并且装有稳压阀以保证通入氧化管内的氧气流量稳定；满足纯度要求并带有两段稳压装置的瓶装氧气也可以使用。

8.5　三合剂：等体积丙酮、甲醇和甲苯的混合液。若用普通商品级的丙酮配制三合剂溶液，其所含杂质会引起粘附性不溶物的量明显增加，配制三合剂必须使用分析纯或更高纯度的试剂。

警告：三合剂易着火、有毒。

9　取样和样品准备

9.1　取样应按照 GB/T 4756、GB/T 27867 或者其他等效方法进行，以获取有代表性样品。

9.2　收到样品后应尽快分析。当试验在一天之内不能进行时，应采用惰性气体如：不含氧的氮气、氩气或氦气覆盖保护，样品储存温度在5℃～10℃。

9.3　试验样品：每次试验用样品的量约为400 mL，如果样品储存在较大的油罐、鼓形桶，油桶或者较大的听里时，采用 GB/T 4756 规定的对应程序进行取样。对于少量的试验样品，采用振荡、摇晃或其他方式把样品充分混匀，然后用倾倒、管吸或其他方法把样品分成若干份试验样品。应先用三合剂洗涤取样用的管子、取样器、移液管、烧杯以及所有与试验样品接触的器具，再用少量样品淋洗。由于样品储存时的温度可能很低，放置至室温或加热到浊点以上，然后再进行混匀和分装。

10　仪器的准备

10.1　玻璃仪器（除氧化管外）的准备

用三合剂淋洗所有的玻璃仪器，然后用水、弱碱性或中性实验室清洗剂清洗，再用蒸馏水洗涤三次，最后烘干玻璃仪器或者用丙酮冲洗然后自然晾干。

10.2　氧化管及其附件的准备

用含有清洗剂的水装满氧化管，装上通氧管及冷凝器，浸泡至少2 h。刷洗，倒出洗液，用自来水冲洗五次，然后用蒸馏水或符合 GB/T 6682—2008 中三级水要求的水冲洗三次。再用丙酮洗，除去水，烘干后待用。

10.3　蒸发容器的准备

在105℃±5℃烘箱中干燥已清洗干净的烧杯（包括空白试验烧杯）1 h，取出后放入无干燥剂的干燥器内，防止各种空气尘埃或者其他物质的污染，冷却1 h，称量各烧杯质量，精确至0.1 mg。

10.4　滤膜的准备

将试验用的滤膜放在90℃±2℃烘箱中干燥30 min，冷却30 min，称重，精确至0.1 mg。

11　试验步骤

11.1　试样准备

在滤膜托板上放一张滤膜（7.7），如图2所示，用夹子把滤膜、漏斗、滤膜托板固定。连接抽真空系统（真空度约80 kPa），过滤约400 mL试样，接收在干净的500 mL抽滤瓶内，弃去滤膜。每个试样都应按照上述步骤准备。再次过滤试样时，不要使用上次用过的滤膜，否则，滤膜上滤出的沉渣可

能被后加的试样带走，影响试验结果。

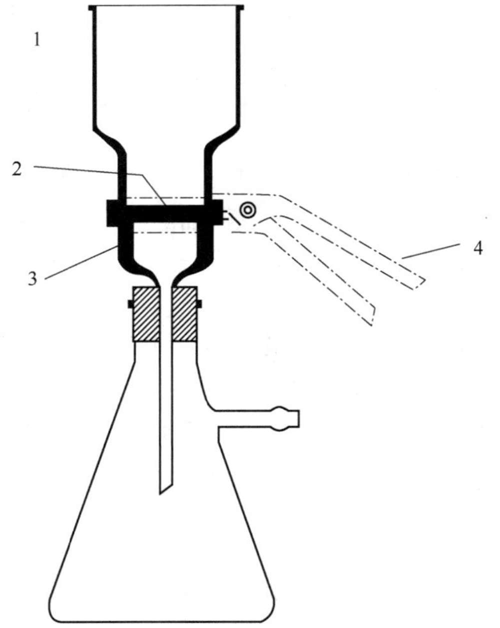

1——漏斗上部；
2——滤膜托板；
3——漏斗下部；
4——夹子。

图2　过滤仪器示意图

11.2　试样氧化

11.2.1　将 350 mL±5 mL 已过滤的试样装入干净的氧化管内。在尽量短的时间内（不应超过 1 h）将此氧化管放入已恒温至 95℃±1℃的加热浴中，氧化管内试样的液面应低于加热介质的液面。暂时存放时，应避光。

11.2.2　氧化管放入加热浴中后，依次装好通氧管和冷凝器，接通冷凝水和氧气，调节氧气流量为 3 L/h±0.3 L/h。确保试样避光。如果测试氧化管的数量少于加热浴中可以容纳的量，应该在空位上放置一个装有与测试样品理化性质相近的液体石油产品的氧化管。

11.2.3　记录第一个氧化管放入加热浴中的时间（零时间）。

11.3　试样冷却

11.3.1　16 h±0.25 h 后，按照放入加热浴中的顺序从加热浴中取出各氧化管，用一片和氧化管口同样大小的铝箔或塑料片盖住管口，防止污物、灰尘和水分进入氧化管内。记录第一个氧化管取出的时间。

11.3.2　将氧化管放入室温下、通风的暗处冷却至接近室温。放置时间不应超过 4 h。

11.4　测定可滤出不溶物

11.4.1　对于每一个试样，使用预先称重的单张玻璃纤维滤膜进行过滤。测定单个试样或者一组试样时，需要用一张玻璃纤维滤膜作为湿度及操作的空白，空白试验不含试样，其余步骤与下述试样测定步骤相同。

注：在 SH/T 0175 方法中，叠放两张滤膜的操作在测定生物柴油时会引入误差。

11.4.2　把一张预先称重的滤膜放在过滤器滤膜托板上，按图 2 安装过滤仪器，抽真空（真空度约 80

kPa)，倾倒并过滤冷却至室温的试样。

注：如果在过滤过程中，滤膜发生了严重的堵塞导致试样无法在25 min内完成过滤，应另外用一张预先称重的滤膜将剩余的试样过滤完毕。

11.4.3 油样过滤结束后，如果需要，可以将过滤后的油样从抽滤瓶中倒出，以备他用。再将过滤装置组装好以备后续的冲洗工作。

11.4.4 用异辛烷冲洗氧化管和通氧管三次，每次用量50 mL±5 mL。彻底清洗氧化管非常重要，确保玻璃表面无生物柴油残留。所有冲洗液均通过过滤仪器抽滤。

11.4.5 清洗完氧化管后，用50 mL±5 mL的异辛烷冲洗过滤仪器漏斗壁。最好采用直的细流，以保证可以将各种物质吹洗到过滤板的中央。

11.4.6 过滤完成后，卸下过滤仪器漏斗上部，再用50 mL±5 mL异辛烷清洗滤膜的边缘和相邻的部件。确保之前压在过滤漏斗下面的滤膜得到彻底清洗，以除去燃油的残留。彻底清洗滤膜极为重要，确保滤膜上无生物柴油残留。停止抽真空系统，拆下过滤系统。弃去滤液。

11.4.7 将滤膜在90℃烘箱中干燥30 min，冷却30 min，称重，精确至0.1 mg。

11.5 测定黏附性不溶物

11.5.1 用75 mL±5 mL的三合剂分三次洗下黏附在氧化管壁和通氧管壁上的不溶物。

11.5.2 检查氧化管壁和通氧管壁表面是否还有未洗下的不溶物或管壁带有颜色，如果还有未洗下的不溶物或管壁带有颜色，再用25 mL三合剂进行第四次冲洗。

11.5.3 蒸发三合剂：用下述两种方法中的任一种方法将三合剂蒸发除去。

11.5.3.1 将冲洗液收集在已称过质量的烧杯内，把烧杯放在135℃的电热板上，在通风柜内加热蒸发三合剂。待三合剂蒸干后，将含有不溶物的烧杯放在无干燥剂的干燥器内，冷却1 h，称量各烧杯质量，精确至0.1 mg。

11.5.3.2 也可选用将冲洗液收集在GB/T 8019规定的一个或两个100 mL的烧杯内，用GB/T 8019喷射蒸发法在160℃下蒸发三合剂。

11.5.4 蒸发和试验等体积的三合剂，作为黏附性不溶物的空白，校正三合剂中的杂质。

12 计算

12.1 试样氧化后可滤出不溶物的量F（mg/100 mL）按式（1）计算：

$$F=\frac{(W_2-W_1)-(W_4-W_3)}{3.5} \quad \cdots\cdots (1)$$

式中：

W_1——过滤350 mL试样前滤膜的质量，单位为毫克（mg）；

W_2——过滤350 mL试样后滤膜的质量，单位为毫克（mg）；

W_3——空白试验过滤前滤膜的质量，单位为毫克（mg）；

W_4——空白试验过滤后滤膜的质量，单位为毫克（mg）；

3.5——由350/100得来，将350 mL试样换算为100 mL试样的系数。

12.2 试样氧化后粘附性不溶物的量A（mg/100 mL）按式（2）计算：

$$A=\frac{(W_6-W_5)-(W_8-W_7)}{3.5} \quad \cdots\cdots (2)$$

式中：

W_5——试验前烧杯的质量，单位为毫克（mg）；

W_6——试验后烧杯与内容物的质量，单位为毫克（mg）；

W_7——空白试验烧杯的质量，单位为毫克（mg）；

W_8——空白试验烧杯与内容物的质量，单位为毫克（mg）；

3.5——由 350/100 得来，将 350 mL 试样换算为 100 mL 试验样品的系数。

12.3 试样氧化后总不溶物的量 T（mg/100 mL）按式（3）计算：

$$T=F+A \quad (3)$$

式中：

T——总不溶物的量，单位为毫克每 100 毫升（mg/100 mL）；

F——可滤出不溶物的量，单位为毫克每 100 毫升（mg/100 mL）；

A——粘附性不溶物的量，单位为毫克每 100 毫升（mg/100 mL）。

13 报告

13.1 报告为试样的总不溶物 T，以 mg/100 mL 为单位。报告结果保留至小数点后第一位。

13.2 也可选择报告试样可滤出不溶物 F（mg/100 mL）和黏附性不溶物 A（mg/100 mL）。

14 精密度与偏差

14.1 精密度：实验室间的精密度试验还没有进行。但是，从两个实验室得到的数据表明，该方法在测定生物柴油及其调合燃料的氧化安定性时，其精密度与 SH/T 0175 方法的精密度相近。

14.2 偏差：由于本标准没有合适的标准样品，有关偏差未给出。

附 录 A
（资料性附录）
生物柴油异辛烷不溶物的选择性测定方法

A.1 引言

本选择性附加测定方法是对纯生物柴油氧化后与非极性溶剂异辛烷混合后可能产生的不溶物的测定。本方法仅限于纯生物柴油，不包括生物柴油与柴油的调合燃料。

A.2 步骤

A.2.1 按照10.4条相同的滤膜准备步骤，烘干并称重两张玻璃纤维滤膜，分别用于试样测定和空白试验，空白试验不含试样，其余步骤与下述试样测定步骤相同。

A.2.2 用合适大小的烧杯将100 mL氧化试样与400 mL的过滤后的异辛烷混合，震荡10 s，使试样与溶剂充分混合。将混合液静置10 min~15 min。

A.2.3 将A.2.1中准备的滤膜装入过滤仪器中。

A.2.4 打开抽真空系统，将混合溶液倒入过滤仪器中，并将全部混合溶液过滤完毕。

A.2.5 用足量的经过滤的异辛烷冲刷烧杯及过滤漏斗，去除可见的生物柴油残留。该步骤可能需要几百毫升的溶剂，但是至少要用三份25 mL的溶剂进行冲洗。用装有异辛烷的洗瓶冲洗过滤漏斗的内壁。将所有的冲洗液进行过滤。

A.2.6 取下过滤漏斗，小心将漏斗底部的残留物冲洗到滤膜上，并小心清洗掉滤膜上可能残留的生物柴油。

A.2.7 关闭真空系统，取下试样过滤滤膜。

A.2.8 按照11章的相关步骤，将试样过滤滤膜和空白滤膜一同放入烘箱中，然后冷却、称重。

A.3 计算

A.3.1 按式（A.1）计算异辛烷不溶物的含量（I），以mg/100 mL为单位。

$$I=(W_{10}-W_9)-(W_{12}-W_{11}) \qquad \text{(A.1)}$$

式中：

W_9——100 mL试样过滤前滤膜的质量，单位为毫克（mg）；

W_{10}——100 mL试样过滤后滤膜的质量，单位为毫克（mg）；

W_{11}——空白试验过滤前滤膜的质量，单位为毫克（mg）；

W_{12}——空白试验过滤后滤膜的质量，单位为毫克（mg）。

A.4 报告

A.4.1 报告试样的异辛烷不溶物含量，以mg/100 mL为单位。

ICS 75.100
E 34

SH

中华人民共和国石油化工行业标准

NB/SH/T 0922—2016

润滑油抗微点蚀性能的测定　FZG法

Standard test method for evaluating the micro-pitting capacity of lubricating oils (FZG method)

2016-12-05 发布　　2017-05-01 实施

国家能源局　发布

目　　次

前　言

本标准按照 GB/T 1.1—2009 给出的规则进行起草的。

本标准使用重新起草法修改采用德国传动技术研究协会标准 FVA 54 Ⅰ-Ⅵ《齿轮油抗微点蚀研究方法》。

为了适合我国国情，本标准在采用 FVA 54 Ⅰ-Ⅵ时进行了部分修改。本标准与 FVA 54 Ⅰ-Ⅵ的结构差异见附录 A。本标准与 FVA 54 Ⅰ-Ⅵ的主要技术差异如下：

——部分引用标准采用我国相应的国家标准和石化行业标准；

——增加了“2 规范性引用文件”，使标准符合国内的编写规则；

——增加了“3 术语和定义”，使标准符合国内的编写规则；

——增加了“6.2 润滑油喷射系统”，使试验系统更加完善；

——增加了“6.3 计时器”，使试验系统更加完善；

——增加了“6.4 加热板”，使试验系统更加完善；

——增加了“7.1 清洗溶剂”，使试验操作更加规范；

——增加了“8 试验准备”，使试验操作更加规范；

——增加了“附录 A”，使标准符合国内的编写规则；

——增加了“附录 B”，使试验操作更加规范；

——删去了 FVA 54 Ⅰ~Ⅵ中“8 参考”。

本标准由中国石油化工集团公司提出。

本标准由全国石油产品和润滑剂标准化技术委员会石油燃料和润滑剂分技术委员会（SAC/TC280/SC1）归口。

本标准起草单位：中国石油化工股份有限公司石油化工科学研究院、中国石油兰州润滑油研发中心、中国石化润滑油有限公司。

本标准的主要起草人：苗启乐、闫浔、张宽德、宋朝新。

润滑油抗微点蚀性能的测定　FZG 法

警告：本标准的应用可能涉及某些有危险性的材料、操作和设备，但并未对与此有关的所有安全问题都提出建议。用户在使用本标准之前，应建立适当的安全和防护措施，并确定相关措施的适用性。

1　范围

本标准规定了评价润滑油抗微点蚀性能的试验方法。

本标准适用于评价润滑油及添加剂的抗微点蚀性能。

2　规范性引用文件

下列文件对于本文件的应用是必不可少的。凡是注日期的引用文件，仅所注日期的版本适用于本文件。凡是不注日期的引用文件，其最新版本（包括所有的修改单）适用于本文件。

GB 1922—2006　油漆及清洗用溶剂油

GB/T 17754—2012　摩擦学术语

NB/SH/T 0306　润滑油承载能力的评定 FZG 目测法

DIN 3962　圆柱齿轮啮合公差（Tolerances for Cylindrical Gear Teeth）

DIN 17210　渗碳钢（Case hardening steels）

3　术语和定义、缩略语

下列术语和定义、缩略语适用于本文件。

3.1　术语和定义

3.1.1

磨损　wear

由于摩擦造成表面的变形、损伤或表层材料逐渐流失的现象和过程。

[GB/T 17754—2012，定义 2.3]

3.1.2

点蚀　pitting

因表面疲劳作用导致材料流失，在摩擦表面留下小而浅的锥形凹坑的损伤形式。

[GB/T 17754—2012，定义 5.43]

3.1.3

微点蚀　micro-pitting

由于循环接触应力和塑性流动而造成少量材料流失，在表面留下的微小裂纹和/或凹坑的磨损形式，受损表面呈灰色。微点蚀对齿面的破坏程度要比点蚀小。

3.1.4

胶合　scuffing

相对运动的摩擦表面之间由于闪温过高使许多小接触点出现焊接并在相对滑动中被撕裂的磨损称为粘焊，胶合是粘焊这类磨损中更为严重的一种形式。

[GB/T 17754—2012，定义 5.35 和定义 5.36]

3.2 缩略语

3.2.1 GF 微点蚀（德文缩写）

3.2.2 *GFA* 微点蚀面积百分比

3.2.3 GFT 抗微点蚀能力

3.2.4 SKS 失效载荷级别

4 方法概要

微点蚀试验包括两部分试验，载荷试验和耐久试验。正式试验运行前，在 5 级载荷条件下，运行约 1h 磨合试验。磨合试验后，从 5 级载荷开始逐级运行载荷试验。8 级载荷试验后，如果齿轮不失效，运行耐久试验。载荷试验是在规定的试验条件（见表 1）下，利用齿轮-润滑油摩擦系统，评价试验油及添加剂的抗微点蚀能力，试验结果用失效载荷级别表示。耐久性试验是在规定试验条件（见表 1）下较长时间运行试验，评价试验油及添加剂的抗微点蚀能力，也用失效载荷级别表示。

表 1 微点蚀标准试验条件

小齿轮转速 n_1/（r/min）	约 2250
节圆速度/（m/s）	0.00383 · n_1 [a]
驱动齿轮	小齿轮
试验油	试验油以约 2 L/min 的流速喷射到齿轮啮合处，每次试验用油 25 L（不包括冲洗用油）；
过滤装置	使用 10 μm 纸质滤芯
进口温度/℃	90±2 [b]
磨合时间	约 1 h，小齿轮运行 1.3×10^5 r [c]
每级载荷试验时间	约 16 h，小齿轮运行 2.1×10^6 r [d]
每级耐久试验时间	约 80 h，小齿轮运行 1.05×10^7 r [e]

[a] 标准试验中节圆速度约 8.3 m/s；高速试验中 n_1 = 4500 r/min，节圆速度约 16.6 m/s。

[b] 进口温度可选择 40℃ 或 60℃ 或其他温度，取决于润滑油的使用条件。

[c] n_1 = 4500 r/min，小齿轮 1 h 运行 2.6×10^5 r。

[d] n_1 = 4500 r/min，小齿轮 16 h 运行 4.2×10^6 r。

[e] n_1 = 4500 r/min，小齿轮 80 h 运行 2.1×10^7 r。

5 方法应用

方法规定的试验条件（试验转速、试验温度）适用于评价多种用途润滑油及添加剂的抗微点蚀能力。为区分不同试验结果间的差异，使用相同的试验程序。

6 试验设备

6.1 FZG 试验机

6.1.1 微点蚀试验用 FZG 试验机与 NB/SH/T 0306 规定的试验机基本相同，但需增加试验机结构强度和加装润滑油喷射系统。

6.1.2 FZG 齿轮试验机采用闭环能量施加原理，即正方形试验原理，给试验齿轮施加规定的扭矩（载荷）。图 1 和图 2 给出了 FZG 试验机的示意图。通过两个弹性轴把试验齿轮和驱动齿轮连接在一起。弹性轴 1 包含了一个加载离合器，通过在载荷力臂上悬挂砝码的方式给试验系统施加规定扭矩。

6.1.3 FZG 试验机由电动机驱动，电动机应有足够功率。

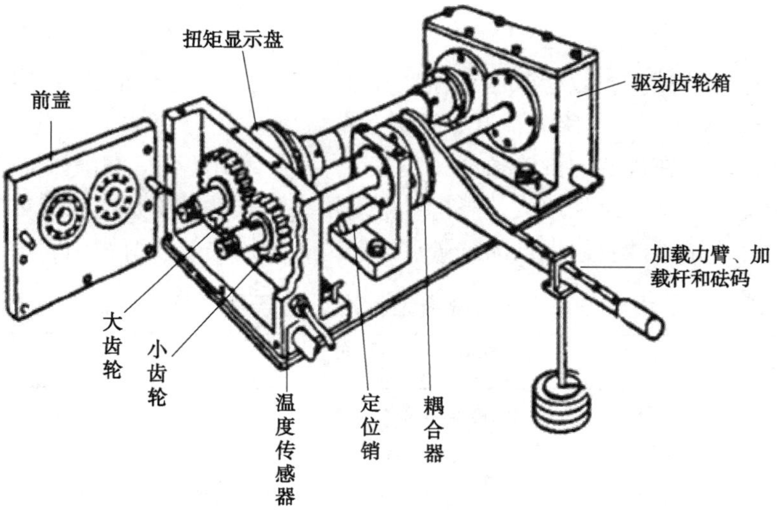

图 1 典型 FZG 试验机示意图

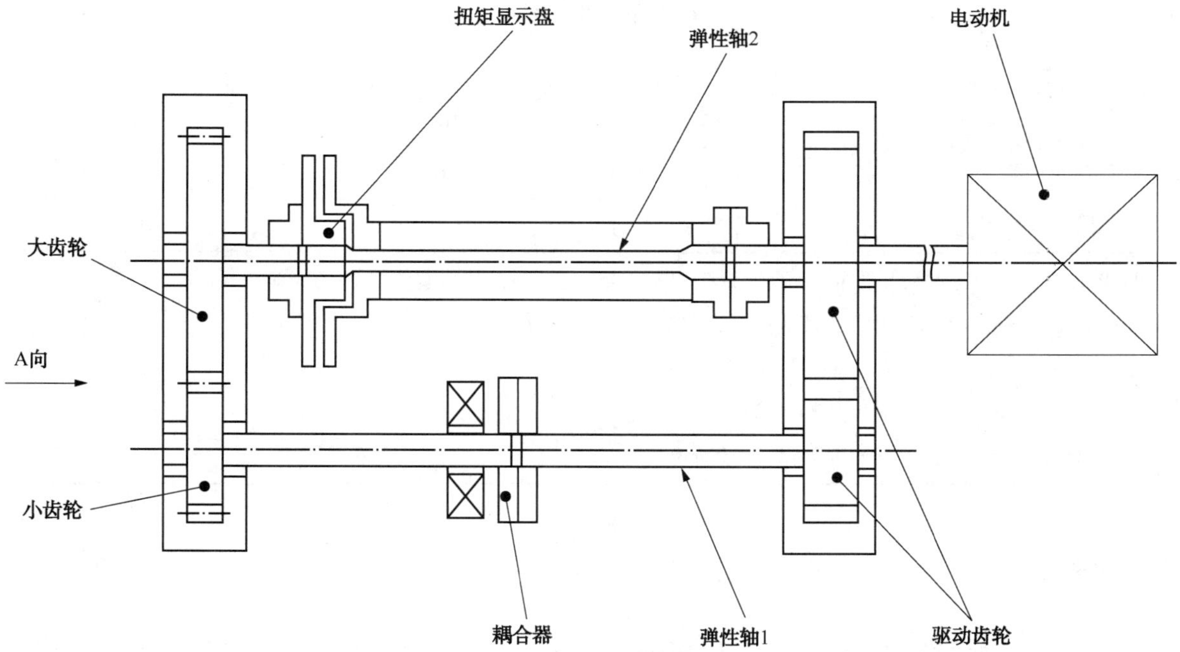

图 2 FZG 试验机结构示意图

6.2 润滑油喷射系统

润滑油喷射系统包括试验油箱（至少能储存25L试验油）、流量调节阀、热交换器、加热器、循环泵和压力表等。

6.3 计时器

使用合适的计时器，控制每一级试验时间。计时器能在每一级试验结束后自动切断电动机电源。

6.4 加热板

使用加热板或适当的加热工具将齿轮加热到60℃~80℃，便于把试验齿轮安装到轴上。

7 试剂和材料

7.1 清洗溶剂

清洗试验机使用符合GB 1922—2006中4号溶剂油或其他合适的清洗溶剂。

注：清洗溶剂属于易燃物品，挥发的气体有害。应远离热源、火花和明火（见附录B）。

7.2 试验齿轮

微点蚀试验使用“C-GF”型齿轮，其几何尺寸见表2，齿表面处理要求见表3。“C-GF”型齿轮与承载能力试验用“A”型齿轮设计存在差异，见附录C。不同齿轮表面粗糙度会直接影响到试验结果，见附录D。

表2 “C-GF”型试验齿轮几何尺寸

名称		标示	数值
中心距/mm		a	91.5
有效尺宽/mm		b	14.0
节圆直径/mm	小齿轮	d_{w1}	73.2
	大齿轮	d_{w2}	109.8
外圆直径/mm	小齿轮	d_{a1}	$82.43^{-0.087}$
	大齿轮	d_{a2}	$118.36^{-0.087}$
模数/mm		m	4.5
齿数	小齿轮	z_1	16
	大齿轮	Z_2	24
齿面修正系数	小齿轮	x_1	0.1817
	大齿轮	x_2	0.1715
标准压力角/（°）		a	20.0
啮合角/（°）		a_{wt}	22.44
螺旋角/（°）		β	0.0
齿面修正		齿顶和齿根均不倒角，不进行纵向凸面加工	

表 3 "C-GF"型试验齿轮表面处理要求

材质	16MnCr5，符合 DIN 17210 的要求
热处理	试验齿轮渗碳，齿根表面硬度为 750HV1。硬度为 550HV1，淬火深度：0.8 mm ~ 1.0mm（研磨后），中心强度 1000 N/mm^2 ~ 1250N/mm^2。接近表面区域显微镜下不应有可视残余奥氏体（<20%）。
齿轮质量等级	5 级，符合 DIN 3962 的要求，$f_f \leq 5\mu m$； 小齿轮三个齿的跨距为 $34.779^{-0.11}_{-0.135}$mm； 大齿轮三个齿的跨距为 $35.252^{-0.11}_{-0.135}$mm； 容许公差 R_w：0.01mm。
齿根表面粗糙度 *Ra*	渐开线方向为 0.5μm±0.1μm
研磨加工	马格（Maag）0°研磨

8 试验准备

8.1 试验齿轮

使用清洗溶剂彻底清洗试验齿轮，去除齿轮上的保护层，必要时使用软毛刷。自然风干或吹干清洗后的齿轮，检测（目测）齿面的损坏或腐蚀状况并分别对大、小试验齿轮称重。不能使用有任何损坏或腐蚀的齿轮运行试验。

8.2 试验齿轮箱

使用清洗溶剂彻底清洗试验齿轮箱和轴承，去除上次试验残留的试验油。该清洗步骤可在试验结束且放空试验油后、拆卸试验齿轮总成前进行。推荐清洗两次齿轮箱和轴承，以便彻底清洗掉上次试验残留油。放空清洗溶剂后，风干试验齿轮箱和轴承。

注：使用清洗溶剂清洗前，齿轮箱温度应降到 60℃以下。

8.3 驱动齿轮箱

放空驱动齿轮箱中的齿轮油，用清洗溶剂彻底清洗，可以使用软毛刷或其他合适工具清洗，放空清洗溶剂后风干，然后用试验油冲洗一次放空。

8.4 试验齿轮安装

用加热盘或其他合适的加热工具，加热齿轮、垫块和轴承至 60℃~80℃，按照图 3 所标示的位置将试验齿轮安装到轴上（顺图 2 中 A 方向站立，大齿轮安装在左边弹性轴上，小齿轮安装在右边弹性轴上）。将试验齿轮正确安装到各自轴上对获得正确试验结果非常重要。

注：不正确的安装可能导致齿面载荷分布不均匀，从而导致不稳定的或更低的失效载荷级别。

8.5 润滑油喷射系统

从润滑油喷射系统中取出试验油箱，用清洗溶剂彻底清洗，风干后将试验油箱安装回原位置，添加约 20L 试验油，并连接各种管线。

8.6 安装试验和驱动齿轮箱上盖

将带有喷头的试验齿轮箱和驱动齿轮箱上盖分别安装到各自的齿轮箱上，拧紧螺栓。

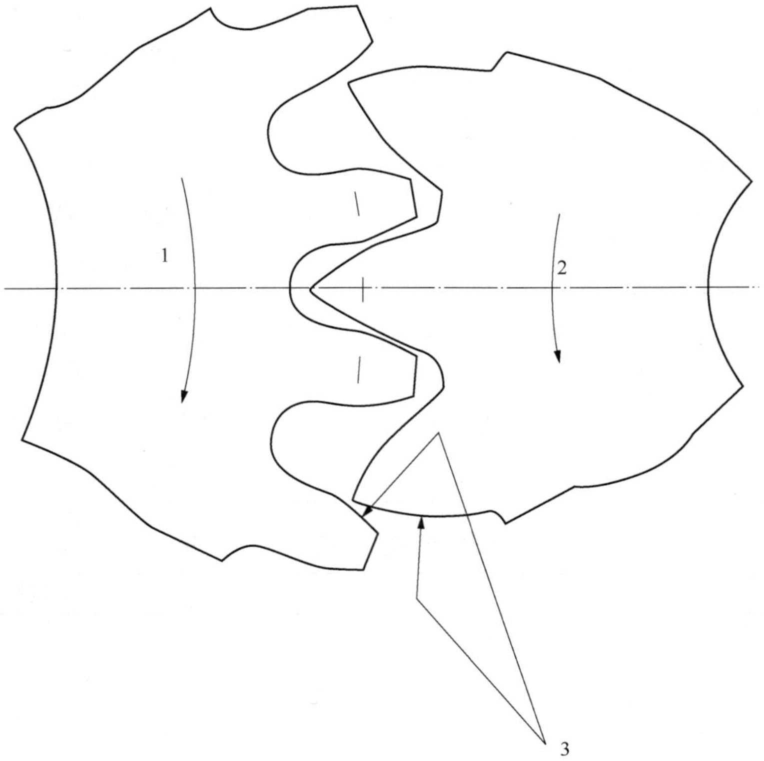

1——大齿轮;
2——小齿轮;
3——齿轮齿面。

图 3 试验齿轮安装示意图

8.7 系统冲洗

将润滑油喷射系统阀设置在全开位置，打开循环泵，启动电动机（试验机空载）使用试验油冲洗约 5min，关掉电动机和循环泵，放空所有残余试验油，然后再添加 25L 新试验油。

8.8 试验油流量调整

试验油加热到试验温度后，打开循环泵（不启动电动机），调整润滑油喷射系统上手阀，将每个喷头的流量（共两个）设定为 2L/min，关掉循环泵。用干净的容器回收试验油并倒回试验油箱。

9 试验步骤

9.1 磨合

9.1.1 正确安装试验机后，用定位销锁住离合器，松开离合器上所有螺母，加磨合载荷（载荷见表 4）。拧紧离合器上所有螺母（以星型或十字交叉型拧紧螺母，约 100 Nm），取下所有外加载荷、力臂和定位销，盖上防护罩（加载过程参考 NB/SH/T 0306，下同）。打开加热器和喷油泵，启动电动机（约 1450 r/min），运转 1 h 后，关闭电动机。

注 1：磨合试验过程中，不控制试验油温度。

注 2：节圆速度为 8.3 m/s 时，电动机转速约 1450 r/min。

表 4　微点蚀试验载荷

载荷级别	小齿轮扭矩/(N·m)	节点赫兹接触压力/(N/mm^2)	加载载荷（见表 5）	力臂长度/m
磨合	28.8	510.0	H_2+K	0.35
5 级	70.0	795.1	H_2+K+W_1+W_2	0.35
6 级	98.9	945.1	H_2+K+W_1+W_2+W_3	0.35
7 级	132.5	1093.9	H_2+K+W_1+W_2+W_3+W_4	0.35
8 级	171.6	1244.9	H_2+K+W_1+W_2+W_3+W_4+W_5	0.35
9 级	215.6	1395.4	H_2+K+W_1+W_2+W_3+W_4+W_5+W_6	0.35
10 级	265.1	1547.3	H_2+K+W_1+W_2+W_3+W_4+W_5+W_6+W_7	0.35

表 5　加载砝码重力及产生的扭矩

砝码名称	重力/ N	加载扭矩/（N·m）
加载力臂 H2	—	13.7
砝码托盘 K	43.1	15.1
砝码 W1	51.0	17.9
砝码 W2	66.7	23.3
砝码 W3	82.4	28.8
砝码 W4	96.1	33.6
砝码 W5	111.8	39.1
砝码 W6	125.5	43.9
砝码 W7	141.4	49.5

9.2　载荷试验

9.2.1　插入定位销，松开离合器所有螺母。根据表 4 加载第 5 级载荷。拧紧离合器所有螺母（以星型或十字交叉型拧紧螺母，约 100N·m），取下所有外加载荷，盖上防护罩。试验油达到试验温度（90℃）后，启动电动机，运转 16 h 后关闭电动机、润滑油喷射系统。试验过程中试验油温控制 90℃±2℃。试验温度是影响试验结果的重要因素之一，见附录 E。

9.2.2　放空试验齿轮箱中试验油后拆卸试验齿轮，用清洗溶剂清洗干净后风干，观察并测量齿轮微点蚀状况并称重。

9.2.3　如果试验齿轮未失效（评定标准见 9.2.5 和 9.2.6），按照 8.4 条和 8.6 条重新安装试验齿轮箱，继续第 6 级~第 10 级试验，除了载荷外其他条件与上述相同。

9.2.4　运行试验直至试验失效。如果第 10 级载荷试验后未失效，不再运行其他载荷试验。

9.2.5　每级载荷试验（16h）后检查试验齿轮齿面。如果观察到齿面发生微点蚀，通过微点蚀（根据 10.1 条规定测量）测定齿廓偏差 f_f。如果齿廓平均偏差 f_{fm} 大于 7.5μm，终止试验，此载荷级别为试验失效的级别，报告失效载荷级别。

9.2.6　如果载荷试验中出现胶合，终止试验。在较低载荷可以追加运行耐久性试验。

9.3　耐久性试验

9.3.1　如果微点蚀试验过程中齿轮失效发生在载荷试验的第 5 级、第 6 级或第 7 级，终止试验，也可以在失效载荷级别较低时追加运行耐久性试验。

9.3.2　如果载荷试验的第 8 级、第 9 级或第 10 级失效，或者齿面没有损坏，按照表 4 加载第 8 级载荷运行一次耐久性试验（80 h），然后加载第 10 级载荷，运行耐久性试验。如果试验没有失效（评定标准见 9.3.4 和 9.3.5），最多运行 5 次 10 级载荷耐久性试验。整个试验过程中，应有规律拆卸、测量试验齿轮，把所有齿面损坏状况记录在试验报告中。

9.3.3　试验齿轮箱拆卸、安装、加载、启动试验方法与载荷试验相同。

9.3.4　每 80h 检查试验齿轮齿面。如果观察到齿面发生微点蚀，并且齿廓平均偏差 f_{fm} 大于 20μm（相当于 DIN 标准中的 9 级），终止试验。

9.3.5　如果耐久性试验中出现胶合和点蚀，终止试验。如果点蚀面积大于一个齿面的 4%（相当于小齿轮齿面上 4.6mm^2）时，可以认为达到了点蚀的限值。

9.3.6　试验结束后应松开离合器上螺母，否则会损坏试验机。

10　失效判定方法

10.1　本章主要规定了未达到点蚀限值的载荷试验和耐久性试验失效评定方法。如果由于技术原因无法使用 EVOL 法，建议同时使用微点蚀－等级法和 GRAV/PLAN 法。

10.2　用测量渐开线的方法来测定齿廓偏差（EVOL 法）：

10.2.1　载荷试验每级试验后或者耐久性试验过程中的每次拆检时，使用渐开线测量工具测量节圆上平均分布的三个齿的齿廓外形。测定齿廓偏差 f_f，将新齿轮的实际渐开线（相当于实际基准圆的渐开线）作为齿廓直径的参考线。

10.2.2　如果三个齿的齿廓平均偏差 f_{fm} 达到了限值（载荷试验 7.5 μm，耐久性试验 20 μm），此载荷级别作为失效载荷级别，终止试验。

10.2.3　使用带光源的显微镜检测齿面，确保齿面材料损失是由微点蚀（破坏表面呈暗淡和均匀的灰色，滑动速度垂直方向不出现任何损坏趋势或痕迹）造成的，而不是齿轮副齿顶接触造成的。

10.3　不使用渐开线测量工具来判定试验是否失效的方法：

10.3.1　试验小齿轮称重和面积评估：微点蚀－等级法：

10.3.1.1　操作者应有一定的经验，才能保证试验结果比较精确。使用可靠的失效标准，依据润滑油抗微点蚀能力来区分其所到达的等级，见表 6。

10.3.1.2　称量小齿轮质量，确定失重，以 mg 计。每级载荷试验后拆检和每次耐久性试验拆检，均需称量小齿轮质量，用来确定其失重。

10.3.1.3　拆检时观测齿面，根据表 6、表 7 和表 8 对抗微点蚀能力进行分组。

表 6　使用不同抗微点蚀能力润滑油运行试验的齿轮的失效标准

微点蚀级别（GF－级别）	载荷试验中失效载荷级别（SKS）	耐久性试验中破坏程度
低抗微点蚀能力（GFT－低级）	SKS≤7 级，微点蚀面积大，有时微点蚀面积百分比（*GFA*）>50%	加载 10 级[a] 载荷运行 1 次 80 h，微点蚀，f_{fm} 明显大于 20 μm
中抗微点蚀能力（GFT－中级）	SKS 8 级～9 级，*GFA* 约 30%。	加载 10 级载荷运行 1 次～2 次 80 h，微点蚀和/或点蚀，f_{fm} = 10μm～20 μm
高抗微点蚀能力（GFT－高级）	SKS≥10 级，微点蚀面积小或不产生，*GFA*<20%	加载 10 级载荷运行 1 次～5 次 80 h，点蚀，或微点蚀，f_{fm}<20 μm

注：f_{fm} 值根据 EVOL 法测定。
微点蚀面积百分比是指微点蚀面积占整个齿面面积的百分数。

[a] 当润滑油属于低抗微点蚀能力时，根据第 9 章试验程序，耐久性试验可以省去。

表 7　评价抗微点蚀能力失效的方法（微点蚀-级别法）

加载级别/运行时间	5 级/16 h	6 级/16 h	7 级/16 h
抗微点蚀能力级别：GFT-低级 失效载荷级别 5 级，6 级，7 级	*GFA*>30% *W*=15 mg~18 mg 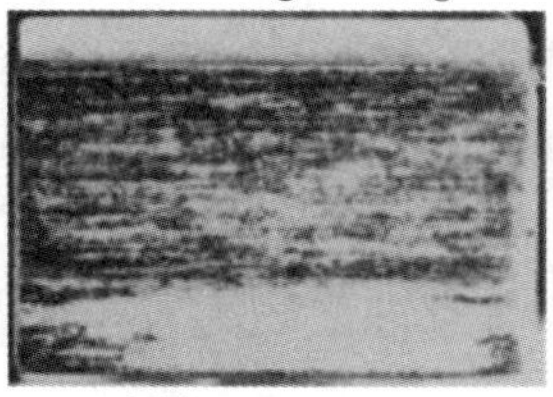 示例：*GFA*≈32%	*GFA*>35 % *W*=18 mg~23 mg 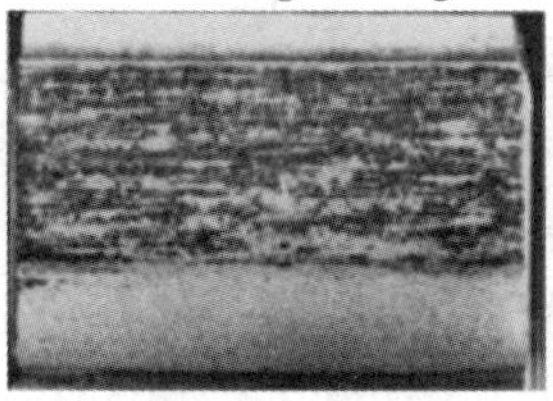 示例：*GFA*≈45%	*GFA*>40% *W*=21 mg~25 mg 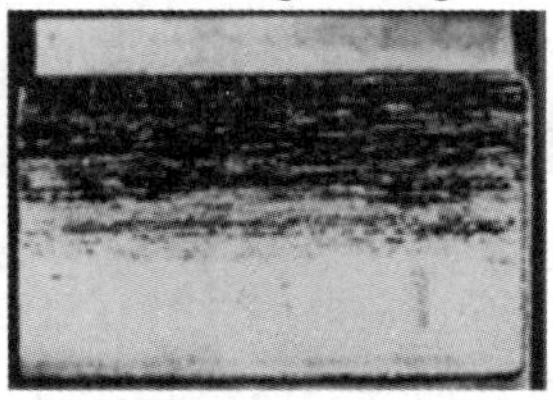 示例：*GFA*≈55%
抗微点蚀能力级别：GFT-中级 失效载荷级别 8 级，9 级	*GFA*=10%~30% *W*=10 mg~16 mg  示例：*GFA*≈20%	*GFA*=15%~35% *W*=13 mg~18 mg 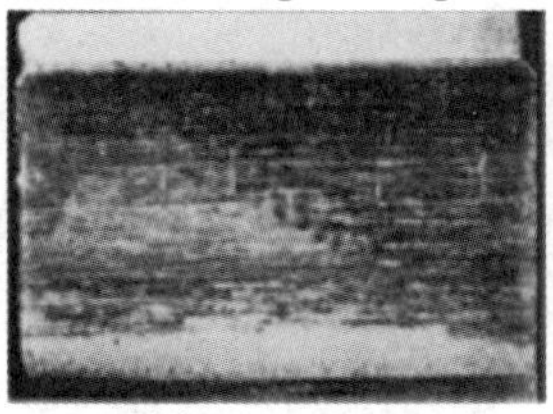 示例：*GFA*≈25%	*GFA*=15%~40% *W*=17 mg~21 mg  示例：*GFA*≈30%~35%
微点蚀负载能力级别：GFT-高级 失效载荷级别≥10 级	*GFA*<10% 在微点蚀区域，磨痕清晰可见。	*GFA*<15%  也参考 5 级载荷	*GFA*<15% 示例：*GFA*≈5%  也参考 5 级载荷
抗微点蚀能力级别：GFT-低级 失效载荷级别 5 级，6 级，7 级	—	—	—
抗微点蚀能力级别：GFT-中级 失效载荷级别 8 级，9 级	*GFA*>15% *W*=18 mg~23 mg  示例：*GFA*≈20%	*GFA*>15% *W*=18 mg~23 mg 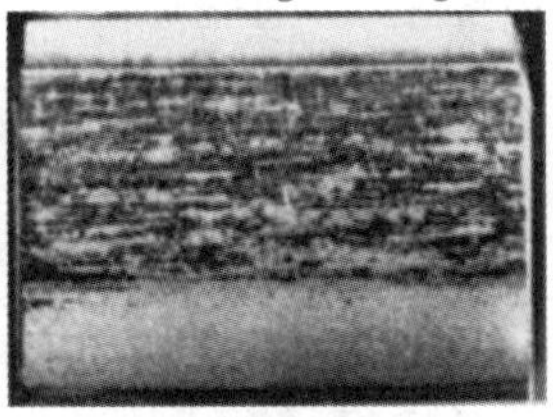 示例：*GFA*≈25%	—
抗微点蚀能力级别：GFT-高级 失效载荷级别≥10 级	*GFA*<15%  示例：*GFA*≈7%	*GFA*<15%  示例：*GFA*≈12%	*GFA*<20% 如果失效载荷级别>10 级，则 *W*<11 mg  示例：*GFA*≈18%

表 8　评价微点蚀耐久性试验失效的方法（微点蚀-级别法）

<table>
<tr><td>加载级别/运行时间</td><td>8 级/80 h 耐久性试验</td><td colspan="2">10 级/80 h~400 h 耐久性试验</td></tr>
<tr><td>抗微点蚀能力级别：
GFT-低级

失效载荷级别
5 级，6 级，7 级</td><td>$GFA>40\%$
$W<95$ mg
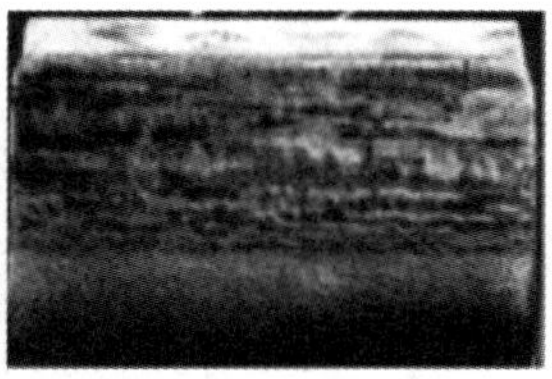
示例：$GF\approx 90\%$</td><td colspan="2">$GFA>40\%$
$W\leqslant 110$ mg

微点蚀短时间试验也参考 8 级/80h 载荷试验</td></tr>
<tr><td rowspan="2">抗微点蚀能力级别：
GFT-中级

失效载荷级别
8 级，9 级</td><td>$GFA>20\%$
$W\leqslant 95$mg</td><td rowspan="2">$GFA>40\%$
$W\leqslant 110$mg
</td><td rowspan="2">运行 1 次~2 次 80h，由于微点蚀或点蚀失效
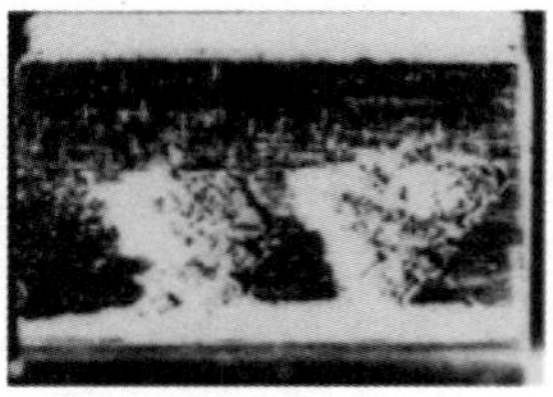</td></tr>
<tr><td></td></tr>
<tr><td>抗微点蚀能力级别：
GFT-高级

失效载荷级别≥10 级</td><td>$GFA<20\%$

也参考 10 级/16 h 载荷试验</td><td>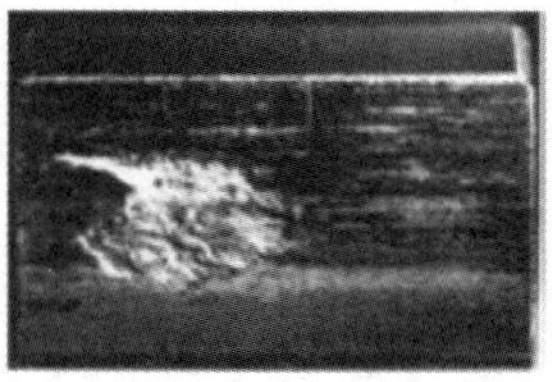</td><td>长时间运行可能由于点蚀失效（有时 5 次 80h 试验不失效）</td></tr>
<tr><td colspan="4">注：有可能发生错误评价，尤其是在低载荷阶段。作为补充说明，表 7 给出了参考油试验中不同润滑油在不同载荷级别中的磨损范围。如果超出磨损范围上限，微型点蚀试验失效，如果没有达到点蚀限制，磨损范围才适用。如果出现争议，还可以辅助使用 GRAV/PLAN 法。</td></tr>
</table>

10.3.2　称量小齿轮和测定微点蚀面积：GRAV/PLAN 法

10.4　GRAV/PLAN 法要求精确测定微型点蚀面积，例如使用显微镜和网格板，仅适用于没有达到点蚀限值的试验。

10.4.1.1　称量试验齿轮并确定其失重，单位 mg。载荷试验每级试验后或耐久性试中每次拆检，需称量小齿轮质量，用来确定其失重。

10.4.1.2　测定小齿轮每一个齿的微点蚀面积。载荷试验每级试验后或耐久性试中每次拆检，计算微点蚀面积算术平均值。

10.4.1.3　图 4 为载荷试验失效判定标准，图 5 为耐久性试验失效判定标准。如果测定值与坐标轴平行的两条直线的交叉点 P 位于图中斜线（失效限值线）的右侧，表明载荷试验或耐久性试验失效。

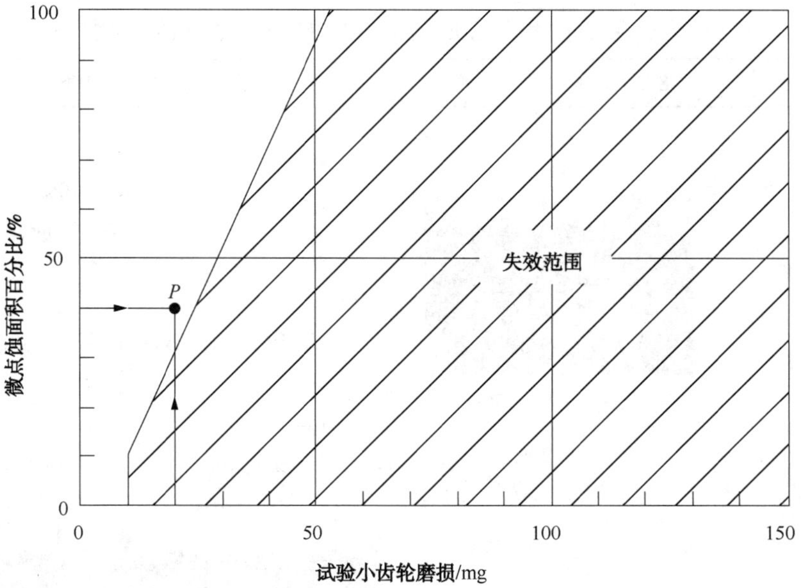

注：图中 *P* 点试验小齿轮磨损 *W*＝20 mg，*GFA*＝40%，试验没有失效。

图4　GRAV/PLAN 法判定载荷试验失效标准

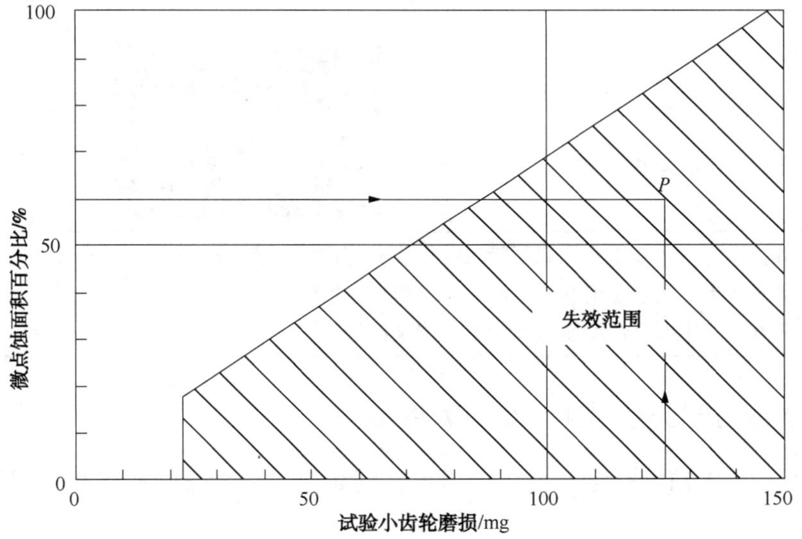

注：图中 *P* 点试验小齿轮磨损 *W*＝125 mg，*GFA*＝60%，试验失效。

图5　GRAV/PLAN 法判定耐久性试验失效标准

11　结果报告

11.1　通过绘制微点蚀面积（有效齿面面积百分比），平均齿廓偏差 f_{fm}（测量见10.2条）和失重 *W*（单位 mg）和载荷级别的函数来描述试验小齿轮的损坏情况，参考附录D中图D.1～图D.3。如果由于胶合或点蚀导致试验结束，也应该记录在试验报告中。

11.2　试验报告也应包含相应的试验信息：

——试验油名称；

——齿轮类型；

——试验转速；

——试验油温；

——试验方法；

——试验前齿轮检查结果。

对于不同试验程序的标示方法，是根据所选择的试验条件使用试验齿轮类型、节圆速度和试验温度（进口）表示，与 FZG 承载能力相似标准试验用 GT-C/8.3/90 表示，其中，GT 是指微点蚀试验；C 表示试验齿轮类型为 C 型；8.3 表示小齿轮节圆速度为 8.3m/s；90 表示试验温度为 90℃。

12 准确度

12.1 使用相同齿面粗糙度齿轮的试验，EVOL 法测量再现性结果最大为 1 级。评价方法的准确度详述见表 9。

表 9 微点蚀试验确定失效的评价方法的准确度

方法		载荷试验准确度			耐久性试验准确度		
EVOL 法		较好	相同	较差	较好	相同	较差
		—	100%	—	—	100%	—
微点蚀-级别法	级别法	14%	77%	9%	—	—	—
	出现损坏	17%	68%	15%	3%	88%	9%
GRAV/PLAN 法	*	23%	51%	26%	9%	75%	16%
	**	38%	37%	25%	14%	60%	26%

注 1：* 结果源自于研究项目 54/Ⅰ，Ⅱ。

注 2：** 结果源自于研究项目 54/Ⅲ，Ⅳ。

注 3：表中 EVOL 法得到的失效载荷级别规定为 100%，较好是指比 EVOL 法得到的失效载荷级别高，反之则相反。

12.2 表 9 中结果均与 EVOL 法对比。如果由于技术原因不能使用 EVOL 法，推荐同时使用微点蚀-级别法和 GRAV/PLAN 法。

附　录　A
（资料性附录）
本标准章条编号与 FVA 54 Ⅰ-Ⅳ章条编号对照

A.1　本标准的章条号与 FVA 54 Ⅰ-Ⅳ章条编号对比见表 A.1。

表 A.1　本标准章条编号与 FVA 54 Ⅰ-Ⅳ章条编号对照表

本标准章条编号	FVA 54 Ⅰ-Ⅳ章条编号
2	—
3	—
4	3.1 条
5	2
6.1 条	3.4 条
6.2 条	—
6.3 条	—
6.4 条	—
7.1 条	—
7.2 条	3.3 条，3.5 条
8	—
9	3.2 条
10	4
11	3.8 条
12	4.2.2
附录 A	—
附录 B	—
附录 C	3.3 条
附录 D	5 章和 7 章
附录 E	6
注：表中章条号以外的本标准的其他章条编号与 FVA 54 Ⅰ-Ⅳ章条编号均相同且内容相对应。	

附 录 B
(规范性附录)
安全措施及注意事项

B.1 清洗溶剂的使用按照下述规定进行。

B.1.1 在60℃以下清洗齿轮箱。

B.1.2 清洗时禁止产生火花或使用加热器、火花和明火等火源。

B.1.3 用后立即盖好盛清洗溶剂的容器。

B.1.4 使用合适的通风设备。

B.1.5 避免吸入清洗溶液蒸气和薄雾。

B.1.6 避免清洗溶剂反复或长时间接触皮肤。

B.1.7 启动电动机前，拧紧齿轮箱上盖螺栓。

B.1.8 连接循环水系统。

附 录 C
(规范性附录)
“C-GF”型齿轮与“A”型齿轮的差异

C.1 微点蚀试验用“C-GF”设计注重滑动速度，换而言之，其设计比“A”型齿轮更接近实际使用状况。

C.2 “C-GF”型齿轮齿宽（14 mm）比“A”型齿轮（20 mm）小，减小了试验机承受的载荷。

C.3 微点蚀试验加载力臂（0.35 m）比承载能力试验（0.50 m）短，这种设计使微点蚀试验中每级载荷节圆上的所承受的赫兹接触压力与承载能力试验（NB/SH/T 0306）中相同载荷级别的压力几乎相同。

C.4 “C-GF”型齿轮齿表面是马格（Maag）0°研磨，渐开线方向的表面粗糙度 Ra 为 0.4 μm～0.6 μm，“A”型齿轮表面是马格（Maag）20°研磨。

C.5 “C-GF”型齿轮使用 16MnCr5 钢材，“A”型齿轮使用 20MnCr5 钢材。

附 录 D
（规范性附录）
鉴定试验齿轮表面粗糙度，选择合适的齿轮

D.1 通常情况下，低表面粗糙度产生较少的微点蚀，这种现象在微点蚀试验中很明显。在相同试验控制条件下，使用同一种润滑油，“光滑的”试验齿轮能获得更好的试验结果，即更高的失效载荷级别。因此，仅使用相同的表面粗糙度的试验齿轮副运行试验获得的试验结果才具有可比性。如果试验齿轮表面粗糙度不同，为了获得可比性，必须转化成表面粗糙度 $R_a=0.5$ μm 时的试验结果。为了将试验结果转化成表面粗糙度 $R_a=0.5$ μm 时的值，附录表 D.1 给出了载荷级别转化的指导值（依赖于润滑油黏度等级），一般情况下，表面粗糙度 $R_a\neq0.5$ μm 获得的试验结果（载荷级别）与表面粗糙度 $R_a=0.5$ μm 的试验结果存在差异。

D.2 表面粗糙度 $R_a=0.5$ μm 时的试验结果见附录图 D.1～图 D.3，此表面粗糙度试验齿轮的试验结果具有可再现性。图 D.1～图 D.3 显示了使用不同微点蚀负载能力级别润滑油运行试验的状况。这些试验也可用于对比（参考润滑油），方便评价其他润滑油。

表 D.1 微点蚀试验转化试验级别指导值

黏度 / 载荷级别 / R_a	32	46	100	220	460
0.3μm	+2～+3	+2	+1	+0.5～+1	约+0.5
0.7μm	−2～−3	−2	−1	−0.5～−1	约−0.5

注：“+”表示试验结果更好，“−”表示试验结果更差。

D.3 表 D.1 中，黏度等级为 46 的润滑油，使用表面粗糙度 $R_a=0.3$ μm 试验齿轮运行试验获得的试验结果（失效载荷级别）平均来说比表面粗糙度 $R_a=0.3$ μm 试验结果高两级。使用表面粗糙度 $R_a=0.3$ μm 试验齿轮运行试验，如果获得失效载荷级别大于 10 级，那么相对于参考表面粗糙度润滑油失效载荷级别仅能表示为大于等于 8 级。

D.4 当使用 $R_a<0.3$ μm 试验齿轮运行试验时，即使是低抗微点蚀能力的润滑油也可能超出最高的载荷级别。使用光滑齿轮时，不可能得到可靠的抗微点蚀能力结果。

D.5 试验齿轮表面粗糙度的最终值是大、小试验齿轮算术平均表面粗糙度 R_a 的平均值。R_a 的值是使用电接触分析仪（测量长度 $I_m=4.0$ mm，滤波长 $\lambda_c=0.8$ mm），在大、小试验齿轮节圆上渐开线方向均分间隔三个齿测量获得。

D.6 试验齿轮副表面粗糙度 $R_a=0.5$ μm 的参考值最可靠。应记录评价润滑油抗微点蚀能力过程中各种状况下试验齿轮的表面粗糙度。

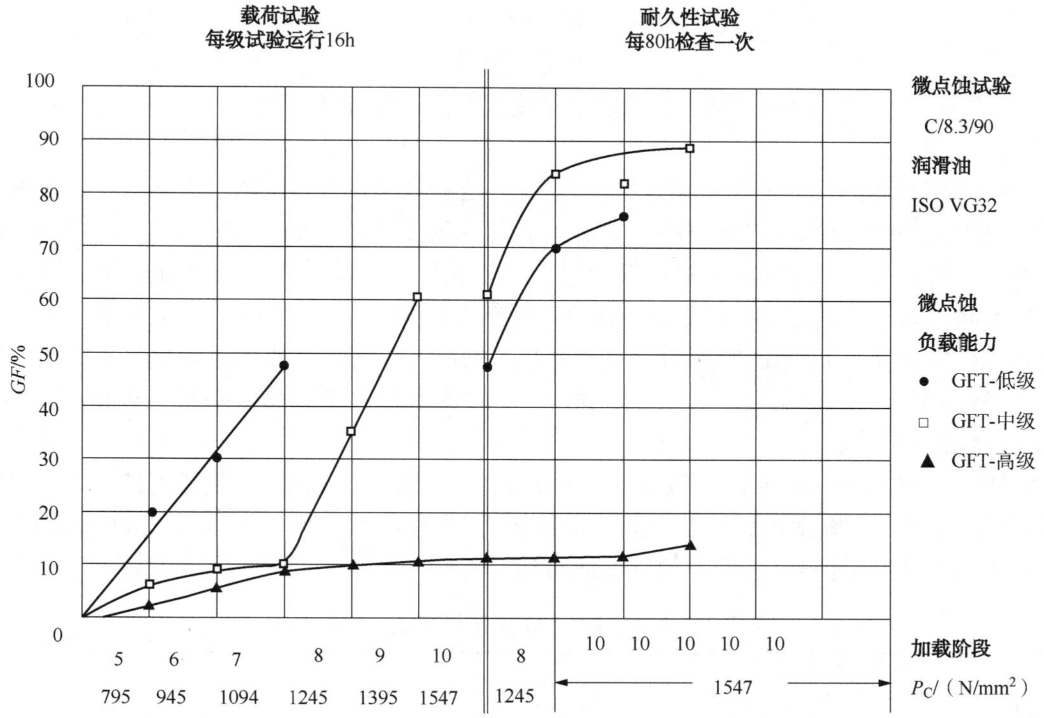

图 D.1 微点蚀面积（GF）占试验小齿轮有效面积百分比

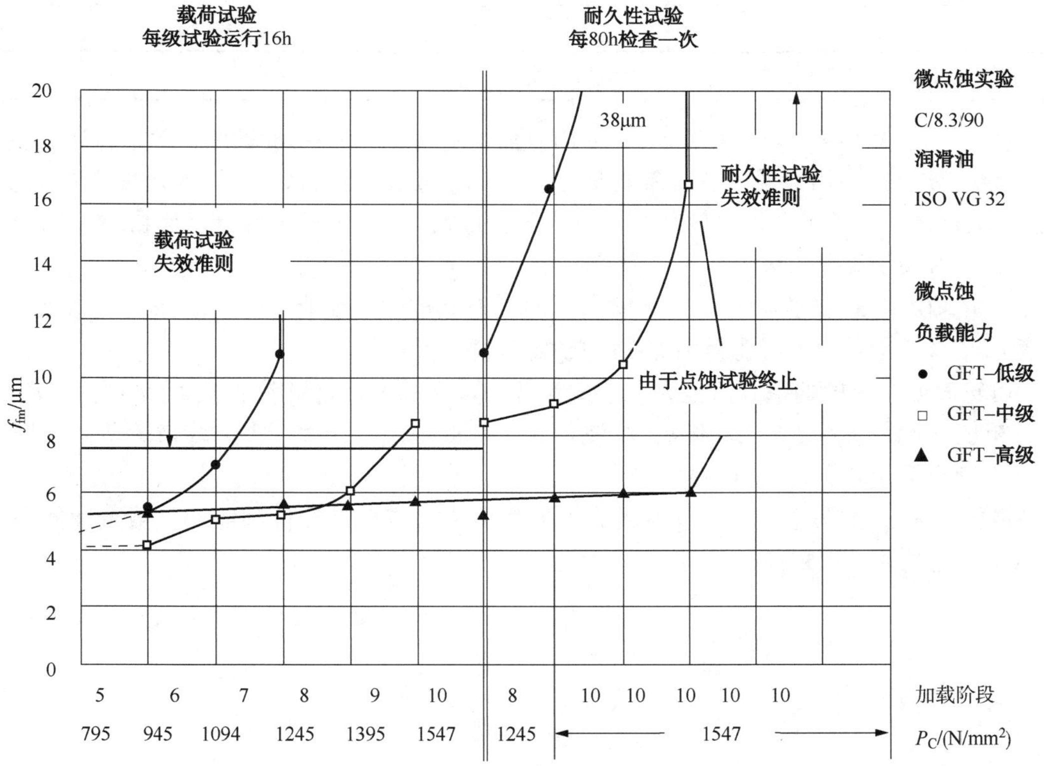

图 D.2 试验小齿轮平均齿廓偏差 f_{fm}

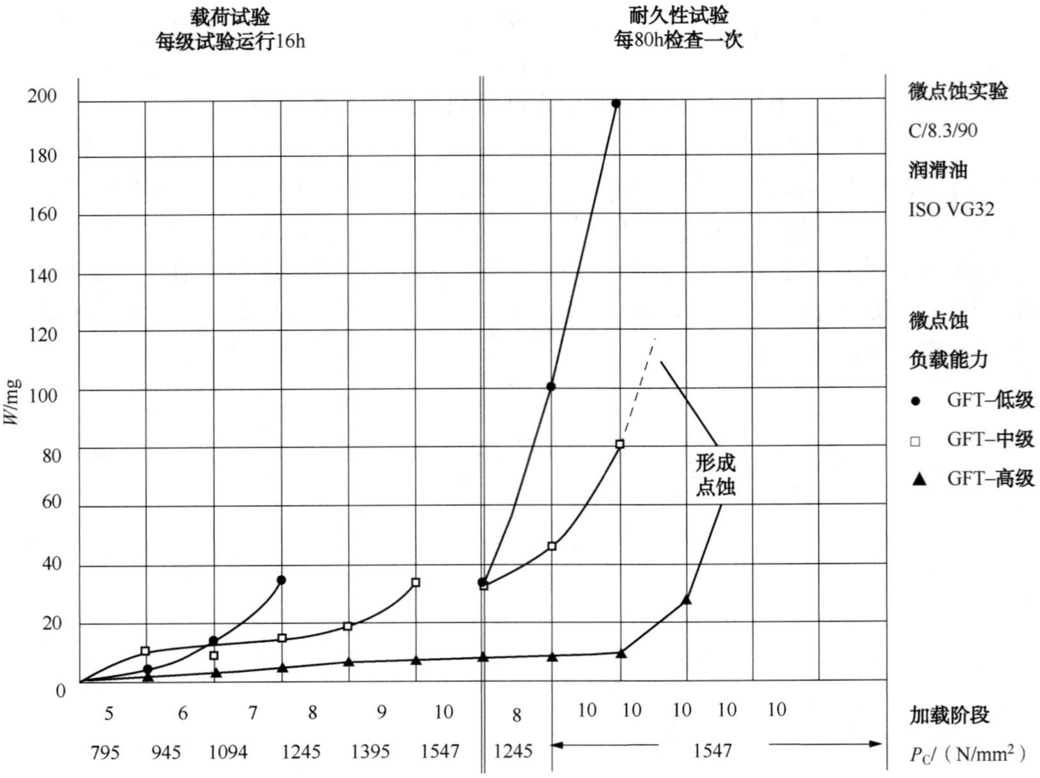

图 D.3　试验小齿轮磨损量

附　录　E
（规范性附录）
FZG 微点蚀试验结果在齿轮应用中的适用性

有效试验结果表明工作温度（润滑油温度，齿轮按体积计算的平均温度）影响添加剂的效果，进而影响微点蚀的失效机理。进口温度为 90℃的抗微点蚀能力试验中，失效载荷级别为“低级”“中级”和“高级”的参考润滑油，在 40℃时被发现有不同的趋势和无法用物理特征值（例如润滑油膜厚度）描述的结果。因此，微点蚀试验中获得的承载能力限值仅仅在微点蚀试验温度与实际齿轮箱工作温度一致的情况下才能进行合理转化。

ICS 75.140
E 38

SH

中华人民共和国石油化工行业标准

NB/SH/T 0923—2016

绝缘油中元素含量的测定　电感耦合等离子体原子发射光谱法

Standard test method for determination of elements in insulating oils by inductively coupled plasma atomic emission spectrometry (ICP-AES)

2016-12-05 发布　　2017-05-01 实施

国家能源局　发布

前　　言

本标准按照 GB/T 1.1—2009 给出的规则起草。

本标准使用重新起草法修改采用 ASTM D7151-13《绝缘油中元素含量测定 电感耦合等离子体原子发射光谱法（ICP-AES）》。

本标准与 ASTM D7151-13 的主要差异及原因如下：

——将部分引用标准采用我国相应国家标准；

——将第 9 章修改为 8.5 条警告内容，后面章条依次前移；

——第 7 章仪器部分增加超声波浴（可选）。

本标准由中国石油化工集团公司提出。

本标准由全国石油产品和润滑剂标准化技术委员会石油燃料和润滑剂分技术委员会（SAC/TC280/SC1）归口。

本标准起草单位：中国石油天然气股份有限公司兰州润滑油研究开发中心。

本标准参加起草单位：广东电网有限责任公司电力科学研究院。

本标准主要起草人：马利花、王鹏、钱艺华、王毅、马书杰、苏伟。

绝缘油中元素含量的测定　电感耦合等离子体原子发射光谱法

警告：本标准涉及某些有危险性的材料、操作和设备，但是无意对与此有关的所有安全问题都提出建议。因此，使用者在应用本标准之前应建立适当的安全和保护措施，并确定相关规章限制的适用性。

1　范围

本标准规定了用电感耦合等离子体原子发射光谱仪（ICP-AES）测定绝缘油中金属和污染物的方法。具体元素有铝、镉、铜、铁、铅、镍、锡、硅、银、钠、钨、锌等12种元素。本标准使用油溶性金属来校正。本标准与GB/T 17476类似，但方法不同，因而在绝缘油的应用中有较高的灵敏度。

本标准适用于检测绝缘油中溶解态金属（源自过热或电弧放电，或两者）和部分悬浮金属粒子（通常来源于磨损）。绝缘油中元素浓度超过标准曲线上限时，可添加适当稀释剂进行稀释后测量，并不影响精密度。分析结果与悬浮粒子的大小有关，粒径大于几微米的测定结果偏低，因此，本标准不适用于定量测定不溶性的悬浮粒子。

2　规范性引用文件

下列文件对于本文件的应用是必不可少的。凡是注日期的引用文件，仅注日期的版本适用于本文件。凡是不注日期的引用文件，其最新版本（包括所有的修改单）适用于本文件。

GB/T 7597　电力用油（变压器油、汽轮机油）取样方法

GB/T 11133　液体石油产品水含量测定法（卡尔·费休法）

GB/T 17476　使用过的润滑油中添加剂元素、磨损金属和污染物以及基础油中某些元素测定法（电感耦合等离子体发射光谱法）

ASTM D4307　作为分析标准液体掺混物制备标准操作规范（Practice for Preparation of Liquid Blends for Use as Analytical Standard）

3　术语和定义

下列术语和定义适用于本文件。

3.1

巴宾顿型雾化器　Babington-type nebulizer

一种产生气溶胶的装置，它将流动液体通过一个小气孔，由高速气体流而形成雾状的气溶胶。

3.2

电感耦合等离子体（ICP）　inductively-coupled plasma（ICP）

负载线圈环包流动载气的炬管，在线圈磁场作用下，使气体电离，产生高温放电。

3.3

线性响应范围　linear response range

在标准精度容许的条件下，使标准曲线保持线性时所对应的元素浓度范围。

3.4

轮廓扫描　profiling

一种确定某种特定分析物能得到最大信号强度测量波长的技术。

3.5

磨损金属　wear metal

由于油湿润机械部件的磨损而引入油中的金属元素。

3.6

溶解金属　dissolved metal

油中可通过 0.45 μm 过滤器的金属元素。

4　方法概要

称取一份试样，用煤油或其他合适的溶剂按质量比 2.5∶1 稀释。以同样的方式制备标准溶液。可选择在试样溶液中加入内标元素来补偿因各种试样的导入效率而引起的误差。用蠕动泵将试样溶液引入到 ICP-AES 仪器进行测定，如果通过自由吸入，应使用内标物。通过比较试样溶液与标准溶液中元素的发射强度，计算试样溶液中被测元素的浓度。

5　方法应用

5.1　本标准可快速测定绝缘油中的 12 种元素，通过磨损元素含量的变化，快速筛选在用油。每个样品测试时间大约几分钟。检测能力可达到 0.01 mg/kg~0.1 mg/kg。

5.2　本标准可用来监测机械设备的运转状况，和帮助确定何时需要采取必要的纠正措施。也可以检测油中污染物，比如硅液（硅）或灰尘（硅和铝）。

5.3　本标准可用来表征废绝缘油再生的效率。

6　干扰

6.1　光谱干扰：检查表 1 所列元素的所有预期的光谱干扰。遵循 ICP 制造商的操作指南，开发并应用校正因子以抵消干扰。应用干扰校正时，所有的元素浓度应落在标准曲线的线性响应范围内。

6.1.1　光谱干扰通常可通过精确地选择分析波长来加以避免。如果光谱干扰不可避免，则使用 ICP 制造商提供的计算机软件或用 GB/T 17476 所规定的方法进行光谱干扰校正。

6.1.2　如果某个元素采用离峰背景校正，干扰校正因子可能是负值。即当干扰线处在背景校正波长而不是在峰值时，校正系数为负值。

6.2　黏度影响：由于试样和标准溶液之间的黏度不同，会引起进样速率的不同。这些差别会给分析的准确度带来不利影响。但若将试样溶液用蠕动泵送到雾化室或使用内标物、或两者并用，就能使该影响减小。

6.3　试样颗粒度影响：使用内标物可揭示出由于试样颗粒引起的流动问题。使用巴宾顿型雾化器可使雾化器的堵塞降到最低。同时，进样系统会使颗粒传输受限，颗粒在等离子体内不能被完全雾化，导致测量结果偏低。

6.4　溶剂的水分影响：煤油中含过多的水分（>30 mg/kg），可能导致某些元素回收率较差。可用 GB/T 11133 检查每批次煤油水分，并在 24 h 内完成所有稀释标准和测试试样的分析，使溶剂水分的影响减少到最低限度。

7　仪器

7.1　等离子体原子发射光谱仪

具备有石英 ICP 炬管和高频发生器（RF-Generator），能形成并维持等离子体的原子发射光谱仪，无论顺序型或同步型均可。绝缘油中元素检测的建议波长见表 1。

表 1　测定元素和建议波长

元素	波长/nm
铝	308.22，396.15，309.27
镉	226.50，214.44
钴	228.62，231.16
铜	324.75
铁	259.94，238.20
铅	220.35
镍	231.60，227.02，221.65
钪	361.38
硅	288.16，251.61
银	328.07
钠	589.59
锡	189.99，242.95
钨	239.71
钇	371.03
锌	206.20，202.55，213.86，334.58，481.05
注：这些波长仅为建议，并不代表全部可能的选择。	

7.2　雾化器

使用 ICP 制造商推荐的雾化器。若试样颗粒物含量高，推荐使用巴宾顿型耐高盐型雾化器，因为该雾化器能减少进样堵塞的可能性和使气溶胶颗粒度的影响减少到最低限度。

7.3　蠕动泵（可选）

推荐使用蠕动泵以保证溶液进样流速的稳定。泵管应经得起与有机溶液（稀释剂）至少 6 h 的接触。氟橡胶管通常用于碳烃溶剂，聚氯乙烯管通常用于甲基异丁基酮溶剂。

7.4　溶剂分配器（可选）

一种经过校准的溶剂分配器，用于分配溶剂所需质量。溶剂分配器的准确度至少为 1%，精密度至少为 0.1%。

7.5　内标物分配器（可选）

经过校准的内标物分配器，用于分配内标物所需质量。内标物分配器的准确度至少为 1%，精密度

至少为 0.1%。

7.6 试样溶液容器

30 mL 带螺旋盖的玻璃瓶或可拉开顶盖的聚乙烯塑料瓶。

7.7 超声波浴（可选）

可用于均化试样溶液的水浴型或探针型超声波浴。

7.8 天平

感量 0.001 g，最小量程 150 g，若依据 9.2 条准备添加内标物，最小量程 250 g。

8 试剂和材料

8.1 试剂纯度：试验所用试剂均为分析纯。如果要用其他级别的试剂，应证实该试剂纯度足够高，使用后不会降低检测准确性。

8.2 基础油：室温下黏度与试样的黏度应尽可能接近的白油或不含被分析元素的矿物油。

8.3 内标物：当选择油溶性内标物时，应选择油溶性钪、钴或钇作内标元素。

8.4 有机金属标准物：多元素标准物，每个元素浓度为 3.0 mg/kg 和 10.0 mg/kg，可购买标准物或由单元素配备。参考 ASTM D4307 操作规范准备多元素液体混合物。准备多元素标准时，推荐使用超声波浴确保混合均匀。由于准备多元素标准比较困难，建议购买标准物。

8.5 稀释溶剂：建议采用试剂级煤油作为稀释剂。不同溶剂（如甲苯或二甲苯）如果不含被测定物，且完全溶解所有标准物和试样，则也可使用。

警告：煤油为易燃液体，应远离火源。如果 ICP-AES 操作时无人监管，可能由于设备故障引起煤油泄露。

9 内标校准

9.1 要保证在每个待测溶液（试样溶液或标准溶液）中加入浓度相同（或已知）的内标元素，且原始溶液中不存在该元素。由于试样的物理性质不同而引起各种试样导入效率变化而产生分析结果的差异，可通过内标元素在试样中发射强度的变化而加以校正。

9.2 内标溶液：称量浓度为 2000 mg/kg 油溶性钪（油溶性钴或油溶性钇）标准物 25.0 g±0.1 g 于 500 mL 锥形瓶中，以煤油稀释至 250 g±1 g，混合均匀后，转移至储存内标溶液的容器或内标物分配器。内标元素的浓度不要求为 200 mg/kg，但内标元素浓度应当至少是其检测限的 100 倍。

10 取样及试样处理

10.1 依照 GB/T 7597 取样。

10.2 要获得有代表性的试样，首先将容器中试样混合均匀。尽可能将试样倒置几次使之混合均匀。

10.3 （可选）若需分别测定溶解金属和悬浮粒子，应用 0.45 μm 过滤器过滤油样，然后用其他方法溶解或消解滤出的微粒。

11 试样溶液及标准溶液的制备

11.1 所有试样和标准物用煤油稀释，添加内标物时应完全混合均匀，采用同一批内标物。所有准备好的溶液应在 24 h 内完成分析测试。

11.2 空白溶液：称量 6.00 g±0.02 g 基础油于 30 mL 聚乙烯塑料瓶或玻璃瓶中，加入 1.00 g±0.01 g 内标溶液和 8.00 g±0.03 g 煤油，混合均匀。

11.3 工作标准溶液：称量 6.00 g±0.02 g 浓度为 10 mg/kg 的多元素标准物于 30 mL 聚乙烯塑料瓶或玻璃瓶中，加入 1.00 g±0.01 g 内标溶液和 8.00 g±0.03 g 煤油，混合均匀。

11.4 检查标准溶液：称量 6.00 g±0.02 g 浓度为 3 mg/kg 的多元素标准物于 30 mL 聚乙烯塑料瓶或玻璃瓶中，加入 1.00 g±0.01 g 内标溶液 8.00 g±0.03 g 煤油，混合均匀。也可使用其他浓度进行校准，但不能从 10mg/kg 标准物制备。

11.5 试样溶液：称量 6.00 g±0.02 g 混合均匀的试样于 30 mL 聚乙烯塑料瓶中，加 1.00 g±0.01 g 内标溶液，8.00 g±0.03 g 煤油，混合均匀。若分析报告显示浓度超出线性响应范围，称量 0.60 g±0.01 g 混合均匀的试样于 30 mL 聚乙烯塑料瓶中，加入 5.40 g±0.02 g 基础油，1.00 g±0.01 g 内标溶液和 8.00 g±0.03 g 煤油，混合均匀。标识试样 10 倍稀释，并确保仪器软件会校正稀释因子。

12 仪器准备

12.1 仪器条件：由于各种仪器、电感耦合等离子体（ICP）激发光源设计上的不同及各种光谱仪选择分析波长的不同，故不能给出详细的仪器操作条件。请参照仪器手册中有机溶剂进样的操作条件，根据选用的稀释剂设置仪器操作条件。

注：对有些 ICP 检测器，一些元素的响应值会随温度而变化。在分析同一批试样期间，应保持仪器处于恒温环境。

12.2 蠕动泵：如果使用蠕动泵时，每次启动前先检查泵进样管，必要时进行更换（正确泵管类型见 7.3）。检查溶液提升率并将其调整到所需要的进样速率。

12.3 ICP 激发源：等离子体点燃至少 30min 后才能进行试样分析。在预热期间，雾化稀释溶剂，并检查炬管是否积炭，一旦发现有积炭，立即更换矩管并参考仪器操作手册采取适当的处理措施。

注：有些仪器制造商推荐更长的预热周期以减少标准曲线斜率的变化。

12.4 谱线轮廓扫描：按仪器正常操作进行谱线轮廓扫描。

12.5 操作参数：在本方法中设定适当的仪器操作参数，使之适合待测元素的测定。这些参数包括：元素、波长、背景校正（可选）、元素校正因子（可选）、积分时间和内标校正（可选）。每次测量需要多次积分。

13 校准

13.1 在仪器使用前应考察线性响应范围。通过分析空白溶液和标准系列溶液，建立各元素的标准曲线，使试样溶液的测量浓度应落在标准曲线的线性响应范围内。

13.2 工作标准：每批试样分析前，首先分析空白溶液和工作标准溶液，进行两点的校正。用检查标准来确定每个元素是否处于校准状态，如果检查标准的所有元素的测定结果在所期望浓度的 10%以内，则可进行试样分析。否则需要对仪器进行重新调整后重复校准，每分析 15 个试样，要分析一个检查样品检查校准状态。

13.3 工作标准溶液与内标：按 13.2 条所述校正仪器的步骤，分别测定标准溶液和内标溶液的发射强度，按式（1）计算试样中每个元素 e 的强度比 I（Re）：

$$I(Re) = (I(e) - I(Be)) / I(is) \quad \cdots\cdots (1)$$

式中：

$I(Re)$ ——元素 e 的强度比；

$I(e)$ ——元素 e 的强度；

$I(Be)$ ——元素 e 的空白强度；

$I(is)$ ——内标元素的强度。

13.4 由强度比计算校正因子，再由校正因子对各元素的测量结果进行校正。或通过仪器供应商提供的计算机程序用内标化校准仪器。

14 试验步骤和计算

14.1 试样分析：按照校准标准的条件（即相同积分时间、背景校正及等离子体维持的条件），以相同的方式测定试样溶液。在两次试样溶液测量间，预喷雾稀释溶剂至少 30s。按照稀释因子计算试样中测定元素的浓度，结果浓度的计算用手动法或计算机法都是有效的。

注：如果给定试样测量结果的重复性不被接受，则准备一式两份或一式三份试样进行分析，报告平均值。当需要较低检测限（如表 2 所示）时，试样应一式三份进行分析。

14.2 质量控制及分析结果核对：每分析 15 个试样之后，用检查标准溶液校对一次，如果所得结果超出确认值 10%时，为了确保结果的准确性，需对仪器进行再校正，对上一次校对之后的试样重新分析。

14.3 内标化法试样分析：若分析试样溶液带内标元素时，其结果计算按式（1）进行，由每个元素强度比再计算出被测定元素浓度，或由计算机内标化法程序直接由计算机计算出所测元素的浓度。

15 报告

报告分析元素浓度精确到 0.01mg/kg，结果报告不超过三位有效数字。分析结果小于检测限时报告未检出，典型检测限见表 2。

注：存在问题：在此检测限下电力设备充装绝缘油的某些问题可能无法检测。

表 2 典型检测限（取三次测定结果的平均值）

元素	检测限/（mg/kg）
铝	0.05
镉	0.01
铜	0.01
铁	0.03
铅	0.05
镍	0.04
硅	0.05
银	0.01
钠	0.05
锡	0.1
钨	0.04
锌	0.01

16 精密度和偏差

16.1 精密度

按下述规定判断试验结果的可靠性。同一实验室重复测定 7 次浓度为 1 mg/kg 的试样的标准偏差估计的精密度见表 3。

表 3 同一操作者精密度

元素	精密度（2 倍标准偏差）/（mg/kg）	相对标准偏差（RSD）/%
铝	0.048	2.74
镉	0.026	1.30
铜	0.016	0.83
铁	0.019	0.96
铅	0.074	3.84
镍	0.028	1.42
硅	0.037	1.86
银	0.016	0.71
钠	0.040	1.95
锡	0.143	6.02
钨	0.067	3.28
锌	0.024	1.21

16.2 偏差

因多个实验室的研究尚未完成，本方法的偏差未提供。

ICS 75.100
E 34

SH

中华人民共和国石油化工行业标准

NB/SH/T 0924—2016

柴油机油抗磨损性能的评定　随动滚柱磨损(RFWT)法

Standard test method for evaluation of engine oils for roller follower wear in light-duty diesel engine

2016-12-05 发布　　2017-05-01 实施

国家能源局　发布

目　次

前　言

本标准按照 GB/T 1.1—2009 给出的规则起草。

本标准使用重新起草法修改采用美国试验与材料协会 ASTM D5966-13《评定轻型柴油机随动滚柱磨损用发动机油的标准试验方法》。

为了更适合我国国情，本标准在采用 ASTM D5966-13 时进行了修改。本标准与 ASTM D5966-13 的主要技术差异及原因如下：

——引用标准采用我国现行国家标准和行业标准；

——采用国产燃油代替进口燃油，因完全采用原方法燃油规格，需进口大量燃油，不符合国情，调制了与其接近的国产试验燃油，经过发动机台架参比油标定试验验证，能够满足试验要求；

——考虑到不同地区大气压力不同，为了保持台架一致的苛刻度修改了排气背压控制方式，由绝对压力控制改为表压控制，经过发动机台架参比油标定试验验证，能够满足试验要求；

——考虑到我国的实际应用情况，试验台架和发动机参比油标定试验改为非参比油试验 15 次标定 1 次；

——增加了附录 H 试验报告格式；

——删除了方法中第 13 章“关键词”；

——删除了 ASTM D5966-13 附录中 A4“标定”内容中涉及 TMC 的内容；

——删除了 ASTM D5966-13 附录中 A5“最终报告格式”。

本标准由中国石油化工集团公司提出。

本标准由全国石油产品和润滑剂标准化技术委员会石油燃料和润滑剂分技术委员会（SAC/TC280/SC1）归口。

本标准起草单位：中国石油天然气股份有限公司兰州润滑油研究开发中心。

本标准主要起草人：杨国峰、冯振文、谢惊春、王争胜、李波、王龙龙、周建强。

柴油机油抗磨损性能的评定　随动滚柱磨损（RFWT）法

警告：本标准的应用可能涉及某些有危险性的材料、操作和设备，但未对与此有关的所有安全问题都提出建议。因此，用户在使用本标准之前有责任制定相应的安全和防护措施（见附录A），并确定相关规章限制的适用性。

1　范围

本标准规定了轻负荷柴油机在大扭矩、低到中转速工况下柴油机油抗磨损性能的评定方法。试验结束后，通过测量随动滚柱的磨损程度来判断发动机油的性能。

本标准适用于API CG-4、CH-4、CI-4、CI-4+和CJ-4等柴油机油的评定。

2　规范性引用文件

下列文件对于本文件的应用是必不可少的。凡是注日期的引用文件，仅所注日期的版本适用于本文件。凡是不注日期的引用文件，其最新版本（包括所有的修改单）适用于本文件。

GB/T 261　闪点的测定　宾斯基-马丁闭口杯法

GB/T 265　石油产品运动黏度测定法和动力黏度计算法

GB/T 268　石油产品残炭测定法（康氏法）

GB/T 386　柴油十六烷值测定法

GB/T 508　石油产品灰分测定法

GB 1922—2006　油漆及清洗用溶剂油

GB/T 3535　石油产品倾点测定法

GB/T 5096　石油产品铜片腐蚀试验法

GB/T 6531　原油和燃料油中沉淀物测定法（抽提法）

GB/T 6536　石油产品常压蒸馏特性测定法

GB/T 6986　石油产品浊点测定法

GB/T 7304　石油产品酸值的测定　电位滴定法

GB/T 11132　液体石油产品烃类的测定　荧光指示剂吸附法

GB/T 11137　深色石油产品运动黏度测定法（逆流法）和动力黏度计算法

GB/T 11139　馏分燃料十六烷指数计算法

GB/T 11140　石油产品硫含量的测定　波长色散X射线荧光光谱法

GB/T 17476　使用过的润滑油中添加剂元素、磨损金属和污染物以及基础油中某些元素测定法（电感耦合等离子体发射光谱法）

GB/T 17754—2012　摩擦学术语

NB/SH/T 0867　柴油机油烟炱含量的测定　热重分析法

SH/T 0604　原油和石油产品密度测定法（U形振动管法）

3 术语和定义

下列术语和定义适用于本文件。

3.1

窜气 blowby

从发动机燃烧室窜入曲轴箱的燃烧产物和未燃烧的燃油与空气的混合气。

3.2

活塞上止点前 BTDC

用度表示曲轴相对于活塞在上止点前的位置。

3.3

校准 calibrate

确认发动机台架是否处于正常状态。

3.4

试验油 candidate oil

通过测试判断油品预期的性能是否满足标准要求的润滑油。

3.5

发动机油 engine oil

发动机内起到减小摩擦磨损，降低活塞温度，密封活塞环作用的液体。

3.6

轻负荷 light-duty

在内燃机中平均转速、功率输出和内部温度主要运行工况远远低于其潜在峰值输出。

3.7

轻负荷发动机 light-duty engine

作为一种类型的发动机，其主要运行工况远远低于其峰值输出。

3.8

润滑剂 lubricant

加入到相对运动表面之间，用于减小摩擦和控制磨损的易剪切物质。

[GB/T 17754—2012，定义 6.48 条]

3.9

润滑油 lubricating oil

液体润滑剂，通常包括若干成分，主要由基础油和少量的不同种类添加剂。

3.10

参比油 reference oil

一种已知性能的油品，用作比较的基准。

3.11

用过油 used oil

任何已经用在运行或非运行设备（例如发动机、变速箱、变压器或涡轮）上的机油。

3.12

磨损 wear

由于摩擦造成的表面变形、损伤或表层材料逐渐流失的现象和过程。

[GB/T 17754—2012，定义 2.3 条]

4 方法概要

4.1 把预先装配好的通用 V8 试验柴油发动机安装在试验台架上，并运行 50 h。
4.2 试验发动机运行条件比典型正常使用工况更加苛刻。该试验条件下产生大量的烟炱加速随动滚柱的磨损，并保持与行车磨损具有相关性。
4.3 试验结束后，通过测量随动滚柱的磨损程度来判断发动机油的性能。

5 方法应用

5.1 本试验方法用于评定发动机油在大扭矩、低到中转速工况下的抗磨损能力。
5.2 全部试验条件满足本试验方法要求时，本方法可用于发动机油的规格认证、油品开发和市场检测。
5.3 本试验方法所用发动机设计代表了现代大多数发动机设计技术，但并不完全代表所有发动机，这一因素连同具体试验条件用作加速磨损，在进行试验结果的外推时应充分考虑。

6 试验设备

本试验所用设备的清单和完整描述，见附录 B。

7 试剂与材料

7.1 磨合油

新发动机磨合需要磨合油 8 kg。磨合油应满足 API CG-4 SAE 15W-40 规格。

7.2 试验油

完成一次试验大约需要 25 kg 试验油。

7.3 试验燃油

一次完整试验大约需要 600 L 低硫柴油，试验燃油规格，见附录 C。

7.4 发动机冷却液

去离子水（固体物少于 0.03 g/kg）与乙二醇的混合液，其混合体积比为 30%去离子水和 70%乙二醇。

7.5 戊烷

纯度 99.9%。
警告：易燃、有害健康。

7.6 清洗材料

用满足 GB 1922—2006 的 2 号溶剂油清洗发动机零件。

8 试验准备

8.1 新发动机的准备

8.1.1~8.1.7 描述了发动机的准备工作。试验件的替代和修改要求，见附录 D。

8.1.1 发动机前盖板的安装

在发动机缸体前端安装前盖板和相对应的垫片。螺栓力矩为 40 N·m。

8.1.2 油底壳放油阀的安装

在油底壳安装放油阀，见附录 B.9.3.7。

8.1.3 电热塞的更换

拆除电热塞，安装 1 个 685.8 mm 美国标准管螺纹（NPT）干式密封压力塞座，塞子的安装力矩 20 N·m。

8.1.4 冷启动电磁线圈的断开

拆除冷启动电磁线圈。

8.1.5 排气歧管的安装

检查法兰确保垫片表面没有扭曲形变。安装水冷排气歧管，排放口朝向发动机后端。使用排气管专用螺栓，螺栓力矩为 30 N·m。

8.1.6 摇臂罩盖的准备

每次试验摇臂罩盖安装新的密封。安装摇臂罩盖座法兰新垫片。安装摇臂罩盖，但不安装顶盖。

注：每次试验拆下摇臂罩盖。摇臂罩盖垫片涂抹密封胶。垫片表面涂抹少量的凡士林以便方便取下垫片，可以延长使用寿命。

8.1.7 喷油泵的位置检查

确保发动机上的动态正时标记与喷油泵法兰上的标记对齐。该标记是一条线，分别位于喷油泵安装法兰的顶部和喷油泵齿轮传动罩法兰的顶部。

8.2 辅助系统及各种组件的安装

8.2.1 排气背压传感器管线的检查

检查各个压力传感器线，清除线路阻塞物。

8.2.2 曲轴箱通风系统的安装

清洗油气分离器。在右侧摇臂罩盖后端经过油气分离器处安装通风管，通向大气，如图 B.3。

8.2.3 外部机油系统安装

根据图 B.2 配置外机油循环系统。确保机油热交换器上所有的软管和接头都恰当地连接。冷却液系统中青铜或黄铜材质的接头会影响废油中的磨损金属分析结果，不应使用在外部机油系统中。

8.2.4 发动机冷却系统的安装

推荐的发动机冷却系统，如图 B.4 所示。拆除发动机的节温器。

8.2.5 发动机冷却液的加注

将满足 7.4 条要求的冷却液加注到发动机冷却系统中。

8.2.6 进气系统安装

安装进气软管和管箍。

8.2.7 排气系统安装

安装排气歧管和排气歧管出口法兰。

9 试验程序

9.1 试验步骤

9.1.1 新发动机的磨合

新发动机应进行磨合。磨合过程，详见 9.7 条。试验参数专用单位和标准格式导则，见附录 E。

9.1.2 试验准备步骤

每次 50 h 磨损试验前，应进行发动机冲洗，以消除原来发动机油的影响。准备试验程序，详见 9.8 条。

9.1.3 50 h 稳态试验

50 h 稳态随动滚柱磨损试验条件，见表 1。50 h 磨损试验操作步骤详见 9.9 条。

表 1 稳态运行条件

参数	范围要求
转速/ $(r \cdot min^{-1})$	1000±5
扭矩/ (N · m)	记录
功率/kW	记录（30~34）
燃油耗/ [$kg \cdot h^{-1}$（6.2L 发动机）]	9.00±0.10
燃油耗/ [$kg \cdot h^{-1}$（6.5L 发动机）]	9.40±0.10
燃油温度/℃	35.0±2.0
冷却液入口温度/℃	记录
冷却液出口温度/℃	120.0±2.0
冷却液流量/ $(L \cdot min^{-1})$	记录（53~61）
冷却液压力/kPa	记录（93~107）
主油道温度/℃	120.0±2.0
进气温度/℃	32.0±2.0

表 1 稳态运行条件（续）

参数	范围要求
排气温度/℃	记录
油底壳温度/℃	记录
进气压力/kPa	97.0±1.0
曲轴箱压力/kPa	记录
排气背压（表压）/kPa	2.0±1.0

9.1.4 发动机启动和停机步骤

9.3 条~9.5 条详细叙述了发动机的启动和停机步骤。

9.2 发动机部件的更换

试验期间不应更换随动滚柱。在补充操作记录中记录其他发动机部件更换情况。

9.3 发动机启动步骤

9.3.1 开启电源开关和发动机冷却液泵的开关。

9.3.2 启动发动机。

9.3.3 控制系统应该确保发动机在 10s 内启动。

警告：确认启动发动机前油底壳和冷却系统加注了机油及冷却液。确认发动机排气歧管和外部热交换器有充足的冷却水供应。没有足够的冷却水流量，发动机和发动机排气歧管会过热并造成严重损坏。不要向进气弯管口中喷入启动液帮助发动机启动。不要过于频繁地启动发动机。如果遇到发动机启动困难，应诊断并确定发动机为什么不能启动。过于频繁地启动会加速发动机的磨损。

9.3.4 发动机在 1000 r/min 的转速和零功率下运行 5 min。

9.3.5 5 min 后，发动机功率增加到 7.5 kW，转速仍然维持在 1000 r/min，运行 15 min。15 min 的暖机阶段完成后，试验将在 10 min 后开始计时。

9.3.6 试验暖机结束后的 10 min 期间，发动机转速保持在 1000 r/min，增加功率直至燃油消耗的流量满足表 1 的要求。整个试验均保持该工况。

9.4 正常停机步骤

9.4.1 发动机功率降为 0 kW。

9.4.2 发动机怠速运转 5 min。

9.4.3 停机。

9.5 紧急停机步骤

如果存在紧急情况，切断燃油供给并停机。

9.6 故障停机和停机时间

9.6.1 试验可以在任何方便的时候停机，执行临时维修。

9.6.2 停机后试验时间重新开始计时：停机后，在 7.5 kW 功率的条件下运行 15 min，再过 10 min 开始试验计时，见 9.3.5。

9.7 新发动机的磨合

9.7.1 磨合能使新发动机处于稳定的工作状态，新发动机安装在试验台上，进行参比油试验之前，对发动机进行磨合。

9.7.2 使用发动机原装的挺杆对发动机进行磨合。

9.7.3 磨合由两个阶段组成：稳态阶段和循环阶段。稳态阶段试验参数，见表2和表4。循环工况阶段见表3和表4（详细过程见9.7.5.3~9.7.5.4）。

表2 磨合稳态阶段

步骤	发动机转速/（$r \cdot min^{-1}$）	扭矩/（N·m）	时间/min
1	1000	120	30
2	2000	140	30
3	3000	180	30
4	3600	200	30
5	3800	0	30
6	3000	最大	30
注：余下的稳态磨合的参数，见表4。			

表3 磨合循环阶段

步骤	转速/（$r \cdot min^{-1}$）	扭矩/（N·m）	运行阶段时间/min
1	650（怠速）	0	
2	最大，受控（3800）	无扭矩	1
3	3600	最大（310）	1
4	2800	最大（350）	1
5	2000	最大（370）	1
6	1450	220	1
7	最大，受控（3800）	0	1
8	3600	最大（310）	1
9	2800	最大（350）	1
10	2000	最大（370）	1
11	1450	220	1
12	最大，受控（3800）	0	2
13	3600	最大（310）	2
14	2800	最大（350）	2
15	2000	最大（370）	2
16	1450	220	2
17	650（怠速）	0	2

表 4　磨合运行参数的目标值

控制参数	范　围
发动机转速/（$r \cdot min^{-1}$）	见表 1 和表 2
扭矩/（N·m）	见表 1 和表 2
功率/kW	记录
燃油温度/℃	35±2
冷却液入口温度/℃	记录
冷却液出口温度/℃	120±2
冷却液流量/（$L \cdot min^{-1}$）	190±8
冷却液压力/kPa	100±7
机油主油道压力/kPa	记录
机油主油道温度/℃	120±2
进气温度/℃	32±2
排气温度/℃	记录
油底壳温度/℃	记录
注：磨合运行数据的保留与否可由实验室决定。	

9.7.4　新发动机磨合油的加注

9.7.4.1　安装新的 AC PF-35 机油滤清器。

9.7.4.2　将冲洗系统的出口端和机油冷却器进行连接。

9.7.4.3　使用冲洗系统将 6.5 kg 磨合油加入发动机。

注：磨合油的要求见 7.1 条。

9.7.4.4　从机油冷却器处拆除冲洗系统的出口软管，并拧上机油冷却器接头螺丝帽。

9.7.5　新发动机磨合的操作步骤

9.7.5.1　根据 9.3 条的要求启动发动机。

9.7.5.2　按照表 2 稳态工况程序运行发动机。

9.7.5.3　按照表 3 的循环程序运行发动机。除了转速和扭矩外，所有其他参数使用表 4 的目标值进行设定点控制。总的循环周期为 30 min（一个循环包括从第 2 步到第 17 步，见表 3），每个步骤过渡期长为 30 s，步骤 2 到步骤 11 每步为 60 s，步骤 12 到步骤 17 每步为 120 s。重复循环 100 次完成 50 h 磨合的循环部分。

9.7.5.4　发动机的部分参数有可能不能保持在标准要求范围内，尤其在循环阶段期间，见表 4。除了发动机的转速和扭矩外，参数应全部保持在表 4 的要求范围内。

9.7.5.5　在磨合过程中，发动机会消耗磨合油。发动机磨合过程中，正常情况下每 16 h 消耗 1 L 机油。在 17 步 17 h 和 34 h 期间应分别补加 1 L 磨合油。

9.8　准备试验程序

发动机的准备试验程序要求向发动机曲轴箱中加入试验油、检查喷油提前角、检查曲轴箱机油油尺液位和安装试验挺杆（随动滚柱）。在正式运行 50 h 稳态试验的参比油试验或非参比油试验之前完成准备试验程序。

9.8.1　实验室的环境空气应无污染。对操作场所的温度和湿度水平不作具体要求。来自于风扇或者通风系统的空气避免直吹试验发动机。
9.8.2　第一次试验油的冲洗和挺杆安装：
9.8.2.1　称量并安装一个新的 AC PF-35 机油滤清器。
9.8.2.2　将冲洗系统的进口和油底壳底部的放油接头连接。
9.8.2.3　将冲洗系统的出口和机油冷却器进口连接。
9.8.2.4　将 6.0 kg 试验油注入发动机。记录机油称量的实际重量。
9.8.2.5　使用冲洗系统循环机油 15 min。
9.8.2.6　从发动机中放出机油并称重。拆下滤清器并称重，按照环保要求处理掉机油滤清器。
9.8.2.7　在发动机随动滚柱上做标记，然后安装全套新的液力挺杆。定位液力挺杆，确保油孔朝着发动机前端。

注：关于随动滚柱末端做标记的描述，见图 F.1。

9.8.2.8　安装液力挺杆导管和压板。压板的安装力矩 35 N · m。
9.8.2.9　在发动机的标记位置上安装推杆和摇臂组件。摇臂轴力矩为 50 N · m。参照通用柴油机服务手册进行正确安装。按照标记安装推杆和摇臂组，摇臂轴力矩为 50 N · m。
9.8.3　第二次试验油冲洗：
9.8.3.1　称重并安装一个新的试验机油滤清器。
9.8.3.2　通过冲洗系统向发动机注入 6.0 kg 试验油。记录机油实际重量。
9.8.3.3　安装摇臂罩盖。
9.8.3.4　使用冲洗系统循环机油 15 min。
9.8.3.5　机油循环 5 min 后，启动发动机运行至少 2 min。发动机启动后，冲洗系统仍然保持循环。
9.8.3.6　从发动机中放出机油并称重。拆下滤清器并称重，处理掉机油滤清器。
9.8.4　试验油的加注：
9.8.4.1　称重并安装新的机油滤清器。
9.8.4.2　从发动机油底壳处断开冲洗系统的进油软管。在油底壳接头处安装堵头。
9.8.4.3　使用冲洗系统向发动机中注入 6.0 kg 试验油。在冲洗系统软管吸入空气之前关闭冲洗系统。
9.8.4.4　从机油冷却器处拆除冲洗系统的出口软管。在机油冷却器的接头处安装堵头。
9.8.4.5　将冲洗系统中残留的所有试验油倒入容器中，然后将这些试验油加入发动机。
9.8.4.6　2 min 后用机油量尺检查机油液位。机油液位应达到满刻度或接近满刻度。
9.8.5　安装曲轴箱压力传感器：拆除机油量尺，并在机油量尺管处安装压力管线，曲轴箱压力传感器与量尺管连接。
9.8.6　TDC 指示器的标定：推荐采用谐振平衡仪对 TDC 指示器的位置进行检验。
9.8.7　喷油正时的调整：根据 9.3 条启动发动机。发动机的转速和油耗稳定在标准要求后，使用正时表的默认设置进行检查，检查喷油正时应该在 11.5°±0.5°范围内。如果喷油正时在本标准要求之外，则应旋转喷油泵并重新测量喷油正时。

9.9　50 h 稳态试验

根据 9.3 条启动发动机。在稳态条件运行发动机 50 h，控制条件要求，见表 1。

9.10　定期测量

9.10.1　运行数据采集：使用采集频率最低 6 min 的自动数据采集系统，记录运行数据（冷却液流量和冷却液压力除外），见表 1。
9.10.2　喷油正时测量：每次试验至少进行一次喷油正时的测量和记录。

9.11 机油采样和添加程序

9.11.1 采样和补加新油的步骤

在 25 h 和 50 h 采集油样，并且在 25 h 补加新油。除此以外，整个试验期间不允许进行其他的新油补加和采集油样工作。

9.11.2 25 h 机油采样和补加机油步骤

注：25 h 加油和采样期间发动机不停机。

9.11.2.1 称量 1.0 kg 的新油并倒入大口杯。

9.11.2.2 从发动机采集 100 mL 死区油，然后再从发动机中采集 100 mL 的用过油用于分析。在采样瓶上贴上标签，标明试验编号、日期、试验时间和机油编号。

9.11.2.3 往发动机中加入 1.0 kg 新试验油和 100 mL 死区油。

9.11.3 50 h 机油采样步骤

从发动机采油口采集 100 mL 死区油，然后再从发动机中采集 100 mL 的用过油用于分析。在采样瓶上贴上标签，标明试验编号、日期、试验时间和机油编号。

注：50 h 机油采样期间发动机不停机。

9.12 试验结束步骤

9.12.1 放出发动机油

在试验结束的 60 min 之内从发动机油底壳放出机油。

9.12.2 溶剂冲洗

9.12.2.1 称量约 7 L 溶剂油，通过冲洗系统注入发动机。

9.12.2.2 使用冲洗系统循环溶剂 20 min。当溶剂在发动机中进行循环时，手动旋转发动机两周以便完成对阀系组的冲洗。

9.12.2.3 断开冲洗系统，从发动机中放出溶剂。如果发动机放置不进行试验，采用 15W-40 API CG-4 质量级别的机油进行冲洗并放出，以防止生锈。

9.12.3 挺柱的拆除

拆除发动机摇臂罩盖并取出液压挺柱。

9.12.4 随动滚柱的拆除

通过压轴体拆下随动滚柱。

10 试验结果的计算和解释

10.1 零件测量环境

零件的测量大气环境，应无污染物。校验后的设备，其测量室的温度变化应保持在±3.0℃的范围内。

10.2 随动滚柱磨损测量

使用防滑型测量头的测量装置测量并记录磨痕的形状。在测量装置中，确保刻在随动滚柱末端的

测量基准线保持垂直位置。通过磨损痕迹图来计算磨损量。在本试验中，对给定轴的磨损量定义为磨损痕迹图中垂直深度的最大值。典型的磨损痕迹和磨损判定，见附录 F。按照挺柱对应的位置编号，记录计算出的磨损值。

10.3 润滑油分析

10.3.1 磨损金属元素：对 0 h（新油）、25 h 和 50 h 油样中的铝、铬、铜、铁、铅、硅和锌进行测量。推荐采用 GB/T 17476 方法。

10.3.2 黏度：对 0 h（新油）、25 h 和 50 h 油样进行 100℃运动黏度测量。推荐采用 GB/T 11137 方法。

10.3.3 烟炱含量：对 0 h（新油）、25 h 和 50 h 的油样进行烟炱质量百分数的测量。推荐采用 NB/SH/T 0867 方法。

10.4 试验有效性的评估

确定试验有效性的具体要求见表 5。

10.5 每次试验仅进行一次喷油正时测量。其他所有参数至少每 6 min 测量一次。

10.6 所有仪器应按照附录 G 进行标定。

表 5 参数运行有效性要求

参 数	规 格
转速/（$r \cdot min^{-1}$）	1000±5
燃油耗/（$kg \cdot h^{-1}$）（6.2L 发动机）	9.0±0.10
燃油耗/（$kg \cdot h^{-1}$）（6.5L 发动机）	9.40±0.10
燃料温度/℃	35.0±2.0
冷却液出口温度/℃	120.0±2.0
主油道温度/℃	120.0±2.0
进气温度/℃	32.0±2.0
进气压力/kPa	97.0±1.0
排气背压（表压）/kPa	2.0±1.0
喷油正时/°BTDC	11.5±0.5

11 结果报告

试验报告格式，参见附录 H。

12 精密度和偏差

12.1 精密度

按下述规定判断试验结果的可靠性（95%的置信水平）。

12.1.1 中间精密度 *i. p.*

在相同的实验室、使用相同的试验方法，可以改变操作者、测量设备、试验台架、试验发动机和

时间的条件下，对同一试样进行测定得到的两个试验结果之差应不超过表 6 中规定的数值。

12.1.2 再现性 *R*

不同操作者，在不同实验室，使用不同的仪器，按照相同的方法，对同一试样分别进行测定得到的两个单一、独立的试验结果之差应不超过表 6 中规定的值。

表 6 精密度

参　　数	中间精密度 *i. p.*	再现性 *R*
随动滚柱磨损/μm	3.30	3.56

12.2 偏差

利用可接受的统计技术通过对参比油试验结果分析得到偏差。当出现明显的偏差时，允许对非参比油试验结果进行苛刻度修正。

附 录 A
(规范性附录)
安全防护措施

A.1 发动机台架试验具有一定的危险性，实验室应制定有关的安全操作规程，采取有效的安全措施，避免造成人体伤害和设备损坏。因此，建议只有对发动机试验有经验或经过培训的人员，才能从事发动机试验台架的安装和操作。

A.2 试验台架的所有传动和发热部件应加防护罩。裸露的发动机传动件和连接轴周围要加防护罩。正确安装燃油管线、机油管线，电源线接地并保持良好的秩序，要经常进行检查和维修。

A.3 试验台架周围禁放障碍物、机油和燃油等物品。在试验过程中，操作人员要时刻注意燃油、排气、机油和冷却液可能发生的泄漏现象。以清洗为目的使用易燃溶剂时，应遵守正常的预防措施。

A.4 工作人员在试验台旁工作时，应佩戴安全口罩、眼镜并进行听力保护。在运转的发动机旁，操作人员不允许留长发，应穿紧身工作服装。发动机运转时，工作人员应小心远离发动机和传动系统工作。

A.5 在发生如下情况时，联锁装置应能自动停机：发动机和测功机冷却液温度过高、测功机电源断路、发动机超速、发动机低油压、排气系统出问题和发动机震动过大等。联锁装置应包含一个切断供应到发动机喷油器泵燃油（包括返回线）方法。建议配备远程切断燃油站（外接到发动机台架）。

A.6 实验室配备干式灭火设备。

A.7 采用其他安全措施的法律、法规。

附 录 B
(规范性附录)
设备详细规格

B.1 试验发动机是通用汽车公司的 V8 非直喷柴油发动机。采用改造了的发动机缸盖和独立正时喷油泵组装试验发动机。

B.2 使用发动机试验台来控制发动机转速和扭矩，以及各种温度、压力和流量。

B.3 使用自动数据采集系统，来测量各种操作参数。

B.4 使用外部系统来控制发动机进气、燃油、冷却液、机油的温度和压力。

B.5 需要各种外部设备来测量和标定发动机组件、控制系统及运行参数。

B.6 设备描述章节的组织：详细的设备描述按照以下章节进行分类：

B.6.1 试验用发动机：详见 B.7。

B.6.2 控制系统：详见 B.8。

B.6.3 测量传感器和系统：详见 B.9。

B.7 试验用发动机

B.7.1 试验发动机包：配件包中包含了 15 次试验所需要的消耗性硬件。配件包中所含零件的完整清单，见表 B.1 和表 B.2。

B.7.1.1 关键部件：关键部件是指影响燃烧（燃油流量、喷油正时、压缩比、空气流量和机油消耗）或影响随动滚柱润滑和扭矩的部件，见表 B.1。

B.7.2 特制的发动机零件：下面详细介绍了用于本方法的特制发动机零件：

B.7.2.1 排气歧管出口法兰：需要该法兰，可从指定的供应商处获得。

表 B.1 关键零件

零件号	描述	零件号	描述
发动机组件（6.2 L 或 6.5 L HD NA C/K）短机体			
10149616	机体组件（6.2 L 或 6.5 L 单件封装）	23502552	排气门密封 进气门密封
14077141	活塞（NA）	10163736	缸垫
14032399	顶环	14066308	凸轮轴
14025533	二环	23502598	油底壳
23500288	油环	BX-6202-1	机油滤清器
14025524	活塞连杆组件（上） 气缸盖组件（HD NA 10）	DX-109561	气门盖垫片
10149663	排气阀	10163737	喷嘴
14033927	进气阀	10154615	喷油泵
10230426	预燃室（+10%的旋转油门）	17109650	挺杆组件
14025512	气门弹簧		

B.7.2.2 进气喇叭口：包括所有应修改的设计。

B.7.2.3 摇臂罩盖：要求的摇臂罩盖。

B.7.2.4 发动机前端盖：需要专门加工的发动机前端盖。

B. 7. 3 发动机测量和组装设备：需要专用发动机测量和组装设备，详见 B. 7. 3. 1 ~ B. 7. 3. 4。不包括在实验室中常用的设备。

B. 7. 3. 1 喷油正时测量：采用谐波平衡指示器测量喷油正时。采用 Stanadye Time Trac 喷油正时测量设备。

B. 7. 3. 2 机油冲洗系统：两次试验间需要冲洗系统以便冲洗发动机润滑油系统。系统的设计没有具体要求，但是储罐容积至少可以储存 8 L 液体。

表 B. 2 发动机配件包

零件编号	试验备件
Bx-6200-1	配件包，其中包括 1 个 Bx-6201-1、30 个 Bx-6202-1 和 240 个 Bx-6204-1
Bx-6201-1	除了前端盖外完整的发动机
Bx-6202-1	试验用机油滤清器
Bx-6203-1	前盖板
Bx-6204-1	液力挺柱
Bx-6205-1	水冷歧管，左侧和右侧
Bx-6206-1	排气歧管出口法兰
Bx-6207-1	排气歧管出口法兰垫片
Bx-6208-1	排气歧管螺栓
Bx-6209-1	TRAC 喷油正时指示器 W/1/4 英寸传感器
Bx-6210-1	进气喇叭口
Bx-6212-1	摇臂罩盖总成，左
Bx-6212-1	摇臂罩盖总成，右
Bx-350-3	油气分离器

B. 7. 3. 3 液压挺柱拆除工具：该工具零件编号为 J-29834，该工具便于发动机液力挺柱的拆除。

B. 7. 3. 4 磨损测量装置：使用 skidless 触笔型测量装置测量随动滚柱的磨损。

B. 7. 4 其他设备：

试验油样采样容器：

容器应能方便采样和储存废油样品。建议使用高密度聚乙烯采样瓶（120 mL）来装油样。

警告：除了其他预防措施外，玻璃容器是容易破碎，如果打破可能造成伤害或接触有害物质。

B. 8 试验台配置和控制系统：

B. 8. 1 发动机转速、扭矩和燃油消耗率控制系统：发动机转速、扭矩和燃油消耗率控制系统，应能按照表 1 里的规范保持在限值内。转速、扭矩、燃油消耗率以及影响空气进入发动机的参数，这些是相互影响的。发动机转速通常是通过改变测功机励磁来控制，而发动机燃油消耗率和扭矩是通过改变油门位置来控制。典型实验室做法都是控制扭矩、燃料消耗率包括固定节气门位置或闭环反馈控制系统。

B. 8. 2 燃料供给系统：该设计没有具体规定，但根据表 1 所示的规定，该系统应能控制燃油温度。保持燃料压力高于 45 kPa。

B. 8. 3 进气系统：根据示意图 B. 1 配置通风系统。按照图 B. 1 制造压力环。控制系统应能够按照表 1 所示的要求控制进气温度和压力。

B. 8. 4 发动机冷却系统：建议的冷却系统，见示意图 B. 4。Barco 流量计是唯一指定的组件。

B. 8. 5 排气歧管的冷却系统：（歧管）冷却后的冷却液出口温度保持低于 60℃。典型的实验室做法是在水冷式排气管下游安装排气探头。对排气系统下游水冷歧管出口法兰的设计没有具体规定。

单位为毫米

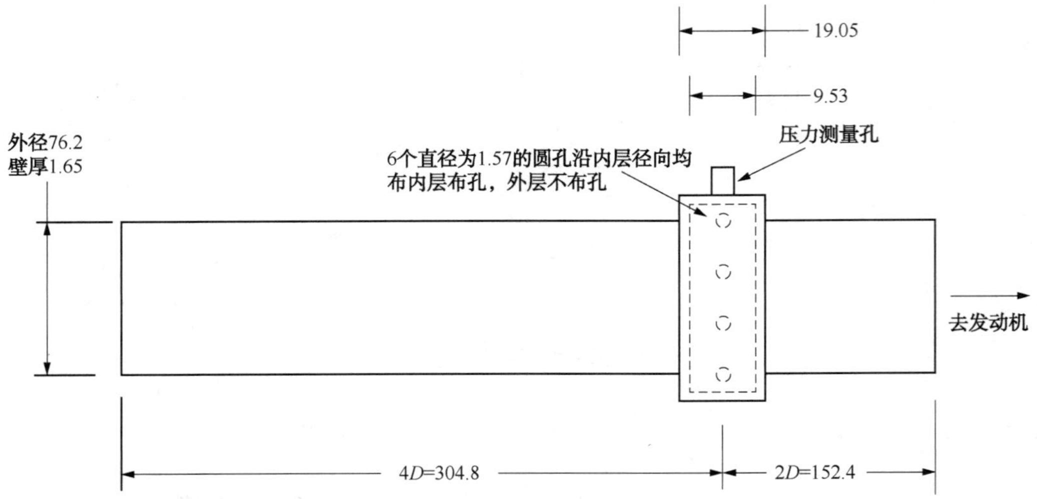

图 B.1　进气压力环

警告：应当利用良好的工程实践以确保本系统的安全运行。推荐采用高温、低水流量或低水压报警、或两者同时采用来预防发动机运行期间因缺水而造成的损害。

B.8.6　外部机油系统：根据示意图 B.2 配置外部机油系统。在机油冷却器出口安装 8 号进出管线。安装采样阀以及连接冷却器回油的冲洗系统。性能规格，见表 1。

B.8.7　曲轴箱通风系统：根据图 B.3 所示配置曲轴箱通风系统。

B.8.8　传动系统配置：配置的发动机安装座应使曲轴处于水平位置。发动机应不带动任何外部辅助设备。

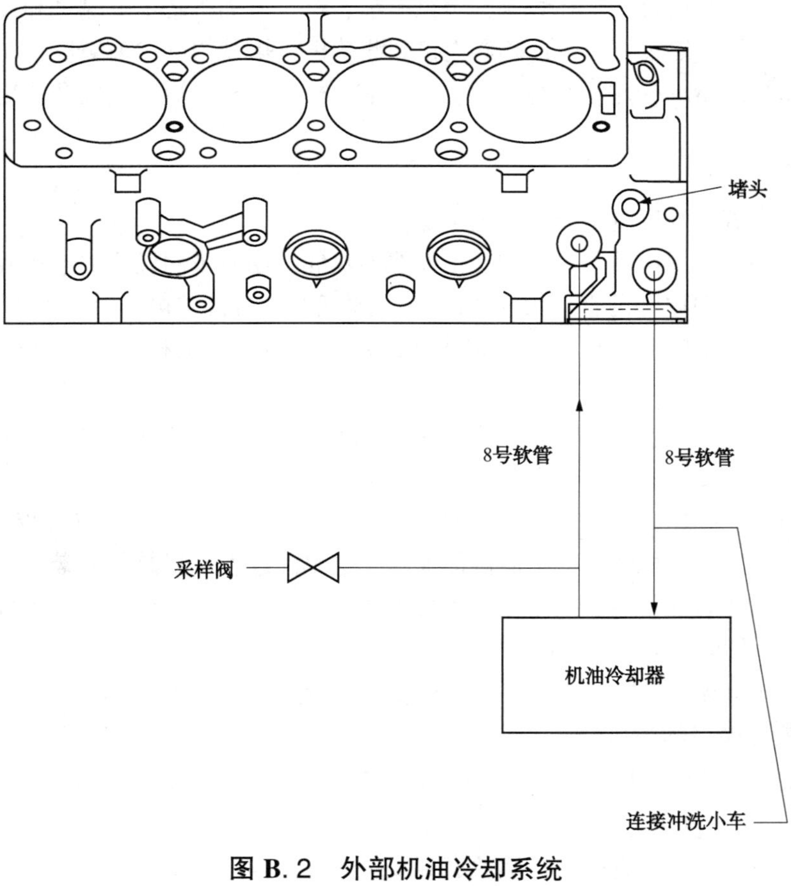

图 B.2　外部机油冷却系统

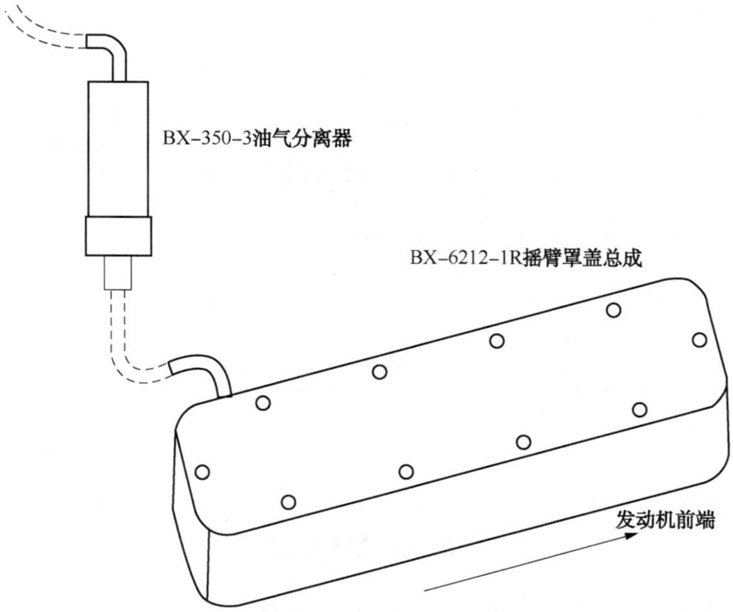

图 B.3　曲轴箱通风系统

B.8.9　发动机启动马达：建议启动马达采用气动马达，因为在机油的冲洗程序里，马达拖动发动机的时间为 2 min。

B.9　测量传感器与系统：

B.9.1　发动机转速测量：发动机速度通常是采用脉冲测量（基于磁场拾波原理）系统测量。

B.9.1.1　发动机转速测量的标定：在每次标定试验前，标定发动机转速的测量和读出系统。

B.9.2　发动机扭矩测量：通过将扭矩传感器连接到测功机扭矩臂的方式来测量发动机扭矩。

B.9.2.1　发动机扭矩测量的标定：在每次标定试验前，标定满载扭矩测量以及读出系统。这可以根据需要经常进行标定。

B.9.3　温度测量设备：

B.9.3.1　详细规定了五个温度测量设备和测量点。

B.9.3.2　所有热电偶应采用优质、铠装护套接地线的热偶，同时采用优质的连接线。除了发动机排气温度热电偶外，其余所有热电偶的直径为 3.2 mm。发动机排气温度热电偶直径为 3.2 mm 或 6.4 mm。

B.9.3.3　冷却液进口：（热电偶）尖端安装在（冷却液）进入发动机左、右两侧机体之前的介质流中央。

B.9.3.4　冷却液出口：（热电偶）尖端安装在介质流中央，安装深度大约为 100 mm。在节温器壳体处钻孔以便安装直径为 3.2 mm 的热电偶。

B.9.3.5　燃油进口：热电偶尖端安装在滤清器上游约 50 mm 介质流中央、进气歧管后面的位置。

B.9.3.6　机油道：拆除位于机体顶部左后侧的油压发送单元。发动机缸体安装 6.4 mm 直径美国国家标准管螺纹（NPT）管子接头。在接头上安装直径 6.4 mm 的热电偶。安装的热电偶尖接触到油道底后再回退约 6 mm。安装深度约为 150 mm。

B.9.3.7　油底壳：热电偶安装在油底壳右侧，距离（油底壳）底部大约 50 mm，距离后端约 150 mm 处。热电偶尖端插入油底壳约为 75 mm。

B.9.3.8　进气：安装在进气喇叭口下游约 25 mm 的介质流中央。距离测压环的下游约 200 mm，如图 B.1 所示。

B.9.3.9　废气：在每个水冷歧管的出口法兰底部安装热电偶。

B.9.3.10 温度测量标定：在每次标机试验前都要对所有的热电偶和测量系统进行标定。按照实验室的校正标准进行标定，每个测量系统应该在±0.5℃范围内。

B.9.4 压力测量设备：对压力测量的要求详列于以下各章条。没有指定具体测量设备。

B.9.4.1 为防止标定飘移，应在最大温度变化±3℃的温度受控环境中运行。

警告：从工程实践考虑，连接压力头和最终的压力传感器之间的管道应该考虑冷凝罐。这在低气压管线穿越低洼处连接试验台与控制柜之间的情况下尤其重要。

B.9.4.2 机油压力：在安装的机油压力发送单元的三通处测量机油压力，位置在发动机左后方，见B.9.3.6。

B.9.4.3 进气压力：通过安装在进气系统测压环处的6.4 mm直径的压力接头测量进气压力，见图B.1。

B.9.4.4 曲轴箱压力：在机油尺管处测量曲轴箱压力。

B.9.4.5 排气背压：在水冷排气歧管出口法兰顶部安装压力接头测量排气背压。将两个接头连在一起。压力传感器需要具备测量绝对压力的能力。探头和传感器之间安装冷凝水储罐以存储废气中积聚的水。

B.9.4.6 冷却系统压力：在膨胀罐的顶部测量冷却系统的压力，详见图B.4。

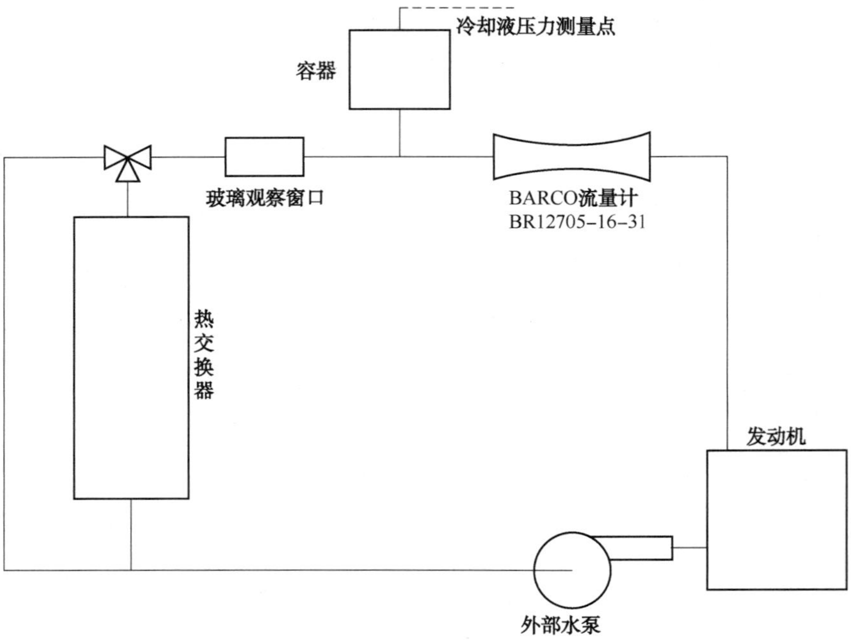

图B.4 发动机冷却系统

B.9.4.7 燃油压力：在燃油进口（温度）热电偶的上游测量燃油压力。

B.9.4.8 压力测量标定：在每次校机试验前标定所有的压力传感器和压力测量系统。压力测量传感器应在温度可控的环境中标定。校验的温度应该和试验期间运行的温度数值相等。

B.9.5 流量测量设备：流量测量要求，详见以下部分章节。测量设备专门用于发动机冷却液流量的测量。

B.9.5.1 冷却液流量：通过测量流经规定的文丘里流量计的压力差来确定在发动机冷却液流量，见图B.4。在控制的流量范围内，压力下降大约5.0 kPa。采取预防措施防止压力传感器管线中形成气泡。应采用透明管线和放气管线。

B.9.5.2 冷却液流量标定：在每次标机试验前对冷却液流量计和试验台上的系统进行标定。另外，流量计可以拆离试验台进行校准。在校验过程中，相邻上游和下游的管道应当予以原样保留。通过涡流

流量计或者体积/时间的方法进行标定。

B. 9.5.3　燃油消耗率：通过测量流入（台架）罐中燃油的流量速率来确定燃油消耗率。

B. 9.5.4　燃油消耗率测量标定：每次标机试验之前都要进行燃油耗率的标定。容积系统应该具有温度补偿和质量流量设备。试验台上的流量计显示（误差）应在校验标准的0.2%以内。

附　录　C
(规范性附录)
燃料油规格

C.1　试验燃油规格，见表C.1。

表C.1　试验燃油规格

检测项目		质量指标	试验方法
硫含量（质量分数）/%		0.04~0.05	GB/T 11140
密度（20℃）/（g·cm^{-3}）		0.8368~0.8496	SH/T 0604
组成（体积分数）/%			GB/T 11132
芳烃含量		27~33	
烯烃含量		报告	
饱和烃含量		报告	
十六烷指数		报告	GB/T 11139
十六烷值		40~48	GB/T 386
铜片腐蚀（50℃，3h）/级	不大于	1	GB/T 5096
闪点（闭口）/℃	不低于	54	GB/T 261
浊点/℃		报告	GB/T 6986
倾点/℃	不高于	-18	GB/T 3535
10%蒸发物残炭（质量分数）/%	不大于	0.35	GB/T 268
水和沉积物（体积分数）/%	不大于	0.05	GB/T 6531
灰分（质量分数）/%	不大于	0.005	GB/T 508
运动黏度（40℃）/（mm^2·s^{-1}）		2.4~3.0	GB/T 265
酸值/（mgKOH·g^{-1}）	不大于	0.05	GB/T 7304
强酸值/（mgKOH·g^{-1}）	不大于	0.00	GB/T 7304
馏程/℃			GB/T 6536
初馏点		报告	
10%回收温度		报告	
50%回收温度		报告	
90%回收温度		282~338	
终馏点		报告	

附　录　D
（规范性附录）
试验件的替代和改造

D.1　发动机部件的改造：不允许改造规格要求的发动机部件。

D.2　试验件的替代：所有的挺柱和发动机应从指定供应商处购买。50h 稳态试验所需的机油滤清器应从指定的供应商处购买。

D.3　对试验台辅助设备的替代或改造：当针对辅助设备明确说明或建议替代或修改时，才能对试验台辅助设备进行替代或改造。

附　录　E
（规范性附录）
专用单位和标准格式参考

E.1　下面的信息应用于本标准规定的所有限值。为了确定这些规格的一致性，应该按照最右侧表中数值限值要求，根据修约规则控制参数的运行精度，见表 E.1。

E.2　单位的换算：所有尺寸应尽可能地转化为国际单位制。

E.3　报告结果的单位制：所有的数据应该以适当的国际单位制进行报告。

E.4　标准格式：整个标准规格列出了三种不同的参数格式。参数具有目标值且没有偏差的按照×.×××的格式列出。例如，扭矩参数被列为 40 N·m。参数中有目标值且含有偏差值的按照××.××±×.××的格式列出。例如发动机转速为（1000±5）r/min。具有目标值的参数正确的值应是目标值，同时代表该参数的随机样本应相当于目标值。

表 E.1　运行条件的有效数字

参　数	控制精度
转度/（$r \cdot min^{-1}$）	1
扭矩/（N·m）	1
功率/kW	0.1
燃油流量/（$kg \cdot h^{-1}$）	0.01
燃油温度/℃	0.1
冷却液入口温度/℃	0.1
冷却液出口温度/℃	0.1
冷却液流量/（$L \cdot min^{-1}$）	1
冷却液压力/kPa	1
主油道的温度/℃	0.1
进气温度/℃	0.1
排气温度/℃	0.1
油底壳温度/℃	0.1
进气压力/kPa	0.1
曲轴箱压力/kPa	0.0
排气背压/kPa	0.1
喷油正时/BTDC	0.1°
磨损结果有效数字	
参数	测量精度
随动滚柱磨损/μm	0.1

附 录 F
(规范性附录)
说明

F.1 随动滚柱标记示意图，见图F.1。

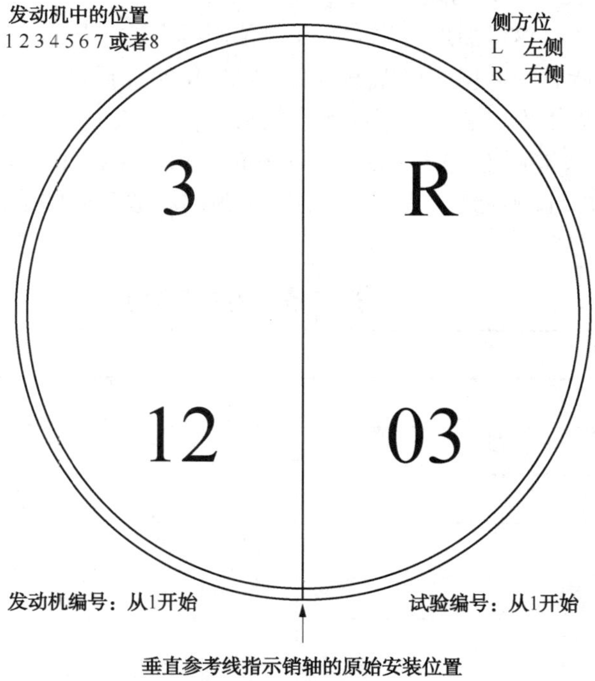

图F.1 随动滚柱标记

F.2 轴磨损深度示例，见图F.2。

单位为毫米

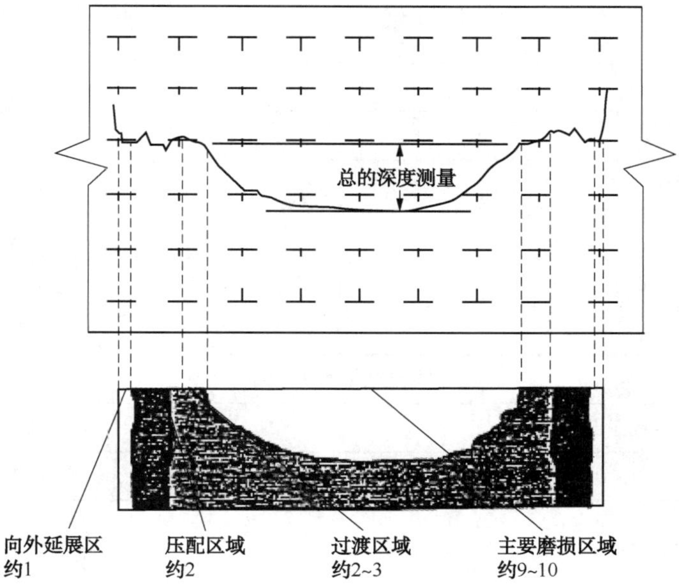

图F.2 轴磨损深度示例

附　录　G
(规范性附录)
标定

G.1　标定：测量系统的标定和发动机台架的标定。测量系统及其每个子系统或设备的标定，详见附录B。测量系统的标定频率和相应设备，见表G.1。

表G.1　测量系统校验频率

测量系统	标定频率	参考章节
温度	每次参比油试验前	B.9.3.10
压力	每次参比油试验前	B.9.4.8
发动机冷却液流量	每次参比油试验前	B.9.5.2
燃油耗	每次参比油试验前	B.9.5.4
发动机转速	每次参比油试验前	B.9.1.1
测功机扭矩	每次参比油试验前	B.9.2.1

G.2　详细的试验发动机/试验台的标定，见G.3。

G.3　试验发动机/台架标定：发动机完成磨合后，采用参比油进行50 h的稳态试验，以对试验台和发动机作为一个单元进行标定。一旦通过标定试验，那么在余下的校验周期内，标定后的发动机不能从试验台上拆除。

G.3.1　试验发动机/台架标定周期：每套发动机包总共可以进行15次试验（包括非参比油和参比油试验）。发动机/试验台应15次非参比油试验后进行标定。

附　录　H
（资料性附录）
试验结果报告

送样单位：________________

油样名称：________________

试验编号：________________

试验日期：________________

试验方法：________________

试验时间：________________

试验燃料：________________

试验单位：________________

单位：××××

H.1 试验方法简介

随动滚柱磨损发动机台架试验用于评价柴油机油的抗磨损性能，主要评价项目为随动滚柱的磨损和机油耗。把预先装配好的 GM V8 柴油发动机安装在试验台架上，然后进行 2 次机油冲洗，完成冲洗后加入试验油，试验周期为 50 h。

试验结束后，通过测量随动滚柱的磨损程度和机油耗来评价发动机油的性能。

试验发动机为美国通用汽车公司 6.5L 排量、V 型、八缸、四冲程柴油发动机。每次试验都必须采用新的随动滚柱重新组装发动机。

50h 稳态试验见下表：

试验参数	转速/（$r \cdot min^{-1}$）	扭矩/（N·m）	主机油道温度/℃	冷却液出口温度/℃	燃油耗率/（$kg \cdot h^{-1}$）
规范值	1000±5	记录	120±2	120±2	9.4±0.1

H.2 试验结果总结

1. 试验结果：	
评 价 项 目	试验结果
平均随动滚柱磨损/μm	
2. 结论：	

H.3 随动滚柱磨损测定数据汇总

挺杆的零件号码

形貌仪测得的磨损量（μm）见下表：

挺杆编号	磨损/μm	挺杆编号	磨损/μm
左 1		右 1	
左 2		右 2	
左 3		右 3	
左 4		右 4	
左 5		右 5	
左 6		右 6	
左 7		右 7	
左 8		右 8	
磨损量的统计结果			
最小值	最大值	平均值	标准偏差

箭头所指为磨损测量处：

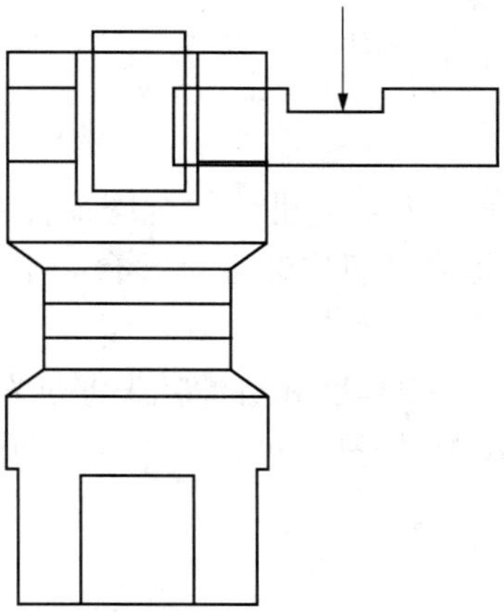

H.4 试验操作参数汇总-发动机转速

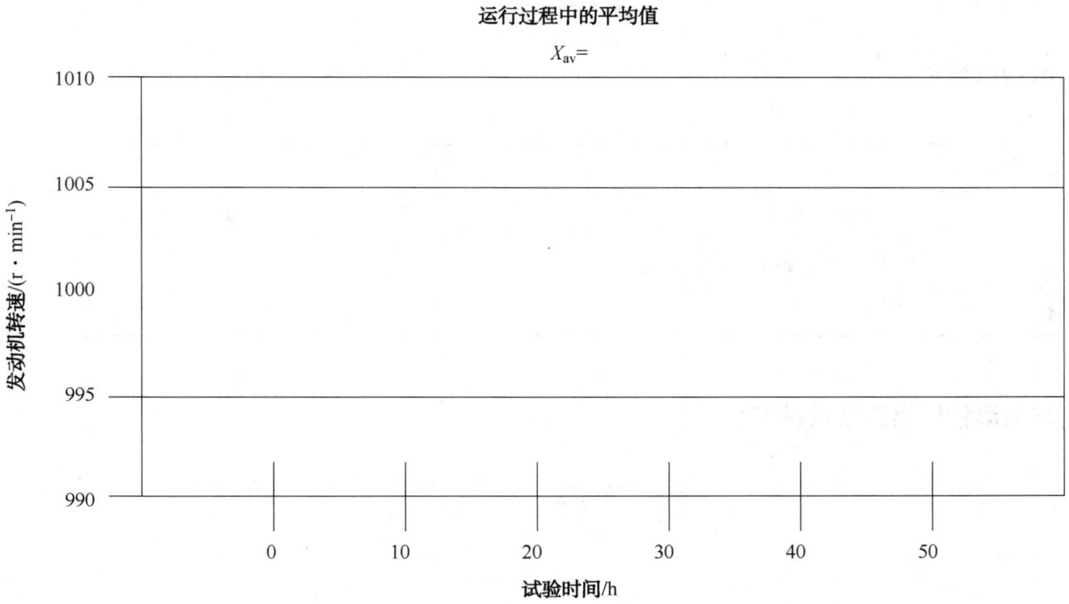

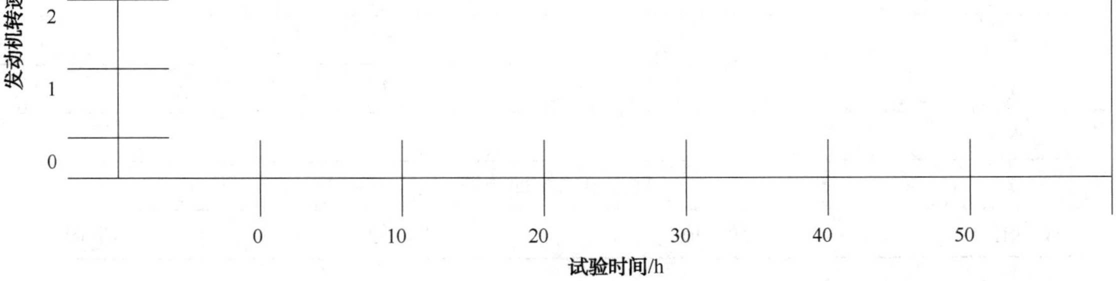

H.5 试验操作参数汇总-发动机输出功率

运行过程中的平均值

X_{av}=

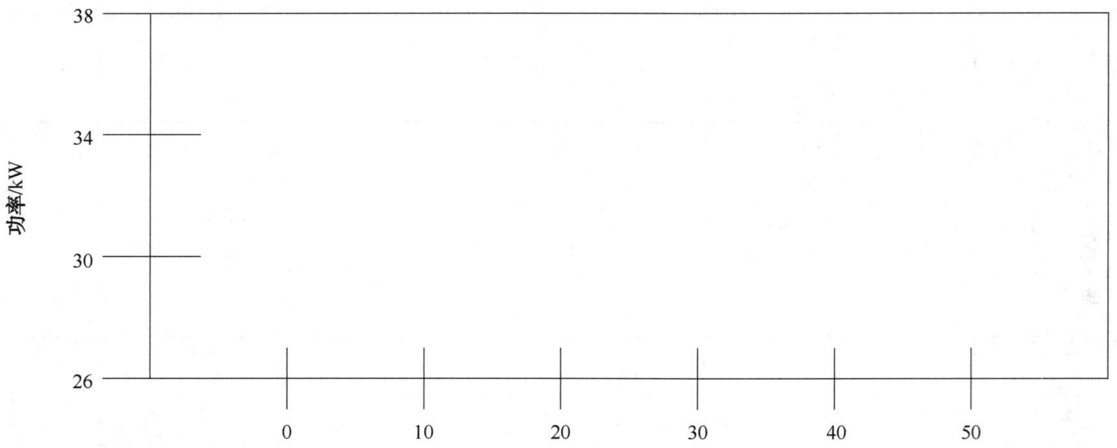

运行过程中的偏差情况

S_{av}=

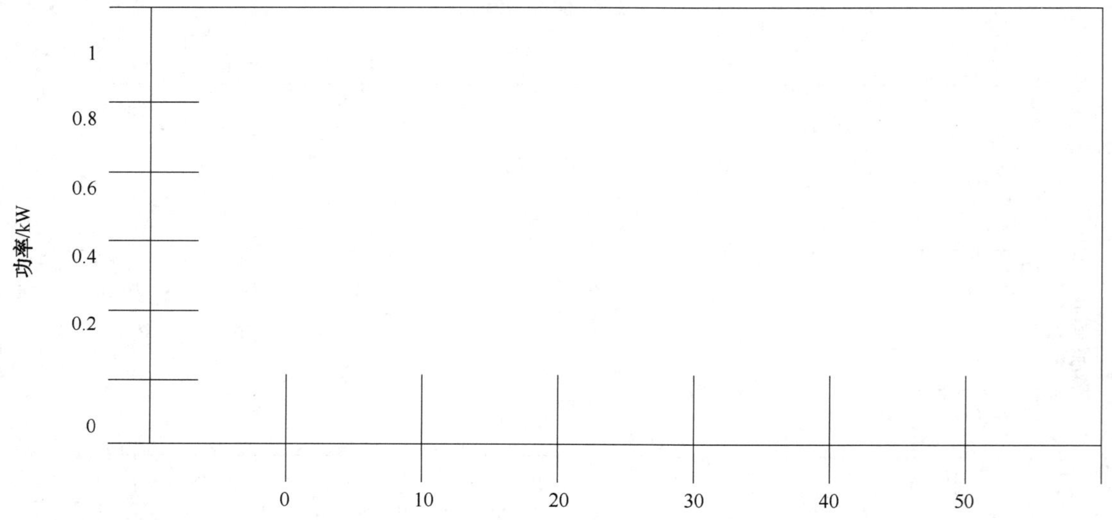

H.6　试验操作参数汇总-燃油耗率

运行过程中的平均值

X_{av}=

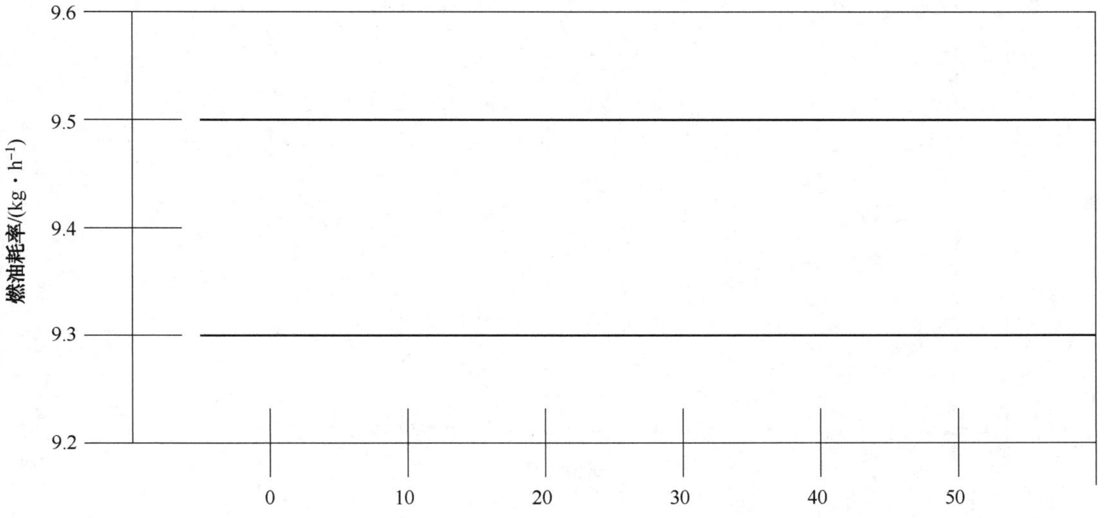

试验时间/h

运行过程中的偏差情况

S_{av}=

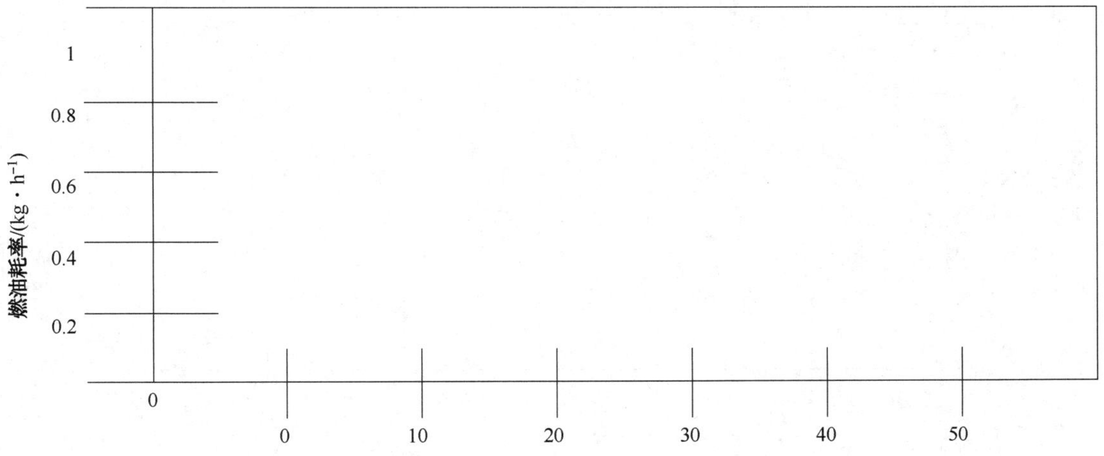

试验时间/h

H.7 试验操作参数汇总-冷却液出口温度

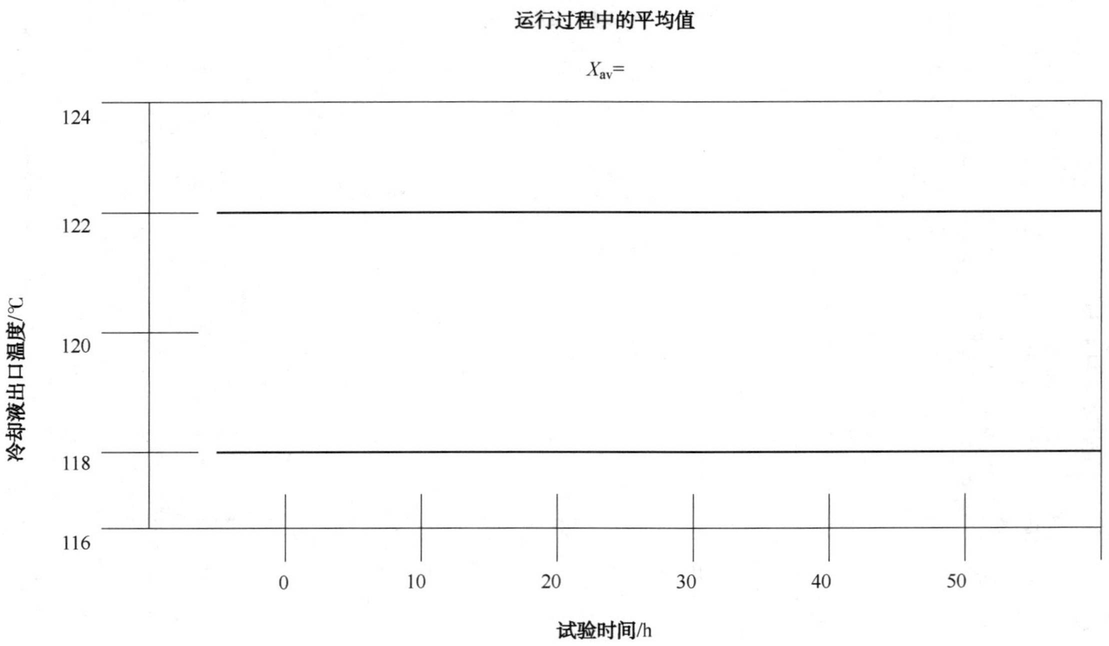

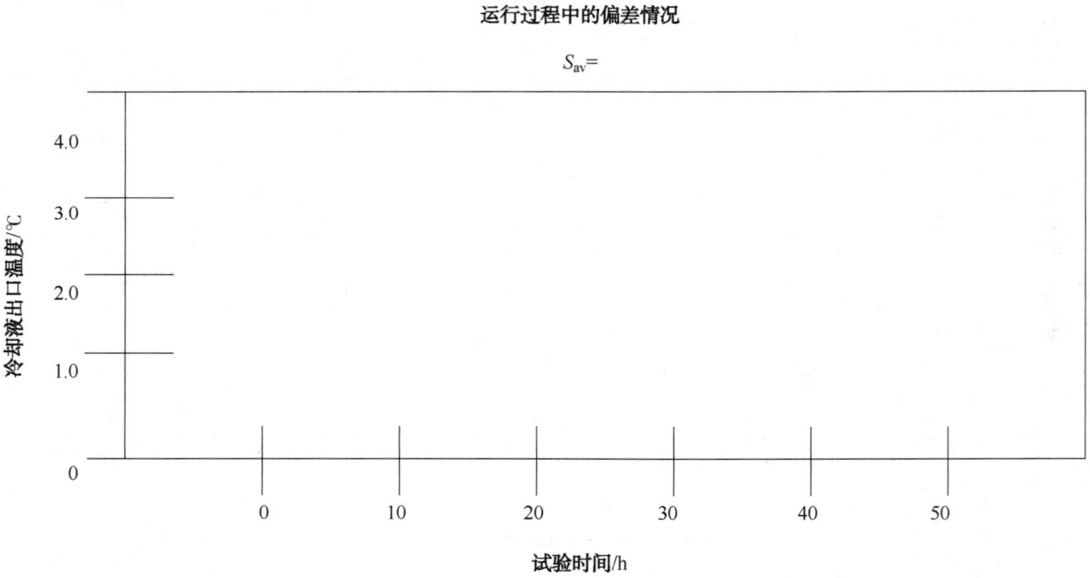

H.8 试验操作参数汇总-冷却液入口温度

运行过程中的平均值

X_{av}=

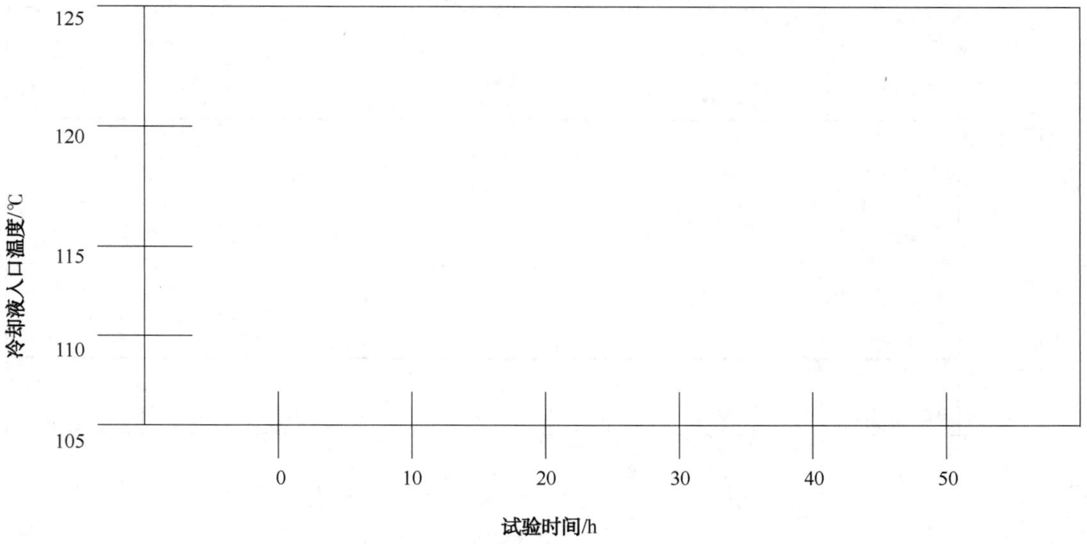

运行过程中的偏差情况

S_{av}=

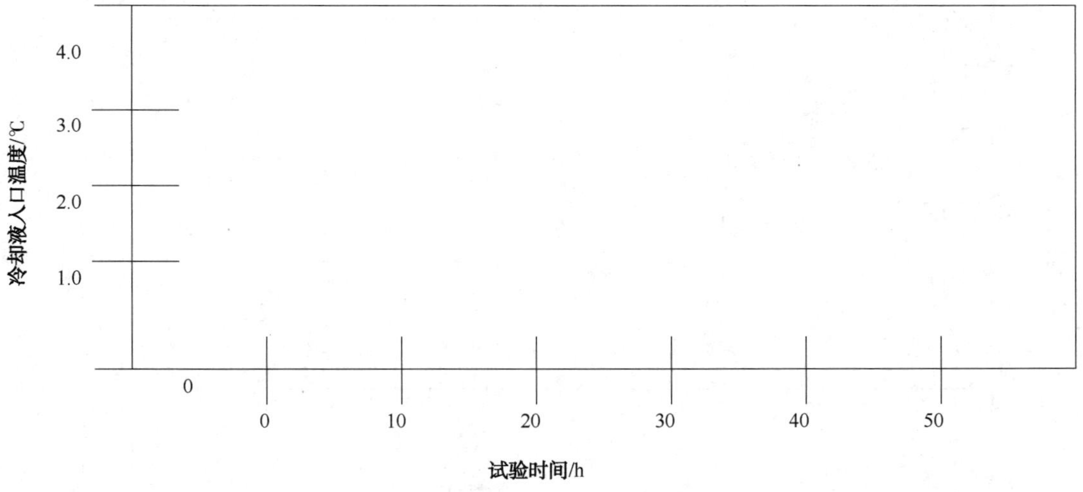

H.9 试验操作参数汇总-机油主油道温度

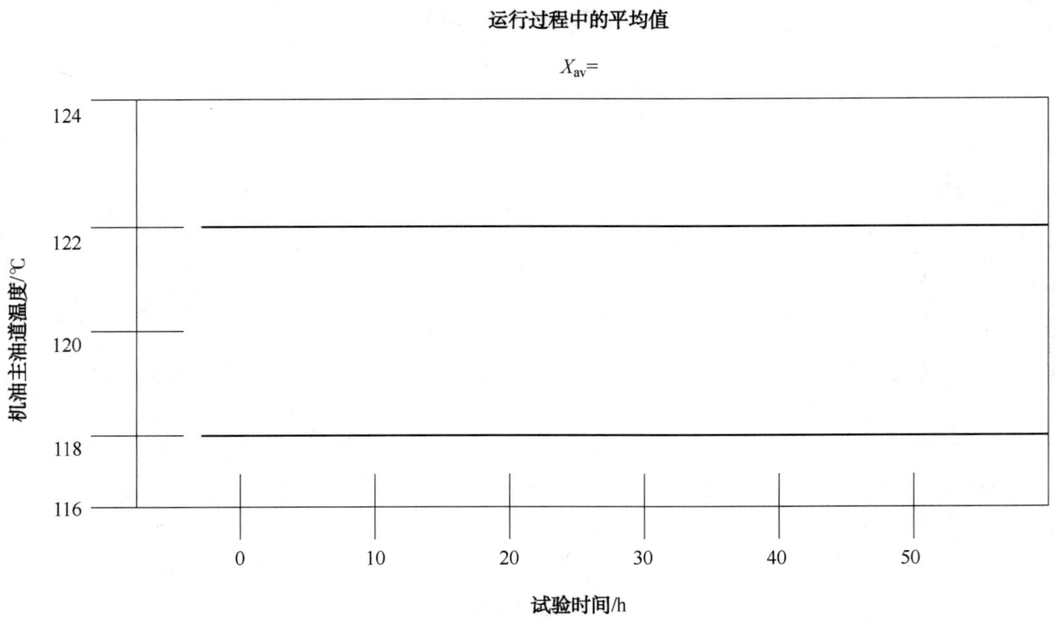

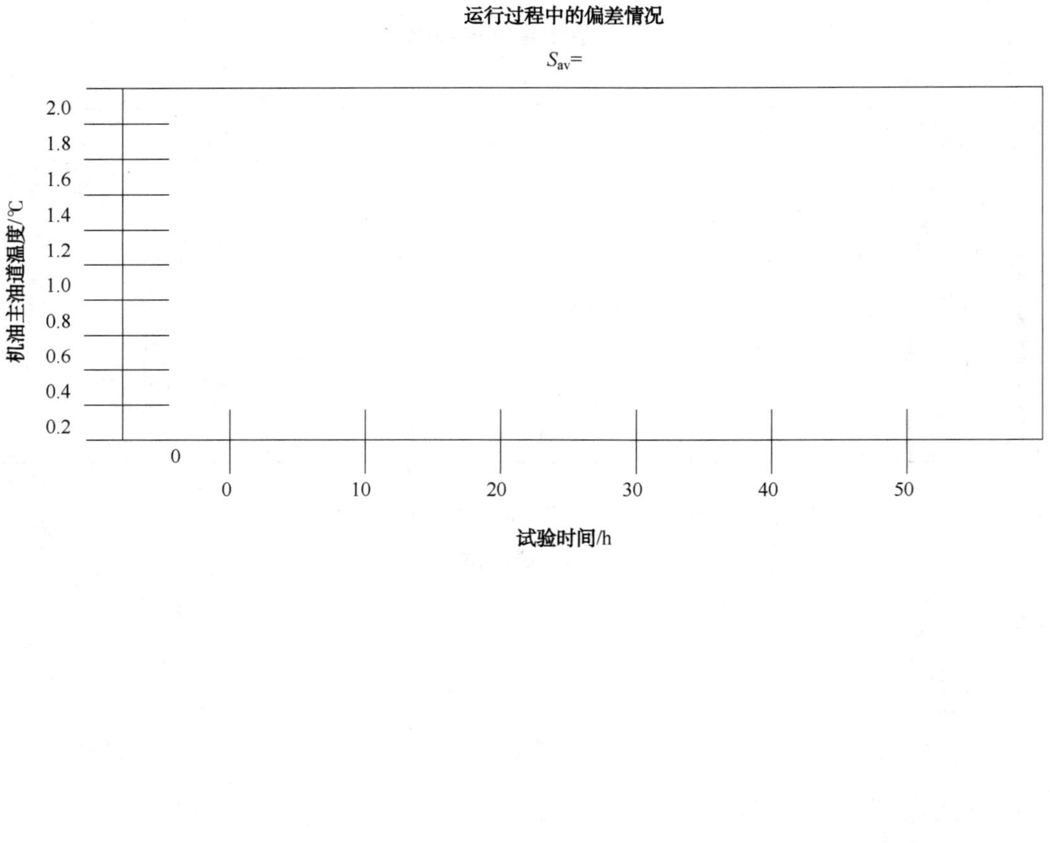

H.10 试验操作参数汇总-机油主油道压

运行过程中的平均值

X_{av}=

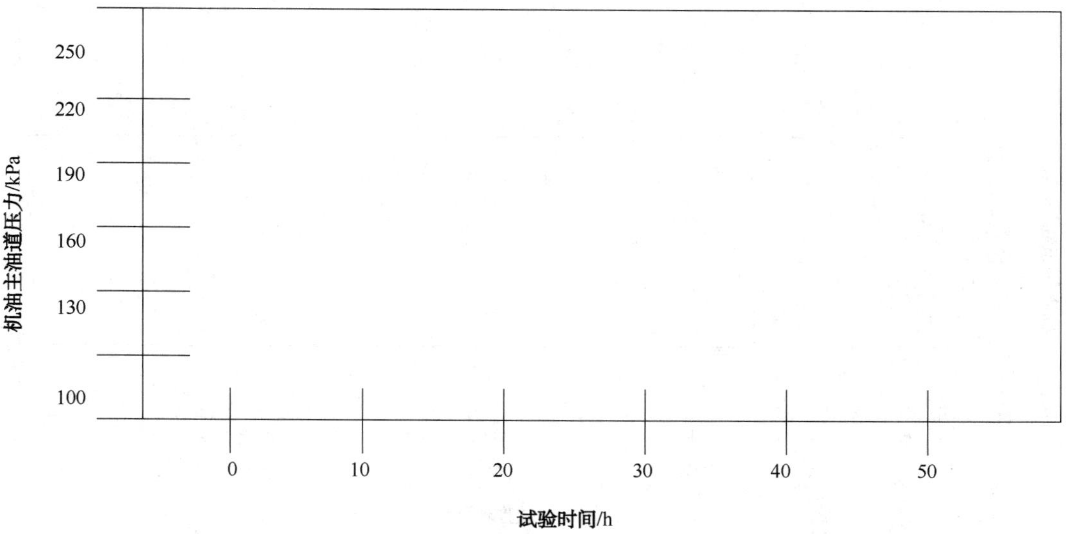

运行过程中的偏差情况

S_{av}=

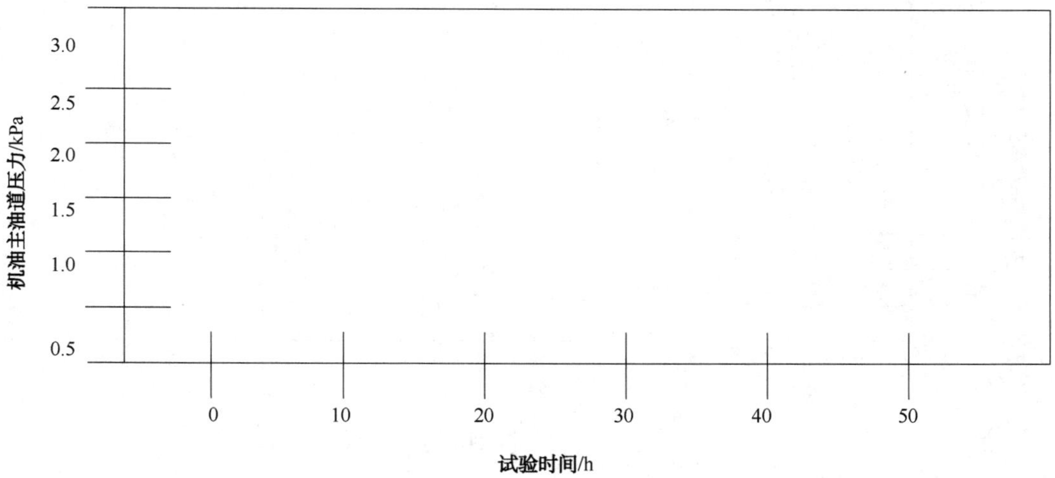

H.11 试验操作参数汇总-进气温度

运行过程中的平均值

X_{av}=

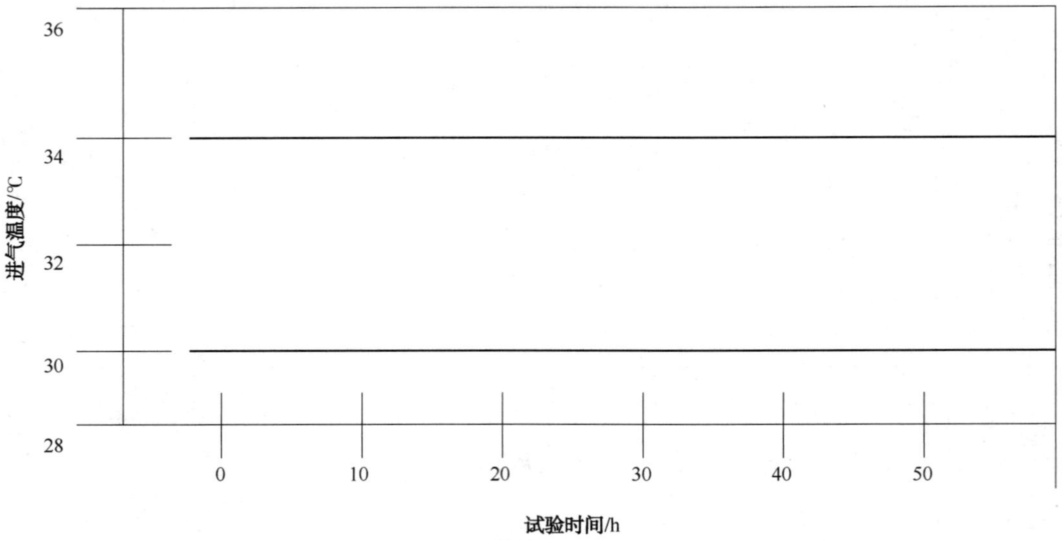

运行过程中的偏差情况

S_{av}=

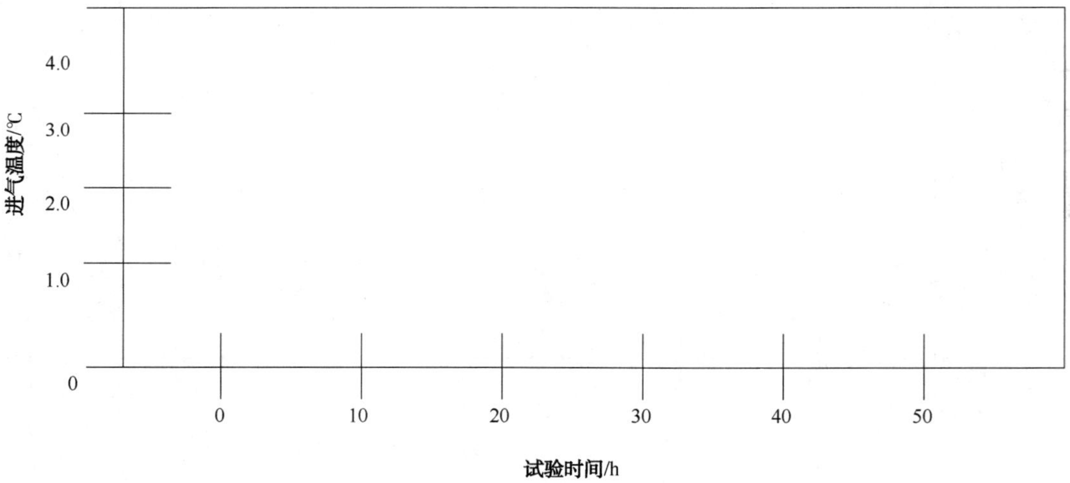

H.12 试验操作参数汇总-曲轴箱真空度

运行过程中的平均值

X_{av}=

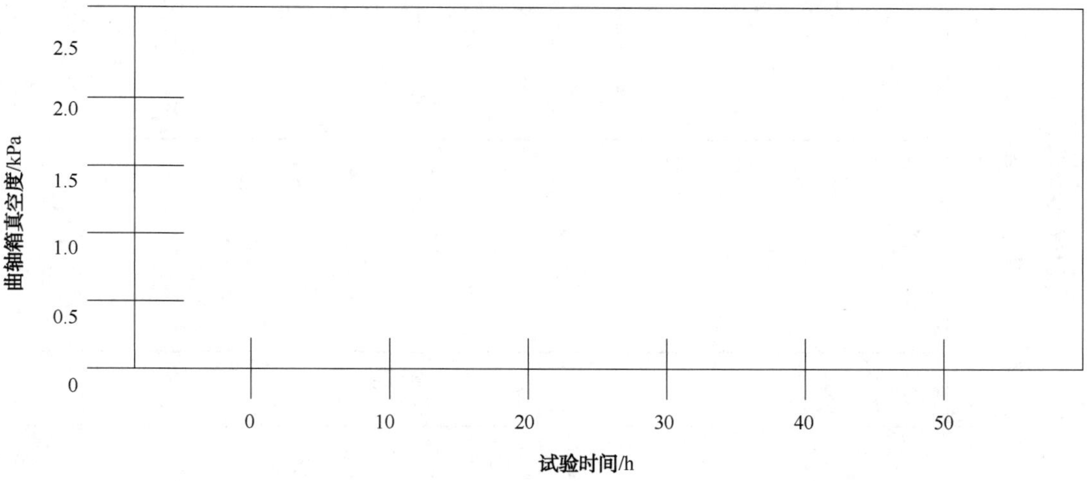

运行过程中的偏差情况

S_{av}=

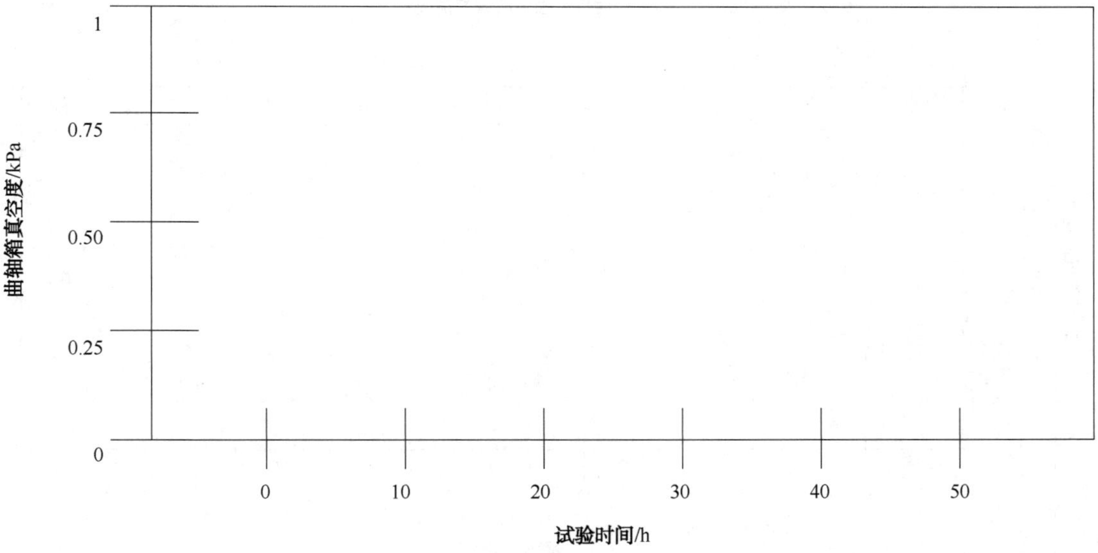

H.13 试验操作参数汇总-进气压力

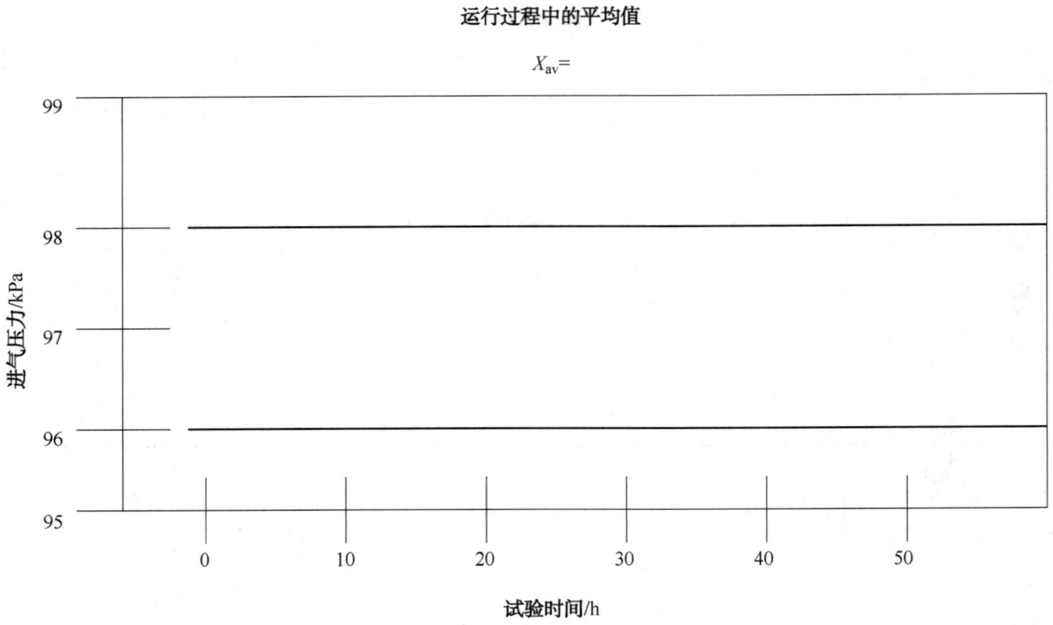

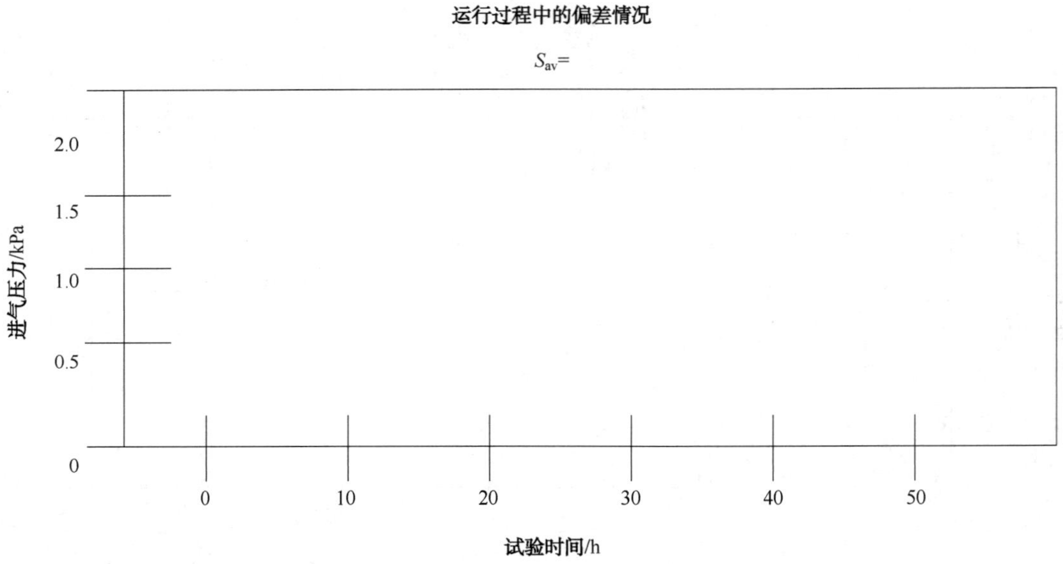

H.14 试验操作参数汇总-排气背压

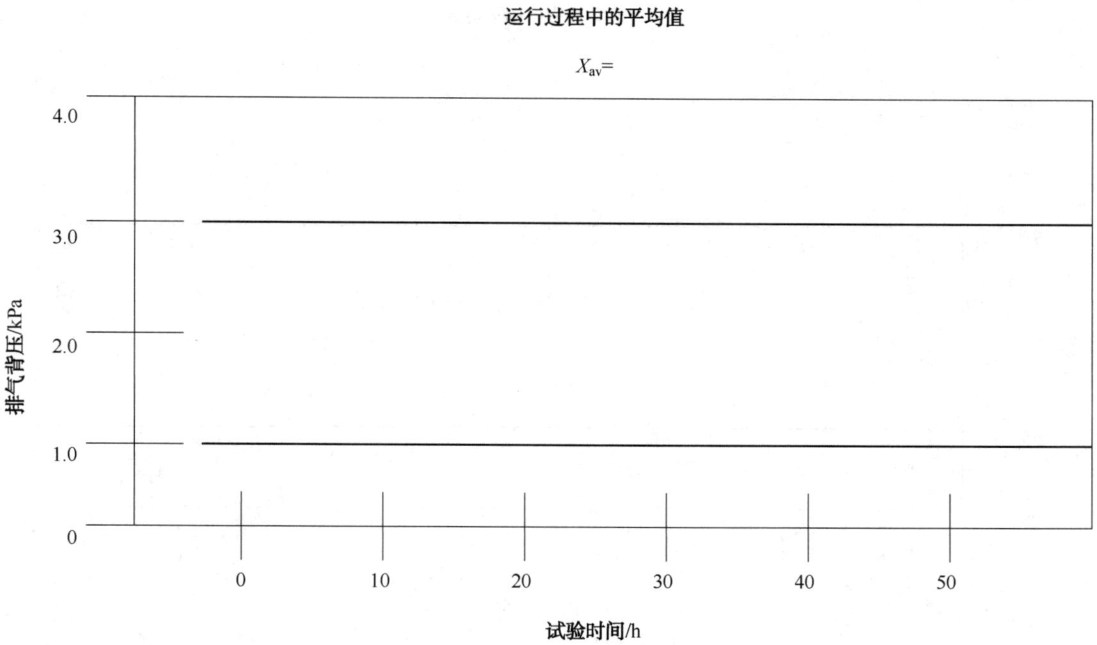

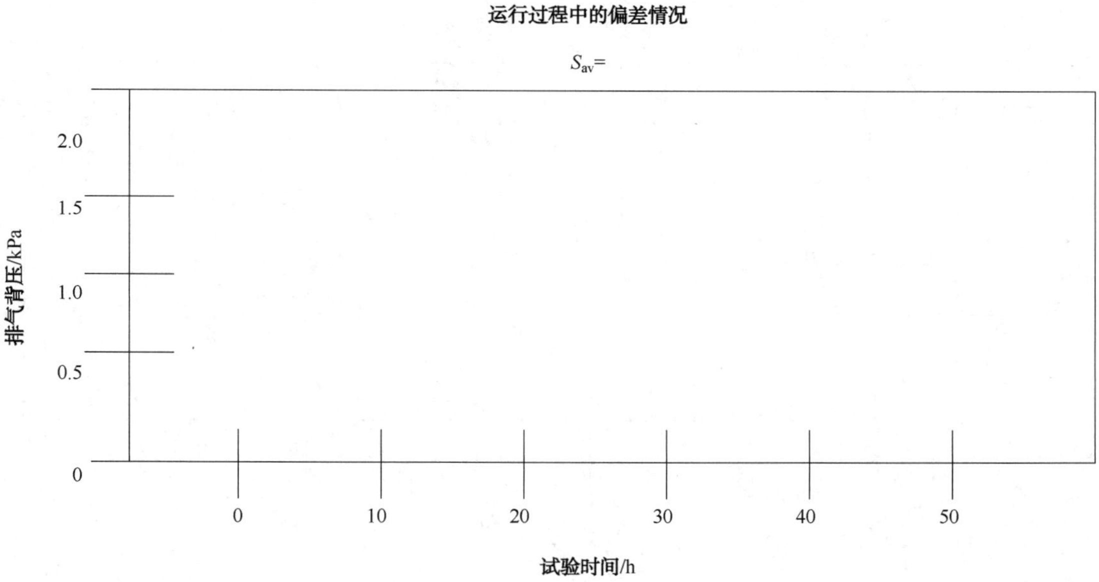

H.15 试验操作参数汇总-燃油入口温度

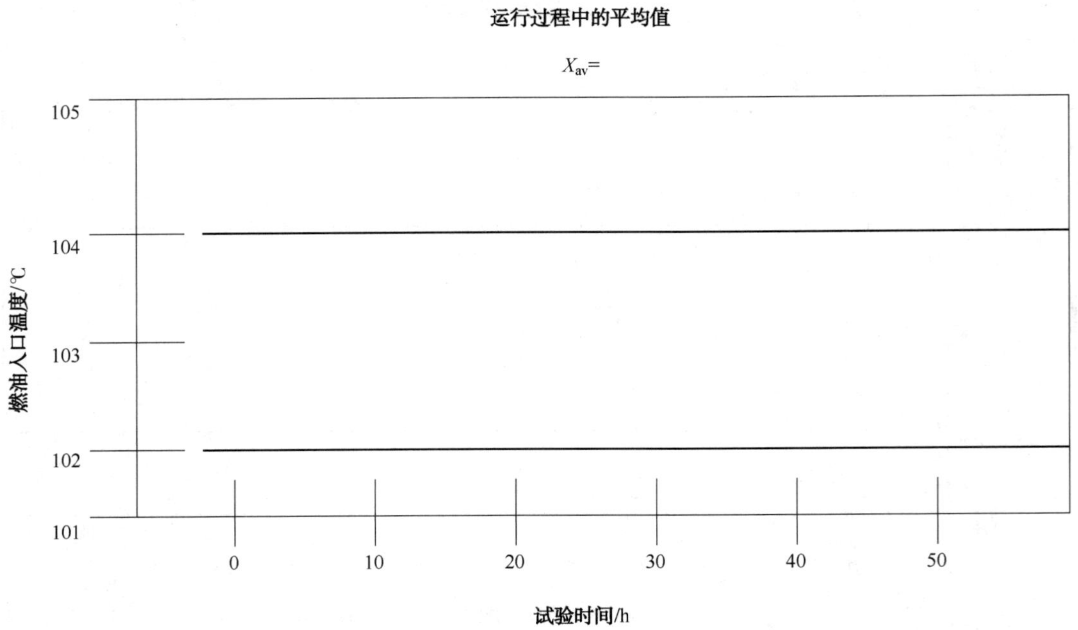

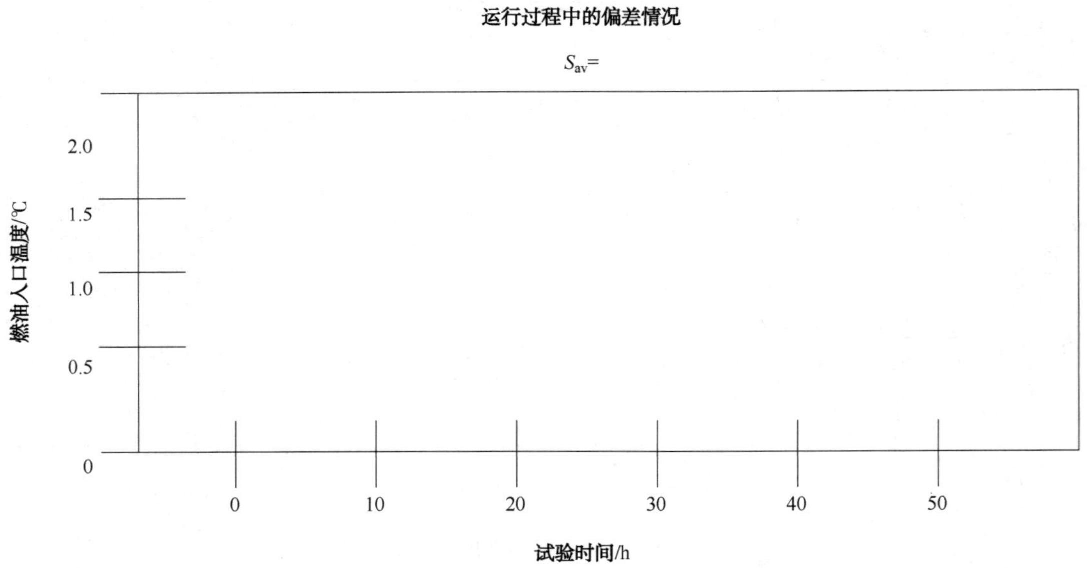

H. 16 试验操作参数汇总-排气温度

运行过程中的平均值

X_{av}=

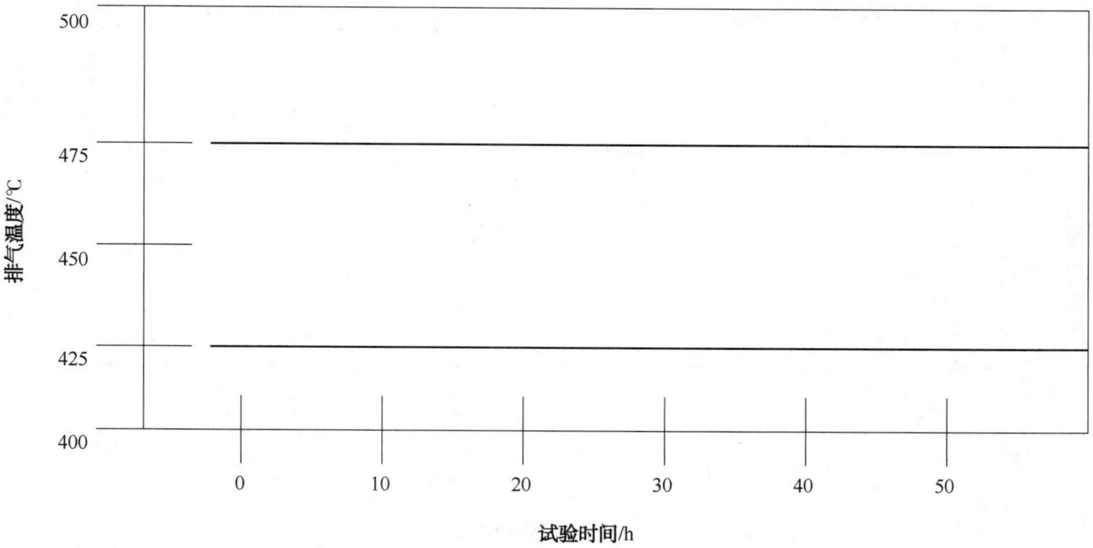

运行过程中的偏差情况

S_{av}=

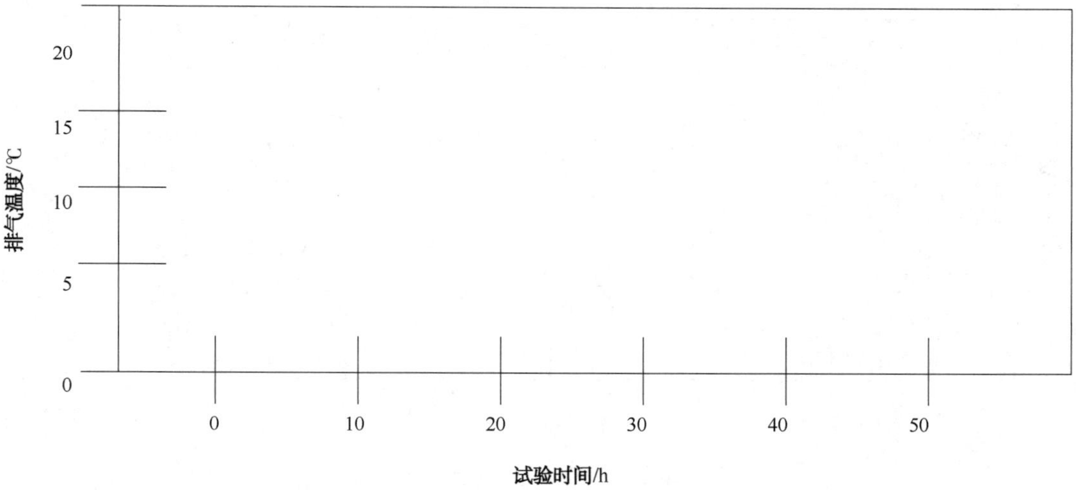

H. 17 试验操作参数汇总

试验参数	规范值 6.5L 发动机	平均值	标准偏差	最小值	最大值
发动机转速/（r·min^{-1}）	1000±5				
扭矩/（N·m）	记录				
燃油耗率/（kg·h^{-1}）	9.4±0.1				
总机油耗量/kg	记录				

温度	规范值	平均值	标准偏差	最小值	最大值
冷却液出口/℃	120±2				
冷却液入口/℃	记录值				
主机油道/℃	120±2				
燃油入口/℃	35±2				
进气入口/℃	32±2				
机油底壳/℃	记录				
排气/℃	记录				

压力	规范值	平均值	标准偏差	最小值	最大值
曲轴箱真空度/kPa	记录				
排气背压（表压）/kPa	2±1				
进气压力/kPa	97±1				

H.18 油样分析

试验时间/h	100℃运动黏度/（$mm^2 \cdot s^{-1}$）	烟炱含量/%
0		
25		
50		

试验时间/h	元素/（$\mu g \cdot g^{-1}$）						
	Al	Cr	Cu	Fe	Pb	Si	Sn
0h							
50h							

H.19 试验燃油分析结果

检测项目	分析数据	试验方法
硫含量（质量分数）/%		GB/T 11140
密度（20℃）/（$g \cdot cm^{-3}$）		SH/T 0604
组成（体积分数）/% 芳烃含量 烯烃含量 饱和烃含量		GB/T 11132
十六烷指数		GB/T 11139
十六烷值		GB/T 386
铜片腐蚀（50℃，3h）/级		GB/T 5096

表（续）

检测项目	分析数据	试验方法
闪点（闭口）/℃		GB/T 261
浊点/℃		GB/T 6986
倾点/℃		GB/T 3535
10%蒸发物残炭（质量分数）/%		GB/T 268
水和沉积物（体积分数）/%		GB/T 6531
灰分（质量分数）/%		GB/T 508
运动黏度（40℃）/（$mm^2 \cdot s^{-1}$）		GB/T 265
酸值/（$mgKOH \cdot g^{-1}$）		GB/T 7304
强酸值/（$mgKOH \cdot g^{-1}$）		GB/T 7304
馏程/℃ 初馏点 10%回收温度 50%回收温度 90%回收温度 终馏点		GB/T 6536

H.20 故障停机时间和维护记录

故障停机				
停机时间	停机日期	停机延续时间	停机原因	
			总停机小时数	

注释		
注释填写的行数：		

ICS 75.100
E 34

SH

中华人民共和国石油化工行业标准

NB/SH/T 0925—2016

手动变速箱油同步啮合耐久性的评定 FZG SSP-180法

Evaluation of the synchromesh endurance life using the FZG SSP180 synchromesh test rig

2016-12-05 发布

2017-05-01 实施

国家能源局 发布

目　　次

前　　言

本标准按照 GB/T 1.1—2009 给出的规则起草。

本标准使用重新起草法修改采用欧洲协调委员会标准 CEC L-66-99（2014）《使用 FZG SSP-180 同步器试验台评价同步啮合耐久性的试验方法》。

本标准与 CEC L-66-99（2014）在结构上有较大差异，附录 A 中列出了本标准与 CEC L-66-99（2014）的章条差异对照表。

为了更适合我国国情，本标准在采用 CEC L-66-99（2014）时进行了部分修改。本标准与 CEC L-66-99（2014）的主要技术差异如下：

——为了使用方便，引用标准修改为我国相应的国家标准；

——本标准增加了第 9 章“台架标定”，规定了同步器试验台参比油标定试验周期为非参比油试验 20 次标定 1 次。使标准方法更加完善，有利于保持试验结果的一致性；

——本标准仅采用 CEC RL115 参比油作为标定参比油，因 CEC RL188 和 CEC RL224 参比油已经停止供应；

——为统一规范，增加了附录 H 试验结果报告。

本标准由中国石油化工集团公司提出。

本标准由全国石油产品和润滑剂标准化技术委员会石油燃料和润滑剂分技术委员会（SAC/TC280/SC1）归口。

本标准起草单位：中国石油天然气股份有限公司兰州润滑油研究开发中心。

本标准主要起草人：杨国峰、张红奎、谢惊春、伏喜胜、靡莉萍、周建强、黄芸琪、刘增明。

手动变速箱油同步啮合耐久性的评定 FZG SSP-180 法

警告：本标准的应用可能涉及某些有危险性的材料、操作和设备，但未对与此有关的所有安全问题都提出建议。因此，用户在使用本标准之前有责任制定相应的安全和防护措施（见附录B），并确定相关规章限制的适用性。

1 范围

本标准规定了采用特定汽车手动变速箱同步器评定手动变速箱油同步啮合耐久性的方法。通过同步器换挡次数和同步环的磨损率来评价手动变速箱油同步啮合的耐久性。

本标准适用于汽车手动变速箱油的评定。

2 规范性引用文件

下列文件对于本文件的应用是必不可少的。凡是注日期的引用文件，仅所注日期的版本适用于本文件。凡是不注日期的引用文件，其最新版本（包括所有的修改单）适用于本文件。

GB 1922—2006 油漆及清洗用溶剂油

GB/T 17754—2012 摩擦学术语

3 术语和定义

下列术语和定义适用于本文件。

3.1

磨损 wear

由于摩擦造成表面的变形、损伤或表层材料逐渐损失的现象和过程。

[GB/T 17754—2012，定义2.3条]

3.2

试验油 candidate oil

使用标准评价的润滑油。

3.3

润滑剂 lubricant

加入到相对运动表面之间，用于减小摩擦和控制磨损的易剪切物质。

[GB/T 17754—2012，定义6.48条]

3.4

润滑油 lubricating oil

液体润滑剂，通常包括若干成分，主要由基础油和少量的不同种类添加剂。

3.5

同步器 synchronizer

输出轴为了达到事先规定的速度而相配合的同步环、锥鼓、滑套及同步离合器的总成。

3.6

摩擦系数（μ） frictional coefficient

一组摩擦副之间的摩擦力与法向力之比。

［GB/T 17754—2012，定义 4.18 条］

4 方法概要

4.1 本试验方法的试验件为奥迪（AUDI）B80 同步器总成，把同步器总成和适配器安装在可控制转速、轴向力和其他操作参数的 FZG SSP180 同步器台架上。

4.2 启动液压系统、开启加热器和电机等，进行耐久性循环试验，试验过程中按照方法要求进行试验参数的控制和记录。

4.3 同步器发生重复换挡失效（撞击）或最大 100000 次循环时终止试验。

4.4 试验结束后，拆解试验箱取出试验件，通过同步器换挡次数和同步环的磨损率来评定变速箱油的性能。

5 方法应用

5.1 本试验方法适用于评定手动变速箱油对同步器的同步啮合耐久性寿命。

5.2 全部试验条件满足本试验方法要求时，本方法可用于手动变速箱油的 OEM 规格认证和油品开发。

6 试验设备

6.1 试验设备技术参数

试验设备采用 FZG SSP-180 同步器试验台，其技术参数见表 1，结构图见图 1。在减速的 A 面安装有测量传感器。

表 1 试验台技术参数

参 数		指 标
摩擦扭矩/（N·m）	不大于	400
轴向力/N	不大于	4000
转动惯量（同步器的惯量）/（kg·m^2） 离合器侧 驱动轮		 0.005~0.4 1.75
转速差/（r·min^{-1}）	不大于	3000
可选转速差/（r·min^{-1}）	不大于	6000

6.2 试验箱

试验箱安装同步器滑套直径（外径）最大 180 mm，同步器总成最大厚度 167 mm，见图 1。

6.3 变速箱与动力源的联接

变速箱以电机为动力源，电机通过皮带与试验箱输出轴联接，带动试验箱同步器总成旋转，见图 1。

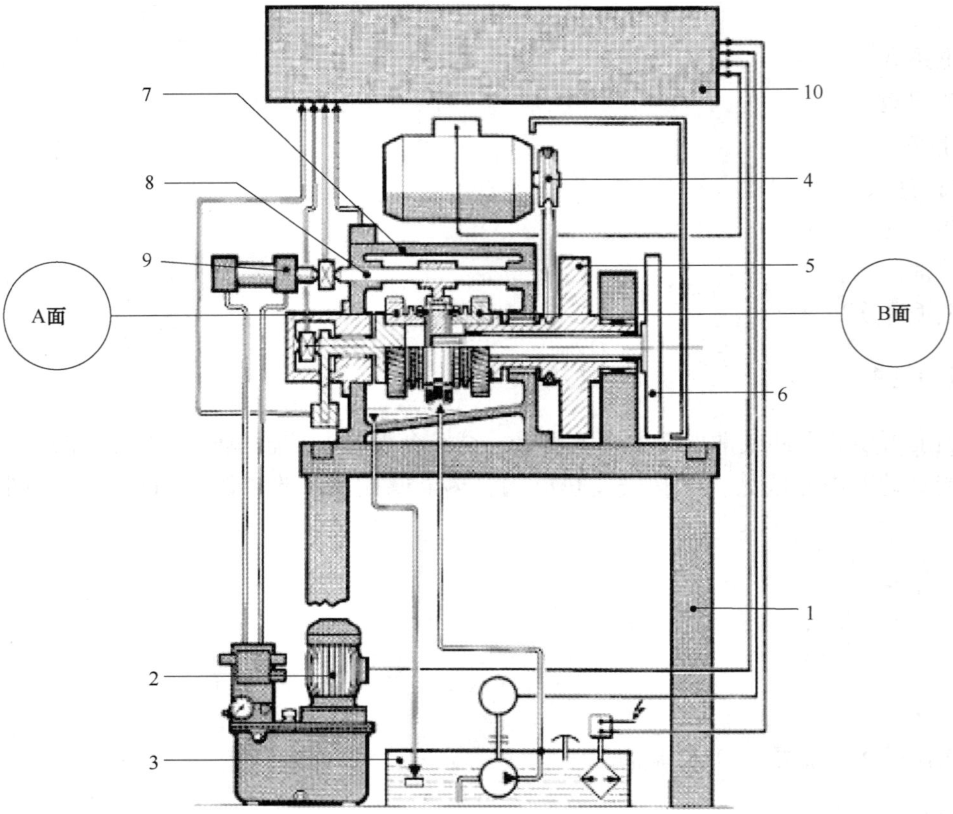

1——试验台支座；
2——液压动力单元；
3——试验油单元；
4——动力源；
5——稳定飞轮；
6——飞轮；
7——试验箱；
8——拨叉导轨 L；
9——换挡组件；
10——配电箱。

图 1　试验台示意图

6.4　驱动系统

在试验台中，电机通过皮带驱动试验箱，皮带与变速箱输出轴连接带动变速箱旋转。试验中通过液力系统推动拨叉导轨 L 旋转，进而使换挡拨叉推动同步器工作，完成同步器的变速换挡。电机采用带有变频器的三相异步电动机，额定功率 7.5 kW，额定转速 3000 r/min。

6.5　试验油循环系统

试验油加热器系统可以加热试验油温度最高至 120℃±5℃，并在试验过程中控制温度，保持恒定温度。试验油循环系统总容积为 8 L。试验箱上方安装喷嘴，采用喷淋润滑方式对同步器进行润滑。试验油流量调节范围为 2 L/min～9 L/min。

6.6　换挡液力驱动系统

变速箱换挡是靠液力系统施加到换挡机构来实现的。

6.7　仪器仪表

传感器和显示器能够监控如下参数：
——试验油温度；

——轴向力；
——摩擦系数；
——摩擦扭矩；
——转速差；
——滑行时间；
——换挡时间；
——试验油流量；
——换挡循环次数。

6.8 热电偶的位置

试验油温度可用热电偶或常规显示设备测量。试验台架在试验油储罐中设置了测量点，位置在试验油储罐上端盖沿着中心线处，钻孔安装热电偶，热电偶插入试验油深度 200 mm，测量试验油储罐温度。

7 试剂和材料

7.1 试验油

完成一次试验大约需要 15 L 试验油。

7.2 清洗溶剂

用满足 GB 1922—2006 的 2 号溶剂油清洗试验件、试验箱和试验油循环系统。

8 试验台架的准备

8.1 零件清洗

8.1.1 试验件

用溶剂油彻底清洗试验件和部件上的油泥、漆膜、沉积物等，并吹干。

注：AUDI B80 滑套试验前需要清洗，试验前黄铜同步环不应清洗。

8.1.2 试验台

放出润滑油，清洗润滑油循环单元，使用干净不起毛的软布擦洗润滑油箱，包括齿轮等。

8.1.3 润滑油储罐、润滑油循环系统清洗

用溶剂油清洗试验油储罐、试验油循环系统，并吹干。

8.2 同步环和滑套高度差测量

8.2.1 用手安装同步器组成，放在准备好的水平桌子上，测量、记录同步器滑套的侧面和同步环之间的轴向间隙，即高度差，单位为毫米。

8.2.2 将滑动套拿在一只手上，同步环拿在另一只手上。

8.2.3 将同步环压入滑套，轻轻地转动。

8.2.4 确定同步环与滑套之间的高度差，在同步环的外表面上取三个点测量，取同步环轴向方向的三

个点测量的算术平均值（*pos*），见图 2。

$$pos=\frac{\sum_{i=1} pos_i}{3}$$

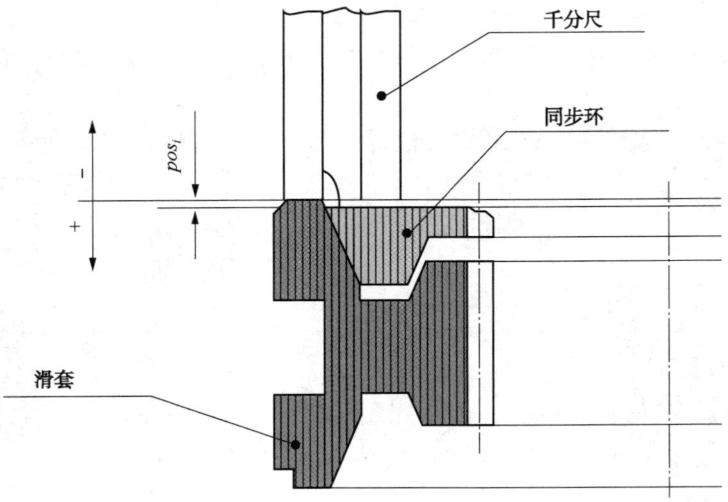

pos——算术平均值。

图 2　高度差测量位置示意图

8.3　装配

8.3.1　同步器总成

在装配过程中用试验油预润滑同步环和滑套部件，同步器总成见附录 C。试验使用的零件见表 2。

表 2　AUDI B80-铜制同步器部件及编号列表

部　　件	编　　号	
第一速齿轮	AUDI 零件号	012311257B
第二速齿轮	AUDI 零件号	012311271D
同步环	AUDI 零件号	012311247E
滑动套	AUDI 零件号	012311255A
弹簧	AUDI 零件号	012311311E

8.3.2　同步器总成夹具

在试验箱中分别安装 A 面和 B 面同步器夹具，见图 3。

图 3　同步器夹具安装位置

8.3.3　储油罐

将储油罐中加入 7 L 试验油，并连接储油罐和试验箱之间的输油管线。

8.3.4　转动惯量飞轮盘

安装转动惯量为 0.04 kg·m^2 飞轮盘。

8.3.5　试验箱侧盖和上盖

安装试验箱侧盖和上盖，拧紧螺丝。

8.3.6　调节接触开关

正确识别终端位置，确定螺钉与接触开关之间的距离 0.5 mm~1.0 mm，见图 4。

单位为毫米

图4　调节接触开关

8.3.7　同步器A面和B面电子限位

调节电子限位使轴向力显示小于15N。

9　台架标定

9.1　试验台架的标定周期

为保证试验的一致性和苛刻度水平，在以下情况下应对试验台架进行标定：
——新建立的试验台架，应进行标定；
——非参比油试验次数累计达 20 次，需要对试验台架进行标定。

9.2　标定参比油 CEC RL115

CEC RL115 号参比油试验结果范围：平均磨损率约为 17.6 μm。

9.3　仪表标定

9.3.1　温度传感器至少 2 年标定 1 次。
9.3.2　其他各类传感器和测量通道至少每年标定 1 次。

10　试验步骤

10.1　清洗试验台

10.1.1　将试验件安装到试验箱内。
10.1.2　加入 2 L 试验油。
10.1.3　确认安装正确的飞轮盘，0.04 kg · m^2。
10.1.4　开启试验油循环泵，使用试验油冲洗试验台，运行时间约 5 min。
10.1.5　完成冲洗后放空清洗油。

10.2　磨合

10.2.1　加入试验油到工作面，约需 7 L。
10.2.2　设置循环时间为 4 s。
10.2.3　设置同步转速差为 550 r · min^{-1}。
10.2.4　设置轴向力 450 N。
10.2.5　加热试验油至 80℃后启动试验台，然后运转 50 个循环。
10.2.6　停机。

10.3　耐久性试验条件

耐久性试验程序，具体试验条件见表 3。测量精度，见附录 D。ZF BK117 HS45 同步器试验推荐条件，见附录 E。

10.3.1　耐久性试验程序

10.3.1.1　试验油加热至 80℃后，设置电机速度到试验速度，启动试验台。
10.3.1.2　增加轴向力到试验负荷，见表 3。试验台测控参数，见附录 F。
10.3.1.3　同步器发生重复换挡失效（撞击）或最大 100000 次循环时完成试验。
10.3.1.4　每天至少两次检查试验条件的稳定性，如果必要试验条件可以重新设置。
10.3.1.5　在下列循环次数时记录轴向力、摩擦系数、摩擦扭矩、转速差、滑动时间、温度等试验参

数：10，50，100，500，1000，2000，3000，4000 等，直到试验结束。

10.3.1.6 如果由于换挡失效停止试验，需要重新启动试验进行再次确认。

10.3.1.7 如果少量的循环后发生换挡失效，至多发生 3 次换挡失效，那么试验结束。

10.3.1.8 重复试验用同样的试验条件和新的试验件。

10.3.1.9 如果同一油品两个试验结果处于其平均值±25%的范围之外，那么要求进行第三次试验。

表 3 AUDI B80 同步器耐久性试验条件

项　　目	试验条件
转速差/（$r \cdot min^{-1}$）	1100±50（滑动速度 5.3 m/s）
轴向力/N	720±25（接触压力 3.0 N/mm^2）
轴向力的增加量（110ms 之内）/%　　不小于	110
摩擦损失/（$J \cdot mm^{-2}$）	0.13
转动惯量/（$kg \cdot m^2$）	0.04
循环时间/s	4.5±0.5
试验油流量/（$L \cdot min^{-1}$）	5±0.5
试验油温度/℃	80±5
试验结束	发生重复换挡失效（撞击）或最大 100000 次循环

10.4 停机和维护

10.4.1 正常停机

直接从运行条件停止试验。

10.4.2 紧急停机

当不能执行正常停机程序时，采取紧急停机。

10.4.3 维护

试验台组件需要修理时进行维护。

10.4.4 总停机时间和停机次数的限制未作具体要求。记录每次停机时间和原因。

10.5 试验结束

10.5.1 试验程序结束后，运行正常停机程序，自动关闭运转电机。

10.5.2 同步器发生换挡失效（撞击）或完成了预设循环次数，终止试验。

10.5.3 试验结束后拆卸试验件进行轴向磨损测量。

11 计算和评分

11.1 同步环和滑套高度差（轴向磨损）的测量

11.1.1 用手安装同步器组成，放在准备好的水平桌子上，测量、记录同步器滑套侧面和同步环之间的轴向间隙，即高度差。试验件授权书，见附录 G。

11.1.2 一只手拿滑动套，另一只手拿同步环，将同步环压入滑动套，轻轻地转动。

11.1.3　确定同步环与滑动套之间的高度差，在同步环的外表面上取三个点测量，取同步环轴向方向的三个点测量的平均值，见图 2。

11.1.4　确定试验期间发生的轴向磨损，轴向磨损是试验前后轴向位置之间的差值。

11.2　轴向磨损率计算

试验件的改变会引起高度差不同，导致失效循环次数的变化，按式（1）计算磨损率结果。

$$a = (b/n) \times 1000 \quad (1)$$

式中：

a——磨损率，单位为微米（μm）；

b——轴向磨损，单位为毫米（mm）；

n——循环次数，单位为次。

12　结果报告

试验报告格式，参见附录 H。

13　精密度和偏差

13.1　精密度

按下述规定判断试验结果的可靠性（95%的置信水平）。

13.1.1　重复性（*r*）

同一实验室的同一操作者，使用同一仪器，对同一试样重复测定所得的两个试验结果之差不应超过表 4 中规定的数值。

13.1.2　再现性（*R*）

不同操作者，在不同实验室，使用不同的仪器，按照相同的方法，对同一试样分别进行测定得到的两个单一、独立的试验结果之差应不超过表 4 中规定的数值。

表 4　精密度

RL 115 参比油	平均值	重复性 r	再现性 R
磨损率/μm	17.6	8.8	8.8

13.2　偏差

本标准尚未确定偏差。

附 录 A
(资料性附录)
本标准章条编号与 CEC L-66-99 (2014) 章条编号对照

A.1 表 A.1 给出了本标准章条编号与 CEC L-66-99（2014）章条编号对照一览表。

表 A.1 本标准章条编号与 CEC L-66-99 (2014) 章条编号对照表

本标准章条编号	对应的 CEC L-66-99（2014）章条编号
1	02.2
2	—
3	—
4	02.2
5	02.2
6	04
6.1	04.3
6.2~6.8	04.1
7	10
7.1	10.3
7.2	06.1.1
8	06
8.1	06.1.1 和 06.2.1
8.2	06.1.2
8.3	02.4.1 和 04.2
9	05
9.1	—
9.2	11.1
9.3	—
10	07
10.1~10.4	07.1~07.4
10.5	—
10.6	—
11	08
12	09
13	11
13.1	11.1
13.2	—
附录 A	—

表 A.1　本标准章条编号与 CEC L-66-99（2014）章条编号对照表（续）

本标准章条编号	对应的 CEC L-66-99（2014）章条编号
附录 B	03
附录 C	02.4
附录 D	05.1
附录 E	07.4.2
附录 F	04.3
附录 G	附件 2
附录 H	附件 1 和附件 2
注：表中的章条编号以外的本标准的其他章条编号与 CEC L-66-99（2014）的章条编号均相同且内容相对应。	

附　录　B
(规范性附录)
安全防护措施

B.1　同步器台架试验具有一定的危险性，实验室应制定有关的安全操作规程，采取有效的安全措施，避免造成人体伤害和设备损坏。因此，建议只有对同步器试验有经验或经过培训的人员，才能从事同步器台架的安装和操作。

B.2　试验台架的所有传动和发热部件应加防护罩。裸露的同步器台架传动件和连接轴周围要加防护罩。正确安装试验油管线，电源线接地并保持良好的秩序，要经常进行检查和维修。

B.3　试验台架周围禁放障碍物、试验油和燃油等物品。在试验过程中，操作人员要时刻注意试验油可能发生的泄漏现象。以清洗为目的使用易燃溶剂时，应遵守正常的预防措施。

B.4　工作人员在试验台旁工作时，应佩戴安全口罩、眼镜并进行听力保护。在运转的同步器试验台架旁，操作人员不允许留长发，应穿紧身工作服装。电机运转时，工作人员应小心远离电机和传动系统工作。

B.5　在发生如下情况时，联锁装置应能自动停机：电机电源短路、电机超速和试验台震动过大等。联锁装置应包含一个切断电源供给的方法。

B.6　实验室配备干式灭火设备。

B.7　采用其他安全措施的法律、法规。

附　录　C
(规范性附录)
同步器试验总成及采购信息

C.1　基本信息

试验台滑套和适配器可从试验台制造商或德国慕尼黑工业大学获得。

C.2　AUDI (奥迪) B80-铜制乘用车同步器总成

AUDI B80-铜制同步器总成，见表 C.1。

表 C.1　AUDI B80-铜制同步器总成列表

部　件	零件编号	
第一速齿轮	AUDI 零件号	012311257B
第二速齿轮	AUDI 零件号	012311271D
同步环	AUDI 零件号	012311247E
滑动套	AUDI 零件号	012311255A
弹簧	AUDI 零件号	012311311E

C.3　ZF (采埃孚) BK117 HS45 商用车同步器总成

ZF BK 17-HS45 同步器总成，见表 C.2。

表 C.2　ZF BK117 HS45 同步器总成列表

部　件	零件编号	
离合器壳体	ZF 零件号	1315304124
同步器	ZF 零件号	1315304123
压力片	ZF 零件号	1297304436
同步弹簧	ZF 零件号	1315304122
滑动套	ZF 零件号	1304304664
弹簧	ZF 零件号	0732040409

C.4　DC (戴姆勒克莱斯勒) AK177-钼制商用车同步器总成

DC AK177-钼制同步器总成，见表 C.3。

表 C.3 DC AK177-钼制同步器总成列表

部　件	零件编号	
离合器壳体	DC 零件号	3892625434
同步器	DC 零件号	3892622735
同步弹簧	DC 零件号	3892620637
滑动套	DC 零件号	9452620323
弹簧	DC 零件号	3872621093

附　录　D
（规范性附录）
测量精度

D.1　测量精度级别 A：测量仪器通用的有效技术。

D.2　测量精度级别 B：能够接受低级别的测量仪器的精度。

表 D.1　测量精度

参数	范围	精度要求
电机转速/（$r \cdot min^{-1}$）	0~5000	10（A）
轴向力/N	0~4000	40+1%（A）
扭矩/（N·m）	0~400	4+1%（A）
温度/℃	10~150	2.5（B）
试验油流量/（$L \cdot min^{-1}$）	0~7	1（A）
注：1%为读数值的±1%。		

附　录　E
(规范性附录)
ZF BK117 HS45 同步器试验推荐条件

E.1　ZF BK117 HS45 同步器磨合

E.1.1　加入试验油到工作面，约需 7 L。
E.1.2　设置循环时间为 6 s。
E.1.3　确认正确安装 ZF BK117 的油嘴。
E.1.4　设置同步转速差为 800 r/min。
E.1.5　设置轴向力 885 N。
E.1.6　加热润滑油后启动试验台，然后运转 100 个循环。
E.1.7　停止试验台。

E.2　ZF BK 117 HS45 同步器耐久性试验条件

表 E.1　ZF BK 117 HS45 同步器耐久性试验条件

参数		试验条件
转速差/（$r \cdot min^{-1}$）		1600±50（滑动速度 9.8 m/s）
轴向力/N		1765±25（接触压力 4.0 N/mm^2）
轴向力的增加量（0.1s 之内）/%	不小于	80
摩擦损失/（$J \cdot mm^{-2}$）		0.47
转动惯量/（$kg \cdot m^2$）		0.12
循环时间/s		6±0.5
试验油流量/（$L \cdot min^{-1}$）		5±0.5
试验油温度/℃		80±5
试验结束		发生重复换挡失效（撞击）或最大 100000 次循环

附 录 F
(资料性附录)
试验台测控参数

F.1 试验台测控参数，见下表 F.1。

表 F.1 试验台测控参数

参 数	位 置	范 围	精 度
试验油温度/℃	位置在加热器内侧的润滑油箱中	10~120	B
输入轴转速/（r·min^{-1}）	在试验台体上	0~3000	A
换挡力/N	在试验台体上	-4000~4000	A
轴向力/N	在试验台体上	0~4000	A
摩擦扭矩/（N·m）	在试验台体上	0~400	A
换挡位移/mm	在试验台体上	-25~25	0.1
循环次数/次	在试验台的控制面板处	1~999999	+/-1
换挡时间/s	在试验台的控制面板处	1~99	1s

附 录 G
(资料性附录)
试验件授权书

G.1 试验件授权书，见表 G.1。

表 G.1 试验件授权书

1	试验台	名称：	
2	试验	名称：	
3	试验件说明	□Audi B80	
4	摩擦材料—环		锥面
5	锥平均半径	r_m = mm	
6	总摩擦面	A_N = mm	
7	锥角度=		
8	减速边=*A*	标识—A 环	锥 A
9	加速边=*B*	标识—B 环	锥 B
10	批次：		
11	交付日期：		
12	日期：	签名：	

附　录　H
（资料性附录）
试验结果报告

送样单位：________________

油样名称：________________

试验编号：________________

试验日期：________________

试验方法：________________

试验时间：________________

试验单位：________________

单位：××××

H.1 试验方法简介

手动变速箱油同步啮合器耐久性试验用于评定手动变速箱油同步啮合耐久性的性能。

将同步器总成安装在试验台架的试验箱内，然后进行 1 次试验油冲洗，完成冲洗后加入试验油，开始进行同步器耐久性试验。

试验结束后，通过同步器换挡次数和测量同步器总成的磨损率评价变速箱油的性能。

试验采用 AUDI B80 同步器，在 FZG SSP-180 同步器试验台上进行试验。

H.2 试验条件

1	**试验件**		
	减速边 = A	标识—A 环：A	锥 A：A
	加速边 = B	标识—B 环：B	锥 B：B
2	**试验条件**		
	平均压力/（$N \cdot mm^{-2}$）	P_m =	
	轴向力/N	F_a =	
	最大滑动速度/（$m \cdot s^{-1}$）	$V_{g\,max}$ =	
	转速差/（$r \cdot min^{-1}$）	Δn =	
	摩擦损失/（$J \cdot mm^{-2}$）	PR =	
	转动惯量/（$kg \cdot m^2$）	I_{ref} =	
	循环时间/s	t_T =	
	试验油温度/℃	T_{oil} =	
	试验油流量/（$L \cdot min^{-1}$）	V_{oil} =	

H.3 试验件测量

1	**试验件说明**	□Audi B80		
2	**试验前测量**	**A 边**		**B 边**
			mm	mm
			mm	mm
			mm	mm
	同步环与滑套之间的平均高度差	S_{SOT} =	mm	mm
3	**试验后测量**	**A 边**		**B 边**
			mm	mm
			mm	mm
			mm	mm
	同步环与滑套之间的平均高度差	S_{EOT} =	mm	mm
4	轴向磨损（SOT-EOT）	S =	mm	mm
5	试验部件的典型特征：			

H.4 试验曲线图

H.4.1 绘制循环参数测量图：500 循环、耐久性寿命的一半和试验最后一个循环的曲线图。
H.4.2 绘制轴向力、摩擦扭矩、划伤位置（如果可得）和摩擦系数平均值、最小值的曲线图。

H.5 故障停机时间和维护记录

故障停机次数				
停机时间	停机日期	停机延续时间	停机原因	
			总停机小时数	

H.6 试验结果评价

1	换挡次数=		
2	换挡失效：	“A”	“B”
3	试验结束时的平均摩擦系数：	μ_{Avg}=	N/A
4	轴向磨损/mm	S=	
5	平均磨损率/μm		
6	试验期间发生的典型事件：		

日　　期：________
试验工程师：________
试验负责人：________
单位负责人：________

ICS 75.100
E 34

SH

中华人民共和国石油化工行业标准

NB/SH/T 0926—2016

内燃机油节能性能的评定 程序ⅥD法

Standard test method for measurement of effects of automotive engine oils on fuel economy of passenger cars and light-duty trucks in sequence ⅥD spark ignition engine

2016-12-05 发布 2017-05-01 实施

国家能源局 发布

目　　次

前　言

本标准按照 GB/T 1.1—2009 给出的规则起草。

本标准使用重新起草法修改采用美国试验与材料协会标准 ASTM D7589-15a《用程序ⅥD 火花点火式发动机测量乘用车和轻负荷卡车发动机油燃油经济性效果的标准试验方法》。

为了更适合我国国情，本标准在采用 ASTM D7589-15a 时进行了修改。本标准与 ASTM D7589-15a 的主要技术差异如下：

——引用标准采用我国现行国家标准和石化行业标准；

——增加了推荐的国内试验燃油典型数据。因完全采用原方法燃油规格，需进口大量燃油，不符合国情。因此，调制了与其接近的国产试验燃油。经过发动机台架参比油标定试验验证，能够满足试验要求；

——考虑到我国的实际应用情况，试验台架和发动机参比油标定试验改为前 3 个标定周期为非参比油试验时间累计达 1750h 或非参比油试验 10 次后标定 1 次。3 个标定周期以后的标定周期，非参比油试验时间累计达 1225h 或非参比油试验 7 次后标定 1 次。

本标准由中国石油化工集团公司提出。

本标准由全国石油产品和润滑剂标准化技术委员会石油燃料和润滑剂分技术委员会（SAC/TC280/SC1）归口。

本标准起草单位：中国石油天然气股份有限公司兰州润滑油研究开发中心、中国石油化工股份有限公司石油化工科学研究院。

本标准主要起草人：杨国峰、李文华、邢建强、谢惊春、金志良、刘顺涛、李少玉、卢文彤、林磊、冯振文、王彦海、张振华。

内燃机油节能性能的评定　程序ⅥD法

警告：本标准的应用可能涉及到某些有危险性的材料、操作和设备，但未对与此有关的所有安全问题都提出建议。因此，用户在使用本标准之前有责任制定相应的安全和防护措施（见附录A），并确定相关规章限制的适用性。

1　范围

本标准规定了乘用汽车和轻负荷卡车汽油机油燃油经济性的评定方法。

本标准适用于GF-5级汽油机油燃油经济性的评定。

2　规范性引用文件

下列文件对于本文件的应用是必不可少的。凡是注日期的引用文件，仅所注日期的版本适用于本文件。凡是不注日期的引用文件，其最新版本（包括所有的修改单）适用于本文件。

GB/T 265　石油产品运动黏度测定法和动力黏度计算法

GB 1922—2006　油漆及清洗用溶剂油

GB/T 5096　石油产品铜片腐蚀试验法

GB/T 5487　汽油辛烷值的测定　研究法

GB/T 6536　石油产品常压蒸馏特性测定法

GB/T 8017　石油产品蒸气压的测定　雷德法

GB/T 8018　汽油氧化安定性的测定　诱导期法

GB/T 8019　燃料胶质含量的测定　喷射蒸发法

GB/T 8020　汽油铅含量的测定　原子吸收光谱法

GB/T 11132　液体石油产品烃类的测定　荧光指示剂吸附法

GB/T 17476　使用过的润滑油中添加剂元素、磨损金属和污染物以及基础油中某些元素测定法（电感耦合等离子体发射光谱法）

GB/T 17754—2012　摩擦学术语

SH/T 0020　汽油中磷含量测定法（分光光度法）

SH/T 0604　原油和石油产品密度测定法（U型振动管法）

SH/T 0656　石油产品及润滑剂中碳、氢、氮测定法（元素分析仪法）

SH/T 0689　轻质烃及发动机燃料和其他油品的总硫含量测定法（紫外荧光法）

ASTM D4485　发动机油性能标准规范（Standard specification for performance of active API service category engine oils）

3　术语和定义、缩略语

下列术语和定义、缩略语适用于本文件。

3.1　术语和定义

3.1.1

空燃比　air-fuel ratio

进入发动机燃烧室混合气中的空气和燃油的质量比。

3.1.2

窜气　blowby

从发动机燃烧室窜入曲轴箱的燃烧产物和未燃烧的燃油与空气的混合气。

3.1.3

磨合　running in

为消除新摩擦副运转初期摩擦系数和磨损率具有的暂态特征，采用一组特定的摩擦工况参数进行操作，以改善该系统的摩擦学行为的技术。

[GB/T 17754—2012，定义 5.17 条]

3.1.4

校准　calibrate

确认发动机台架是否处于正常状态。

3.1.5

校机油　calibration oil

用来确认发动机台架是否处于正常状态的标准油。

3.1.6

发动机油　engine oil

发动机内起到减小摩擦磨损，降低活塞温度，密封活塞环作用的液体。

3.1.7

燃油经济性　fuel economy

在发动机中的汽油工作效能。

3.1.8

润滑剂　lubricant

加入到相对运动表面之间，用于减小摩擦和控制磨损的易剪切物质。

[GB/T 17754—2012，定义 6.48 条]

3.1.9

非参比油　non-reference oil

除参比油外的润滑油。

3.1.10

非标准试验　non-standard test

不是在标准方法下进行的试验；例如，在非标定台架下运行、使用不同的试验设备、应用不同的设备组装程序或使用修改的试验程序。

3.1.11

参比油　reference oil

已知其性能特性的润滑油，用于标定试验台架时作为比较的基准。

3.1.12

试验油　test oil

使用标准评价的润滑油。

3.1.13

试验开始　test start

将试验油加入发动机视为试验开始。

3.1.14

老化试验油　aged test oil

试验前在发动机中按照规定状态和规定的时间被检验的发动机油。

3.1.15

老化　aging

在规定的发动机上按照规定的时间和工作状态进行规定时间的试验。

3.1.16

中心零件销售商　central parts distributor（CPD）

为本试验提供关键零件的销售商。

3.1.17

发动机小时数　engine hours

发动机安装后点火并带有功率运转的累计时间。

注：在不同试验台中发动机小时数包含任何累计的时间（包含磨合时间）。

3.1.18

冲洗油　flush oil

简称FO油，具有较高含量清净剂的汽油机油，用作冲洗清除发动机中的残留物。

3.1.19

冲洗　flush

在新的试验开始前，发动机冲洗油在规定的工作状态下运行一定时间，用来减小前次试验油的影响和清除残渣。

3.1.20

不停机冲洗　flying flush

在不停机的情况下进行发动机冲洗。

3.1.21

停止试验计时　off test time

试验在非预定的试验条件下运行的时间（即停止试验的时间），但不需要关闭发动机。

3.1.22

基准油　baseline oil

简称BL油，为黏度级别SAE20W-30的汽油机油，用作试验油进行燃油节油率比较的基准。

3.2 缩略语

AFR：空燃比

BLB1：基准油第一次试验

BLB2：基准油第二次试验

BLB3：基准油第三次试验

BSFC：燃油比消耗

FSO：满刻度输出

NPT：美国国家管螺纹

4 方法概要

4.1 将排量3.6 L的发动机安装到可控转速、扭矩和其他操作参数的试验台架上。

4.2 试验方法的测试阶段需要测量六个规定的转速、扭矩和温度稳定工况的燃油比消耗（BSFC），

试验包括连续 2 次基准油（BL 油）、试验油和重复 BL 油的测量过程，试验总时间约 155 h。

4.3 老化试验油直接与 SAE 20W-30 程序ⅥD 的 BL 油比较，BL 油在试验油前和试验油后运行。当从试验油转换到 BL 油时，期间需要使用冲洗油（FO 油）进行冲洗，冲洗的目的是清除发动机中的残留物，以尽量减少来自之前用过试验油的影响。

4.4 试验结果用相对于 BL 油的燃油经济性改进百分率表示。

5 方法应用

5.1 本试验方法在可重复的实验室环境下，可评定汽油机油的节能性能，在最新修订的 ASTM D4485 标准规格要求中进行了详述。试验油节能性能通过与 BL 油比较得出，其中 BL 油采用的是 SAE 20W-30 黏度级别的汽油机油。

5.2 试验将试验油与 BL 油相比较而不是将两个试验油进行比较，评定汽油机油的节能性能。

5.3 当全部试验条件满足本试验方法要求时，可用于发动机油的规格认证、油品开发和市场检测。

6 试验设备

6.1 概要：对试验台架相关硬件作出规定。例如，要求使用规定的水泵，阀门，热交换器，加热器和管道等部件，详见附录 B。

6.2 试验发动机配置：试验发动机为 3.6L 排量的 LY7 通用发动机。在试验台架上安装发动机，使发动机前端高于后端，使飞轮摩擦面从垂直方向看在 3.0°±0.5°之内。发动机到测功机之间的传动轴角度在 1.5°±0.5°之间。传动轴与水平面间的角度在 0°±0.5°之内。

6.3 实验室环境条件：实验室中的空气应保持清洁、无灰尘和其他污染物。禁止风扇或送风系统的空气直接吹到发动机上。

6.4 发动机转速和扭矩控制：测功机转速和负荷控制系统应能满足本标准规定的试验条件，见表 1～表 4。程序ⅥD 台架通过电子油门和测功机控制扭矩的闭环控制系统来保持转速。

表 1 程序ⅥD 新发动机磨合循环

参数	循环	
	A	B
每个循环持续时间/min	4	1
从 B 循环到 A 循环时间/s		15
从 A 循环到 B 循环时间/s	15	
转速/($r \cdot min^{-1}$)	1500±50	3500±50
功率/kW	6.0	16.5
扭矩/(N·m)	38.00±5	45.00±5
主油道油温/℃	80±2	80±2
冷却液进口温度/℃	80±2	80±5
冷却液流量/($L \cdot min^{-1}$)	80±5	80±5
进气温度和湿度	不要求	
排气背压/kPa	4	不要求
空燃比（AFR）	记录	不要求
到燃油轨处压力/kPa	405±10	405±10
到燃油轨处温度/℃	22±2	22±2
燃油流量/($kg \cdot h^{-1}$)	不要求	不要求
(BSFC)/[$kg \cdot (kW \cdot h)^{-1}$]	不要求	不要求

表 2　程序ⅥD 测量阶段试验运行条件

参数[a]	阶段 1	阶段 2	阶段 3	阶段 4	阶段 5	阶段 6
转速/(r·min^{-1})	2000±5	2000±5	1500±5	695±5	695±5	695±5
负荷/(N·m)	105.0±0.1	105.0±0.1	105.0±0.1	20.0±0.1	20.0±0.1	40.0±0.1
功率/kW	22.0	22.0	16.5	1.5	1.5	2.9
主油道油温/℃	115±2	65±2	115±2	115±2	35±2	115±2
冷却液进口温度/℃	109±2	65±2	109±2	109±2	35±2	109±2
稳定时间[b]/min	60	60	60	60	60	60

[a] 控制参数目标应该在标准范围中间。

[b] 从温度设定点开始调整到具体标准值开始计算时间。

表 3　程序ⅥD 试验运行条件—全部阶段

参数[a]	运行条件
机油循环温度/℃	记录
冷却液出口温度/℃	记录
进气温度[b]/℃	29±2
燃油到燃油流量计处温度[c]/℃	20～32（从最大阶段平均差值读数≤4）
燃油到燃油轨处温度[b]/℃	22±2
负载池温差温度[c]/℃	从最大阶段平均差值读数≤12
机油加热器最大温度/℃	205
进气压力/kPa	0.05±0.02
燃油到燃油流量计处压力/kPa	110±10
燃油到燃油轨处压力/kPa	405±10
进气歧管压力（绝压）/kPa	记录
排气背压/kPa	阶段 1～3=4.00±0.17/阶段 4～6=3.00±0.17
发动机油压力/kPa	记录
曲轴箱压力/kPa	0.0±0.25
发动机冷却液流量/(L·min^{-1})	80±4
燃油流量[b]/(kg·h^{-1})	记录
湿度，进气，干燥的空气/(g·kg^{-1})	11.4±0.8
空燃比	（14.00∶1）～（15.00∶1）
空燃比[c]	从最大阶段平均差值读数≤0.50

[a] 控制参数目标应该在标准范围中间。

[b] 关键测量和控制参数。

[c] 在整个试验阶段的最高平均读数和各个阶段的平均读数之间的差异。

表 4　程序ⅥD 试验运行参数—冲洗阶段和老化阶段

参数[a]	冲洗阶段	老化阶段Ⅰ和老化阶段Ⅱ
转速/($r \cdot min^{-1}$)	1500±5	2250±5
扭矩/(N·m)	70±0.1	110±0.1
主油道油温/℃	115±2	120±2
冷却液进口温度/℃	109±2	110±2
机油循环温度/℃	记录	记录
冷却液出口温度/℃	记录	记录
进气温度/℃	29±2	29±2
燃油到燃油流量计处温度[b]/℃	20~32	20~32
燃油到燃油轨处温度/℃	22±2	22±2
进气压力/kPa	0.05±0.02	0.05±0.02
燃油到燃油流量计处压力/kPa	110±10	110±10
燃油到燃油轨处压力/kPa	405±10	405±10
进气歧管压力（绝压）/kPa	记录	记录
排气背压/kPa	4±0.20	4±0.20
发动机油压力/kPa	记录	记录
发动机冷却液/($L \cdot min^{-1}$)	80±4	80±4
燃油流量/($kg \cdot h^{-1}$)	记录	记录
湿度，进气	记录	记录
干燥度空气/($g \cdot kg^{-1}$)	11.4±0.8	11.4±0.8
空燃比	（14.00∶1）~（15.00∶1）	（14.00∶1）~（15.00∶1）
曲轴箱压力	不要求	0.0±0.25

[a] 控制参数目标应该在标准范围中间。
[b] ±3℃范围内。

6.4.1　测功机：使用 Midwest 或 Eaton 功率 37 kW，型号 758 的干式测功机。试验期间不允许更换测功机（参比油或非参比油）。如果在试验期间更换测功机，本次试验作废。

6.4.2　测功机扭矩：

6.4.2.1　测功机负载池：使用 0~45 kg 砝码测量测功机负载。测功机负载池需要具备下列特征：

a）良好的温度稳定性：零点≤0.001%满刻度输出（FSO）每度，并且量程范围≤0.001%满刻度输出（FSO）每度；

b）非线性≤0.05%满刻度输出（FSO）每度；

c）实验室（21℃~40℃）超出要求的温度范围需要温度补偿，Lebow 生产的型号为 3397 负载池经验证满足要求。

6.4.2.2　测功机负载池制动：不使用负载池制动。

6.4.2.3　测功机负载池温度控制：控制负载池温度使控制负载池内空气温度不随环境温度变化而变化，负载池内空气温度变化控制在 6℃之内。

6.4.2.4　测功机与发动机连接：使用万向节型连接轴对测功机和发动机进行连接。

6.5　发动机冷却系统：为了保持试验期间夹套冷却液温度和流量，使用外部发动机冷却系统，如图

B. 1～图 B. 5 所示。可替代的冷却系统，如图 B. 3 所示。本系统需要具备如下特征：

6.5.1 在冷却液储罐顶部安装加压的冷却液系统。控制系统压力在 70 kPa±10 kPa。安装一个压力帽或减压阀（PC-1 如图 B. 1～图 B. 3），使系统保持在要求压力范围之内。

6.5.2 冷却液泵系统应能达到 80 L/min±4 L/min 的流量。Gould' G&L 离心泵（P-1 如图 B. 1～图 B. 3），模型 NPE、尺寸 1ST、机械密封、功率 1.4914 kW、马达转速 3450r/min 的离心泵满足要求。马达的电压和相位可选择。

6.5.3 虽然冷却液系统体积未作具体规定，但是专门指定了某些冷却系统部件，如图 B. 1～图 B. 3。管线内径大小，如图 B. 1～图 B. 3 所示。

6.5.4 热交换器（HX-1 如图 B. 1）规定采用 ITT 公司生产的标准板式换热器，型号为 320-20，部件编号为 5-686-06-020-001 或 ITT 公司贝尔和 Gossett 板式换热器，模型 BP-75H-20，部件编号为 5-686-06-020-001。热交换器允许平行或反向流过。

6.5.4.1 经过验证可替换的热交换器：ITT 公司贝尔和 Gossett 板式换热器，模型为 BP-420-20，部件编号为 5-686-06-020-005 或 ITT 公司贝尔和 Gossett 板式换热器，模型为 BP-422-20，部件编号为 5-686-06-020-007。

6.5.4.2 可替换的冷却液循环系统（见图 B. 2 和图 B. 3）是模型为 BCF 5-030-06-048-001 的 ITT 公司贝尔或美国工业编号为 AA-1248-3-6SP 的热交换器。

6.5.5 专门规定了孔板（OP-1 如图 B. 1）。建议提供压降与热交换器 HX-1 提供压降相等。当使用可替换的冷却系统（见图 B. 2 和图 B. 3），不需要孔板（OP-1）。

6.5.6 在冷却液循环系统中加装另一个节流板（PE-103，如图 B. 1～图 B. 3）。该节流板为 Daniel 系列 30RT，1½美国国家管螺纹（NPT）。要求流量 80 L/min 时压降为 11.21 kPa±0.50 kPa。入口直径为出口直径的一倍，光滑部分没有增压泄压。按照要求的尺寸，边缘尺寸和管径一致。

6.5.7 安装冷却液流量控制阀（TCV-104，见图 B. 1 和图 B. 2）控制通过冷却液热交换器和旁通的冷却液流量。

6.5.7.1 使用 Badger Meter 型号为 9003TCW36SV3AxxL36 气动阀（气动关），或者型号为 9003TCW-36SV1AxxL36 的三向气动球形转向阀（气动开）。

6.5.7.2 使用 Badger Meter 型号为 9003TCW36SV3A29L36 气动阀（气动关），或者 CV 值 16 的型号 9003TCW36SV1A29L36 的气动阀（气动开）。

6.5.7.3 安装压力控制阀的目的是控制冷却液流过热交换器而不是热交换器的旁通。阀的气动开或气动关是可以选择的。

6.5.7.4 当使用可替代的冷却系统时不需控制阀（TCV-104），见图 B. 2 和图 B. 3。

6.5.8 为了控制冷却液流量在 80 L/min±4 L/min 范围内，（FCV-103，如图 B. 1～图 B. 3）需要控制阀。使用 Badger Meter 公司型号 9003GCW36SV3A29L36，双向、直径 50.8 mm，空气关闭阀。

6.5.9 使用 Viatran 型号为 274/374，Validyne 型号为 DP15，或 Rosemount 型号为 1151 的压力传感器（DPT-1）测量冷却液的流量。

6.5.10 使用编号为 OHT6D-005-1 的水泵板更换发动机水泵，如图 B. 4。

6.5.11 安装冷却储水罐，溢出容器和观察窗（如图 B. 1～图 B. 3 和图 B. 5）。这些项目的设计或模型是可选的。

6.5.12 如图 B. 2 和图 B. 3 所示，安装冷却液流量控制阀 TCV-101，控制通过热交换器 HX-1 的冷却水流量，使用 Badger Meter Inc. 公司的型号为 9001GCW36SV3Axxx36（气动关）或者 9001GCW36SV1Axxx36（气动开）的双向控制阀。

6.5.13 将 38.1 mm 标准管螺纹（NPT）玻璃观察管安装在主冷却液循环上（SG-1，如图 B. 1～图 B. 3），型号可选择。

6.5.14 冷却系统的硬管道，推荐使用黄铜，铜，镀锌或不锈钢材料。

6.5.15 冷却水、热水、冷冻水、工艺空气、发动机冷却液溢流和发动机冷却液传感器管所用的材料，由实验室自行选择配置。

6.5.16 加冷却液前，系统应该具有将冲洗水全部排出的能力（例如，低点排水）。

6.6 外部机油系统，如图 B.6～图 B.10。虽然所有系统都以某种方式相互连接，但是整个外部机油系统由两个独立的循环组成：（1）不停机换油系统，可以在发动机运行时进行换油；（2）为了控制机油温度的循环系统，发动机油底壳（OHT6D-001-1）应视为外部机油系统的一部分，如图 B.9 所示。尽量减小外部机油系统的体积，以及连接管线的长度和表面积，确保冲洗效果。

6.6.1 冲洗系统具有较高的扫线能力，不停机换油系统配有大功率抽油泵和一个 6.0L 的废油储存罐，当新油进入发动机时将废油抽入储存罐。油底壳装有浮子控制开关，确保新油进入量达到试验要求。

6.6.2 外循环温度控制系统通过比例控制阀控制流经加热器和冷却器的机油量，将机油温度控制在要求的范围内，系统对程序要求的四种主油道温度可快速的响应。当进行不停机换油时，将控制阀置于中间位置，避免外循环温度控制系统在换油时存油。在试验油老化阶段，仍保持适量的试验油流经机油冷却器。

6.6.3 本方法中除非要求强制使用含亚铜的材料，否则在任何的机油系统中不应使用含亚铜的材料（废油放油系统除外）。

6.6.4 不停机换油系统，应有下面特征（见图 B.6）。

6.6.4.1 抽油泵为威肯（Viking）475 系列的 H475M 紧耦合型齿轮泵。泵应是电子马达驱动，转速 1140 r/min～1150 r/min，最小功率 0.56 kW。电机的电压和相位可选择。

6.6.4.2 推荐使用三个储油罐，每个容积至少 19 L，分别存放 BL 油、FO 油和试验油。

6.6.4.3 每个机油储油罐装配一个搅拌器。

6.6.4.4 每个机油储油罐装配一个加热系统（带有适当的控制），具备加热机油温度在 93℃～107℃范围内的能力。

6.6.4.5 废油罐容积至少为 6.0L。

6.6.4.6 废油罐需要浮子开关（FLS-136，见图 B.8）。可选择浮子开关生产厂家和型号。带有观察液位，型号为 GEMS 系列的 OHT-6D001-04 高温浮子开关，经验证满足要求。

6.6.5 机油温度循环控制系统应具备下列特征：

6.6.5.1 包含油底壳至满刻度的机油系统总体积为 5.4 L。

6.6.5.2 使用正排量机油循环泵。4125 无减压阀系列，并专门规定基座型号的 G4125 威肯（Viking）循环泵满足要求。机油外循环泵应使用 V 型皮带传动或者直接传动。泵应是电子马达驱动，转速范围 1140 r/min～1150 r/min，最小功率 0.56 kW。

注：如果使用 V 型带传动，V 型皮带传动比为 1：1，使最终泵额定转速是 1150r/min。

6.6.5.3 使用 FCV-150A，FCV-150C，FCV-150D 和 FCV-150E 的电磁阀（见图 B.6）。

a）FCV—150F 和与其相连的管线可选；

b）FCV—150A 是宝德（Burkert）型号为 251 的柱塞式阀，配合使用型号为 312 的电磁阀（或宝德生产的型号为 2000 的柱塞式阀，配合使用型号为 311 或 330 的电磁阀），供给空气控制气动柱塞阀使电磁阀直接耦合柱塞阀，通常状态为关闭。接头使用 19.05 mm 管径的双向防爆、防水的标准管螺纹不锈钢接头；

c）FCV-150C 是 Burkert 生产的型号为 251 柱塞式阀，配合使用型号为 312 的电磁阀（或使用 Burkert 生产的型号为 2000 柱塞式阀，配合使用型号为 311、312 或 330 的电磁阀），供给空气控制气动柱塞阀使电磁阀直接耦合柱塞阀，通常状态开启。接头使用 12.70 mm（1/2 in）管径的双向防爆、防水的标准管螺纹不锈钢接头；

d）FCV-150D 和 FCV-150E 是 Burkert 生产的型号为 251 柱塞式阀，配合使用型号为 312 的电磁阀（或使用 Burkert 生产的型号为 2000 柱塞式阀，配合使用型号为 311、312 或 330 的电磁

阀），使用空气控制气动柱塞阀使电磁阀直接耦合柱塞阀，通常状态关闭。接头使用 12.70 mm 管径的双向防爆、防水的标准管螺纹不锈钢接头；

e）一个试验台上只能使用一种类型的 Burkert 生产的柱塞阀和电磁阀。

6.6.5.4 使用 TCV-144 控制阀（如图 B.6 所示）。该阀是 Badger Meter 公司生产的型号为 1002TBN36SVOSALN36 的三向球形阀，管径为 12.70 mm，气动开启。

6.6.5.5 使用 HX-6 热交换器冷却机油（如图 B.6 所示）。它为 ITT 公司生产的型号 310-20 或 ITT 公司 Bell&Gossett 生产的型号 BP-25-20（零件号为 5-686-04-020-001）的铜制板式热交换器。

注：ITT 公司和 ITT 公司 Bell&Gossett 生产的热交换器，新替代件模型是 BP410-20，零件号为 5-686-04-020-002。

6.6.5.6 使用 EH-5 电子加热器加热机油（如图 B.6 所示）。机油加热器元件浸入液态低熔点铅合金中并置于 Labeco 生产的加热器底座中。将 3000 W 功率的加热元件安装在 Labeco 生产的加热器底座中。推荐使用的加热元件如下：

a）带三元件 Incaloy 外壳 Chromolox 生产的零件号为 GIC-MTT-330XX，230V 单项的加热元件；

b）威格（Wiegland）实业公司/Chromolox，Emerson 生产的型号为 MTS-230A、零件号为 156-019136-014，240V 单项的加热元件。

6.6.5.7 外部机油加热器中要求安装热电偶以便监控温度。热电偶要求插入低熔点铅合金中，见图 B.7，插入深度为 245 mm±3 mm。不能超过最大温度 205℃。

6.6.5.8 更换加热元件程序，见附录 C。

6.6.5.9 在机油外循环系统中安装 2 个机油滤清器，滤清器 1 和滤清器 2（见图 B.6）。滤清器编号指定为 OHT6A-012-3，不锈钢滤芯过滤等级为 28μm，部件编号 OHT6A-013-2。将 1 个机油滤清器置于机油外循环泵出口后端，另一个置于发动机油泵与机油主油道入口前端。

6.6.5.10 使用改装后的机油滤清器总成，部件编号 OHT6D-003-1（见图 B.6）。

6.6.5.11 发动机油管线应使用不锈钢管线或弹性耐高温软管，如图 B.6。当外部机油系统使用弹性软管时（废油罐的连接管线除外），使用美国爱力克（Aeroquip）8 号（零件号 2807-8）或美国爱力克（Aeroquip）10 号（零件号 2807-10）弹性软管。

6.6.5.12 外部机油循环系统应使用隔热材料。

6.6.5.13 发动机油底壳要求使用编号 OHT6D-001-1 的油底壳。为了监控机油液位安装了可视玻璃管以判断机油耗。见 E.2 机油耗测量/标定说明。

6.7 燃油系统：典型的燃油供给系统如附录 B 中图 B.11 所示。燃油系统应包括燃油流量测量、燃油温度和压力控制设备，并保证燃油以规定的温度和压力进入发动机油轨。

6.7.1 在燃油流量计的出口和入口连接处至少保留 100 mm 的软管，将流量计与软管紧密连接。燃油供油管线从流量计出口至燃油油轨应为不锈钢管或汽油供油软管。燃油回油管的内径至少为 6.35 mm。

6.7.2 燃油流量计：要求整个试验过程对关键试验参数燃油流量进行测量。使用 Micro Motion 型号为 CMF010 质量流量计，编号为 RFT9739，2500MVD，2700MVD 或 1700MVD 的变送器。Micro Motion 传感器应在垂直或水平位置安装。

6.7.3 燃油流量计处燃油温度和压力控制：燃油在燃油流量计处的温度和压力值保持在表 1～表 4 范围内。为了保证试验精度不允许压力波动或燃油充气，需执行精确的燃油压力控制。燃油压力调节器应安装安全压力减压阀。

6.7.4 燃油油轨入口处温度和压力控制：燃油在燃油轨处的温度和压力值保持在表 1、表 3 和表 4 范围内。试验要求严格控制燃油油轨入口处燃油压力和温度。

6.7.5 燃油泵：实验室可以自行选择将燃油提供到流量计的供油方式，但是应保证到流量计的燃油满足压力和温度的要求。发动机平均燃油压力是 405 kPa。

6.7.6 燃油过滤：供给试验台架的燃油须过滤，以减少燃油喷射系统的故障。

6.8 发动机进气供给：要求发动机进气系统向进气空气滤清器提供 4.0 m^3/min 流量的空气。进气要求

控制温度、湿度和压力，要求见表1、表3和表4。进气湿度为11.4 g/kg±0.8 g/kg，进气温度为29℃±2℃，进气压力0.05 kPa±0.02 kPa。规定的发动机进气系统组件应视为实验室进气系统的一部分。

6.8.1 进气湿度：使用实验室的湿度测量系统对进气湿度进行测量。对于每一个正确的非标准气压条件下的读数。用式（1）计算进气湿度：

$$S = 621.98 \times [P_{sat} / (P_{bar} - P_{sat})] \quad (1)$$

式中：

S——湿度，单位为克每千克（g/kg）；

P_{sat}——饱和蒸气压，单位为毫米汞柱（mmHg）；

P_{bar}——大气压力，单位为毫米汞柱（mmHg）。

6.8.2 进气过滤：进气系统应对进入空气管道的空气提供水洗或过滤功能。使用任何的过滤装置应保证充足的进气流量，以便对进入发动机的空气压力进行控制。

6.8.3 进气压力泄压：在进气滤芯前段安装进气压力泄压装置。

6.9 温度测量：试验要求精确测量机油、冷却液和燃油温度。并且应采取保证温度测量准确的措施。

6.9.1 在测量范围内检查所有温度测量装置的准确性。尤其要保证机油主油道、进气管和燃油油轨处的热电偶温度测量准确。推荐使用Constanine生产的J型热偶，也可使用K型热偶或E型热偶。

6.9.2 所有热电偶（不包括机油加热器中的热电偶）都应是优级品，同时配有补偿线。热电偶直径为3.2 mm。未规定热偶长度，但是在任何情况下热偶尖端应插入流体的中部，热偶在外露出的部分不应超过50 mm。

6.9.3 Leeds、Northrup、Conax、Omega和Revere生产的热电偶经验证满足使用要求。

6.9.4 系统应具有将热电偶标定到±0.56℃的能力。

6.9.5 热偶位置：除特殊要求外，所有热电偶尖端应置于待测量流体的中部。

6.9.5.1 主油道入口温度：将热电偶插入改造过的机油滤清器座，使其尖端与滤清器座表面平齐并在流体中部。

6.9.5.2 机油循环温度：将测量机油循环温度的热电偶安装在油底壳后部的外循环系统回油接头上。

6.9.5.3 发动机冷却液入口温度：将热电偶尖端置于回流管弯头处的冷却液流体中部，距离OHT6D-005-1水泵适配器入口外侧不超过150 mm。

6.9.5.4 发动机冷却液出口温度：将热电偶尖端置于回流管弯头处的冷却液流体中部，距离出口不超过80 mm。

6.9.5.5 进气温度：热偶位于GM油门执行器前的塑料弯头处（见图B.12）。

6.9.5.6 燃油流量计处燃油温度：热电偶位于燃油流量计进口流体上部，长度在100 mm~500 mm范围内。

6.9.5.7 发动机燃油轨处燃油温度：将热电偶置于三通或十字接头的中部，距离燃油油轨进口中心点550 mm以内。

6.9.5.8 测功机负载池：将热电偶置于测功机负载池内。

6.10 空燃比（AFR）测定：通过空燃比分析仪测定发动机空燃比。

6.10.1 空燃比（AFR）分析仪应满足以下要求：

测量范围　　AFR：10~30，（H/C=1.85）

测量精度　　当AFR=14.7时，精度为±0.1（H/C=1.85；O/C=0.00）

空燃比分析仪传感器适用排气温度为-7℃~900℃。Horiba生产的型号为MEXA 700和ECM AFM1000的空燃比分析仪满足要求。

6.10.2 在排气系统指定位置安装空燃比分析仪传感元件（如图B.13所示）。

6.11 排气和排气背压系统如下：

6.11.1 排气歧管：使用铸铁排气歧管。左排气管零件号为12571102；右排气管零件号为福特

12571101。防热罩为通用编号 12617267 和 12580706，排气歧管组为 OHT 编号左#OHT6D-010-1 和右# OHT6D－009－1。排气歧管组可能需要改短，以便于安装实验室氧传感器，OHT 部件编号 OHT6D-047-1 将安装在排气歧管组第二个孔下游。堵住不用的孔洞。排气歧管组，如图 B. 14 和图 B. 15。

6. 11. 2　实验室排气系统：排气系统如图 B. 13 所示。部件可修改以便灵活移动的安装，但是所有部件按照安装顺序安装。排气系统下游部分由实验室进行设计和安装（见图 B. 13）。

6. 11. 3　排气背压：排气系统应该具有控制排气背压的能力，压力大小要求控制在表 1、表 3 和表 4 范围内。指定的排气背压传感器如图 B. 16 所示。在排气系统中规定的排气背压传感器位置，如图 B. 13。

6. 12　压力测量和压力传感器位置：试验方法规定了压力测量系统的精度和分辨率及详细的传感器安装位置。

6. 12. 1　压力测量点和传感器间的管线上安装冷凝器，当连接试验台架与仪表柜的测量管线经过较低位置且测量压力低时，这种预防措施尤其重要。压力传感器高度应尽量与测压点高度一致。

6. 12. 2　发动机油压力：测量主油道压力的测量点在机油滤清器座上，精度为 1%。

6. 12. 3　燃油到燃油流量计处压力—燃油流量计处压力测量点距燃油流量计入口处 5m 以内，要求精度为 3. 5 kPa。

6. 12. 4　燃油油轨处燃油压力：燃油油轨处燃油压力测量点距离燃油轨进口中心 235 mm±30 mm，要求精度为 3. 5 kPa。

6. 12. 5　排气背压：排气背压传感器测量点见图 B. 13。要求精度在满量程的 2%以内，分辨率为 25 Pa。

6. 12. 6　进气压力：进气压力测量点如图 B. 12。满量程时要求精度在 2%以内，分辨率为 5. 0 Pa。

6. 12. 7　进气歧管真空度/绝对压力：在节气门体底座上测量进气歧管真空度/绝对压力。满量程时要求精度在 1%以内，分辨率为 0. 68 kPa。

6. 12. 8　冷却液流动压差：见 6. 5. 9。

6. 12. 9　曲轴箱压力：曲轴箱压力测量点位置见附录 D。

6. 13　发动机硬件和相关设备：本部分主要介绍发动机及相关设备，需要购买、组装、制造和改造。无特殊说明的零件号为 GM 售后零件号。

6. 13. 1　试验发动机配置：试验发动机为通用 2009 款、排量 3. 6L（LY7，HFV6）、配置燃油喷射器，编号为 OHT6D-099-3 V-6 发动机。当上述发动机不能从 CPD 获得时，可接受使用 2008 款通用（LY7）OHT6D-099-01 和 2009 款通用（LY7）OHT6D-099-2 V-6 发动机作为试验单元。试验单元允许修改固定正时齿轮、凸轮位置执行器和冷却液系统孔板。

6. 13. 2　发动机控制单元 ECU（发动机控制单元）：使用专门修改的 ECU，部件编号 OHT6D-012-4 发动机控制模块。该模块用于控制发动机的点火和燃油供给。

6. 13. 3　恒温器/固定板：使用编号为 OHT6D0004-1 的固定板代替恒温器（见图 B. 5）。

6. 13. 4　线束：使用部件编号为 OHT6D-011-2 测功机线束，其中包括发动机测功机油门控制线束，部件编号 OHT3H-011-1。

6. 13. 5　油底壳：油底壳，部件编号 OHT6D-001-1。

6. 13. 6　发动机水泵适配器：部件编号 OHT6D-005-1。

6. 13. 7　恒温器挡板：部件编号 OHT6D-004-1。

6. 13. 8　机油滤清器座：部件编号 OHT6D-003-1。

6. 13. 9　修改的节气门总成：部件编号 OHT6D-050-1。

6. 13. 10　燃油轨：从通用部件经销商处购买，部件编号 12572886。为了连接实验室燃油供给系统，可以修改燃油轨进口连接头。

6. 14　发动机运行相关的其他设备：

6.14.1 从CPD处购买专用工具：

6.14.1.1 飞轮扭矩专用工具，从CPD处购买，部件编号OHT3H-002-1（见图B.18）。

6.14.1.2 平衡器力矩工具，从CPD购买，部件编号OHT3H-003-1（见图B.19）。

6.14.2 附加传感器和其他硬件可从CPD处购买：

6.14.2.1 空气流量传感器：从CPD购买，部件编号OHT6D-040-1。

6.14.2.2 燃油喷嘴：从CPD购买，部件编号OHT6D-042-1。

6.14.2.3 火花塞：从CPD购买，部件编号OHT6D-043-1。

6.14.2.4 曲轴位置传感器：从CPD购买，部件编号OHT6D-044-1。

6.14.2.5 凸轮轴位置传感器：从CPD购买，部件编号OHT6D-045-1。

6.14.2.6 爆震传感器：从CPD购买，部件编号OHT6D-046-1。

6.14.2.7 冷却液温度传感器：从CPD购买，部件编号OHT6D-048-1。

7 试剂和材料

7.1 发动机油

7.1.1 BL油用于新发动机磨合和作为基准参比油用于试验油的评价。黏度级别SAE 20W-30，每次试验需要约49L。

7.1.2 FO油是一种特殊冲洗油（增加溶解性能的BL油），每次试验需要约11L。

7.2 试验燃油

7.2.1 使用汽油的技术指标见表5。

警告：危险！极易燃烧。吸入蒸汽有害健康。蒸汽可促使急剧燃烧（见附录A）。

表5 程序ⅥD试验燃油规格

项目		质量指标	国产燃油典型数据	试验方法
辛烷值（研究法）	不小于	96	98	GB/T 5487
铅含量/($mg \cdot L^{-1}$)	不大于	0.01	0.008	GB/T 8020
辛烷值敏感度	不小于	7.5	9.1	
馏程/℃				GB/T 6536
初馏点		23.9~35	34.8	
10%蒸馏温度		48.9~57.2	55.7	
50%蒸馏温度		93.3~110	101.3	
90%蒸馏温度		148.9~162.8	156.0	
终馏点	不大于	212.8	184.6	
雷德蒸气压（RVP）/kPa		60~63.4	48.8	GB/T 8017
硫含量（质量分数）/%		0.003~0.015	0.009	SH/T 0689
磷含量/($mg \cdot L^{-1}$)	不大于	1.32	1.2	SH/T 0020
烃类组成（体积分数）/%				GB/T 11132
芳烃含量		26~32.5	32	
烯烃含量	不大于	10	9.7	
饱和烃含量		报告	58.3	

表 5 程序ⅥD 试验燃油规格（续）

项目		质量指标	国产燃油典型数据	试验方法
铜片腐蚀（50℃、3h）/级	不大于	1	1a	GB/T 5096
溶剂洗胶质含量/(mg·100mL^{-1})	不大于	5	1	GB/T 8019
氧化安定性/min	不小于	240	865	GB/T8018
碳含量（质量分数）/%		报告	86.41	SH/T 0656
氢含量（质量分数）/%		报告	13.47	SH/T 0656
密度（20℃）/(g·cm^{-3})		0.734~0.744	0.742	SH/T 0604

7.2.2 保证所有用于存储燃油的油罐在装燃料油前是清洁的。

7.2.3 燃油批次：运行一次完整的试验应使用同一批次燃油。

7.3 发动机冷却液

使用通用（GM）Dex-Cool 的 100%防冻液或其他同等性能的防冻液。

7.4 清洗溶剂

用满足 GB 1922—2006 中的 2 号溶剂油作为清洗溶剂。

8 试验装置的准备

8.1 试验发动机台架和硬件按照第 6 章的要求进行安装。

8.2 试验台的准备

8.2.1 仪器准备：执行温度测量系统、测功机扭矩测量系统、燃油流量测量系统、压力测量系统和机油满刻度的标定。机油满刻度标定，见附录 E。

8.2.2 外部机油系统清洗：每次安装新的发动机使用清洗剂清洗整个外部机油系统。

8.2.3 排气背压传感器更换：排气背压传感器在破裂、变形前可以继续使用。安装传感器前应清洗传感器和全部孔外表面，检查传感器可能的内部堵塞，然后在排气管上重新安装传感器。不锈钢传感器一般可以使用多次试验，中碳钢传感器易于损坏在较少次数试验后需要更换。

8.2.4 空燃比（AFR）传感器更换：检查 AFR 传感器，如损坏应进行更换。

8.2.5 软管更换：检查所有软管并更换损坏的软管。检查软管是否存在内壁分离，如果发生内壁分离会妨碍流体的流动。

8.2.6 其他试验前设备检查维护内容见附录 F。

9 试验发动机的准备

9.1 从 CPD 购买编号为 OHT6D-099-3 发动机作为试验单元。

9.2 台架建立组件，包括发动机支架和其他可重复使用的配件，它们可以从 CPD 购买，编号为 OHT6D-100-S1。

9.3 发动机零件清洗：

9.3.1 清洗：使用溶剂油浸泡需要清洗的零件。

9.3.2 冲洗：使用热水彻底冲洗零件。

9.4 发动机装配程序：

9.4.1 装配概述：按照2008版程序ⅥD发动机装配手册的详细描述装配外围部件。为了防止二者有差别，在本标准中明确说明了安装细则，本标准中的安装细则优先于2008版程序ⅥD发动机装配手册。

9.4.2 螺栓力矩规范：安装发动机组件需使用标定后的力矩扳手，规范见2008版ⅥD发动机装配手册。

9.4.3 密封材料：密封材料在2008版程序ⅥD发动机装配手册中进行了特殊规定。不可使用带状密封材料（带状密封材料的碎片可能在发动机内部循环流动，堵塞关键油道孔）。

9.4.4 新试验台架应安装新零件，在附录G中列出了这些新零件。

9.4.5 谐振平衡器：谐振平衡器的零件编号为GM12603810，谐振平衡器安装在发动机上，由发动机供应商直接提供。

9.4.6 恒温器：拆除恒温器并且替换成挡板，零件号为OHT6D-004-1。

9.4.7 冷却液进口：安装水泵挡板，零件号为OHT6D-005-1。

9.4.8 机油滤清器座：安装机油滤清器座，零件编号OHT6D-003-1。

9.4.9 油尺套管：油尺套管，零件编号GM12612349，油尺套管安装在发动机上，由发动机供应商直接提供。

9.4.10 传感器、转换器、阀和位置传感器：

9.4.10.1 凸轮轴位置传感器（2个）（CMP）：凸轮轴位置传感器，零件编号OHT6D-045-1，凸轮轴位置传感器安装在发动机上，由发动机供应商直接提供。

9.4.10.2 曲轴位置传感器（CKP）：曲轴位置传感器，零件编号OHT6D-044-1，曲轴位置传感器安装在发动机上，由发动机供应商直接提供。

9.4.10.3 发动机冷却液温度传感器（ECT）：安装发动机冷却液温度传感器，零件编号OHT6D-048-1。

9.4.10.4 加热型排气氧传感器（HEGO）：使用加热型排气氧传感器，零件编号OHT6D-047-1。确保加热型排气氧传感器正确连接。

9.4.10.5 拆除PCV阀和安装OHT6D-013-1，将PCV阀各个连接点与曲轴箱压力控制系统相连，见附录D和图B.17。

9.4.10.6 空气流量传感器：使用空气流量传感器，零件编号OHT6D-040-1。

9.4.11 点火系统：

9.4.11.1 点火线圈：在发动机上安装GM 12618542点火线圈，由发动机供应商提供。

9.4.11.2 火花塞：使用火花塞，零件编号OHT6D-043-1。

9.4.12 燃油喷射系统：

9.4.12.1 燃油喷嘴：使用燃油喷嘴，零件编号OHT6D-042-1。关于喷嘴流量规范（参见附录H）、使用前校验每个喷嘴。

9.4.12.2 燃油轨：安装修改的燃油轨，零件编号GM 12572886。

9.4.12.3 燃油压力调节器：安装压力调节器。经验证Paxton生产的型号为8F002-004满足要求。

9.4.13 进气系统：发动机进气系统组件可根据实验室要求进行安装配置。

9.4.13.1 进气滤清器座—使用GM 15147455进气滤清器座，下盖编号为19151528 。使用编号15147463和编号15147462夹具以及编号11588831螺栓。

9.4.13.2 曲轴箱通风管：在导管处堵住曲轴箱通风管。

9.4.13.3 空气滤清器修改：为了安装热偶和压力传感器修改编号为25733251通用弯头。

9.4.13.4 空气滤清器芯：使用通用编号为25798271的空气滤清器芯。

9.4.13.5 节气门体：使用两个节气门体。编号为OHT6D-050-1节气门连接杆安装在发动机上。第二个节气门体与线束相连，并安装台架上，零件编号OHT6D-041-1。

9.4.13.6 节气门体风管：使用节气门体风管，编号GM25733251。

9.4.14　发动机管理系统：使用 ECU E77 带有版本 3 的软件。

9.4.14.1　发动机线束：使用专用发动机/测功机线束，零件编号 OHT6D-011-2。

9.4.14.2　发动机控制单元：使用 ECU 发动机控制单元，零件编号 OHT6D-012-4。该单元具备控制点火和燃油供给功能。

9.4.15　附件驱动器：不使用外部驱动器，包括交流发动机、燃油泵、动力转向器、气动泵、空气压缩机等。

9.4.16　排气歧管：使用排气歧管，右排气歧管通用（GM）编号 12571102，左排气歧管通用（GM）编号 12571101，隔热罩使用通用（GM）编号 12617267 和通用（GM）编号 12580706。螺栓所需力矩安装程序，参见 2008ⅥD 安装手册。

9.4.17　发动机飞轮和护罩：使用编号为 OHT6D-020-X（实验室相应的适配器板）飞轮。可以从 CPD 购买这个零件，安装发动机飞轮防护罩和防护外壳满足试验台要求。

9.4.18　发动机的吊装：不应在进气歧管处吊装发动机，防止引起冷却液泄露。吊装方法和位置参见 2008 版ⅥD 发动机安装手册。

9.4.19　发动机支架：使用编号 OHT3H-026-1 前发动机支架和编号为 OHT3H-025-1 后发动机支架。

9.4.20　非相控凸轮轴齿轮：在新发动机磨合运行之前需要最终用户安装这些齿轮（编号 OHT6D-016-1 齿轮、凸轮轴-排气 OHT6D-017-1 齿轮、凸轮轴-进气）；这些齿轮随发动机一起提供。根据附录 I 对这些齿轮进行安装。

9.4.21　内部冷却液孔板：该孔板（编号 OHT6D-025-1 孔板）需要最终用户在进行磨合发动机前进行安装，该孔板随发动机一起提供。

9.4.22　凸轮轴位置执行器修改：对于程序ⅥD 试验，凸轮轴位置执行器应该在适当位置向前凸轮轴颈提供润滑。由氩弧焊焊接，在发动机运行期间通过控制阀关闭制动器的排油孔减少过多的机油漏失，以定位的方式通过短管阀使机油完全排出（见图 B.21）。

10　发动机台架标定

10.1　台架标定：为确保各种参数正确的响应，在更换新发动机或发动机达到试验次数时，需要进行参数标定和参比油试验。

10.2　试验台架标定的参数和标定周期见表 6 和表 7。

10.3　试验台架参比油试验标定周期如下：

10.3.1　前 3 个标定周期为 10 次完整非参比油或发动机运行 1750h。

10.3.2　3 个标定周期以后的标定周期为试验台架进行 7 次非参比油试验或发动机运行 1225h。

10.3.3　一旦发动机从试验台上移下或重新安装应重新进行参比油试验。

表 6　每 6 个月执行程序ⅥD 仪表标定

温度/℃
进气温度
机油道温度
油底壳温度
冷却液进口温度
冷却液出口温度
燃油轨处温度
燃油流量计温度

表6　每6个月执行程序ⅥD仪表标定（续）

负载池温度
压力/kPa
曲轴箱压力
发动机油压力
燃油轨处压力
燃油流量计压力
排气背压
进气压力
进气歧管压力（绝对压力）
其他参数
冷却液/(L·min^{-1})
燃油流量/(kg·h^{-1})
进气湿度/(g·kg^{-1})
转速/(r·min^{-1})
扭矩/(N·m)
空燃比

表7　进行参比油试验前执行程序ⅥD仪表标定

流量/(kg·h^{-1})
燃油流量
压力/kPa
排气背压
其他参数
转速/(r·min^{-1})
扭矩/(N·m)
空燃比

11　试验程序

11.1　外部机油系统：每次新发动机安装到试验台后，清洗外部机油系统。若试验台是新试验台，需验证冲洗效果。

11.2　冲洗效果验证：新建的台架或台架对换油系统进行了改造，实验室应验证不停机换油系统的冲洗效果。使用至少400 mg/kg钼含量的BL油，实验室应该检验其是否达到99%的冲洗效果，使用ICP方法分析含清净剂冲洗油冲洗后的油品。验证使用ASTM标准中的FEE-103润滑油（用FM油表示）或其他含有钼元素的合适润滑油，程序如下：

11.2.1　发动机中加入5.4 L的BL油，发动机升温至冲洗阶段（见表4）。

11.2.2　从机油储存罐中取118 mL FM新油油样。

11.2.3　用5.4L FM油作为冲洗油进行冲洗，发动机中机油排除，5.4 L的FM油进入发动机，发动

机在冲洗工况运行 30 min。

11.2.4 再次用 5.4LFM 油作为冲洗油进行冲洗，发动机中机油排除，5.4 L 的 FM 油进入发动机，发动机在冲洗工况运行 30 min。

11.2.5 最后用 5.4LFM 油作为冲洗油冲洗，发动机中机油排除，5.4 L 的 FM 油进入发动机，这就完成了 FM 油更换。

11.2.6 发动机在冲洗工况运行 30 min，放 118 mL 死区油，在取 118 mL 油样作为油样 1，并将死区油加回发动机。

11.2.7 用 FO 油作为冲洗油冲洗，发动机在冲洗工况运行 30 min。

11.2.8 用 FO 油作为冲洗油冲洗，发动机在冲洗工况运行 2 h。放 118 mL 死区油，再取 118 mL 油样作为油样 2，并将死区油加回发动机。

11.2.9 用 BL 油作为冲洗油冲洗，发动机在冲洗工况运行 30 min。放 118 mL 死区油，再取 118 mL 油样作为油样 3，并将死区油加回发动机。

11.2.10 用 BL 油作为冲洗油冲洗，发动机在冲洗工况运行 30 min。放 118 mL 死区油，再取 118 mL 油样作为油样 4，并将死区油加回发动机。

11.2.11 用 BL 油作为冲洗油冲洗，发动机在冲洗工况运行 30 min。放 118 mL 死区油，再取 118 mL 油样作为油样 5，并将死区油加回发动机。

11.2.12 油样分析：使用 GB/T 17476 试验方法分析新油油样及油样 1、油样 2、油样 3、油样 4 和油样 5 中钼元素的含量（对比油样 5 和油样 1）。

11.3 加油前准备：检查设备确保润滑油管线正确安装，接头拧紧并对正。这些设备包括不停机换油系统。

11.4 初次启动发动机：连接燃油管线至燃油油轨并打开燃油截流阀。启动控制柜（打开发动机点火、打开机油外循环泵、启动电源）。启动发动机，当发动机进入怠速状态（约 700 r/min，零负荷状态）检查燃油、机油、冷却液、水和排气管是否有泄漏。

11.5 新发动机磨合：按照如下程序对新发动机进行磨合：

11.5.1 使用 BL 油对新发动机进行磨合，磨合时间至少 150 h。记录每个小时的 BSFC。磨合阶段对控制精度无特殊要求。

11.5.2 磨合油加注：检查两个机油滤清器，确保滤清器清洁，将原发动机油放干净，向发动机加入 5.4 L 的 BL 油。并在整个新发动机磨合期间使用这些加注的机油。

11.5.3 磨合工况：按照表 1 所示工况进行新发动机的磨合。建议循环阶段采用阶梯函数形式，而不采用斜坡函数形式。如果用斜坡函数形式，注意工况变化不要太缓和，否则不利于磨合的完成。

11.5.4 台架磨合要求：发动机磨合要求台架使用 Midwest 或 Eaton 生产的功率 37 kW，型号为 758 的干式测功机，满足表 1 标准要求。

11.5.5 在 1 h、75 h 和 149 h 开始参比油试验任务前记录爬坡曲线。当有必要延长磨合时间超过 150 h，采集终止磨合 1h 前的爬坡曲线，提供爬坡曲线。转速、歧管压力和负荷时间间隔记录最小 1 s。

11.6 正常试验操作程序和进度，见表 8。

表 8 程序ⅥD 试验进度表

项 目	步骤	大约需要的时间/h[a]
BL 油第一次试验（BLB1）		
1	BLB1 油两次冲洗	1：30
2	S60，阶段 1BSFC/燃油流量×6[b]	1：30
3	S60，阶段 2BSFC/燃油流量×6	1：30

表 8　程序ⅥD 试验进度表（续）

项　目	步骤	大约需要的时间/h[a]
4	S60，阶段 3BSFC/燃油流量×6	1：30
5	S60，阶段 4BSFC/燃油流量×6	1：30
6	S60，阶段 5BSFC/燃油流量×6	1：30
7	S60，阶段 6BSFC/燃油流量×6	1：30
	升温到冲洗阶段	0：30
	累计时间	11：00
BL 油第二次试验（BLB2）		
1	BLB2 油两次冲洗	1：30
2	S60，阶段 1 BSFC/燃油流量×6[b]	1：30
3	S60，阶段 2 BSFC/燃油流量×6	1：30
4	S60，阶段 3BSFC/燃油流量×6	1：30
5	S60，阶段 4BSFC/燃油流量×6	1：30
6	S60，阶段 5BSFC/燃油流量×6	1：30
7	S60，阶段 6BSFC/燃油流量×6	1：30
	升温到冲洗阶段	0：30
	累计时间	11：00
BL 油第三次试验（BLB3）		
1	BLB3 油两次冲洗	1：30
2	S60，阶段 1BSFC/燃油流量×6[b]	1：30
3	S60，阶段 2BSFC/燃油流量×6	1：30
4	S60，阶段 3BSFC/燃油流量×6	1：30
5	S60，阶段 4BSFC/燃油流量×6	1：30
6	S60，阶段 5BSFC/燃油流量×6	1：30
7	S60，阶段 6BSFC/燃油流量×6	1：30
	升温到冲洗阶段	0：30
	累计时间	11：00
阶段 I 老化		
1	试验油两次冲洗	1：30
2	16h 老化	16：00
3	S60，阶段 1BSFC/燃油流量×6[b]	1：30
4	S60，阶段 2BSFC/燃油流量×6	1：30
5	S60，阶段 3BSFC/燃油流量×6	1：30
6	S60，阶段 4BSFC/燃油流量×6	1：30
7	S60，阶段 5BSFC/燃油流量×6	1：30
8	S60，阶段 6BSFC/燃油流量×6	1：30
	累计时间	26：30

表 8　程序ⅥD 试验进度表（续）

项　目	步骤	大约需要的时间/h[a]
阶段Ⅱ老化		
1	84 h 老化	84：00
2	S60，阶段 1BSFC/燃油流量×6[b]	1：30
3	S60，阶段 2BSFC/燃油流量×6	1：30
4	S60，阶段 3BSFC/燃油流量×6	1：30
5	S60，阶段 4BSFC/燃油流量×6	1：30
6	S60，阶段 5BSFC/燃油流量×6	1：30
7	S60，阶段 6BSFC/燃油流量×6	1：30
8	升温到冲洗阶段	
	累计时间	93：30
冲洗油（FO）到 BL 冲洗		
	冲入 FO 油运行	0：30
	冲入 FO 油运行	2：00
1	两次冲洗 BL 油后	1：30
2	S60，阶段 1BSFC/燃油流量×6[b]	1：30
3	S60，阶段 2BSFC/燃油流量×6	1：30
4	S60，阶段 3BSFC/燃油流量×6	1：30
5	S60，阶段 4BSFC/燃油流量×6	1：30
6	S60，阶段 5BSFC/燃油流量×6	1：30
7	S60，阶段 6BSFC/燃油流量×6	1：30
	累计时间	13：00

[a] 估算时间，包括测量、预热、冷却和冲洗。

[b] 例如：60 min 的稳定阶段，然后开始每 5 min（前 3 min 稳定，后 2 min 测量在这 2 min 内的平均值）一次测量 BSFC，重复 6 次。

11.6.1　启动和关机程序：为完成正常发动机关机，当发动机被关闭后拆开燃油管线或关闭燃油供给阀。非计划停机和重启：在整个试验过程中，应避免非正常停机的发生。从开始升温到试验油前 BL 油冲洗，再到试验油后 BL 油试验阶段，整个试验过程连续运行。当出现非正常停机时，允许最长的停机时间为 18 h。每次试验最多允许出现 4 次非正常停机。报告中记录每次试验的停机的次数和停机的时间。如果出现非正常停机，按照以下步骤进行操作：

a）试验阶段重启和继续试验程序；

b）稳定运行期间试验重启后回到该阶段的起点；

c）测量 BSFC 运行期间试验重启后重新进入稳定阶段，稳定阶段过后，重新测量 BSFC 数据；

d）冲洗阶段或老化阶段期间试验重启后回到原来的阶段，继续原有的步骤，保持原来的试验时间。

11.6.2　不停机换油程序：在不停机的情况下更换发动机油。换油前，先将试验发动机运行至换油工况，见表 4。

11.6.2.1　试验油换为 BL 油时 FO 油冲洗：为了试验油换为 BL 油时减小试验油对 BL 油的影响。按以下步骤完成冲洗油冲洗：

a）加热油罐中的 FO 油和 BL 油至 93℃～107℃；

b）发动机运行至冲洗阶段，见表 4；

c）将换油系统转换到冲洗状态，当外置抽油泵从发动机油底壳抽出 5.4 L 试验油时，发动机从储油罐抽出 5.4 L 的 FO 油进入发动机。从油底壳抽出的试验油达到 5.4 L 时，抽油罐的浮子控制开关关闭抽油泵和放油阀。当发动机抽入 FO 油达到 5.4 L 时，油底壳的浮子控制开关关闭进油开关，发动机即换为 FO 油，然后 FO 油在发动机中充分循环；

d）发动机在冲洗工况运转 30 min；

e）使用 FO 油，重复步骤 C 的操作；

f）发动机在冲洗工况运行 2 h；

g）当 BL 油温度达到冲洗要求的温度时，按照第 3 步的换油方法，将 FO 油换为 BL 油（冲洗，添加，运行）；

h）发动机在冲洗工况运行 30 min；

i）使用 BL 油，重复步骤 c 的操作；

j）发动机在冲洗工况运行 30 min；

k）使用 BL 油，重复步骤 c 的操作；

l）当达到冲洗条件并完成冲洗后，补加或放出部分机油调整发动机油至满液位；

m）发动机返回阶段 1，见表 2，接下来进入 BL 油的 BSFC 数据测量稳定阶段。

11.6.2.2 从 BL 油换为试验油两次试验油冲洗：为了减小 BL 油对试验油的影响，按以下步骤进行两次冲洗：

a）加热油罐中的试验油至 93℃～107℃；

b）发动机运行至冲洗工况；

c）将换油系统转换到冲洗状态，当外置抽油泵从发动机抽出 5.4 L BL 油时，发动机从储油罐抽出 5.4 L 的非参比油进入发动机。抽出油底壳中的 BL 油达到 5.4 L 时，抽油罐的浮子控制开关关闭抽油泵和放油阀。当发动机油底壳非参比油达到 5.4 L 时，油底壳的浮子控制开关关闭进油开关，发动机即换为非参比油，然后非参比油在发动机中充分循环；

d）发动机在冲洗工况运转 30 min；

e）使用非参比油，重复步骤 c 的操作；

f）发动机在冲洗工况运行 30 min；

g）使用非参比油，重复步骤 c 的操作；

h）使发动机达到冲洗条件；

i）当达到冲洗条件并完成冲洗，补加或放出部分机油调整发动机油达到满液位。

11.6.2.3 从 BLA 油换为 BLB1 油两次试验油冲洗：为了减小 BLA 油对 BLB1 油的影响，按以下步骤进行两次冲洗：

a）加热油罐中的 BL 油至 93℃～107℃；

b）发动机运行至冲洗工况；

c）将换油系统转换到冲洗状态，当外置抽油泵从发动机抽出 5.4 L 用过的 BL 油时，发动机从储油罐抽出 5.4 L 的 BLB1 进入发动机。抽出 BL 油达到 5.4 L 时，抽油罐的浮子控制开关关闭抽油泵和放油阀。当发动机油底壳 BLB1 油达到 5.4 L 时，油底壳的浮子控制开关关闭进油开关，发动机即换为 BLB1，然后 BLB1 油在发动机中充分循环；

d）发动机在冲洗工况运转 30 min；

e）使用 BLB1 油，重复步骤 c）的操作；

f）发动机在冲洗工况运行 30 min；

g）使用 BLB1 油，重复步骤 c）的操作；

h）发动机返回阶段 1，接下来进入 BL 油的 BSFC 数据稳定测量阶段。

11.6.2.4 从 BLB1 油换为 BLB2 油两次试验油冲洗：为了减小 BLB1 油对 BLB2 油的影响，按以下步骤进行两次冲洗：

a）加热油罐中的 BL 油至 93℃～107℃；

b）发动机运行至冲洗工况；

c）将换油系统转换到冲洗状态，当外置抽油泵从发动机抽出 5.4 L 用过的 BL 油时，发动机从储油罐抽出 5.4 L 的 BL 油进入发动机。抽出的 BL 油达到 5.4 L 时，抽油罐的浮子控制开关关闭抽油泵和放油阀。当发动机抽 BL 油达到 5.4 L 时，油底壳的浮子控制开关关闭进油开关，发动机即换为 BL 油，然后 BL 油在发动机中充分循环；

d）发动机在冲洗工况运转 30 min；

e）使用 BLB2 油，重复步骤 c 的操作；

f）发动机在冲洗工况运行 30 min；

g）使用 BLB2 油，重复步骤 c 的操作；

h）发动机返回阶段 1，接下来进入 BL 油的 BSFC 数据稳定测量阶段；

i）比较 BLB1 和 BLB2 之间总的燃油消耗。BLB1 和 BLB2 之间总的燃油消耗百分数之差应在 -0.20%～0.40%范围内。如果总的燃油消耗百分数之差在此范围之外，重复步骤 a）～i）进行 BLB3 试验。如果 BLB2 和 BLB3 总的燃油消耗之差仍在-0.20%～0.40%范围之外，检查潜在促使原因并重新进行 BLB1 试验。

11.6.3 试验运行阶段：表 3 描述试验运行阶段的条件，表 8 描述了运行计划。试验发动机完成磨合并完成参比油试验，台架标机合格后，可进行非参比油相对于 BL 油试验。用两个阶段老化后（16 h 和 84 h 老化）六个状态下的燃油消耗数据与两次 BL 油数据相对比，得出试验结论。

11.6.4 稳定阶段条件：不停机换油后（BL 油和试验油），每个阶段测量 BSFC 前都需要 1 h 的稳定阶段。稳定时间从转速、扭矩和各个温度达到设定点起，进入 BSFC 测量阶段前。控制转速、扭矩、冷却液和机油温度系统循环，使上述参数达到设定点要求。

11.6.5 稳定的 BSFC 测量循环：1 h 稳定阶段后，对于 6 个每 5 min 期间的测量中每 1 s 获取数据 1 次。使用每 5 min 期间获得数据提供 300±10 个转速、扭矩和燃油流量数据点的平均值。然后这些数值被用作 BSFC 的计算。读取的 300 个数据点不允许平均和过滤。试验的 BSFC 测量循环期间，如果表 2 中任何关键参数平均值超出该阶段对应范围，并且本阶段未完成第 6 次读数，需要重新运行该阶段。如果任何阶段第 6 次读数已经完成，并且关键参数平均值超出该阶段要求范围，本次试验考虑无效。如表 8 所示，每 6 个测量阶段中，只有一个阶段允许重新启动，并且每次试验重新启动阶段数量不允许超过 4 个。

11.6.6 BLB1 油冲洗程序：试验开始后升温发动机至冲洗条件（见表 4）在不关闭发动机条件下将 BL 油冲入发动机。冲洗步骤如下（见 11.6.2.3）：

11.6.6.1 升温发动机至冲洗阶段。

11.6.6.2 用 BL 新油对上次试验后的 BL 油冲洗两次。

11.6.6.3 继续 BLB1 油试验，进行 BLB1 油的 BSFC 数据采集。

11.6.7 试验油测试前对 BLB1 油的 BSFC 测量：运行阶段 1～阶段 6，详见表 2。每个阶段根据严格数据采集周期获取 6 个 BSFC 测量值，详见 11.6.5。

11.6.8 BLB2 油冲洗程序：试验开始后升温发动机至冲洗条件见表 4。在不关闭发动机条件下将 BL 油冲入发动机。冲洗步骤如下（见 11.6.2.4）：

11.6.8.1 升温发动机至冲洗阶段。

11.6.8.2 用新 BL 油对上次试验后的 BL 油冲洗两次。

11.6.8.3 继续 BLB2 油试验，进行 BLB2 油的 BSFC 数据采集。

11.6.9　试验油测试前对 BLB2 油的 BSFC 测量：运行阶段 1~阶段 6，详见表 2。每个阶段根据严格数据采集周期获取 6 个 BSFC 测量值，详见 11.6.5。

11.6.10　计算 BLB1 与 BLB2 百分数之差：完成 BLB2 后接着使用附录 J 中公式计算二者之间总燃油耗（非加权）。

11.6.10.1　基准油 BLB1 和 BLB2 之间总的燃油消耗之差接受范围为-0.20%~0.40%。如果总的燃油消耗百分数之差在此范围之外，需要运行第 3 次 BLB3 试验。

11.6.10.2　如果 BLB2 和 BLB3 总的燃油消耗之差仍在-0.20%~0.40%范围之外，检查潜在促使原因并重新开始 BLB1 试验。

11.6.11　试验油冲洗程序：试验油开始前 BL 油测试后，升温发动机至冲洗条件，见表 4。在不关闭发动机条件下将试验油冲入发动机。冲洗步骤如下（见 11.6.2.2）：

11.6.11.1　试验油冲洗两次。

11.6.11.2　在冲洗阶段调整试验油至满刻度。第 1h 老化后不允许补加机油。

11.6.11.3　继续试验油老化。

11.6.12　试验油老化阶段Ⅰ：按表 4 老化阶段Ⅰ的工况对试验油进行 16 h 的老化试验。完成两次冲洗程序后开始 16h 老化试验。老化阶段Ⅰ最长停机时间为 2 h，超过 2 h 则试验无效。老化阶段Ⅰ老化结束后，开始试验油第一次燃油经济性测量。

11.6.13　老化阶段Ⅰ老化试验油的 BSFC 测量：完成 16 h 老化阶段Ⅰ老化后按照表 2 参数，运行阶段 1~阶段 6，每一个阶段根据关键参数采集周期获得 6 个 BSFC 测量结果，详见 11.6.5。

11.6.14　试验油老化阶段Ⅱ：按照表 4 条件运行 84 h 老化试验。老化阶段Ⅱ允许的最长停机时间为 2h，如果停机时间超过 2 h，本次试验无效。完成老化阶段Ⅱ老化后，运行第二次试验油燃油经济性测量。

11.6.15　老化阶段Ⅱ老化试验油的 BSFC 测量：完成 84 h 老化阶段Ⅱ老化后按照表 2 参数，运行阶段 1~阶段 6，每一个阶段根据关键参数采集周期获得 6 个 BSFC 测量结果，详见 11.6.5。

11.6.15.1　老化试验期间机油耗：84 h 老化期间通过观测发动机机油玻璃管，监控试验油耗。完成第二次燃油经济性测量（老化阶段Ⅱ），记录最终机油耗。

11.6.16　机油耗和取样：完成老化阶段Ⅱ FEI2 测量阶段 6，试验将进入冲洗条件；第一次冲洗前应记录机油耗。参比油和非参比油试验最大允许机油耗是 1400 mL。记录机油液位后，在机油加热器上端出口处采集油样 120 mL。

11.6.16.1　试验机油运动黏度测量：测量新试验油和老化试验油（老化阶段Ⅱ）在 40℃和 100℃的运动黏度，根据试验方法 GB/T 265 测量运动黏度。

11.6.17　试验油后 BL 机油（BLA）冲洗程序：完成试验油试验后，在不停机条件下冲入 FO 机油。关于冲洗程序见 11.6.2.1。

11.6.17.1　FO 油排除，同时冲入 BL 油。

11.6.17.2　继续进行 BL 油 BSFC 数据采集。

11.6.17.3　试验油后 BL 油的 BSFC 测量：按照表 2 运行阶段 1~阶段 6。当 BLA 试验完成后，用式（2）计算 BL 油变化百分率，即 ΔBL%（为非加权结果）。

$$\Delta BL\% = [(b-c)/b] \times 100 \qquad (2)$$

式中：

b——BLB2 燃油耗，单位为千克（kg）；

c——BLA 燃油耗，单位为千克（kg）。

11.6.18　试验数据记录：采用合适的表格形式记录数据。

11.6.19　诊断检查程序：为了确保试验的有效性，在试验期间应定期地对关键数据进行检查。尽早发现设备的故障十分重要，并且记录发现的主要控制参数问题的信息参数区域。下列参数的响应特

性十分重要。

——稳定性趋向;
——空燃比稳定性;
——燃油流量稳定性;
——进气歧管绝对压力;
——发动机转速;
——发动机扭矩;
——排气背压;
——燃油轨温度。

12 计算

按照附录 K 计算燃油经济性改进百分率 FEI1 和 FEI2。

13 结果报告

试验报告格式，参见附录 L。

14 精密度和偏差

14.1 精密度

按下述规定判断试验结果的可靠性（95%的置信水平）。

14.1.1 中间精密度 *i.p.*

在相同的实验室、使用相同的试验方法，可以改变操作者、测量设备、试验台架、试验发动机和时间的条件下，对同一试样进行测定得到的两个试验结果之差应不超过表 9 中规定的数值。

14.1.2 再现性 *R*

不同操作者，在不同实验室，使用不同的仪器，按照相同的方法，对同一试样分别进行测定得到的两个单一、独立的试验结果之差应不超过表 9 中规定的值。

表 9 程序ⅥD 参比油精密度统计

项目	中间精密度		再现性	
	$S_{i.p.}$ [a]	$i.p$	S_R [a]	R
16 h（FEI1）	0.13	0.36	0.16	0.45
100 h（FEI2）	0.14	0.39	0.17	0.40

注：这些统计基于程序ⅥD GF5A、GF5B、GF5C、GF5D、GF5X、540、541-1、542、542-1、542-2 和 1010 油正交试验结果而获得。

[a] 标准偏差。

14.2 偏差

本标准尚未确定偏差。

附 录 A
(规范性附录)
安全防护措施

A. 1 发动机台架试验具有一定的危险性，实验室应制定有关的安全操作规程，采取有效的安全措施，避免造成人体伤害和设备损坏。因此，建议只有对发动机试验有经验或经过培训的人员，才能从事发动机试验台架的安装和操作。

A. 2 试验台架的所有传动和发热部件应加防护罩。裸露的发动机传动件和连接轴周围要加防护罩。正确安装燃油管线、机油管线，电源线接地并保持良好的秩序，要经常进行检查和维修。

A. 3 试验台架周围禁放障碍物、机油和燃油等物品。在试验过程中，操作人员要时刻注意燃油、排气、机油和冷却液可能发生的泄漏现象。以清洗为目的使用易燃溶剂时，应遵守正常的预防措施。

A. 4 工作人员在试验台旁工作时，应佩戴安全口罩、眼镜并进行听力保护。在运转的发动机旁，操作人员不允许留长发，应穿紧身工作服装。发动机运转时，工作人员应小心远离发动机和传动系统工作。

A. 5 在发生如下情况时，联锁装置应能自动停机：发动机和测功机冷却液温度过高、测功机电源断路、发动机超速、发动机低油压、排气系统出问题和发动机震动过大等。联锁装置应包含一个切断供应到发动机喷油器泵燃油（包括返回线）方法。建议配备远程切断燃油站（外接到发动机台架）。

A. 6 当使用化学试剂清洁发动机时，操作人员需佩戴防护面罩，防尘器具及手套。应提供淋浴和脸部清洗装置。

A. 7 常见物理危害和化学危害如下：

A. 7. 1 物理危害为发动机热的部件及排气管、转动部件、触电和噪声。

A. 7. 2 化学危害：

A. 7. 2. 1 燃油（无铅）为易燃品。蒸气吸入对身体有害，同时容易引发火灾，应远离热源、火花和明火，保持燃油容器关闭，燃油管线安装截止阀，保持通风。避免燃油蒸汽与火花、电火花和加热器接触。避免长时间吸入燃油蒸气或反复与皮肤接触。

A. 7. 2. 2 打开有机溶剂容器前，释放压力。不用时保持容器密封，常温状态保存，远离高温、火花、火焰和强氧化剂。使用干粉、泡沫或二氧化碳灭火器。使用时戴护目镜和手套。在密封空间使用需安装通风装置。保持空气流通。避免沾到眼睛。

A. 7. 2. 3 清洗溶剂易燃且吸入人体有害。应远离高温、火花和火焰。保持空气流通，避免吸入或沾到眼睛。使用水或干粉、泡沫、二氧化碳灭火器。避免长时间或反复与皮肤接触。

A. 7. 2. 4 常温状态保存冷却系统清洗剂，不用时密封保存。使用水或干粉、泡沫、二氧化碳灭火器。使用时戴护目镜和手套，保证空气流通。避免沾到眼睛、皮肤和衣物。

A. 7. 2. 5 草酸为有毒物质。避免沾到眼睛、皮肤和衣物。避免吸入或接触食物。

A. 7. 2. 6 新油和旧油油样的采集，常温状态保存，远离高温、火花、火焰和强氧化剂。如发生火灾使用干粉、泡沫、二氧化碳灭火器进行灭火。使用时戴护目镜和手套，避免沾到眼睛、皮肤和衣物。

A. 8 实验室应配备干式灭火设备。

A. 9 采用其他安全措施的法律、法规。

附 录 B
(规范性附录)
设备的详细规格和示意图

B.1 图 B.1~图 B.21 为设备的图解和详细规格。

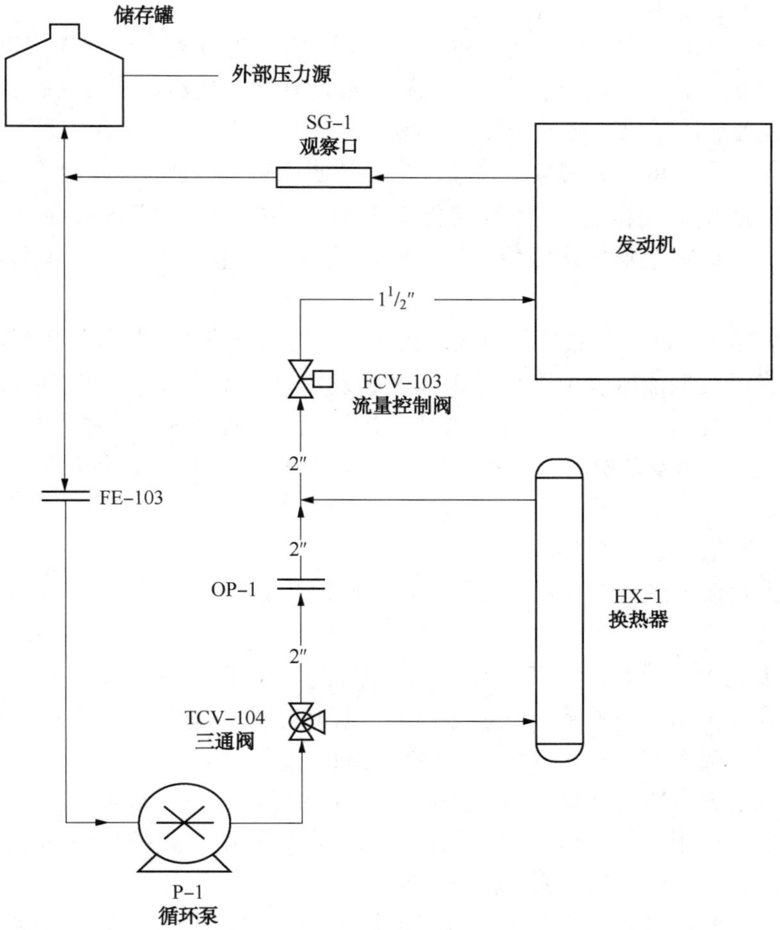

图 B.1 典型发动机冷却液循环系统

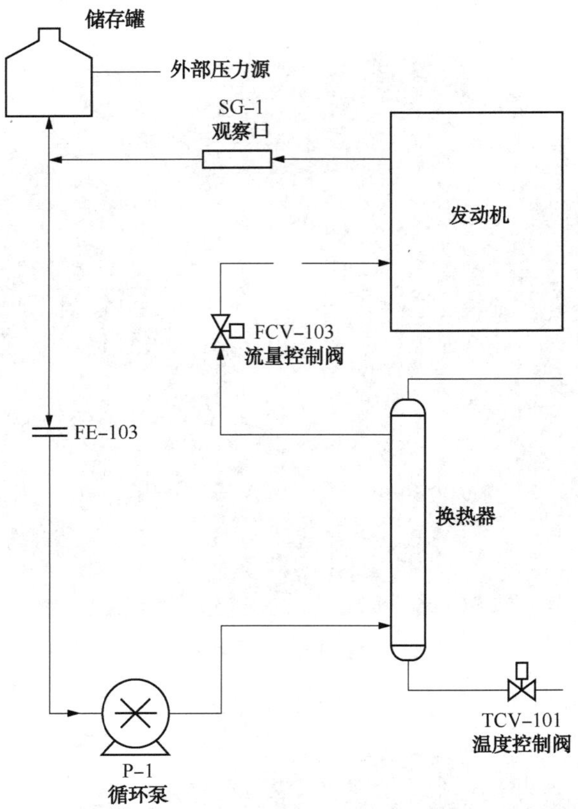

图 B.2　可选的发动机冷却液循环系统

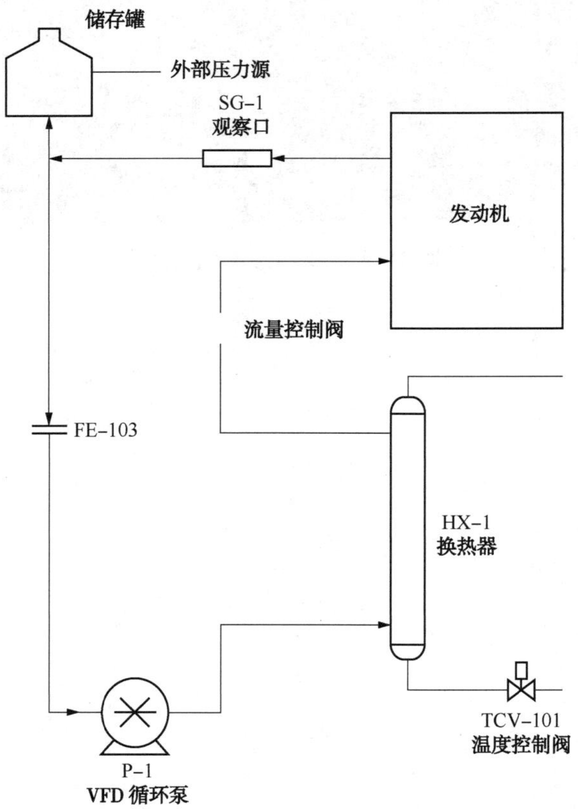

图 B.3　VFD 供选择的发动机冷却液循环系统

图 B.4　水泵挡板

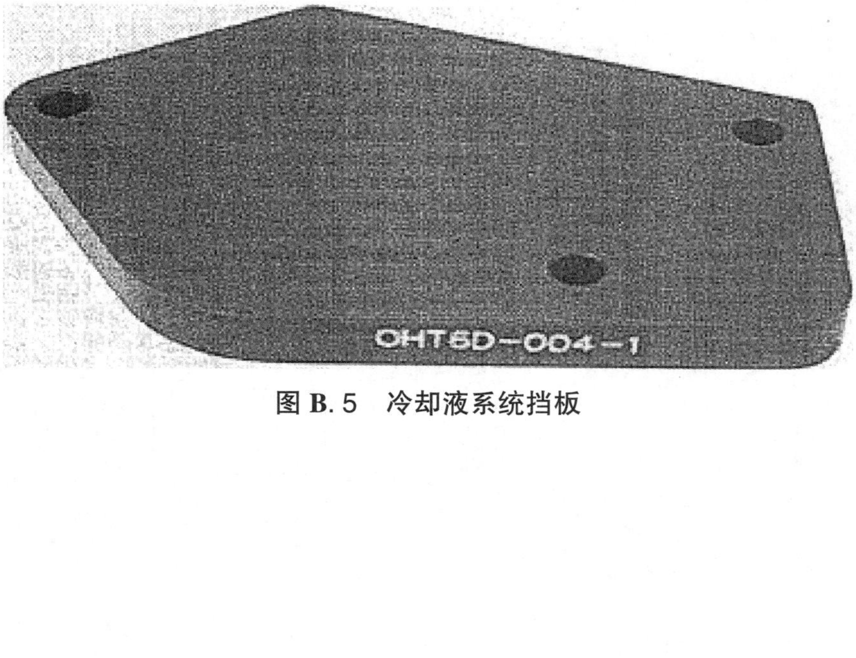

图 B.5　冷却液系统挡板

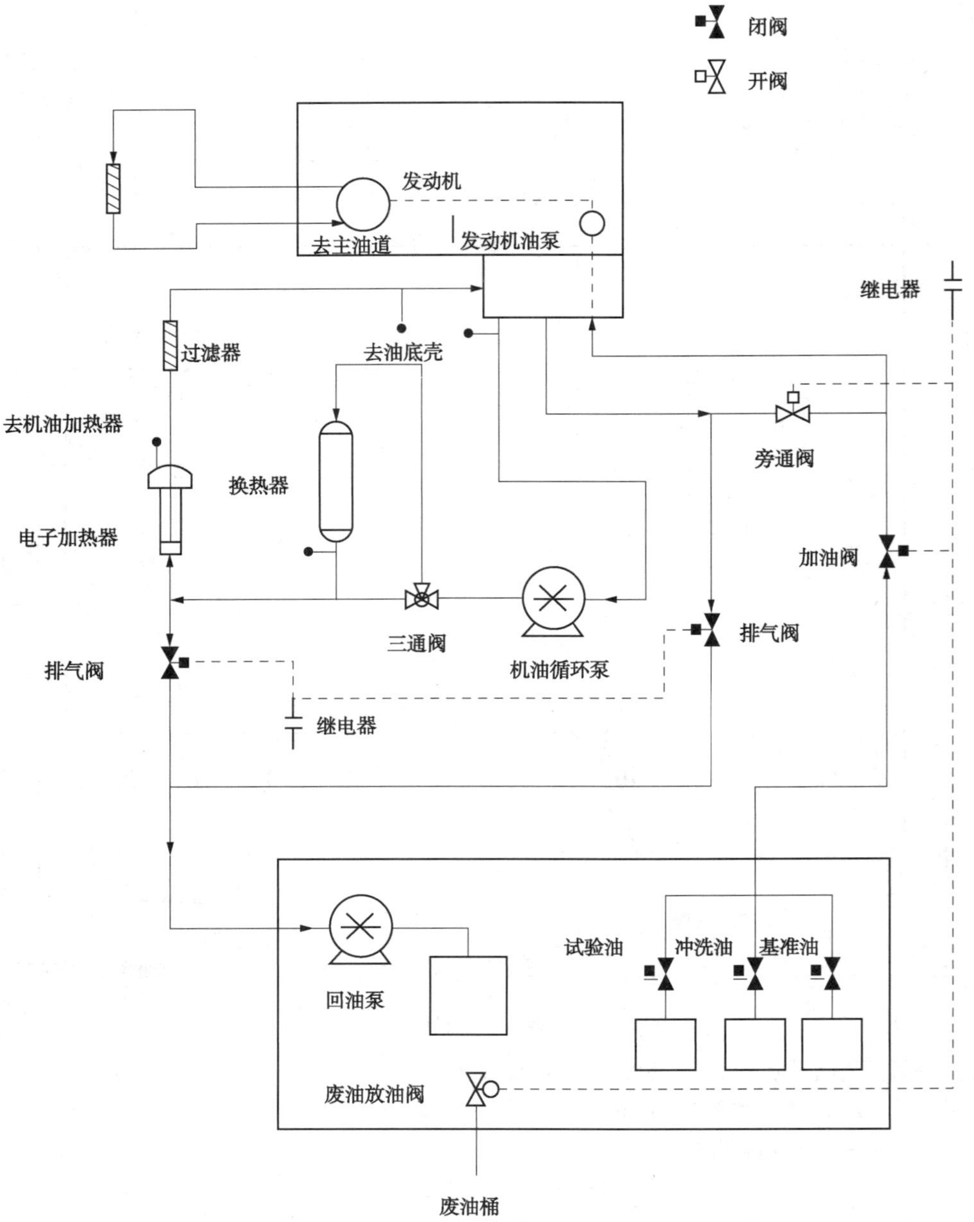

图 B.6　外部机油系统

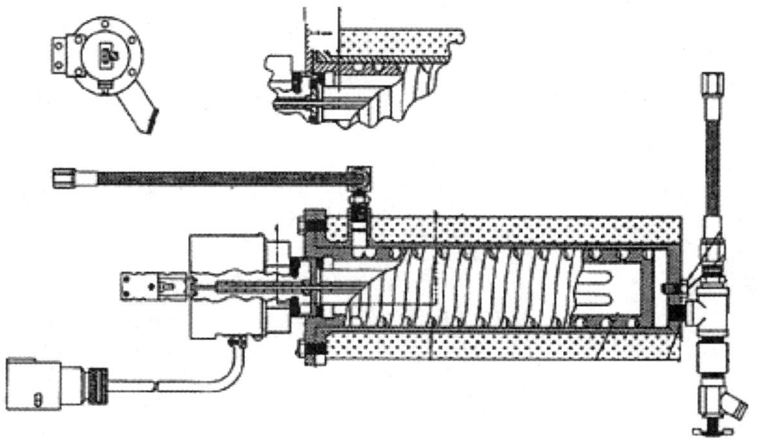

图 B.7　机油加热器中的热偶

单位为毫米

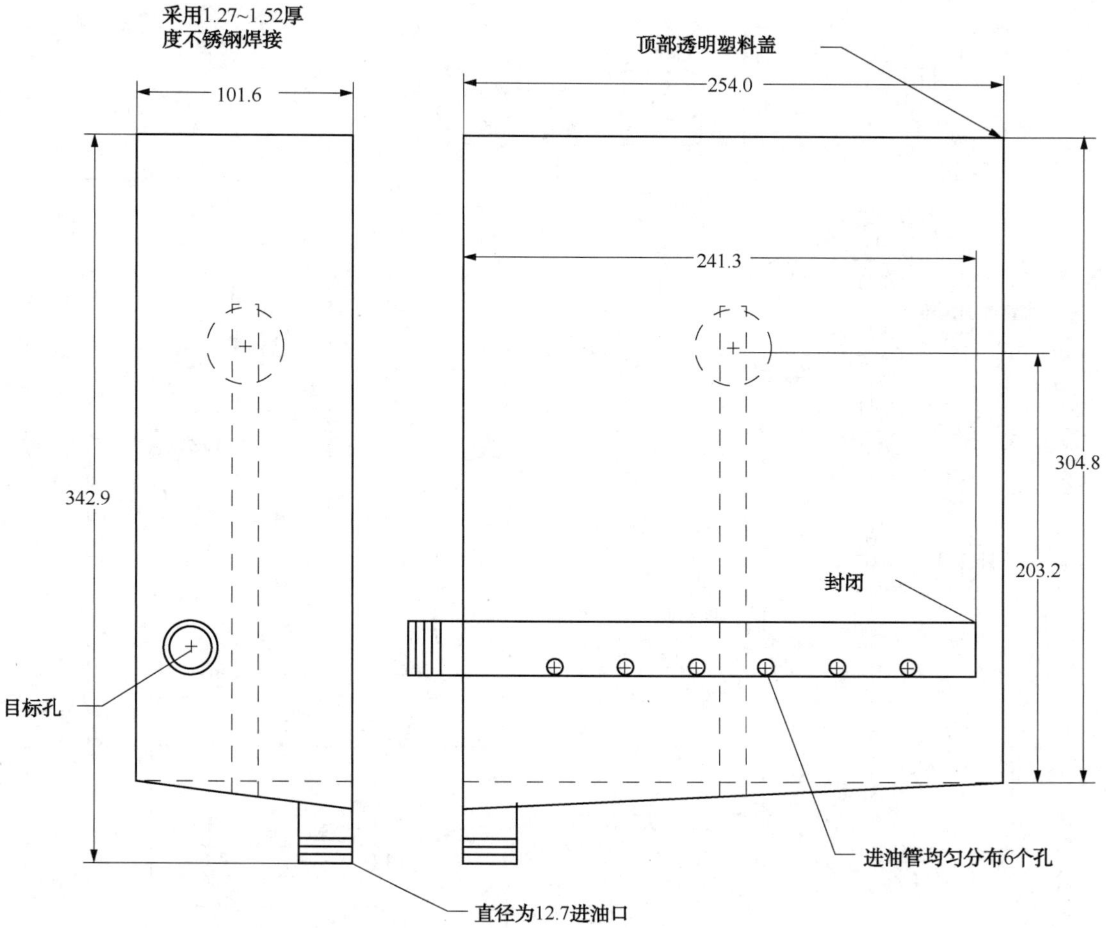

注 1：储油罐底面成一定的角度，使放油口置于油罐低点；

注 2：进口为 13 mm 管，放油口为 13 mm 管；

注 3：固定废油罐，并保持储油罐水平。

图 B.8　典型废油罐

图 B. 9　改装后的程序ⅥD 油底壳

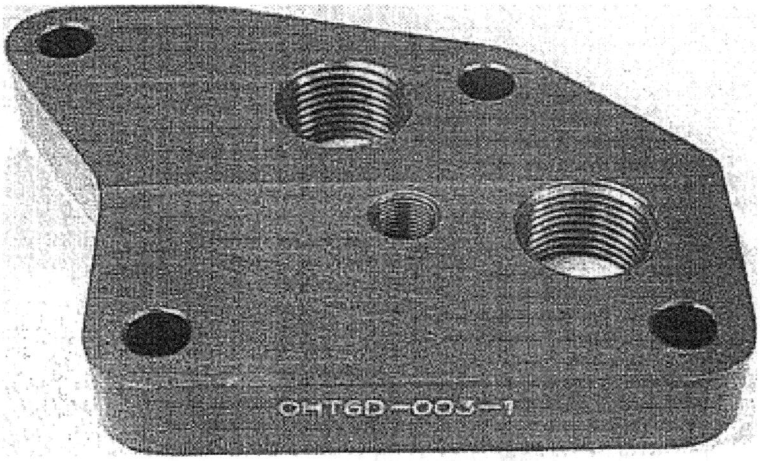

图 B. 10　机油滤清器适配器总成

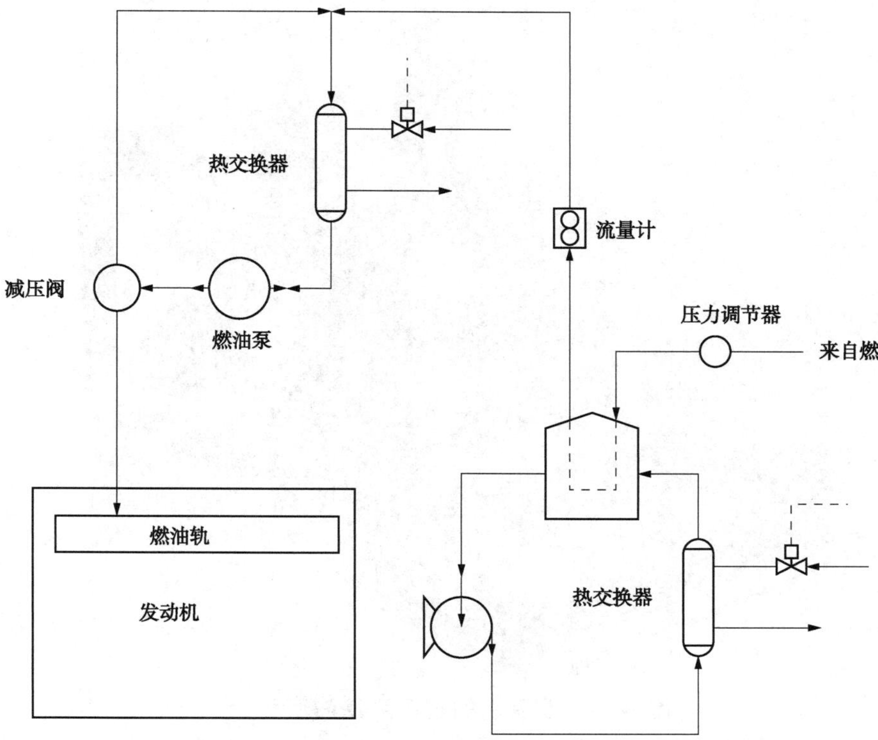

图 B. 11　典型的燃油供给系统

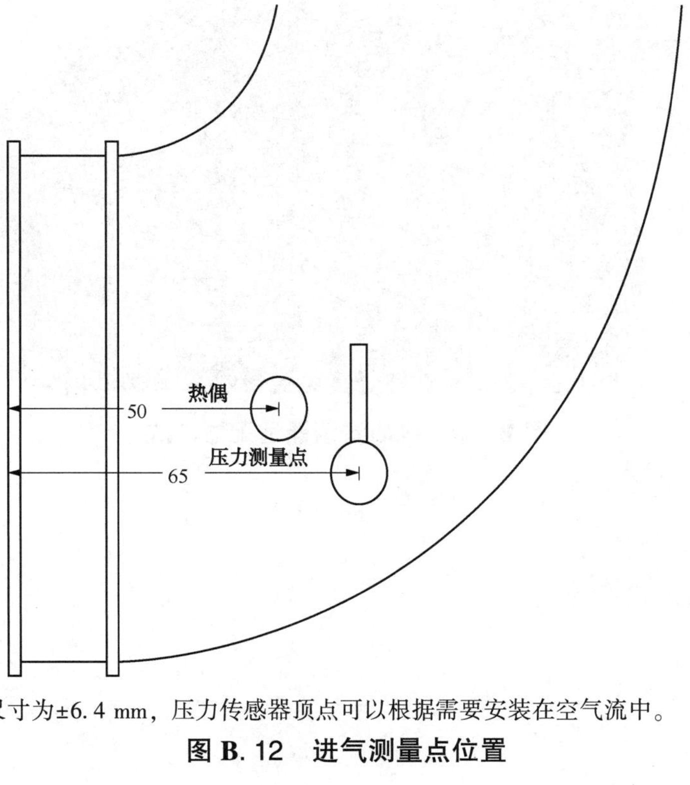

注：距离拐角法兰尺寸为±6.4 mm，压力传感器顶点可以根据需要安装在空气流中。

图 B. 12　进气测量点位置

单位为毫米

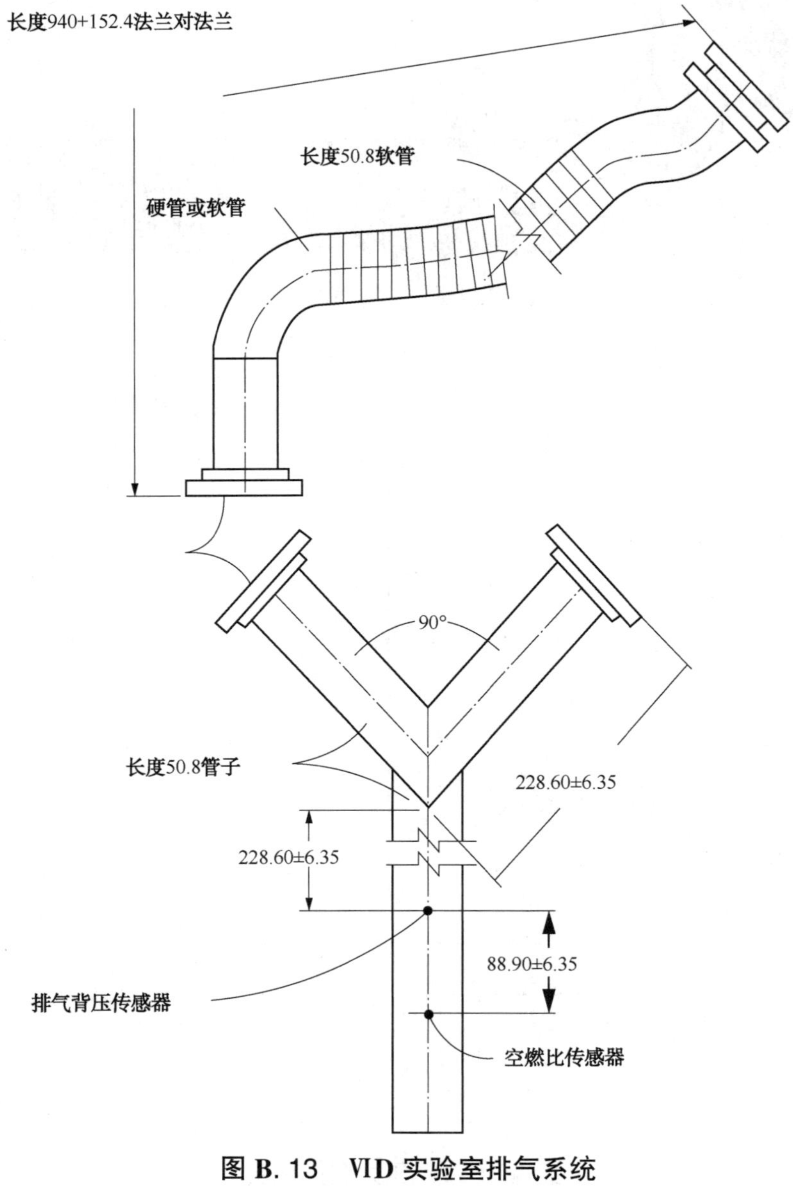

图 B. 13　VID 实验室排气系统

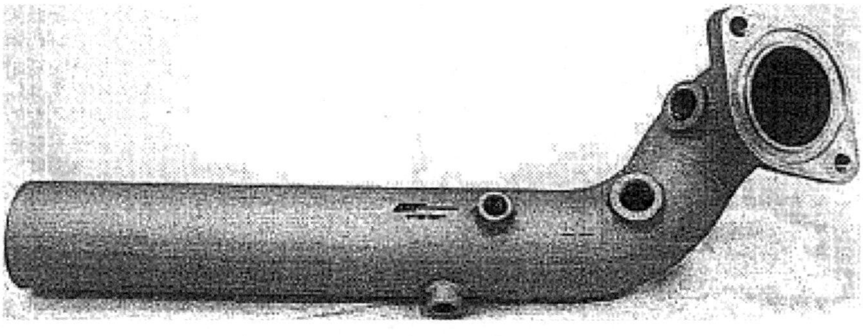

图 B. 14　右排气歧管

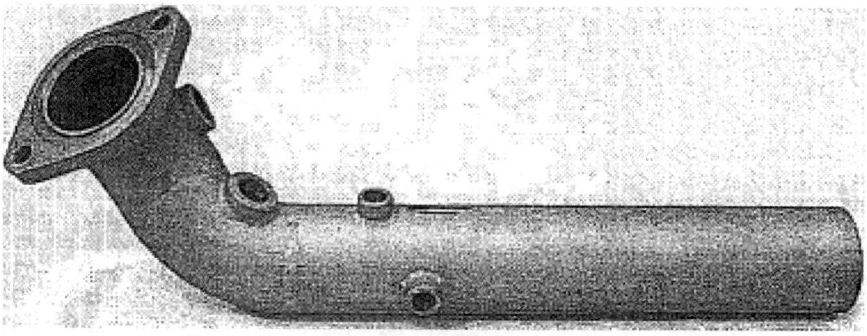

图 B.15　左排气歧管

单位为毫米

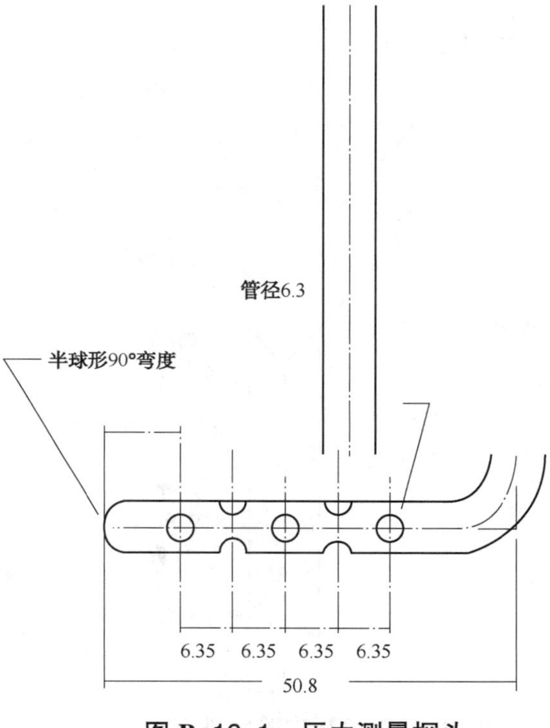

图 B.16.1　压力测量探头

单位为毫米

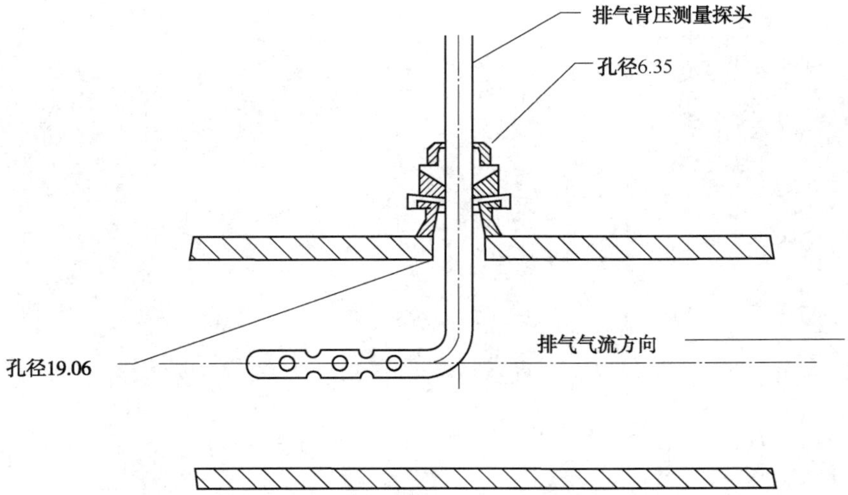

注：排气背压测量探头插入排气管中部。

图 B.16.2　排气背压取样管

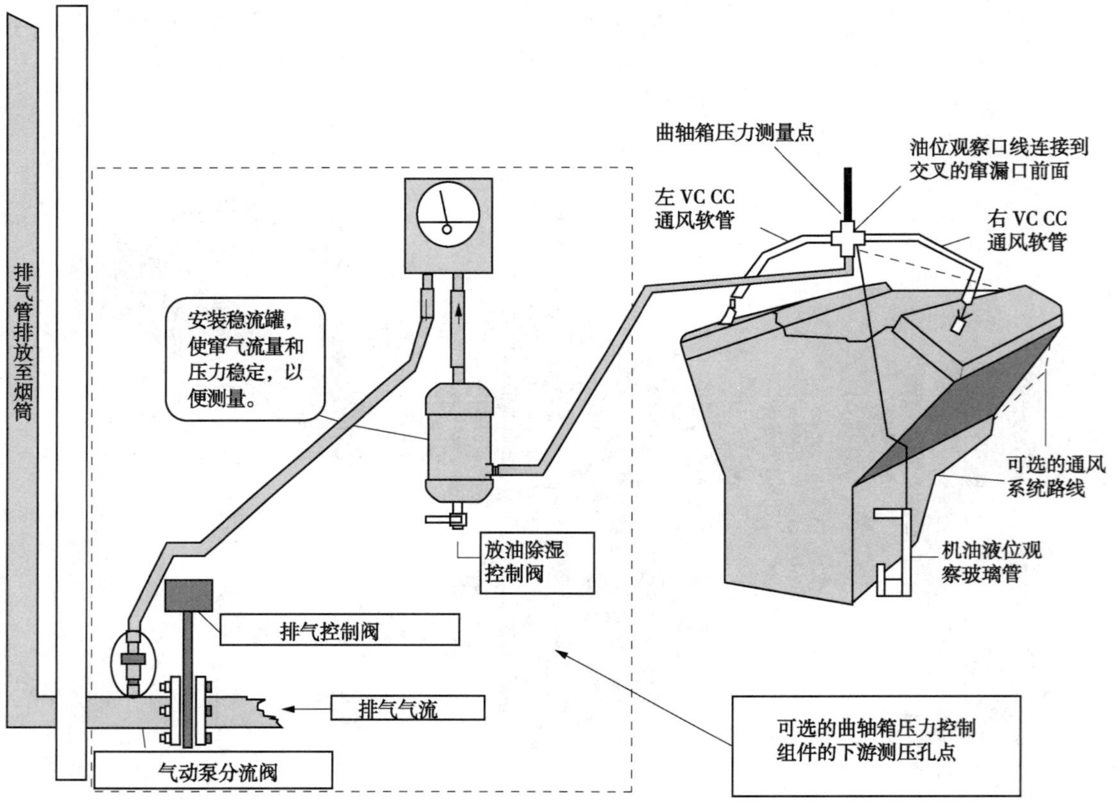

图 B.17　曲轴箱压力和窜气通风系统

图 B.18　飞轮盘扭矩工具

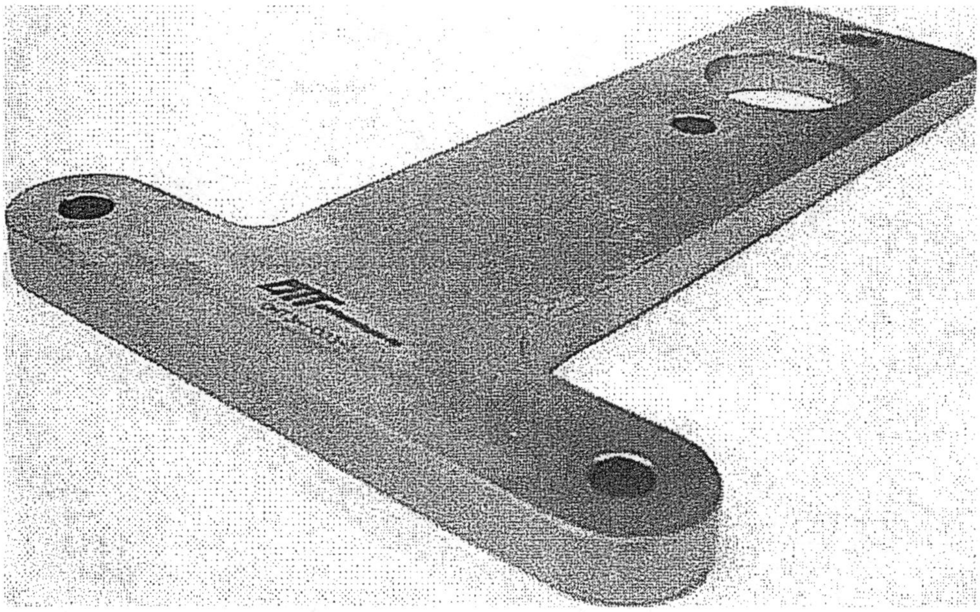

图 B.19　曲轴固定工具

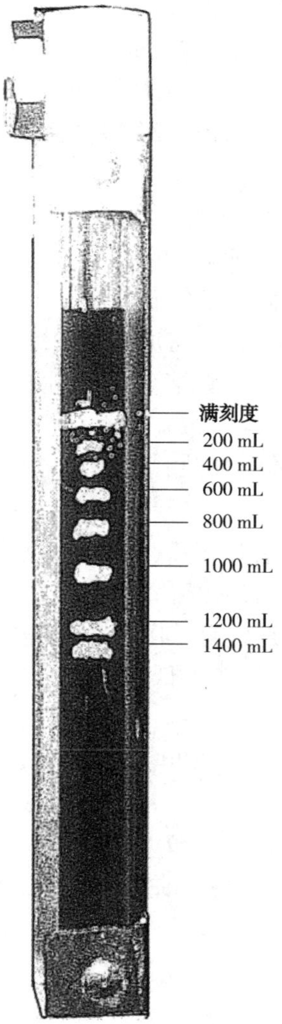

图 B.20　机油液位观察管

单位为毫米

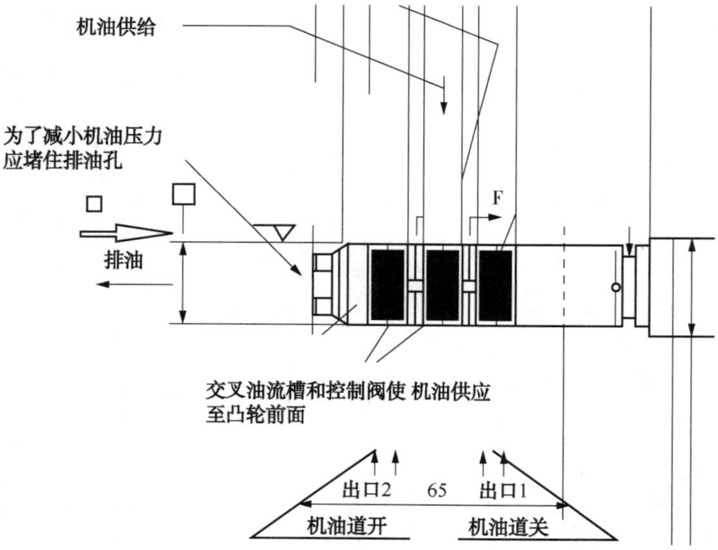

图 B.21　修改后的凸轮轴位置执行器

附 录 C
(规范性附录)
机油加热器低熔点铅合金加注过程

C.1 将筒形的机油加热器从台架上取下，竖直固定在夹具上。

C.2 将机油加热元件帽和连接线拆除，使筒中的低熔点合金与大气充分接触。

C.3 使用乙炔焰加热机油加热器筒。低熔点合金熔点为124℃，不要强行拆卸加热器元件。筒中的低熔点合金加热至完全融化液态，尝试用扳手将加热元件拧动。持续加热，直到将加热元件取下。

C.4 取下加热元件，继续加热加热器筒，将熔点合金倒入合适的容器，用铜丝刷清理加热器筒内表面。

C.5 固定加热元件，取下热电偶，继续加热，将低熔点合金除去，如需要用铜丝刷除去表面氧化物。

C.6 将加热器筒固定在夹具上，用乙炔焰加热，若低熔点合金干净和明亮，则继续使用，否则更换。将3.9 kg低熔点合金熔化，填充到加热器筒2/3的位置，操作时避免溅出。

C.7 预加热加热元件，将其浸入低熔点合金，将加热元件固定（不可用力过度）。

C.8 观察低熔点合金液面高度，继续加热入低熔点合金，当其液面距加热元件底面57.15 mm~60.33 mm时停止加入。

C.9 用冰水冷却一根焊条，擦干表面，浸入低熔点合金中，拔出后擦掉表面合金。重复进行去掉多余的液态金属。

C.10 使用一个新的热电偶。确定低熔点合金为液态，预加热热电偶，将其插入低熔点合金中。

C.11 等机油加热器温度冷却至室温，安装机油加热器元件帽和连接线，将加热器装回到发动机。

附 录 D
（规范性附录）
窜气通风系统要求

D.1 9.525 mm（3/8 in）美国国家管螺纹（NPT）十字接头。

D.2 三个 9.525 mm（3/8 in）NPT 十字接头，用于内径 12.7 mm 或 15.8 mm 的软管连接 9.525 mm（3/8 in）NPT 十字接头。

D.3 OHT6D-013-1 模拟 PCV 阀接头安装在摇臂罩右侧。

D.4 左摇臂罩使用发动机原有 45°弯头。

D.5 右侧摇臂罩盖应使用长 304.8 mm±127 mm、内径 12.7 mm 或 15.8 mm 的软管连接 9.525 mm（3/8 in）NPT 十字接头。

D.6 左侧摇臂罩盖应使用长 304.8 mm±127 mm、内径 12.7 mm 或 12.8 mm 的软管连接 9.525 mm（3/8 in）NPT 十字接头。

D.7 通过 9.525 mm（3/8 in）NPT 十字接头顶部监控曲轴箱压力。

附 录 E
(规范性附录)
机油满刻度及观察窗标定程序

E.1 油底壳机油满刻度设定

E.1.1 确认发动机在台架上的安装位置。
E.1.1.1 发动机正放（偏角 0.0°±0.5°）
E.1.1.2 飞轮面垂直度为 3.0°±0.5°。
E.1.1.3 连接轴的万向节角度相对于垂直面不大于 2°，不小于 1°，相对水平面保持 0°。
E.1.2 向发动机内加注 5.4 L 的 BL 油。
E.1.3 开机并进入冲洗阶段，1500 r/min，70 N·m，冷却液进口温度 109℃，机油温度 115℃，稳定 15 min。
E.1.4 停机。
E.1.5 用抽油泵将机油抽出。
E.1.6 将油底壳所有连接管断开放油。
E.1.7 按照正常机油的流动方向，按顺序连接外部机油系统，包括机油滤清器。如需要，使用附加的管线将发动机滤清器连入外部机油系统。
E.1.8 设置三项控制阀（TCV-144），使得 100%的流量流经热交换器（HX-6）。
E.1.9 连接至少 138 kPa 的压缩空气。

警告：将机油外循环泵轴锁住，防止机油泵损坏。

E.1.10 使用压缩空气吹扫外部机油冲洗系统管线，使得大部分的机油从系统中流出。
E.1.11 往复调节三项控制阀（TCV-144）几次，使得发动机油流出热交换器（HX-6）旁通部分。
E.1.12 断开压缩空气。将溶剂油冲洗系统与外部机油冲洗系统相连接。
E.1.13 用清洗溶剂（至少 8L）循环清洗至少 30 min。
E.1.14 往复调节三项控制阀（TCV-144）几次，使得 100%的流量流经热交换器（HX-6）。
E.1.15 断开清洗溶剂冲洗系统，从外部机油系统放出溶剂油。
E.1.16 使用至少 138 kPa 的压缩空气，吹扫外部机油冲洗系统管线至少 1h，设置三项控制阀（TCV-144），使得 100%的流量流经热交换器（HX-6），期间往复调节三项控制阀（TCV-144）几次，使得清洗剂流出热交换器（HX-6）旁通部分。
E.1.17 分别检查热交换器（HX-6）、机油加热器、外循环泵和机油滤清器，确保将清洗溶剂除去。
E.1.18 量取 5.4L 的 BL 油，加入发动机。
E.1.19 开机并进入第一阶段的老化工况。
E.1.20 进入稳定状态，在机油液位测量管（如图 B.20）上做标记，记为满刻度。

E.2 记录油底壳机油液面测量管刻度

E.2.1 记录满刻度线后，发动机在第一阶段的老化工况运转，在机油加热器放油口放出 200 mL 的机油，经几分钟油底壳液面稳定后，在机油液面测量管上做-200 mL 标记。
E.2.2 重复以上的步骤，每 200 mL 记录一次，最大记录至-2000 mL。
E.2.3 将放出的 2000 mL 机油加回发动机，运转几分钟，液面将回复到满刻度线，若不能回到满刻

度线，重复以上步骤，重新标记。

E.2.4 使用加水的聚乙烯管水平尺，确定油底壳液面高度，将机油液面测量管满刻度标记作为参考点。

E.2.5 使用油性笔在油底壳侧面标记液面高度。

E.2.6 油性笔记录位置应距离油底壳后端第二个螺丝孔 38 mm 处。与油底壳垫定位上沿齐平。

E.2.7 测量油底壳边缘底面到油性笔记录满刻度位置，应为 43 mm±5 mm。

附 录 F
（规范性附录）
试验前维护检查清单

F.1 试验前检查维护清单，见表 F.1。

表 F.1 试验前检查维护清单

更换火花塞	A
检修滤清器	B
验证喷嘴流量	C
清洗节气门体	A
清洗冷却液热交换器	A
清洗冲洗机油热交换器	C
换燃油滤清器	A
检查/维护传动系统	B
转动测功机支撑轴承	A
清洁/更换排气背压取样管	A
注：表中 A 表示根据实验室的实际需要；B 表示每次试验前；C 表示新发动机安装后。	

附 录 G
（规范性附录）
发动机部件列表

G.1 表 G.1 列出其他规定使用零件的零件号。表 G.2 是程序ⅥD 零件列表。

表 G.1 其他规定使用的零件

零件名称	零件号
质量流量计	OHT6D-040-1
油门执行器体	OHT6D-041-1
双油门执行器体	OHT6D-050-1
燃油喷嘴	OHT6D-042-1
火花塞	OHT6D-043-1
曲轴位置传感器	OHT6D-044-1
爆震传感器	OHT6D-046-1
Pre-cat 传感器	OHT6D-047-1
冷却液传感器	OHT6D-048-1
排气罩（左）	GM12617267
排气罩（右）	GM12580706
燃油轨	GM12572886
发动机空气滤清器组	见标准描述
空气滤清器元件	GM2598271
发动机线束	OHT6D-011-2
发动机控制模块	OHT6D-012-4
排气歧管（右）	GM12571101
排气歧管（左）	GM12571102
排气垫片（右）	OHT6D-010-1
排气垫片（左）	OHT6D-009-1
发动机飞轮盘	OHT6D-020-X
发动机前支架	OHT3H-026-1
发动机后支架	OHT3H-025-1
发动机支架隔离器	实验室灵活配置
齿轮，凸轮轴，排气	OHT6D-016-1
齿轮，凸轮轴，进气	OHT6D-017-1
冷却液孔板	OHT6D-025-1

表 G.2 程序ⅥD 零件列表

零件名称	零件号
ⅥD 台架安装包	OHT6D-100-S1
安装包，包括如下内容：	
缸体，飞轮力矩	OHT3H-002-1
工具，平衡器力矩	OHT3H-003-1
支架，后	OHT3H-025-1
支架，前	OHT3H-026-1
右排气歧管	OHT6D-009-1
左排气歧管	OHT6D-010-1
飞轮，通用程序 IIIH/VID	OHT6D-020-X
适配器，飞轮	6D020-0X
E77 点火线束	6D020-05
连接头，ECT 传感器，程序ⅥD E77 线束部分	6D020-06
螺栓，飞轮	6D020-03
油底壳	OHT6D-001-1
挡板，适配器，机油滤清器	OHT6D-003-1
挡板，堵头，节温器	OHT6D-004-1
挡板，水泵	OHT6D-005-1
PCV 阀，模拟	OHT6D-013-1
线束，发动机，为 E77 控制器	OHT6D-011-2
E77 ECU，HFV6 PFI，LY7	OHT6D-012-4
油门控制，发动机测功机	OHT3H-011-2
空气质量流量计	OHT6D-040-1
燃油喷嘴	OHT6D-042-1
火花塞	OHT6D-043-1
曲轴位置传感器	OHT6D-044-1
凸轮轴位置传感器	OHT6D-045-1
爆震传感器	OHT6D-046-1
Pre-cat 氧传感器	OHT6D-047-1
冷却液温度传感器	OHT6D-048-1
双节气门体	OHT6D-050-1
2008 LY7 HFV6 发动机	OHT6D-099-1
2009 LY7 HFV6 发动机	OHT6D-099-2
LY7 HFV6 发动机试验活塞和活塞环组	OHT6D-099-3

附 录 H
（规范性附录）
燃油喷嘴检查

H.1 燃油喷嘴试验设备

适合的能对燃油喷嘴进行精确、重复测量的设备。燃油喷嘴应满足 H.2 的要求，实验室可自行设计燃油喷嘴的试验设备。试验设备使用溶剂油作为试验流体。

H.2 燃油喷嘴

H.2.1 在安装试验发动机之前，使用 H.1 中的设备检查所有燃油喷嘴的喷油雾化能力和燃油流量。使用过的燃油喷嘴清洗后达到使用要求依然可以继续使用。

H.2.2 目测检查所有的燃油喷嘴是否干净，是否被油污污染。

H.2.3 目测检查所有的燃油喷嘴的 O 型圈，是否有损坏，若出现损坏按要求更换。

H.2.4 进行试验前，冲洗燃油喷嘴 30 s，去除杂质。

H.2.5 将燃油喷嘴安装在试验设备上，开启设备，使供给喷嘴液态压力达到 290 kPa±3.4 kPa，并在整个试验中保持该压力，压力保持十分重要，因为微小的压力波动会对燃油流量和喷射状态产生巨大影响。压力稳定后，将体积测量装置清零。

H.2.6 每个喷嘴试验进行 60 s，喷嘴喷油时，观察喷油状态。

H.2.7 六个喷嘴间的液体流量差应在 5 mL 内，筛除不合格的喷嘴。

H.2.8 60 s 的测试结束后，关闭燃油喷嘴，保持压力至少 30 s，观察燃油喷嘴是否泄漏，筛除不合格的喷嘴。

附 录 I
（规范性附录）
非相控凸轮齿轮和位置执行器安装程序

I.1 确保全部四个凸轮轴平头平板面与摇臂罩盖密封表面平行而固定。确保凸轮突起部在基圆的一部分，并且发动机可以自由旋转，这样你就能在活塞不撞击气阀的情况下转动曲轴，见图 I.1。

I.2 安装全部四个凸轮轴链齿，例如进气内置凸轮轴和排气的外置凸轮轴，见图 I.2。

I.3 左侧齿轮安装后，用十六进制扳手夹住凸轮轴，四个齿轮的力矩大小为 58 N·m±7 N·m，见图 I.3。

I.4 使用左中间齿轮固定左链条组，在链条组上使用白色点做标记，同时在凸轮齿上做相同标记作为左侧和右侧凸轮齿校准的基准。左侧中间齿轮力矩 58 N·m±7 N·m，见图 I.4。

I.5 安装左侧链条挡板，左侧张紧器和垫圈。张紧器和链条挡板紧固件 23 N·m±3 N·m，见图 I.5。

I.6 安装右侧链条挡板 58 N·m±7 N·m，并检查左侧链条挡板固定在链条组恰当的位置，见图 I.6。

I.7 安装曲轴并校准左侧链条组，见图 I.7。

I.8 安装主链装配组，右中间齿和曲轴齿做白色识别标记，对三个齿轮进行找正，见图 I.8。

I.9 安装主链条挡板，主链条张紧器和垫片。张紧器和链条挡板紧固件力矩 23 N·m±3N·m。右侧中间齿轮力矩 58 N·m±7 N·m，见图 I.9。

I.10 从左侧中间齿轮旋转曲轴到右侧校准标记处，并拆除固定销，并使用正时链和机油泵座检查曲轴齿校准点，见图 I.8 和图 I.10。

I.11 通过记号笔和右对齐侧链在右边中间齿轮和孔的链接位置做标记，在“R”右排气和“R”右进气凸轮齿轮做白色标记，见图 I.11。

I.12 安装链条轨和张紧器。注意，在安装过程中右侧链是最难保持张紧状态的。力矩张紧器和链条轨安装力矩为 23 N·m±3 N·m，见图 I.12。

I.13 从右侧链张紧器拆除销子，见图 I.13。

I.14 检查 4 个凸轮齿轮，主链齿轮和曲轴齿轮的校准，见图 I.14 和图 I.15。

I.15 向后旋转曲轴，逆时针方向旋转刚刚超过左对齐位置，然后回到左边对齐位置，为了对齐需要检查白色标记。顺时针旋转曲轴至右侧对齐，并检查标记。确保链条组不跳上齿轮。

I.16 安装 8 mm 定位销至气缸座位置，见图 I.16。

I.17 检查前罩盖与缸体之间的垫片。安装原有垫片，如果原有垫片损坏或不能使用需更换新的垫片，见图 I.17。

I.18 在发动机前端罩盖涂抹编号为 GM P/N 12378521 的 RTV 密封剂，厚度为 3 mm，见图 I.18。

I.19 安装发动机前盖，将导销滑到相应安装位置进行固定，见图 I.19。

I.20 松开前盖螺栓并安装发动机前盖消音器，见图 I.20。

I.21 按照顺序拧紧发动机前盖螺栓，见图 I.21（1～22）。先以力矩大小为 20 N·m 拧紧螺栓，然后按顺序（1～22）将螺栓继续旋转 60°。

I.22 安装修改的凸轮轴位置执行器，见图 I.22。螺栓力矩为 10 N·m。

图 I.1　平头凸轮轴位置

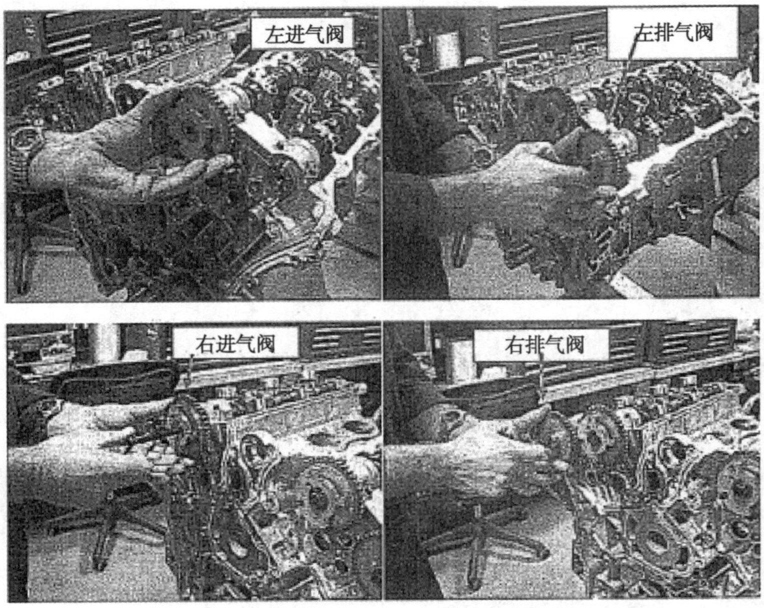

图 I.2　凸轮轴链齿轮安装

图 I.3　凸轮轴链齿轮安装力矩

图 I.4　左侧凸轮轴链齿轮正时校准

图 I.5 安装左侧链条板、张紧器和垫片

图 I.6 安装右侧中间齿轮

图 I.7 安装和校准标记图

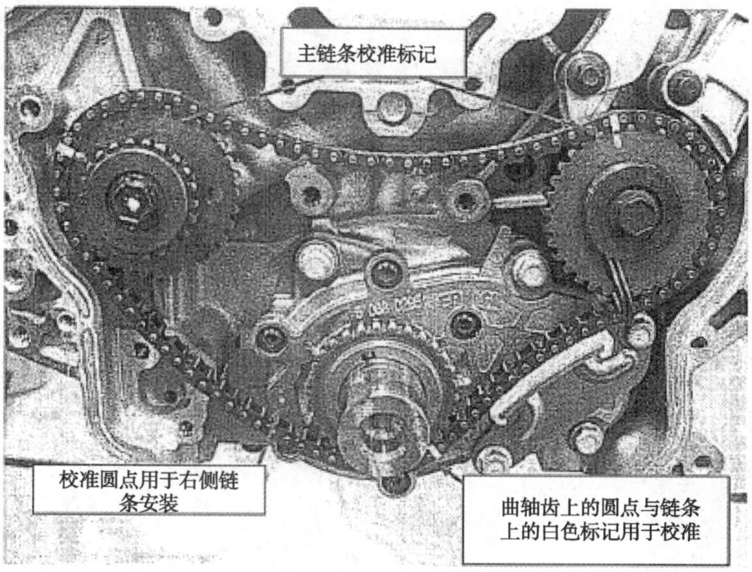

图 I.8　主链条校准标记

图 I.9　主链条张紧器和链条轨安装图

图 I.10　正确的正时校准图

图 I.11　右侧齿轮校准图

图 I.12　链条轨和张紧器安装图

图 I.13　右侧张紧器移除后的销子图

图 I.14　恰当的左侧和右侧链条校准图

图 I.15　右侧链条与中间齿轮校准标记

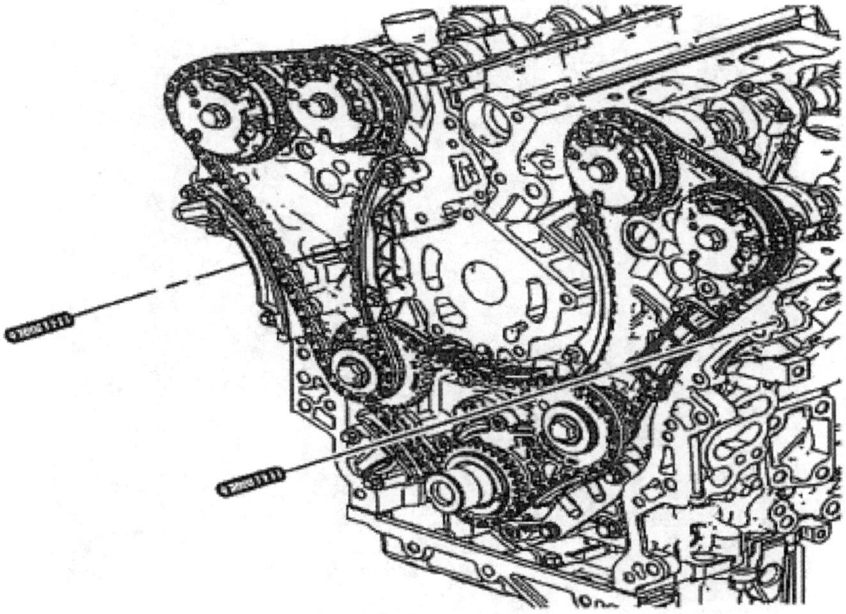

图 I. 16　定位销的位置

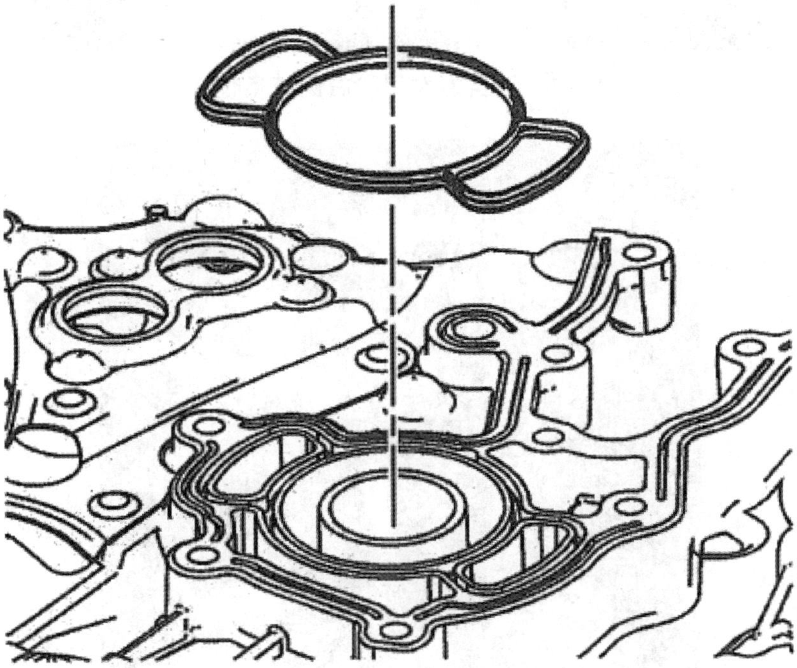

图 I. 17　前罩盖垫片位置

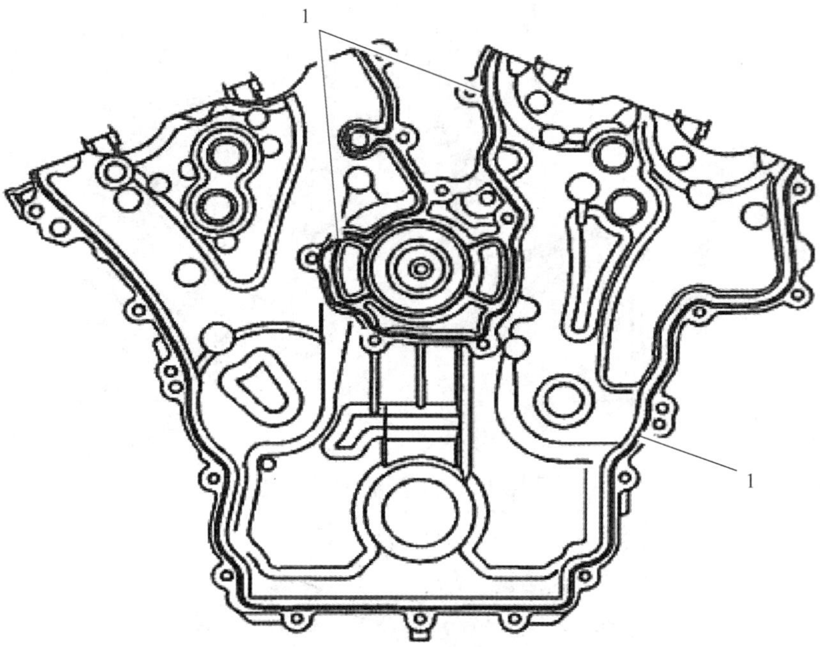

图 I.18　RTV 密封剂涂抹位置

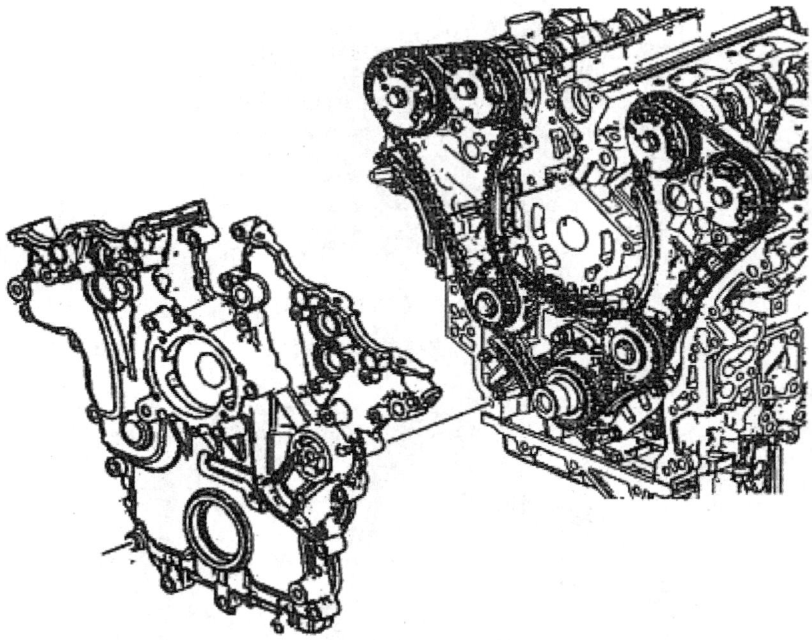

图 I.19　前盖安装

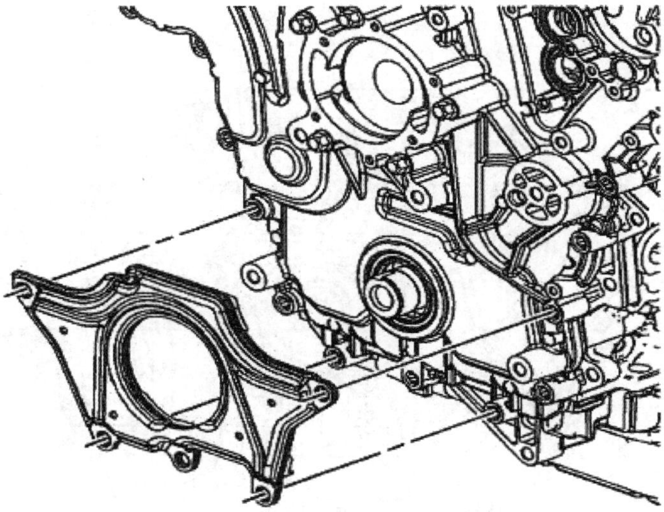

图 I.20　前盖消音器安装

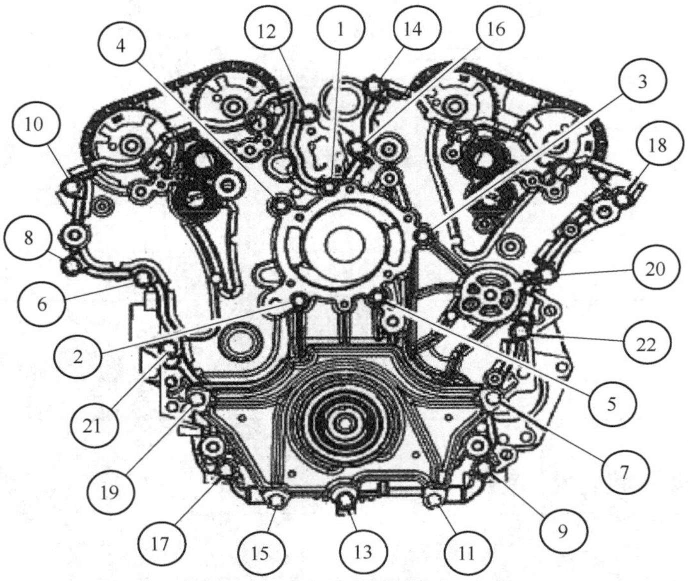

图 I.21　前盖螺丝拧紧顺序

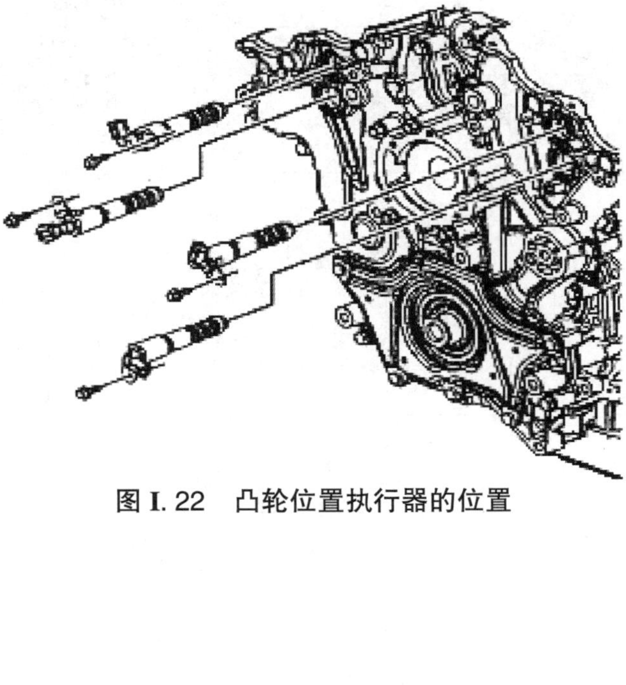

图 I.22　凸轮位置执行器的位置

附　录　J
（规范性附录）
非加权基准油变化的计算

J.1　在稳定的燃油比消耗（E）测量循环期间，用式（J.1）计算每5 min测量平均转速、扭矩和燃油流量，E的计算如下：

$$E = F \times 9549.3 / (V \times T) \quad \cdots\cdots (J.1)$$

式中：

E——燃油比消耗（BSFC），单位为千克每千瓦小时（kg/kW·h）；

F——平均燃油流量，单位为千克每小时（kg/h）；

V——平均转速，单位为转每分钟（$r \cdot min^{-1}$）；

T——平均扭矩，单位为牛顿米（N·m）。

J.1.1　平均转速保留小数点后一位。

J.1.2　平均扭矩保留小数点后两位。

J.1.3　平均燃油流量保留小数点后三位。

J.2　对于阶段1记录每5 min的测量数据，保留小数点后4位，取6个数据平均值。

J.3　6个阶段的平均BSFC保留小数点后五位。

J.4　用式（J.2）计算6个试验阶段下的“燃油耗（R）”单位为千克（kg），总燃油耗的计算结果如表J.1所示。

$$R = V \times P \times L \times W \quad \cdots\cdots (J.2)$$

式中：

R——燃油耗，单位为千克（kg）；

V——平均转速，单位为转每分钟（$r \cdot min^{-1}$）；

P——功率，单位为千瓦（kW）；

L——阶段时长，单位为小时（h）；

W——权重。

表J.1　总燃油耗计算

阶段	转速/($r \cdot min^{-1}$)	×	功率/kW	×	阶段时长/h	×	权重	=	燃油耗/kg
1	2000	×	21.99	×	0.5	×	0.300	=	
2	2000	×	21.99	×	0.5	×	0.032	=	
3	1500	×	16.49	×	0.5	×	0.310	=	
4	695	×	1.46	×	0.5	×	0.174	=	
5	695	×	1.46	×	0.5	×	0.011	=	
6	695	×	2.91	×	0.5	×	0.172	=	
6个阶段总的燃油耗								=	

J.5　按照步骤J.1～J.4各自的功率、阶段时间长度和权重因子进行计算。

J.6　计算六个阶段总的燃油耗质量。

J.7　按照上述公式计算出第一次基准油a、第二次基础准参比油b，最后再用试验油后基准油c作一遍试验的燃油耗。

J.8　计算基准参比油燃油耗结果差值，用式（J.2）计算a～b的变化，用式（J.3）计算b～c的

变化。

$$\Delta_{a\sim b}\% = [(a-b)/a]\times 100 \qquad (J.3)$$

$$\Delta_{b\sim c}\% = [(b-c)/b]\times 100 \qquad (J.4)$$

式中：

a——BLB1 燃油耗，单位为千克（kg）；

b——BLB2 燃油耗，单位为千克（kg）；

c——BLA 燃油耗，单位为千克（kg）。

附 录 K
（规范性附录）
试验结果计算

K.1 在稳定的 E 测量循环期间，根据 11.6.5 用式（K.1）计算每 5 min 测量平均转速、扭矩和燃油流量，E 计算如下：

$$E = F \times 9549.3 / (V \times T) \quad \cdots\cdots (K.1)$$

式中：

E——燃油比消耗（BSFC），单位为千克每千瓦小时（kg/kW·h）；

F——平均燃油流量，单位为千克每小时（kg/h）；

V——平均转速，单位为转每分钟（$r \cdot min^{-1}$）；

T——平均扭矩，单位为牛顿米（N·m）。

K.1.1 平均扭矩保留小数点后两位。

K.1.2 平均燃油流量保留小数点后三位。

K.2 对于阶段 1 记录每 5 min 的测量数据，保留小数点后 4 位，取 6 个数据平均值。

K.3 6 个阶段的平均 BSFC 保留小数点后 5 位。

K.4 用 6 个试验阶段下的燃油耗计算出总燃油耗，见公式（J.2），计算结果如表 K.1 所示。

表 K.1 总燃油耗计算

阶段	转速/（$r \cdot min^{-1}$）	×	功率/kW	×	阶段时长/h	×	权重	=	燃油耗/kg
1	2000	×	21.99	×	0.5	×	0.300	=	
2	2000	×	21.99	×	0.5	×	0.032	=	
3	1500	×	16.49	×	0.5	×	0.310	=	
4	695	×	1.46	×	0.5	×	0.174	=	
5	695	×	1.46	×	0.5	×	0.011	=	
6	695	×	2.91	×	0.5	×	0.172	=	
6 个阶段总的燃油耗								=	

K.5 按照步骤 K.1～K.4 各自的功率、阶段时间长度和权重因子进行计算。

K.6 6 个阶段总的燃油耗质量。

K.7 按照上述公式计算出第一次基准参比油 a 和第二次基础准参比油 b 的燃油耗，试验油在老化阶段 1 之后的燃油耗，试验油在老化阶段 2 之后的燃油耗，最后再用试验油后基准油 c 作一遍试验的燃油耗。

K.8 试验结果用燃油经济性改进百分率 *FEI* 表示。计算公式见式（K.2）和式（K.3）：

$$FEI_1 = \{[(b \times 80\%) + (c \times 20\%) - d] \div [(b \times 80\%) + (c \times 20\%)]\} \times 100 \quad \cdots\cdots (K.2)$$

$$FEI_2 = \{[(b \times 10\%) + (c \times 90\%) - e] \div [(b \times 10\%) + (c \times 90\%)]\} \times 100 \quad \cdots\cdots (K.3)$$

根据发动机运行时间对 FEI 结果进行调整，见式（K.4）和式（K.5）：

$$FEI_{1_{SA}} = FEI_1 + 0.28897 \times \ln(f) - 7.377 \quad \cdots\cdots (K.4)$$

$$FEI_{2_{SA}} = FEI_2 + 0.27207 \times \ln(f) - 7.377 \quad \cdots\cdots (K.5)$$

式中：

$FEI_{1_{SA}}$——根据发动机运行时间调整后的试验油老化阶段 1 后燃油经济性改进百分率；
$FEI_{2_{SA}}$——根据发动机运行时间调整后的试验油老化阶段 2 后燃油经济性改进百分率；
FEI_1——试验油老化阶段 1 后燃油经济性改进百分率；
FEI_2——试验油老化阶段 2 后燃油经济性改进百分率；
a——BLB1 燃油耗，单位为千克（kg）；
b——BLB2 燃油耗，单位为千克（kg）；
c——BLA 燃油耗，单位为千克（kg）；
d——试验油阶段 1 燃油耗，单位为千克（kg）；
e——试验油阶段 2 燃油耗，单位为千克（kg）；
f——发动机运行时间，单位为小时（h）。

附 录 L
（资料性附录）
试验报告

内燃机油节能性能的评定
程序ⅥD 台架
试验报告

送样单位：______________________

油样名称：______________________

试验编号：______________________

试验日期：______________________

试验方法：______________________

试验时间：______________________

燃 料 油：______________________

试验单位：______________________

单位：××××

L.1 试验方法简介

程序ⅥD试验用于评定润滑油的燃油经济性，通过6个不同阶段的运行，对试验油和BL油进行BSFC测量，比较试验油相对BL油的节能性能。

试验发动机为GM（HF）3.6 L、V6四冲程发动机，顶置凸轮轴，每缸4气门，电控燃油喷射。

程序ⅥD试验包括冲洗阶段和试验阶段。试验阶段至少包括3次BL油试验和2次试验油试验(在2次基准参比油试验之间进行)。试验油先在发动机转速为2250 r/min和机油温度为120℃的条件下老化16 h，然后进行6个试验阶段的BSFC测量。之后试验油在发动机转速为2250 r/min和机油温度为120℃的条件下老化84 h，再进行6个试验阶段的燃油经济测量。试验结果用试验油相对BL油的FEI（节能率）表示。测量阶段与老化阶段试验条件见下表：

测量阶段	转速/(r/min)	扭矩/(N·m)	机油温度/℃	冷却液温度/℃
1	2000	105	115	109
2	2000	105	65	65
3	1500	105	115	109
4	695	20	115	109
5	695	20	35	35
6	695	40	115	109

老化阶段	转速/(r/min)	扭矩/(N·m)	机油温度/℃	冷却液温度/℃
1	2250	110	120	110
2	2250	110	120	110

L.2 试验结果总结

<table>
<tr><td rowspan="2"></td><td colspan="4">BL 油</td><td colspan="2">试验油</td></tr>
<tr><td>第1次</td><td>第2次</td><td>第3次</td><td>试验油测量后</td><td>16h 老化后</td><td>84 h 老化后</td></tr>
<tr><td>燃油消耗（未加权）/ kg</td><td></td><td></td><td></td><td></td><td></td><td></td></tr>
<tr><td>燃油消耗（加权）/ kg</td><td></td><td></td><td></td><td></td><td></td><td></td></tr>
<tr><td>变化率[a]/%</td><td></td><td></td><td colspan="2"></td><td></td><td></td></tr>
<tr><td colspan="5">FEI（节能率）/%</td><td></td><td></td></tr>
<tr><td colspan="5">FEI 发动机运行时间调整/ %</td><td></td><td></td></tr>
<tr><td colspan="5">FEI 最终结果/ %</td><td></td><td></td></tr>
<tr><td colspan="5">FEI 总和，FEI_1 和 FEI_2 最终结果相加</td><td></td><td></td></tr>
<tr><td colspan="5">总机油消耗/ mL</td><td></td><td></td></tr>
<tr><td colspan="7">[a] 计算BL变化使用未加权的数值，计算第3次的使用第2次和第3次的结果。</td></tr>
</table>

日　　期：________

试验工程师：________

试验负责人：________

室　主　任：________

L.3 试验数据汇总

L.3.1 BLB1 的 BSFC 数据分析

计算平均值							
机油	测量阶段	BSFC/(kg/(kW·h))	BSFC 变异系数/%	阶段时间/h	额定功率/kW	加权系数	加权后的燃油耗量/kg
BLB1	1			0.5	21.99	0.300	
	2			0.5	21.99	0.032	
	3			0.5	16.49	0.310	
	4			0.5	1.46	0.174	
	5			0.5	1.46	0.011	
	6			0.5	2.91	0.172	
燃油总消耗量:							

L.3.2 BLB2 的 BSFC 数据分析

计算平均值							
机油	测量阶段	BSFC/(kg/(kW·h))	BSFC 变异系数/%	阶段时间/h	额定功率/kW	加权系数	加权后的燃油耗量/kg
BLB2	1			0.5	21.99	0.300	
	2			0.5	21.99	0.032	
	3			0.5	16.49	0.310	
	4			0.5	1.46	0.174	
	5			0.5	1.46	0.011	
	6			0.5	2.91	0.172	
燃油总消耗量:							

L.3.3 BLB3 的 BSFC 数据分析

计算平均值							
机油	测量阶段	BSFC/(kg/(kW·h))	BSFC 变异系数/%	阶段时间/h	额定功率/kW	加权系数	加权后的燃油耗量/kg
BLB3	1			0.5	21.99	0.300	
	2			0.5	21.99	0.032	
	3			0.5	16.49	0.310	
	4			0.5	1.46	0.174	
	5			0.5	1.46	0.011	
	6			0.5	2.91	0.172	
燃油总消耗量:							

L.3.4 试验油（16h 老化后）BSFC 数据分析

计算平均值							
机油	测量阶段	BSFC/(kg/(kW·h))	BSFC 变异系数/%	阶段时间/h	额定功率/kW	加权系数	加权后的燃油耗量/kg
试验油（16h 老化后）	1			0.5	21.99	0.300	
	2			0.5	21.99	0.032	
	3			0.5	16.49	0.310	
	4			0.5	1.46	0.174	
	5			0.5	1.46	0.011	
	6			0.5	2.91	0.172	
燃油总消耗量：							

L.3.5 试验油（84 h 老化后）BSFC 数据分析

计算平均值							
机油	测量阶段	BSFC/(kg/(kW·h))	BSFC 变异系数/%	阶段时间/h	额定功率/kW	加权系数	加权后的燃油耗量/kg
试验油（84 h 老化后）	1			0.5	21.99	0.300	
	2			0.5	21.99	0.032	
	3			0.5	16.49	0.310	
	4			0.5	1.46	0.174	
	5			0.5	1.46	0.011	
	6			0.5	2.91	0.172	
燃油总消耗量：							

L.3.6 BL 油（试验油测量后）BSFC 数据分析

计算平均值							
机油	测量阶段	BSFC/(kg/(kW·h))	BSFC 变异系数/%	阶段时间/h	额定功率/kW	加权系数	加权后的燃油耗量/kg
BL 油（试验油测量后）	1			0.5	21.99	0.300	
	2			0.5	21.99	0.032	
	3			0.5	16.49	0.310	
	4			0.5	1.46	0.174	
	5			0.5	1.46	0.011	
	6			0.5	2.91	0.172	
燃油总消耗量：							

L.4 试验操作条件汇总

L.4.1 16 h 老化普通参数列表

	范围	平均值[a]	最大[a]	最小[a]
发动机转速/($r \cdot min^{-1}$)	2250±5			
发动机扭矩/（N·m）	110.00±0.10			
主油道机油温度/℃	120±2			
冷却液进口温度/℃	110±2			
机油循环温度/℃	记录			
冷却液出口温度/℃	记录			
进气温度/℃	29±2			
燃油流量计处燃油温度/℃	20~32			
油轨燃油温度/℃	22±2			
负载池温度/℃	记录			
机油加热器温度/℃	205（最高）			
进气压力/kPa	0.05±0.02			
燃油流量计处燃油压力/kPa	110±10			
油轨燃油压力/kPa	405±10			
进气歧管压力（绝对压力）/kPa	记录			
排气背压/kPa	4±0.20			
发动机机油压力/kPa	记录			
冷却液流量/($L \cdot min^{-1}$)	80±4			
燃油流量/($kg \cdot h^{-1}$)	记录			
进气湿度/($g \cdot kg^{-1}$)	11.4±0.8			
空燃比	记录			
曲轴箱压力/kPa	0.00±0.25			
[a]基于最少每小时确定一次。				

L.4.2 84 h 老化普通参数列表

	范围	平均值[a]	最大[a]	最小[a]
发动机转速/（$r \cdot min^{-1}$）	2250±5			
发动机扭矩/（N·m）	110.00±0.10			
主油道机油温度/℃	120±2			
冷却液进口温度/℃	110±2			
机油循环温度/℃	记录			
冷却液出口温度/℃	记录			
进气温度/℃	29±2			

表（续）

	范围	平均值[a]	最大[a]	最小[a]
燃油流量计处燃油温度/℃	20~32			
油轨燃油温度/℃	22±2			
负载池温度/℃	记录			
机油加热器温度/℃	205（最高）			
进气压力/kPa	0.05±0.02			
燃油流量计处燃油压力/kPa	110±10			
油轨燃油压力/kPa	405±10			
进气歧管压力（绝对压力）/kPa	记录			
排气背压/kPa	4±0.20			
发动机机油压力/kPa	记录			
冷却液流量/(L·min^{-1})	80±4			
燃油流量/(kg·h^{-1})	记录			
进气湿度/(g·kg^{-1})	11.4±0.8			
空燃比	记录			
曲轴箱压力/kPa	0.00±0.25			

[a] 基于最少每小时确定一次。

L.4.3 BLB1 普通参数列表

		阶段平均值					
	范围	1	2	3	4	5	6
机油循环温度/℃	记录						
冷却液出口温度/℃	记录						
燃油流量计处燃油温度/℃	20~32						
燃油流量计处燃油温差[a]/℃	≤4						
实验室温度/℃	记录						
负载池温度/℃	记录						
负载池温差[a]/℃	≤12						
机油加热器温度/℃	205（最高）						
进气压力/kPa	0.05±0.02						
燃油流量计处燃油压力/kPa	110±10						
油轨燃油压力/kPa	405±10						
进气歧管压力（绝对压力）/kPa	记录						
发动机机油压力/kPa	记录						
冷却液流量/(L·min^{-1})	80±4						
进气湿度/(g·kg^{-1})	11.4±0.8						
曲轴箱压力/kPa	0.00±0.25						
窜气量/(L·min^{-1})	记录						

[a] 整个试验最大的试验阶段平均值与各个试验阶段平均值的差值。

L. 4. 4 BLB2 普通参数列表

		阶段平均值					
	范围	1	2	3	4	5	6
机油循环温度/℃	记录						
冷却液出口温度/℃	记录						
燃油流量计处燃油温度/℃	20~32						
燃油流量计处燃油温差[a]/℃	≤4						
实验室温度/℃	记录						
负载池温度/℃	记录						
负载池温差[a]/℃	≤12						
机油加热器温度/℃	205（最高）						
进气压力/kPa	0. 05±0. 02						
燃油流量计处燃油压力/kPa	110±10						
轨燃油压力/kPa	405±10						
进气歧管压力（绝对压力）/kPa	记录						
发动机机油压力/kPa	记录						
冷却液流量/($L \cdot min^{-1}$)	80±4						
进气湿度/($g \cdot kg^{-1}$)	11. 4±0. 8						
曲轴箱压力/kPa	0. 00±0. 25						
窜气量/($L \cdot min^{-1}$)	记录						

[a] 整个试验最大的试验阶段平均值与各个试验阶段平均值的差值。

L. 4. 5 BLB3 普通参数列表

		阶段平均值					
	范围	1	2	3	4	5	6
机油循环温度/℃	记录						
冷却液出口温度/℃	记录						
燃油流量计处燃油温度/℃	20~32						
燃油流量计处燃油温差[a]/℃	≤4						
实验室温度/℃	记录						
负载池温度/℃	记录						
负载池温差[a]/℃	≤12						
机油加热器温度/℃	205（最高）						

表（续）

		阶段平均值					
	范围	1	2	3	4	5	6
进气压力/kPa	0.05±0.02						
燃油流量计处燃油压力/kPa	110±10						
油轨燃油压力/kPa	405±10						
进气歧管压力（绝对压力）/kPa	记录						
发动机机油压力/kPa	记录						
冷却液流量/(L·min^{-1})	80±4						
进气湿度/(g·kg^{-1})	11.4±0.8						
曲轴箱压力/kPa	0.00±0.25						
窜气量/(L·min^{-1})	记录						
[a] 整个试验最大的试验阶段平均值与各个试验阶段平均值的差值。							

L.4.6 试验油（16h 老化后）普通参数列表

		阶段平均值					
	范围	1	2	3	4	5	6
机油循环温度/℃	记录						
冷却液出口温度/℃	记录						
燃油流量计处燃油温度/℃	20~32						
燃油流量计处燃油温差[a]/℃	≤4						
实验室温度/℃	记录						
负载池温度/℃	记录						
负载池温差[a]/℃	≤12						
机油加热器温度/℃	205（最高）						
进气压力/kPa	0.05±0.02						
燃油流量计处燃油压力/kPa	110±10						
油轨燃油压力/kPa	405±10						
进气歧管压力（绝对压力）/kPa	记录						
发动机机油压力/kPa	记录						
冷却液流量/(L·min^{-1})	80±4						
进气湿度/(g·kg^{-1})	11.4±0.8						
曲轴箱压力/kPa	0.00±0.25						
窜气量/(L·min^{-1})	记录						
[a] 整个试验最大的试验阶段平均值与各个试验阶段平均值的差值。							

L.4.7 试验油（84 h 老化后）普通参数列表

		阶段平均值					
	范围	1	2	3	4	5	6
机油循环温度/℃	记录						
冷却液出口温度/℃	记录						
燃油流量计处燃油温度/℃	20~32						
燃油流量计处燃油温差[a]/℃	≤4						
实验室温度/℃	记录						
负载池温度/℃	记录						
负载池温差[a]/℃	≤12						
机油加热器温度/℃	205（最高）						
进气压力/kPa	0.05±0.02						
燃油流量计处燃油压力/kPa	110±10						
油轨燃油压力/kPa	405±10						
进气歧管压力（绝对压力）/kPa	记录						
发动机机油压力/kPa	记录						
冷却液流量/($L \cdot min^{-1}$)	80±4						
进气湿度/($g \cdot kg^{-1}$)	11.4±0.8						
曲轴箱压力/kPa	0.00±0.25						
窜气量/($L \cdot min^{-1}$)	记录						

[a] 整个试验最大的试验阶段平均值与各个试验阶段平均值的差值。

L.4.8 BL 油（试验油测量后）普通参数列表

		阶段平均值					
	范围	1	2	3	4	5	6
机油循环温度/℃	记录						
冷却液出口温度/℃	记录						
燃油流量计处燃油温度/℃	20~32						
燃油流量计处燃油温差[a]/℃	≤4						
实验室温度/℃	记录						
负载池温度/℃	记录						

表（续）

	范围	阶段平均值					
		1	2	3	4	5	6
负载池温差[a]/℃	≤12						
机油加热器温度/℃	205（最高）						
进气压力/kPa	0.05±0.02						
燃油流量计处燃油压力/kPa	110±10						
油轨燃油压力/kPa	405±10						
进气歧管压力（绝对压力）/kPa	记录						
发动机机油压力/kPa	记录						
冷却液流量/(L·min^{-1})	80±4						
进气湿度/(g·kg^{-1})	11.4±0.8						
曲轴箱压力/kPa	0.00±0.25						
窜气量/(L·min^{-1})	记录						

[a] 整个试验最大的试验阶段平均值与各个试验阶段平均值的差值。

L.5 试验关键汇总

L.5.1 阶段 1 平均值

	范围	BLB1	BLB2	BLB3	试验油（16h 老化后）	试验油（84 h 老化后）	BL 油（试验油测量后）
发动机转速/(r·min^{-1})	2000±5						
发动机扭矩/(N·m)	105.00±0.10						
主油道机油温度/℃	115±2						
冷却液进口温度/℃	109±2						
进气温度/℃	29±2						
油轨燃油温度/℃	22±2						
排气背压/kPa	4±0.17						
燃油流量/(kg/h)	记录						
空燃比	14.00~15.00						
空燃比差值[a]	≤0.50						
BSFC/(kg/(kW·h))	记录						
BSFC 标准偏差	记录						
BSFC 变异系数/%	记录						

[a] 整个试验最大的试验阶段平均值与各个试验阶段平均值的差值。

L.5.2 阶段 2 平均值

	范围	BLB1	BLB2	BLB3	试验油（16h 老化后）	试验油（84 h 老化后）	BL 油（试验油测量后）
发动机转速/(r·min^{-1})	2000±5						
发动机扭矩/(N·m)	105.00±0.10						
主油道机油温度/℃	65±2						
冷却液进口温度/℃	65±2						
进气温度/℃	29±2						
油轨燃油温度/℃	22±2						
排气背压/kPa	4±0.17						
燃油流量/(kg/h)	记录						
空燃比	14.00~15.00						
空燃比差值[a]	≤ 0.50						
BSFC/(kg/(kW·h))	记录						
BSFC 标准偏差	记录						
BSFC 变异系数/%	记录						

[a] 整个试验最大的试验阶段平均值与各个试验阶段平均值的差值。

L.5.3 阶段 3 平均值

	范围	BLB1	BLB2	BLB3	试验油（16h 老化后）	试验油（84 h 老化后）	BL 油（试验油测量后）
发动机转速/(r·min^{-1})	1500±5						
发动机扭矩/(N·m)	105.00±0.10						
主油道机油温度/℃	115±2						
冷却液进口温度/℃	109±2						
进气温度/℃	29±2						
油轨燃油温度/℃	22±2						
排气背压/kPa	4±0.17						
燃油流量/(kg/h)	记录						
空燃比	14.00~15.00						
空燃比差值[a]	≤0.50						
BSFC/(kg/(kW·h))	记录						
BSFC 标准偏差	记录						
BSFC 变异系数/%	记录						

[a] 整个试验最大的试验阶段平均值与各个试验阶段平均值的差值。

L.5.4　阶段 4 平均值

	范围	BLB1	BLB2	BLB3	试验油（16h 老化后）	试验油（84 h 老化后）	BL 油（试验油测量后）
发动机转速/(r・min^{-1})	695±5						
发动机扭矩/(N・m)	20.00±0.10						
主油道机油温度/℃	115±2						
冷却液进口温度/℃	109±2						
进气温度/℃	29±2						
油轨燃油温度/℃	22±2						
排气背压/kPa	3±0.17						
燃油流量/(kg/h)	记录						
空燃比	14.00~15.00						
空燃比差值[a]	≤ 0.50						
BSFC/(kg/(kW・h))	记录						
BSFC 标准偏差	记录						
BSFC 变异系数/ %	记录						

[a] 整个试验最大的试验阶段平均值与各个试验阶段平均值的差值。

L.5.5　阶段 5 平均值

	范围	BLB1	BLB2	BLB3	试验油（16h 老化后）	试验油（84 h 老化后）	BL 油（试验油测量后）
发动机转速/(r・min^{-1})	695±5						
发动机扭矩/(N・m)	20.00±0.10						
主油道机油温度/℃	35±2						
冷却液进口温度/℃	35±2						
进气温度/℃	29±2						
油轨燃油温度/℃	22±2						
排气背压/kPa	3±0.17						
燃油流量/(kg/h)	记录						
空燃比	14.00~15.00						
空燃比差值[a]	≤ 0.50						
BSFC/(kg/(kW・h))	记录						
BSFC 标准偏差	记录						
BSFC 变异系数/ %	记录						

[a] 整个试验最大的试验阶段平均值与各个试验阶段平均值的差值。

L.5.6 阶段6平均值

	范围	BLB1	BLB2	BLB3	试验油 (16h 老化后)	试验油 (84 h 老化后)	BL 油 (试验油测量后)
发动机转速/($r \cdot min^{-1}$)	695±5						
发动机扭矩/(N·m)	40.00±0.10						
主油道机油温度/℃	115±2						
冷却液进口温度/℃	109±2						
进气温度/℃	29±2						
油轨燃油温度/℃	22±2						
排气背压/kPa	3±0.17						
燃油流量/(kg/h)	记录						
空燃比	14.00~15.00						
空燃比差值[a]	≤ 0.50						
BSFC/(kg/(kW·h))	记录						
BSFC 标准偏差	记录						
BSFC 变异系数/%	记录						

[a] 整个试验最大的试验阶段平均值与各个试验阶段平均值的差值。

L.6 故障停机和维修记录

停机次数				
试验时间	日期	停机时间	停机原因	
停机总时间				

备注		
备注项行数		

ICS 75.140
E 43

SH

中华人民共和国石油化工行业标准

NB/SH/T 0928—2016

乳化沥青残留物黏度测定法 真空毛细管法

Standard test method for apparent viscosity of asphalt emulsion residues by vacuum capillary viscometer

2016-12-05 发布 2017-05-01 实施

国家能源局 发布

前　　言

本标准按照 GB/T 1.1—2009 给出的规则起草。

本标准使用重新起草法修改采用美国材料与试验协会标准 ASTM D4957-08《用真空毛细管测定乳化沥青残留物和非牛顿沥青表观黏度试验法》(英文版)。

本标准与 ASTM D4957-08 的主要差异如下:

——本标准按照我国标准的表述形式进行表述;

——本标准中涉及的标准均采用我国的相应标准，删除 ASTM D2171 对应的我国的标准号;

——本标准的规范性引用文件中增加 SH/T 0099.4、SH/T 0099.16、NB/SH/T 0890;

——本标准将 1.3 中的“本标准采用直型开口端试管型黏度计进行试验”修改为“本标准采用直型开口端试管型黏度计和 U 型管型黏度计进行试验”;

——本标准 6 试验设备中的 6.1.1 中增加“推荐等同使用的一种黏度计，详见附录 B”的内容;

——本标准 6.4 真空系统中真空度的显示增加“控制精度为 0.5mmHg 的真空压力表”内容。

——本标准增加 7 试剂和材料一章;

——本标准 8.1 中增加 SH/T 0099.4、NB/SH/T 0890 得到的残留物制备样品的相关说明;

——在试验步骤中增加 U 型管型黏度计相关的试验步骤;

——本标准增加 SH/T 0099.4、SH/T 0099.16、NB/SH/T 0890 得到的牛顿流体残留物的重复性精密度的要求，暂不规定非牛顿流体残留物重复性和再现性精密度的要求;

本标准由中国石油化工集团公司提出。

本标准由全国石油产品和润滑剂标准化技术委员会石油沥青分技术委员会技术归口。

本标准负责起草单位：中国石油大学（华东）重质油国家重点实验室。

参加起草单位：中海油（青岛）重质油加工工程技术研究中心有限公司、中华人民共和国泰州出入境检验检疫局、中国石油化工股份有限公司石油化工科学研究院、中国石油克拉玛依石化公司、中国石油化工股份有限公司齐鲁分公司胜利炼油厂、山东省交通科学研究院

本标准主要起草人：张小英、李福起、才洪美。

标准参加起草人：王翠红、王金勤、陈鹤龄、樊亮、车金良。

本标准为首次发布。

乳化沥青残留物黏度测定法　真空毛细管法

警告：本标准的应用可能涉及某些有危害性的材料、操作和设备，但未对与此有关的所有安全问题都提出建议。用户在使用本标准前有责任制定相应的安全和保护措施，并确定相关规章限制的适用性。

1　范围

1.1　本标准规定了用真空毛细管测定乳化沥青残留物黏度的方法。

1.2　在试验设备允许的能力范围内，本标准也可用于测定非牛顿流体的黏度。

1.3　本标准可用于表征试验条件下作为剪切速率函数的非牛顿流体的流变性质。本标准采用直型开口端试管型黏度计和U型管型黏度计进行试验。本标准未经特殊说明，通常试验条件为温度为60℃，真空度为300 mmHg±0.5 mmHg。本标准黏度的测量范围为5 Pa·s~50000 Pa·s。

注：本标准也适用于在其他温度和真空度下使用，但本标准的精确度是以60℃的黏度数据为依据得到的。

2　规范性引用文件

下列文件对于本文件的应用是必不可少的。凡是注日期的引用文件，仅注日期的版本适用于本文件。凡是不注日期的引用文件，其最新版本（包括所有的修改单）适用于本文件。

GB/T 514　石油产品试验用玻璃液体温度计技术条件

SH/T 0099.4　乳化沥青蒸发残留物含量测定法

SH/T 0099.16　乳化沥青残留物含量测定法（低温减压蒸馏法）

SH/T 0099.17　乳化沥青残留物与馏出油含量蒸馏测定法

NB/SH/T 0890　低温蒸发回收乳化沥青残留物试验法

3　术语和定义

下列术语和定义适用于本文件。

3.1

牛顿流体　Newtonian fluid

黏度与剪切速率无关的流体即为牛顿流体。对于牛顿流体剪切应力与剪切速率的比值为常数，这个常数就是牛顿流体的黏度。

3.2

非牛顿流体　non-Newtonian fluid

剪切应力与剪切速率的比值不是常数的流体。

3.3

表观黏度　apparent viscosity

非牛顿流体内部的变形阻力和内摩擦力的量度。表观黏度为剪切应力和剪切速率的比值。

4 方法概要

在设定的真空度和温度下，测定一定体积的液体流过一端开口的直型毛细管或 U 型管型黏度计所需的时间。表观黏度是流动时间的秒数与黏度计校正系数的乘积。

5 意义和用途

本试验用来表征乳化液残留物的流动行为。因为非牛顿流体的黏度值取决于剪切应力水平，剪切过程和剪切历程，不是材料独有的性质。在测量过程的试验条件下，非牛顿流体的黏度是一个具有流体-黏度计系统的特性参数，因此，对比非牛顿流体的材料的行为应该只在剪切应力和剪切历程相似的条件下，在相似的黏度计中测定表观黏度才能进行对比。样品制备过程对于试验结果的重复性和再现性非常重要。

6 仪器设备

6.1 黏度计：毛细管型，由硼硅酸盐玻璃淬火制成，符合下列条件的适合本试验。

6.1.1 MK 型真空黏度计，如附录中 A 中描述。可以从供应商购买校正好的黏度计。推荐等同使用的一种黏度计，称为 U 型管型黏度计，详见附录 B。关于黏度计的校正见附录 C。

6.2 温度计：校正好的玻璃液态温度计，符合 GB/T 514 中的 GB-20 沥青黏度 1 号玻璃液态温度计的要求。或具有相同精度的其他测温设备均可用。本标准中使用的温度计设备最少每 6 个月校准一次。

注：专用的温度计为标准全浸式温度计，这就意味着水银柱的顶端浸入，温度计杆的剩余部分和膨胀室暴露在空气中。不推荐将温度计完全浸入。当温度计采用完全浸入时，每个温度计都必须在完全浸入的条件下进行校正。如果温度计完全浸入到水浴中，膨胀室中气体的压力就会高于或低于标定过程中的压力，这就会引起温度计读数偏高或偏低。

6.3 水浴：水浴应适合于浸没黏度计，使黏度计最上面的计时标志刻度浸没水浴液面以下至少 20 mm，且便于观察黏度计和温度计。黏度计应有牢固的支撑。水浴应充分搅拌，以保证热量输入与热量损失之间的平衡，保证在整个黏度计高度范围内或不同位置的黏度计之间水浴介质温度波动不大于 0.03℃。

6.4 真空系统：真空系统应能使真空度保持在 39996 Pa±67 Pa（300 mmHg±0.5 mmHg）范围内。系统的基本组成部分如图 1 所示。真空系统的线路应采用内径 6.35 mm 的管，所有的接头应密封不漏。当系统密闭时，开口式水银压差计（刻度 1 mm）或控制精度为 0.5 mmHg 的真空压力表指示的真空度不应降低。真空源可以采用合适的真空泵或吸气泵。真空测量系统至少每 6 个月校准一次。

6.5 计时器：采用刻度为 0.1 s（或更小），误差在 0.05%以内，整个计时范围不少于 15 min 的秒表或其他计时装置均可，也可以使用电子线圈的频率控制在精确度为 0.05%的范围内或精度更高的电子计时设备。用于本方法的计时设备至少每 6 个月校准一次。

注：交流电的频率是间歇的，没有被连续控制。将公共电力系统提供的交流电用于精密的电子计时设备时，尤其是用于短时间的测量时，可能会引起很大的误差。

6.6 制备样品的烘箱：采用一个可以将温度控制在 202℃±2℃范围内半连续操作的烘箱。烘箱应具有较快的加热速率，目的是需要短时间对样品进行观测时不拖延试验时间。

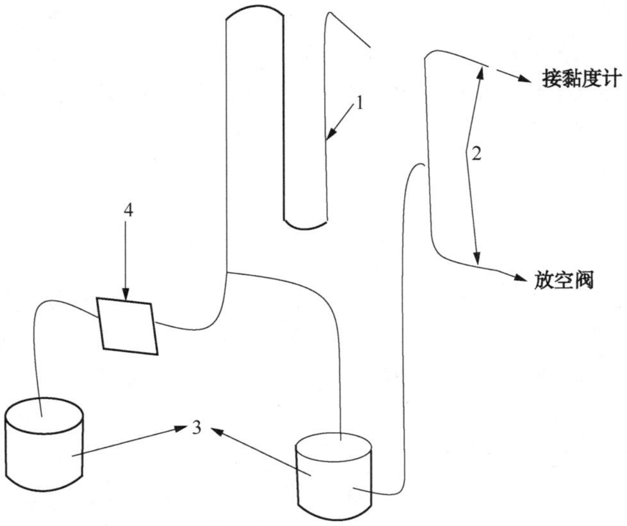

1—开口式水银压差计或真空压力表；2—调节阀或旋塞阀；3—1 升缓冲罐；4—压力稳定器

图 1　真空系统基本组成部分

7　试剂与材料

7.1　试剂

7.1.1　石油醚：60℃～90℃，化学纯。

7.1.2　甲苯或与甲苯具有相似功能的其他洗液：甲苯为化学纯。与甲苯具有相似功能的其他洗液宜为无毒且能溶解乳化沥青残留物的其他石油产品或洗液。

7.1.3　蒸馏水或去离子水。

7.1.4　铬酸洗液或符合要求的溶液：见 9.9 中的注。

7.1.5　丙酮：化学纯。

7.2　材料

7.2.1　烧杯：50 mL。

7.2.2　玻璃棒。

8　样品制备

8.1　乳化沥青残留物

如果样品是从乳液通过 SH/T 0099.4、SH/T 0099.16、SH/T 0099.17 得到的热残留物，直接向 50 mL 烧杯中倒入一部分样品。然后将烧杯中的残留物样品加热或冷却到 195℃±5℃，并以每秒钟 1 转的速度搅拌样品 10 s，然后按照 9 试验步骤的要求向黏度计中倒入正确数量的样品。或者将这部分样品完全冷却放在一边留作以后试验用，以后试验时这些样品按照 8.2 的要求进行处理。

8.2　室温样品

如果残留物是室温样品或者是通过 NB/SH/T0890 制备的残留物，在已恒温到 195℃±5℃的烘箱中加热样品。偶尔搅拌样品直到样品均匀，并将样品倒入已预热过的 50 mL 烧杯中以每秒钟 1 转的

速率搅拌样品 10 s。然后按照 9 试验步骤的要求向黏度计中倒入正确数量的样品。

注 1：对于一些沥青和一些乳化沥青残留物，试验前的剪切过程和加热历程可能会引起试验结果的变化。仔细制备样品对保持试验结果的一致性非常重要。

注 2：如果在 195℃±5℃的温度下，沥青流动性不够好不能倾倒或将样品转移到黏度计过程中样品流动性太强易飞溅，在协议双方达成一致的情况下也可以采用其他倾倒温度。

9 试验步骤

9.1 使恒温浴温度保持在试验温度±0.03℃范围内，必要时对所有的温度计读数进行校正。

9.2 选择干净的、干燥好的黏度计，使黏度计 C 区流动时间在 50 s~200 s 范围内。将 MK 型黏度计的装料管和毛细管或整个 U 型黏度计放入 195℃±2℃的烘箱中预热 5 min，以消除倾倒过程中进入残留物样品中的气泡。

9.3 将准备好的样品倒入装料管装料线 E 的±2 mm 以内（见图 2）。

注：对黏度较高的样品进行试验，为了避免气泡圈留在样品中，可以在毛细管放入黏度计之前，用真空源对装料管施加 30 s 轻微的真空。

单位为毫米

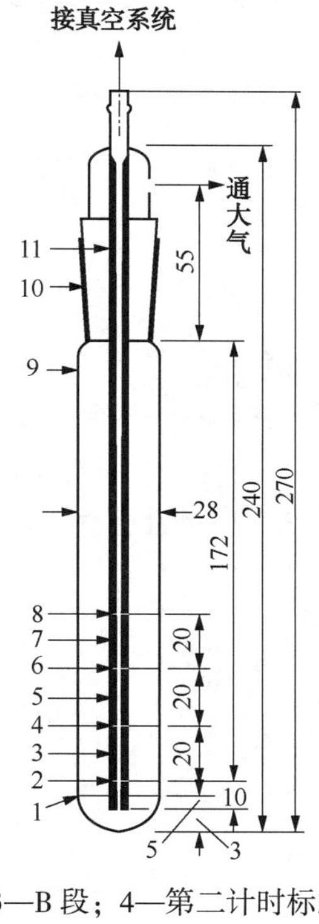

1—装料线 E；2—第一计时标志 F；3—B 段；4—第二计时标志 G；5—C 段；6—第三计时标志 H；7—D 段；8—第四计时标志 I；9—装料管 A；10—24/40 磨口；11—真空管

图 2 MK 型黏度计

9.4 将装好样品的 MK 黏度计的装料管或 U 型管黏度计放在 195℃±2℃的烘箱中维持 10 min±2 min，赶走大气泡。

9.5 从烘箱中移除 U 型毛细管或 MK 黏度计的装料管和毛细管，将毛细管装入装料管中并调整好位置。将黏度计插入黏度计夹中并在恒温浴中固定好，确保其最上部的计时刻度位于水浴液面以下最少 20 mm。

注：小直径的黏度计管的毛细运动会引起样品升高，且高于第一个计时刻度线。如果产生这种问题，在进行试验前几分钟应避免毛细管接触到样品，然后快速放好位置平衡 1 min~2 min。

9.6 在真空系统中建立试验所需的真空度，用装在黏度计管路上的调节阀或旋塞阀将真空系统与黏度计连接起来。使系统真空度维持在试验所需真空度的±0.5 mmHg 范围内。

9.7 黏度计在恒温浴中恒温 30 min±5 min 后，打开通向真空系统管路上的调节阀或旋塞阀，使残留物流入毛细管中。

9.8 测量残留物弯月面前沿通过两个相邻计时刻度线之间的距离所需时间，精确到 0.1 s。报告两个计时标志刻度线间第一个超过 60 s 的流动时间，并注明这对标准刻度线的标号。

9.9 试验完成后，从恒温浴中取出黏度计。并倒放在 175℃±5℃的烘箱中，直至残留物从黏度计中全部流出。从装料管中取出毛细管，多次通过毛细管吸入甲苯或具有相同效果的其他洗液彻底洗出残留物，然后再用石油醚冲洗。向毛细管内通入小流量的干净的干燥空气（时间约 2 min 或直到溶剂完全挥发）使毛细管干燥。或者将黏度计放在玻璃清洗烘箱中，烘箱温度不超过 500℃，接着用去离子水或者蒸馏水、无残渣丙酮冲洗并用干净、干燥的空气吹干。如果观察到有沉淀物出现，用铬酸洗涤溶液去除有机沉淀物，再用去离子水或者蒸馏水、无残渣丙酮冲洗，并用干燥的空气吹干。

注：铬酸洗液的制备：将 92 g 重铬酸钾溶解到 458 mL 的水中，将 800 mL 浓硫酸加入到该重铬酸钾的水溶液中。也可以使用商业上相似的硫酸洗液。不含铬的强氧化酸性洗液可以避免含铬溶液的处理问题。用碱性洗液会造成黏度计毛细管的变化，故不推荐使用。

10 计算

10.1 对于任何一个计时刻度从设备生产商给定的校正常数中选择合适的黏度常数。

10.1.1 选择与计时标志刻度（如 8.9）所对应的校正系数，用公式（1）计算并报告黏度 $\eta_{区}$（Pa·s），保留三位有效数字：

$$\eta_{区}=K_{区}\cdot t \tag{1}$$

式中：

$\eta_{区}$——选用计时区内的表观黏度，Pa·s；

t——沥青弯月面穿过选用计时区域所消耗的时间，s；

$K_{区}$——选用计时区的黏度计常数，Pa·s/s。

注：如果黏度计常数或校正系数（K_{cgs}）用 cgs 单位制表示（即 P/s），则用 SI 国际单位制表示的 K_{si}（Pa·s/s）与 K_{cgs} 换算关系如下：

$$K_{si}\ (\text{Pa}\cdot\text{s/s})=K_{cgs}/10 \text{ 或 } (\text{P/s})/10$$

10.1.2 根据方程（2）计算与表观黏度相关的剪切速率：

$$\text{剪切速率 } \gamma_{区}=\frac{4L}{Rt}=\text{剪切常数}/t \tag{2}$$

式中：

$\gamma_{区}$——剪切速率，s^{-1}；

R——毛细管半径，mm；

L——计时区的长度，mm；

t——残留物弯月面穿过选用计时区域所消耗的时间，s。

剪切常数值见附录 A 中的表 A.1。

注：如果科研需要计算剪切速率，建议用 MK 型黏度计；如果需要用 U 型管型黏度计进行剪切速率的计算，请与黏度计生产商联系确定相关的剪切常数。

10.1.3 如果需要的话，从公式（3）计算平均剪切应力：

$$\tau=\eta\cdot\gamma \tag{3}$$

式中：

τ——以达因/每平方厘米表示的剪切应力；

η——以 Pa·s 表示的表观黏度；

γ——以秒的倒数表示的剪切速率。

用这种方式可以计算计时区的表观黏度、剪切速率和剪切应力。

10.2 如果需要的剪切速率范围较宽，在后续的试验中真空度的增加或降低和新的黏度常数的计算可以根据关系（4）进行计算：

$$[K_{区}]_2=\frac{P_2-h}{P_1-h}\cdot[K_{区}]_1 \quad\cdots\cdots(4)$$

式中：

h——在附录 A1 中表 A1.1 中的区域的中点处液柱压力，mmHg；

$[K_{区}]_1$——黏度常数以 Pa·s 表示；

$[K_{区}]_2$——以 Pa·s 表示，应用的真空度下的黏度常数；

P_1——标准的真空度，一般为 300 mmHg；

P_2——应用的真空度，mmHg。

对于新的真空度下得到的时间重复进行 9.1 的计算过程。对流动性好的材料降低真空度以增加材料的流动时间。或者对于太粘的材料增加真空度以减少材料的流动时间。报告得到的结果及试验条件。

11 报告

报告黏度试验的试验温度和真空度，以及由此得到的表观黏度，例如在 60℃和 150 mmHg 真空度下的黏度，单位为 Pa·s。同时报告中残留物的制备方法。

12 精密度和偏差

12.1 精密度

用下列规则判断在 60℃和 300 mmHg 下试验结果的可接受性（95%的置信水平）

12.1.1 重复性

对 SH/T 0099.04、SH/T 0099.16、SH/T 0099.17、NB/SH/T 0890 方法制备的残留物，对同一操作者采用同一规格的毛细管的重复性试验结果之间的差：

a）对牛顿流体不应大于他们平均值的 7%；

b）对非牛顿流体本标准未规定其重复性精密度。

12.1.2 再现性

对两个不同的试验室采用同一规格的黏度计提交的再现性试验结果之间的差：

a）对 SH/T 0099.04、SH/T 0099.16、SH/T 0099.17 得到的牛顿流体残留物，不应大于他们平均值的 10%；NB/SH/T 0890 方法制备的牛顿流体残留物暂不规定再现性精密度。

b）对非牛顿流体本标准未规定其再现性精密度。

12.2 偏差

在本试验方法中没有标准材料用于决定标准偏差，所以本标准没有偏差。

13 关键词

沥青；毛细管；真空度；黏度计；黏度

附 录 A
(规范性附录)
MK 型黏度计规格

A.1 范围

MK 型真空毛细管黏度计有 5 种规格，60℃黏度测定范围为 4.2 Pa·s～20000 Pa·s（42 泊～200000 泊），50 号～200 号最适合于测定沥青 60℃的黏度。

A.2 仪器

A.2.1 MK 型真空毛细管的设计及制造尺寸见图 2。该黏度计的系列规格号，近似半径、近似毛细管校正系数和黏度测定范围见表 A.1。

表 A.1 MK 真空毛细管黏度计规格、毛细管半径和近似校正系数

黏度计规格		50	100	200	400
剪切常数/（Pa·s/s）		320	160	80	40
半径/mm		0.25	0.50	1.0	2.0
区	h	K	K	K	K
B	1.1	0.80	3.2	12.8	50
C	2.6	0.44	1.6	6.4	25
D	4.1	0.26	1.0	4.2	16
E	5.5	0.20	0.78	3.1	12.5
F	7.0	0.16	0.62	2.5	10

注 1：精确的毛细管校正系数必须用黏度标准样品测得。

注 2：本表所示的黏度范围是对应于流动时间为 60 s～400 s 的。可以使用较长的流动时间（1000 s 以下）。

A.2.2 本黏度计包括一个单独的装样管 *A*，和一个精确孔径的玻璃毛细管。这两部分用一个标准锥度 24/40 的硅酸硼玻璃磨口接头联接在一起，玻璃毛细管分 *B*、*C*、*D* 三个测量段被计时标志 *F*、*C*、*H* 和 *I* 隔开，每段长 20 mm。

A.2.3 可在一个 11 号橡皮塞上钻出一个直径约 28 mm 的孔，把孔与边缘之间切开，做成一个简易的黏度计架，当把这个塞子放入水浴盖上直径为 51 mm 的孔中时，这个架将把黏度计固定住。

附 录 B
（规范性附录）
U 型管型黏度计规格

B.1 范围

U 型管型黏度计有 7 种规格，黏度测定范围为 4.2 Pa·s~580000 Pa·s，50 号~200 号最适合于测定沥青 60℃的黏度。

B.2 仪器

B.2.1 U 型管型真空毛细管黏度计的设计及制造尺寸见图 B.1，黏度计规格、近似半径、近似校正系数及黏度测定范围见表 B.1。

B.2.2 在该黏度计臂 M 上有 *B*、*C*、*D* 三个测量段，它们是具有精密孔径的毛细管，三个测量段用 *F*、*G*、*H*、*I* 隔开，每段长 20 mm。

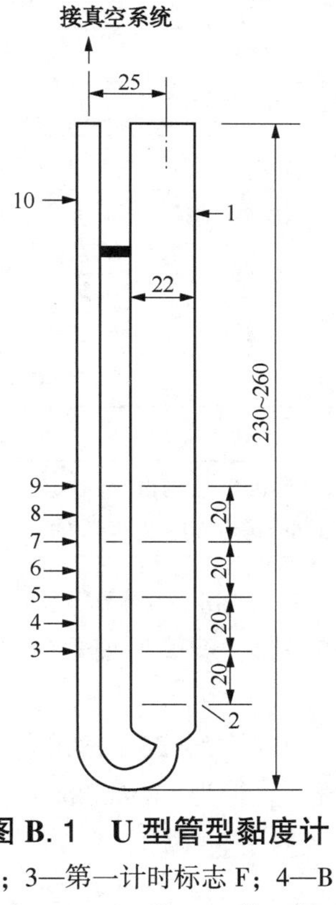

图 B.1 U 型管型黏度计

1—装料管 A；2—装料线 E；3—第一计时标志 F；4—B 段；5—第二计时标志 G；6—C 段；7—第三计时标志 H；8—D 段；9—第四计时标志 I；10—真空管 M

B.2.3 在一个 11 号橡皮塞上钻出两个直径分别为 22 mm 和 8 mm 的孔，两个孔中间距离为 25 mm，将两孔之间及 8 mm 孔与边缘之间切开，做成一个简易的黏度计架。当把这个塞子放入水浴盖上直径为 51 mm 的孔中时，这个架将把黏度计固定住。

表 B.1 U 型管型黏度计规格、毛细管半径、近似校正系数和黏度测量范围

黏度计规格	毛细管半径/mm	近似毛细管系数[a]/（Pa·s/s）			黏度测定范围[b]/（Pa·s）
		B	C	D	
25	0.125	2	1	0.7	4.2~80
50	0.25	8	4	3	18~320
100	0.50	32	16	10	60~1280
200	1.0	128	64	40	240~5200
400	2.0	500	250	160	960~20000
400R[c]	2.0	500	250	160	960~140000
800R[c]	4.0	2000	1000	640	3800~580000

[a] 精确的毛细管校正系数必须用黏度标准样品测得。

[b] 表中所示的黏度范围是对应 60 s~400 s 的，也可以使用较长的流动时间。

[c] 为屋面沥青设计的一种特殊规格，在计时标志 F 以上增加了 5 mm 和 10 mm 计时线，用这一计时标志和 B 段的校正系数，可以增加黏度的测定范围。

附　录　C
(规范性附录)
黏度计的校正

C.1　范围

本附录介绍校正或检验本方法所使用的黏度计所需要的材料和步骤。

C.2　材料

具有表 C.1 所列近似黏度值的黏度标准样品。

C.3　校正

C.3.1　利用黏度标准样校正黏度计步骤

C.3.1.1　从表 C.1 中选择一个在校正温度下最小流动时间为 60 s 的黏度标准样品。
C.3.1.2　将该标准样品倒入干净、干燥的待校黏度计中，至装料线 E±2 mm（见图 2）。
C.3.1.3　将装有样品的黏度计放入温度精确至±0.01℃的水浴中。
C.3.1.4　建立真空系统，使真空度保持在 39996 Pa±67 Pa（300 mmHg±0.5 mmHg）。用旋塞阀把黏度计与真空系统连接起来。
C.3.1.5　黏度计放入水浴中 30 min±5 min 后，打开旋塞阀，使黏度标准样品流入毛细管。
C.3.1.6　用秒表测量弯月面前沿通过计时标志 F 和 G 所需的时间（精确到 0.1 s）和通过计时标志 G 和 H 所需的时间（精确到 0.1 s）。
C.3.1.7　毛细管校正系数按式（C.1）计算：

$$k=\rho_v/t \qquad \text{(C.1)}$$

式中：
ρ_v——校正温度下黏度标准样品的黏度，Pa·s；
t——流动时间，s；
k——真空度为 39996 Pa±67 Pa（300 mmHg±0.5 mmHg）下黏度计的校正系数，Pa·s/s。

C.3.1.8　利用同一黏度标准样品或另一黏度标准样品重复这些校正步骤，计算各毛细管和平均校正系数 K。每一个毛细管两次测定的校正系数 K 必须在它们平均值的 2%以内。毛细管的校正系数与温度无关。

C.3.2　利用标准真空黏度计校正真空黏度计的具体校正步骤

C.3.2.1　任意选择一种流动时间至少为 60 s 的石油沥青，再挑选一支已知毛细管系数的标准黏度计。
C.3.2.2　将标准黏度计与要校正的黏度计一起安装在同一个水浴中（60℃），按照 9.1~9.9 节中所叙述的步骤测定沥青的流动时间。

表 C.1 黏度标准样品

黏 度 号	近似黏度/（Pa·s）	
	20℃	40℃
N30000	150	21
N190000	800	140
S30000	—	21

C.3.2.3 校正系数 k_1 按式（C.2）计算：

$$k_1 = (t_2 \cdot k_2) / t_1 \quad \text{(C.2)}$$

式中：

k_1——被校正的黏度计的校正系数；

t_1——被校正的黏度计的流动时间，s；

k_2——标准黏度计的毛细管系数；

t_2——标准黏度计的相应流动时间，s。

ICS 75.100
E 40

SH

中华人民共和国石油化工行业标准

NB/SH/T 0929—2016

润滑油中氯元素含量的测定　电感耦合等离子体发射光谱法

Standard test method for determination of chlorine in lubricating oils by inductively coupled plasma atomic emission spectrometry

2016-12-05 发布　　2017-05-01 实施

国家能源局　发布

前　言

本标准按照 GB/T 1.1—2009《标准化工作导则　第 1 部分：标准的结构和编写》给出的规则起草。

本标准由中国石油化工集团公司提出。

本标准由全国石油产品和润滑剂标准化技术委员会合成油脂分技术委员会（SAC/TC280/SC5）归口。

本标准主要起草单位：中国石化润滑油有限公司重庆分公司。

本标准参加起草单位：北京飞机维修工程有限公司、深圳市计量质量检测研究院、中国广州分析测试中心、润英蓝地计量检测（上海）有限公司、国家石油石化产品质量监督检验中心（广东）、中国石油东北销售公司、厦门太古飞机工程有限公司校准检测中心。

本标准主要起草人：李萍、罗玉兰、胡晓明、张琴、张世元、余树楷、刘建刚、张文媚、杨丽华、尤培勇。

润滑油中氯元素含量的测定　电感耦合等离子体发射光谱法

警告：本标准可能涉及某些危险性的材料、操作和设备，但是无意对与此有关的所有安全问题都提出建议。因此，使用者在应用本标准之前应建立适当的安全和防护措施，并确定相关规章限制的适用性。

1　范围

本标准规定了采用电感耦合等离子体发射光谱（ICP-AES）法测定润滑油中氯元素含量的方法。

本标准的测定范围为：0.0039%～13.56%（质量分数）。此范围是在实验室间研究的样品浓度范围。氯元素含量低于此范围的样品，可以采取增加样品量的方法进行测定，可测定浓度的下限取决于仪器的灵敏度和样品的稀释因子；氯元素含量高于此范围的样品，可以采取减少样品量或者样品溶解后增大稀释倍数的方法进行测定，可测定浓度的上限取决于校准曲线的最高浓度和样品稀释因子。但是，尚未确定这些条件下的精密度。这些条件下的精密度可能与表2所给出的不同。

本标准不适用于硅油中氯含量的测定。

2　规范性引用文件

下列文件对于本文件的应用是必不可少的。凡是注日期的引用文件，仅所注日期的版本适用于本文件。凡是不注日期的引用文件，其最新版本（包括所有的修改单）适用于本文件。

GB/T 4756　石油液体手工取样法

GB/T 4901　常规控制图

GB/T 6683　石油产品试验方法精密度数据确定法

GB/T 17476　使用过的润滑油中添加剂元素、磨损金属和污染物以及基础油中某些元素测定法（电感耦合等离子体发射光谱法）

NB/SH/T 0843　石化行业分析测试系统的评价　统计技术法

ASTM D6792　石油产品和润滑油测试实验室的质量体系指南

3　方法概要

将一份经过准确称量的充分均匀的试样，以一定的质量比稀释于混合二甲苯或其他合适溶剂中。如果需要，将内标直接称量加入试样溶液或预先将内标与稀释溶剂混合。再以同样的方式制备校准溶液。用自由吸入或蠕动泵将试样溶液导入电感耦合等离子体发射光谱仪（ICP-AES）进行测定。通过比较试样溶液与标准溶液中氯元素的发射强度，计算试样溶液中氯元素的含量。

4　干扰

4.1　光谱干扰：各种润滑油中常见的添加剂元素对氯 134.724 nm 及 135.165 nm 谱线无光谱干扰。硅对氯 134.724 nm 谱线有光谱干扰，可选择氯的其他谱线进行测定，如果在样品中含有硅时使用氯 134.724 nm 谱线，可按照 GB/T 17476 的技术校正，也可按照仪器制造商的操作指南，确定并应用校

正因子对干扰进行校准。

4.2 基体干扰：硅对氯的测定有基体干扰，导致结果偏低，硅油中氯元素的测定不适宜用本标准。除硅外的其他润滑油添加剂元素均无基体干扰。

5 仪器

5.1 电感耦合等离子体发射光谱仪：无论顺序扫描型或同时测定型，只要具备 ICP 石英炬管和射频发生器，能产生和维持等离子体，光谱仪波长范围达到 130 nm 均可使用。氯元素的推荐波长见表 1。

表 1 氯元素的推荐波长

元素	波长[a]/nm		
氯	134.724	135.165	136.345
注：这些波长仅为建议，并不代表全部可能的选择。			
[a]氯元素的所有谱线的波长均低于 190 nm，需要真空光室或用惰性气体吹扫光路。			

5.2 蠕动泵（推荐使用）：为了提供稳定的进样操作，推荐使用蠕动泵进样，泵速范围为 0.5 mL/min～3 mL/min。蠕动泵进样管应确保与有机溶剂接触至少 6 h 性质不变。推荐使用氟橡胶管。

5.3 试样溶液容器：适当大小带内盖的玻璃瓶或塑料瓶。

5.4 天平：感量为 0.0001 g，量程能够满足样品称取及配制溶液的需要。

5.5 超声波均化器（选用）：可用于均化试样溶液的水浴型或探针型超声波均化器。

6 试剂和材料

6.1 稀释溶剂：混合二甲苯（分析纯）；煤油及其他合适溶剂如果事先经过验证，有足够的纯度而不影响测定准确性，也可以使用。在稀释溶剂使用前应对其中的氯元素进行检测，确认不含氯方可使用。

警告：有机溶剂易燃，长时间吸入有机溶剂的蒸气会引起慢性中毒。

6.2 基础油：不含氯元素的润滑油基础油或白油（轻质油品），室温下黏度尽可能接近于被分析样品的黏度。

6.3 内标物质（根据需要）：需选用油溶性内标物，建议选择油溶性的钴（Co）或钇（Y）作内标元素。

6.4 氯标准物质：推荐使用商品化的氯标准物质，常用氯标准物质的浓度有 0.05%（质量分数）、0.1%（质量分数）0.5%（质量分数）、5%（质量分数）。

7 取样

按照 GB/T 4756 的规定进行取样。

8 仪器准备

8.1 仪器参数设置：由于各种仪器及电感耦合等离子体激发源设计上的不同，不能给出详细的（统一固定的）仪器参数，参考仪器手册中用有机溶剂进样的操作条件，根据选用的稀释溶剂设置仪器参数。这些参数包括：波长、背景校正（建议单边扣背景）、元素干扰系数（见 4.1 条）、积分方式（建议采用峰高法）、积分时间及内标校正（根据需要）。每次测量要求多次积分（一般为 3 次，含

量较低的样品建议（4~6）次）。

8.2 蠕动泵：如果需要使用蠕动泵，每次启动前先检查泵进样管，必要时进行更换。检查溶液提升率并将其调节到所需要的进样速率。

8.3 ICP 激发源：在试样分析前至少 30 min 点燃等离子体，在预热期间雾化稀释溶剂，并检查炬管点燃后是否积炭，一旦发现有积炭，应立即更换炬管并按照仪器操作手册采取适当的处理措施。

8.4 谱线轮廓：按仪器操作说明进行谱线轮廓扫描。

9 内标溶液的制备（可选择）

9.1 要求试样溶液具有相同的内标元素浓度，并在原始样品中不存在该元素。通常将内标元素加入稀释溶剂中，内标补偿可用以下两种方法：

a）通过测量氯元素的谱线强度与单位浓度的内标元素强度比建立比值校准曲线，试样溶液中氯元素的浓度可直接从校准曲线读得；

b）基于氯元素和内标元素的强度建立校准曲线时，从校准曲线读出试样溶液中氯元素未校正的浓度。该浓度需乘以一个校正因子进行修正，校正因子等于内标的实际浓度除以内标的测定浓度。

9.2 将作为内标的油溶性的钴（Co）或钇（Y）溶解于稀释溶剂后转移到合适的容器中定容。要监控溶液的稳定性（通常每周一次），当内标元素有明显变化时，应重新配制。内标元素浓度应当至少是其检测限的 100 倍，典型的浓度范围在 10 mg/kg~20 mg/kg 之间。

10 试样制备

10.1 称取适量的样品（精确到 0.0001 g），记录其质量 W_1。称样量根据样品中氯含量确定，加入合适的稀释溶剂，以质量百分比稀释，混合均匀后密封保存。记录加入稀释溶剂后试液的总质量 W_2。

10.2 氯含量较高的样品，可减少称样量，然后加入一定量的基础油，再用稀释溶剂稀释该混合物，混合均匀。

10.3 记录所有的质量，按式（1）计算稀释因子 K。

$$K=\frac{W_2}{W_1} \qquad (1)$$

式中：

K——稀释因子；

W_1——试样质量，单位为克（g）；

W_2——试样加上稀释溶剂后试液的总质量，单位为克（g）。

11 校准标样和核查标样的制备

11.1 空白溶液：用稀释溶剂稀释基础油制备空白溶液。

11.2 校准标样：称取 1 g~3 g（精确到 0.0001 g）合适浓度的氯标准物质到合适的容器中，用稀释溶剂以质量百分比进行稀释。根据试样中氯元素含量的高低制备不同浓度的工作标准溶液。

注 1：如果需要制备浓度较低的校准标样，可以减少标准物质的称样量，加入一定量的基础油，再用稀释溶剂以质量百分比进行稀释。

注 2：校准标样的制备与试样溶液的制备相同，两种溶液中稀释溶剂的质量百分比应相等。

11.3 核查标样：以制备校准标样的方法制备仪器检查所需要的核查标样，浓度接近于试样溶液的浓度。

12 校准

12.1 仪器使用时，必须考察氯元素校准曲线的线性范围。通过测定空白溶液和校准标样系列溶液，建立氯元素的校准曲线，试样溶液的测量浓度必须落在校准曲线的线性范围内。

12.2 在开始每组试样溶液的测试之前，用空白和校准标样建立一条二点校准曲线。

12.3 用校准曲线测定核查标样中氯元素，如果测试结果与该核查标样确认值之差不超过±5%（相对值），可进行样品测试，否则需要对仪器进行必要的调整。

12.4 根据内标补偿方式建立不同的校准曲线：

当采用分析元素的发射强度与内标元素发射强度的比值相对于分析元素浓度建立校准曲线时，分析元素相对强度 $I\ (R_{Cl})$ 的表述见式（2）：

$$I\ (\mathrm{R_{Cl}}) = \frac{I\ (\mathrm{Cl}) - I\ (\mathrm{B_{Cl}})}{I\ (\mathrm{is})} \qquad (2)$$

式中：

$I\ (\mathrm{R_{Cl}})$ ——元素氯的相对强度；

$I\ (\mathrm{Cl})$ ——元素氯的强度；

$I\ (\mathrm{B_{Cl}})$ ——元素氯的空白强度；

$I\ (\mathrm{is})$ ——内标元素的强度。

当采用内标实际浓度与其测定浓度的比值乘以某个试样的测试结果进行内标补偿时，校准曲线事实上是［$I\ (\mathrm{Cl}) - I\ (\mathrm{B_{Cl}})$］相对于分析元素的关系曲线。

13 质量保证/质量控制

13.1 通过分析质量控制（QC）样品确认仪器性能和试验过程的有效性：

a）如果在测试设备中带有质量保证/质量控制协议文件，则可采用，以确认测试结果可靠性；

b）如果在测试设备中未附质量保证/质量控制协议文件，则可参照附录 A 进行质量保证/质量控制控制。

13.2 协议用户，可执行附录 A 的内容。

14 试验步骤

14.1 按照建立校准曲线的操作条件（即相同的积分时间、背景校正点及等离子体维持的条件等），以相同的方式测定试样溶液。在两个试样测量之间至少要用稀释溶剂喷雾清洗 60 s。

14.2 如果试样溶液中氯元素浓度超过了校正曲线的线性范围，就应减少样品的称样量，加入适量基础油后再用稀释溶剂稀释，重新分析试样溶液。

14.3 每分析 5 个样品后测试一次核查标样。如果所得结果超过预期浓度的±5%（相对值）时，需要重新校正仪器，并重新分析待测样品。

15 计算

按式（3）计算试样浓度。通常 ICP-AES 仪器软件会自动计算结果。

$$C = KS \quad (3)$$

式中：

C——试样中氯元素浓度，单位为毫克/千克（mg/kg）；

K——稀释因子；

S——测试液中氯元素浓度，单位为毫克/千克（mg/kg）。

16 结果报告

氯含量不小于 10.00%，结果取四位有效数字，单位为质量分数（%）；氯含量小于 10.00%，结果取三位有效数字，单位为毫克/千克（mg/kg）或质量分数（%）。

17 精密度

17.1 概述：本方法的精密度是根据 GB/T 6683，通过统计分析实验室间分析结果而确定。8 个协作实验室对 14 个不同类型的润滑油样品进行分析，协作试验结果按照 GB/T 6683 方法进行统计分析和计算。部分实验室采用内标法，其他实验室采用普通的标准曲线法。大多数实验室采用 10%（质量分数）稀释比。按下述规定判断试验结果的可靠性（95%置信水平）。

17.2 重复性：同一实验室，同一操作者使用同一仪器按相同方法对同一试样连续测定两个试验结果之差不超过表 2 的要求，典型值见表 3。

17.3 再现性：不同的实验室，由不同操作者使用不同仪器按相同方法对同一试样测定的两个单一、独立结果之差不超过表 2 的要求，典型值见表 3。

表 2 氯含量测定的精密度 单位为毫克/千克

含量范围	重复性	再现性
39.1～<1304	$0.893x^{0.494}$	$1.504x^{0.688}$
≥1304～135564	$0.031x^{1.003}$	$0.221x^{1.010}$
注：x 为用毫克/千克表示的两个结果的平均值。		

表 3 典型浓度下的精密度 单位为毫克/千克

浓　度	100	500	1000	5000	10000	50000	100000
重复性	8.69	19.2	27.1	159	319	1601	3209
再现性	35.7	108	174	1203	2423	12313	24797

附　录　A
(资料性附录)
质量控制方法

A.1　通过分析质量控制样品（QC）来确认仪器性能和测试过程可靠性（如果可能用经分析过的代表性样品）。

A.2　在测量程序开始前，方法使用者需要测定 QC 样品的平均值和控制限（见 GB/T 4091 和 NB/SH/T 0843）。

A.3　记下 QC 结果，分析控制表或其他相关的统计技术，确定整个实验过程的统计控制状态（见 GB/T 4091 和 NB/SH/T 0843）。任何超出控制范围的数据都应查找根本原因，其结果可能（并非必须）会导致仪器重新校准。

A.4　如果试验方法中无明确要求，质量控制测量的频率应由被测样品质量的临界状态、测试过程表现出来的稳定性以及顾客的要求而定。通常，QC 样品在每次测试时宜与常规样品一起进行分析。如果常规分析的样品数量大，就应增加 QC 样品的分析频次。然而，如果测试表明在统计控制范围内，就应减少 QC 测量的频次（见 ASTM D6792 中减少 QC 测试频次指南）。QC 样品的精密度应符合方法的精密度要求，以确保数据可靠。

A.5　定期分析的 QC 样品的类型应能代表常规分析的样品。充足的作为 QC 样品的材料应能满足预期的使用，同时在预期的储存条件下必须是均匀和稳定的。

A.6　如果在质量控制及控制图表技术方面有进一步的了解，查阅相关文件（见 GB/T 4091，NB/SH/T 0843 和 ASTM D 6792）。

ICS 75.140
E 38

SH

中华人民共和国石油化工行业标准

NB/SH/T 0930—2016

热应力下绝缘液体产气特性测定法

Standard test method for the determination of gassing characteristics of insulating liquids under thermal stress

2016-12-05 发布　　2017-05-01 实施

国家能源局　发布

前 言

本标准按照 GB/T 1.1—2009 给出的规则起草。

本标准使用重新起草法修改采用 ASTM D7150-13《热应力下绝缘液体产气特性的标准测试方法》。

本标准与 ASTM D7150-13 的技术性差异及其原因如下：

——本标准未采用 ASTM D7150-13 中方法 B“绝缘液体经过白土柱进行处理”的内容，因 B 法对样品的处理方式会影响检测结果；

——规范性引用文件采用我国相应的国家标准，以方便标准的使用；

——补充“仪器和材料”部分，以方便标准的使用；

——本标准中油中溶解气分析检测部分不采用 ASTM D3612，采用国家标准 GB/T 17623，并相应修改注射器规格和绝缘液体用量；

——本标准未采用 ASTM D7150-13 中的精密度，因其精密度要求符合 ASTM D3612 精密度，而 ASTM D3612 精密度不适用于本标准。

本标准由中国石油化工集团公司提出。

本标准由全国石油产品和润滑剂标准化技术委员会石油燃料和润滑剂分技术委员会（SAC/TC280/SC1）归口。

本标准起草单位：中国石油天然气股份有限公司兰州润滑油研究开发中心、中国电力科学研究院、广东电网有限责任公司电力科学研究院、中国石化润滑油有限公司上海分公司。

本标准主要起草人：王会娟、于会民、马书杰、王健一、钱艺华、张金芳、张绮。

本标准为首次发布。

热应力下绝缘液体产气特性测定法

警告：本标准涉及某些有危险性的材料、操作和设备，但是无意对与此有关的所有安全问题都提出建议。因此，使用者在应用本标准之前应建立适当的安全和保护措施，并确定相关规章限制的适用性。

1 范围

本标准规定了在热应力下（120℃），没有电力设备材料影响或电场作用时，绝缘液体产气特性的测定方法。

本标准适用于矿物绝缘油，也可适用于其他需要测试油中溶解气体组分的绝缘液体。

2 规范性引用文件

下列文件对于本文件的应用是必不可少的。凡是注日期的引用文件，仅所注日期的版本适用于本文件。凡是不注日期的引用文件，其最新版本（包括所有的修改单）适用于本文件。

GB/T 7597 电力用油（变压器油、汽轮机油）取样方法

GB/T 8979 纯氮、高纯氮和超纯氮

GB/T 17623 绝缘油中溶解气体组分含量的气相色谱测定法

GB/T 24624 绝缘套管 油为主绝缘（通常为纸）浸渍介质套管中溶解气体分析（DGA）的判断导则

DL/T 722 变压器油中溶解气体分析和判断导则

3 术语和定义

下列术语和定义适用于本文件。

3.1

产气 stray gassing

绝缘液体由于受热、污染或二者综合因素而产生气体的现象。

4 方法概要

用混合纤维素酯过滤膜对绝缘液体进行过滤后，分别用干燥的空气或氮气吹扫 30 min，然后转移至注射器中，密封，120℃±2℃下老化 164 h 后依据 GB/T 17623 检测油中溶解气体含量。

5 方法应用

5.1 油中溶解气体的产生可用来判断油浸式电气设备的运行状态，见 GB/T 24624，DL/T 722。行业经验表明油中气体产生一般来源于充油电气设备的电气故障和热故障。但经验显示，在热应力或被污染但没有任何其他影响因素时，变压器油也会产生一些气体。

5.2　加热 164 h 足以使油中溶解气含量达到平衡稳定状态。

5.3　本标准使用干燥空气和干燥氮气作为吹扫气体。可反映电气设备保护系统允许绝缘油与氧气接触或者与外界空气隔离密闭两种方式。通常空气吹扫油样与氮气吹扫油样相比，氢气/总可燃气体百分比含量更高。

6　仪器和材料

6.1　混合纤维素酯过滤膜：由 1 μm 或 1.2 μm 孔径组成，直径要适合于 6.2 条中的过滤器。

6.2　真空过滤器：由漏斗（不小于 250 mL），夹钳，底座，塞子和抽滤瓶组成。漏斗内径约 47 mm。

6.3　气体流量计：适合 200 mL/min。

6.4　干燥氮气：满足 GB/T 8979 超纯氮的要求。

6.5　干燥空气：满足下列要求：氧气（体积分数）20%~22%，水分<3 μL/L 并且总烃<1 μL/L。

6.6　烘箱：热风循环，可调至 120℃±2℃。干燥箱：热风循环，可调至 100℃±5℃。

6.7　注射器：玻璃材质，100 mL，带标准三通阀。相匹配的活塞与针筒之间的最大间距为 0.006 mm±0.001 mm。气密性检查可用玻璃注射器取可检出氢气含量的油样，储存至少两周，在储存开始和结束时，分别分析样品中的氢气含量，以检验注射器的气密性。合格的注射器，每周允许损失的氢气含量应小于 2.5%。

6.8　注射器密封头：为金属材质，镀镍黄铜，有内螺纹。

6.9　锥形瓶：250 mL。

6.10　量筒：250 mL。

7　取样

7.1　依照 GB/T 7597 进行取样。

7.2　充分混合后取一定量的有代表性的样品，待分析样品应是均相，且外观清澈透明。

8　试验步骤

8.1　试验准备：

8.1.1　将用蒸馏水洗涤后的锥形瓶，抽滤瓶，注射器，量筒放入烘箱中，在 100℃±5℃下保持至少 4 h，然后放入干燥器或干燥箱冷却至室温备用，使用前所有瓶口用铝箔覆盖。

8.1.2　用装有 1 μm 或 1.2 μm 膜的真空过滤器过滤约 325 mL 试样。弃掉前 25 mL 滤液，并将剩余 300 mL 试样平均收集到两个干净锥形瓶中，分别用于空气吹扫（见 8.2）和氮气吹扫（见 8.5）。

8.1.3　试样也可直接在玻璃注射器中处理。取走玻璃注射器芯塞，并用金属头密封，注入 75 mL 过滤后的试样，注射器垂直放置。

8.2　用干燥空气吹扫试样 30 min±3 min，空气流速约 200 mL/min，见图 1 和图 2。

8.3　如果是在锥形瓶中进行气体吹扫，则迅速将吹扫后的试样转移到两支玻璃注射器中（每支注射器约装 70 mL）。每个玻璃注射器的针筒和活塞应是匹配的，以避免在试验加热过程中漏气或进气。

8.4　按照 GB/T 17623 所述步骤立刻排出注射器中的气泡，推出部分试样，准确调节注射器芯至 55.0 mL，并用内螺纹金属头将注射器口密封。不可使用塑料堵头，以免在试验加热过程中漏气和熔化。

8.5　用干燥氮气吹扫试样 30 min±3 min，氮气流速约 200 mL/min。

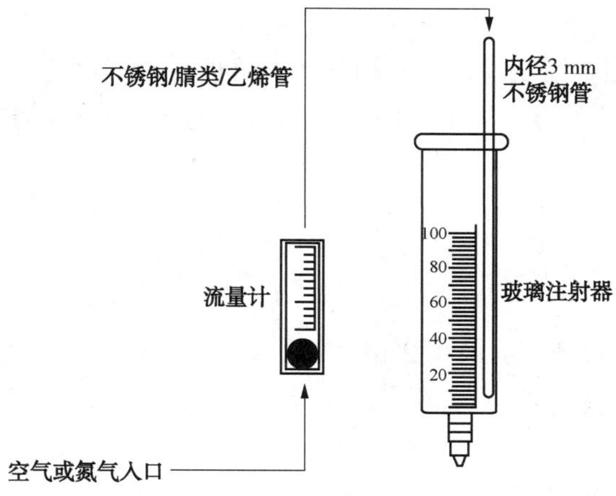

图1　注射器中气体吹扫试样装置图

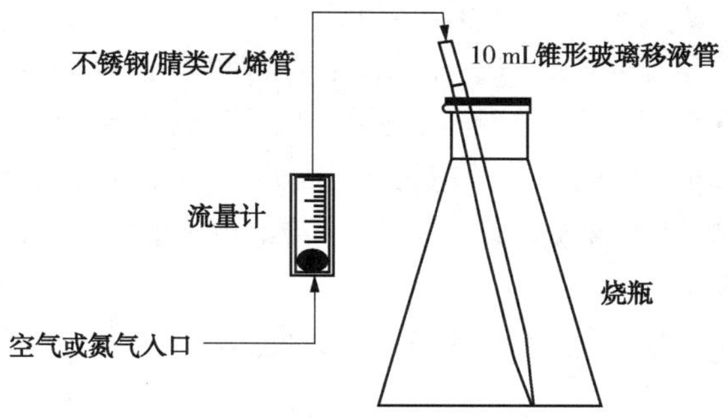

图2　锥形瓶中气体吹扫试样装置图

8.6　氮气吹扫后的试样，重复8.3条和8.4条操作步骤。

8.7　将装有试样的注射器平放在烘箱里，注射器头略高于水平面。在120℃±2℃下保持164 h±15 min。

8.8　将注射器从烘箱中取出，冷却至室温。取下内螺纹金属密封头，更换上标准三通阀，并立即排出少量试样（2 mL~5 mL）防止更换过程中空气进入。

注：在注射器冷却过程中定期检查空气是否进入，如有明显的气泡存在时，重新进行试验。

8.9　对以上四个试样按照GB/T 17623测试方法进行油中溶解气体分析，并满足表1列出的最小检测浓度：

表1　油中气体组分最小检测浓度

气体	最小检测浓度（20℃）/（μL/L）
氢气	2
烃类	0.1
一氧化碳	5.0
二氧化碳	10
空气	50
注：一般来说，新油和乙炔含量<50 μL/L的运行油没有必要在试样加热前进行油中溶解气分析。实验室结果表明含有50 μL/L乙炔气体的试样经空气或氮气吹扫后，其所有可燃气体可完全除掉。	

8.10　同种吹扫气体所得两个测试结果应满足下列要求：

氮气和氧气：两个结果之差不应超过12%X；

烃类气体：两个结果之差不应超过10%X±2 μL/L；

氢气：两个结果之差不应超过10%X±3 μL/L。

注：X——两个测试结果的平均值。

8.11 如果测试结果不满足8.10条要求，则测试结果无效，应重新进行试验。

8.12 如果检测到有乙炔气体，应重新进行试验。

9 报告

分别取同种吹扫气体所得两个试样测试结果的算术平均值，作为试样的产气特性结果。报告内容还包括试验方法、样品信息、吹扫气体种类、试验日期及人员。

10 精密度

本标准的精密度有待确定。

ICS 75.100
E 34

SH

中华人民共和国石油化工行业标准

NB/SH/T 0931—2016

在用石油基和烃基润滑油氧化状态监测傅里叶变换红外光谱（FT-IR）趋势分析法

Standard test method for condition monitoring of oxidation in in-service petroleum and hydrocarbon based lubricants by trend analysis using Fourier transform infrared（FT-IR）spectrometry

2016-12-05 发布　　　　2017-05-01 实施

国家能源局　发布

前　　言

本标准按照 GB/T 1.1—2009 给出的规则起草。

本标准修改采用美国材料与试验协会标准 ASTM D7414-09《在用石油基和烃基润滑油氧化状态监测 傅里叶变换红外光谱（FT-IR）趋势分析法》。

本标准与 ASTM D7414-09 的主要差异如下：

——引用标准采用我国现行的国家标准和行业标准。

——删除了引用标准 E131。

本标准将 ASTM 编排格式修改为符合我国标准的编排格式，并在语言文字上进行了编辑性修改：

——删除了 3.1 中“本试验方法中相关的红外光谱术语定义请参阅 E131”的叙述。

——增加 11.2 注。

本标准由中国石油化工集团公司提出。

本标准由全国石油产品和润滑剂标准化技术委员会润滑油换油指标分技术委员会（SAC/TC280/SC6）归口。

本标准起草单位：中国石化润滑油有限公司上海研究院。

本标准参加起草单位：中国石油天然气股份有限公司兰州润滑油研究开发中心。

本标准主要起草人：丁义丽、陈璐、吕文继、郎需进。

本标准首次发布。

在用石油基和烃基润滑油氧化状态监测 傅里叶变换红外光谱（FT-IR）趋势分析法

警告：本标准涉及某些与标准使用有关的安全问题，但是无意对所有安全问题都提出建议。因此，用户在使用本标准之前应建立适当的安全和保护措施，并制定相关的管理制度。

1 范围

1.1 本标准适用于测定在用石油基和烃基润滑油的氧化值，如柴油机曲轴箱、发动机、液压、齿轮和压缩机润滑油，以及其他有氧化倾向的润滑油。本标准适用于测定在用石油基和烃基润滑油的氧化值，如柴油机曲轴箱、发动机、液压、齿轮和压缩机润滑油，以及其他有氧化倾向的润滑油。

1.2 本标准利用傅里叶变换红外光谱（FT-IR）监测设备正常运行中所使用的石油基和烃基润滑油中不断产生的氧化产物。石油基和烃基润滑油与空气中的氧气反应，产生一系列的氧化产物，包括醛，酮，酯和羧酸。本标准提供了一种快速、简单的光谱检查方法，监控在用石油基和烃基润滑油氧化状态，帮助诊断设备运行工况。

1.3 本标准按照 NB/SH/T 0911 对在用石油基和烃基润滑油的红外光谱数据进行采集。本标准中氧化值的测量可使用直接趋势分析法和差谱（光谱差减）趋势分析法。

1.4 本标准基于在用石油基和烃基润滑油与氧化有关的吸收光谱的变化趋势，警告值或界限值可以通过设定固定最小值或变化率来实现。

1.4.1 直接趋势分析采用吸收光谱数值，单位为吸光度/0.100 mm。

1.4.2 差谱趋势分析采用在用油的谱图减去参比油的谱图所得差谱的数值，单位为吸光度/cm。

1.4.3 无论直接趋势分析还是差谱趋势分析，都必须根据相同或相似设备的历史经验、循环比对试验结果、数据统计结果或其他能反映氧化值变化与设备性能之间关系的方法，来设定需要维护保养的限值。

注：本标准不推荐任何机械设备的正常、警告、预警或报警限值，该限值应由机械设备生产商和维护团队建立或指导建立。

1.5 本标准适用于石油基和烃基润滑油，不适用于酯基（包括多元醇酯或磷酸酯）润滑油。

1.6 本标准采用国际单位制［SI］单位。

注：例外，波数的单位是 cm^{-1}。

2 规范性引用文件

下列文件对于本文件的应用是必不可少的。凡是注日期的引用文件，仅所注日期的版本适用于本文件。凡是不注日期的引用文件，其最新版本（包括所有的修改单）适用于本文件。

GB/T 4945 石油产品和润滑剂酸值和碱值测定法（颜色指示剂法）

GB/T 7304 石油产品和润滑剂酸值测量法（电位滴定法）

GB/T 11137 深色石油产品运动黏度测定法（逆流法）和动力黏度的计算法

GB/T 17476 使用过的润滑油中添加剂元素、磨损金属和污染物以及基础油中某些元素测量法（电感耦合等离子体发射光谱法）

SH/T 0251 石油产品碱值测量法（高氯酸电位滴定法）

SH/T 0688　石油产品和润滑剂碱值测定法（电位滴定法）

NB/SH/T 0853　在用润滑油状态监测法　傅里叶变换红外（FT-IR）光谱趋势分析法

NB/SH/T 0907　在用石油产品和烃基润滑油中磷酸盐（酯）抗磨剂状态监测试验法 傅里叶变换红外光谱法

NB/SH/T 0935　在用石油产品和烃基润滑油磺化状态的监控　傅里叶变换红外光谱（FT-IR）趋势分析法

NB/SH/T 0911　在用油状态监测用傅里叶变换红外光谱仪的设置和操作规程

ASTM D6304　用卡尔费歇尔库仑滴定法测定石油产品、润滑油和添加剂中水分的试验方法

3　术语和定义

本标准中在用在用油状态监测的相关术语定义参阅 NB/SH/T 0911。

机械状态　machinery health

机械的零部件、部件和整机的运行状况的定性表述。用于表达维修和操作的建议或要求，以确定机械是否继续运行，或制定维修计划，或立即维修。

4　方法概要

本标准采用 FT-IR 光谱监测在用石油基和烃基润滑油的氧化程度。在用油 FT-IR 光谱采集根据 NB/SH/T 0911 规定的直接趋势分析或差谱趋势分析方法获取，采用峰高或峰面积表达润滑油的氧化值。

5　意义和应用

润滑油与空气中的氧气发生反应时，会产生大量的氧化产物，如醛、酮、酯和羧酸。这些产物都是含羰基的物质，通过 FT-IR 测定 1800 cm^{-1} ~ 1670 cm^{-1} 范围内羰基基团所引起的特征吸收，来衡量润滑油氧化程度。润滑油的氧化产物可能引起黏度增加（造成油品变稠）、酸值增加（引起酸性腐蚀）和油泥及漆膜的形成（导致过滤器堵塞，油膜结焦和阀门磨损）。因此，氧化值监测成为判断整个机械状态一项重要参数，并应考虑与其他试验方法所得结果相结合，如原子发射光谱和原子吸收光谱的磨损金属分析（GB/T 17476）结合，黏度和水分（GB/T 11137，ASTM D6304）、碱值（SH/T 0251，SH/T 0688）、酸值（GB/T 7304，GB/T 4945），以及红外光谱法测定的硝化值（SH/T 0853）、磺化值（NB/SH/T 0935）添加剂的损耗（SH/T 0907），分解产物和外来污染物（SH/T 0853）也是评价油液状态的因素。

6　干扰因素

6.1　多种类型的复合剂，特别是那些含有酯和羧酸的复合剂，如某些黏度指数改进剂、降凝剂、防锈剂可能会对氧化值的测定带来误差。此外，油品中混有合成酯类基础油，会产生非常高的氧化值。在测定过程中需要对比新油的趋势变化来鉴别在用油中是否存在这些干扰。某些油中，由于所含添加剂和合成酯类基础油对氧化值的贡献过大，不能可靠地测定氧化值。

6.2　含水量和烟炱过高也会干扰氧化值的测量。

7 仪器

7.1 傅里叶变换红外光谱仪，配样品池，过滤器（可选）和自动进样系统（可选），符合 NB/SH/T 0911 要求。

7.2 FT-IR 光谱采集参数——依据 NB/SH/T 0911 要求设定 FT-IR 光谱采集参数。

8 取样

按照 NB/SH/T 0911 采集在用油和参比油样品（仅差谱趋势分析时需要）。

9 仪器的准备和维护

9.1 按照 NB/SH/T 0911 中相关条款的规定冲洗样品池、管路和过滤器。

9.2 按照 NB/SH/T 0911 规定测定样品池的光程。

10 操作步骤

10.1 按照 NB/SH/T 0911 规定程序采集背景光谱。

10.2 差谱趋势分析：按照 NB/SH/T 0911 规定程序采集参比油的吸收光谱。

10.3 按照 NB/SH/T 0911 规定程序采集在用油的吸收光谱。

10.4 数据处理：按照 NB/SH/T 0911 的规定步骤，将所有数据的光程标准化为 0.100 mm。

11 计算

11.1 氧化值计算

11.1.1 方法 A（直接趋势分析）：利用直接趋势法计算氧化值。所采用的测量面积和基线点见表 1。图 1 举例说明了柴油机曲轴箱油光谱中氧化值测定所用的面积。

11.1.2 方法 B（差谱趋势分析）：利用差谱趋势法计算氧化值。所采用的测量峰高和基线点见表 1。图 2 举例说明了柴油机曲轴箱油差谱图中氧化值测定的波长范围。

表 1 在用石油基和烃基润滑油氧化值的测量参数

方法	测量范围/cm^{-1}	基线点/cm^{-1}
方法 A（直接趋势分析）	面积测量，1800～1670	2200～1900 和 650～550 最小吸收波长点
方法 B（差谱趋势分析）	1800～1660 间最大峰高点	单点基线，1950

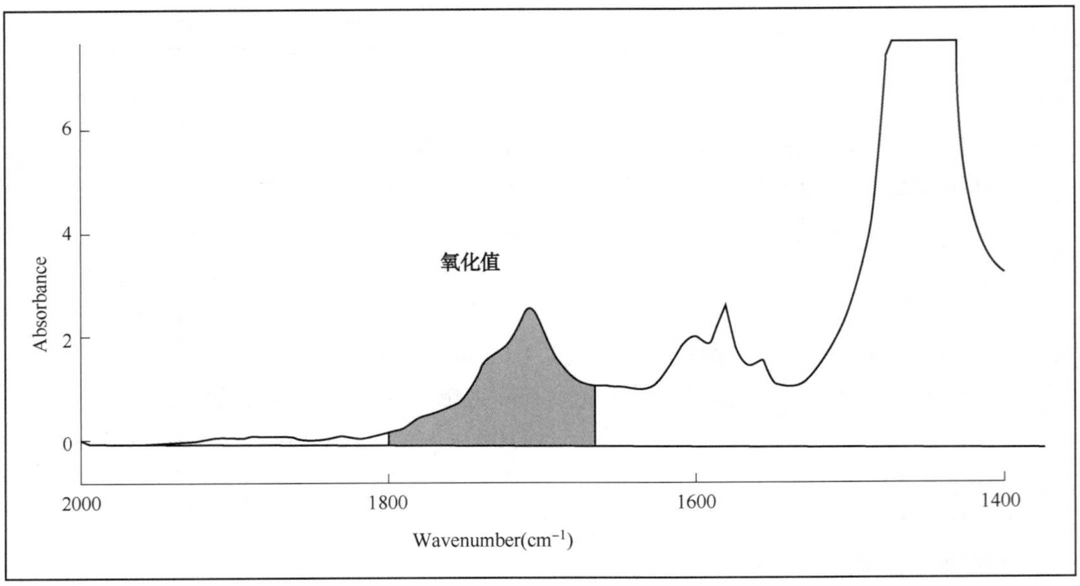

图 1　柴油机曲轴箱油氧化值直接趋势分析（方法 A）的测量

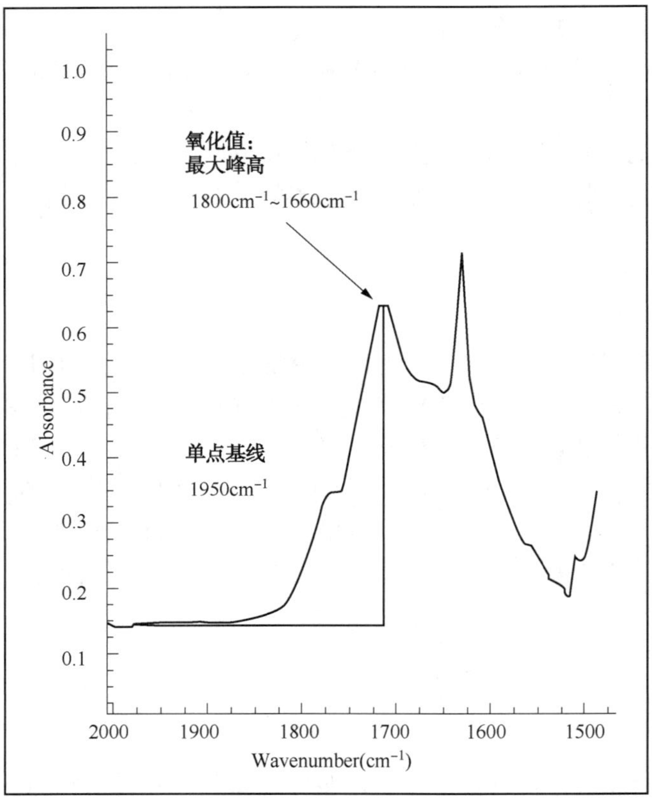

图 2　曲轴箱油氧化值差谱趋势分析（方法 B）的测量

11.2　样品残留

为了防止样品间交叉污染和确保样品残留量降到最低，用少量的下一个样品或易挥发溶剂冲洗前一个样品。冲洗效果可以通过以下方式评估：依次分析一个低水平氧化值油样 A（L_1）和一个高水平氧化值的在用油样 B（H_1）后，再次分析低水平氧化值的油样 A（L_2），按下计算残留百分含量（PC），PC 值应小于 5%。

$$PC=\frac{L_2-L_1}{H_1}\times 100 \quad (1)$$

式中：

L_1、H_1 和 L_2——按表1条件和规定顺序测定油样所得的氧化值。

注：一般采用石油醚等溶剂清洗样品池后再采用以上操作步骤和公式进行样品冲洗效果评估。

12 报告

12.1 方法A（直接趋势分析）：测量值以吸光度/0.100 mm为单位报告。

12.2 方法B（差谱趋势分析）：测量值以吸光度/cm为单位报告，计算方法如下：

$$A=A_0\times 100 \quad (2)$$

式中：

A——氧化值，吸光度/cm；

A_0——氧化值，吸光度/0.100 mm

12.3 趋势：尽管其他指标可能指示需要早换油，理论上，氧化值应该与新油进行比较，并标绘氧化值随时间的变化曲线，以便直观的观察其相对变化，确定何时换油。取样及报告的时间间隔应根据设备类型和该参数相关的历史经验来确定。

12.4 统计分析和界限值：对于数据的统计分析和设定界限值，请参考标准NB/SH/T 0853附录C“分布图和统计学分析”。

12.5 润滑油配方的影响：不同的润滑油配方会对氧化值产生影响，不同配方的润滑油的测量值无法进行比较。所得结果应与新油做对比，或与历史数据作对比，看变化情况。

13 精密度和偏差

13.1 精密度：本标准的精密度未通过实验室间研究确定。对重复性的初步检查表明，同一实验室同一个操作者采用同一方法使用同一设备仪器在较短的时间间隔内，在正确操作方法前提下，获得的重复性结果不应超过以下数值（95%置信水平）：

重复性=0.68 吸光度　单位/0.100 mm（直接趋势分析）

重复性=0.70 吸光度　单位/cm（差谱趋势分析）

13.2 偏差：本标准方法无偏差。因为氧化值只能用本标准方法进行测定，没有其他可用的参考方法和参考值。

14 关键词

状态监测；差谱趋势分析；直接趋势分析；傅里叶变换红外光谱；FT-IR；烃基润滑油；在用油；红外；IR；润滑油；氧化值。

ICS 75.160.20
E 31

SH

中华人民共和国石油化工行业标准

NB/SH/T 0933—2016

费托合成油中正构低碳酸含量的测定 液液萃取-离子色谱法

Standard test method for determination of low molecular normal alkanoic acids in Fischer-Tropsch liquids by liquid-liquid extraction-ion chromatography

2016-12-05 发布　　2017-05-01 实施

国家能源局　发布

前　　言

本标准按照 GB/T 1.1—2009 给出的规则起草。

本标准由中国石油化工集团公司提出。

本标准由全国石油产品和润滑剂标准化技术委员会石油燃料和润滑剂分技术委员会（SAC/TC 280/SC 1）归口。

本标准起草单位：中国石油化工股份有限公司石油化工科学研究院。

本标准参加起草单位：中科合成油技术有限公司、北京低碳清洁能源研究所。

本标准主要起草人：张月琴、李英、盖青青。

本标准为首次发布。

费托合成油中正构低碳酸含量的测定　液液萃取–离子色谱法

警告：本标准的使用可能涉及某些有危险性的材料、操作和设备，但并未对与此有关的所有安全问题都提出建议。用户在使用本标准之前有责任制定相应的安全和保护措施，并确定相关规章限制的适用性。

1　范围

本标准规定了采用离子色谱法测定费托合成油中甲酸、乙酸、丙酸、正丁酸、正戊酸五种正构低碳酸质量浓度的方法。

本标准适用于测定沸点不大于240℃的费托合成油中的质量浓度为15 mg/L～1500 mg/L的甲酸、乙酸、丙酸、正丁酸、正戊酸五种正构低碳酸。

2　规范性引用文件

下列文件对于本文件的应用是必不可少的。凡是注日期的引用文件，仅所注日期的版本适用于本文件。凡是不注日期的引用文件，其最新版本（包括所有的修改单）适用于本文件。

GB/T 4756　石油液体手工取样法

GB/T 6683　石油产品试验方法精密度数据确定法

GB/T 9008　液相色谱法术语　柱色谱法和平面色谱法

GB/T 14642—2009　工业循环冷却水及锅炉水中氟、氯、磷酸根、亚硝酸根、硝酸根和硫酸根的测定　离子色谱法

ASTM D5622　用还原高温分解法测定汽油和甲醇燃料中总氧的试验方法（Standard Test Methods for Determination of Total Oxygen in Gasoline and Methanol Fuels by Reductive Pyrolysis）

3　术语和定义

下列术语和定义适用于本文件。

3.1

费托合成　Fischer-Tropsch synthesis

以合成气（CO和H_2）为原料在催化剂（主要是铁系）和适当反应条件下合成以石蜡烃为主的液态燃料的工艺过程。

3.2

费托合成油　Fischer-Tropsch liquids

费托合成工艺过程中生成的以石蜡烃为主的沸点不大于240℃的液态燃料。

3.3

正构低碳酸　low molecular normal alkanoic acids

在本方法中，包括甲酸、乙酸、丙酸、正丁酸、正戊酸五种正构有机酸。

3.4

抑制器　suppressor device

安装在分析柱和检测器之间，用来降低淋洗液中离子组分的检测响应，增加被测离子的检测响应，进而提高信噪比的一种专用装置。

［GB/T 14642—2009，定义 3.5］

4 方法概要

试样用碱性溶液对其进行液液萃取，将目标组分正构低碳酸萃取到碱性溶液中，然后将萃取液导入离子色谱仪中，在淋洗液的带动下经离子色谱柱进行分离，抑制性电导检测器检测，并由色谱工作站采集并记录数据信号。根据离子色谱峰的保留时间定性，峰面积外标法定量。最后根据液液萃取正构低碳酸的萃取效率、试样体积以及离子色谱法测得正构低碳酸的质量浓度计算试样中正构低碳酸的质量浓度。

5 方法应用

5.1 费托合成油最大的优点是无硫、无氮、低芳，属于清洁燃料，由于其特殊的工艺，其产物包括油相和水相，油相组成为烷烃、烯烃及含氧化合物（包括醇、醛、酮、酯、酸）。其中低碳酸类含氧化合物在后续加工过程中，对设备的腐蚀以及后续工艺的结构等都有影响。因此，有必要准确测定费托合成油中低碳酸的含量。

5.2 费托合成油中主要存在的是正构低碳酸，如甲酸、乙酸、丙酸、正丁酸、正戊酸等，异构低碳酸含量相对较低，本标准主要测定费托合成油中五种正构低碳酸的含量。

6 仪器

6.1 离子色谱仪。

6.1.1 分析柱：氢氧化物选择性，可兼容梯度洗脱的高容量阴离子交换柱。

6.1.2 抑制器：连续自动再生膜阴离子抑制器，或等效抑制装置。

6.1.3 检测器：电导检测器。

6.1.4 淋洗液：氢氧化钾或氢氧化钠溶液。

6.2 天平：精确至 0.0001 g。

6.3 移液管：1 mL，5 mL，10 mL。

6.4 分液漏斗：50 mL。

6.5 烧杯：200 mL，500 mL。

6.6 容量瓶：100 mL，1 L。

7 试剂和材料

除另有说明外，所用试剂均为分析纯，水为超纯水：电阻率大于或等于 18.2 MΩ · cm。

7.1 氢氧化钠：优级纯。

7.2 甲酸。

7.3 乙酸。

7.4 丙酸。

7.5 正丁酸。

7.6 正戊酸。

7.7　0.22 μm 水系纤维素微孔滤膜。

8　取样

8.1　按 GB/T 4756 进行取样。
8.2　对于类似汽油馏分的费托合成油试样，应低温（4℃以下）储存，尽快测定。
8.3　费托合成油试样的测定和液液萃取效率的测定应同时进行。

9　准备工作

9.1　溶液的配制

9.1.1　浓度 0.01 mol/L 氢氧化钠溶液：称取 0.4 g（准确至 0.01 g）氢氧化钠，超纯水定容于 1 L 容量瓶中，摇匀备用。
9.1.2　浓度 0.05 mol/L 氢氧化钠溶液：称取 2.0 g（准确至 0.01 g）氢氧化钠，超纯水定容于 1 L 容量瓶中，摇匀备用。
9.1.3　质量浓度 1 g/L 正构低碳酸储备液：分别称取 1 g（准确至 0.0001 g）甲酸、乙酸、丙酸、正丁酸、正戊酸，用 0.01 mol/L 的氢氧化钠溶液（9.1.1）定容于 1 L 容量瓶中，摇匀备用。

9.2　典型离子色谱工作条件

9.2.1　柱温箱温度：30℃。
9.2.2　抑制器电流：仪器推荐电流 90 mA。
9.2.3　检测池：温度 35℃。
9.2.4　淋洗液：氢氧化钾溶液，梯度淋洗。淋洗液 OH^- 浓度变化梯度程序见表 1。

表 1　淋洗液梯度程序

时间/min	OH^- 浓度/（mmol/L）
0	5
10	5
25	15
30	30
35	30
40	5

9.2.5　淋洗液流速：1.0 mL/min。
9.2.6　进样体积：60 μL，可根据测试溶液中被测离子含量进行调整。

9.3　离子色谱法工作曲线

9.3.1　在 1 个 100 mL 容量瓶中，加入 10 mL 正构低碳酸储备液（9.1.3），用超纯水定容。该溶液中低碳酸质量浓度为 100 mg/L。
9.3.2　在 6 个 100 mL 容量瓶中，分别加入 0.00 mL、0.50 mL、1.00 mL、2.00 mL、5.00 mL、10.00 mL 质量浓度为 100 mg/L 的正构低碳酸溶液，超纯水定容。离子色谱分析。以正构低碳酸的质量浓度为横坐标，离子色谱峰面积为纵坐标绘制二次方程工作曲线。方程的相关系数 r 达到 0.999 可以使用，否则重新绘制工作曲线。

9.4 液液萃取效率测定

9.4.1 待加标试样的选择：从待测样品中选择用于加标试验的样品：

a）一批待测样品的来源一致，且馏程范围也相近，从中随机选取一个样品作为待加标试样；

b）一批待测样品的来源一致，但馏程范围不同，从中选取馏程居于中间段的一个样品作为待加标试样；

c）待测样品的来源不一致，分批按照上述 a）和 b）选择待加标试样。

9.4.2 质量浓度 750 mg/L 正构低碳酸模拟油样按下述方法配制：

9.4.2.1 质量浓度 15 g/L 正构低碳酸加标试样储备液：分别称取 1.5 g（准确至 0.0001 g）甲酸、乙酸、丙酸、正丁酸、正戊酸，用待加标试样（9.4.1）定容于 100 mL 容量瓶中，摇匀备用。

9.4.2.2 在 100 mL 容量瓶中，加入 5 mL 正构低碳酸加标试样储备液（9.4.2.1），并用待加标试样（9.4.1）定容，摇匀得到正构低碳酸模拟油样，其中正构低碳酸的质量浓度为 M_{si}。

9.4.3 液液萃取处理：

9.4.3.1 待加标试样的液液萃取：取待加标试样（9.4.1）按 10.1 条进行液液萃取，得到待加标试样萃取液 1。

9.4.3.2 正构低碳酸模拟油样的液液萃取：取正构低碳酸模拟油样（9.4.2.2）按 10.1 条进行液液萃取，得到正构低碳酸模拟油样萃取液 2。

9.4.4 离子色谱测定：

9.4.4.1 将待加标试样萃取液 1（9.4.3.1）按照 10.2 条进行处理并离子色谱测定，得到待加标试样萃取液 1 中正构低碳酸的质量浓度 C_{oi}。

9.4.4.2 正构低碳酸模拟油样萃取液 2（9.4.3.2）按照 10.2 条进行处理并离子色谱测定，得到正构低碳酸模拟油样萃取液 2 中正构低碳酸的质量浓度 C_{mi}。

9.4.5 用式（1）计算甲酸、乙酸、丙酸、正丁酸、正戊酸的液液萃取效率 f_i（精确到 0.1%）。

$$f_i = \frac{(C_{mi} - C_{oi}) \times V_w}{V_o \times M_{si}} \times 100 \qquad (1)$$

式中：

f_i——甲酸、乙酸、丙酸、正丁酸、正戊酸的萃取效率，以%表示；

C_{mi}——离子色谱测得正构低碳酸模拟油样萃取液 2 中甲酸、乙酸、丙酸、正丁酸、正戊酸的质量浓度，单位为毫克每升（mg/L）；

C_{oi}——离子色谱测得待加标试样萃取液 1 中甲酸、乙酸、丙酸、正丁酸、正戊酸的质量浓度，单位为毫克每升（mg/L）；

M_{si}——正构低碳酸模拟油样中加入的甲酸、乙酸、丙酸、正丁酸、正戊酸的质量浓度，单位为毫克每升（mg/L）；

V_w——液液萃取过程中 0.05 mol/L 的氢氧化钠溶液（9.1.2）体积（见 10.1），单位为毫升（mL）；

V_o——待测试样体积（见 10.1），单位为毫升（mL）。

10 试验步骤

10.1 液液萃取

用移液管准确移取 5 mL（V_o）待测试样于 50 mL 分液漏斗中，移液管准确移取 10 mL（V_w）浓度为 0.05 mol/L 的氢氧化钠溶液（9.1.2），手动振摇分液漏斗，每分钟振摇约 120 下，振摇 5 min，静置半小时，取下层水样为萃取液。同样方法萃取两次。合并萃取液，经 0.22 μm 水系纤维素微孔滤膜

(7.7) 过滤，为待测萃取液。

10.2 待测萃取液的离子色谱测定

取待测萃取液（10.1）1 mL，用超纯水定容到 100 mL 容量瓶中，为萃取稀释液。离子色谱测定萃取稀释液中正构低碳酸，依据 9.3 条工作曲线计算萃取稀释液中正构低碳酸的质量浓度。萃取稀释液中正构低碳酸的质量浓度与其稀释倍数相乘得到待测萃取液（10.1）中正构低碳酸的质量浓度 C_i。

如果萃取稀释液中正构低碳酸的质量浓度不在 9.3 条离子色谱的工作曲线范围内，根据萃取稀释液中正构低碳酸的测定值估算待测萃取液（10.1）的稀释倍数，重新取待测萃取液（10.1）进行稀释，保证萃取稀释液中正构低碳酸质量浓度在离子色谱的工作曲线范围内。

10.3 定性

质量浓度为 5 mg/L 的五种正构低碳酸的离子色谱图见图 1。根据保留时间对五种正构低碳酸进行定性，正构低碳酸的保留时间见表 2。图 2 为实际费托合成油样中甲酸、乙酸、丙酸、正丁酸、正戊酸的离子色谱参考图。

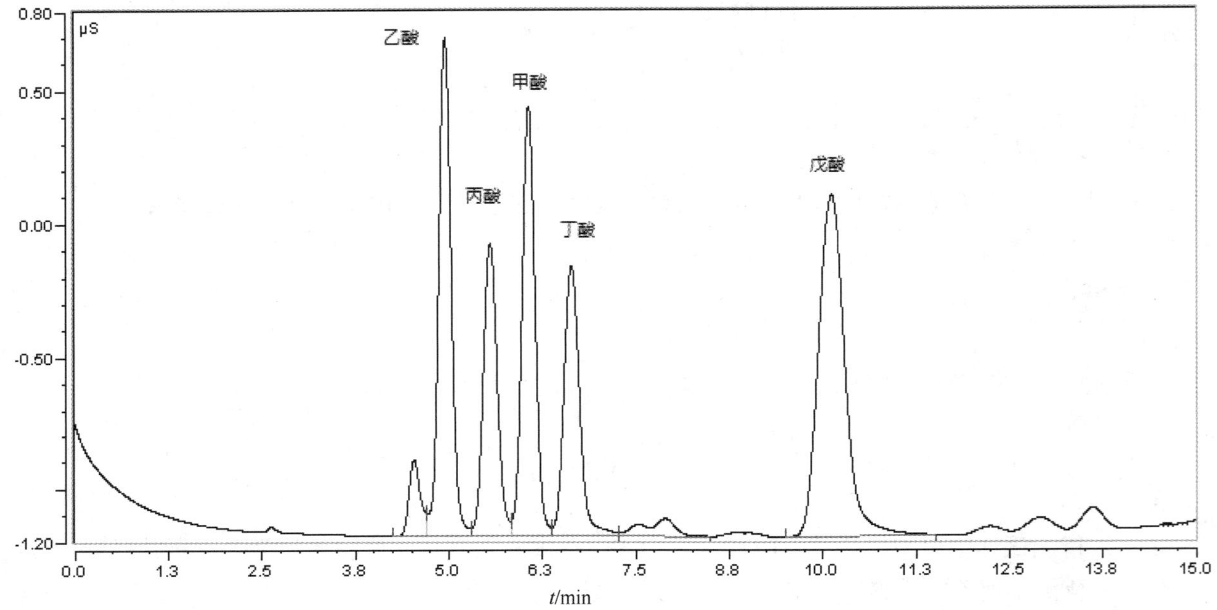

图 1 甲酸、乙酸、丙酸、正丁酸、正戊酸的离子色谱图

表 2 五种正构低碳酸的参考保留时间

峰号	组分 i	保留时间 t_R/min
1	乙酸	4.957
2	丙酸	5.557
3	甲酸	6.073
4	正丁酸	6.650
5	正戊酸	10.123

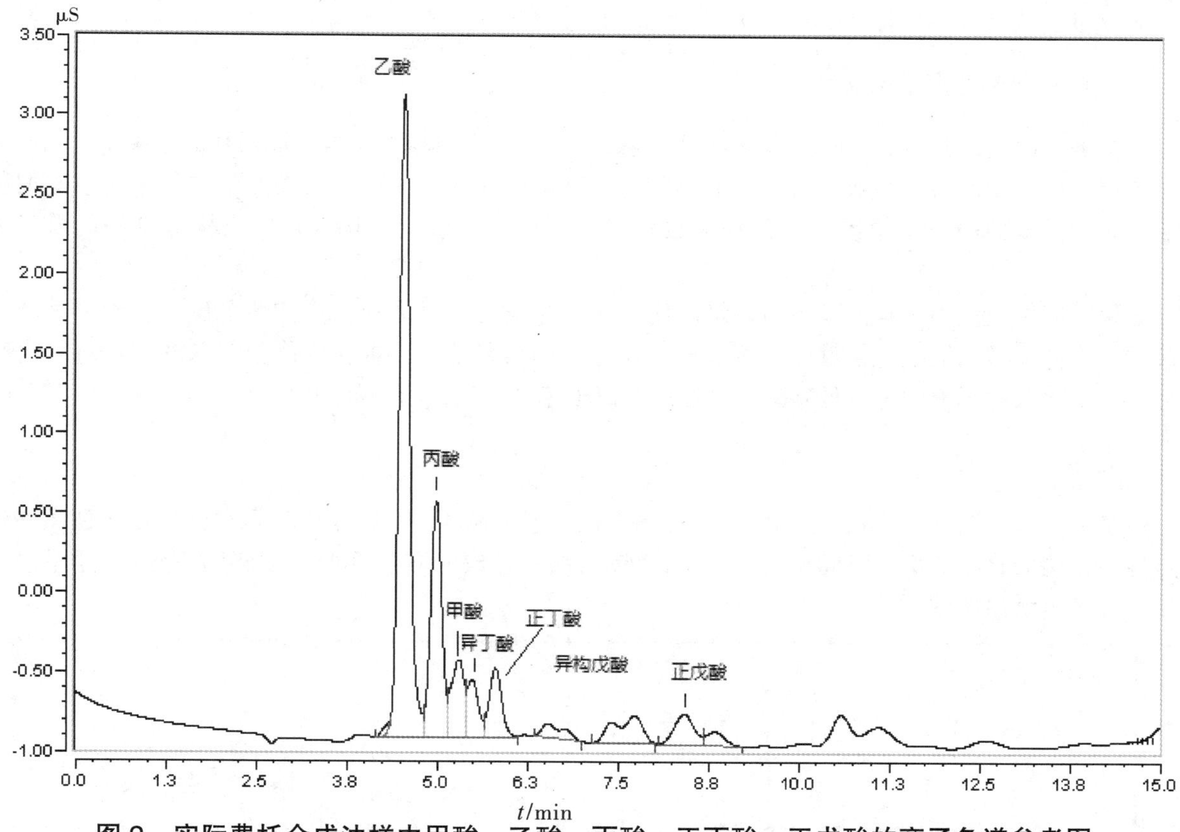

图 2　实际费托合成油样中甲酸、乙酸、丙酸、正丁酸、正戊酸的离子色谱参考图

10.4　定量

用式（2）计算试样中甲酸、乙酸、丙酸、正丁酸、正戊酸的质量浓度。

$$M_i = \frac{C_i \times V_w}{V_o \times f_i} \quad \cdots\cdots(2)$$

式中：

M_i——待测试样中甲酸、乙酸、丙酸、正丁酸、正戊酸的质量浓度，单位为毫克每升（mg/L）；

C_i——待测萃取液中甲酸、乙酸、丙酸、正丁酸、正戊酸的质量浓度，单位为毫克每升（mg/L）；

V_w——液液萃取过程中 0.05 mol/L 的氢氧化钠溶液（9.1.2）体积，单位为毫升（mL）；

V_o——待测试样体积，单位为毫升（mL）；

f_i——甲酸、乙酸、丙酸、正丁酸、正戊酸的萃取效率，以%表示。

11　报告

报告试样中甲酸、乙酸、丙酸、正丁酸、正戊酸的质量浓度，精确到 0.1 mg/L。

12　精密度和偏差

12.1　精密度

精密度是在 6 个实验室，采用不同的仪器，分别选取正构低碳酸浓度水平在 15 mg/L～1500 mg/

L 的范围内共计 14 个样品进行试验。按照 GB/T 6683 的规定，对试验结果进行统计计算得到的。按照下述规定判断试验结果的可靠性（95%置信水平）。

12.1.1 重复性（r）：同一操作者，使用同一台仪器，在同一操作条件下，对同一试样连续测定正构低碳酸所得两个结果之差不应超过表 3 中 r 值。

12.1.2 再现性（R）：不同实验室工作的不同操作者，采用不同仪器，对同一试样测定正构低碳酸所得的两个单一，独立的试验结果之差不应超过表 3 中 R 值。

表 3 方法的精密度

组分	重复性（r）/（mg/L）	再现性（R）/（mg/L）
甲酸	$0.0597(X_1)^{1.0801}$	$0.1015(X_2)^{1.0803}$
乙酸	$0.2238(X_1)^{0.8563}$	$0.3810(X_2)^{0.8563}$
丙酸	$0.2162(X_1)^{0.8640}$	$0.3681(X_2)^{0.8640}$
正丁酸	$0.1887(X_1)^{0.8416}$	$0.3230(X_2)^{0.8404}$
正戊酸	$0.2380(X_1)^{0.8044}$	$0.4138(X_2)^{0.7994}$
注：X_1——两次重复测定结果的平均值； X_2——两个单一、独立结果的平均值。		

12.2 偏差

由于正构低碳酸仅为本方法定义，且无合适的参考物质，本方法偏差尚未确定。

ICS 75.140
E 44

SH

中华人民共和国石油化工行业标准

NB/SH/T 0934—2016

石油焦中痕量金属元素的测定 波长色散 X 射线荧光光谱法

Standard test method for determination of trace elements in petroleum coke by wavelength dispersive X-ray fluorescence spectroscopy

2016-12-05 发布　　2017-05-01 实施

国家能源局　发布

前　言

本标准按照 GB/T 1.1—2009 给出的规则起草。

本标准使用重新起草法修改采用美国试验与材料协会标准 ASTM D6376-10《石油焦中痕量金属元素测定的标准实验方法　波长色散 X 射线荧光光谱法》。

为了适合我国国情，本标准在采用 ASTM D6376-10 时进行了修改。本标准与 ASTM D6376-10 的主要技术差异及原因如下：

——在第 2 章“规范性引用文件”中，部分采用我国相应的国家标准和行业标准，提高了可操作性；

——增加了“报告”一章；

——删除了第 14 章关键词，因该内容不属于我国标准的内容。

本标准由中国石油化工集团公司提出。

本标准由全国石油产品和润滑剂标准化技术委员会石油燃料和润滑剂分技术委员会（SAC/TC280/SC1）归口。

本标准起草单位：中国石油化工股份有限公司石油化工科学研究院。

本标准主要起草人：高萍、戴新。

石油焦中痕量金属元素的测定　波长色散 X 射线荧光光谱法

警告：本标准的使用可能涉及某些有危险性的材料、操作和设备，但并未对与此有关的所有安全问题都提出建议。用户在使用本标准之前有责任制定相应的安全和保护措施，并确定相关规章限制的适用性。

1　范围

本标准规定了采用波长色散 X 射线荧光光谱法测定石油焦中痕量金属元素和硫含量的试验方法。

本标准适用于生石油焦或煅烧过的石油焦样品，测定元素及其含量范围列于表 1 中。

本标准的检出限、灵敏度和元素的最佳测量范围会由于样品的基体、光谱仪的类型、分析晶体以及其他的仪器条件和参数的不同而改变。

以元素的形式测定并报告所有痕量金属，表 1 给出了方法的适用元素及其测定范围。如果有足够的标准校准样品制作正确的校准曲线，此方法还适用于表 1 以外的元素或含量范围，但本方法提供的精密度值不适合于超出本方法的测定范围。

表 1　适用的元素质量分数范围

元素	质量分数范围
Na	50 mg/kg～500 mg/kg
Al	50 mg/kg～500 mg/kg
Si	20 mg/kg～500 mg/kg
Ca	20 mg/kg～500 mg/kg
Ti	10 mg/kg～200 mg/kg
V	20 mg/kg～2000 mg/kg
Mn	10 mg/kg～200 mg/kg
Fe	20 mg/kg～1000 mg/kg
Ni	20 mg/kg～500 mg/kg
S	0. 10%～7. 0%

2　规范性引用文件

下列文件对于本文件的应用是必不可少的。凡是注日期的引用文件，仅所注日期的版本适用于本文件。凡是不注日期的引用文件，其最新版本（包括所有的修改单）适用于本文件。

GB/T 26310. 2—2010　原铝生产用煅后石油焦检测方法　第 2 部分：微量元素含量的测定　火焰原子吸收光谱法

SH/T 0313　石油焦检测法

YS/T 587. 4—2006　炭阳极用煅后石油焦检测方法　第 4 部分：硫含量的测定

YS/T 587. 5—2006　炭阳极用煅后石油焦检测方法　第 5 部分：微量元素的测定

ASTM D346 实验室分析用石油焦样品制样的实用方法（Practice for Collection and Preparation of Coke Samples for Laboratory Analysis）

ASTM D6969 分析用煅烧石油焦样品的准备（Practice for Preparation of Calcined Petroleum Coke Samples for Analysis）

ASTM D6970 分析用煅烧石油焦样品的收集（Practice for Collection of Calcined Petroleum Coke Samples for Analysis）

3 术语和定义

下列术语和定义适用于本文件。

3.1 通用术语和定义

3.1.1

石油焦 petroleum coke

固体，重质油经热裂化过程转化而成的碳质产品。

3.1.2

生石油焦 raw petroleum coke

未煅烧过的石油焦。

3.1.3

煅烧过的石油焦 calcined petroleum coke

生石油焦通过热处理去除易挥发组分并形成晶体结构。

3.1.4

未加工的石油焦 green petroleum coke

同生石油焦。

3.2 专用术语和定义

3.2.1

α 系数 alpha

用于消除干扰的校正因子。

3.2.2

分析样品 analytical sample

从大量的石油焦中取出具有代表性的少量部分并磨细，使之能通过 75 μm 的筛子。

3.2.3

样片 pellet

将样品与粘结剂混合磨匀，然后压制成圆片。

3.2.4

标准校准样品 reference samples

用于校准 X 射线荧光光谱仪的已知含量样品。

4 方法概要

4.1 将具有代表性的石油焦样品在 110℃±10℃下干燥至恒重，然后粉碎通过 75μm 的筛子。称取一部分此分析样品与硬脂酸或其他适宜的粘结剂混合，研磨并压制成光滑的适合分析的圆片。此片被

X 射线照射，元素的特征 X 射线被激发，该信号被仪器分离并接收，用于含量计算。测定标准校准样品得到校准方程，被检测到的样品 X 射线强度通过校准方程转化为元素含量。不同的 X 射线光谱仪其校准方程限定的灵敏度和背景有所不同。

4.2 本方法中全部元素的测定都使用 K_α 谱线。

5 方法应用

5.1 石油焦中硫及各种金属元素的存在及其含量是确定石油焦用途的主要因素。本方法提供了石油焦样品中硫及痕量金属元素含量的快速检测方法。

5.2 硫含量可以用于评估潜在的大气污染源氧化硫（SO_x）含量。

6 干扰

6.1 检查所有列于表 2 中元素可能存在的光谱干扰。按照制造商提供的操作指南使用 α 校正系数（经验系数）去消除这些干扰。

6.2 使用仪器软件提供的回归方程计算 α 系数，消除元素间的影响。

6.3 样品中硫含量的变化会影响 X 射线强度。因此，考察硫元素对每一个金属元素强度的影响并以适当的方法进行校正。

7 仪器

7.1 天平：感量为 0.01 g。

7.2 压片机：能够产生不低于 276 MPa 的压力。

7.3 研磨机：能够在 10 min 内将 20 g 石油焦制成粒度小于 75 μm 的样品，并且无污染。

7.4 混合器：用于混合样品和粘结剂。

7.5 样品盒：铝制（或其他材质），盛装压片用的样品粉末。

7.6 压片模具：用于将样品粉末压制成适合光谱仪的圆片。

7.7 筛子：75 μm。

7.8 干燥炉：能够保持 110℃±10℃的最低温度。

7.9 波长色散 X 射线荧光光谱仪（WDXRF）：配置了用于测定本方法所有元素的 K_α 谱线的 X 射线探测器。为了提高灵敏度，仪器应配备以下部件。

7.9.1 分光晶体：根据被检测的元素确定。所选的晶体应同时具备最佳的灵敏度和最低的检出限，标准校准样品和待测样品使用相同的晶体。表 2 给出了推荐使用的晶体。

7.9.2 探测器：适用于所要分析的元素，应包括流气正比计数器和闪烁计数器。

7.9.3 光路：真空

7.9.4 脉冲高度分析器：或其他的能量检测方法。

7.9.5 X 射线管：铬、钼、铂、铑和钨靶以及双靶都适用。钪靶 X 射线管对测定轻元素非常有利。

表 2 仪器操作条件

元素	2θ[a]/（°）	背景[a]/（°）	分光晶体[a]
Na	25.05	26.75，24.35	多层，2d~50A
Al	145.13	143.13	PET

表 2　仪器操作条件（续）

元素	2θ[a]/（°）	背景[a]/（°）	分光晶体[a]
Si	144.95	147.05，142.85	InSb
S	110.68	113.18	Ge
Ca	113.08	116.00	LiF（200）
Ti	86.13	84.13	LiF（200）
V	76.93	78.93	LiF（200）
Mn	62.97	60.97	LiF（200）
Fe	57.52	59.02	LiF（200）
Ni	48.66	49.92，47.40	LiF（200）

[a] 表中所列的角度和分光晶体是由于其灵敏度为一般行业接受的，是根据所检测的元素确定的。其他仪器操作条件也可以使用，但仅在使用这些条件的情况下才会产生最佳的灵敏度及最小的干扰。应向仪器制造商咨询关于所用仪器的最佳靶材、晶体选择以及测量范围方面的建议。

8　试剂和材料

8.1　试剂的纯度：除另有规定外，所用试剂均为分析纯。

8.2　探测器气体：体积分数为90%的氩气与体积分数为10%甲烷的混合气体。

8.3　粘结剂：硬脂酸，或其他适合的粘结剂，无光谱干扰。

8.4　标准校准样品：涵盖了待测样品中元素范围的石油焦。可从多个来源获得此类标准校准样品。

9　取样和样品制备

9.1　基本假设

本方法检测的石油焦样品应是具有代表性的生石油焦或煅烧过的石油焦。按照 SH/T 0313 中方法 A 和 ASTM D346、ASTM D6969 和 ASTM D6970 进行取样和制样，待测样品的粒度应小于 75 μm。用于本方法的一个待测样品至少应有 50 g，以确保有足够的样品量去制备样品，用于所有的分析测试，以及用本方法重复测定硫元素与金属元素含量。

注：如果待测样品与标准校准样品粒度不同，则可能得到错误的数据，应确保待测样品和标准校准样品在相同的条件下进行测定，若待测样品与标准校准样品粒度相差较大，应把待测样品磨碎，使其粒度与标准校准样品相近。

9.2　样品类型

9.2.1　标准校准样品：具有和待测样品相近的成分和物理性质。用回归软件计算元素间的干扰因子时要求标准校准样品有较宽的元素含量范围，元素含量范围应涵盖待测样品中元素含量的预期值。

9.2.2　待测样品：样品中硫元素和金属元素含量待测。

9.3　制备标准校准样品和待测样品

9.3.1　取足量的待测样品在 110℃±10℃ 下干燥到恒重。

9.3.2　称取适量（精确至 0.01 g）干燥后的待测样品。

9.3.3　如果石油焦样品不能直接压制成片，按样品与粘结剂质量比 5∶1 加入粘结剂并混匀。粘结剂与石油焦的比例在标准校准样品和待测样品中应该相同。

9.3.3.1　适当的研磨时间取决于粘结剂和石油焦的类型，研磨后的粉末要能通过 75μm 的筛子。更长的研磨时间会影响元素的 X 射线强度。对研磨时间进行充分的考察优化是非常重要的。

注：样品制备过程（包括样品质量、粘结剂质量及比例、研磨过程等等）都应该遵循精确的原则，包括所有的待测样品和标准校准样品。即使一个小小的改变也需要按改变后的流程制备全套标准校准样品。全部标准校准样品及分析样品应精确地用相同方法制备。所有称重精确到 0.01 g。

9.3.4　把样品盒放入模具中，然后放到压片机上。样品盒中装入足够的混合物粉末，最高不超过样品盒边沿。用一把小平铲将混合物粉末弄平直至与样品盒边沿齐平。

9.3.5　施加足够的压力以获得一个稳定的样片。持续足够的时间使压力到达约 276 MPa（约 5000 kg）并至少保持 5 s。

9.3.6　缓慢地释放压力，并将样片从模具中取出。

警告：缓慢地释放压力，防止压力表受到损坏。

9.3.7　检查样品片的表面，确保其光滑、无裂缝。圆柱形片应该是 3 mm~7 mm 厚。

9.3.8　样品片太薄时，重复 9.3.2~9.3.7 的内容，增加石油焦样品量。

9.3.9　用干净的布或者纸巾清理样品盒的外表面。正确地标记并保持干燥以便保存样片。

9.3.10　用上述方法制备并保存的未使用过样片可以保持稳定状态多年。标准校准样品片可以经常用来校准仪器。如果使用过的参考样品片中任何一个元素的观察结果变化超过质量分数 3%（硅超过质量分数 10%）时，应该重新制备样片。如果偏差仍然存在，应重新校准仪器。

10　仪器的准备

10.1　根据仪器的操作说明对 XRF 仪器进安装调试，使其处于正常状态。

10.2　遵循仪器的控制设置和操作规程。

10.3　测量峰和背景强度：在完成全部标准校准样品的测定和已知灵敏度的情况下确定计数时间。根据标准校准样品确定计数时间的方法如下：

10.3.1　计数时间按式（1）得出：

$$\text{相对误差}(\%) = 100/(T_t)^{1/2}\{1/[(R_p)^{1/2}-(R_b)^{1/2}]\} \quad \cdots\cdots (1)$$

式中：

T_t——峰和背景总计数时间。T_t 可以像其他条件一样计算出来（无论是已知的还是测量的）；

R_p——峰的计数率；

R_b——背景的计数率。

10.3.2　按式（2）估计出的峰和背景计数时间：

$$T_p/T_b = (R_p/R_b)^{1/2} \quad \cdots\cdots (2)$$

式中：

T_p——峰的计数时间；

T_b——背景计数时间；

R_p 和 R_b——用于反映强度数据的数值，这个强度是从中到低含量的标准校准样品中获得的。

11　标准校准样品和校准

11.1　用于校准的样品

11.1.1　校准用的标准校准样品可以购买或自制。

注：建议使用符合 YS/T 587.4—2006 要求的方法制备测硫的标准校准样品，用符合 YS/T 587.5—2006 或 GB/T 26310.2—2010 要求的方法制备测定金属的标准校准样品。

11.1.2 标准校准样品的含量范围应涵盖分析样品的含量范围。校准样品的最少数量按式（3）计算：

$$样品数=3(2+N) \quad\quad (3)$$

式中：

N——回归方程中校正系数的个数。

11.1.2.1 校准样品太少可能使得线性超出限定范围，比如硫和钒，两者之间高度相关。

11.2 校准

11.2.1 使用第 12 章的步骤收集数据。

11.2.2 硫的校正因子，斜率，校准曲线的截距是通过 XRF 光谱仪软件的回归计算或式（4）给出的类似模型获得的。

$$C_i=(D_i+E_iR_i)(1+\alpha_{is}C_s) \quad\quad (4)$$

式中：

C_i——分析元素 i 的含量。

D_i——元素 i 校准曲线的截距。

E_i——元素 i 校准曲线的斜率。

R_i——元素 i 的测量净强度。

α_{is}——硫对分析元素 i 的基体校正系数。

C_s——硫含量。

11.2.3 每一种金属元素都应该计算斜率、截距和硫的校正系数。

11.2.4 硫的校正系数 α_{is} 也可用特定的软件进行计算。

11.2.5 用稳定的样品片（监控样）定期监测仪器漂移。漂移系数发生的变化超过±10%，表明仪器发生了重大变化或者出现问题，必须要检查并再进行校准。每个元素的漂移因子 d 是按式（5）计算的：

$$d=R_1/R_n \quad\quad (5)$$

式中：

R_1——校准步骤中测得的监控样强度。

R_n——测量未知样品时测得的监控样强度。

12 试验步骤

12.1 把待测样品片放入仪器的专用样品盒并放入 XRF 光谱仪。避免接触，否则可能污染样品表面。

12.2 光路抽真空。

12.3 从表 2 或合适的资料中找到测定角度，在此条件下收集强度数据。

12.4 调节流气正比计数器的脉冲高度识别区。

通过数据收集和计算软件得到计算结果，再通过第 11 章中的校正方程获得分析结果，计算过程存储在计算机中。

13 报告

报告从第 12 章中得到的试样分析结果，金属含量精确至质量分数 1 mg/kg，硫含量精确至质量

分数 0.01%。

14　精密度和偏差

14.1　精密度

按下述规定判断试验结果的可靠性（95%置信水平）。

14.1.1　重复性

同一个操作者，在同一实验室，使用同一台仪器，对同一试样进行连续测定，所得两个试验结果之差不应超过表 3 中的数值。

14.1.2　再现性

由不同的操作者，在不同的实验室，使用不同的仪器，对同一试样进行测定，所得两个单一和独立的试验结果之差不应超过表 3 中的数值。

14.2　偏差

由本方法得到的分析结果与实际值间的差别没有超过方法的再现性。

表 3　重复性与再现性

元素	重复性质量分数	再现性质量分数
Na	26 mg/kg	36 mg/kg
Al	8 mg/kg	11 mg/kg
Si	45 mg/kg	66 mg/kg
Ca	9 mg/kg	11 mg/kg
Ti	2 mg/kg	2 mg/kg
V	24 mg/kg	32 mg/kg
Mn	2 mg/kg	3 mg/kg
Fe	19 mg/kg	28 mg/kg
Ni	10 mg/kg	14 mg/kg
S	0.12%	0.22%

ICS 75.100
E 34

SH

中华人民共和国石油化工行业标准

NB/SH/T 0935—2016

在用石油基和烃基润滑油磺化状态监测傅里叶变换红外光谱（FT-IR）趋势分析法

Standard practice for condition monitoring of sulfate by-products in in-service petroleum and hydrocarbon based lubricants by trend analysis using Fourier transform infrared (FT-IR) spectrometry

2016-12-05 发布　　2017-05-01 实施

国家能源局　发布

前　言

本标准按照 GB 1.1—2009 给出的规则起草。

本标准修改采用美国材料与试验协会标准 ASTM D7415-09《在用石油基和烃基润滑油磺化状态监测傅里叶变换红外光谱（FT-IR）趋势分析法》。

本标准与 ASTM D7415-09 的主要差异如下：

——引用标准采用我国现行的国家标准和行业标准；

——删除了引用标准 ASTM E131 分子光谱学相关术语；

——精密度文字表述按我国习惯进行改写。

本标准将 ASTM 编排格式修改为符合我国标准的编排格式，并在语言文字上进行了编辑性修改。

本标准由中国石油化工集团公司提出。

本标准由全国石油产品和润滑剂标准化技术委员会润滑油换油指标分技术委员会（SAC/TC280/SC6）归口。

本标准起草单位：中国石油天然气股份有限公司兰州润滑油研究开发中心。

本标准参加起草单位：中国石化润滑油有限公司上海研发中心。

本标准主要起草人：郎需进、周亚斌、李源春、唐友云、丁义丽。

本标准为首次发布。

在用石油基和烃基润滑油磺化状态监测
傅里叶变换红外光谱（FT-IR）趋势分析法

警告：本标准涉及某些可能有危险性的材料、操作和设备，但无意对与此有关的所有安全问题都提出建议。因此，用户在使用本标准之前应建立适当的安全和保护措施，并确定相关规章限制的适用性。

1　范围

1.1　本标准适用于监测硫含量大于 500 μg/g 的在用石油基和烃基柴油发动机曲轴箱油等发动机油的磺化值。本标准不适用于使用低硫燃料设备的在用油磺化值监测。

1.2　本标准采用 FT-IR 光谱监测在用石油基和烃基润滑油的磺化值的逐渐增加量，作为一项判断机械操作的参数。磺化产物来源于含硫燃料的燃烧或含硫基础油、添加剂的氧化。本测试方法快速、简单，通过测量石油基和烃基润滑油中磺化产物水平来帮助诊断机械的运行状态。

1.3　润滑油和在用油样品的 FT-IR 光谱数据的采集参见 NB/SH/T 0911。本标准提供了直接趋势分析法和差谱（光谱差减）趋势分析法两种测量磺化值的方式。

1.4　本标准仅为一种基于石油基和烃基润滑油磺化光谱差异的趋势分析方法，警告值或界限值可以通过设定固定最小值或变化率来实现。

1.4.1　对于直接趋势分析，测量值由样品吸收光谱读出，以吸光度/0.100 mm 为单位报告。

1.4.2　对于差谱趋势分析，测量值由差谱（在用油与参比油进行光谱差减获得的光谱）读出，以 100×吸光度/0.100 mm（吸光度/cm）为单位报告。

1.4.3　任何情况下，都必须根据统计分析、相同或相似设备的历史、循环测试或者结合其他与磺化值相关的反映设备运行状况的方法来确定设备维修限值。

注：对任何机械设备建立或推荐正常的、警告的、预警或报警的限值不是本标准的目的，该限值的建立应结合设备生产商和维修团队的建议及指导。

1.5　本标准适用于石油基和烃基润滑油，不适用于酯基润滑油，包括多元醇酯或磷酸酯。

1.6　本标准采用国际单位制（SI）单位。

2　规范性引用文件

下列文件对于本文件的应用是必不可少的。凡是注日期的引用文件，仅所注日期的版本适用于本文件。凡是不注日期的引用文件，其最新版本（包括所有的修改单）适用于本文件。

GB/T 265　石油产品运动黏度测定法和动力黏度计算法

GB/T 4945　石油产品和润滑剂酸值和碱值测定法（颜色指示剂法）

GB/T 11137　深色石油产品运动黏度测定法（逆流法）和动力黏度计算法

GB/T 17476　使用过的润滑油中添加剂元素、磨损金属和污染物以及基础油中某些元素测定法（电感耦合等离子体发射光谱法）

SH/T 0251　石油产品碱值测定法（高氯酸电位滴定法）

SH /T 0688　石油产品和润滑剂碱值测定法（电位滴定法）

NB/SH/T 0853　在用润滑油状态监测法　傅里叶变换红外（FT-IR）光谱趋势分析法

NB/SH/T 0907　在用石油产品和烃基润滑油中磷酸盐（酯）抗磨剂状态监测试验法　傅里叶变换红外光谱法

NB/SH/T0911　在用油状态监测用傅里叶变换红外（FT-IR）光谱仪的设置和操作规程

NB/SH/T 0931　在用石油基和烃基润滑油氧化状态监测　傅里叶变换红外光谱（FT-IR）趋势分析法

ASTM D6304　石油产品和润滑油及添加剂中水分测定　卡尔·费歇尔库仑滴定法

3　术语和定义

NB/SH/T 0911 界定的以及下列术语和定义适用于本文件。

机械状态　machinery health

机器的零部件、部件和整机的运行状况的定性表达。用于表达维修和操作的建议或要求，以便决定机器是否继续运行、制定维修时间或立即维修。

4　方法概要

本标准采用 FT-IR 光谱监测在用石油基和烃基润滑油的磺化值。在用油 FT-IR 光谱的采集按照 NB/SH/T 0911 中制定的直接趋势分析或差谱趋势分析法获得，并采用峰高或峰面积描述磺化值的水平。

5　意义和应用

润滑油和燃料中的硫氧化生成的硫酸盐物质可以导致油品的衰变，磺化值的增长可以作为这种衰变的一种指示。磺化值还可以指示润滑油中一些抗磨、极压等关键添加剂的分解或氧化。并且，由于窜气进入润滑油的氧化态硫消耗高碱值添加剂生成磺化产物，因此磺化值也能反映发动机窜气问题。可见，润滑油磺化值可作为判断机械状态是否健康和添加剂耗解水平的重要参数，当然应考虑与其他反映润滑油状态的评估参数的结合。如用于磨损金属分析的原子发射（AE）和原子吸收（AA）光谱（例如 GB/T 17476），润滑油的理化性质测试方法（例如 GB/T 265、GB/T 11137、GB/T 4945、SH /T 0688 和 SH/T 0251）以及硝化状态（NB/SH/T 0853）、氧化状态（NB/SH/T 0931）、添加剂耗解（NB/SH/T 0907）和外部污染物（NB/SH/T 0853）等其他的 FT-IR 分析方法。

6　干扰因素

6.1　含有清净剂、分散剂、破乳剂和高碱值添加剂的多种复合剂将对磺化值的测定产生干扰。

6.2　酯、多元醇、乙二醇和双醇类物质对磺化值的测定产生干扰。

6.3　氧化产物是干扰磺化值测定的一个重要因素，这正是本方法不能测定低硫燃料产生的低水平磺化值的原因。

7　仪器

7.1　傅里叶变换红外光谱仪及其装配的样品池、过滤器（可选）和泵送系统（可选）参见标准 NB/SH/T 0911。

7.2　FI-IR 光谱采集参数：根据标准 NB/SH/T 0911 设定 FT-IR 光谱采集参数。

8 取样

按照标准 NB/SH/T 0911 中相关条款的规定对在用油和参比油（仅在差谱趋势分析中需要）进行取样。

9 仪器的准备和维护

9.1 按照标准 NB/SH/T 0911 中相关条款的规定冲洗样品池、管路和过滤器。

9.2 按照标准 NB/SH/T 0911 中相关条款的规定测定样品池的光程。

10 操作步骤

10.1 按照标准 NB/SH/T 0911 中相关条款的规定采集背景光谱。

10.2 差谱趋势分析：按照标准 NB/SH/T 0911 中相关条款的规定采集参比油的吸收光谱。

10.3 按照标准 NB/SH/T 0911 中相关条款的规定程序采集在用油的吸收光谱。

10.4 数据处理：按照标准 NB/SH/T 0911 的规定，将所有数据的光程标准化为 0.100mm。

11 计算

11.1 磺化值的计算

11.1.1 方法 A（直接趋势分析）：采用直接趋势法计算磺化值时，光谱测量的面积和基线点见表 1。图 1 举例说明了柴油机曲轴箱油光谱中磺化值的面积测量方式。

表 1 石油基和烃基润滑油的磺化值测量参数

方法	测量/cm^{-1}	基线点/cm^{-1}
方法 A（直接趋势分析）	1180～1120 区间的积分面积	2200～1900 和 650～550 最小吸收波数点
方法 B（差谱趋势分析）	1150 处峰高	单点基线，1950 处

11.1.2 方法 B（差谱趋势分析）：采用差谱趋势法计算磺化值时，光谱测量的面积和基线点见表 1。图 2 举例说明了差谱趋势分析法测量柴油机曲轴箱油磺化值的方式。

11.2 样品残留

为了防止样品的交叉污染（样品携带量达到最小），用少量的下一个样品或易挥发的溶剂冲洗前一个样品。冲洗效果通过以下方式评估：连续分析一个低磺化值水平的油样 A（L_1，例如，新油）和一个高磺化值水平的油样 B（H_1），接着再分析一次低磺化值水平的油样 A（L_2），按式（1）计算残留百分含量（PC），PC 值应小于 5%。

$$PC = \frac{L_2 - L_1}{H_1} \times 100 \quad \cdots\cdots (1)$$

式中：

L_1、H_1 和 L_2——以指定顺序操作所测量的油样磺化值水平。

注：一般采用石油醚等溶剂清洗样品池后再采用以上操作步骤和公式进行样品冲洗效果评估。

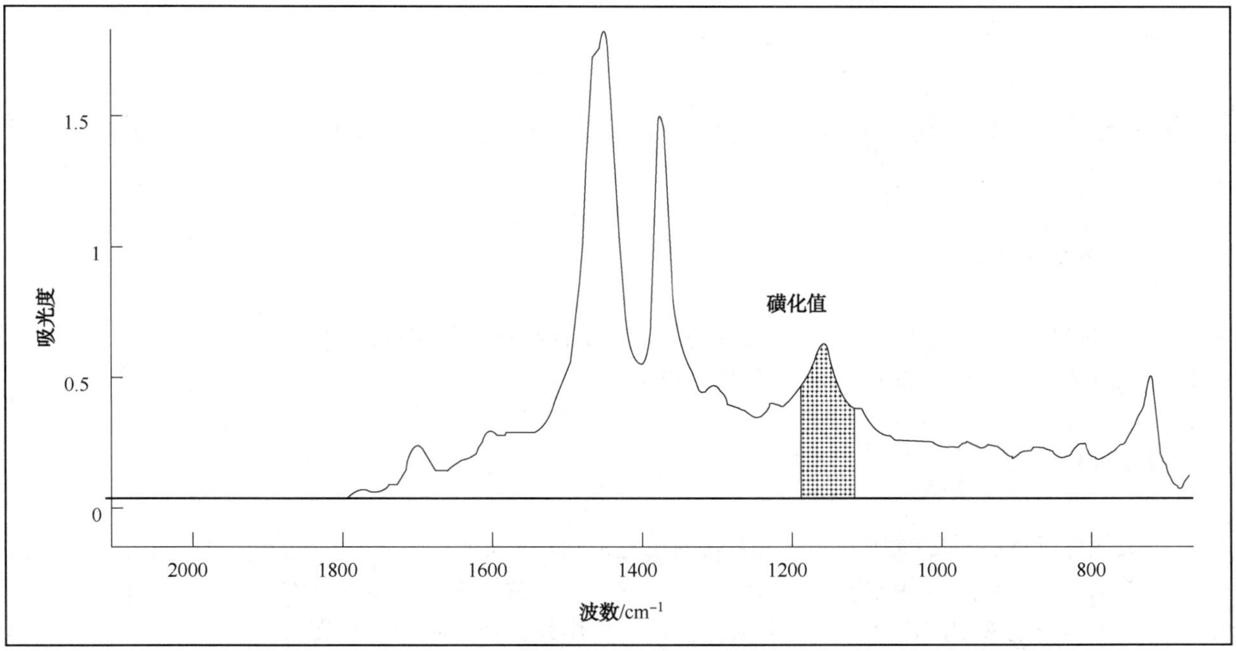

图1 直接趋势法测量柴油机曲轴箱油的磺化值（方法A）

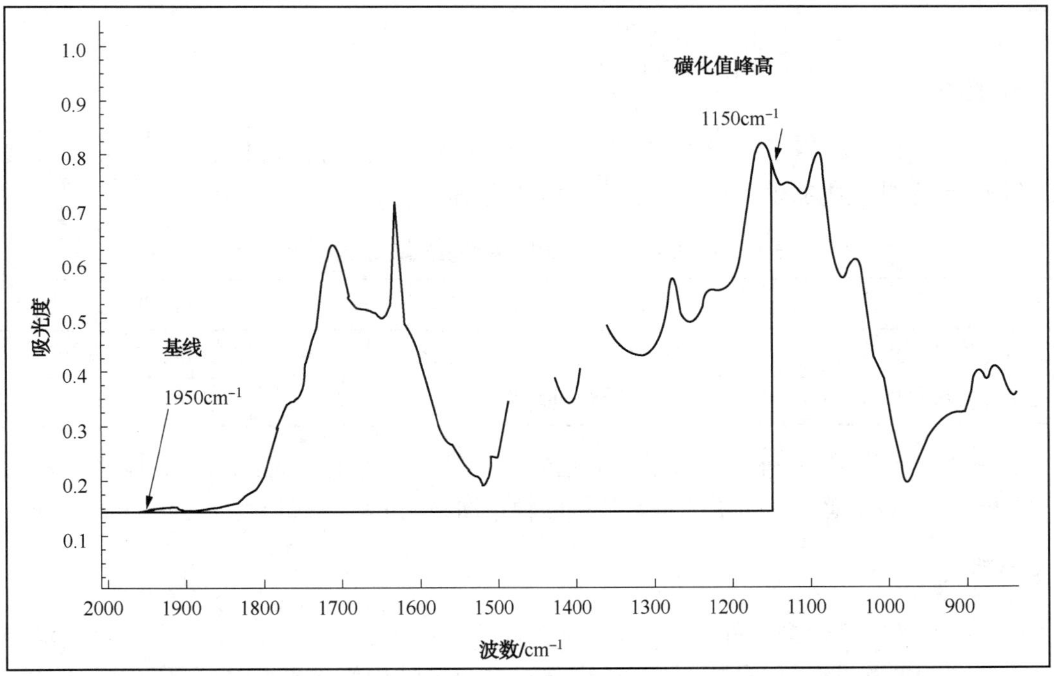

图2 差谱趋势法测量柴油机曲轴箱油的磺化值（方法B）

12 报告

12.1 方法A（直接趋势分析）：测量值以吸光度/0.100 mm为单位报告。

12.2 方法B（差谱趋势分析）：测量值以吸光度/cm为单位报告，计算方法如下：

$$A = A_0 \times 100 \tag{2}$$

式中：

A——磺化值，吸光度/cm；

A_0——磺化值，吸光度/0.100mm。

12.3　趋势：在润滑油使用寿命期间，按照既定时间间隔记录和报告测量数据。理论上，测量的磺化值需与新油进行比较，绘出磺化值随时间的相对变化趋势，以确定何时换油。当然，其他参数有可能指示出更早的换油时间。取样和报告时间间隔取决于机械的类型和与该参数相关的历史经验。

12.4　统计分析和界限值：对于统计分析和设定界限值，参考标准 NB/SH/T 0853 附录 C“分布图和统计学分析”。

12.5　润滑油配方的影响：润滑油配方对磺化值存在影响，不同配方润滑油的磺化值无法进行比较。磺化值的测定结果应相对于相同配方的新油测定值进行说明，或直接与历史样品值进行趋势分析。

13　精密度和偏差

13.1　精密度：本标准的精密度未通过实验室间研究确定。暂定检验方法重复性的方式为：同一个操作者在给定实验室中采用相同的测试方法并使用同样的仪器设备在较短的实验间隔内采用正确的操作方法进行重复试验，获得的重复性结果不应超过以下数值（95%置信水平）：

重复性=0.30 吸光度 单位/0.100 mm（直接趋势分析）

重复性=0.31 吸光度 单位/cm（差谱趋势分析）

13.2　偏差：本标准方法无偏差。因为磺化值水平只能用本标准方法进行测定，没有其他可用的参考方法或参考值。

14　关键词

状态监测；差谱趋势分析；直接趋势分析；傅里叶变换红外；FT-IR；烃基润滑油；在用润滑油；红外；IR；润滑油；磺化副产物

ICS 75.140
E 38

SH

中华人民共和国石油化工行业标准

NB/SH/T 0936.1—2016

未使用和使用过的绝缘液中腐蚀性硫化物的测定 第1部分：二苄基二硫醚（DBDS）测定法

Test methods for quantitative determination of corrosive sulfur compounds in unused and used insulating liquids—Part 1：Test method for quantitative determination of dibenzyldisulfide（DBDS）

（IEC 62697-1：2012，MOD）

2016-12-05 发布 2017-05-01 实施

国家能源局 发布

目　次

前　　言

本部分按照 GB/T 1.1—2009 给出的规则起草。

NB/SH/T 0936《未使用和使用过的绝缘液中腐蚀性硫化物的测定》分为三个部分：

——第 1 部分：二苄基二硫醚（DBDS）测定法；

——第 2 部分：总腐蚀性硫（TCS）测定法；

——第 3 部分：总硫醇和二硫化物（TMD）及其他目标腐蚀性硫化物的测定法。

本部分为 NB/SH/T 0936 第 1 部分。

本部分使用重新起草法，修改采用 IEC 62697-1：2012《定量测定未使用和使用过的绝缘液中腐蚀性硫化物的试验方法第 1 部分：定量测定二苄基二硫醚（DBDS）的试验方法》编制。

本部分在资料性附录 A 中列出了本部分章条编号与 IEC62697-1：2012 章条编号对照一览表。

本部分与 IEC 62697-1：2012 的主要差异及原因如下：

——在规范性引用文件中删除了引用标准 IEC 62535：2008，因本部分中未涉及；将部分引用标准改为采用我国相应国家标准；

——删除了第 3 章与本部分无关的术语和定义；

——增加了 SCD 检测器介绍（6.6），同时在标准相应处增加了 SCD 检测器参数设定、响应因子测定及结果计算；

——增加了氢气（8.6）和空气（8.7）纯度的要求；

——增加了典型 ECD 检测器操作参数（10.4）；

——增加了加标试样的制备（12.2）；

——增加了 B.5，用 GC-SCD 获得的白矿油和矿物绝缘油中 DBDS 和 DPDS（内标物）的色谱图。

本部分由中国石油化工集团公司提出。

本部分由全国石油产品和润滑剂标准化技术委员会石油燃料和润滑剂分技术委员会（SAC/TC280/SC1）归口。

本部分起草单位：中国石油天然气股份有限公司兰州润滑油研究开发中心。

本部分参加起草单位：中国石油克拉玛依石化公司炼油化工研究院、广东电网有限责任公司电力科学研究院。

本部分主要起草人：马利花、马书杰、王鹏、王毅、钱艺华、赵小峰、罗翔、峦立新、陈天生。

本部分为首次发布。

引　言

硫以各种形式存在于绝缘液中，包括元素硫，有机硫化物和无机硫化物。由于不同异构体及其衍生物的存在，硫化物的数量可达数百种。绝缘液中总硫浓度取决于油源，炼油工艺，精制深度及包含在基础油中的添加剂的剂型。基础油包括矿物石蜡基和环烷基油，天然气液化工艺（GTL-费托工艺）合成异构石蜡基油，酯类，聚 α 烯烃，聚烯烃基乙二醇等。添加剂有抗静电添加剂，金属减活剂，金属钝化剂，酚类或硫类抗氧剂如多硫化物，二硫化物，二苄基二硫醚（DBDS）等。

绝缘液中某些硫化物表现出很好的抗氧化性能和金属钝化性能，且没有腐蚀现象发生，但有些硫化物会与金属表面反应。尤其硫醇类硫化物对电气设备的金属部件会产生很强的腐蚀性。这些腐蚀性硫的存在已经导致运行数十年的发电，输电，配电电气设备发生故障。因此，国内外矿物绝缘油标准（如 GB 2536）都不允许腐蚀性硫化物存在，尤其是在 IEC 60296—2012 标准中要求 DBDS 未检出。

近年来，腐蚀性硫的不利影响与高腐蚀性硫化物 DBDS 的出现有关。已经在某些矿物绝缘油中发现该化合物的存在；在变压器正常运行条件下，DBDS 的存在会使铜表面形成硫化铜。

现行的测定未使用和使用过的绝缘油中腐蚀性硫（SH/T 0304，GB/T 25961，SH/T 0804）和潜在腐蚀性硫的标准测试方法（DL/T 285）均为经验方法且只是定性。这些方法主要依赖于肉眼观察和与色板的主观判断。关于绝缘液中 DBDS 或其他腐蚀性硫化物的浓度均无定量结果。

此外，绝缘液中腐蚀性硫和潜在腐蚀性硫的检测方法（GB/T 25961 和 DL/T 285）只适用于不含金属减活剂的矿物绝缘油，否则当绝缘液中有腐蚀性硫化物存在时会产生假阴性结果——从而提供错误试验结果。另一方面，当用于年久的绝缘油时（如有相对高的酸值），这些方法可能给出引起歧义的结果，导致假阳性试验结果。因此需要对绝缘液进行进一步的分析，如 DL/T 285 规定对绝缘纸结果解释存在任何疑问时，需用其他方法分析沉积物的组成（如配有能谱分析的扫描电镜 SEM-EDX）。

因此，IEC TC10 WG 37 组成立，制定未使用和使用过的绝缘液中腐蚀性硫化物的准确定量检测方法。鉴于测定的复杂性，该标准分成三个部分：

第 1 部分——二苄基二硫醚（DBDS）测定法。

第 2 部分——总腐蚀性硫（TCS）测定法。

第 3 部分——总硫醇和二硫化物（TMD）及其他目标腐蚀性硫化物的测定法。

未使用和使用过的绝缘液中腐蚀性硫化物的测定 第1部分：二苄基二硫醚（DBDS）测定法

警告：本标准涉及某些有危险性的材料、操作和设备，但是无意对与此有关的所有安全问题都提出建议。因此，使用者在应用本标准之前应建立适当的安全和保护措施，并确定相关规章限制的适用性。

1 范围

本部分规定了定量测定绝缘液中腐蚀性硫化物二苄基二硫醚（DBDS）的试验方法。

本部分适用于测定未使用和使用过的绝缘液，二苄基二硫醚（DBDS）浓度范围为5 mg/kg~600 mg/kg。

2 规范性引用文件

下列文件对于本文件的应用是必不可少的。凡是注日期的引用文件，仅注日期的版本适用于本文件。凡是不注日期的引用文件，其最新版本（包括所有的修改单）适用于本文件。

GB/T 7597 电力用油（变压器油、汽轮机油）取样方法

3 术语和定义

下列术语和定义适用于本文件。

3.1

添加剂 additive

为提高某些性能，人为添加到矿物绝缘油中的化学物质。

注：添加剂包括：抗氧剂、降凝剂、带电倾向抑制剂如苯并三氮唑（BTA）、金属减活剂或钝化剂、抗泡剂、精炼过程改进剂等。

3.2

原子发射检测器 atomic emission detector，AED

以微波诱导等离子体作激发光源，同时检测由此产生的原子光谱，可定量测定由气相色谱色谱柱中洗提出的杂原子化合物。

注：AED可提供杂原子谱图，如复杂试样绝缘液的“指纹图谱”。

3.3

污染物 contaminants

对绝缘液或绝缘气的某一个或多个性能有害的外来杂质。

3.4

腐蚀性硫 corrosive sulfur

在标准化条件下，使金属如铜与绝缘液接触，所检测到的单质硫或腐蚀性硫化物。

3.5

二苄基二硫醚 dibenzyl disulfide，DBDS

含有两个苄基的芳香基二硫化物，分子式为$C_{14}H_{14}S_2$，相对分子质量为246，熔点为71℃~72℃。

3.6

二苯基二硫醚　diphenyl disulfide，DPDS

含有两个苯基的芳香族二硫化物，分子式为 $C_{12}H_{10}S_2$，相对分子质量为 218，熔点为 61℃ ~62℃。

3.7

电子捕获检测器　electron capture detector，ECD

用于定量检测高电子亲和性物质如多氯芳烃，硝基芳香化合物及芳香基二硫化物等化合物的装置，且这些化合物以很低的浓度从气相色谱仪中流出。

注：ECD 内有放射性电离源（如 ^{63}Ni）或光离子化产生的热电子（如氦放电-HD 或光化电离-PID）。

3.8

火焰光度检测器　flame photometric detector，FPD

检测器用于含硫化合物在冷氢或空气火焰中燃烧时，生成激发态 S_2，其发射出的波长为 394nm 的特征光可经干涉滤光片和光电倍增管后检测。

3.9

内标物　internal standard，IS

与某待测物化学性质（化学结构—极性）相似，能用于解析待测物的物质。

注：将一定量的内标物同时加到试样和标样中，以使其浓度相同。

3.10

气相色谱仪　gas chromatograph，GC

用于分离混合物中挥发和半挥发化合物的设备，载气通过色谱柱使其以不同速度先后气化（且不分解）带出。

3.11

质谱仪　mass spectrometer，MS

用于电离中性化学物质，并且依据不同质荷比将离子碎片分离的装置。

注：可以用于测定复杂混合物，如绝缘液中目标化合物的浓度。

3.12

硫醇和二硫化物　mercaptans（thiols）and disulfides

含硫氢键（—SH）官能团的腐蚀性有机物；二硫化物是指含一对 S 原子（S—S 双硫键）的腐蚀性化合物。

3.13

潜在腐蚀性硫　potentially corrosive sulfur

绝缘油中可能会导致形成硫化铜的有机硫化物。

注：这类化合物可能初期即具腐蚀性，或在一定运行条件下变为具有腐蚀性。

3.14

硫化学发光检测器　sulfur chemiluminescence detector，SCD

该检测器使用双等离子燃烧器，使含硫化合物燃烧生成一氧化硫（SO）。

注：光电倍增管可以检测到 SO 与臭氧化学发光反应时产生的光。且与硫化合物呈线性等摩尔数响应，大部分试样基质对此检测无干扰。

3.15

串联质谱仪　tandem mass spectrometer，MS/MS

系统可对母离子进行选择，且母离子能裂解产生特征碎片离子。

注：碎片离子检测可对无基体干扰的复杂试样中的目标化合物进行定量。

3.16

总腐蚀性硫　total corrosive sulfur，TCS

在一定运行条件下，绝缘液中所有与金属如铜反应的单质硫和含硫化合物中硫的总和。

3.17

总硫　total sulfur，TS

绝缘液中存在的所有单质硫和含硫化合物的总和。

3.18

未使用的矿物绝缘油　unused mineral insulating oil

供应商交付的矿物绝缘油。

注：未投入使用，且未与生产，存储或运输无关的电气设备有过任何接触的油。未使用绝缘油的生产商和供应商要尽可能采取一切预防措施以确保油品不被多氯联苯或三联苯（PCBs，PCTs），运行油，回收油，脱氯油或其他污染物污染。

3.19

光离子化检测器　Photo Ionization Detectors，PID

依靠入射光子能量和化学物质的电离能，PID 对化学物质的离子化信号具有选择性。

4　方法概要

4.1　试样用合适的溶剂以大约 1∶20（质量比）比例稀释，加入一定量内标物如 DPDS 后，注入气相色谱仪的分流/不分流进样器中，该气相色谱仪配有合适的检测器，包括电子捕获检测器（ECD），原子发射检测器（AED），硫化学发光检测器（SCD），火焰光度检测器（FPD），质谱仪 MS 或串联质谱仪（MS/MS）。

4.2　使用合适的色谱柱如（30 m~60 m）×0.25 mm（内径）的熔融石英柱，以 5%聚苯基硅氧烷和 95%甲基聚硅氧烷或其他适合的固定相，以氦气或其他适合气体做载气，分离试样中的 DBDS（如有）和 DPDS。通过合适温度范围程序升温有利于试样分离。DBDS 由检测器检测，由内标物定量。

注：也可使用其他合适的检测器如原子发射检测器（AED），火焰光度检测器（FPD），串联质谱仪（MS/MS）。不过在精密度验证中未使用这些检测器。

5　方法应用

5.1　本方法用于分析检测绝缘液中的 DBDS。DBDS 是芳香基有机硫化物，可能会存在于绝缘液中，有利于提高绝缘液体的氧化安定性。然而，DBDS 会与变压器、电抗器或其他类似设备中的铜或其他金属反应生成硫化铜或其他金属硫化物，因此，这类化合物被归为潜在腐蚀性硫。

5.2　矿物绝缘油中发现的 DBDS 浓度范围为 5 mg/kg~600 mg/kg，但是对于污染或由于与铜或其他金属反应消耗后，DBDS 的浓度也可能会超出此范围。本方法用于检测和定量未使用和使用过的绝缘液中 DBDS 的浓度。

6　干扰

6.1　共洗脱化合物

用气相色谱柱分离后采用检测器定量，测定 DBDS 含量时所遇到的干扰，因所采用的检测器的不同而不同。

6.2　电子捕获检测器 ECD

ECD 具有高灵敏度高选择性，对于高电子亲和性的挥发和半挥发化合物有响应。由于其对某些

化合物包括卤代烃，有机金属化合物，腈类或硝基化合物及二硫化物的高灵敏度和选择性，ECD 得到了广泛的认可和使用。特别是绝缘液中存在多氯联苯（PCBs）时会产生干扰，这种情况下需使用其他检测器。

6.3 原子发射检测器 AED

AED 对气相色谱仪分离后的挥发和半挥发化合物有响应，这类化合物含有碳原子和杂原子，包括硫、氮、氧和卤素（氟、氯、溴、碘）。因此 AED 可提供复杂混合物如绝缘液中的碳原子和杂原子的指纹图谱。AED 可以最小的干扰定量测定部分添加剂及其同系物，也可用于通过图谱识别来鉴定其原料和结构。干扰因素来源于共洗脱硫化合物。

6.4 质谱仪 MS

质谱具有高灵敏度和高选择性，对挥发半挥发化合物有响应。因其对许多种类化合物都具有高灵敏度和选择性而得到了广泛的认可及应用。从气相色谱流出的化合物产生 m/z 为 246 或 m/z 为 218 的离子碎片，如果其保留时间与 DBDS 和 DPDS（IS）相近时，则会对测定有干扰。

6.5 串联质谱仪 MS/MS

MS/MS 是高灵敏度检测器，对从气相色谱仪分离得到的目标挥发和半挥发化合物具有更高的特征性。它可将由复杂基质引起的背景干扰最小化，增强定量检测绝缘液体中的 DBDS，其他化合物及它们的同分异构体和同系物的准确度。该检测器具有最大程度的抗干扰响应。

6.6 硫化学发光检测器 SCD

SCD 是目前分析硫化物最灵敏和最具选择性的色谱检测器。SCD 使用双等离子体燃烧室使含硫化合物在高温下燃烧生成一氧化硫（SO）。光电倍增管检测由一氧化硫和臭氧发生连续化学发光反应而产生的光。可产生线性、等摩尔的硫化物响应，大部分试样基质都不会对其产生干扰。

6.7 基质干扰

绝缘液基质由烃类组成，且 ECD 对其响应值不大，因此，在 GC-ECD 中基质干扰应该很低。AED 对有机化合物中的杂原子具有高选择性，因此不存在基质干扰。某些绝缘液中的分子有可能产生 m/z 246 和 m/z 218 的离子碎片，这类分子在 GC-MS 中会产生干扰。MS/MS 对目标化合物的响应非常高，因此，不存在基质干扰。

7 仪器

7.1 气相色谱仪

7.1.1 进样器：温度稳定性优于 0.5℃，最高运行温度超过 300℃ 的分流/不分流进样器。
7.1.2 注射器：适合注入 1 μL~10 μL 试样的注射器（最好是自动进样系统）。
7.1.3 色谱柱：（30 m~60 m）×0.25 mm（内径）的石英毛细管色谱柱，5%苯基聚硅氧烷和 95%甲基聚硅氧烷或其他合适的固定相。
7.1.4 柱箱：操作温度范围超过 30℃~300℃，升温速率可达 20℃/min 的柱温箱。
7.1.5 ECD：ECD 含 ^{63}Ni 金属薄皮探测器，运行温度可达 300℃，温度稳定性≤0.5℃。
7.1.6 SCD：灵敏度小于 0.5pg/s，线性大于 10^4。
7.1.7 MS：四极杆或其他合适的 MS，配有电子电离源（EI），可在阳离子选择性离子探测（SIM）模式运行，电子能量 70 eV，GC-MS 接口温度 270℃，温度稳定性≤0.5℃，离子源温度 200℃ 或制造

商推荐。

7.2 天平

天平有自动归零功能，精确到0.001 g，最大称量范围需≥100 g。

7.3 数据系统

用于控制、监测、获取、存储分析数据。

8 试剂及材料

8.1 试剂：本方法中的所有试剂均使用分析纯试剂。可使用甲苯制备储备溶液；用异辛烷或其他合适溶剂稀释；不使用低沸点溶剂如正己烷，因其挥发性会造成称量误差。

8.2 二苄基二硫醚（DBDS）：DBDS 室温下为固体（熔点 71℃～72℃）；纯度≥97%。DBDS 应存放于带盖的褐色玻璃瓶的安全地方，远离热源。

8.3 二苯基二硫醚（DPDS）：DPDS 室温下为固体（熔点 61℃～62℃）；纯度≥97%。DPDS 应存放于带盖的褐色玻璃瓶的安全地方，远离热源。

8.4 空白油：使用不含 DBDS 和 DPDS 的矿物绝缘油制备标准溶液和空白试样。

注：可使用黏度与矿物绝缘油在同一级别的白矿油。

8.5 载气，建议使用纯度大于99.99%的氦气或其他合适气体作为载气。ECD 用补充气应为氮气或制造商说明的其他气体。

警告：高压气体。

8.6 氢气（H_2）：纯度大于99.99%。

警告：易燃气体。

8.7 空气：纯度大于99.99%。

9 取样

9.1 按照 GB/T 7597 进行取样。

9.2 充分混合后取有代表性的试样。取样技术会影响本部分的准确性。

注：在取样过程中避免交叉污染。

10 仪器工作参数配置

10.1 总则

由于不同制造商的气相色谱仪和检测器不同，本部分无法提供详细的操作条件。向制造商咨询仪器操作说明，以更好的分离检测 DBDS。

10.2 进样器

使用分流/不分流进样器，将已知量的试样注入到气相色谱柱中。综合考虑色谱柱性能和试样稀释程度来选择分流/不分流进样器参数。对于稀释 20 倍的试样，分流进样器更适合一些。进样器温度应保持在 275℃，以避免油凝结。

注：建议使用带有玻璃棉的硼硅玻璃衬管以加快注入试样的蒸发速度。

10.3 分离参数

30 m~60 m，内径 0.25 mm，5%苯基聚硅氧烷和 95%甲基聚硅氧烷固定相厚度 0.32 μm 的毛细管柱适合气相色谱分离 DBDS。使用其他合适固定相（如甲基聚硅氧烷）的色谱柱也可以达到好的分离效果。如果使用其他固定相的色谱柱，在进行 DBDS 分析前，应首先检测有机硫化物的分离情况以确保充分分离。表 1 中列出的柱温箱程序升温参数可以很好地实现 DBDS 分离；不过，用其他色谱柱也可选择其他参数。可调整升温速率以优化分离条件和洗脱时间。合适的载气流速为 0.8 mL/min~1.5 mL/min。

表 1 柱箱程序升温参数

初始温度/℃	初始恒温时间/min	升温速率/（℃/min）	终态温度/℃	终态恒定时间/min
90	0	10	275	10

10.4 ECD 检测

设置 ECD 检测器温度为 280℃~340℃。使用氮气或其他合适气体作为尾吹气。遵循制造商建议操作 ECD。典型 ECD 检测器操作参数见表 2。

表 2 ECD 典型操作参数

检测器温度/℃	载气	分流比	尾吹气	流速/（mL/min）
300	氮气	20 : 1	氮气	60

10.5 AED 检测

AED 可以检测在 181nm 处的硫发射谱线（或其他合适的硫发射谱线）。调整 AED 检测器以检测在 181 nm（或其他合适波长）处的硫发射谱线。使用氢气和氧气作为载气。考虑到在 179 nm 处碳的干扰，建议使用背景自动校正。遵循 AED 制造商建议进行操作。

10.6 SCD 检测

SCD 检测器，硫在 355nm 处检测，燃烧器温度设为 800℃，H_2流量 100 mL/min，空气流量 40 mL/min。设置仪器需循遵制造商说明。

10.7 MS 检测

MS 在阳离子模式下运行，使用电子电离源（EI），调整电子能量为 70 eV。GC-MS 接口温度和源温度分别设置为 270℃和 200℃。设置 MS 为阳离子选择性离子探测（SIM）模式，定量检测 DBDS 和 DPDS 离子，见表 3。设置仪器需遵循制造商说明。

表 3 质谱参数

离子	分子离子质荷比	停留时间/ms
DBDS 离子	246	100
DPDS 离子	218	100

10.8 MS/MS 检测

三重四极杆或其他合适的 MS，配有电子电离源，可在阳离子选择性离子探测（SIM）模式运行；

电子能量 70eV；GC-MS 接口温度 270℃，温度稳定性≤0.5℃；离子源温度 200℃或制造商推荐。系统应允许选择母离子，母离子分裂为特征碎片离子，并对碎片离子进行定量。

将串联质谱仪在阳离子模式下运行，使用 EI 源，调整电子能量为 70eV。使用阳离子模式下 EI 源运行的三重四极杆质谱仪进行检测。GC-MS 接口温度和源温度分别设置为 270℃和 200℃。在三重四极杆系统中，第一个四极杆（Q1）质量过滤器设置为 DPDS 离子 m/z 218 和 DBDS 离子 m/z 246。离子能设置为 15 eV。第二个四极杆（Q2）应在碰撞室中运行，通过碰撞诱导解离（CID）使选择的母离子与氩原子碰撞产生离子碎片。碰撞气压力设置为 0.03Pa。第三个四极杆（Q3）主要输送 m/z 91 和 m/z 109 的产物离子。仪器设置遵循制造商说明。

典型色谱图和结果参见附录 B。其他合适检测器的操作参数参见附录 C。

11 准备工作

11.1 储备溶液的制备：制备浓度为 1000 mg/kg 的甲苯-DBDS 储备溶液。建议每 3 个月重新配制一次储备溶液。储备溶液应存放在带有聚四氟乙烯（PTFE）内衬螺帽的褐色玻璃瓶中，置于约 4℃冰箱里。使用前溶液需放置到室温（约 25℃）。1000 mg/kg 的储备溶液可稳定储存至少 3 个月，超过 3 个月的新配置标准溶液需验证其稳定性。

11.2 内标溶液的制备：建议用二苯基二硫醚（DPDS）作为内标物。配制浓度为 500 mg/kg 的甲苯-DPDS 内标储备溶液。建议每 3 个月重新配制内标储备溶液。储备溶液应存放在带有聚四氟乙烯（PTFE）内衬螺帽的褐色玻璃瓶中，置于约 4℃冰箱里。使用前溶液需放置到室温（约 25℃）。

12 校准

12.1 总则

DBDS 响应值与已知量的 DPDS（IS）响应值相比。

12.2 校准步骤

12.2.1 将已知量的储备溶液（见 11.1）加到不含 DBDS 的矿物油中，制备不同浓度的标准溶液。

12.2.2 将已知量的标准溶液加到试样中，制备加标试样（浓度范围选定参照试样中所含 DBDS 实际浓度）。称取 0.25 g 加标试样，精确到 0.001 g，然后用 5 mL 异辛烷或其他合适溶剂稀释。

12.2.3 向校准用标准溶液中加入已知量的内标溶液（见 11.2）。校准用标准溶液应每月重新配制一次。如果标准溶液过期，则应与新配制溶液比较。标准溶液浓度应涵盖 5 mg/kg～600 mg/kg 范围，建议内标溶液浓度为 50 mg/kg。

12.3 测定响应因子（ECD、AED 和 SCD）

通过称量或用带刻度注射器加入已知量的 IS 溶液（见 11.2）（浓度为 50 mg/kg）。采用与分析试样相同的步骤分析加标试样，一式三份。按式（1）计算响应因子 k：

$$k = (A_{IS} \times m_{DBDS}) / (m_{IS} \times A_{DBDS}) \quad \cdots\cdots (1)$$

式中：

A_{IS}——DPDS 或其他合适内标溶液的峰面积；

A_{DBDS}——DBDS 峰面积；

m_{DBDS}——添加到试样中的 DBDS 质量，单位为毫克（mg）；

m_{IS}——添加到试样中的 DPDS 或其他内标物质量，单位为毫克（mg）。

12.4 测定响应因子（MS）

通过称量或用带刻度注射器加入已知量的 IS 溶液（见 11.2）（浓度为 50 mg/kg）。采用与分析试样相同的步骤分析加标试样，一式三份。按式（2）计算响应因子 k：

$$k=(A_{IS}\times m_{DBDS})/(m_{IS}\times A_{DBDS}) \quad\cdots\cdots(2)$$

式中：

A_{IS}——DPDS 分子离子峰 m/z 218 峰面积；如使用不同 IS，需监测合适的离子；

A_{DBDS}——DBDS 分子离子峰 m/z 246 峰面积；

m_{DBDS}——添加到试样中的 DBDS 质量，单位为毫克（mg）；

m_{IS}——添加到试样中的 DPDS 或其他内标物质量，单位为毫克（mg）。

12.5 测定响应因子（MS/MS）

通过称量或用带刻度注射器加入已知量的 IS 溶液（见 11.2）（浓度为 50 mg/kg）。采用与分析试样相同的步骤分析加标试样，一式三份。按式（3）计算响应因子 k：

$$k=(A_{IS}\times m_{DBDS})/(m_{IS}\times A_{DBDS}) \quad\cdots\cdots(3)$$

式中：

A_{IS}——DPDS 分子离子峰 m/z 218 通过 CID 产生的 m/z 109 碎片离子峰面积；如使用不同 IS，需监测合适的离子；

A_{DBDS}——DBDS 分子离子峰 m/z 246 通过 CID 产生的 m/z 91 碎片离子峰面积；

m_{DBDS}——添加到试样中的 DBDS 质量，单位为毫克（mg）；

m_{IS}——添加到试样中的 DPDS 或其他内标物质量，单位为毫克（mg）。

13 试验步骤

13.1 试样前处理

称量 0.25 g 均匀试样至玻璃容器中，精确至 0.001 g。记下试样质量 W_{oil}。用 5 mL 异辛烷或其他合适溶剂稀释。加入（称重或体积）一定量 DPDS（建议 50 μg）。通过简单的手摇将溶液混合均匀，取小量进行分析。

13.2 试样注入

用微升注射器将 1 μL 试样溶液注入到气相色谱仪中，优选自动进样器。如使用分流进样器，需调整分流比和注入体积。

13.3 色谱运行

启动设定好的程序升温程序，采用合适的色谱数据系统获取并存储检测器（ECD，SCD 或其他合适的检测器）信号。

13.4 峰积分

数据处理系统具有峰面积积分功能。核实积分是否恰当，如有错误，使用手动积分进行调节。记录 DBDS 峰面积 A_{DBDS} 和 DPDS 峰面积 A_{IS}，用此计算 DBDS 浓度 C_{DBDS}。

13.5 计算

13.5.1 ECD、AED 和 SCD

用式（4）校正试样中 DBDS 浓度：

$$C_{DBDS}=(k\times m_{IS}\times A_{DBDS})/(A_{IS}\times W_{oil}) \quad (4)$$

式中：

C_{DBDS}——试样中 DBDS 的浓度，单位为毫克每千克（mg/kg）；

A_{IS}——DPDS 峰面积；

A_{DBDS}——DBDS 峰面积（如有检测到）；

m_{IS}——添加到试样中的 DPDS 质量，单位为微克（μg）；

W_{oil}——试样质量，单位为克（g）。

13.5.2 MS

用式（5）计算 DBDS 浓度：

$$C_{DBDS}=(k\times m_{IS}\times A_{DBDS(m/z\,246)})/(A_{IS(m/z\,218)}\times W_{oil}) \quad (5)$$

式中：

C_{DBDS}——试样中 DBDS 的浓度，单位为毫克每千克（mg/kg）；

A_{IS}——DPDS 分子离子峰 m/z 218 峰面积；如使用不同 IS，需监测合适的离子峰；

A_{DBDS}——DBDS 分子离子峰 m/z 246 峰面积；

m_{IS}——添加到试样中的 DPDS 或其他合适 IS 的质量，单位为微克（μg）；

W_{oil}——试样质量，单位为克（g）。

13.5.3 MS/MS

用式（6）计算 DBDS 浓度：

$$C_{DBDS}=(k\times m_{IS}\times A_{DBDS(m/z\,91)})/(A_{IS(m/z\,109)}\times W_{oil}) \quad (6)$$

式中：

C_{DBDS}——试样中 DBDS 的浓度，单位为毫克每千克（mg/kg）；

A_{IS}——DPDS 分子离子峰 m/z 218 通过 CID 产生的 m/z 109 碎片离子峰面积；如使用不同 IS，需监测合适的离子峰；

A_{DBDS}——DBDS 分子离子峰 m/z 246 通过 CID 产生的 m/z 91 碎片离子峰面积；

m_{IS}——添加到试样中的 DPDS 或其他合适 IS 的质量，单位为微克（μg）；

W_{oil}——试样质量，单位为克（g）。

13.6 结果

报告 DBDS 浓度，结果保留至整数位，单位为毫克每千克（mg/kg）。

14 精密度

按下述规定判断试验结果的可靠性（95%置信水平）。

检测限：本部分 DBDS 的检测限为 5 mg/kg，每个实验室需建立自己的检测限。

14.1 重复性：同一操作者使用同一仪器按相同的方法对同一种试样测定，所得的两次结果之差不应超过表 4 的要求。

14.2 再现性：不同的操作者在不同的实验室按相同的方法对同一试样测定，所得的两个单一、独立的结果之差不应超过表 4 的要求。

表 4　重复性和再现性

浓度/（mg/kg）	重复性 r	再现性 R
17	15%X	20%X
150	10%X	15%X
350	10%X	15%X
430	10%X	15%X
注：X 为两个结果的平均值，单位为毫克每千克（mg/kg）。		

15　报告

报告下列信息

15.1　测试实验室名称。

15.2　测试试样的类型及相关信息。

15.3　注明本标准编号。

15.4　试验结果（见 13.6）。

15.5　所用程序，包括检测器类型。

15.6　注明按协议或其他原因，与规定试验步骤存在的任何差异。

15.7　测试日期。

附　录　A
(资料性附录)
本部分章条编号与 IEC 62697-1：2012 章条编号对照一览表

A.1　表 A.1 给出了本部分章条编号与 IEC 62697-1：2012 章条编号对照一览表。

表 A.1　本部分章条编号与 IEC 62697-1：2012 章条编号对照表

本部分章条编号	IEC 62697-1：2012 章条编号
4	5.1
5	5.2
6	5.3
6.1	5.3.1
6.2	5.3.2
6.3	5.3.3
6.4	5.3.4
6.5	5.3.5
6.7	5.3.6
7	5.4
7.1	5.4.2
7.2	5.4.1
7.3	5.4.3
8	5.5、5.6
8.1	5.5.1、5.5.3
8.2	5.6.1
8.3	5.6.2
8.4	5.6.3
8.5	5.5.2
8.6	—
8.7	—
9	4
10	6
10.1	6.1
11	5.7
12	6.2
12.1	6.2.1
12.2	6.2.2
12.3	6.2.3
13	6.3
13.1	6.3.1
13.2	6.3.2
13.3	6.3.3
13.4	6.3.4
13.5	6.4
13.6	6.5

表 A.1　本部分章条编号与 IEC 62697-1：2012 章条编号对照表（续）

本部分章条编号	IEC 62697-1：2012 章条编号
14	7
14.1	7.2
14.2	7.3
15	8
附录 A	—
附录 B	附录 A
附录 C	附录 B
注：表中的章条以外的本部分其他章条编号与 IEC62697-1：2012 其他章条编号均相同内容相对应。	

附 录 B
(资料性附录)
典型色谱图和结果

B.1 用GC-ECD获得的白矿油和矿物绝缘油中DBDS和DPDS（内标物）的色谱图，见图B.1~图B.5。

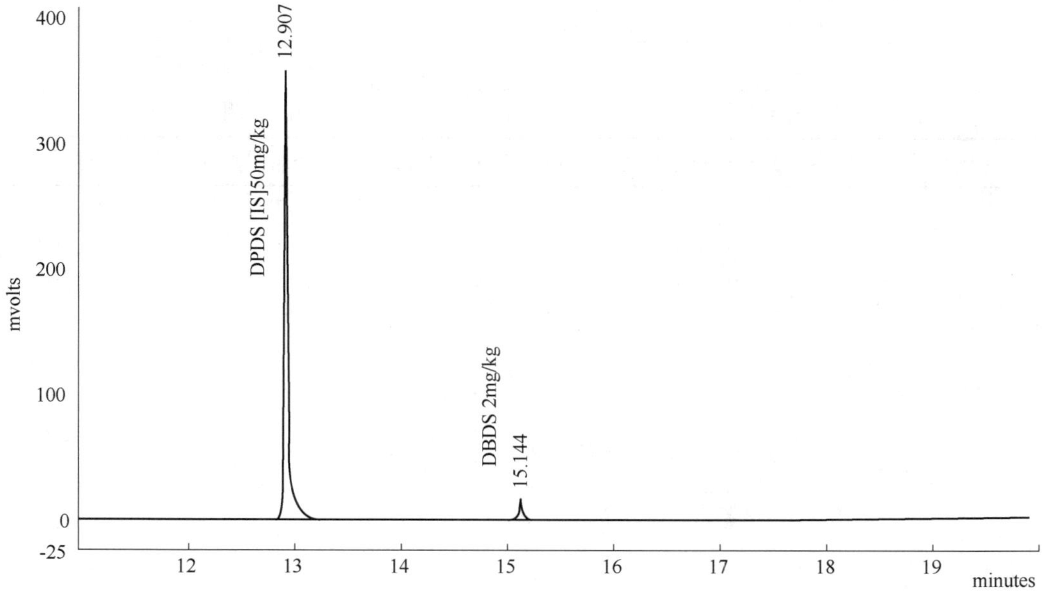

图B.1 白矿油中2mg/kg DBDS和内标物DPDS的GC-ECD色谱图

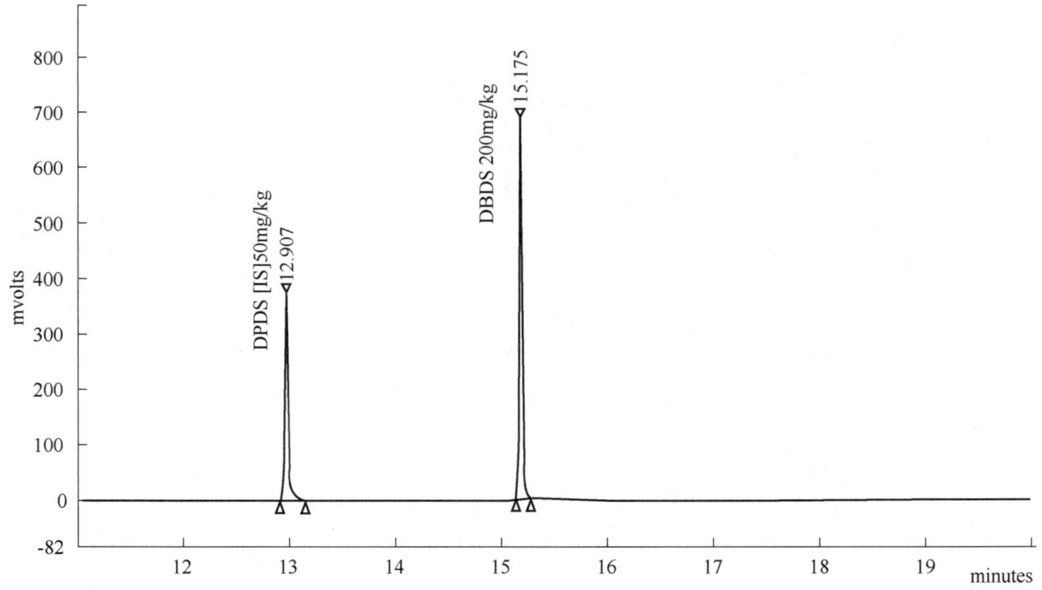

图B.2 白矿油中200 mg/kg DBDS和内标物DPDS的GC-ECD色谱图

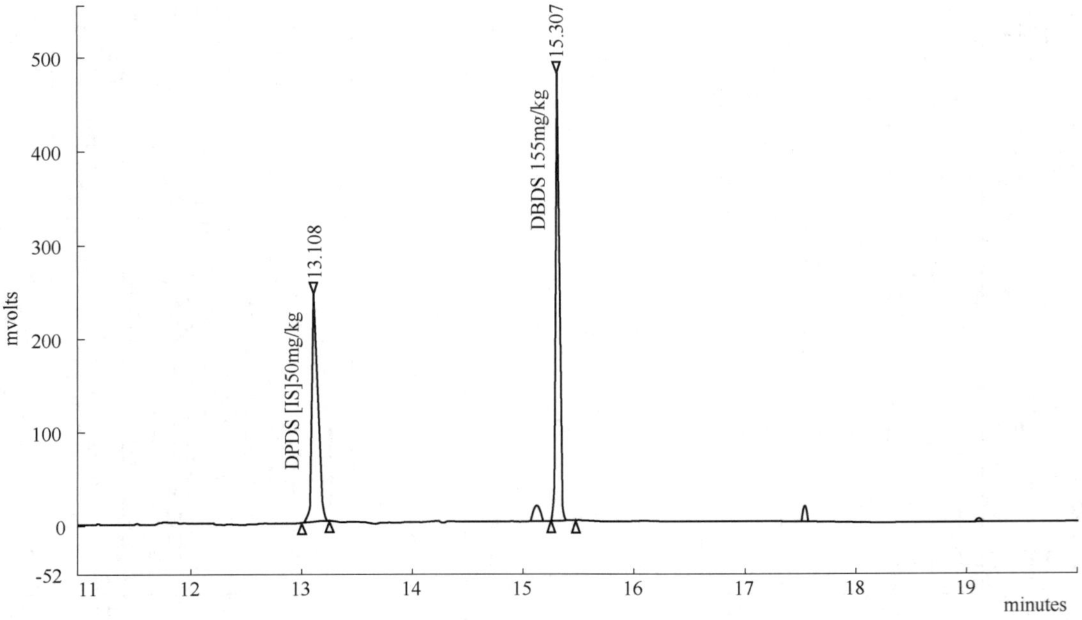

图 B.3 已知 DBDS 污染物的商业矿物绝缘油的 GC-ECD 色谱图

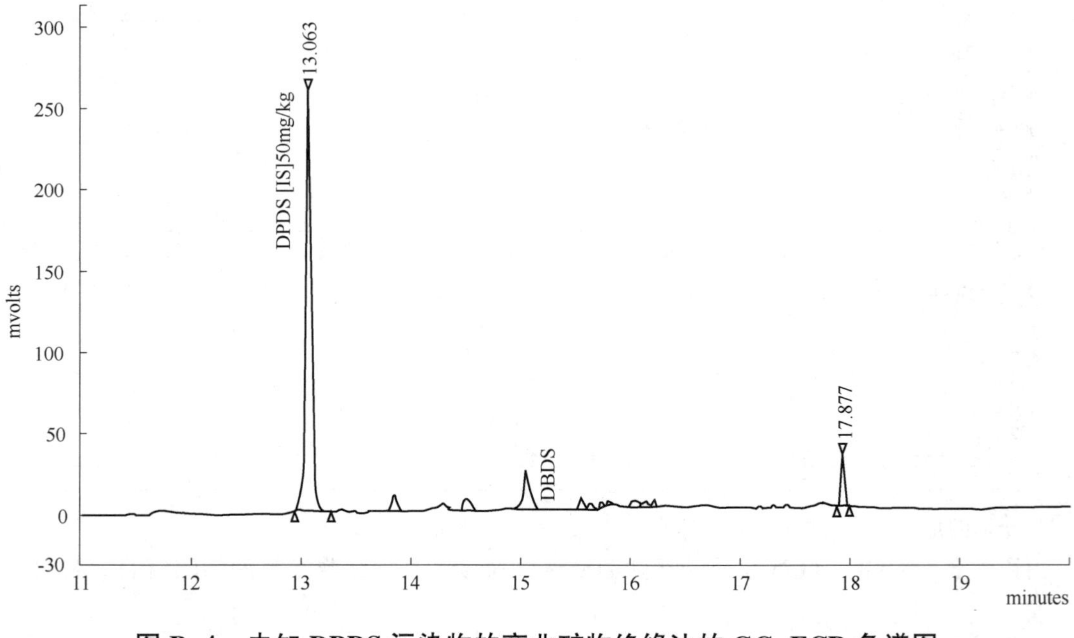

图 B.4 未知 DBDS 污染物的商业矿物绝缘油的 GC-ECD 色谱图

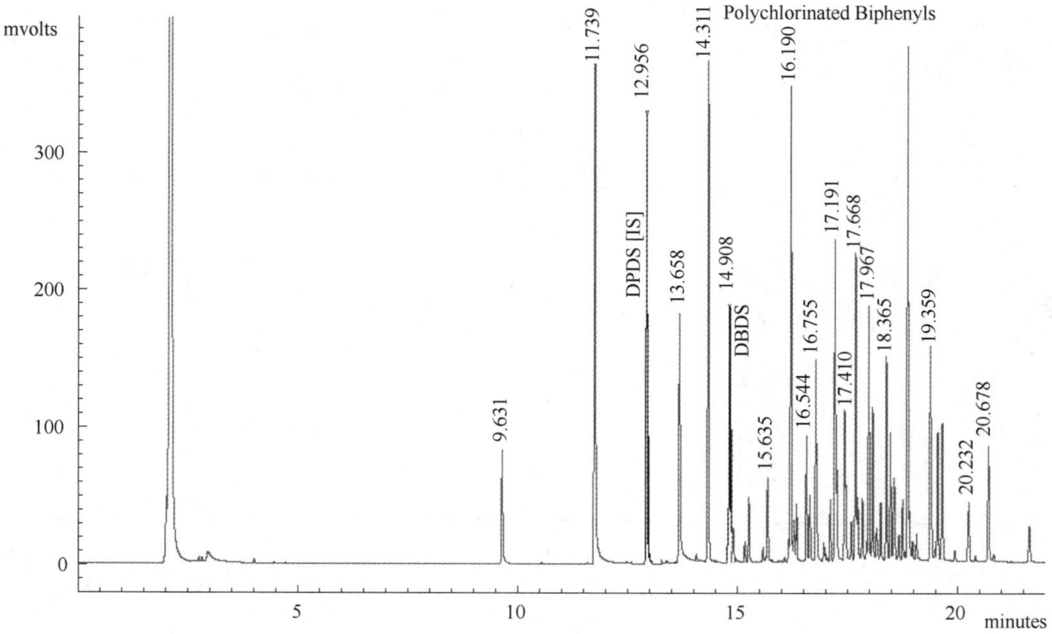

图 B.5　已知 DBDS 污染物（PCBs）影响的商业矿物绝缘油的 GC-ECD 色谱图

B.2　用 GC-AED 获得的矿物绝缘油中的 DBDS 色谱图，见图 B.6～图 B.8。

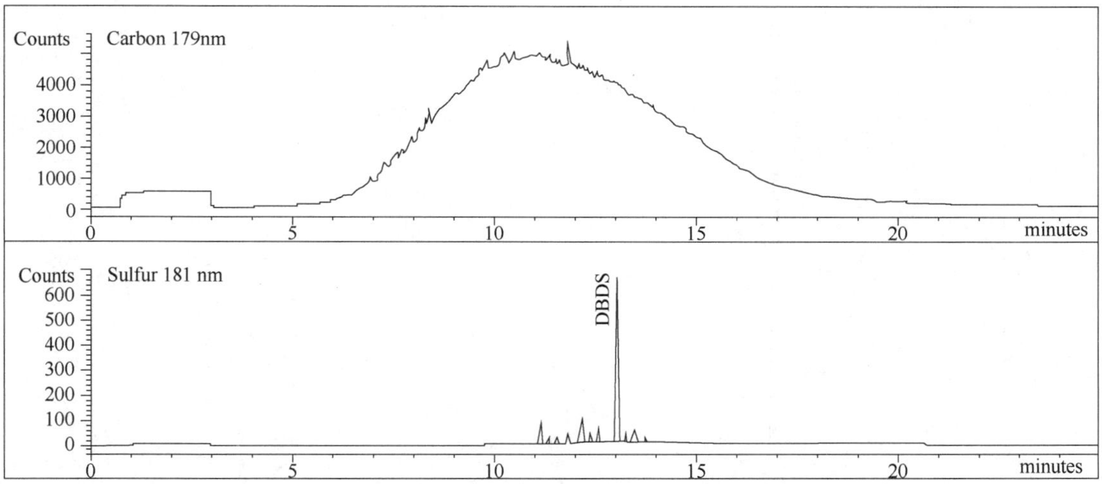

注：上面的是碳在波长 179nm 的发射谱，下面的是硫在 181nm 的发射谱。

图 B.6　用 GC-AED 获得的已知 DBDS 污染物的商业矿物绝缘油的碳硫油指纹图

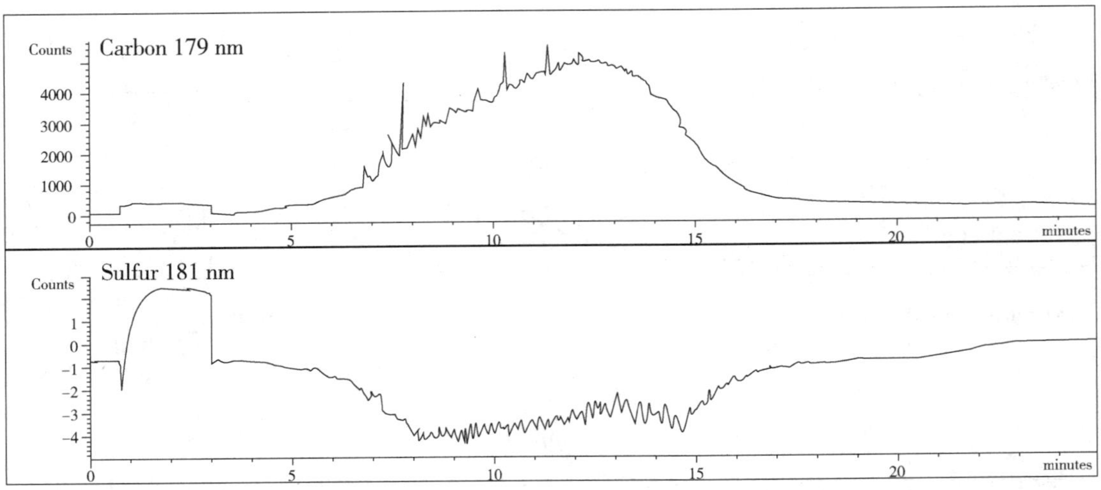

注：上面的是碳在波长 179nm 的发射谱，下面的是硫在 181nm 的发射谱。

图 B.7　用 GC-AED 获得的未知 DBDS 污染物的商业矿物绝缘油的碳硫油指纹图

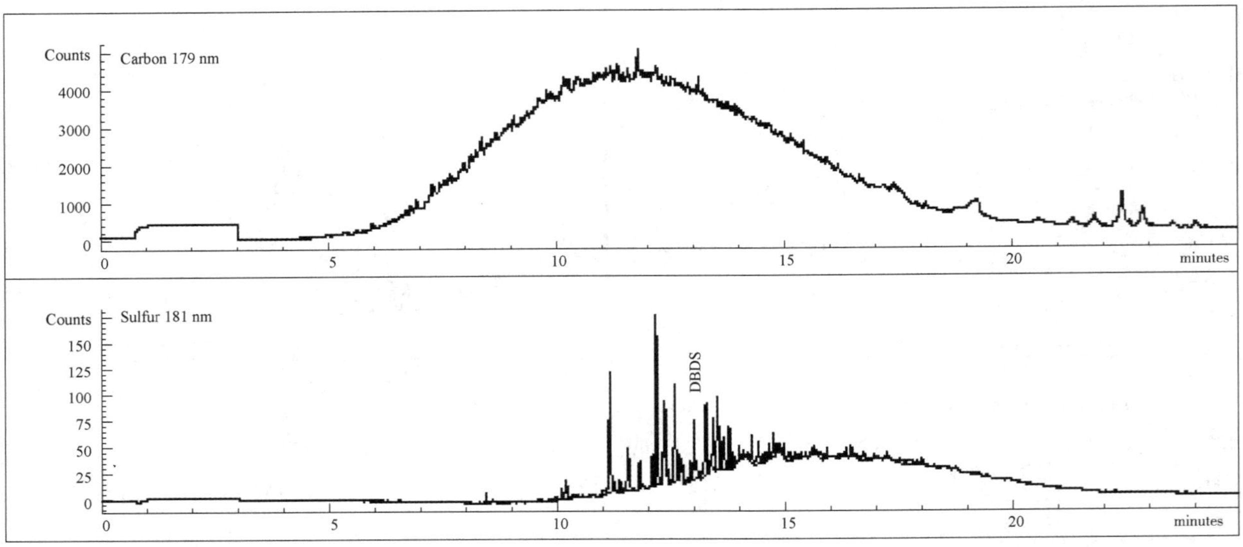

注：油中存在其他的含硫物质（腐蚀性和非腐蚀性硫化物）。

图 B.8　用 GC-AED 获得的已知含 DBDS 污染物的商业矿物绝缘油的碳硫油指纹图

B.3 用 GC-MS 获得的矿物绝缘油中的提取离子色谱图，见图 B.9、图 B.10。

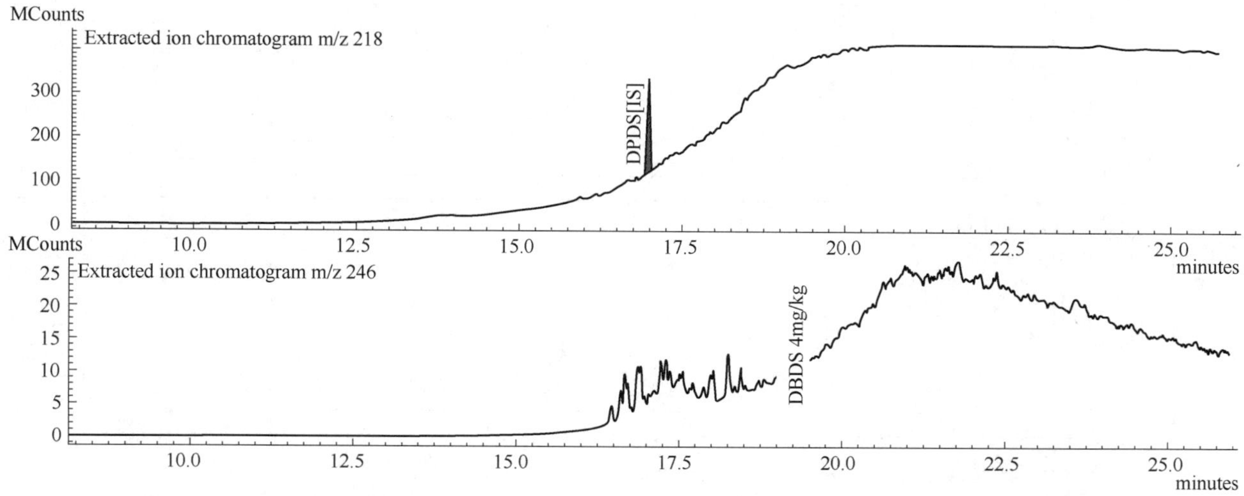

图 B.9　含 4 mg/kg DBDS 的白矿油中的 DPDS（IS）分子离子 *m/z* 218 的提取离子色谱图和 DBDS 分子离子 *m/z* 246 的提取离子色谱图

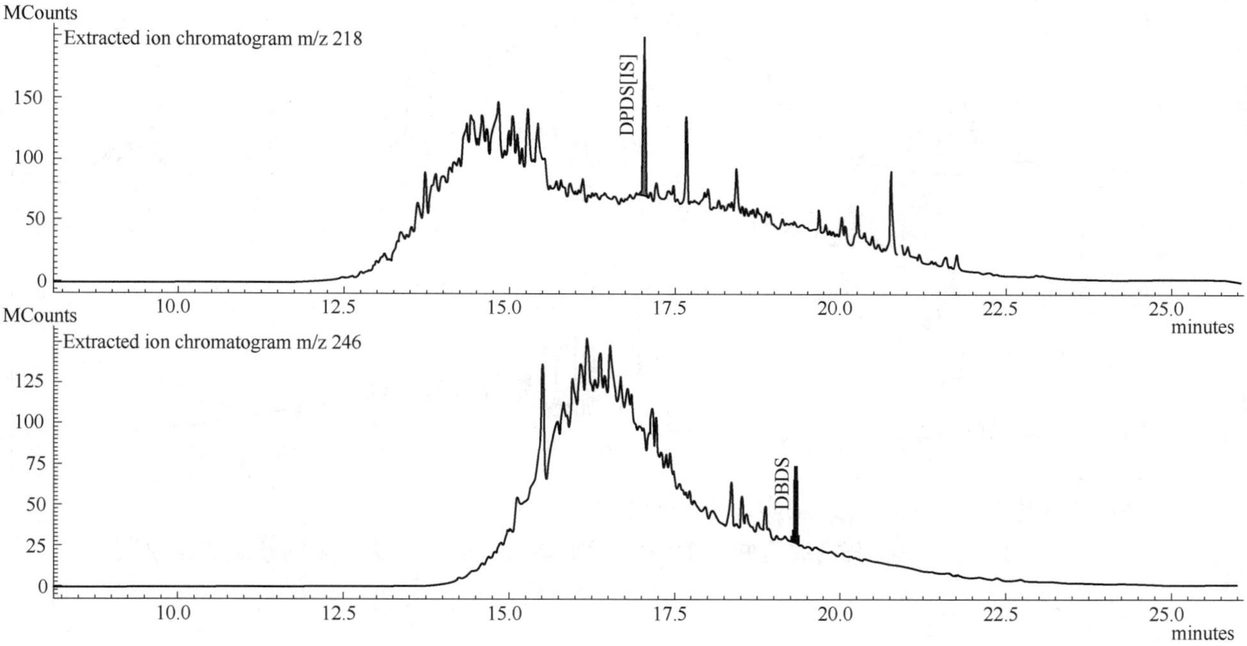

图 B.10　已知含 DBDS 污染物的商业矿物绝缘油中的 DPDS（IS）分子离子 *m/z* 218 的提取离子色谱图和 DBDS 分子离子 *m/z*246 的提取离子色谱图

B.4 用 GC-MS/MS 获得的矿物绝缘油中的提取离子色谱图，见图 B.11、图 B.12。

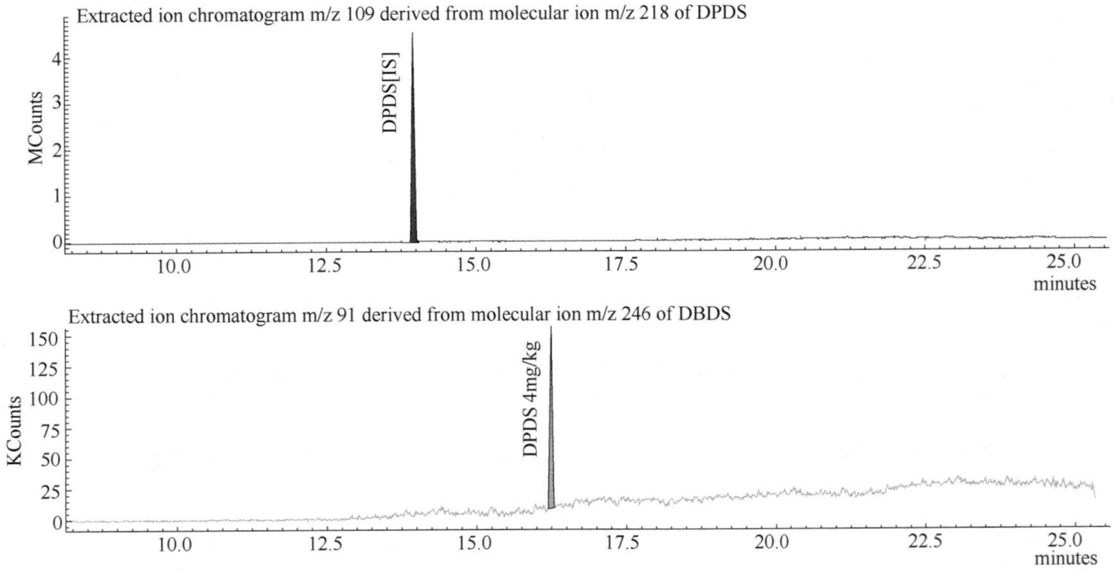

图 B.11　含 4 mg/kg DBDS 的白矿油中的 DPDS（IS）分子离子 m/z 218 通过 CID 产生的 m/z 109 碎片离子的提取离子色谱图和 DBDS 分子离子 m/z 246 通过 CID 产生的 m/z 91 的碎片离子的提取离子色谱图

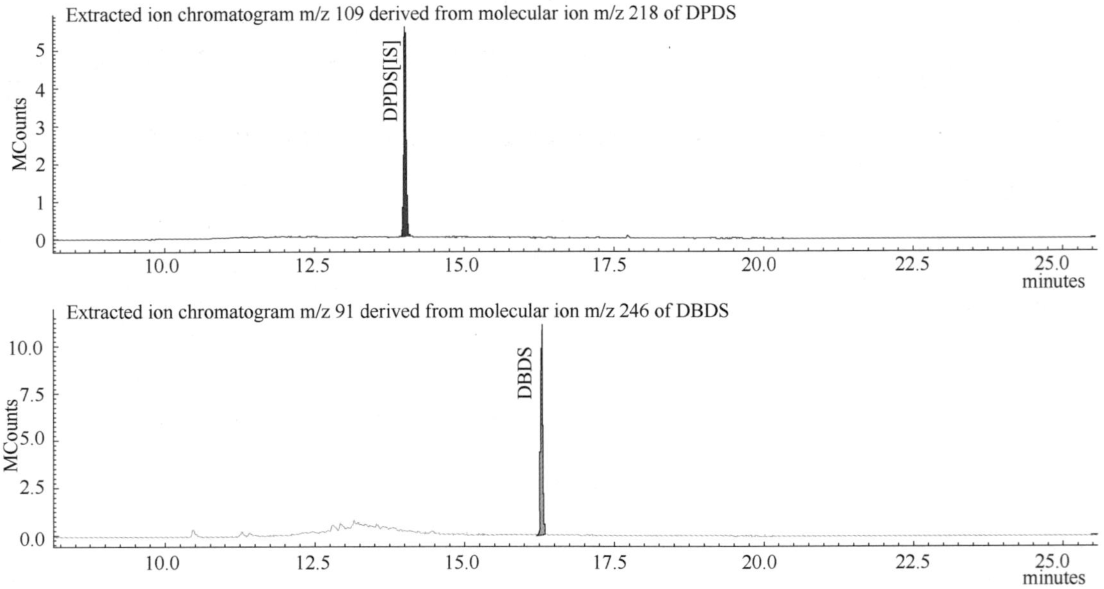

图 B.12　已知含 DBDS 污染物的商业矿物绝缘油中的 DPDS（IS）分子离子 m/z 218 通过 CID 产生的 m/z 109 碎片离子的提取离子色谱图和 DBDS 分子离子 m/z 246 通过 CID 产生的 m/z 91 的碎片离子的提取离子色谱图

B.5 用GC-SCD获得的白矿油和矿物绝缘油中DBDS和DPDS（内标物）的色谱图，见图B.13、图B.14。

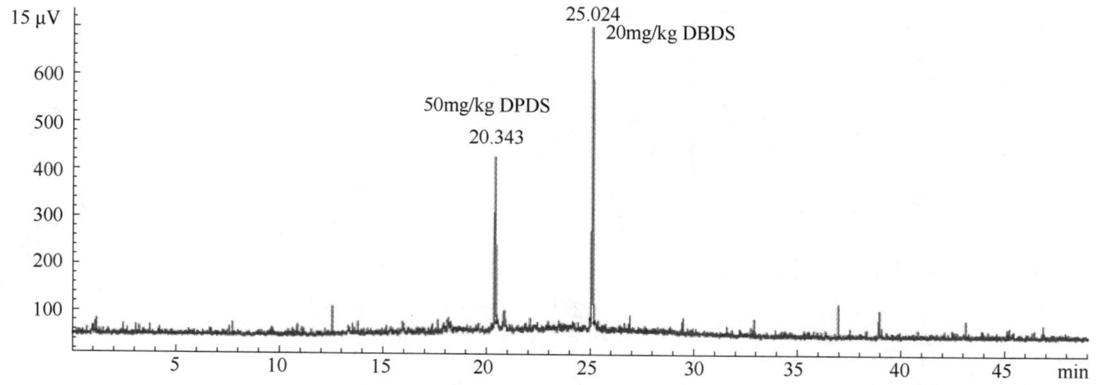

图B.13 白矿油中20 mg/kg DBDS和内标物DPDS的GC-SCD色谱图

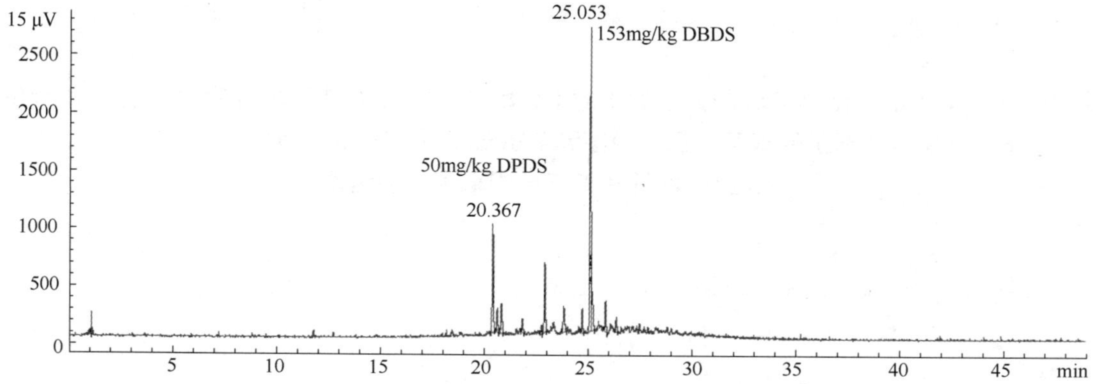

图B.14 已知DBDS污染物的商业矿物绝缘油的GC-SCD色谱图

附　录　C
（资料性附录）
其他合适检测器的操作参数

C.1　火焰光度检测器（FPD）

FPD 对信号具有选择性，对包含在 DBDS 中的硫在 393 nm 周围产生发射光。发射光在 393 nm 最高峰下传播，然后通过 20 nm 干涉滤波分离。滤波器安装在光电管前面，光电管把光信号转换为电信号线性放大。下面是典型的检测器操作条件：

（a）温度 250℃；

（b）H_2 流量 75 mL/min；

（c）空气流量 100 mL/min；

依照制造商的推荐优化操作条件。

C.2　光离子化检测器（PID）

依靠入射光子能量和化学物质的电离能，PID 对化学物质的离子化信号具有选择性。当化学物质的电离能小于光子能量时，产生电离。这个检测器可以用于选择性测定芳香分子，因其具有较低的电离能，烃类背景具有较高的电离能。检测器在 250℃ 操作，光电离灯输出能量在 10eV 下检测 DBDS 比较适合。依照制造商的推荐优化操作条件。

参 考 文 献

[1] GB2536　电工流体变压器油和开关用的未使用过的矿物绝缘油
[2] GB/T 25961　电气绝缘油中腐蚀性硫的试验法
[3] DL/T 285　矿物绝缘油腐蚀性硫检测法　裹绝缘纸铜扁线法
[4] SH/T 0304　电气绝缘油腐蚀性硫试验法
[5] SH/T 0804　电气绝缘油腐蚀性硫试验　银片试验法
[6] IEC 60296, Fluids for electrotechnical applications-Unused mineral insulating oils fortransformers and switchgea

ICS 75.100
E 34

SH

中华人民共和国石油化工行业标准

NB/SH/T 0937—2016

冷冻机油耐氨性能测定法

Standarded test method for determination of resistance performance to ammonia for refrigerator lubricants

2016-12-05 发布　　2017-05-01 实施

国家能源局　发布

前　言

本标准按照 GB/T 1.1—2009 给出的规则起草。

本标准使用重新起草法修改采用德国工业标准 DIN 51538-1998《润滑剂试验．冷冻机油耐氨性能的试验》编制。

为了适合我国国情，本标准在采用 DIN 51538-1998 时作了部分修改。本标准与 DIN 51538-1998 的主要技术差异及原因如下：

——为使用方便，将部分引用标准修改为我国相应国家标准或行业标准；

——为了便于操作，在仪器一章增加了加热设备的相关内容；并补充了部分仪器设备的示意图；

——为符合我国国情，本标准增加了一种催化剂试片规格（A 型试片）：普通碳素钢 A3，尺寸为 72.4 mm±0.1 mm×11.5 mm±0.1 mm×2.0 mm±0.1 mm，表面粗糙度为 R_a = 0.63μm～1.25μm。但规定仲裁试验应使用符合 DIN 51538-1998 规定的催化剂试片（B 型试片）；

——本标准的碱值按照 SH/T 0251 进行测定；DIN 51538-1998 中规定的碱值按照 ISO 3771 进行测定。SH/T 0251 和 ISO 3771 的试验结果具有较好的一致性，为方便起见，本标准采用 SH/T 0251 测定试样的碱值，并以其作为试验报告值。

本标准由中国石油化工集团公司提出。

本标准由全国石油产品和润滑剂标准化技术委员会石油燃料和润滑剂分技术委员会（SAC/TC280/SC1）归口。

本标准起草单位：中国石油天然气股份有限公司兰州润滑油研究开发中心。

本标准主要起草人：王鹏、李雁秋、张守杰、张秀娟。

冷冻机油耐氨性能测定法

警告：本标准的使用可能涉及某些有危险性的材料、操作和设备，但并未对与其有关的所有安全问题都提出建议。因此，用户在使用本标准之前有责任制定相应的安全和防护措施，并确定相关规章限制的适用性。

1 范围

本标准规定了测定在空气中制冷压缩机用冷冻机油耐氨性能的试验方法。

本标准适用于以氨为制冷剂的符合 GB/T 16630—2012 中 L-DRA 类的冷冻机油。

2 规范性引用文件

下列文件对于本文件的应用是必不可少的。凡是注日期的引用文件，仅所注日期的版本适用于本文件。凡是不注日期的引用文件，其最新版本（包括所有的修改单）适用于本文件。

GB/T 514—2005 石油产品试验用玻璃液体温度计技术条件

GB 1922—2006 油漆及清洗用溶剂油

GB/T 4756 石油液体手工取样法

GB/T 6682—2008 分析实验室用水规格和试验方法

GB/T 9258.1—2000 涂附磨具用磨料 粒度分析 第1部分：粒度组成

GB/T 16630—2012 冷冻机油

HG/T 3523—2008 冷却水化学处理标准腐蚀试片技术条件

SH/T 0251 石油产品碱值测定法（高氯酸电位滴定法）

DIN 51373-1984 抗燃载热油的检验 抗氧化稳定性的测定 包括对催化剂片的评估（Determining the oxidation stability of non-readily flammable governor fluids including assessment of catalyst metal sheets）

3 术语和定义

下列术语和定义适用于本文件。

碱值 base number

滴定 1 g 试样到规定终点所需的酸量，以毫克氢氧化钾每克（mgKOH/g）表示。

4 方法概要

用钢作催化剂，在 120℃的条件下，向被测试样中通 168 h 的空气流进行老化试验。测定老化后被测试样的碱值及其碱值变化，作为试样在氧气存在的条件下耐氨性能的测定结果。

5 仪器

5.1 老化管

5.1.1 老化管由耐热硬质玻璃制成，带有 ϕ24/29 磨口接头，尺寸与形状见表 1 和图 1。

表 1 氧化管尺寸

氧化管外管总长/mm	210±2	氧化管外径/mm	26±0.5
氧化管外管壁厚/mm	1.4±0.2	氧化管头部高/mm	28±2
氧化管进气管外径/mm	5.0±0.4	氧化管进气管壁厚/mm	0.8±0.1

5.1.2 氧化管有一个带弯管和磨口塞的进气管，进气管伸入距氧化管底部 2.5mm±0.5mm 以内，其末端与水平轴成 60°角（见图 1）。

单位为毫米

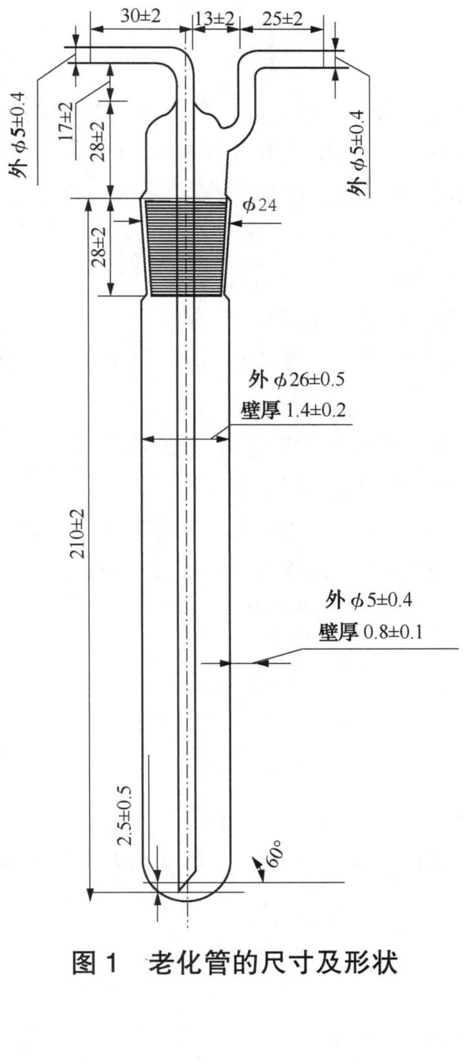

图 1 老化管的尺寸及形状

5.2 气体洗涤瓶

玻璃制，250 mL，供装浓氨水用，形状见图 2。

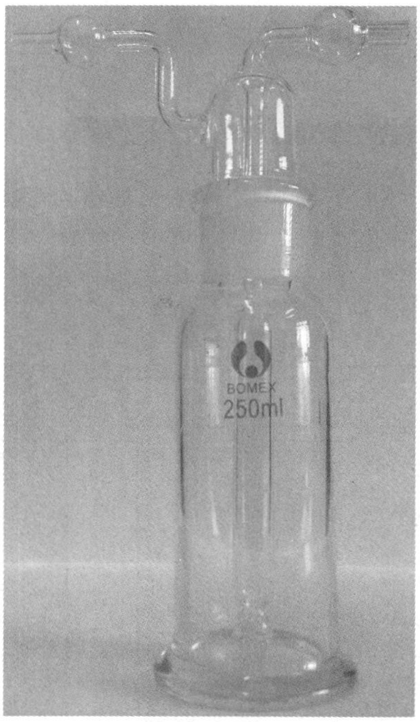

图2　气体洗涤瓶

5.3　催化剂试片

5.3.1　A 型试片：普通碳素钢 A3，尺寸为 72.4 mm±0.1 mm×11.5 mm±0.1 mm×2.0 mm±0.1 mm，表面粗糙度全部为 R_a=0.63 μm ~1.25 μm；试片总面积为 20 cm^2，符合 HG/T 3523—2008 中Ⅱ型试片的规格。

5.3.2　B 型试片：普通碳素钢，St37K（碳含量≤0.20%，磷含量≤0.06%，硫含量≤0.05%），尺寸为 60.0 mm×10.0 mm×2.0 mm，符合 DIN 51373-1984 中试片的规格。

注：仲裁试验推荐使用 B 型试片。

5.4　加热设备

5.4.1　用恒温控制铝合金加热器或油浴将氧化管中的试样保持在 120℃±0.5℃（见图 3 和图 4）。氧化管中装填的试样应浸没温度计，使温度计距氧化管内底部 5 mm 以内，再放入加热浴中，读出温度计读数。

5.4.2　绝热层上表面的温度应保持在 60℃±0.5℃，此温度由铝块（见图 5）测温孔中的温度计测量。测温铝块的表面，除与加热器直接接触的表面以外，都由 4 mm 厚的适当的绝热材料保护，绝热材料的性能应适于达到所规定的温度。本测温块应放在接近使用口的加热浴的上表面。

5.4.3　当使用恒温控制铝合金加热器时，氧化管插入孔的最大长度为 150 mm，加热部分中孔的深度应至少为 125 mm，并且用铝合金环穿过绝缘盖包围氧化管，以保证 150 mm 长的氧化管受热。当使用油浴加热时，氧化管应在油中浸没 137 mm，在浴中最长达 150 mm（见图 4）。

5.4.4　对于两种加热装置，氧化管位于上表面以外的长度应为 60 mm，孔的直径应为刚好能插入该规格氧化管的尺寸。如果比较松，可使用一个内径为 25 mm 的 O 形环套在氧化管上，插进绝热层或将其塞入氧化管和绝热层的缝隙中。加热器应配备能支撑吸收管的支架。

注：当使用加热器时，应避免日晒或空气流通。当使用油浴时，出于安全上的考虑，建议把该油浴放在通风橱中。

单位为毫米

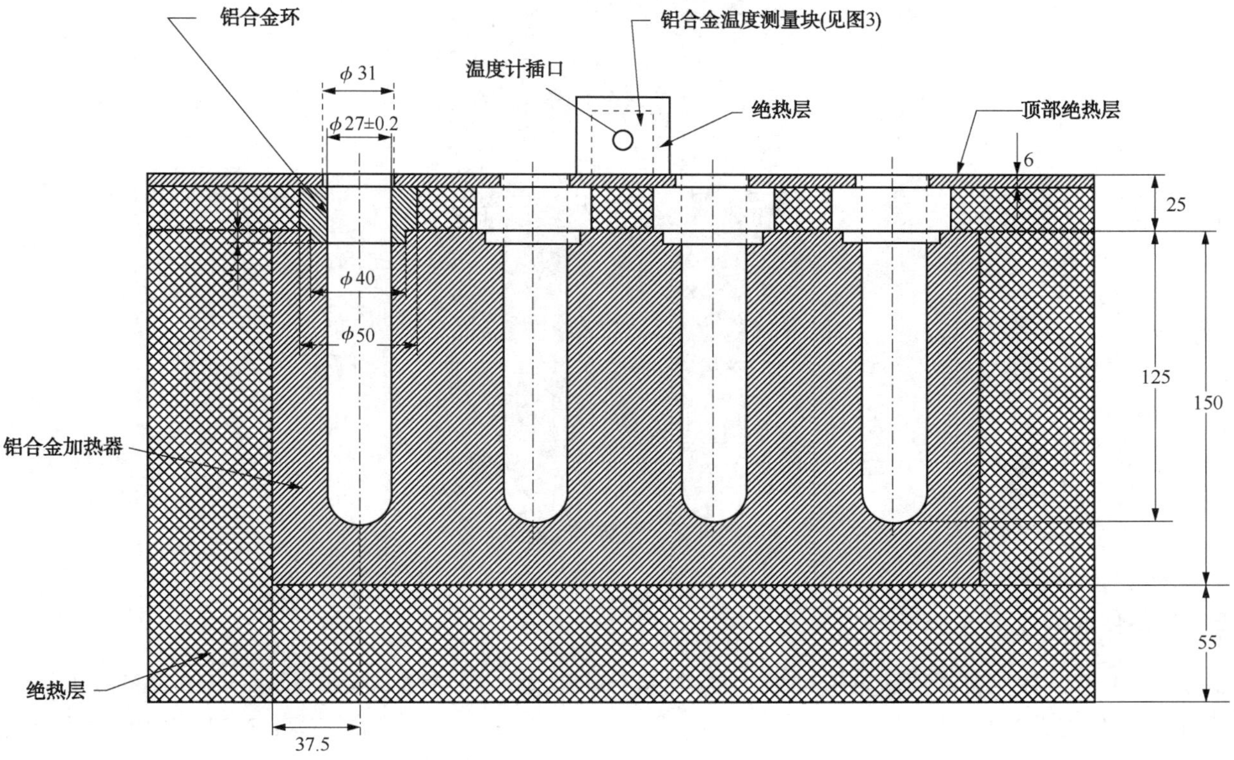

图 3　典型 8 个孔（4×2）铝合金加热器

单位为毫米

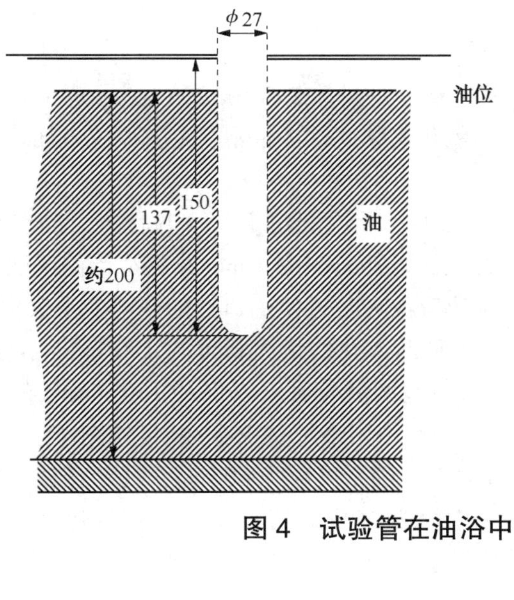

图 4　试验管在油浴中的位置

单位为毫米

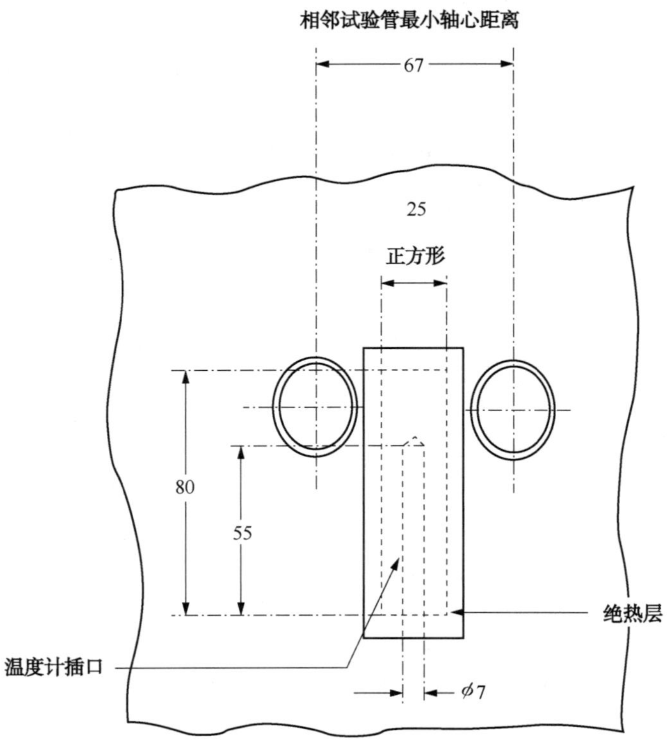

图5 铝合金测量块

5.5 温度计

符合 GB/T 514—2005 中 GB-59 号温度计的要求。

5.6 烘箱

温度控制在 105℃±2℃，最好使用循环式鼓风恒温烘箱。

5.7 电子天平

精确到 0.01 g。

5.8 浮子流量计

流量范围 0~2 L/h。

5.9 氮气钢瓶

附氮气减压装置。

5.10 离心机

转速 100 r/min~15000 r/min。

5.11 离心管

100 mL，不锈钢或硬质玻璃制。

5.12 空气压缩机

用于产生压缩空气。

注：压缩空气应通过如下净化：

a）压缩空气通过填满玻璃棉的洗涤瓶去除油和其他悬浮物。

b）压缩空气通过浓硫酸的洗涤瓶，再通过空洗涤瓶来分离液滴，从而去除水分。

c）通过使用氢氧化钠塔或碱石灰塔来去除酸性气体。

5.13 水滴分离器（缓冲瓶）

可用老化管代替。

5.14 烧杯

玻璃制，150 mL。

5.15 干燥器

玻璃制，下部装有碱石灰，用于干燥试样。

5.16 漏斗

玻璃制。

5.17 细口瓶

带磨口塞，用于盛装丙酮。

5.18 广口瓶

玻璃制。

6 试剂和材料

6.1 试剂

6.1.1 丙酮：分析纯。

6.1.2 溶剂油：符合 GB 1922—2006 中 2 号溶剂油。

6.1.3 石油醚：分析纯。

6.1.4 水：符合 GB/T 6682—2008 中三级水的要求。

6.1.5 浓硫酸：质量分数为 98%。

警告：浓硫酸具有强氧化性，切勿吸入、食入。如果不慎溅到皮肤上，应立即用水彻底地清洗。

6.1.6 浓氨水：质量分数为 25%~28%。

警告：浓氨水具有强刺激性，切勿吸入、食入。如果不慎溅到皮肤上，应立即用水彻底地清洗。

6.2 材料

6.2.1 甘油：开口闪点不低于 150℃，供油浴用。

6.2.2 氮气：工业用，纯度不小于 99.5%。

6.2.3 磨光材料：65 μm（P220）的碳化硅砂纸，23 μm（P600）的碳化硅砂纸，符合 GB/T 9258.1—2000 的要求。

6.2.4　镊子：不锈钢制，扁平头。

6.2.5　滤纸：中速定量滤纸。

6.2.6　药用脱脂棉或棉纸。

7　取样

除非另有规定取样应按照 GB/T 4756 的规定进行。

8　准备工作

8.1　老化管的准备

老化管先用丙酮清洗，再用水进行冲洗，晾干，然后至少在浓硫酸中浸泡 16 h。取出，直接用自来水冲洗，再用水冲洗干净。最后将洗净的老化管放置在 105℃ 的烘箱中干燥 3 h，取出，放置在干燥器中冷却备用。

8.2　催化剂试片的准备

将准备好的催化剂试片先用 65 μm（P220）的碳化硅砂纸打磨一遍，然后再用 23 μm（P600）碳化硅砂纸打磨一遍，最后再分别用 65 μm（P220）和 23 μm（P600）碳化硅砂纸打磨一遍；打磨好的试片用药用脱脂棉或蘸有溶剂油的药用脱脂棉或棉纸擦拭干净，去除催化剂试片表面的游离颗粒物。最后将试片放入装有丙酮的磨口瓶中存放。

8.3　试样的准备

试样用中速定量滤纸进行过滤，以除去试样中的游离杂质和颗粒物。

9　试验步骤

9.1　试样的老化

9.1.1　在清洁、干燥的老化管中，称取已滤好的试样 30.0 g±0.1 g，老化管两侧放入两个催化剂试片。

9.1.2　试验装置连接示意图见图 6。依次将气体流量计、装有 150 mL 浓氨水的气体洗涤瓶、水滴分离器（缓冲瓶）、老化管、气体回收器（盛有浓硫酸的广口瓶，用于回收氨气）连接起来，老化管放入已加热至 120℃±0.5℃ 的加热设备（金属浴或油浴）中。

图 6　试验装置连接示意图

9.1.3　空气流量设置在 1.0 L/h±0.1 L/h，开始老化之前，使用校准的流量计测量气体流量并 24 h 检查一次。当老化管放置到加热设备中时，老化试验开始，并记下开始时间。试样在试验条件下连续老化 168 h。

注：老化试验开始 15 min 内，将气体流量稳定至设定值。

9.2　老化结束后试样的处理

9.2.1　老化结束后，切断空气源。将氮气瓶接入气体流量计，并将流量计直接连接到老化管上，老

化管出口直接通大气。氮气流量设置在 2.0 L/h±0.1 L/h，清洗试样 2 h。

9.2.2 切断氮气源，从加热设备中取出老化管，在清洁、干燥的暗处冷却 2 h。用镊子将老化管中的试片取出，石油醚洗涤至无油迹；然后将老化管中的试样全部倒入清洁、干燥的 100 mL 离心管中，在 1500 倍重力加速度下，处理 30 min，小心倒出上层清液至洁净、干燥的烧杯中，备用。

9.3 碱值测定

称取 10 g±0.01 g 的老化试样（9.2.2 烧杯中试样）以及新油，依照 SH/T 0251 分别测定其碱值（BZ）。

10 计算

用式（1）计算碱值的变化，试样碱值的变化 ΔBZ 是试样老化后的碱值 BZ_a 与新油的碱值 BZ_f 之差。

$$\Delta BZ = BZ_a - BZ_f \quad (1)$$

式中：

ΔBZ——试样碱值的变化，单位为毫克氢氧化钾每克（mgKOH/g）；

BZ_a——试样老化后的碱值，单位为毫克氢氧化钾每克（mgKOH/g）；

BZ_f——新油的碱值，单位为毫克氢氧化钾每克（mgKOH/g）。

11 结果表示

11.1 新油的碱值 BZ_f，以毫克氢氧化钾每克（mgKOH/g）表示，精准到 0.01 毫克氢氧化钾每克（mgKOH/g）；

11.2 试样老化后的碱值 BZ_a，以毫克氢氧化钾每克（mgKOH/g）表示，精准到 0.01 毫克氢氧化钾每克（mgKOH/g）；

11.3 试样碱值的变化 ΔBZ，以毫克氢氧化钾每克（mgKOH/g）表示，精准到 0.01 毫克氢氧化钾每克（mgKOH/g）；

11.4 试样老化后的油泥量，目测并表示为“无/少量/大量”。

12 报告

12.1 新油的碱值，取重复测定两个结果的算术平均值作为试验结果。

12.2 试样碱值的变化，取重复测定两个结果的算术平均值作为试验结果。

12.3 试样老化后的油泥量。

13 精密度

本标准尚未确定精密度，碱值的测定能够达到 SH/T 0251 精密度要求即可。

ICS 75.160.20
E 31

SH

中华人民共和国石油化工行业标准

NB/SH/T 0938—2016

用于挥发性测定的燃料取样及处理规程

Standard practice for sampling and handling of fuels for volatility measurement

2016-12-05 发布 2017-05-01 实施

国家能源局 发布

前　言

本标准按照 GB/T 1.1—2009 给出的规则起草。

本标准使用重新起草法修改采用美国试验与材料协会标准 ASTM D5842-2014《用于挥发性测定的燃料取样及处理规程》。

本标准与 ASTM D5842-2014 的主要技术差异及其原因如下：

——本标准将部分引用标准用我国相应的国家标准或石化行业标准代替，以方便使用；

——取消了第 9 章关键词，因其不属于我国标准的内容。

本标准由中国石油化工集团公司提出。

本标准由全国石油产品和润滑剂标准化技术委员会石油静态和轻烃计量分技术委员会（SAC/TC280/ SC2）归口。

本标准起草单位：中石化炼化工程（集团）股份有限公司洛阳技术研发中心。

本标准主要起草人：刘峰阳、王艳星、李怿、吕大伟、白正伟。

用于挥发性测定的燃料取样及处理规程

警告：本标准未对使用中涉及的所有安全问题都提出建议。因此在使用本标准前，用户有责任建立合适的安全和防护措施，并确定相关规章限制的适用性。

1 范围

本规程规定了从挥发性燃料中获取、混合和处理代表性样品的程序和设备，样品用于与挥发性有关的试验以确定其与产品规格的相符性。

本规程适用于干蒸气压等效值（*DVPE*）在 13 kPa～105 kPa 的燃料，其中包括含有含氧化合物的燃料。

注：$DVPE=(0.965X)-A$

式中：

X——总蒸气压，kPa；

$A=3.78$kPa。

2 规范性引用文件

下列文件对于本文件的应用是必不可少的。凡是注日期的引用文件，仅所注日期的版本适用于本文件。凡是不注日期的引用文件，其最新版本（包括所有的修改单）适用于本文件。

GB/T 4756　石油液体手工取样法

GB/T 27867　石油液体管线自动取样法

ASTM D5854　石油和石油产品液体样品混合和处理规程（Practice for Mixing and Handling of Liquid Samples of Petroleum and Petroleum Products）

ASTM D7717 用于实验室分析的变性乙醇和汽油调和组分油的体积型混合样的制备规程（Practice for Preparing Volumetric Blends of Denatured Fuel Ethanol and Gasoline Blendstocks for Laboratory Analysis）

3 术语和定义

下列术语和定义以及 GB/T 4756 中的相关术语和定义适用于本规程。

3.1

底部样　bottom sample

在储罐、容器或者管线最低点的物料中取得的样品。

注：底部样有多种含义。因此，当使用本术语时，建议标明准确的取样点（例如，距离底部 150mm）。

3.2

盲管　dead legs

设计上不允许有物料流过的部分管段。

注：从盲管处不适合获取有代表性的样品。

3.3

泄压管　relief lines

通向减压阀/真空泄压阀的部分管道。

注：泄压管不适合获取有代表性的样品。

3.4

计量管 stand pipes

从计量台延伸到外浮顶罐或内浮顶罐罐底附近的竖管。船或驳船上也有计量管。

注：从未开槽或未打孔的计量管中不能获取代表性样品。正确的计量管设计的详细信息见6.4.3。

4 方法概要

取样程序的基本原则是从储罐或其他容器中取样的方法和位置应使获取的样品具有代表性。取样程序及适用范围见表1。每个取样程序适用于特定的贮存、运输或容器条件。为了确保样品的代表性，需要注意的地方很多，取决于储罐、槽车、容器或管线的取样位置、样品容器的类型及清洁度和所使用的取样程序。

表1 取样程序和适用范围

容器类型	程序	章节
储罐、船舱、汽车罐车和铁路罐车	全层样	7.2.1.2
	例行样	7.2.1.2
	上部、中部和底部样	7.2.1.2
	顶部样	7.2.1.2
	攫取样	7.5
带有阀门的储罐	阀门取样	7.2.2
管道和管线	管线取样	7.3
	自动取样： 按照时间比例取样 按照流量比例取样	7.4
		7.4.1
		7.4.2
	攫取样	7.5
加油机（油枪）	油枪取样	7.6

5 方法应用

一些燃料标准对挥发性燃料规定了蒸气压限值。在测定这些性质时，对取样、保管、测试必须非常精细。

6 通用要求

6.1 样品容器

6.1.1 样品容器可以是无色或棕色的玻璃瓶、聚四氟乙烯瓶或金属容器。无色玻璃瓶的优点是很容易目测其洁净程度，也可以目测样品中是否有游离水或固体杂质。棕色玻璃瓶可以避免样品受到光照。金属容器的接缝在外表面焊合才可以使用。

6.1.2 对于玻璃瓶，可用软木塞、带螺纹的塑料或金属盖。对于金属容器，需用嵌入式的带螺纹的

塑料盖或金属盖以确保密封不漏气。软木塞质量要好、清洁、没有孔洞和松动的部分。不能用橡胶塞。在将软木塞塞入玻璃瓶之前，将软木塞用锡箔或铝箔裹住，以避免软木塞和样品接触。带螺纹的盖要带有表面裹有锡箔或铝箔的软木塞垫片，或者用倒圆锥形的聚乙烯或其他不会影响石油及石油产品的材料做密封保护。聚四氟乙烯瓶一般配有带螺纹的聚丙烯盖子。

6.1.3　样品量取决于所用的试验方法。手动蒸气压实验一般用 1 L 的玻璃瓶或容器。有些蒸气压测试方法允许较少的样品量，如用 125mL 的瓶，见图 1。

6.1.4　所有样品容器应绝对干净、无杂物。容器重复使用前，先用强力清洗剂清洗，再用自来水彻底冲洗，最后用蒸馏水冲洗。容器完全干燥后，立即塞住或盖住容器口。

单位为毫米

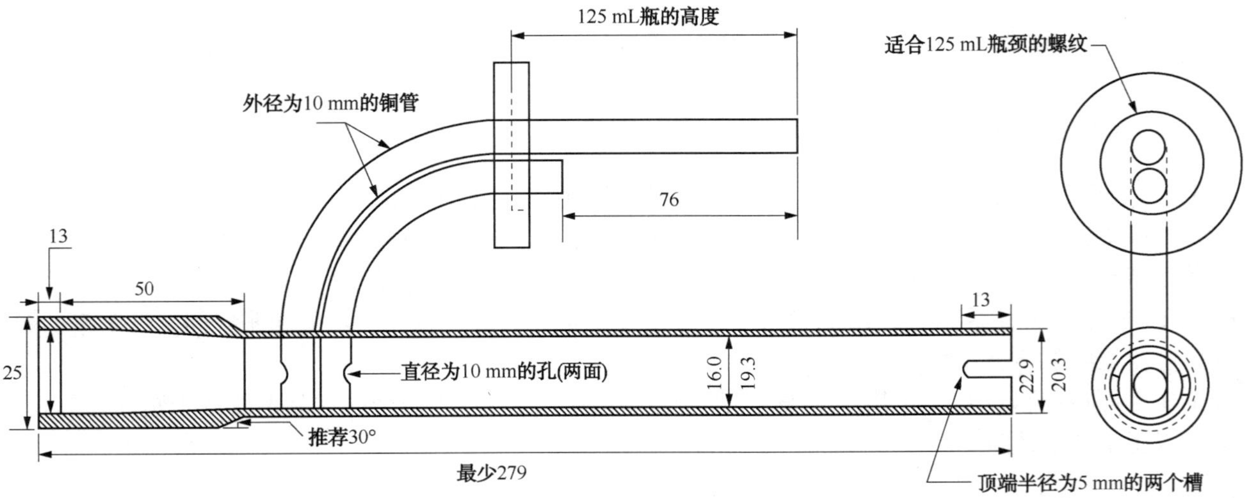

注：带小数的尺寸标注有最小值和最大值，其他尺寸标注的公差值为±0.8mm。该油枪加长管由有色金属材料（例如铜）制成，不受汽油的影响。

图 1　用 125 mL 瓶取样时的油枪加长管

6.2　取样设备

第 7 章对每一个取样程序都详细地介绍了取样设备。取样设备要干净、干燥并远离任何可能污染样品的物质。如果必要，使用 6.4 的清洗程序清洗。

6.3　取样时间和地点

6.3.1　储罐取样：储罐收油和发油时，从输出罐和接收罐都要取样，如需要，还要从输油管线取样。

6.3.2　船舱取样：船舱装满后或者卸船前需对每种产品取样。

6.3.3　罐车取样：罐车装满后或者卸车前都要取样。

注：本规程未涉及的取样时间、地点和其他细节，通常视合同或法规要求而定。

6.4 取样

6.4.1　取样规程不足以详细描述所有的情形。为了确保所取样品能够反映其总体特性和平均水平，取样时要极其小心。擦拭器具时要使用无绒布，防止污染样品。

6.4.2　许多石油产品的蒸气有毒、易燃。不要吸入，避免明火。取样时要遵循所有特定的安全措施。

6.4.3　不要在盲管或泄压管处取样，不要在未开孔的计量管处取样。图 2 给出了开孔足够多的计量管的示例，计量管的垂直面至少应该有两排交错的孔。

6.4.4 取样前，用待取样品冲洗样品容器并倒净。如果样品要被转移到另外一个容器（不用于DVPE试验），同样要用待取样品冲洗容器并倒净。如果要把取样容器中的样品完全倒入另外一个容器时，将取样容器口放入另外的样品容器口内，把取样容器倒立，进行倾倒。

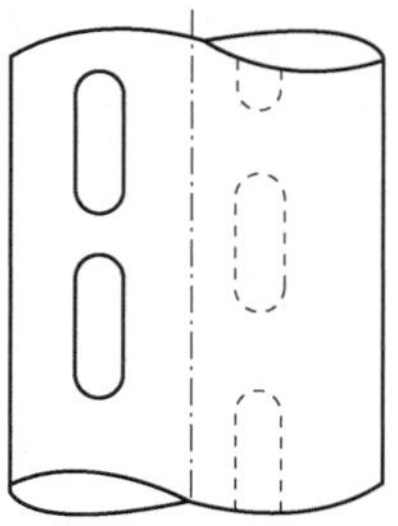

图2 开孔的计量管

6.5 样品保管

6.5.1 轻质燃料样品要避免挥发。取样容器要使用测试蒸气压时用的样品容器。取样后要保持容器密闭，如果样品容器有泄漏，则该样品不能用于试验。将样品送到实验室后，打开样品容器前需要将其冷却至0℃~1℃。如果可能，在转移和保管过程中也要维持这个温度。

6.5.2 样品装至容器容积的70%~85%，不要完全装满，为样品保留足够的膨胀空间。接下来的蒸气压实验也要求装至容器容积的70%~85%。

6.5.3 从样品容器中取出的第一份样品用于蒸气压测定。容器中剩余的样品不能用于蒸气压测定，但可以用于其他试验。

6.6 样品运输

为了避免样品运输过程中液体和蒸气的损失，金属容器要密封，拧紧盖子，检查渗漏。遵守所有易燃液体运输的规定。

6.7 标记样品容器

取样后立即给样品容器做标记。使用防水、防油墨水或足够硬的铅笔做标记，因为软铅笔和普通墨水标记易被水汽、样品、油污、搬运等消除。典型的标记包含以下信息：

a) 取样的日期和时间（持续取样所用的时间）；

b) 样品名称（或位置）；

c) 取样的船舶、罐车、容器的名称或编号；

d) 样品的牌号和等级；

e) 参考符号或者识别码；

f) 标记应符合所有适用的标记规则。

7 特定的取样程序

7.1 取样程序

本规程描述的标准取样程序见表1。如果相关各方已经达成一致的协议，并且这个协议已经形成文本并经授权签字，也可以使用其他的取样程序。

7.2 储罐取样

7.2.1 瓶取样：瓶取样程序适用于储罐、铁路罐车、汽车罐车、船舱中样品的雷德等效蒸气压不大

于105 kPa的燃料。

7.2.1.1 取样设备：合适的取样瓶如图3所示。推荐的取样瓶或取样器的开口直径为19mm。

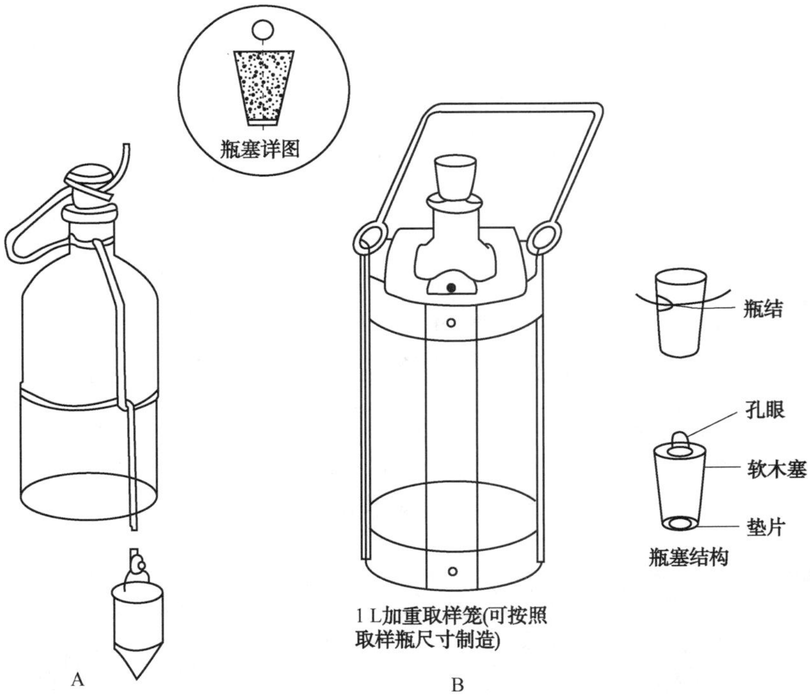

图3 瓶取样装置图

7.2.1.2 取样程序：

7.2.1.2.1 全层样：把加重的带塞取样瓶（见图3）尽可能降到接近排水液面位置，猛拉绳或链拔出塞子，以较为均匀的速度提升取样瓶，使取样瓶露出液面时取样瓶内液面达到容积的70%~85%。

7.2.1.2.2 例行样：把带塞的取样瓶（塞上有孔或槽）匀速的降到接近罐底出口连接线底部位置，立即以匀速提回至液面，使取样瓶露出液面时取样瓶内液面达到容积的70%~85%。

注：例行样或全层样并不一定具有代表性，因为储罐容积和深度不一定成比例，并且操作者不一定能以需要的速度放下或提升取样瓶。

7.2.1.2.3 上部、中部、下部样：把加重的带塞取样瓶降到适当的深度（见图4）如下：

a）上部样：在储罐内液体的上三分之一的中间位置取得的样品；

b）中部样：在储罐内液体的中间位置取得的样品；

c）下部样：在储罐内液体的下三分之一的中间位置取得的样品。

将取样瓶放入选定的位置，猛拉绳或链子拔出塞子，让取样瓶装满，以不冒气泡为准。装满样品后，提升取样瓶，倒出少量（15%~30%）样品，立即塞住取样瓶。

7.2.1.2.4 顶部样：在储罐内液面下150 mm处取得样品（见图4）。

7.2.1.2.5 样品保管：取完样品后立即盖紧瓶盖，做好标记，并把该取样瓶送到实验室。如果对同一样品取了多份样品，应分别测试蒸气压，混合样只能用于其他试验。倒置样品瓶检查容器是否渗漏。如果有条件的话，立即将样品瓶放置于冰中冷却。

7.2.2 阀门取样：阀门取样程序适用于存储在有通气装置的浮顶罐等罐内产品干蒸气压等效值不大于105 kPa的液体石油产品的取样，储罐应配有合适的取样阀门或管线。阀门取样装置见图5。

7.2.2.1 取样设备：

7.2.2.1.1 储罐取样阀门：按照储罐高度至少等距安装3个取样阀门。带阀门的6.4 mm标准管也可以满足要求。储罐应有足够数量的取样阀门以保证可以在不同的液面取样。

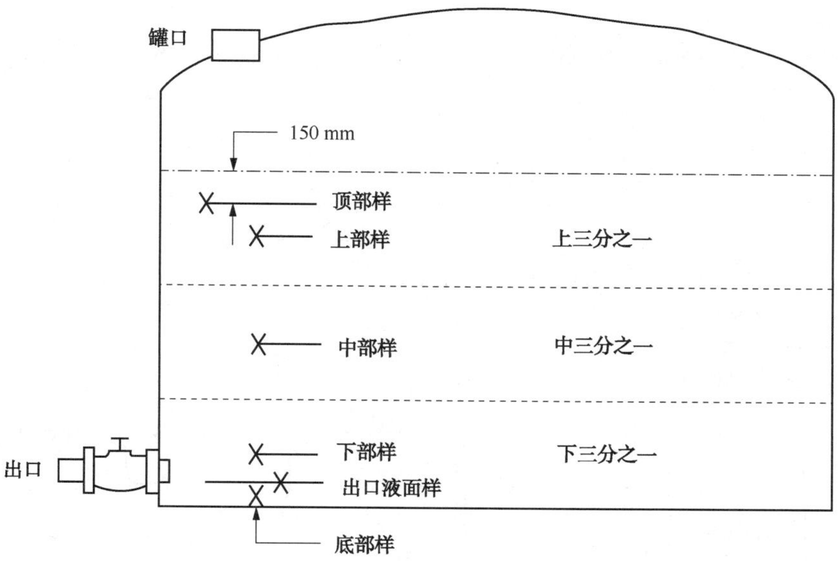

注：图中所示的出口液面样的位置只适用于有侧面出口的罐，不适用于出口在底部或者转到排污池的罐。

图4 储罐取样的深度

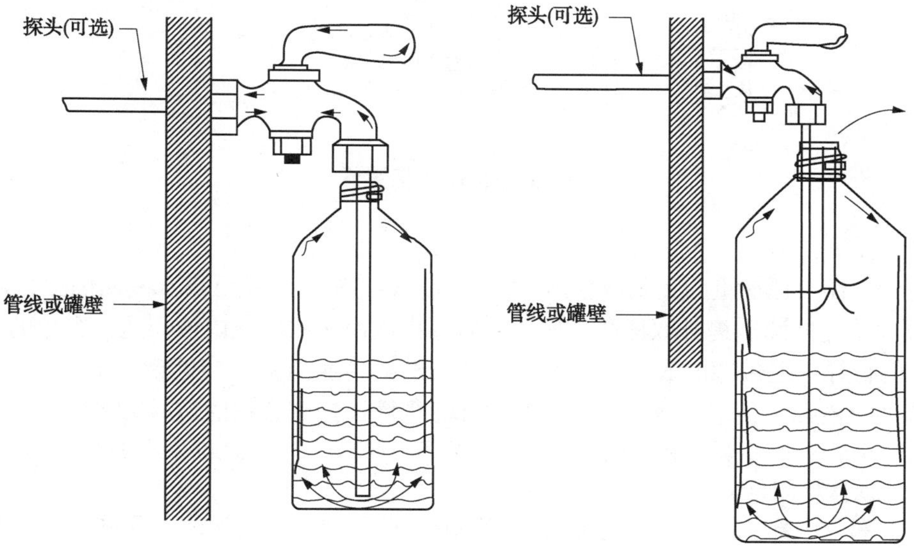

图5 阀门取样装置图

7.2.2.1.2 管子：使用不会污染待取样品的输送管，管子应足够长，可以伸至样品容器的底部进行淹没取样。

7.2.2.1.3 管子冷却器装置（可选）：取样冷却器是一个盘绕的管子，当样品装入样品容器时，将其浸在冰浴中来冷却样品。

7.2.2.1.4 样品容器：使用清洁、干燥、容积大小合适、强度适中的玻璃瓶或者金属容器来接收样品。

7.2.2.2 取样程序：取样前，用大约三倍于取样阀门和管子体积的样品冲洗取样阀门和管子。如果样品用于测定雷德等效蒸气压，将样品容器冷却至罐内样品温度或0℃中较高的一个（样品冷却装置见图6）。将样品装入样品容器并倒掉，重复三次，可以满足温度要求。样品容器冲洗完成后，直接从上部、中部和下部取样阀门向样品容器中注入样品。取样完成后，立即用塞子或盖子密封样品容器，贴上标签，并送到实验室。

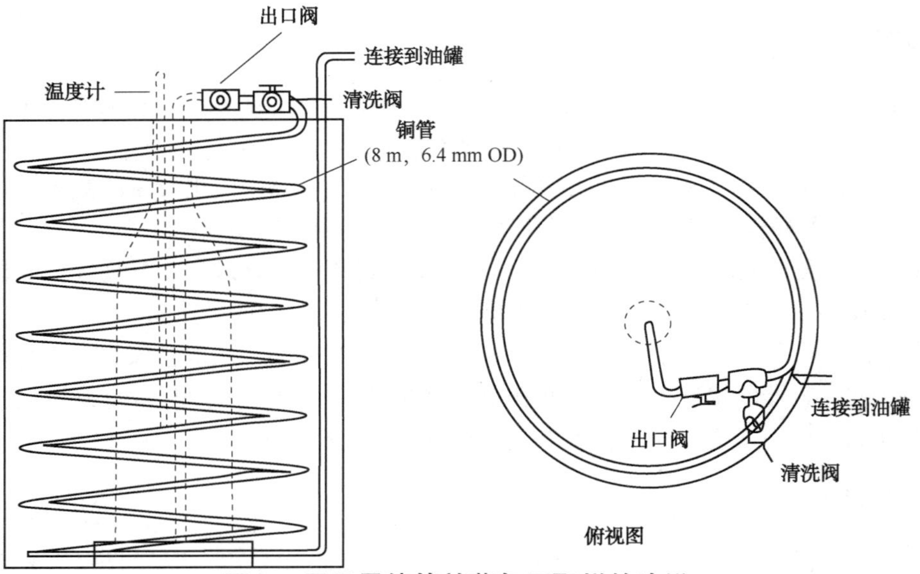

图6　用于雷德等效蒸气压取样的冷浴

7.3　管线取样

连续取样程序适用于管道、收油管线和输油管线中产品雷德蒸气压不大于105 kPa的液体或者半流体的取样。管线取样可以用手动或者自动设备完成。为了从管线中获得有代表性的样品，应充分混合以确保所有组分和杂质均匀分布。如果要在管线中进行此操作，应在取样点的上游并离取样点四到六倍管径的地方进行。

7.3.1　取样设备：

7.3.1.1　取样探头：取样探头的功能是允许有代表性的部分液体流出。动态管线取样装置见图7。静态系统取样推荐使用取样探头，但不是必需的。常用的取样探头设计如下：

a）取样探头的一头封闭，靠近封闭端开有一个圆孔［见图7（a）］；

b）取样探头末端带有大弯曲半径的弯头，或管子弯曲并在进口处扩孔，以利于样品进入取样探头［见图7（b）］；

c）取样探头的进口为45°斜角［见图7（c）］。

7.3.1.2　取样探头的位置：取样探头开口延伸至输油管道靠近中心的三分之一横截面面积区域内，垂直于流体的流向插入，并使取样口面向液体的流动方向。取样管线尽可能短，并在取样前彻底清洗。

7.3.1.3　阀门：为了控制样品的流出速度，取样探头都配有球阀、门阀、针阀或者大口径阀门。

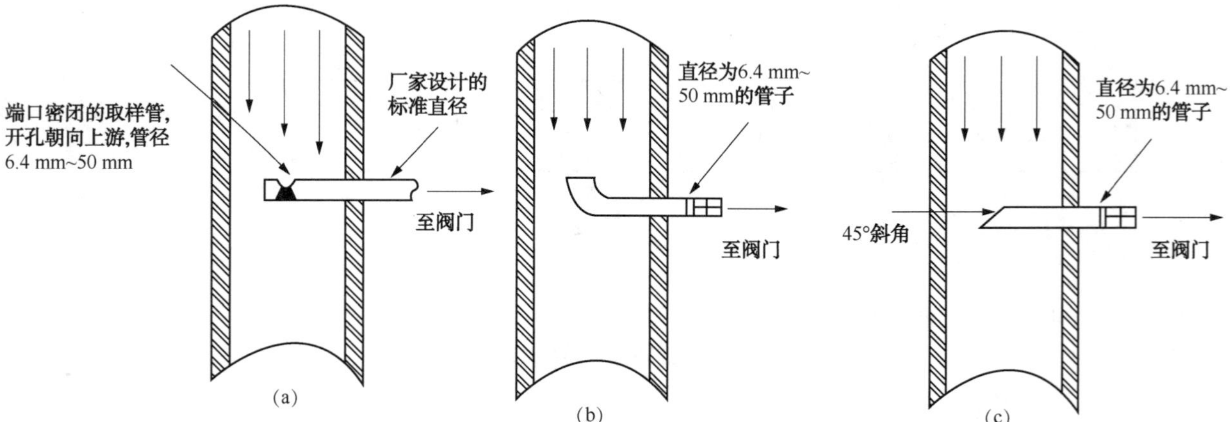

图7　管线取样的探头

7.4 自动取样器

自动取样器不仅包括从管线中抽取样品的设备，还包括合适的探头、连接管线以及辅助设备、样品收集容器。它应能够确保样品的完整性。参阅 GB/T 27867 第 8 章。

7.4.1 时间比例型取样器：在相同的时间间隔从管线向样品容器中输出等量的液体。

7.4.2 流量比例型取样器：自动调整取样速率，以保证与液体流速成比例。

7.4.3 校准：第一次使用自动取样器前，用可接受的校准程序验证取样量与规定量的误差在±5%之内。此外，所需样品量应在一个取样周期内取得，以便满足规定的取样间隔。

7.4.4 样品容器：样品容器应清洁、干燥、大小合适以接收样品。从取样探头到样品容器的所有连接点应无泄漏。样品容器的构造应能够防止样品蒸发损失、便于清洗、内部检查并且在倒出样品前可以完全混合样品。体积不变的样品容器要配备一个泄压装置。

7.5 攫取样或点样

用大约三倍体积的待取样品清洗取样阀门和管子，然后将样品注入取样容器，取样量应足够用于分析。

7.6 加油机（油枪）取样

7.6.1 取样设备：使用符合第 6 章的样品容器。取样时，如果合适的话，使用图 8 和图 9 所示的垫片和油枪加长管。

7.6.2 取样程序：加油机刚输完燃料并且关掉后，立即给油枪（蒸气回收型）带上垫片（需要时，见图 8）。将油枪加长管（图 9）插入到预先冷却的样品容器中，然后把油枪插入加长管中，加长管的开槽在空气流入感应口上。通过油枪加长管向样品容器中慢慢注入样品至容器的 70%～85%（图 10）。移走油枪加长管，立即盖上或者将塞子插入样品容器。检查是否泄漏。如果发生泄漏，舍弃这个样品容器并重新取样。如果不漏，将样品容器贴上标签，送到实验室。

单位为毫米

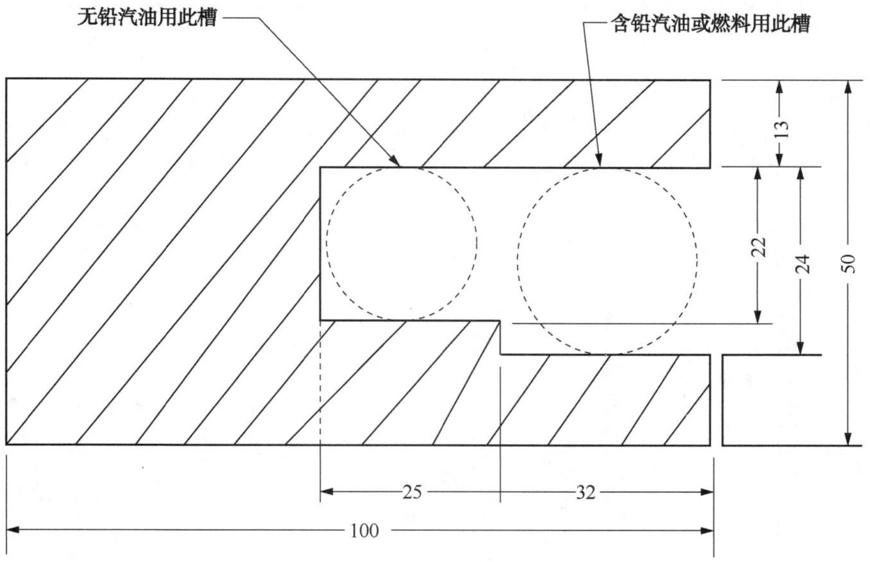

注：使用厚度 6.4 mm 的有色金属板（例如铜板），倒角。

图 8 加油枪取样的垫片

单位为毫米

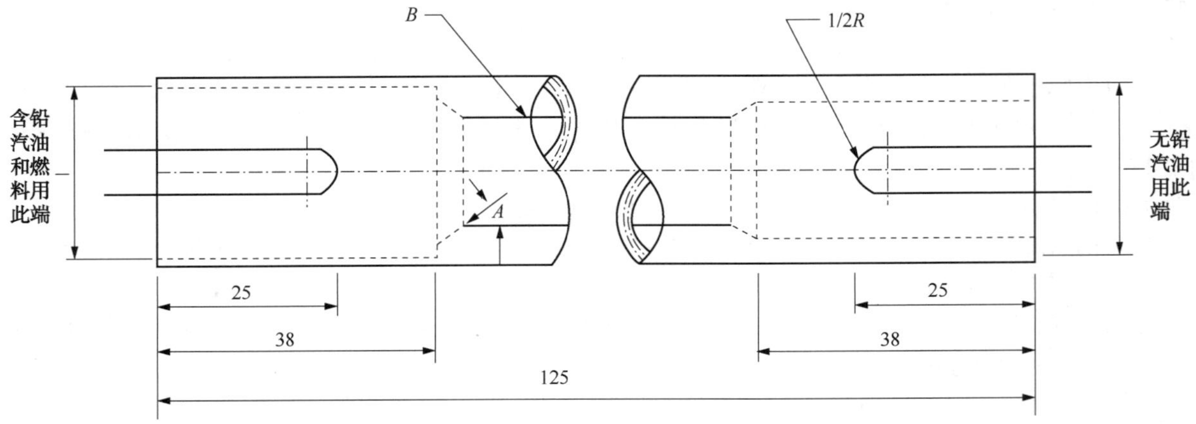

注：用公称直径为 20 mm（可根据加油枪的尺寸做适当调整）的 schedule. 80 的有色金属管（例如铜管）。所有的公差值为±0. 2 mm。A 推荐为 30°。

图 9　加油枪取样的加长管

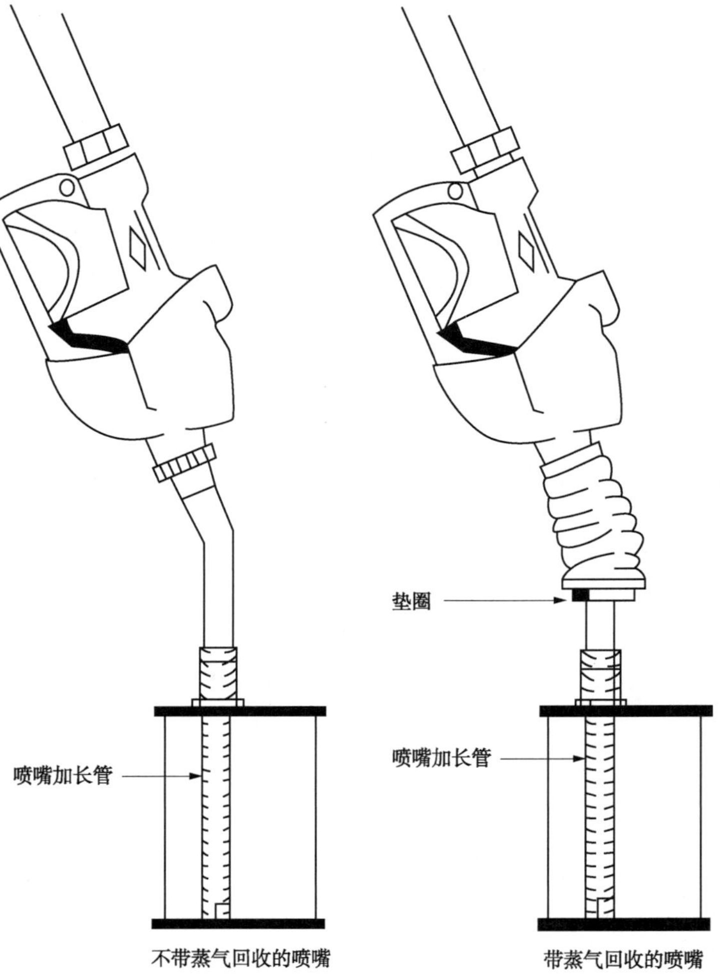

图 10　加油枪取样装置图

8 特殊预防措施和操作说明

8.1 预防措施：蒸气压对蒸发损失和组成的微小变化是极其敏感的。取样、存储或者处置样品都要非常小心，采取必要的预防措施以确保样品具有代表性并且符合雷德蒸气压试验的要求。可参照 ASTM D7717。

注 1：当用普通车辆运输时，容器要符合相应的国家安全法规或石油行业公认的安全规定。

注 2：当冲洗管线或容器时，要遵循相关规程及火灾、爆炸和其他危害的预防措施。收集所有管线冲洗液和瓶清洗液并进行适当的回收或处理。

8.2 样品容器：样品容器的强度足以能够承受样品带来的压力，容器的盖子或塞子可以用合适的连接件替换，这些连接件可以将样品从容器中转移到蒸气压测量装置的汽油室中。

ICS 75.160.20
E 31

SH

中华人民共和国石油化工行业标准

NB/SH/T 0939—2016

航空燃料和石油馏分中芳烃含量的测定 示差折光检测器高效液相色谱法

Standard test method for determination of aromatic hydrocarbon types in aviation fuels and petroleum distillates—High performance liquid chromatography method with refractive index detection

2016-12-05 发布　　2017-05-01 实施

国家能源局　发布

前　言

本标准按照 GB/T 1.1—2009 给出的规则起草。

本标准使用重新起草法修改采用美国材料与试验协会标准 ASTM D6379-11《航空燃料和石油馏分中芳烃含量的测定　示差折光检测器高效液相色谱法》，本标准与 ASTM D6379-11 的主要技术差异及其原因如下：

——在第 2 章规范性引用文件中，采用了我国相应的国家标准和行业标准，以方便使用；

——增加了资料性附录 A“色谱图示例”。

本标准由中国石油化工集团公司提出。

本标准由全国石油产品和润滑剂标准化技术委员会石油燃料和润滑剂分技术委员会（SAC/TC280/SC1）归口。

本标准起草单位：中国石油天然气股份有限公司兰州石化分公司、中国石油天然气股份有限公司兰州润滑油研发中心和中石化炼化工程（集团）股份有限公司技术研发中心。

本标准主要起草人：艾宏承、徐元德、钱梅、宋昕、欧彦伟、周鸿刚、张大华、贾苒、王小为、齐洪涛。

航空燃料和石油馏分中芳烃含量的测定 示差折光检测器高效液相色谱法

警告：本标准的使用可能涉及某些有危险性的材料、操作和设备，但并未对与此有关的所有安全问题都提出建议。用户在使用本标准之前有责任制定相应的安全和保护措施，并确定相关规章限制的适用性。

1 范围

本标准规定了高效液相色谱法测定航空煤油和50℃～300℃沸程范围内石油馏分中单环芳烃和双环芳烃含量的方法。总芳烃含量由单环芳烃和双环芳烃含量加和求得。

注：样品中含有终馏点温度在300℃以上的三环芳烃和多环芳烃时不适合用此法分析，应采用SH/T 0806或其他合适的与之等同的分析方法。

本标准适用于单环芳烃含量为10%（质量分数）～25%（质量分数）、双环芳烃含量为0%～7%（质量分数）的航空燃料及其馏分的测定。

本方法的精密度是由单环芳烃含量为10%（质量分数）～25%（质量分数）、双环芳烃0%～7%（质量分数）的煤油馏分检测结果建立的。

含有硫、氮和氧元素的化合物可能造成干扰。单烯烃对测定结果无影响，但是如果存在共轭双烯和多烯，可能会造成干扰。

2 规范性引用文件

下列文件对于本文件的应用是必不可少的。凡是注日期的引用文件，仅所注日期的版本适用于本标准。凡是不注日期的引用文件，其最新版本（包括所有的修改单）适用于本标准。

GB/T 1884 原油和液体石油产品密度实验室测定法（密度计法）

GB/T 1885 石油计量表

GB/T 4756 石油液体手工取样法

GB/T 27867 石油液体管线自动取样法

SH/T 0604 原油和石油产品密度测定法（U形振动管法）

SH/T 0806 中间馏分芳烃含量的测定 示差折光检测器高效液相色谱法

3 术语和定义

下列术语和定义适用于本文件。

3.1

双环芳烃 di-aromatic hydrocarbons，DAHs

在特定极性柱上，保留时间比单环芳烃长的化合物。

3.2

单环芳烃 mono-aromatic hydrocarbons，MAHs

在特定极性柱上，保留时间比非芳烃长、比双环芳烃短的化合物。

3.3

非芳烃化合物　non-aromatic hydrocarbons

在特定极性柱上，保留时间比单环芳烃短的化合物。

3.4

总芳烃　total aromatic hydrocarbons

所有单环芳烃（3.2）和双环芳烃（3.1）化合物之和。

注：在特定的极性柱上芳烃和非芳烃的洗脱性质未进行专门测定。已公开的和未公开的数据表明各种类型的烃类主要组成如下：（1）非芳烃：链烷烃和环烷烃（石蜡和环烷烃）、单烯烃（如果存在）。（2）单环芳烃：苯类、四氢萘、茚满、噻吩、共轭多烯。（3）双环芳烃：萘、联苯、茚、芴、苊、苯并噻吩。

4　方法概要

4.1　试样用流动相，如正庚烷，进行1∶1稀释，取一定量试样溶液注入装有极性柱的高效液相色谱仪。极性色谱柱对非芳烃亲和性较小，但是对芳烃有显著的选择性，基于该选择性，芳烃得以与非芳烃分离，并根据单环芳烃和双环芳烃的结构差异形成不同的色谱带。

4.2　色谱柱与示差折光检测器相连，以检测色谱中洗脱出的组分。检测器的电信号由数据处理器连续监测，试样中芳烃的信号强度（峰面积）与之前绘制的校正曲线比较，得到样品中单环芳烃和双环芳烃的质量分数。单环芳烃和双环芳烃的含量之和报告为样品总芳烃的质量分数。

5　方法应用

芳烃化合物类型的精确定量信息有助于判定各类成品燃料的加工工艺效果，也可用于表征燃料的质量，评估成品燃料的相关燃烧性能。

6　仪器设备

6.1　高效液相色谱仪（HPLC）：能将流动相流速控制在0.5 mL/min～1.5 mL/min范围内，且流速精度高于0.5%，在第9章所述的检测条件下，波动小于满刻度1%。

6.2　进样系统：能够注射10 μL（标称）试样溶液，且重复性优于2%。

6.2.1　能将等量且固定体积的标准溶液和试样溶液注入色谱仪中。在正确操作的情况下，满足6.2重复性要求的手动进样或自动进样系统（可以是部分充满进样环也可以使全部充满进样环）。当使用部分充满进样模式时，进样量宜小于环体积的一半。当采用全部充满进样方式时，需充满进样环6次以上才能获得最佳结果。

6.2.2　进样量不一定采用10 μL，通常3 μL～20 μL范围内都可以采用，但应满足进样重复性（见6.2）、示差折光检测器的灵敏度和线性要求（见9.4和10.1），以及柱分离度要求（见9.4）。

6.3　样品过滤器（可选择）：如果需要，推荐使用孔径为0.45 μm或者更小的微孔过滤器以滤除试样溶液中的颗粒，要求过滤器对烃类溶剂是惰性的。

6.4　柱系统：满足9.4.3中所列分离度要求，填充有氨基键合（或者极性氨基/氰基键合）硅胶固定相的不锈钢高效液相色谱柱。通常柱长150 mm～300 mm，内径4 mm～5 mm，以粒径3 μm或5 μm的固定相填充的色谱柱均适用。推荐使用填充硅胶或者氨基键合硅胶的保护柱，柱长30 mm，内径4.6 mm。

6.5　高效液相色谱柱温箱：能够在20℃～40℃维持恒定的温度（±1℃），可以是局部加热或者空气循环控温模式。

注1：示差折光检测器对流动相温度突然的和逐渐的变化都很敏感，应采取必要的措施保持高效液相色谱系统温度恒定。

注2：允许使用其他控温方式，如恒温实验室。

6.6 示差折光检测器：折光指数检测范围在1.3~1.6，灵敏度满足9.4.2的要求，在检测范围内得到线性响应，且能够为数据系统输出合适的信号。如果示差折光检测器有独立的温控设备，宜将其设置到与柱箱相同的温度。

6.7 计算机或积分仪：与示差折光检测器匹配，最小采集速率为1 Hz，能测量峰面积和保留时间。具备基线校正和重积分等后处理基本功能。推荐使用能够自动进行峰检测和识别，并可通过峰面积计算得到样品浓度的数据处理系统。

6.8 容量瓶：10 mL和100 mL。

6.9 天平：精确至0.0001 g。

7 试剂

7.1 环己烷：纯度大于99%。

注：环己烷可能含有苯杂质。

7.2 正庚烷：HPLC级，作为高效液相色谱流动相。

警告：烃类溶剂极易燃，通过吸入、摄取或皮肤接触可能对人体引起刺激。

注：建议使用前，对液相色谱流动相进行脱气处理。

7.3 1-甲基萘：纯度大于98%。

警告：处理芳香族化合物时，需要戴上手套，如一次性塑胶手套。

注：试剂的纯度通过带有火焰离子化检测器的气相色谱仪测得。应使用可得到的最高纯度标准物质。

7.4 邻二甲苯（1,2-二甲基苯）：纯度大于98%。

8 取样

用于实验室分析的样品应具有代表性。取样按照GB/T 4756、GB/T 27867或者等效的方法进行。

9 仪器准备

9.1 根据相应的仪器手册连接色谱仪、进样系统、色谱柱、柱温箱、示差折光检测器和数据处理系统，高效液相色谱柱安装在柱温箱内。

注：柱温箱是可选的，也可以使用其他维持恒定环境温度的措施，如恒温实验室（见6.5）。

9.2 调节流动相流速至1.0 mL/min±0.2 mL/min，保证示差折光检测器的参比池内充满流动相。保持柱箱温度稳定，如果示差折光检测器有单独的温控装置，也使其温度稳定。为了使漂移最小，应保证参比池充满流动相溶剂。最佳方法有：（1）在分析前使流动相通过参比池，然后隔离参比池以防止溶剂挥发；或（2）使流动相以稳定的流速通过参比池以持续补充挥发的溶剂。补充流速需要进行优化，以便使由液体挥发、温度或压力变化引起的参比池和分析池的不匹配降至最低。通常可以把补充流速设置为分析流速的十分之一。

注：流速应控制在最佳值（一般为0.8 mL/min~1.2 mL/min）以满足9.4.3的分离度要求

9.3 配制系统性能验证标准溶液（SRS）：称量1.0 g±0.1 g环己烷、0.5 g±0.05 g邻二甲苯、0.05 g±0.005 g 1-甲基萘，置于100 mL容量瓶中，用正庚烷稀释至刻度。

注：如果瓶子密封较好，且在5℃~25℃下暗处保存，SRS可保存一年。

9.4 操作条件稳定（基线水平）后，进10 μL SRS标准溶液（见9.3），记录色谱图。

注：在高效液相色谱仪运行期间，基线漂移不应超过环己烷峰高的 0.5%。如果超出此值，可能是柱子和示差折光检测器的温控有问题，或者是极性材料流失，也可能二者都有。仪器稳定约需 1 h。

9.4.1 确保标准溶液 SRS 的三个组分达到基线分离。

9.4.2 确保数据系统能准确测量 1-甲基萘峰面积。

注：1-甲基萘峰面积的信噪比不应小于 3∶1。

9.4.3 确保环己烷和邻二甲苯的分离度不小于 5。如果分离度小于 5，要检查系统各部分是否运转正常，色谱的死体积是否已经最小。调节流速看分离度是否提高，检查流动相质量是否满足要求。若仍未解决，再生或更换色谱柱。环己烷和邻二甲苯的分离度按式（1）计算。

$$\text{分离度}=\frac{2\times(t_2-t_1)}{1.699\times(y_2+y_1)} \quad (1)$$

式中：

t_1——环己烷保留时间，单位为秒（s）；

t_2——邻二甲苯保留时间，单位为秒（s）；

y_1——环己烷的半峰宽，单位为秒（s）；

y_2——邻二甲苯的半峰宽，单位为秒（s）。

9.5 重复 9.4，确保邻二甲苯和 1-甲基萘峰面积的重复性在方法规定的范围内。

注：如果峰面积的重复性较差，检查进样系统是否在最佳条件下工作，即基线稳定（漂移最小）、无噪音。

10 试验步骤

10.1 绘制标准曲线

10.1.1 准备四个标准溶液（A，B，C 和 D），按照表 1 的浓度称量标准物质（精确至 0.0001 g），置于 100 mL 容量瓶，用正庚烷稀释至刻度。

注 1：表 1 推荐的浓度范围覆盖了大多数煤油馏程范围内的试样。只要满足方法要求（如线性、检测器灵敏度和柱分离度），也可以使用其他浓度的标准溶液。

注 2：标准溶液应在密封较好的瓶子（如 100 mL 容量瓶）中，于 5℃~25℃下暗处保存。在此条件下，标准溶液可保存 6 个月以上。

表 1 标准溶液的浓度

标准样品	环己烷/（g/100 mL）	邻二甲苯/（g/100 mL）	1-甲基萘/（g/100 mL）
A	5.0	15.0	5.0
B	2.0	5.0	1.0
C	0.5	1.0	0.2
D	0.1	0.1	0.05

10.1.2 操作条件稳定后（见 9.4），注射 10 μL 的标准溶液 A。记录色谱图，测量各个标准物质的峰面积。保证三个组分实现基线分离。标准溶液的色谱图示例和色谱条件参见附录 A 中图 A.1 和表 A.1。

10.1.3 按照 10.1.2 的步骤测定标准溶液 B、C 和 D。

10.1.4 分别以邻二甲苯和 1-甲基萘的质量体积浓度（g/100 mL）对峰面积作图。校正曲线的线性相关系数应该大于 0.999，且截距在±0.01 范围内。可用计算机绘制校正曲线。

注 1：日常分析时只需要对示差折光检测器进行校准。

注 2：建议在每分析 5 个样品后使用标准溶液中的一个或参考样品检查仪器的稳定性。

注 3：以标准溶液的体积分数（%，即 mL/100 mL）代替质量体积浓度（g/100 mL）绘制标准曲线可得到芳烃的

体积分数。将邻二甲苯和1-甲基萘的质量体积浓度（g/100 mL）除以其在20℃下的密度即可转换为体积分数。

10.2 试样分析

10.2.1 称量4.9 g~5.1 g试样至10 mL容量瓶中，称准至0.001 g，用正庚烷稀释至刻度，充分摇匀。静置10 min，如果有必要，过滤除去试样中的不溶物。对芳烃浓度超出校正曲线范围的试样，根据情况制备更浓（如10 g/10 mL）或者更稀（2 g/10 mL）的试样溶液。

注：为了确定芳烃的体积分数（%），可对试样以体积比按如下方法稀释：（1）准确移取5 mL的试样至10 mL容量瓶，用正庚烷稀释至刻度；或（2）采用GB/T 1884、GB/T 1885或SH/T 0604方法确定试样的密度，以试样的质量除以密度换算得到体积。

10.2.2 当操作条件稳定（见9.4）且与绘制标准曲线的条件相同时（见10.1），注射10 μL的试样溶液（见10.2.1），开始数据采集。

10.2.3 参照图1，设计合适的方法正确鉴别单环芳烃和双环芳烃。图1是典型的航空燃料色谱图，实际样品的典型色谱图及其色谱条件参见附录A中图A.2和表A.1。

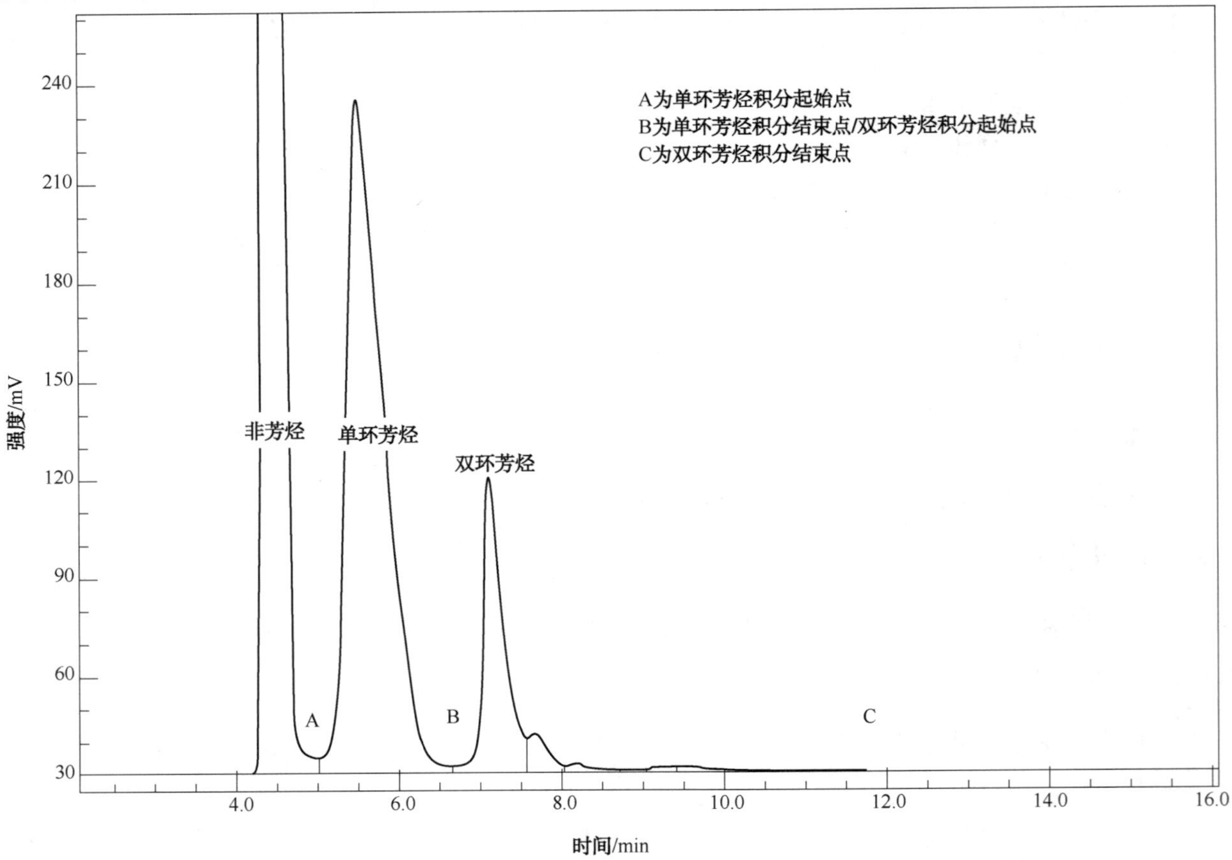

图1 航空燃料中芳烃种类和积分点色谱图例

10.2.4 从非芳烃峰开始之前，到所有化合物出峰、基线平稳的位置作基线。从峰谷向基线做垂直线（见图1），测量单环芳烃和双环芳烃的峰面积。

注：如果色谱数据处理是自动进行的，要检查峰识别和峰面积积分是否正确。

11 计算

11.1 按式（2）计算单环芳烃和双环芳烃的质量分数 X_i（%）。

$$X_i=\frac{(A_i \times S_i+I) \times V}{m} \qquad (2)$$

式中：

A_i——试样中单环芳烃或双环芳烃的峰面积；

S_i——单环芳烃或双环芳烃质量体积浓度校正曲线的斜率；

I——单环芳烃或双环芳烃质量体积浓度校正曲线的截距；

m——试样的质量，单位为克（g）；

V——试样的总体积，单位为毫升（mL）。

注1：该计算过程可由数据处理系统完成。

注2：用体积分数标准曲线的斜率、截距和试样体积取代 S_i、I 和 m，可得到芳烃化合物的体积分数（%）。

11.2 试样总芳烃含量为每种芳烃（单环芳烃和双环芳烃）含量之和。

12 报告

12.1 报告试样中单环芳烃、双环芳烃和总芳烃含量，结果精确至0.1%（质量分数）。

12.2 报告中至少包含以下信息：

——对本标准的引用；

——试样的类型和标识；

——试验结果（见第11章，12.1）；

——经协议或其他规定，任何与本标准步骤不一致的偏离。

——试验日期。

13 精密度和偏差

13.1 精密度

用下述规定判断试验结果的可靠性（95%置信水平）。

13.1.1 重复性

同一操作者用同一仪器对同一试样重复测定的两个结果之差不应大于表2列出的值。

13.1.2 再现性

不同操作者在不同的实验室对同一试样各自测定，所得两个单一、独立结果之差不应大于表2列出的值。

表2 精密度

芳烃种类	含量/%（质量分数）	重复性/%（质量分数）	再现性/%（质量分数）
双环芳烃	0.10~6.64	$0.337X^{0.333}$	$0.514X^{0.333}$
单环芳烃	10.5~24.1	$0.129X^{0.667}$	$0.261X^{0.667}$
总芳烃	10.6~29.8	$0.147X^{0.667}$	$0.278X^{0.667}$
注：其中 X 为两个试验结果的平均值，%（质量分数）。			

13.2 偏差

由于试验结果是由本方法定义的，因此不存在偏差。

附 录 A
(资料性附录)
色谱图示例

图 A.1 展示了标准溶液的色谱图，图 A.2 展示了典型 3 号喷气燃料的色谱图，其相应的色谱条件见表 A.1。

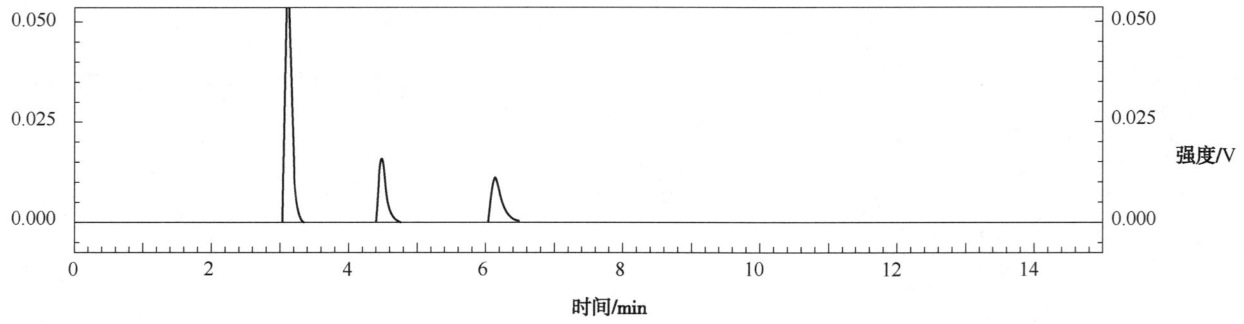

图 A.1 标准溶液色谱图

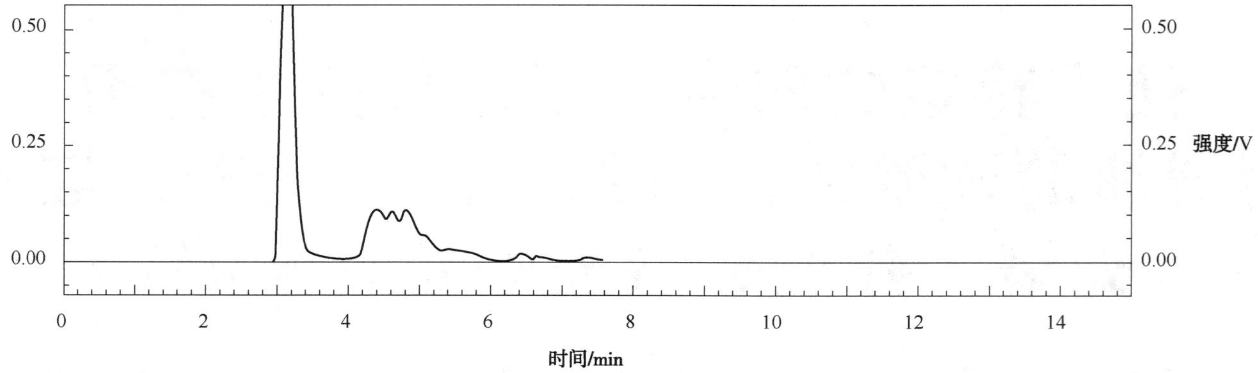

图 A.2 典型样品色谱图

表 A.1 色谱条件

色谱柱	填充 5 μm 氨基键合硅胶固定相，4.6 mm×250 mm
进样方式	手动定量环全充满
进样量	10 μL
流动相流速	1.0 mL/min
柱温	35℃

ICS 75.100
E 34

SH

中华人民共和国石油化工行业标准

NB/SH/T 0940—2016

使用特定的四合一试验仪分析在用润滑油的试验方法（原子发射光谱、红外光谱、黏度和激光颗粒计数器）

Standard test method for analysis of in-sevice lubicants using particular four-part integrated tester（Atomic emission spectroscopy，infrared spectroscopy，viscosity，and laser particle counter）

2016-12-05 发布　　2017-05-01 实施

国家能源局　发布

前　　言

本标准按照 GB/T 1.1—2009 给出的规定起草。

本标准修改采用美国试验与材料协会标准 ASTM D7417-10《使用特定的四合一试验仪分析在用润滑油的试验方法（原子发射光谱、红外光谱、黏度和激光颗粒计数器）》。

本标准与 ASTM D7417-10 的主要差异：

——规范性引用文件采用国内对应的国家标准和行业标准；

——将 ASTM D7417-10 中 1.6 条作为警示内容，列于标准正文前；

——6.1 样品量修改为 120 mL；

——精密度按中国表述习惯进行修改；

——根据分析项目的不同，将 ASTM D7417-10 中第 17 章的表 3 划分为表 3 和表 4，便于直观查询方法的重复性范围；

——删除了第 18 章关键词；

——删除了资料性附录。

本标准由中国石油化工集团公司提出。

本标准由全国石油产品和润滑剂标准化技术委员会润滑油换油指标分技术委员会（SAC/TC280/SC6）归口。

本标准起草单位：中国石油天然气股份有限公司兰州润滑油研究开发中心。

本标准主要起草人：唐友云、李丽霞、郎需进、周亚斌、张大华。

本标准为首次发布。

使用特定的四合一试验仪分析在用润滑油的试验方法（原子发射光谱、红外光谱、黏度和激光颗粒计数器）

警告：本标准涉及某些有危险性的材料、操作和设备，但无意对与此有关的所有安全问题都提出建议。因此，用户在使用本标准之前应建立适当的安全和保护措施，并确定相关规章限制的适用性。

1 范围

1.1 本标准适用于使用自动四合一试验仪（原子发射光谱、红外光谱、黏度和激光颗粒计数器）对在用润滑油进行的定量分析。

1.2 本标准适用于分析 ISO 黏度等级范围在 10 mm²/s～320 mm²/s 的在用润滑油，所测油品性质范围参照表 1 和表 2。

1.3 本标准用于在用油磨损和污染的趋势分析，但测试结果与现行国家标准、行业标准、国际标准相应测试方法的试验结果可能不一致。

1.4 本标准不适用于原油分析。

2 规范性引用文件

下列文件对于本文件的应用是必不可少的。凡是注日期的引用文件，仅所注日期的版本适用于本文件。凡是不注日期的引用文件，其最新版本（包括所有的修改单）适用于本文件。

GB/T 265 石油产品运动黏度测量法和动力黏度计算法

GB/T 1995 石油产品黏度指数计算法

GB/T 4756 石油液体手工采样法

GB/T 11137 深色石油产品运动黏度测定法（逆流法）和动力黏度计算法

GB/T 14039 液压传动 油液 固体颗粒污染等级代号

GB/T 17476 使用过的润滑油中添加剂元素、磨损金属和污染物以及基础油中某些元素测定法（电感耦合等离子体发射光谱法）

GB/T 18854 液压传动 液体自动颗粒计数器的校准

SH/T 0251 石油产品碱值测定法（高氯酸电位滴定法）

SH/T 0688 石油产品和润滑剂碱值测定法（电位滴定法）

NB/SH/T 0853 在用润滑油状态监测法 傅里叶变换红外光谱（FT-IR）趋势分析法

NB/SH/T 0865 使用过的润滑油及液压油中磨损金属及污染物含量测定法 旋转圆盘电极原子发射光谱法

NB/SH/T 0870 石油产品的动力黏度和密度的测定及运动黏度的计算 斯塔宾格黏度计法

3 术语和定义

下列术语和定义适用于本文件。

3.1 定义

3.1.1

电极 electrode

试验仪中，在发射光谱测试过程中激发磨损金属的一对电极（上、下）。

3.1.2

发射光谱仪 emission spectrometer

该部件以 mg/kg 为单位报告润滑油中的元素含量，可分析在用润滑中含有的 20 种不同的磨损、添加剂、污染元素的含量。参考 NB/SH/T 0865 的定义。

3.1.3

红外光谱仪 infrared spectrometer

该部件用来报告润滑油的状态和污染（如水分、氧化、燃油稀释（汽油和柴油）、硝化、乙二醇、烟炱、模拟计算黏度和碱值）。可参考 NB/SH/T 0853 的定义。

3.1.4

四合一试验仪 integrated tester

为设备维修、预防性维修和推荐换油而进行在用油分析的仪器。这种仪器可由以下任何几个部件组成：发射光谱仪、红外设备、黏度计和颗粒计数器。

3.1.5

样品传输系统 sample tansport systemas

综合试验仪中，由计算机控制的组件。引导油样流经综合试验仪。

3.1.6

激发室 spark chamber

综合试验仪中，发射光谱仪上、下电极的空间。

3.1.7

黏度计 viscometer

四合一试验仪中的一个黏度计，用类似于运动黏度的校准测试进行黏度测试，以 mm^2/s 为单位报告 40℃和 100℃黏度，并提供计算的黏度指数。这个结果也可用于确定燃油稀释。黏度的定义可参考 GB/T 1995、GB/T 265、NB/SH/T 0870。四合一试验仪在测定黏度时，不能打印出 SI 单位，但测试结果以 mm^2/s 为单位。

3.2 本标准的特殊术语定义

3.2.1

电极间隙 electrode gap

四合一试验仪中，激发室上、下电极间的距离。

3.2.2

颗粒计数器 particle counter

特定四合一试验仪中的一个部件，使用激光和高分辨数字计数器计算颗粒数目，并以 4 μm（c）、6 μm（c）、14 μm（c）或者 2 μm、5 μm、15 μm 报告结果。该部件按照 GB/T 18854 校验，按照 GB/T 14039 报告结果。

3.2.3

清洁的干净棉签 sanitized cleaning swabs

四合一试验仪分析完每个样品后，用于清洁电极。

表 1　元素分析的测量范围

元素	低范围/（mg/kg）	高范围/（mg/kg）	元素	低范围/（mg/kg）	高范围/（mg/kg）
铝	5~100	NA	钼	10~1000	NA
钡	25~150	150~2000	镍	5~100	NA
硼	5~100	100~1000	磷	100~600	600~4000
钙	25~500	500~9000	钾	10~1000	1000~4000
铬	8~100	NA	硅	5~150	150~3000
铜	5~500	500~1000	钠	10~1000	NA
铁	6~1000	1000~3000	锡	6~100	NA
铅	6~150	NA	钛	8~100	NA
镁	5~100	100~3000	钒	7~100	NA
锰	5~100	NA	锌	8~100	100~4000

表 2　物理性质测量范围

物理性质	范围
水分（质量分数）/%	0.1~3
乙二醇（质量分数）/%	0.1~2
烟炱（质量分数）/%	0.1~4
燃油稀释（质量分数）/%	0.1~15
氧化值/（Abs/mm）	0.1~50
硝化值/（Abs/mm）	0.1~35
模拟计算黏度（IR）（100℃）/（mm^2/s）	4~35
40℃黏度/（mm^2/s）（可选）	30~320
100℃黏度/（mm^2/s）（可选）	5~25
黏度指数	5~150
碱值/（mgKOH/g）	1.0~17

4　方法概要

从被监测的设备中采集在用油样品到一个新的干净的 120 mL 的样品瓶中，取样应在设备停机后 30 分钟内进行。为了得到正确的评价信息，需要记录油品型号和使用信息。根据操作手册和屏幕提示，进行四合一试验仪的准备工作。将样品放置在样品传输系统进行分析。应用软件将指导整个过程，控制样品传输、数据保存、屏幕显示和结果打印。

5　意义和用途

5.1　四合一试验仪主要用于汽车、卡车、矿山、建筑、越野车、海运、发电、农业、工业和制造工业在用润滑油的现场分析。

5.2　进行主动维修和预维修时，及时的在用油分析结果至关重要。进行现场油品分析时，可通过持

续的系统监测和潜在污染控制，延长设备的正常运行时间和设备寿命。

6 干扰

6.1 样品量：样品量少于要求的 120 mL 可能会导致错误结果。

6.2 高浓度：红外装置中的污染物水分和烟炱会引起红外波段中其他的参数被遮掩，导致这些参数默认返回值“没有分析”或者是“N/A”。

7 设备

7.1 四合一试验仪：特定的四合一试验仪应由以下两个或两个以上的传感器构成：发射光谱仪、红外设备、黏度计和颗粒计数器。

7.2 发射光谱仪：由一个激发源、激发台和光路系统构成。

7.3 红外设备：由一个红外源、样品池和光路系统构成。

7.4 双温度黏度计：由温度控制样品储备室和电子控制系统构成。

7.5 颗粒计数器：使用红光激光消光技术的精密传感器池，按照 GB/T 18854 进行校验，按照 GB/T 14039 报告结果。

7.6 样品瓶：样品瓶容量不小于 120 mL，样品瓶不能被污染，使用后应丢弃。样品瓶的最大尺寸为：高 10.8 cm，直径 8.9 cm。样品瓶的开口尺寸不得小于 1.6 cm。

7.7 超声波水浴：超声浴中装水，用于振荡样品，确保所有的污染物悬浮在润滑油样中。当润滑油样进行颗粒计数分析时通常要进行此步骤。

7.8 计算机应用软件和操作手册：计算机应用软件为四合一试验仪提供应用程序；带帮助界面的电子用户和简化版参考手册提供快速参考，分等级的设备数据库用于存储、分析、管理数据、解释数据，自动生成报告。伴随软件应用有一个完整的操作手册和故障解决指南。

8 试剂和材料

8.1 四合一试验仪使用如下材料（可从仪器生产商购买）可确保综合试验仪的精确操作。

8.1.1 电极：高纯度银电极对（上、下电极）。

8.1.2 清洗油：环境友好的矿物型或合成油，用于清洗仪器的内部系统。在大多数情况下，干净的清洗油可作为基础油用于仪器校验。清洗油为不易燃的白油。

8.1.3 测试标准油：作为校验标准校验四合一试验仪。是一种多元素的特定浓度溶液，须为有证标准物质。证书浓度是根据原材料的化验浓度和重量分析程序制备的标准溶液。每种元素证书浓度的相关不确定性为±2 mg/kg，为了验证这些标准值，可进行等离子体发射光谱（ICP）分析确认。建议使用之前将溶液充分摇匀。

注：制造商保证有效期内该溶液的准确性。即在正常实验室条件下只要保持瓶盖拧紧，存储在原包装瓶中。不要冷藏或存放于阳光直射的地方，尽量减少暴露在潮湿或湿度高的环境中。

8.1.4 高黏度流体：仅用于黏度计。此流体为已知黏度的液体，通过定期分析该液体校准或重新校准黏度计。它由高度精制的矿物油和含清净分散剂的内燃机油复合剂组成。

8.1.5 低黏度流体：仅用于黏度计。此流体为已知黏度的液体，通过定期分析该液体校准或重新校准黏度计。它由高度精制的矿物油和含清净分散剂的内燃机油复合剂组成。

8.1.6 参比油：验证红外设备物理性能测试结果的准确性。参考油的物理性能已知，通过这些已知物理性能与红外设备测试结果的对比来校验。参比油由高度精制的矿物油加 ZDDP（二烷基二硫代磷

酸锌）组成。

8.1.7　干净的清洁棉签：用于电极清洁。操作者应使用没有被污染的棉签，并且所用棉签没有经过含钠的次氯酸盐漂白。在使用清洁棉签前要核查生产商的说明书，确认棉签在生产过程是否进行过漂白处理。

9　危害

在用油中可能含有来源于部件或者污染过程的有害物质。佩戴适当的个人护具，以防止反复或长期接触在用油。在采样和整个分析过程中，遵循正确的油品处理程序，按照适用的法规和程序处理在用油。

10　采样

在设备停机后30分钟内采样，使磨损金属保持悬浮状态，确保样品不受外界污染。四合一试验仪可以分析ISO黏度等级范围在10 mm^2/s～320 mm^2/s的在用润滑油，包括液压油、传动油和动力转向油等。具体过程可参考GB/T 4756。

11　仪器的准备

11.1　打开四合一试验仪主电源开关，按下复位按钮激活计算机和所有组件。

11.2　在预热过程中，四合一试验仪将运行自检程序。在自检页面出现后，应让四合一试验仪预热10 min。

11.3　在盛放清洗液的容器中装满干净的清洗油，清洗油为不易燃产品。(**警告：根据当地法律，废弃的清洗油应倒入经批准的废物处理容器。**)

11.4　如果计算机连有打印机，保证打印机的纸盒中有打印纸。

11.5　检查电极间隙：上、下电极之间的间隙应定期检查，确保发射光谱仪正常工作。可使用为四合一试验仪专门设计的间隙工具设定适当的电极间隙，电极间隙只能在元素校准前进行调整。

11.6　清理电极：使用干净的清洁棉签清理上、下电极的外表面和内表面。

11.6.1　打开四合一试验仪激发室的盖子。用干净的干棉签擦拭电极，清理所有样品残留。

11.6.2　用另外一根干净的干棉签，插入黄铜保持器的中心孔，擦拭上部电极保持器的内壁。

注：禁止使用清洗液清洗电极。清洁电极时始终使用清洁的干棉签。

11.6.3　测试黏度时油样准备没有特殊要求。

11.6.4　使用颗粒计数测试时，装在用油的样品瓶需放入超声波水浴中超声1 min（非现场分析时，可适当延长超声时间)，这一步为样品的准备过程。

12　校验和标定

12.1　基线检验：使用既定的系统清洗程序，运行基线检验以检查系统的清洁性。此过程在四合一试验仪主屏幕上的“标定”按钮下执行。基线检验确保原子发射光谱仪不受污染，并会在电脑屏幕上给出一个合格或不合格的提示，让操作员知道是否可以继续分析下一个样品。磷元素基线检验过程的具体合格指标是±10 mg/kg，其他所有磨损和添加剂元素是±5 mg/kg。

12.2　如果基线检验不能满足原子发射光谱仪的清洁度范围要求，冲洗系统直到基线检验合格。基线检验程序应每隔24 h运行一次。

12.3 标定：使用8.1.3条规定的原子发射测试标准油标定设备的原子发射光谱仪。

12.3.1 如果特定的四合一试验仪中的任何设备不能满足标定试验的精度范围要求，应执行完整的标定程序。

注：可以在任何时间运行标准的核查程序以确认四合一试验仪是否校准和清洁。操作手册中有详细的核查程序。

12.3.2 当参比油测试不合格时，必须根据操作手册的描述运行标定程序。

12.4 参比油检验见8.1.6。建议此程序每96 h运行一次。此程序用于确定四合一试验仪的红外光谱组件中样品残留的烟炱、固体或其他磨损颗粒是否被冲洗干净。四合一试验仪的软件将判定合格/不合格，并在电脑屏幕上显示检验是否已成功完成。

12.5 错误：如果仪器反馈出“错误”的信息，参考操作手册中的故障排除指南。

12.6 颗粒计数器的标定：由制造商进行标定。每分析约1000个颗粒计数样品或每两年对颗粒计数器标定一次，以先到者为准。

13 预处理

除需要使用颗粒计数外，润滑油样品不需要进行预处理。如果需要颗粒计数测试，则应在监测设备停机后30min内采集热的润滑油样品。润滑油样品在分析前必须在超声波浴中振荡，以确保所有物质均匀地悬浮在润滑油样品中。

14 试验步骤

14.1 采集润滑油样品到一个干净的、新的采样瓶中，建议至少采集118 mL测试样品。

14.2 确保四合一试验仪在适当的应用软件测试模式下进行分析（例如汽车，卡车，越野，工业等）。

14.3 将装有样品的瓶子放置在四合一试验仪的吸管或引出管的下方。吸管或引出管位于综合试验试验仪的中间单元或右上角。

14.4 按照屏幕说明进行操作。按顺序应答屏幕上所有的提示。这个过程将引导操作者完成设备和油品使用信息的输入：设备类型、油品类型、油品黏度、油品运行里程或小时数、设备采样时间等。

14.5 信息输入的准确性非常重要，它决定了软件对油样进行处理的正确程度。检查所有输入的设备和在用润滑油信息，如有需要则进行必要的更改。

14.6 点击“开始”，然后按照屏幕上的提示，使润滑油样品进入传输系统。

14.7 使用仪器内部的阀门和泵，四合一试验仪有两套可选的传输系统。如果四合一试验仪有颗粒计数器，其传输系统是与原子发射光谱仪、黏度计和红外的传输系统分开运行的。

14.8 完成整个分析过程需要约15 min。仪器自动传输油样到四合一试验仪的选定部件。应用软件会监控整个过程：控制样品传输、储存数据、在屏幕上生成并打印结果，结果包括润滑油质量状态等建议信息。

15 计算或结果分析

15.1 根据之前输入的信息处理样品，通过分析样品得到测试结果。所有必要的计算通过软件程序执行，并生成数据报告。可以选择打印诊断报告和结果解释报告。

15.2 测试结果可以包括设备的磨损评级（例如：正常、不正常或重度）和维修建议。

16 报告

16.1 报告测试结果如下：

16.1.1 磨损元素、污染元素和添加剂元素：以 mg/kg 为单位报告整数。

16.1.2 水分、乙二醇、烟炱和燃油稀释：报告质量百分数或者用简化形式报告“存在”或“不存在”。

16.1.3 碱值：以 mgKOH/g 为单位报告。可参考 SH/T 0688 对碱值的定义。

16.1.4 氧化值和硝化值：以吸光度为单位（Abs/mm）报告。

16.1.5 黏度：以 mm^2/s 为单位报告 100℃或 40℃黏度，或者 100℃和 40℃黏度。如果两个温度下的黏度都进行了测量，报告黏度指数。

16.1.6 颗粒计数：报告发现的颗粒大小和数目。

16.2 计算机软件可在屏幕上显示测试结果。结果可以在多种打印格式中选择一种自动打印。

17 精密度及偏差

17.1 本方法的精密度依据 4 个实验室、5 个样品（5 台仪器，5 个操作者）的分析结果统计得出。使用过的油样包括不同使用条件下的在用油。统计分析结果反映了光谱及仪器的差异。这种差异性计入重复性。

17.2 重复性 r：

同一操作者使用同一仪器，在相同试验条件下，对同一试样测定的两个连续的试验结果之差不应超过表 3 和表 4 的数值（95%置信水平）。

表 3 元素分析重复性

元素	低范围/（mg/kg）（ppm）	低范围重复性/（mg/kg）（ppm）	高范围/（mg/kg）（ppm）	高范围重复性/（mg/kg）（ppm）
铝	5~100	5	NA	NA
钡	25~150	25	150~2000	±20%
硼	5~100	5	100~1000	±15%
钙	25~500	25	500~9000	±20%
铬	8~100	8	NA	NA
铜	5~500	5	500~1000	±20%
铁	6~1000	6	1000~3000	±20%
铅	6~150	6	NA	NA
镁	5~100	5	100~3000	±20%
锰	5~100	5	NA	NA
钼	10~1000	10	NA	NA
磷	100~600	40	600~4000	±20%
钾	10~1000	10	1000~4000	±20%
硅	5~150	5	150~3000	±15%
钠	10~1000	10	NA	NA
锡	6~100	6	NA	NA
钛	8~100	8	NA	NA
钒	7~100	7	NA	NA
锌	8~100	8	100~4000	±20%

表 4　物理性质分析重复性

物理性质	范围	重复性
水分（质量分数）/%	0.1～3	0.2
乙二醇（质量分数）/%	0.1～2	0.2
烟炱（质量分数）/%	0.1～4	0.2
燃油稀释（质量分数）/%	0.1～15	0.4
氧化值/（Abs/mm）	0.1～50	0.2
硝化值/（Abs/mm）	0.1～35	0.2
模拟计算黏度（IR）（100℃）/（mm^2/s）	4～35	2
40℃黏度/（mm^2/s）（可选）	30～320	2.5
100℃黏度/（mm^2/s）（可选）	5～25	1
黏度指数	5～150	1
碱值/（mgKOH/g）	1.0～17	1

17.3　再现性 R：

本方法的再现性目前未确定。

17.4　偏差：

本方法未能确定偏差。

ICS 71.100.99
G 74

SH

中华人民共和国石油化工行业标准

NB/SH/T 0943—2017

FCC 催化剂磨损性能的测定 空气喷射法

Standard test method for determination of attrition of FCC catalysts by air jets

2017-12-27 发布　　2018-06-01 实施

国家能源局　发布

前　言

本标准按照 GB/T 1.1—2009 给出的规则起草。

本标准使用重新起草法修改采用美国试验与材料协会标准 ASTM D5757-11《空气喷射法测定 FCC 催化剂的磨损》。

本标准与 ASTM D5757-11 技术性差异及原因如下：

——在 ASTM D5757-11 中 3.1 的术语中的 AJI 前加上了磨损指数；

——本标准取消了 ASTM D5757-11 中 6.1.1 中的注 1，注 1 推荐了一种管子，而管子的要求在标准正文中已有详细的规定；

——把 ASTM D5757-11 第 9 章中的部分“细粉收集装置”改为“收集管”；

——对 ASTM D5757-11 第 10 章中的式（1）、式（2）和式（3）中的注释进行了补充；

——在第 12 章中的表 1 下增加了注。

本标准由中国石油化工集团公司提出。

本标准由全国石油产品和润滑剂标准化技术委员会石油燃料和润滑剂分技术委员会（SAC/TC280/SC1）归口。

本标准起草单位：中石化炼化工程（集团）股份有限公司洛阳技术研发中心、中国科学院大连化学物理研究所。

本标准主要起草人：白正伟、李怿、刘旭辉、李铭芝。

本标准为首次发布。

FCC 催化剂磨损性能的测定　空气喷射法

警告：本标准涉及某些有危险性的材料、操作和设备，但是未对使用中涉及的所有安全问题都提出建议。因此在使用本标准前，用户有责任建立合适的安全和健康措施，并确定相关规章限制的适用性。

1　范围

本标准规定了用空气喷射法使催化裂化催化剂（FCC 催化剂）发生磨损，从而测定其相对磨损性能的方法。

本标准适用于球状或者不规则状的、粒度在 10μm～180μm、骨架密度在 2400kg/m^3～3000kg/m^3（2.4g/cm^3～3.0g/cm^3）、且不溶于水的催化剂。其他的粉状催化剂也可用本方法测定，但是本方法的精密度仅适用于 FCC 催化剂。粒度小于 20μm 的颗粒被认为是细粉。

2　规范性引用文件

下列文件对于本文件的应用是必不可少的。凡是注日期的引用文件，仅注日期的版本适用于本文件。凡是不注日期的引用文件，其最新版本（包括所有的修改单）适用于本文件。

ASTM E177　ASTM 标准中精密度和偏倚术语的应用准则（Practice for use of the terms precision and bias in ASTM test methods）

ASTM E456　质量和统计相关的术语（Terminology relating to quality and statistics）

ASTM E691　采用协同试验确定方法精密度的准则（Practice for conducting an interlaboratory study to determine the precision of a test methods）

3　术语和定义

下列术语和定义适用于本文件。

3.1

磨损指数（AJI）　air jet index

无量纲的数值，其值等于催化剂磨损 5h 后的质量损失百分数。

4　方法概要

4.1　干燥的粉状样品被三股高速的湿润空气润湿并磨损。细粉被持续从磨损区分离，并收集起来。

4.2　用收集到的细粉的质量计算催化剂的磨损指数（AJI），用它来估计粉状催化剂在工业应用时的相对抗磨损特性。

5　方法应用

5.1　本标准旨在提供有关粉状催化剂在流态化环境中的抗颗粒减小能力的信息。

5.2　本标准可用于规定验收标准、生产控制以及研究开发。

6　仪器

6.1　空气喷射磨损系统组成如下：

6.1.1　磨损管：不锈钢管，长 710mm，内径 35mm。

6.1.2　3 个边长 2mm 的方形蓝宝石喷嘴，中间钻有孔径 0.381mm±0.005mm 的孔。它们镶嵌在一块厚 6.4mm 的圆形盘上，距离圆心 10mm 等距离分布，喷嘴的上端与盘面平齐。圆形盘在空气输送总管内，可以连接到磨损管的底部。

6.1.3　沉降室：中间是圆柱体，高 300mm、内径 110mm；两端是锥体，锥口内径 30mm。上面的锥体高约 100mm，下面的锥体高约 230mm。沉降室安装在磨损管的顶部。

6.1.4　细粉收集装置：包括 1 个 250mL 的抽滤瓶、1 根收集管和一根长 200mm、内径 13mm 的金属管。收集管连接到抽滤瓶的侧管上，金属管弯成 125°角，一端连接到抽滤瓶的瓶口，一端连接到沉降室的出口。

注：如果磨损率较低，不会造成收集管堵塞，在沉降室的出口没有形成背压，可以不用抽滤瓶，直接将收集管连到金属管上。

6.1.5　橡胶连接器和密封圈：大小合适，保证系统连接紧密，不漏气。

6.2　空气供应装置：可以调节压力和流速，能够维持空气压力 200kPa、流速 10.00 L/min±0.05L/min。空气的相对湿度应在 30%~40%，以消除静电效应。

注：可以使空气在室温下鼓泡通过一段高度为 0.25m 的去离子水柱，以获得需要的湿度。

6.3　膜式流量计（干式流量计）或者转鼓流量计（湿式流量计）：最小流量 30L/min，最小刻度不超过 0.1L。

6.4　天平：可称重 400g，感量 0.01g。

6.5　干燥器：带有干燥剂级的分子筛，如 4A 分子筛。

6.6　马弗炉：最高工作温度 800℃以上，温控精度±10℃。

6.7　相对湿度计。

7　取样和试样准备

7.1　通过摇晃混匀或者分堆取代表性样品的方式，从较大量样品中取出 65g 有代表性的样品。

7.2　使样品轻柔地通过孔径 180μm 的筛（ASTM 80 号），筛出粒径大于 180μm 的颗粒。

7.3　新鲜的 FCC 催化剂按照 7.4 条的步骤进行处理。其他类型的样品要在 35%的相对湿度下进行平衡，以免在测定过程中吸湿。其具体步骤为：把过筛后的样品放在一个浅且宽的盘中，放进装有氯化钙饱和溶液的增湿器中 16h。

7.4　对新鲜的 FCC 催化剂，要按照 7.4.1~7.4.4 的步骤来获得合适的湿度，以免在测定过程中湿度改变。

7.4.1　把过筛后的样品放在一个浅且宽的盘中，放进预先加热到 565℃±10℃的马弗炉中 1h。

7.4.2　取出样品，在干燥器中放置使其冷却到室温。

7.4.3　取 45g 已达到室温的样品，与 5g 去离子水完全混合，确保水完全分散进催化剂，且没有结块现象出现。

7.4.4　把样品放进装有氯化钙饱和溶液的增湿器中 1h。

8　仪器准备

8.1　敲击仪器，使残留在仪器内的物料变松，然后用气吹出或者用真空泵抽出，使仪器干净。重新

组装仪器，但是不要装上细粉收集装置。

8.2 打开空气开关，调节相对湿度，使沉降室出口处的空气的相对湿度为30%~40%。

8.3 在沉降室的出口处接上湿式流量计，调节空气流速为10.00L/min±0.05L/min（在273.15K和101.325kPa下）。背压应该在130kPa~180kPa之间。如果该条件达不到，检查空气喷嘴是否干净、孔径是否在规定范围、仪器连接部分是否漏气。

8.4 准备两个细粉收集装置，把收集管连接到仪器上，用增湿的空气吹30min，以调节其含水量。

9 试验步骤

9.1 称量第一个调节过含水量的收集管，准确到0.01g，记录其质量（m_0）。

9.2 保持空气流速为10.00L/min±0.05L/min，从沉降室的上口加入用水平衡过的试样50g（m_s）（见7.3和7.4），立刻装上细粉收集装置，开始计时。

9.3 称量第二个调节过含水量的收集管，准确到0.01g，记录其质量（m_0'）。

9.4 从计时开始正好经过1h后，用第二个细粉收集装置换掉第一个细粉收集装置，称量第一个收集管，记录质量（m_1）。

9.5 从计时开始正好经过5h后，去掉第二个收集管，称量，并记录其质量（m_5）。

9.6 关掉仪器，断开连接。

9.7 从磨损管和沉降室中回收试样，称准至0.01g，记录其质量（m_r）。

9.8 清洗仪器。

10 计算

10.1 第1小时内的细粉损失百分数（L_{1h},%）按式（1）计算：

$$L_{1h}=\frac{m_1-m_0}{m_S}\times 100 \qquad (1)$$

式中：

L_{1h}——细粉损失率，第1小时内收集的催化剂质量占加入仪器中的试样质量的比例,%；

m_1——第一个收集管在试验进行1h后的质量，单位为克（g）；

m_0——第一个空收集管调节过含水量后的质量，单位为克（g）；

m_S——加入仪器中的试样质量，单位为克（g）。

10.2 在5h内磨损造成的细粉损失百分数（L_{5h},%，其数值为磨损指数*AJI*）按式（2）计算：

$$L_{5h}=\frac{m_1-m_0+m_5-m_0'}{m_S}\times 100 \qquad (2)$$

式中：

L_{5h}——在5h内收集的催化剂质量占加入仪器中的试样质量的比例,%，其数值等于磨损指数（AJI）；

m_5——第二个收集管在试验进行5h后的质量，单位为克（g）；

m_0'——第二个空收集管调节过含水量后的质量，单位为克（g）。

10.3 试样回收率（*R*,%）按式（3）计算：

$$R=\frac{m_1-m_0+m_r+m_5-m_0'}{m_S}\times 100 \qquad (3)$$

式中：

R——回收率，在5h内细粉收集装置收集的和装置中回收的催化剂质量之和占加入仪器中的试

样质量的比例,%;

m_r——从磨损管和沉降室中回收的试样的质量，单位为克（g）。

11 报告

报告以下信息:

11.1 磨损指数（*AJI*）。

11.2 第1小时内的细粉损失百分数（L_{1h}）。

11.3 回收率（*R*）。

12 精密度和偏差

12.1 精密度

重复性和再现性数据是采用4个不同样品、在4个~7个独立实验室进行协同试验得到的。然后按照ASTM E691，筛除离群值，计算精密度（定义和用法分别见ASTM E456和ASTM E177）。按下述规定判断试验结果的可靠性（95%置信水平）。

12.1.1 重复性

由同一操作者，在同一实验室，用同一台仪器，按照相同的方法，对同一试样进行连续测定得到的两个单一和独立的结果之差，不应超出表1中的值 。

12.1.2 再现性

不同操作者，在不同实验室，使用不同仪器，按照相同的方法，对同一试样进行测定得到的两个单一和独立的试验结果之差，不应超出表1中的值。

表1 重复性和再现性

磨损指数（*AJI*）（平均值）	重复性	再现性
2.530	0.226（平均值的8.95%）	0.907（平均值的35.9%）
4.209	0.279（平均值的6.64%）	1.939（平均值的46.1%）
20.353	1.121（平均值的5.51%）	11.370（平均值的55.9%）
39.945	1.414（平均值的3.54%）	12.029（平均值的30.1%）

注：从表1的数据发现，当*AJI*在4.209~39.945之间时，重复性相对差值与*AJI*呈较好的线性关系，相关系数为-0.995。重复性相对差值与*AJI*的关系式为$y_1=-0.08723x_1+7.1057$。y_1为重复性相对差值，x_1为*AJI*。当*AJI*在2.53~20.353之间时，再现性绝对差值与*AJI*呈较好的线性关系，相关系数为0.9999，再现性绝对差值与*AJI*的关系式为$y_2=0.5859x_2-0.5524$。y_2为再现性绝对差值，x_2为*AJI*。

12.2 偏差

由于本标准所得的磨损指数（*AJI*）是按照本标准定义的程序测定的，因此没有偏差。

ICS 75.100
E 34

SH

中华人民共和国石油化工行业标准

NB/SH/T 0944.1—2017

润滑剂抗磨损性能的测定 FE8 滚动轴承磨损试验机法 第1部分：润滑油

Standard test method for wear preventive characteristics of lubricating fluid —FE8 rolling bearing method—Part 1：Lubricating oil

2017-12-27 发布　　2018-06-01 实施

国家能源局　发布

目　　次

前　　言

NB/SH/T 0944《润滑剂抗磨损性能的测定　FE8 滚动轴承磨损试验机法》分为两部分：

——第 1 部分：润滑油；

——第 2 部分：润滑脂。

本部分为 NB/SH/T 0944 的第 1 部分。

本部分按照 GB/T 1.1—2009 给出的规则起草。

本部分使用重新起草法修改采用德国国家标准 DIN 51819-1：1999 和 DIN 51819-3：2005《润滑剂的试验—用 FE8 滚动轴承测试机械-动力润滑试验》。

本部分与 DIN 51819-1：1999 和 DIN 51819-3：2005 的主要技术差异及原因如下：

——为了使用方便，将部分引用标准修改为我国相应的国家标准；

——根据实际需要本部分只采用了 DIN 722 中规定的 81212 型一种试验轴承，未采用其他三种试验轴承。

本部分由中国石油化工集团公司提出。

本部分由全国石油产品和润滑剂标准化技术委员会石油燃料和润滑剂分技术委员会（SAC/TC280/SC1）归口。

本部分起草单位：中国石油天然气股份有限公司兰州润滑油研究开发中心。

本部分主要起草人：张宽德、朱登锋、谢惊春、王鹏、魏铁生、翟国容。

本部分为首次发布。

润滑剂抗磨损性能的测定　FE8 滚动轴承磨损试验机法
第 1 部分：润滑油

警告：本部分的应用可能涉及到某些有危险性的材料、操作和设备。但并未对与此有关的所有安全问题都提出建议。用户在使用本部分之前有责任制定相应的安全和保护措施，并确定相关规章限制的适用性（详见附录 A）。

1　范围

本部分规定了在 FE8 轴承磨损试验机上，使用推力圆柱滚动轴承测定润滑油磨损性能的试验方法。

本部分适用于混合摩擦条件下润滑油的轴承磨损性能评价。

2　规范性引用文件

下列文件对于本文件的应用是必不可少的。凡是注日期的引用文件，仅所注日期的版本适用于本文件。凡是不注日期的引用文件，其最新版本（包括所有的修改单）适用于本文件。

GB 1922—2006　油漆及清洗用溶剂油

GB/T 6391　滚动轴承　额定动载荷和额定寿命

GB/T 17754—2012　摩擦学术语

DIN 722　单向推力圆柱滚动轴承

3　术语和定义

下列术语和定义适用于本文件。

3.1

承载时间　loading time

从试验开始，到任何一个试验轴承失效或完成规定的时间，用 t 表示。

注：对润滑油进行评定，承载试验时间建议为 80h。

3.2

试验周期　test duration

连续运转过程中未发生失效的情况下所用的时间，用 t_p 表示。对于完成规定时间的试验，它等于承载时间。

3.3

摩擦扭矩　friction torque

轴承旋转产生摩擦力，进而产生的摩擦扭矩。

3.4

试验轴承的摩擦扭矩　friction torque of test bearing

驱动两个试验轴承和辅助轴承所需的扭矩，用 M_r 表示。它等于摩擦力与力作用点到轴心的距离的乘积（这个距离等于图 1 中滑轮（6）直径的一半）。

3.5

启动摩擦扭矩　starting friction torque

试验启动 1min 后试验轴承所产生的最大扭矩，用 M_{rs} 表示。

3.6

稳态操作摩擦扭矩　operating friction torque

试验运转 50h 后，摩擦扭矩不再发生变化。此时的摩擦扭矩即稳态摩擦扭矩，用 M_{rb} 表示。

3.7

滚子部件磨损　rolling parts wear

承载时间内滚子部件的磨损量，用 m_w 表示。

3.8

轴承保持架磨损　cage wear

承载时间内轴承保持架的磨损量，用 m_k 表示。

3.9

试验速度　test speed

试验轴承的转动速度，用 n 表示。

3.10

轴承轴向负荷　axial bearing load

施加在试验轴承的轴向负荷，用 F_a 表示。

3.11

试验温度　test temperature

试验期间在试验轴承的外圈弹簧总成位置所测得的温度（T）。

注：由于试验轴承驱动端热量损耗较高，此处所测得的温度可能会偏低 2℃～5℃。

3.12

操作温度　operating temperature

磨合时间结束时的试验温度（T_b）。

3.13

磨合时间　running-in time

从试验开始到建立起稳定状态所用的时间。

注：在磨合期内，润滑脂随电机运转均匀分散到各试验件表面，同时产生一定量的磨损。由于轴承试验件在作用面上的相互接触，作用面逐渐趋于平滑，导致润滑膜厚度与接触面粗糙度之间的比率增加，润滑膜的隔离作用也随之增强。这种平滑作用所造成的滑动摩擦力的降低，使磨合期间的摩擦扭矩呈下降趋势。在负荷时间内，磨损通常也会下降。

3.14

磨损　wear

由于摩擦造成表面的变形、损伤或表层材料逐渐流失的现象和过程。

[GB/T 17754—2012，定义 2.3 条]

3.15

磨损量　wear loss

在磨损过程中摩擦副的材料接触表面变形或表层材料流失的量。

[GB/T 17754—2012，定义 5.1 条]

4　方法概要

4.1　使用 FE 8 轴承磨损试验机进行润滑油试验时，首先在试验机上安装两个试验轴承，将一定量

的试验油加入润滑油循环系统中，通过润滑油循环系统，以 0.1L/min±0.02L/min 的流量向每个试验轴承供油，并在规定条件下（电机转速 7.5r/min、轴向负荷 80kN、试验温度 80℃）进行试验，试验前后称量试验轴承各部件的质量，以磨损质量损失来评价润滑剂的磨损性能。

4.2 试验过程中，当轴承由于润滑不良而导致的摩擦扭矩连续超过 60N·m 持续 10s 以上，或连续运转时间达到 80h 时，试验结束。试验结束后称量轴承部件的质量并计算磨损量（mg）。每个油样进行两次试验，以轴承部件的磨损量来评价润滑油的磨损性能。

5 试验设备

5.1 FE8 试验机

5.1.1 试验设备采用 FE8 轴承磨损试验机，试验机由试验头、驱动单元和控制系统组成。试验头（见图 1）以可拆卸方式通过试验头轴（7）的锥座与驱动单元相连。驱动单元的驱动轴（1）安装在两个辅助轴承（2）内，由电机（图中未显示）以 7.5r/min～3000r/min 范围内不同的速度直接驱动或者经过齿轮啮合驱动。测试轴承（3）安装在试验头中，通过碟形弹簧总成（4）施加一定轴向负荷。

5.1.2 试验机的最大工作温度为 200℃。试验头中有线状排列的孔，用于安装温度传感器。在进行润滑油试验时，则将润滑油循环系统和试验头连接，通过润滑油循环系统给试验轴承供油。如果要在较高的温度下进行试验，应使用加热装置。

5.1.3 在试验头的驱动端，装有一滑轮（6），用于连接摩擦力测量绳索。施力点与试验头轴轴线距离为 0.12m（等于滑轮直径的一半）。

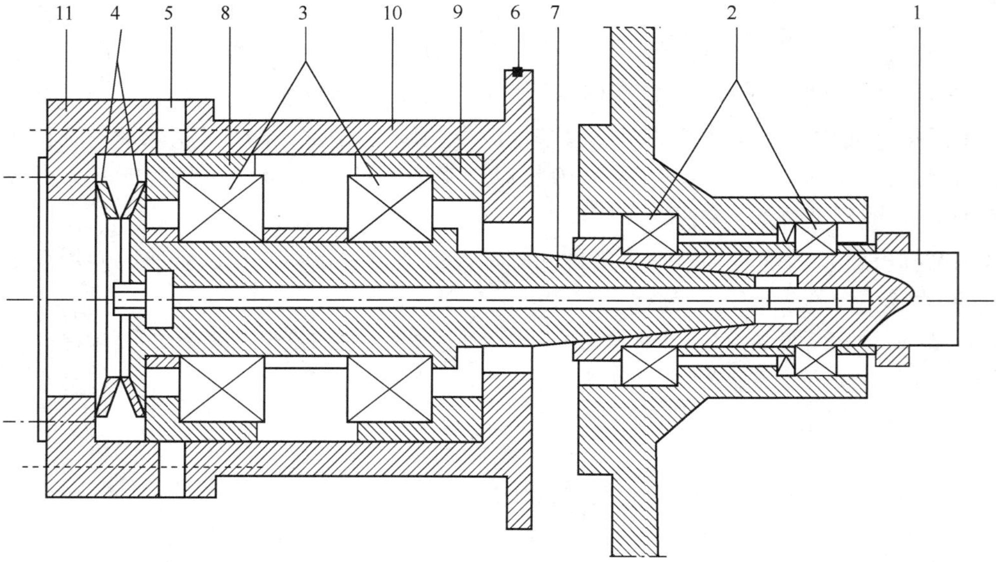

1—驱动单元轴；2—辅助轴承；3—试验轴承；4—碟形弹簧总成；5—隔离物；6—滑轮；
7—试验头轴；8—驱动端轴承护圈；9—负载端轴承护圈；10—外壳；11—护帽

图 1 试验头与驱动单元示意图

5.2 试验轴承

使用 FE8 轴承磨损试验机进行润滑油磨损性能的测定试验时，所用试验轴承为推力圆柱滚动轴承（装配示意图见图 2），符合 DIN 722 要求，型号为 81212。它包含一个铜锌实心保持架，可在 200℃以下使用。

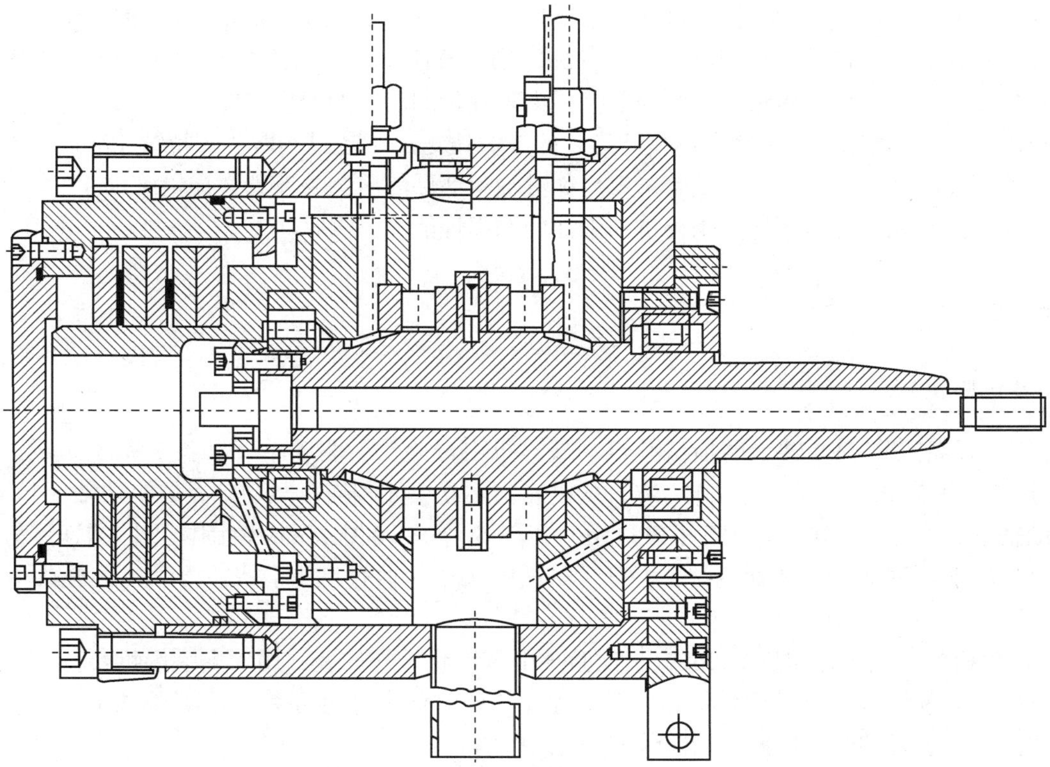

图 2　安装推力圆柱滚动轴承的试验头

5.3　试验测量

5.3.1　摩擦力的测量：两个试验轴承运转产生的摩擦力通过负荷传感器测量，采用试验摩擦力记录系统记录摩擦力变化。试验前后应对负荷传感器用校正砝码进行校准。

5.3.2　温度测量：使用温度传感器测量试验轴承温度及试验油温，采用温度记录系统记录。试验轴承的温度测量点在试验轴承的外环上，带有弹簧以产生适当的接触力。温度测量需考虑环境温度对测量结果的影响，测量系统应定期进行校准。

5.3.3　轴承磨损称重：为确定轴承滚子部件和轴承保持架的失重，应在试验前后使用精密天平（精确至 0.001g）对滚子、保持架进行称重。

注：为防止金属部件受磁性影响而产生称重结果误差，在称重时不能将滚子、保持架等试验件零部件直接放在天平上称量，应该用退磁器进行退磁处理，然后按步骤进行称量。

5.4　试验用具

5.4.1　保护手套：拿取试验轴承时防止与手直接接触。

5.4.2　加热板：用于加热试验轴承。

5.4.3　清洗器：用于清洗试验轴承。

5.4.4　毛刷：尺寸要适于试验轴承清洗。

5.4.5　专用抹布：使用过程中不起毛，不能有纤维脱落。

5.4.6　天平：用于称量试验件重量。推荐称量范围 0 kg~2 kg，分度值 1mg。

5.4.7　退磁器：用于试验件被磁化后的退磁处理。通电持续率 60%。功率 100W，电压 220V。

6　试剂与材料

清洗溶剂：清洗用溶剂油满足 GB 1922—2006 中 2 号溶剂油的要求。

警告：易燃物品，易挥发的气体有害，应远离火源、火花和明火，避免长时间或频繁的皮肤接触。

7 试验轴承的准备

7.1 将试验轴承的滚子从保持架中取出，放入清洗杯中，用毛刷蘸取清洗溶剂清洗。用同样的方法，将轴承外圈、轴承内圈和轴承保持架等清洗干净。将清洗干净的轴承部件放入预热到80℃的干燥箱中干燥30min。干燥后的轴承部件放入干净的容器晾至室温。进行上述操作时应使用保护手套。
7.2 用天平称量滚子和保持架的质量并记录，称准至1mg。在室温下将滚子装入保持架外壳内。在安装之前，用清洗溶剂和专用抹布将安装工具清洗干净。检查温度传感器和摩擦扭矩测量连接线路能否自由活动。在试验运行开始之前，校准摩擦力传感器。

8 试验步骤

8.1 试验条件的设定

设定转速为7.5r/min±0.5r/min，温度为80℃±1℃，对试验轴承施加80kN±3kN轴向负荷。

8.2 试验轴承的安装

8.2.1 将轴承间隔垫片、试验轴承内圈、装有滚子的保持架、轴承外圈依次安装在试验轴上（见图1），轴承内圈安装前需加热至80℃。将装好轴承的试验轴装入试验头外壳内。然后将加载弹簧片安装到试验头内，将组装好的试验头通过高压压床施加一定的试验负载，并用螺栓拧紧（拧紧力矩为40N·m）。将组装好的试验头与试验机连接。
8.2.2 依次安装温度传感器、摩擦力传感器、润滑油循环软管、加热器、冷却风扇。

注：加热器和冷却风扇根据试验温度要求进行配置。

8.3 润滑系统的准备

润滑油循环系统由油箱和带有过滤及流量调节装置的油泵组成，通过润滑油循环系统以0.1L/min±0.02L/min的体积流速给每个轴承供油。油箱的容积为4L。润滑油循环系统通过软管与试验头相连。连接软管应处于自由状态。每次进行新的油样试验时应采用新的过滤滤芯（过滤精度为0~100μm）。试验前将试验油加满油箱，在同一个油样的第二次试验时过滤滤芯和试验油不需要更换。

8.4 启动试验

试验启动后，调节外部加热装置，使试验油达到所需的稳定试验温度。合理布置加热器和冷却风扇相对位置，以便进行温度控制。温度调节通过温度传感器和与之相连的数据处理系统来实现。如果试验油的试验设定温度高于130℃，则在启动之前应通过一段持续15min的预热，使油温达到100℃时启动试验。在启动后1min时间内，可以不限制摩擦扭矩最大边界值。试验温度参考值及调节温度值以静止的轴承环温度为基准。加热是通过一个外置的加热装置来完成。

8.5 摩擦扭矩变化状况的监测

如果摩擦扭矩大于边界值60N·m，并持续超过10s以上，应立即结束试验。试验结果报告实际试验时间。通过相应的记录系统记录摩擦扭矩的变化，试验结束可以得出启动摩擦扭矩和稳态摩擦扭矩。

8.6 试验结束

试验结束后停机，依次拆下冷却风扇、加热器、润滑油循环软管、摩擦力传感器和温度传感器。断开试验头和驱动单元的连接，拆下试验头并解体，取出试验轴承。将试验轴承的滚子从保持架中取出，放入清洗杯中，用清洗溶剂清洗干净。用天平称量滚子和保持架的质量并计算出每个轴承的

磨损量，准确至1mg。

8.7 试验次数的要求

润滑油试验应进行两次，保养与维修详见附录B。

8.8 结果计算与评价

将两次试验的4个轴承滚子和保持架的磨损值分别输入到韦伯（Welbull）图分布软件中，利用软件概率分布值功能得出磨损概率分布图，如图3所示。纵坐标是磨损概率值 V_w，横坐标是磨损值。按照式（1）计算磨损概率值 V_w。从磨损概率图读出磨损概率为50%的磨损值。

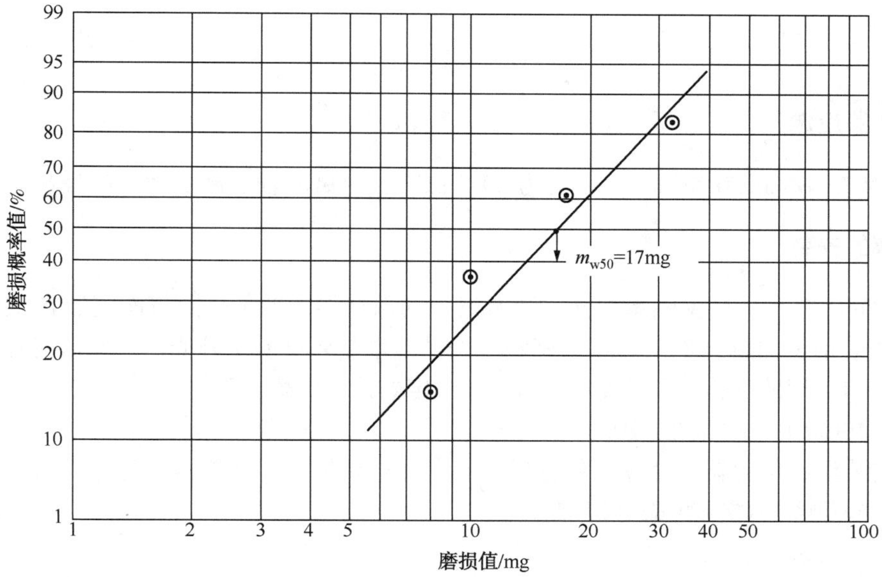

注：横坐标为磨损值；纵坐标为试验轴承的磨损概率值。

图3 磨损概率图

$$V_w = \frac{i - 0.3}{n + 0.4} \quad \cdots\cdots (1)$$

式中：

n——每次试验的轴承数量，本部分中 $n=4$；

i——试验轴承的数量，当试验轴承数量分别为1、2、3、4时，计算出对应的 V_w 值，4个 V_w 值分别对应按照升序排列的磨损值。

9 结果报告

9.1 试验信息

9.1.1 润滑油试验信息至少应包括下列内容：

——样品名称；

——试验方法名称；

——检测依据；

——试验轴承标志；

——转速，r/min；

——轴承负载，kN；

——试验温度,℃。

9.1.2　试验信息示例：试验标识为“检测方法-D-7.5/80-80”。即为“本部分规定的润滑油试验是在轴向力 80kN、试验转速 7.5 r/min 和试验温度 80℃的情况下进行的”。

9.2　报告

9.2.1　磨损率值为 50%的情况下的滚子磨损值（m_{w50}）和保持架磨损值（m_{k50}），单位为毫克（mg）；同时给出试验条件以及两次试验的启动摩擦扭矩（M_{rs}）和稳态摩擦扭矩（M_{rb}）的算术平均值，单位为牛顿（N）。

9.2.2　结果报告示例：

检测方法-D-7.5/80-80；

滚子磨损值为：$m_{w50}=15\text{mg}$ ；

保持架磨损值为：$m_{k50}=110\text{mg}$ ；

启动摩擦扭矩的平均值为：$M_{rs}=38.5\text{Nm}$ ；

稳态摩擦扭矩的平均值为：$M_{rb}=33.5\text{Nm}$ 。

10　精密度

10.1　概述

在方法规定的同一条件下进行试验，使用不同的试验油品，可以得到磨损量范围在 0～1000mg 之间的不同的滚子磨损值 m_{w50} 和保持架磨损值 m_{k50}。

注：在实际状况中，只有当滚子磨损值小于等于 100mg、保持架磨损值小于等于 200mg 时，试验结果才有意义。如果滚子或者保持架的磨损值超过 200mg 的时候，则无法对试验结果做出分析。

10.2　重复性，*r*

本部分无法确定试验方法的重复性。因为重复试验应更换新的试验轴承，会由于不同轴承加工状况和尺寸差别而对评价结果产生影响。

10.3　再现性，*R*

10.3.1　在不同的试验室，使用相同的试验条件进行试验，得到两组不同的磨损结果，如果不超过表 1 给出的用于比较磨损结果的偏差边界百分比值范围，则这两组结果均被认可，并且符合本部分要求。这条再现性规定对于滚子磨损值和保持架磨损值均适用。

10.3.2　如果滚子或保持架的磨损值小于 20mg，试验结果亦可被认可并且符合本部分要求。

10.3.3　在不同的实验室，使用相同的试验条件进行试验，得到两组不同的稳态摩擦扭矩结果，如果不超过表 2 给出的用于比较稳态摩擦扭矩的偏差边界百分比值范围，则这两组结果均被认可，并且符合本部分要求。

表 1　用于比较磨损结果的偏差边界百分比值

试验轴承	滚子磨损值的相对偏差/%	保持架磨损值的相对偏差/%
D	≤60	≤60

表 2　用于比较稳态摩擦扭矩结果的偏差边界百分比值

试验用轴承的编号	启动摩擦扭矩 M_{rs} 的相对偏差/%	稳态摩擦扭矩 M_{rb} 的相对偏差/%
81212	≤30	≤20

附 录 A
（规范性附录）
安全措施及注意事项

A.1 清洗溶剂使用：

A.1.1 在60℃以下清洗试验机和轴承。

A.1.2 清洗时禁止产生火花或使用加热器、火花和明火等火源。

A.1.3 清洗完成后立即盖好盛清洗溶剂的容器。

A.1.4 使用合适的通风设备。

A.1.5 避免吸入清洗溶液蒸气和薄雾。

A.1.6 避免清洗溶剂反复或长时间接触皮肤。

A.2 启动电动机前，盖好防护罩。

A.3 应遵守所有与其有关的安全规定。

附　录　B
（规范性附录）
保养与维修

B.1　每次在进行试验运转之前应检查以下内容

B.1.1　热电偶，检查是否有损伤。

B.1.2　外壳清洁程度。

B.1.3　O形环（检查是否有损伤）。

B.1.4　试验头轴锥形接头和驱动单元轴（检查是否清洁和存在损伤）。

B.1.5　测量摩擦力所用绳索状况。

B.1.6　驱动单元状况。

B.1.7　试验头内部轴承保持架（检查其是否安装正确）。

B.1.8　安装推力圆柱滚动轴承时，试验头各辅助轴承的清洁程度。

B.2　每隔18个月执行一遍下列操作

B.2.1　热电偶校准（J型校准在±2，5%以内，L型校准在±3%以内）。

B.2.2　试验轴承轴的公差检查（直径：$60^{+0,015}_{+0,008}$mm、轴承护圈公差（直径）：$130^{+0,02}_{0}$mm和$150^{-0,03}_{-0,05}$mm）；轴承接触表面状况检查。

B.2.3　试验头镗孔公差检查（直径：$150^{+0,04}_{0}$mm）。

B.3　每两年还应附加执行下列检查

B.3.1　轴向负荷：±5%；

B.3.2　摩擦力：±2%；

B.3.3　试验速度：±10%。

B.4　每隔12年还应执行下列更新

B.4.1　传动装置中的辅助轴承、蝶形弹簧。

B.4.2　驱动电机上的滚动轴承。

ICS 75.100
E 36

SH

中华人民共和国石油化工行业标准

NB/SH/T 0944.2—2020

润滑剂抗磨损性能的测定
FE8 滚动轴承磨损试验机法
第 2 部分：润滑脂

Standard test method for wear preventive characteristics of lubricant—
FE8 rolling bearing method—
Part 2：Lubricating grease

2020-10-23 发布　　2021-02-01 实施

国家能源局　发布

前　言

本部分按照 GB/T 1.1—2009 给出的规则起草。

NB/SH/T 0944《润滑剂抗磨损性能的测定　FE8 滚动轴承磨损试验机法》分为两部分：

——第 1 部分：润滑油；

——第 2 部分：润滑脂。

本部分为 NB/SH/T 0944 的第 2 部分。

本部分由中国石油化工集团有限公司提出。

本部分由全国石油产品和润滑剂标准化技术委员会石油燃料和润滑剂分技术委员会（SAC/TC280/SC1）归口。

本部分起草单位：中国石油天然气股份有限公司兰州润滑油研究开发中心。

本部分主要起草人：杨国峰、周建强、房国玺、谢惊春、安旭鹏、翟国容。

本部分为首次发布。

润滑剂抗磨损性能的测定　FE8 滚动轴承磨损试验机法　第 2 部分：润滑脂

警示：本标准的使用可能涉及某些有危险的材料、操作及设备，但并未对所有的安全问题都提出建议。因此，用户在使用本标准前应建立适当的安全防护措施，并确定相关规章限制的适用性，详见附录 A。

1　范围

本部分规定了在 FE8 轴承磨损试验机上，使用角接触深沟球轴承或圆锥滚子轴承测定润滑脂磨损性能的试验方法。

本部分适用于稠度等级为 1 级~4 级的润滑脂。

2　规范性引用文件

下列文件对于本文件的应用是必不可少的。凡是注日期的引用文件，仅注日期的版本适用于本文件。凡是不注日期的引用文件，其最新版本（包括所有的修改单）适用于本文件。

GB 1922—2006　油漆及清洗用溶剂油

GB/T 6391　滚动轴承　额定动载荷和额定寿命

GB/T 17754—2012　摩擦学术语

DIN 628-1　角接触深沟球轴承（Single row angular contact radial ball bearings）

DIN 720　圆锥滚子轴承（Tapered roller bearings）

3　术语和定义

下列术语和定义适用于本文件。

3.1

润滑剂有效寿命　lubricant service life

润滑剂达到失效的时间，用 F_i 表示。指采用不同的负荷时间，在同等的试验条件下用韦伯（Weibull）图统计计算得出。

3.2

承载时间　loading time

从试验开始，到任何一个试验轴承失效或完成规定的试验时间，用 t 表示。

注：对润滑脂进行评定，承载时间为 500h。

3.3

试验周期　test duration

连续运转过程中未发生失效的情况下所用的时间，用 t_p 表示。对于完成规定时间的试验，它等于承载时间。

3.4

摩擦力矩　friction moment

在转动摩擦副中，转动体在轴向上受到的摩擦力与转动体有效半径的乘积。

［GB/T 17754—2012，4.38 条］

3.5

试验轴承的摩擦力矩　friction moment of test bearing

驱动两个试验轴承和辅助轴承所需的力矩。它等于摩擦力与力作用点到轴心的距离的乘积。

3.6

启动摩擦力矩　starting friction moment

试验轴承在试验启动后前2min内的最大力矩。

3.7

滚子部件磨损　rolling parts wear

m_w

滚动部件在应力作用时间内由于磨损或老化造成的质量损失。

3.8

轴承保持架磨损　cage wear

m_k

承载时间内轴承保持架的磨损质量。即保持架在应力作用时间内由于沟槽磨损或腐蚀磨损而造成的质量损失。

3.9

试验转速　test speed

n

试验轴承的转动速度。

3.10

轴承轴向负荷　axial bearing load

F_a

施加在试验轴承的轴向负荷。

3.11

试验温度　test temperature

试验期间在试验轴承的外圈弹簧总成位置测得的温度。

注：由于试验轴承驱动端热量损耗较高，此处所测得的温度可能会偏低2℃~5℃。

4　方法概要

4.1　使用FE8轴承磨损试验机进行润滑脂试验时，首先在试验机上安装两个涂过润滑脂的试验轴承，这两个轴承在规定轴承轴向负荷、试验转速和运行温度的条件下进行试验。试验启动时应开启加热系统，通过外部加热进行温度控制，试验温度设置应为10℃的整数倍。

4.2　试验过程中，当轴承由于润滑不良而导致的试验轴承的摩擦力矩连续超过限定摩擦力矩持续10s以上，或连续运转时间达到试验周期500h时，试验结束。试验结束后称量轴承部件的质量并计算磨损质量损失（mg）。每个润滑脂样品进行两次试验，以磨损概率50%对应的滚子磨损值（m_{w50}）来评价润滑脂的抗磨损性能。

5　试验设备

5.1　FE8试验机

5.1.1　试验设备采用FE8轴承磨损试验机，试验机由试验头、驱动单元、仪器支架和摩擦力矩测量装置组成（见图1）。不同安装方式下的测试头截面图见图2和图3。试验头与试验头轴的锥形轴座相连，

轴座可与驱动单元分开。驱动单元的驱动轴安装在两个辅助轴承中，它由电机以 7.5r/min～3000r/min 范围内的转速驱动或在某种设计方式下以 6000r/min 的转速驱动。

5.1.2 试验机的最大工作温度为 200℃。试验头中有线状排列的孔，用于安装温度传感器。如果要在较高的温度下进行试验，应使用加热装置。

5.1.3 在测试头的驱动端，装有一滑轮，用于连接摩擦力测量绳索。施力点与试验头轴轴线距离为 0.12m（等于滑轮直径的一半）。

1——仪器支架和起重装置；
2——力矩测量传感器；
3——试验头；
4——驱动单元；
5——配电箱。

图 1 FE8 轴承磨损试验机

5.2 试验轴承

5.2.1 试验轴承 A

使用 FE8 轴承磨损试验机进行润滑脂磨损性能的测定试验时，所用试验轴承为角接触深沟球轴承（见图 2），符合 DIN 628-1 的要求，型号为 7312B。它包含一个玻璃纤维增强聚酰胺制作的轴承保持架，可在 120℃以下使用，专门用于 FE8 试验的试验头 J（以下简称为试验轴承 A）。

5.2.2 试验轴承 B

使用 FE8 轴承磨损试验机进行润滑脂磨损性能的测定试验时，所用试验轴承为角接触深沟球轴承，符合 DIN 628-1 的要求，型号为 7312B。它包含一个铜/锌制成的轴承保持架，可在 200℃以下使用，专门用于 FE8 试验的试验头 J（以下简称为试验轴承 B）。

5.2.3 试验轴承 C

使用 FE8 轴承磨损试验机进行润滑脂磨损性能的测定试验时，所用试验轴承为圆锥滚子轴承，符

合 DIN 720 的要求，型号为 31312A。它包含一个冲压钢制成的轴承保持架，可在 200℃以下使用，专门用于 FE8 试验的试验头 K（以下简称为试验轴承 C）。

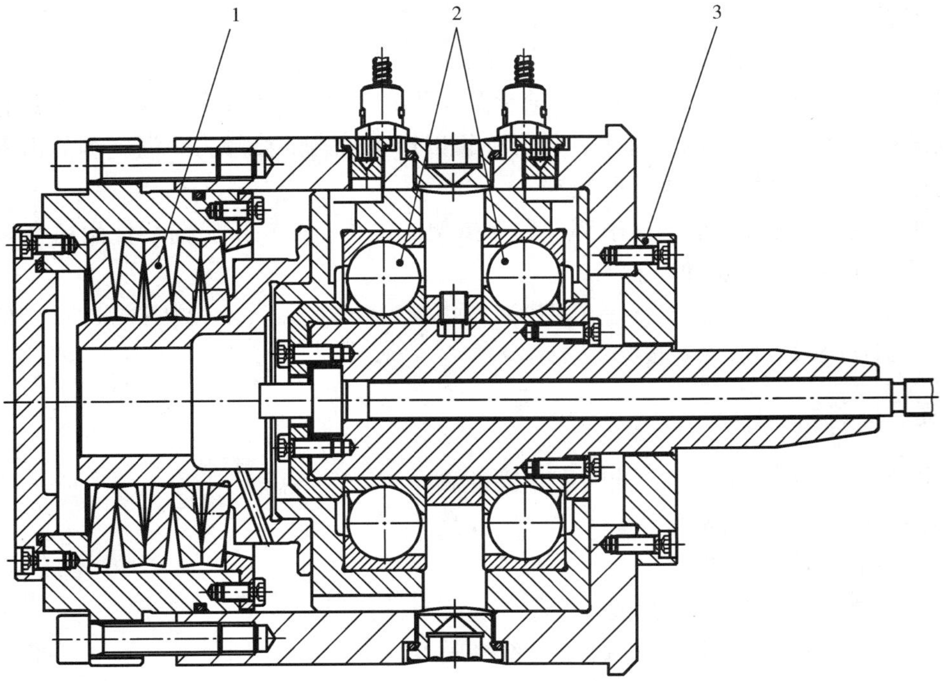

1——轴向载荷装置；

2——试验头；

3——摩擦力矩测量装置。

图 2　带角接触轴承 A 或 B 的试验头 J

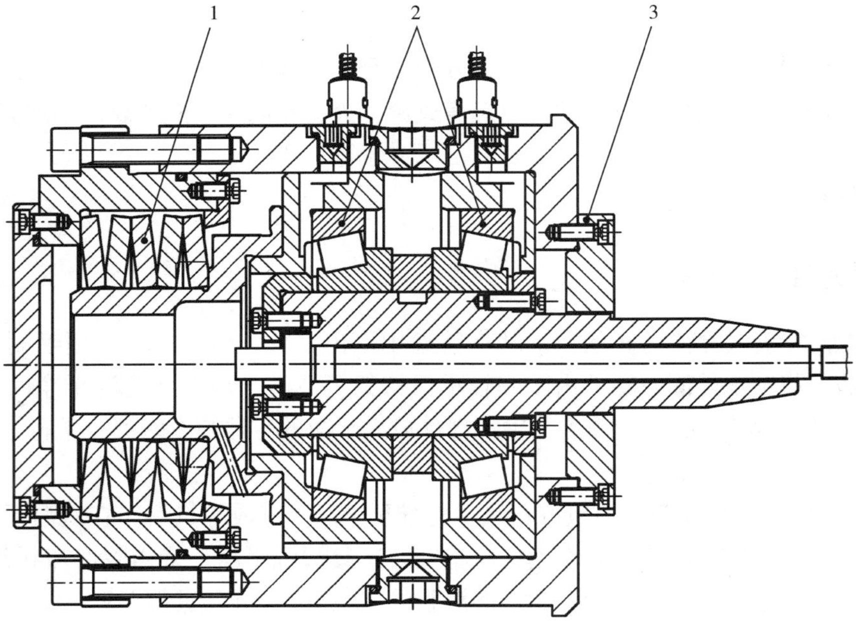

1——轴向载荷装置；

2——试验头；

3——摩擦力矩测量装置。

图 3　带圆锥滚子轴承 C 的试验头 K

5.3 试验测量

5.3.1 摩擦力的测量：两个试验轴承运转产生的摩擦力通过负荷传感器测量，采用试验摩擦力记录系统记录摩擦力变化。试验前后应对负荷传感器用校正砝码进行校准。
5.3.2 温度测量：使用温度传感器测量试验轴承温度及试验油温，并采用温度记录系统进行记录。试验轴承的温度测量点在试验轴承的外环上，带有弹簧以产生适当的接触力。温度测量需考虑环境温度对测量结果的影响，测量系统应定期进行校准。
5.3.3 轴承磨损称重：为确定轴承滚子部件和保持架的失重，应在试验前后使用精密天平（精确至0.001g）对滚子和（或）保持架进行称重。

注：为防止金属部件受磁性影响而产生称重结果误差，在称重时不能将滚子、保持架等试验件零部件直接放在天平上称量，可用退磁器进行退磁处理，然后按步骤进行称量。

5.4 试验用具

5.4.1 保护手套：拿取试验轴承时防止与手直接接触。
5.4.2 加热器：用于加热试验轴承。
5.4.3 清洗器：用于清洗试验轴承。
5.4.4 毛刷：尺寸要适于试验轴承清洗。
5.4.5 专用抹布：使用过程中不起毛，不能有纤维脱落。
5.4.6 刮刀：用于试验件上残留的润滑脂样品清理。
5.4.7 天平：用于称量试验件重量。推荐称量范围0kg~2kg，感量为1mg。
5.4.8 退磁器：用于试验件被磁化后的退磁处理。通电持续率60%，功率100W，电压220V。

6 试剂与材料

清洗溶剂：清洗用溶剂油满足GB 1922—2006中2号溶剂油的要求。

警示：易燃物品，易挥发的气体有害，应远离火源、火花和明火，避免长时间或频繁的皮肤接触。

7 试验轴承的准备

7.1 角接触深沟球轴承的准备

7.1.1 将试验轴承A或试验轴承B的滚珠从保持架中取出，放入清洗杯中，用毛刷蘸取清洗溶剂清洗。用同样的方法，将轴承外圈、轴承内圈和轴承保持架等清洗干净。将清洗干净的轴承部件放入预热到80℃的干燥箱中干燥30min。干燥后的轴承部件放入干净的容器晾至室温。进行上述操作时应使用保护手套。
7.1.2 用天平称量滚珠和保持架的质量并记录，称准至1mg。完成称量后，在室温下将滚珠装入保持架外壳内。在安装之前，用清洗溶剂和专用抹布将安装工具清洗干净。待内圈冷却到常温后，将65mL的润滑脂用刮刀均匀地注入每一个试验轴承。润滑脂的体积按式（1）进行计算。

$$V=m/\rho \quad \cdots\cdots (1)$$

式中：

m——质量，单位为克（g）；

V——体积，单位为立方厘米（cm^3）；

ρ——密度，单位为克每立方厘米（g/cm^3）。

7.1.3 在注入润滑脂时，可用手将轴承套圈反复旋转。挤漏出的润滑脂应重新涂回到轴承上。

7.2 圆锥滚子轴承的准备

试验轴承C的准备工作与试验轴承A和试验轴承B的准备工作类似，圆锥滚子轴承的拆卸和安装无需加热。每对试验轴承需要使用400mL的润滑脂进行润滑。首先，将25mL的润滑脂注满轴承内圈边缘与座圈之间的缝隙；其次，将涂抹过润滑脂的轴承内圈嵌入到已经安装上滚子的保持架，将其压紧到试验轴上，然后在轴承间隙中涂抹300mL的润滑脂。将试验轴承外圈放置在已清洁的轴承底座中，并在每个外圈分别涂抹25mL润滑脂。为了使轴承外圈能够更好地粘附在轴承底座中，将剩余的润滑脂涂抹在轴承端面。

8 试验步骤

8.1 试验条件的设定

试验条件设定见表1。不同类型的试验轴承，试验轴承A、试验轴承B和试验轴承C应满足表1中规定的条件，试验时间为500h。

表1 试验条件

测试名称	试验轴承	试验温度 ℃	启动磨合条件	停机力矩限值 N·m	风扇	转速 $r \cdot min^{-1}$	荷载 k·N
FE8-01	A	自主设定		36	控制	7.5	80
FE8-02	B	最高200℃		36	控制	7.5	80
FE8-05	B	最高200℃		36	非控制	75	80
FE8-06	C	自主设定		60	非控制	75	80
FE8-08	C	自主设定		60	非控制	75	50
FE8-13	C	最高200℃	$F_a/2$ 在24h以上	24	非控制	750	30
FE8-16	A	自主设定		12	非控制	3000	10
FE8-17	C	自主设定	$n/4$ 和 $n/2$ 分别在24h以上	12	非控制	3000	10
FE8-18	C	自主设定	$n/2$ 在24h以上	24	非控制	1500	10
FE8-19	A	自主设定	$n/2$ 在24h以上	12	非控制	6000	5

8.2 试验轴承的安装

8.2.1 试验头的示意图见图4，将涂有润滑脂样品的试验轴承（1）安装在试验头主轴（3）上，轴承内圈安装前应加热至80℃。将安装好轴承的试验头主轴装入试验头外壳内（6）中。试验头已包含驱动侧轴承座（4）。安装负载侧轴承座（5）放入垫片和带有弹簧加载单元及密封盖（7）的蝶形弹簧组（2）。为便于安装，允许使用待试验的润滑脂进行润滑。在外壳（6）的正面支承表面和密封盖（7）之间，将组装好的试验头通过高压压床施加一定的试验负载，并用螺栓拧紧（拧紧力矩为40N·m）。将组装好的测试头与试验机连接。

8.2.2 依次安装温度传感器、摩擦力传感器、加热器和冷却风扇。

注：加热器和冷却风扇根据试验温度要求进行配置。

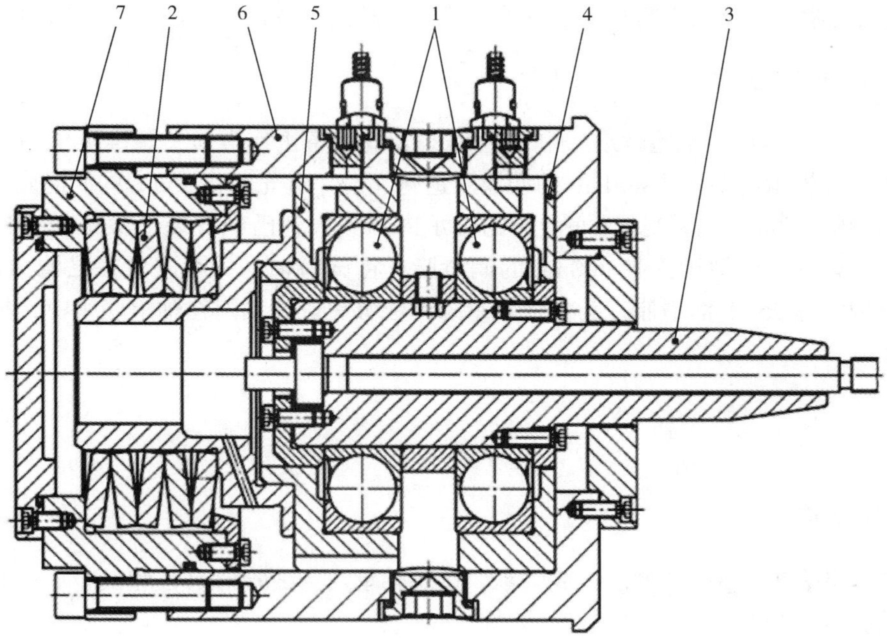

1——试验轴承；
2——蝶形弹簧组；
3——试验头主轴；
4——驱动侧的轴承座；
5——负载侧的轴承座；
6——试验头外壳；
7——密封盖。

图4 试验头示意图

8.3 启动试验

试验启动后，调节外部加热装置，使试验润滑脂达到所需的稳定试验温度。安装热电偶进行试验温度监控。如果所需试验温度大于180℃，在启动之前应通过15min的持续预热，当润滑脂温度达到100℃时启动试验。试验温度的设定值应为10℃的整数倍。在启动2min时间内，不设定停机力矩限值。根据试验情况，在不使用外部加热时，应打开风扇进行冷却。

8.4 摩擦力矩变化状况的监测

在启动2min时间以后，如果摩擦力矩大于表1中的停机力矩限值，并持续超过6s以上，应立即结束试验。试验结果报告实际试验时间。通过相应的记录系统记录摩擦力矩的变化，试验结束可以得出启动摩擦力矩和稳态摩擦力矩。

8.5 试验结束

试验结束后停机，依次拆下冷却风扇、加热器、摩擦力传感器和温度传感器。断开试验头和驱动单元的连接，拆下试验头并解体，取出试验轴承。清理表面润滑脂后将试验轴承的滚子从保持架中取出，放入清洗杯中，用清洗溶剂清洗干净。用天平称量滚子和保持架的质量并计算出每个轴承的磨损量，准确至1mg。

8.6 试验次数的要求

润滑脂应进行两次（四个轴承）的试验，保养与维修详见附录B。

8.7 结果计算与评价

将两次试验的4个轴承滚子和保持架的磨损值分别输入到韦伯（Welbull）图分布软件中，利用软

件概率分布值功能得出磨损概率分布图，如图5所示。纵坐标是磨损概率值（V_w），横坐标是磨损值。磨损概率值（V_w）按照式（2）计算，如式（2）所示，V_w 以百分数表示。从磨损概率图读出磨损概率为50%的磨损值。

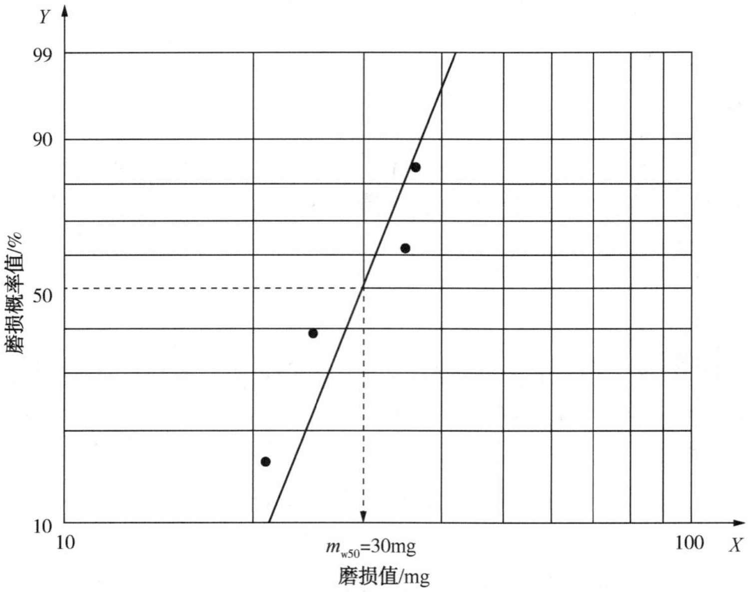

图5　磨损概率图

$$V_w=\frac{i-0.3}{n+0.4}\times 100 \quad\cdots\cdots\cdots\cdots (2)$$

式中：

n——每次试验的轴承数量，本部分中 $n=4$；

i——对应试验轴承的数量，当试验轴承数量分别为1、2、3、4时，计算出对应的 V_w 值，4个 V_w 值分别对应按照升序排列的磨损值。

注：如果在称重过程中单项数值出现磨损为0mg或负值，则韦伯（Welbull）图分布软件计算采用1mg的数值。如果所有数值均为0mg或负值，则不再使用韦伯（Welbull）图分布软件，将磨损概率值确定为小于1mg。

9　结果报告

9.1　试验信息

9.1.1　润滑脂试验信息至少应包括下列内容：

——试验方法名称；

——检测依据；

——试验轴承标志；

——转速，单位为转每分钟（r/min）；

——轴承负载，单位为千牛（kN）；

——试验温度，单位为摄氏度（℃）。

9.1.2　试验信息示例：试验标识为“NB/SH/T 0944.2-D-7.5/80-120”。即为“本部分规定的润滑脂试验是在轴向力80kN、试验转速7.5r/min和试验温度120℃的条件下进行的”。

9.2　报告

磨损概率为50%情况下的滚子磨损值（m_{w50}）和保持架磨损值（m_{k50}），单位为毫克（mg）。

结果报告示例：NB/SH/T 0944.2-D-7.5/80-120

滚子磨损值为：$m_{w50}=15mg$；

轴承保持架磨损值为：$m_{k50}=110mg$。

10 精密度

10.1 概述

本精密度对磨损值小于15mg和大于200mg的情况未做考察。按下述规定判断试验结果的可靠性（95%的置信水平）。

10.2 重复性，*r*

同一实验室的同一操作者，使用同一仪器，对同一试样重复测定，当两次试验结果均大于15mg时，本部分尚未确定重复性范围。当试验结果小于等于15mg时，将该结果用15mg代替，按照式（3）计算出的数值应不大于15mg。

$$r=(a-b)^2/2(a+b) \tag{3}$$

式中：

a——第一次试验滚子磨损50%概率的滚子磨损值（m_{w50}），单位为毫克（mg）；

b——第二次试验滚子磨损50%概率的滚子磨损值（m_{w50}），单位为毫克（mg）。

10.3 再现性，*R*

不同操作者，在不同实验室，使用不同的仪器，按照相同的方法，对同一试样分别进行测定得到的两个单一、独立的试验结果。当两次试验结果均大于15mg时，本部分尚未确定再现性范围。当试验结果小于等于15mg时，将该结果用15mg代替，按照式（4）计算出的数值应不大于15mg。

$$R=(c-d)^2/2(c+d) \tag{4}$$

式中：

c——第一次试验滚子磨损50%概率的滚子磨损值（m_{w50}），单位为毫克（mg）；

d——第二次试验滚子磨损50%概率的滚子磨损值（m_{w50}），单位为毫克（mg）。

附 录 A
(规范性附录)
安全措施及注意事项

A.1 清洗溶剂使用:

A.1.1 在60℃以下清洗试验机和轴承。

A.1.2 清洗时禁止产生火花或使用加热器、火花和明火等火源。

A.1.3 清洗完成后立即盖好盛清洗溶剂的容器。

A.1.4 使用合适的通风设备。

A.1.5 避免吸入清洗溶剂的蒸气和薄雾。

A.1.6 避免清洗溶剂反复或长时间接触皮肤。

A.2 启动电动机前,盖好防护罩。

A.3 应遵守所有与其有关的安全规定。

附　录　B
（规范性附录）
保养与维修

B.1　每次在进行试验运转之前应检查以下内容

B.1.1　热电偶，检查是否有损伤。

B.1.2　外壳清洁程度。

B.1.3　O 形环（检查是否有损伤）。

B.1.4　锥形座、试验头轴、驱动部件的驱动轴的状态，如清洁度和损坏情况。

B.1.5　测量摩擦力所用绳索状况。

B.1.6　副轴（驱动装置）上的部件的状态。

B.1.7　试验头内部轴承保持架（检查其是否安装正确）。

B.1.8　安装推力轴承时，试验头各辅助轴承的清洁程度。

B.2　每隔 18 个月执行一遍下列操作

B.2.1　热电偶校准。

B.2.2　将热电元件用加热系统的控制系统进行比较。

B.2.3　控制试验轴承轴的轴承底座、试验头主轴及轴承表面的公差。

B.2.4　试验头镗孔公差检查。

B.3　每 36 个月还应附加执行下列检查

B.3.1　除 B.2 所述项目外，还应检查后续内容。

B.3.2　轴向负荷：±5%。

B.3.3　摩擦力：±2%。

B.3.4　试验转速：±10%。

ICS 75.080
E 40

SH

中华人民共和国石油化工行业标准

NB/SH/T 0946—2017

多元醇酯和双酯燃气涡轮发动机润滑油总酸值测定　自动电位滴定法

Test method for the determination of total acidity in polyol ester and diester gas turbine lubricants by automatic potentiometric titration

2017-12-27 发布　　2018-06-01 实施

国家能源局　发布

前 言

本标准按照 GB/T 1.1—2009 给出的规则起草。

本标准使用重新起草法修改采用 SAE ARP5088B-2014《多元醇酯和双酯燃气涡轮发动机润滑油总酸值测定方法 自动电位滴定法》。

本标准与 SAE ARP5088B-2014 相比有以下技术性差异：

——规范性引用文件采用我国相应的国家标准或行业标准。

——规范性引用文件增加 SH/T 0079《石油产品试验用试剂溶液配制方法》。

——增加附录 B《仪器设置终点模式推荐参数》。

请注意本文件的某些内容可能涉及专利。本文件的发布机构不承担识别这些专利的责任。

本标准由中国石油化工集团公司提出。

本标准由全国石油产品和润滑剂标准化技术委员会合成油脂分技术委员会（SAC/TC280/SC5）归口。

本标准起草单位：中国石化润滑油有限公司重庆分公司、中国航空工业集团公司北京航空材料研究院、中国石油化工股份有限公司石油化工科学研究院。

本标准主要起草人：张瑛、姜克娟、胡海豹。

本标准为首次发布。

多元醇酯和双酯燃气涡轮发动机润滑油总酸值测定 自动电位滴定法

1 范围

本标准规定了采用自动电位滴定法测定新油或用过的多元醇酯和双酯类燃气涡轮发动机润滑油总酸值的试验方法。

本标准适用于测定新油或用过的多元醇酯和双酯类燃气涡轮发动机润滑油的总酸值，测定的酸值范围为 0.05mgKOH/g~6.0mgKOH/g。也适用于测定酸值在该范围外和其他类型的润滑剂，但方法的精密度不适用。

2 规范性引用文件

下列文件对于本文件的应用是必不可少的。凡是注日期的引用文件，仅所注日期的版本适用于本文件。凡是不注日期的引用文件，其最新版本（包括所有的修改单）适用于本文件。

GB/T 6682 分析实验室用水规格和试验方法（GB/T 6682—1992，neq ISO 3696—1987）

SH/T 0079 石油产品试验用试剂溶液配制方法

3 术语和定义

下列术语和定义适用于本文件。

3.1

总酸值（TAN） total acid number

将试样滴定至终点为 pH=11 的水基缓冲溶液的电位时消耗的碱量，以 mgKOH/g 表示。

3.2

清洁油/润滑剂 clean oil/lubricant

总酸值在 0.05mgKOH/g 至 1.5mgKOH/g 之间的油样。大部分的新油或较缓和条件下使用过的油的酸值将会在这个范围内。总酸值在这个范围内的称样量为 20g。但在实际操作时若样品不足可称取 2.5g 样品。与 20g 样品相比，2.5g 样品试验结果偏差更大（约小于 0.1mgKOH/g）。

3.3

降解油/润滑剂 degraded oil/lubricant

总酸值等于或大于 1.5mg KOH/g 的油样。大部分苛刻条件下使用过的油的酸值将会在这个范围内，尤其是经过试验室氧化试验和发动机静态试验的油样。测定总酸值在这个范围内的油样需要 2.5g。

4 方法概述

试样溶解在含有少量水的甲苯异丙醇混合溶剂中，以氢氧化钾异丙醇标准溶剂为滴定剂进行电位滴定，所用的电极对为玻璃指示电极-Ag/AgCl 参比电极或 Ag/AgCl 为参比的复合电极。以水基缓冲液 pH=11 的电位值作为滴定终点。

5 仪器

5.1 电位滴定仪：具有可变或固定滴定速率，且能够滴定至固定的终点的自动电位滴定仪。电位滴定仪所配置的滴定管最大体积为 10mL，精度为±0.01mL。

5.2 玻璃电极：铅笔状，建议使用专门设计的非水滴定玻璃电极。

5.3 参比电极：铅笔状，充满氯化锂电解液的 Ag/AgCl 电极。也可以使用能测出样品同等性能的其他充满氯化锂电解液的电极。电极应以玻璃制成，具有一个可移动的套筒或塞子，以方便清洗。当电解池中充满氯化锂电解液时，更适宜采用双液接电极。

5.3.1 复合电极：玻璃指示电极和 Ag/AgCl 参比电极被组合在一个电极套里，只需维护一支复合电极。复合电极应适用于非水滴定，在参比部分有可移动隔膜，且填充氯化锂电解液。

5.4 滴定烧杯：容量为 150mL 至 250mL 的烧杯，对试剂呈惰性。

5.5 搅拌器：可调速并装有化学惰性物质做成的螺旋桨或磁力搅拌器。搅拌器必须接地。

注：当操作者靠近仪器时，有些类型的仪器对静电很敏感，在这种情况下，滴定装置四周应该用接地铜网包裹起来。若有疑问请参考仪器说明书。

6 试剂/材料

6.1 试剂纯度：除 6.6 条以外，均采用分析纯。水符合 GB/T 6682 三级水规定或相当纯度的水。

6.2 pH 值分别为 4、7、11 的水基缓冲溶液。缓冲溶液应根据其稳定性要求定期更换，当发现溶液受到污染时也应更换。相关质量稳定性信息应从制造商获取。

6.3 无水乙醇。

6.4 氯化锂。

6.5 氯化锂参比电解液：配制 1moL/L 或 2moL/L 的氯化锂乙醇溶液。也可使用市购的缓冲溶液。氯化钾电解液不能添加在本方法的参比电极中。

6.6 邻苯二甲酸氢钾：基准试剂。

6.7 氢氧化钾。

6.8 氢氧化钾异丙醇标准溶液：浓度为 0.1moL/L。

6.8.1 在 2L 烧瓶中称取 6g~7g 的氢氧化钾，再加入 1000mL±10mL 异丙醇。回流加热 10min，加热过程中摇动烧瓶确保氢氧化钾完全溶解。冷却并盖上烧瓶。

6.8.2 将溶液放在暗处静置 48h，然后用 5μmPTFE 滤膜过滤上层清液后储存在棕色瓶里。

6.8.3 在配制过程中，用含有碱石灰或碱性非纤维硅酸盐吸收剂的防护管将溶液与大气中的二氧化碳隔绝。溶液不能与木塞、橡胶及可发生皂化反应的密封脂接触。

6.8.4 邻苯二甲酸氢钾在 105℃ 干燥 2h，冷却至室温后称取 0.1g~0.15g，称准至 0.0002g 并溶解于约 100mL 不含二氧化碳的蒸馏水中。定期对标准溶液浓度进行标定，以检出 0.001moL/L 的浓度变化。

注：也可以使用氢氧化钾甲醇、氢氧化钾乙醇（浓度标定按 SH/T 0079）或氢氧化钾丙醇溶液。

6.9 异丙醇。

6.10 滴定溶剂：在 495mL±5mL 异丙醇中加入 500mL±5mL 甲苯和 5mL±0.2mL 水。滴定溶剂最好大量配置，每天使用前应滴定空白值。

6.11 甲苯。

6.12 过硫酸铵。

6.13 硫酸，95% 至 98%。

6.14　过硫酸铵清洗溶液：在玻璃烧杯中称取 8g 过硫酸铵，小心加入浓硫酸至 100mL 并轻轻搅拌，在使用前应将溶液放置至少 10h 以保证硫酸铵固体能完全溶解。

7　电极系统的准备和维护

7.1　电极拿取注意事项

7.1.1　电极使用过程中注意要轻拿轻放。以下步骤非常重要，因为 pH 值的测量准确度仅与电极条件密切相关。

7.2　电极校准准备

7.2.1　玻璃电极：在使用前应该用一块干净的吸水纸巾将玻璃电极吸干。

7.2.2　参比电极：从贮存容器中将参比电极或复合电极取出，用一块干净的吸水纸巾将电极吸干，注意不要碰到下面的套筒或塞子。打开充液孔，轻轻移开下面的套管或塞子，排出几滴电解液，使电解液在使用过程中自由扩散。检查电解液液面，如果有必要则补充电解液。将电极放入水中浸泡 5min，以去除黏附在电极外面的电解液并将水吸去。

7.3　电极测试

7.3.1　按 7.2 所述准备电极。

7.3.2　将电极依次浸入 pH 值为 4、7 和 11 的水性缓冲溶液中以激活电极。每次浸入缓冲溶液后要用水将电极清洗干净。当电位显示的 pH 值为 7 的缓冲液的电位值，相对于另外两个缓冲液的电位值斜率，在电极制造商的公差允许范围内时，电极方可使用。应每日进行并保存记录。

7.4　校准要求

7.4.1　每天测定 pH=11 的缓冲溶液的电位。以此电位作为滴定终点并将读取的数据手动输入仪器程序中。

注：建议进行温度校正。由于温度对缓冲溶液 pH 值的显著影响，最好使温度尽可能接近缓冲液制造商的校准温度。

7.4.2　非水滴定电极的调整：将分体电极对或复合电极在滴定溶剂中浸泡 10min。再将玻璃电极的玻璃球放入水中活化电极，并使多余的水滴掉。

7.5　电极的保存

7.5.1　当电极不用时，将玻璃电极的下半部分浸入水中，将参比电极或复合电极浸入参比电解液中。保存过程中盖上参比电极或复合电极的充液孔。

7.5.2　不允许任何一支电极干掉，尤其是玻璃电极或复合电极。

7.6　电极的清洗

7.6.1　玻璃电极：常规使用时，每周将玻璃电极头浸入 0.1mol/L 的盐酸溶液中至少 12h。如果需要进一步清洁电极，将电极头浸入过硫酸铵清洁溶液中 5min，随后用水彻底冲洗干净。当电极正常使用时，每个月至少用过硫酸铵溶液浸泡一次。

7.6.2　参比电极或复合电极：如果需要用异丙醇冲洗电极，再用参比电解液冲洗。

8　试验步骤

8.1　按照 7.2，7.3 和 7.4 所述测试电极和校准自动电位滴定仪。

8.2 按7.4.2所述准备非水滴定电极。

8.3 调整滴定仪的总体滴定速率小于0.35mL/ min，避免酯类油在氢氧根作用下水解。如果滴定仪只能以固定的滴定速率进行滴定，调整滴定速率至0.1mL/min。附录A和附录B给出了适合的滴定参数。

8.4 滴定管应装0.1moL/L的氢氧化钾异丙醇标准溶液并使滴定头浸入滴定溶液中约25mm处。

8.5 每日用125mL±2mL滴定溶剂进行空白值测定。取两次测定的平均值作为空白值。

注：用125mL滴定溶剂测得的空白值很小或测定结果差异较大时，可用更大体积的滴定溶剂测定并计算出相当于125mL滴定溶剂空白值。

8.6 确保试样具有代表性。称取20g±1g清洁油或2.5g±0.1g降解油在烧杯中，准确至0.001g。在烧杯中加入125mL±2mL滴定溶剂。清洁油不足时也可称取2.5g±0.1g，但2.5g样品试验结果偏差更大，强烈建议清洁油称取20g±1g。

8.7 按照仪器操作说明进行滴定，注意控制搅拌速度，避免飞溅或把空气搅入溶液中。

8.8 滴定完成后将电极和滴定头从烧杯中取出，并用滴定溶剂冲洗。将玻璃电极的玻璃球浸入水中2min活化玻璃电极，然后使多余的水滴掉。如果需要按照7.5条所述进一步清洗电极。

8.9 电极存放时间少于45min时，电极可放在滴定溶剂中，测定前应将玻璃电极放在水中活化。存放时间大于45min时，按照7.4条所述进行。不允许将电极长时间放在滴定溶剂中。这样会使玻璃电极处于极限脱水状态。

8.10 当总酸值测定结果在样品称量范围之外时，用正确的称样范围（3.2条）和（3.3条）重新试验。

9 结果表示

9.1 大部分现代自动电位滴定仪都有完整的计算方法，针对特定应用可编程。无论哪种情况，计算应和9.2所述一致。

9.2 用式（1）计算总酸值H^+，单位：mgKOH/g。

$$H^+ = \frac{(V_1 - V_0) \times C \times 56.1}{M} \qquad (1)$$

式中：

V_1——滴定试样消耗的氢氧化钾异丙醇标准溶液体积，mL。

V_0——滴定空白消耗的氢氧化钾异丙醇标准溶液体积，mL。

C——氢氧化钾异丙醇标准溶液的浓度，mol/L。

M——试样的质量，g。

10 精密度

按下述规定判断试验结果的可靠性（95%置信水平）。

10.1 清洁油样（20g和2.5g样品）

重复性：同一操作者，在同一实验室，用同一台仪器，对同一试样进行连续两次测定，所得到的两个结果之差不应超过式（2）或式（3）的计算值：

$$20\text{g样品}：0.066(X)^{0.35} \qquad (2)$$

式中：

X——两次测定结果的平均值。

$$2.5\text{g样品}：0.047(X + 1.447) \qquad (3)$$

式中：

X——两次测定结果的平均值。

再现性：不同操作者，在不同实验室，对同一试样进行测定，所得到的两个单一、独立测定结果之差不应超过式（4）或式（5）的计算值：

$$20\text{g 样品：}0.158(X)^{0.21} \quad \cdots\cdots (4)$$

式中：

X——两次测定结果的平均值。

$$2.5\text{g 样品：}0.45 \quad \cdots\cdots (5)$$

注：2.5g 样品的再现性与酸值测定结果无关，这一结论仅对酸值在 0.05mgKOH/g 与 1.5mgKOH/g 之间的样品是正确的。

10.2 降解油样（油样 2.5g）

重复性：同一操作者，在同一实验室，用同一台仪器，对同一试样进行连续两次测定，所得到的两个结果之差不应超过式（6）计算值。

$$0.060(X - 0.174) \quad \cdots\cdots (6)$$

式中：

X——两次测定结果的平均值。

再现性：不同操作者，在不同试验室，对同一试样进行测定，所得到的两个单一、独立测定结果之差不应超过式（7）的计算值。

$$0.164(X)^{1.25} \quad \cdots\cdots (7)$$

式中：

X——两次测定结果的平均值。

注：本试验中的精确度数据是参标制定机构在 2013 年的循环比对试验中得出的。这个试验包含了 4 个清洁和 4 个变质合成酯型润滑剂油样在 14 家实验室的分析数据。分体式电极 8 组数据，复合电极 9 组数据。

11 报告

报告结果精确到 0.01mgKOH/g。试验报告至少要包含以下信息：

a）试验样品的类型和标识。

b）提及本方法。

c）试验结果。

d）称样量。如果清洁油的称样量不为 20g 或变质油称样量不为 2.5g 时。

e）试验日期。

附　录　A
（规范性附录）
适合的滴定参数举例

A.1　使用可变滴定速率的情况

A.1.1　漂移控制（平衡滴定）

a）搅拌时间：120s；

b）漂移值：10mV/min～30mV/min；

c）最长滴定等待时间：60s。

注：搅拌时间应不小于60s，对黏性样品可延时。建议控制滴定的漂移值，以更好控制滴定的精确性和速度。过快的滴定速度会导致混合不充分。

A.1.2　固定的测定延时：

a）搅拌时间：120s；

b）延时测定：30s。

注：搅拌时间应不小于60s，对黏性样品可延时。建议控制滴定的漂移值，以更好控制滴定的精确性和速度。过快的滴定速度会导致混合不充分。

A.2　使用固定滴定速率的情况

A.2.1　漂移控制（平衡滴定）

a）搅拌时间：120s；

b）漂移值：10mV/min～30mV/min；

c）最长滴定等待时间：60s；

d）增加量：0.05mL。

注：搅拌时间应不小于60s，对黏性样品应延时。建议控制滴定的漂移值，以更好控制滴定的精确性和速度。过快的滴定速度会导致混合不充分。

A.2.2　固定的测定延时

a）搅拌时间：120s；

b）延时测定：30s；

c）增加量：0.05mL。

注：搅拌时间应不小于60s，对黏性样品应延时。建议控制滴定的漂移值，以更好控制滴定的精确性和速度。过快的滴定速度会导致混合不充分。

附　录　B
（资料性附录）
仪器设置终点模式推荐参数

B.1　滴定模式：设置终点滴定法（set）

B.1.1　搅拌时间：120s。

B.1.2　滴定速度：

B.1.2.1　最大滴定速度：0.1mL/min～0.35mL/min。

B.1.2.2　最小滴定速度：5μL/min～10μL/min。

B.1.3　动态范围：2～6。

B.1.4　最长滴定等待时间：60s。

注1：滴定空白或酸值较小样品最好选择较小的滴定速度和较大的动态范围。

注2：搅拌时间应不小于60s，对黏性样品应延时。建议控制滴定的漂移值，以更好控制滴定的精确性和速度。过快的滴定速度会导致混合不充分。

ICS 71.100.99
G 74

SH

中华人民共和国石油化工行业标准

NB/SH/T 0950—2017

催化裂化催化剂中氧化镧和氧化铈含量的测定　X射线荧光光谱法

Standard test method for determination of lanthanum oxide and cerium oxide in catalytic cracking catalysts by X-ray fluorescence spectrometry (XRF)

2017-12-27 发布　　　　2018-06-01 实施

国家能源局　发布

前　言

本标准按照 GB/T 1.1—2009 给出的规则起草。

本标准由中国石油化工集团公司提出。

本标准由全国石油产品和润滑剂标准化技术委员会石油燃料和润滑剂分技术委员会（SAC/TC 280/SC1）归口。

本标准起草单位：中国石油化工股份有限公司石油化工科学研究院。

本标准参加起草单位：中国石化催化剂有限公司。

本标准主要起草人：高萍、郭瑶庆、李叶、杨爱迪、蒋邦开、冒昕烨、陈时辉、杨凌、宿艳芳、唐晓红。

催化裂化催化剂中氧化镧和氧化铈含量的测定 X射线荧光光谱法

警告：本标准的使用可能涉及某些有危险性的材料、操作和设备，但并未对与此有关的所有安全问题都提出建议。用户在使用本标准之前有责任制定相应的安全和保护措施，并确定相关规章限制的适用性。对于一些特殊的预防说明见第3章。

1 范围

本标准规定了采用X射线荧光光谱法（XRF）测定催化裂化催化剂中稀土氧化镧（La_2O_3）和氧化铈（CeO_2）的含量。

本标准适用于催化裂化新鲜剂、平衡剂和待生剂等。测定的稀土氧化镧和氧化铈质量分数范围分别为La_2O_3：0.10%~6.0%；CeO_2：0.10%~4.0%。对于氧化镧和氧化铈含量超出这个质量分数范围的试样虽然可以按照本标准的试验过程进行测定，但是精密度可能不适用。

当样品的元素组成与用来建立校准曲线的标准校准样品的元素组成有显著差别时，应遵守第5章中的注意事项和建议，否则分析结果会受干扰。

2 规范性引用文件

下列文件对于本文件的应用是必不可少的。凡是注日期的引用文件，仅所注日期的版本适用于本文件。凡是不注日期的引用文件，其最新版本（包括所有的修改单）适用于本文件。

GB/T 6379.2 测量方法与结果的准确度（正确度与精密度）第2部分：确定标准测量方法重复性与再现性的基本方法

GB/T 6682—2008 分析实验室用水规格和试验方法

GB/T 16484.3 氯化稀土、碳酸轻稀土化学分析方法 第3部分：15个稀土氧化物配分量的测定 电感耦合等离子体发射光谱法

NB/SH/T 0863 流化催化裂化催化剂中化学元素X射线荧光光谱法分析指南

NB/SH/T 0960 催化裂化催化剂、助剂和吸附剂采样法

ASTM D5258 用密闭容器微波加热法酸溶解抽提沉积物中元素的标准规程（Standard Practice for Acid-Extraction of Elements from Sediments Using Closed Vessel Microwave Heating）

ASTM D8088 用电感耦合等离子发射光谱法测定催化裂化催化剂、分子筛、添加剂和相关材料中六种主要稀土元素的标准规程（Standard Practice for Determination of the Six Major Rare Earth Elements in Fluid Catalytic Cracking Catalysts，Zeolites，Additives and Related Materials by Inductively Coupled Plasma Optical Emission Spectroscopy.）

3 方法概要

3.1 具有足够能量的原级X射线可以激发样品所含元素原子的内层电子，在轨道上形成空穴，原子处于不稳定状态。此时，外层高能级的电子自发向内层跃迁填补空位，使原子恢复到稳定态，同时辐射出具有该元素特征的二次X射线即X射线荧光。

3.2 原级X射线照射在经过压片处理的样品表面上，样品产生的特征光谱X射线（X射线荧光）

根据波长的不同通过晶体分光。不同波长的X射线强度用相应的检测器测量，根据测量的X射线强度，通过由合适的参考物质建立的校准曲线来确定样品中元素的含量。

警告：接触过量的X射线有害健康，操作者应当采取适当的措施以防身体的任何部位受到一次以及二次或散射的X射线的照射，X射线光谱仪的操作必须符合仪器生产厂家的安全准则和国家及地方的安全规定。

4 方法应用

4.1 本标准可以快速、准确地测定催化裂化催化剂和平衡剂等样品中的稀土氧化镧和氧化铈的含量，样品准备和分析操作步骤简单，一般一个样品的分析时间是5min~10min。

4.2 了解催化剂等样品中稀土氧化镧和氧化铈含量可预测和评价催化剂的性能。

5 干扰

5.1 在本标准测定范围内的镧和铈共存时会发生元素间的干扰，可选用仪器厂商提供的软件对元素间的干扰进行校正。

5.2 待测样品和标准校准样品组成的不同会导致稀土含量测定的偏差。为了减少测定结果的偏差，应使用与待测样品具有相同或相似元素组成的基体物质配制标准校准标样，或使用已分析过有准确结果的与待测样品相同类型的样品作为标准校准样品。

注：待测样品中除氧化镧和氧化铈外还含有其他稀土氧化物，如氧化镨、氧化钕、氧化钐，若其质量分数小于0.5%，元素间的干扰可忽略，可用本标准对其中的氧化镧和氧化铈进行测定。

6 仪器

6.1 天平：感量为0.0001g。

6.2 样品盒：铝制（或其他材质），盛装压片用的样品粉末。

6.3 筛子：75μm。

6.4 压片机：能够可重复地维持至少276MPa的压力。

6.5 压片模具：用于将粉末样品压制成适合光谱仪的圆片。压片的大小应与X射线荧光光谱仪的样品盒匹配并满足测定的要求，一般为25mm~40mm。

6.6 波长色散X射线荧光光谱仪（WDXRF）：任何市售的波长色散X射线荧光光谱仪均可用于测定。为了提高灵敏度，仪器应配备以下部件。

6.6.1 分光晶体：所选的晶体应具备最佳的灵敏度，标准校准样品和待测样品使用相同的晶体。表1给出了推荐使用的晶体。

6.6.2 探测器：闪烁计数器。

6.6.3 光路：真空

6.6.4 脉冲高度分析器：或其他的能量检测方法。

6.6.5 X射线管：铑靶。

6.6.6 对波长色散X射线荧光光谱仪的更多规定参见NB/SH/T 0863。

7 试剂和材料

7.1 氧化镧、氧化铈：光谱纯，用于配制标准校准样品。

7.2 无水乙醇：分析纯，用作清洗剂。

7.3 标准校准样品：具有和待测样品相近的成分和物理性质，元素含量已知且涵盖了待测样品中元素的预测值。可从多个来源获得此类标准校准样品。

7.4 镧和铈标准溶液：用于配制标准校准样品。采用市售的或用7.1条中的试剂配制均可。

7.5 漂移校正样品：用来测定和校正仪器随时间的漂移，可选择各种稳定的含有待测元素的物质，标准校准标样也可以用作漂移校正样品。

7.6 校准检查样品：用于验证校准曲线的准确性。校准检查样品的氧化镧和氧化铈含量是已知的，并且在建立校准曲线时未使用过。与用来建立校准曲线的标准样品同批的标准样品也可以用作校准检查样品。

8 取样和样品制备

8.1 采用NB/SH/T 0960《催化裂化催化剂、助剂和吸附剂采样法》进行取样。

8.2 取适量试样，确保试样处于干燥状态，以满足XRF的分析要求。

8.3 研磨试样，研磨后的粉末要能通过75μm的筛子。

8.4 在276MPa~552MPa的压力下对试样进行压制，具体的压力取决于使用的压片模具类型。

8.5 用适宜方法标注压片，拿压片时要避免接触分析表面。

8.6 将压制好的试样保存在真空干燥器中，避免在分析前吸水受潮或受到污染。

9 仪器的准备

确保按照制造商的说明书安装调试XRF分析仪。要有足够的时间让仪器稳定，完成所需的任何仪器检验程序，尽可能让仪器连续运转，以保持最佳的稳定性。

10 标准校准样品和校准

10.1 标准校准样品

校准用的标准校准样品可以购买或自制。

10.1.1 用催化剂样品做标准校准样品：收集至少9个氧化镧和氧化铈含量覆盖所需范围的催化剂样品，用一种可以用来比较的分析方法对这些样品进行测定，将测定值作为标准值，具体测量步骤可按照GB/T 16484.3、ASTM D5258、ASTM D8088或附录A。

10.1.2 配制标准校准样品：用新鲜的FCC催化剂（不含要加入的稀土镧和铈）作载体，加入一定浓度的镧、铈标准溶液，按照所需要的氧化镧和氧化铈的含量范围，配制至少9个标准校准样品。

10.1.3 每一种方法制得的标准校准样品按照第8章的步骤和待测样品一样的条件处理准备。

10.2 测量条件

10.2 1 推荐使用的分析条件列于表1中。

表1 推荐使用的分析条件

成分	分析线	晶体	准直器/μm	探测器	电压/kV	电流/mA	测量时间/s	谱峰/（°）	脉高
La_2O_3	L_α	LiF_{200}	300	SC	50	50	20	82.9362	100~300
CeO_2	L_α	LiF_{200}	300	SC	50	50	20	79.0450	100~300

10.2.2　也可以选择表 1 以外的分析线，新选的分析线在方法的适用范围内应有合适的灵敏度。不同仪器可根据实际情况通过优化选择合适的测量条件。

10.3　校准

10.3.1　在选定的工作条件下，测定已经准备好的标准校准样品，每个样品应至少测量两次。用仪器所配的软件，以标准校准样品中氧化镧、氧化铈的含量值和测量的 X 射线荧光强度平均值计算出校准曲线参数和基体校正系数。计算公式见式（1）：

$$W_i = (aI_i^2 + bI_i + c)(1 + \Sigma A_{ij} W_j) \quad \cdots\cdots (1)$$

式中：

W_i——分析元素 i 的质量分数，%；

I_i——分析元素 i 的 X 射线荧光相对强度；

A_{ij}——共存元素 j 对分析元素 i 的增强吸收校正因子；

W_j——共存元素 j 的质量分数，%；

a、b、c——分析元素 i 的校准曲线常数。

注 1：需注意校准方程系数的个数，每增加一个系数，应增加 3 个标准校准样品以确保该系数的可靠性。

注 2：稀土元素 La、Ce 元素原子结构相似，谱线波长相近，理论上它们之间存在基体效应。

10.3.2　建立校准曲线后，马上测定一个或多个校准检查样品的稀土氧化镧和氧化铈含量，得到的结果应该在其标准值加减本方法精密度的范围内，如果达不到这个标准，校准过程和标准校准样品可能有问题，要采取适当措施，重复校准过程。在评估校准时，要考虑到校准检查样品和标准样品之间基体的相符程度。

11　试验步骤

11.1　定期进行校准检查样品的分析，确认校准曲线的准确性。当曲线出现漂移时，通过测量漂移校正样品对曲线进行漂移校正。

11.2　按照仪器说明书上推荐的步骤，用 10.3.1 建立的校准曲线分析第 8 章中准备好的试样。

12　精密度和偏差

12.1　精密度

本标准的精密度是在 5 个实验室对稀土氧化镧（La_2O_3）和氧化铈（CeO_2）质量分数范围分别为 0.10%～5.38%和 0.10%～4.16%的 16 个催化裂化催化剂样品进行循环试验（粉末压片制样），并按 GB/T 6379.2 进行数据统计后确定。按下述规定判断试验结果的可靠性（95%置信水平）。

12.1.1　重复性 *r*

同一个操作者，在同一实验室，使用同一台仪器，对同一试样进行连续测定，所得两个试验结果之差不应超过式（2）和式（3）所得数值：

$$La_2O_3 \text{ 重复性 } (r) = 0.020X_1 + 0.017 \quad \cdots\cdots (2)$$

$$CeO_2 \text{ 重复性 } (r) = 0.001X_2^2 + 0.021X_2 + 0.008 \quad \cdots\cdots (3)$$

式中：

X_1——La_2O_3 的两个重复试验结果的质量分数平均值，%；

X_2——CeO_2 的两个重复试验结果的质量分数平均值，%。

12.1.2　再现性 *R*

由不同的操作者，在不同的实验室，使用不同的仪器，对同一试样进行测定，所得两个单一和

独立的试验结果之差不应超过式（4）和式（5）所得数值：

$$La_2O_3 \text{ 再现性}(R) = 0.034X_1 + 0.026 \quad (4)$$

$$CeO_2 \text{ 再现性}(R) = 0.024X_2^2 - 0.040X_2 + 0.089 \quad (5)$$

式中：

X_1——La_2O_3 的两个单一、独立试验结果的质量分数平均值，%；

X_2——CeO_2 的两个单一、独立试验结果的质量分数平均值，%。

12.1.3 精密度的典型值

La_2O_3 和 CeO_2 测定的重复性和再现性的典型值见表 2 和表 3。

表 2 La_2O_3 精密度典型值

La_2O_3 质量分数/%	重复性 r/%	再现性 R/%
0.1	0.02	0.03
0.5	0.03	0.04
1	0.04	0.06
2	0.06	0.09
3	0.08	0.13
4	0.10	0.16
5	0.12	0.20
6	0.14	0.23

表 3 CeO_2 精密度典型值

CeO_2 质量分数/%	重复性 r/%	再现性 R/%
0.1	0.01	0.08
0.5	0.02	0.08
1	0.03	0.08
2	0.05	0.11
3	0.08	0.19
4	0.10	0.31

12.2 偏差

由于没有公认的参考物质来确定本方法的偏差，因此没有关于方法偏差的陈述。

13 报告

报告从第 11 章中得到的试样中稀土氧化镧和氧化铈含量，精确到质量分数 0.01%。

附 录 A
(规范性附录)
标准校准样品的定值

A.1 仪器及试剂

A.1.1 电感耦合等离子体原子发射光谱仪（ICP）。
A.1.2 微波消解炉。
A.1.3 高温炉：能够在1000℃下工作。
A.1.4 天平：感量为0.0001g。
A.1.5 容量瓶：50 mL、100mL、200mL。
A.1.6 移液管：0.5 mL、1mL、5mL、10mL。
A.1.7 水：符合GB/T 6682—2008的二级水。
A.1.8 La标准溶液：质量浓度为1000mg/L，国家一级标准物质。
A.1.9 Ce标准溶液：质量浓度为1000mg/L，国家一级标准物质。
A.1.10 Al标准溶液（质量浓度为10000mg/L)：将1.0000g铝片（光谱纯）溶解于50mL体积分数为50%盐酸溶液中，移入100mL容量瓶用水稀释至刻度，混合均匀后放入带有盖子的聚四氟乙烯瓶中储存。
A.1.11 盐酸：分析纯（质量分数为38%）。
A.1.12 氢氟酸：分析纯（质量分数为40%）。

A.2 配制ICP工作标准溶液

用A.1.7，A.1.8，A.1.9，A.1.10溶液配制四个标准工作溶液及一个空白溶液，标准工作溶液浓度见表A.1。

表A.1 ICP标准工作溶液

编号	La质量浓度/(mg/L)	Ce质量浓度/(mg/L)	Al质量浓度/(mg/L)
1	0	0	500
2	10	10	500
3	25	25	500
4	50	50	500
5	100	100	500

A.3 建立ICP标准工作曲线

采用La408.672nm和Ce413.764nm为分析谱线，吸喷工作标准溶液建立工作曲线，吸喷空白溶液作为标准曲线零点，确定4个工作标准溶液中La和Ce的光谱强度均为线型关系。

A.4　样品处理及测定

A.4.1　称取0.1g试样（精确至0.0001g），每个样品称取两次，进行平行测定。

A.4.2　将称好的样品置于微波消解罐中，分别加入15mL体积分数为50%的盐酸溶液和0.5mL氢氟酸。

A.4.3　将微波消解罐放入微波消解仪中，在185℃下消解35min。

A.4.4　待消解得到溶液冷却后将澄清溶液转入100mL容量瓶中，用水定容至刻度。

A.4.5　用A.3的工作曲线测定A.4.4定容后的溶液，得到样品中La和Ce的含量。

ICS 71. 100. 99
G 74

SH

中华人民共和国石油化工行业标准

NB/SH/T 0951—2017

催化裂化催化剂粒度分布的测定 激光散射法

Standard test method for particle size distribution of catalytic cracking catalyst by laser light scattering

2017-12-27 发布 2018-06-01 实施

国家能源局 发布

前　言

本标准按照 GB/T 1.1—2009 给出的规则起草。

本标准按照重新起草法修改采用 ASTM D4464-15，制定了《激光散射法测定催化裂化催化剂粒度分布的方法》。

本标准与 ASTM D4464-15 的技术性差异及原因如下：

——测量范围修改为粒径范围为 1μm～300μm，并且中位粒径为 60μm～110μm 的颗粒；

——本标准重新建立了精密度，精密度结果表达方式为中位粒径 D（V，0.5）和 0～20μm、0～40μm、0～149μm 的颗粒累积体积分数，符合国内行业内部常用的习惯性表达方式；

——增加了仪器测量参考条件，见附录 A。

本标准由中国石油化工集团公司提出。

本标准由全国石油产品和润滑剂标准化技术委员会石油燃料和润滑剂分技术委员会（SAC/TC 280/SC 1）归口。

本标准起草单位：中国石油化工股份有限公司石油化工科学研究院。

本标准参加起草单位：中国石化催化剂有限公司、中国石油天然气股份有限公司兰州石化分公司。

本标准主要起草人：郭瑶庆、朱玉霞、李家兴、陈妍、李叶、宿艳芳、唐晓红、吕伟娇、蒋邦开、蔡军平、陈时辉、曹颖。

催化裂化催化剂粒度分布的测定 激光散射法

警告：本标准的使用可能涉及某些有危险性的材料、操作和设备，但并未对与此有关的所有安全问题都提出建议。用户在使用本标准之前有责任制定相应的安全和保护措施，并确定相关规章限制的适用性。

1 范围

本标准规定了采用激光散射法测定催化裂化催化剂粒度分布的试验方法。

本标准适用于催化裂化、催化裂解催化剂及助剂颗粒粒径范围为1μm~300μm，并且中位粒径为60μm~110μm的微球状催化剂粒度分布的测定。本标准也适用于中位粒径超出本标准范围的颗粒粒度分布的测量，但是没有考察结果的精密度。

2 规范性引用文件

下列文件对于本文件的应用是必不可少的。凡是注日期的引用文件，仅所注日期的版本适用于本文件。凡是不注日期的引用文件，其最新版本（包括所有的修改单）适用于本文件。

GB/T 6379.2 测量方法与结果的准确度（正确度与精密度） 第2部分：确定标准测量方法重复性与再现性的基本方法

GB/T 15445.1 粒度分析结果的表述 第1部分：图形表征

GB/T 19077—2016 粒度分布 激光衍射法

JJF 1211 激光粒度仪校准规范

NB/SH/T 0960 催化裂化催化剂、助剂和吸附剂采样法

3 术语和定义

下列术语和定义适用于本文件。

3.1

背景 background

流动分散中测量到的由非测量颗粒引起的激光散射强度。包括测量体系中污染物的散射。

3.2

米氏散射理论 Mie scattering

用于描述球形颗粒的激光散射的复杂电磁学理论。常应用于颗粒大小与激光光源波长接近的颗粒的激光散射理论。需要考虑不同颗粒的不同激光折射系数。

3.3

Fraunhofer 衍射理论 Fraunhofer diffraction

用于描述球形颗粒的激光散射的复杂电磁学理论。该理论描述颗粒大小大于入射光波长的粒子对光的小角度衍射。Fraunhofer 理论只准确描述了颗粒的衍射现象，而不考虑颗粒对激光的折射和反射。

3.4

多重散射 multiple scattering

指一个颗粒对另一颗粒所散射的激光再次散射。在浓度较高的样品测试中经常出现这种情况。

3.5

复折射率 complex refractive index

单个颗粒的折射率 n_p，由实部和虚部（吸收）组成，数学表达式为 $n_p = n_p - ik_p$。

[GB/T 19077—2016 定义 3.1.3]

3.6

遮光率/光学浓度 obscuration/optical concentration

由于颗粒消光（散射和/或吸收）而衰减的入射光部分，遮光率可以用百分数或分数表示。

[GB/T 19077—2016 定义 3.1.10]

3.7

光学模型 optical model

一种用于散射矩阵计算的理论模型，如夫琅和费（Fraunhofer）衍射模型和米氏（Mie）散射模型，散射颗粒为光学均匀且各向同性的球体，如有需要还需提供颗粒复折射率。

[GB/T 19077—2016 定义 3.1.11]

3.8

等效球径 the equivalent spherical diameter

与待测颗粒具有相同物理性质的球的直径。

[GB/T 15445.1—2008 4.2]

3.9

累计体积分数 the cumulative volume percentage

指每一个小于或等于 X_i 的这些颗粒的体积大小和占所有颗粒体积总和的百分比，其中 X_i 为颗粒的等效球径。

3.10

中位粒径 median particle diameter

颗粒的中位直径 D（V，0.5），占总体积 50%的所有颗粒直径小于这个值，另有占总体积 50%的所有颗粒直径大于这个值。

4 方法概要

制备好的样品颗粒在水或有机溶液中分散，分散剂携带样品颗粒循环通过激光光柱或某个合适的激光光源。颗粒通过激光光柱并散射激光。光电探测器收集被颗粒散射的激光光强分布并转换成电信号，假设前提是所有颗粒是球形的，采用米氏散射理论，计算得到颗粒的体积分布。

5 方法应用

5.1 采用这种测定方法与其他理论测定的颗粒粒径的结果可能不同。采用不同理论方法会得到不同测定结果。任何测量粒度的方法只能相对意义上比较，不应与其他测量方法做绝对比较。特别是对于细小颗粒（即中位粒径<20μm 的颗粒）而言，不同厂商的激光粒度仪得到的结果明显不同。这些差异包括激光的不同波长，检测器的构造以及将散射光强转为颗粒粒度分布的算法。因此，不同仪器间比较结果可能误导试验人员。

5.2 激光散射理论（Fraunhofer 衍射理论和米氏散射理论）用于测量颗粒粒径已经存在多年。一些颗粒粒度分析仪器也是基于这些理论。虽然每个型号的仪器都采用相同的激光散射理论作为粒径分布的分析基础，但是将收集到的散射激光光强转换成颗粒粒径结果时，不同的假设和不同的模型可

能导致每台仪器的结果不同。那么，一旦有超出该仪器测量范围的颗粒被忽略时，就导致可测量范围内的颗粒含量的增加。颗粒粒径分布图的结尾在该仪器可测量范围内突然中止时，说明有可测量范围外的大颗粒存在。这样，采用这种测量方法得到的结果就不能与其他仪器结果相比较。

5.3　对于中位粒径<20μm 的细小颗粒，应使用米氏散射理论。输入包括该颗粒的复合折射率，即折射激光的折射率的实部和虚部值这些光学模型参数。“虚部”折射率也就是“吸收值”，透明材质如玻璃珠的吸收值为零。对于常规材质和自然界存在的矿物质（如高岭土），它们的折射率已经公开，包含在仪器操作手册中。例如，高岭土的在 589.3nm 的折射率为 1.55。矿物质和金属氧化物的吸收率（折射率的虚部值）通常取为 0.001、0.01 或 0.1。公开了很多材质在 589.3nm（钠光）下的折射率，也公布了其他激光波长下的折射率。可以通过外推、内插或估计激光波长。

6　干扰因素

6.1　分散剂循环所携带的气泡会散射激光，被认为是颗粒。通常循环分散剂时不需要脱气处理，但是目测测量系统时，应无气泡。

6.2　例如，附着在样品上的非水相溶剂、油或其他有机物，这些污染物可能在水相分散体系中乳化，散射激光，被认为是一部分颗粒粒度分布。这类被污染的样品可能需要在非水相溶剂中溶解这些污染物，或者用可兼容的溶剂先清洗去除污染物。

6.3　分析过程中颗粒的团聚或沉降会导致错误结果。整个分析过程中需要制备稳定的样品分散体系。

6.4　样品量不够可能导致电信噪干扰，数据再现性差。过多样品量可能导致激光衰减以及多重散射，导致错误的颗粒粒度分布结果。

7　试剂和材料

7.1　液相分散剂：蒸馏水或去离子水。

8　仪器

8.1　颗粒粒度分析仪：采用激光散射分析技术，基于米氏散射理论的分析仪。保证待分析样品在仪器的分析系统及附件系统处于最佳测量状态。需要根据仪器设置其测量条件在最佳测量状态，以确保测定结果符合方法精密度要求。

8.2　分样器：采用旋转离心分样技术的缩分仪。保证分选出的样品粒度分布一致。

8.3　超声探头或超声槽（可选）：如果需要，在试验前保证样品团聚颗粒的分散。

9　取样

9.1　按照 NB/SH/T 0960—2017《催化裂化催化剂、助剂和吸附剂采样法》的要求来取有代表性的样品。

9.2　用分样器分取样品。样品先经一个偏心设置的采样漏斗通过震动流入分样器顶冠的开口。顶冠以恒定的转动速率进行转动，进样样品被均一地分入接收容器中。得到粒度分布均一的几份样品。

9.3　根据颗粒中位粒径、颗粒密度和样品传输系统来选取有一定代表性的样品。

9.4　对于用液体分散的样品，应保证选取有代表性的样品。

10 仪器准备

10.1 根据仪器制造商推荐的条件预热仪器。

10.2 安装调试所需的样品分散传输系统，根据仪器制造商推荐，选择合适的仪器测试条件。

10.3 根据仪器制造商的要求，定期校准光路。

11 校准

11.1 根据仪器操作手册，标定仪器的光学组件的性能。

11.2 按照 JJF1211 对仪器进行校准。

12 试验步骤

12.1 分析每个试样前，保证测量池清洁。

12.2 试样分析条件下首先测量背景。测量背景时保证分散剂通过光路。背景值不应超过仪器制造商要求的值。如果背景值过高，按仪器制造商要求的操作降低背景值至允许范围。

12.3 根据本标准第 9 章所述获得有代表性样品。

12.4 选择合适的测量时间。选择测量时间非常重要。一般保证两次重复试验来估计测量时间。强烈推荐两次分析，有利于观察到单次测量中异常人为误差。

12.5 根据仪器制造商列出的参数，选择测量所需要的参数。

12.6 将有代表性的样品加入样品分散传输系统，循环至少 20s 或者在测试前固体均一分散。

12.7 分析试样。

12.8 排干样品分散系统，如有必要，清洗去除样品带来的污染物，然后用分散剂填充分散系统。

12.9 分析每个试样前需要重复 12.2 条步骤。

13 精密度

本标准的精密度数据是采用 6 种催化剂，在 6 个实验室进行协同实验得到的（每种样品在每个实验室各进行 3 次实验），然后采用 GB/T 6379.2 计算本标准的精密度。按下述规定判断试验结果的可靠性（95%置信水平）。

注：本标准的精密度试验所采用的仪器和参考试验条件参见附录 A，若采用其他不同仪器测定，结果的精密度可能达不到所规定的要求。

13.1 试验结果包括四个指数，分别是中位粒径 *D*（V，0.5）、0~20μm 颗粒累计体积分数、0~40μm 颗粒累计体积分数、0~149μm 颗粒累计体积分数来表示。

13.2 重复性，*r*

同一操作者，在同一实验室，使用同一仪器，对同一试样进行测定所得的两个连续试验结果之差不大于表 1 中规定的值。

13.3 再现性，*R*

不同操作者，在不同实验室，使用不同的仪器，按照相同的方法，对同一试验分别进行测定得到的两个单一、独立的试验结果之差不大于表 1 中规定的值。

表 1　重复性与再现性

粒度分析指标	重复性（r）	再现性（R）
D（V，0.5）/μm	2.6	0.4586x−26.559
ϕ（0~20μm）/%	—	—
ϕ（0~40μm）/%	1.5	4.3
ϕ（0~149μm）/%	−0.1406x+13.87	−0.4788x+46.98
注：x 为测量值的平均结果，参考的试验条件参见附录 A。		

14　结果报告

14.1　所报告的信息可以根据使用者不同的要求，提供不同粒度分级的累计体积分数值。

14.2　报告的结果包括累计体积分数为 50% 对应的中位粒径 D（V，0.5）、0~20μm 颗粒累计体积分数、0~40μm 颗粒累计体积分数、0~149μm 颗粒累计体积分数。如果所有颗粒密度一致，体积分布即为质量分布。

14.3　当采用激光散射法报告粒径数据时，应确保采用了仪器提供的相关折射率。

分别取两次样品做粒度分析，取两次重复测定结果的算术平均值为测定结果。中位粒径值 D（V，0.5）精确至小数点后一位。0~20μm 颗粒累计体积分数、0~40μm 颗粒累计体积分数、0~149μm 颗粒累计体积分数数值都分别精确至小数点后一位报出。

附　录　A
(资料性附录)
激光粒度仪参考测试条件

A.1　本附录提供了本标准精密度试验所采用的激光粒度分析仪的试验条件，以供参考，详见表A.1。

表A.1　激光粒度仪参考测试条件

激光光源：红光光源为He-Ne激光发射器，632.8nm，最大功率4mW；蓝光光源为：LED灯发射器，最大功率10mW。	
光学参数设定：按照米氏散射理论计算颗粒的激光散射强度与颗粒大小的关系。物质折射率设定为1.53，物质吸收率设定为0.1，分散剂折射率设定为1.33。	
激光粒度仪型号	测试条件
马尔文公司MS2000，Hydro2000MU分散器	遮光率13%～18%，无超声预处理，搅拌速度2500r/min～3000r/min。
马尔文公司MS2000，Hydro2000G分散器	遮光率10%～20%，采用超声探头最大功率的90%的超声功率超声预处理60s，搅拌速度900 r/min，泵输送速度2400 r/min。
马尔文公司MS3000，Hydro LV分散器	遮光率10%～15%，无超声预处理，搅拌速度3000 r/min。

附录一　石油产品行业标准 2025 目录

一、燃料

二、溶剂和化工原料

三、润滑油

四、润滑脂

五、石油蜡

六、石油沥青

七、油品应用

八、添加剂

九、其他

附录二　石油和石油产品试验方法行业标准 2025 第一~第十分册总目录

第一分册目录

第二分册目录

第三分册目录

第四分册目录

第五分册目录

第六分册目录

第七分册目录

第八分册目录

第九分册目录

第十分册目录

图书在版编目(CIP)数据

石油和石油产品试验方法行业标准汇编. 2025. 第八分册 / 中国石油化工集团有限公司科技部编. -- 北京：中国石化出版社，2025. 9. -- ISBN 978-7-5114-8112-2

Ⅰ. TE622. 5-65；TE626-65

中国国家版本馆 CIP 数据核字第 2025HM0515 号

中国石化出版社出版发行

地址:北京市东城区安定门外大街 58 号

邮编:100011 电话:(010)57512500

发行部电话:(010)57512575

http://www. sinopec-press. com

E-mail:press@ sinopec. com

北京艾普海德印刷有限公司印刷

全国各地新华书店经销

*

880 毫米×1230 毫米 16 开本 44. 25 印张 1343 千字

2025 年 9 月第 1 版　2025 年 9 月第 1 次印刷

定价:238. 00 元

石油和石油产品试验方法行业标准汇编

2025·第八分册

中国石油化工集团有限公司科技部◎编

中国石化出版社
·北京·